普通高等教育"十四五"规划教材

# 土壤与地下水污染防控

刘晓艳　张新颖　**主编**

陈学萍　耿春女　戴春雷　徐启新　白建峰　**副主编**

中国石化出版社

·北京·

## 内 容 提 要

本书主要介绍了土壤和地下水污染及其治理与防控方面的理论基础与技术进展、污染调查与评估、修复技术与防控措施等方面的内容,书后附有实验参考书。全书分为九章,首先介绍了土壤和地下水的组成、结构与性质,然后讲述了土壤和地下水环境污染特征以及重要的无机污染物、有机污染物及新型污染物的特性等相关知识;基于以上内容,进一步阐述了现行的土壤和地下水环境的污染调查与评价技术方法,介绍了污染防控与环境修复技术和污染修复案例及实践应用等内容;另外,在书后的实验参考书中有16个相关的实验可供选用。

本书可作为高等院校环境科学与工程类专业的本科生教材,也可作为相关专业的本科生与研究生学习教材或供从事土壤和地下水污染研究与治理及防控的技术人员使用。

## 图书在版编目(CIP)数据

土壤与地下水污染防控/刘晓艳,张新颖主编.—北京:中国石化出版社,2024.4
普通高等教育"十四五"规划教材
ISBN 978-7-5114-7487-2

Ⅰ.①土… Ⅱ.①刘… ②张… Ⅲ.①土壤污染-污染防治-高等学校-教材 ②地下水污染-污染防治-高等学校-教材 Ⅳ.①X53 ②X523

中国国家版本馆 CIP 数据核字(2024)第 071879 号

**中国石化出版社出版发行**

地址:北京市东城区安定门外大街 58 号
邮编:100011  电话:(010)57512500
发行部电话:(010)57512575
http://www.sinopec-press.com
E-mail:press@ sinopec.com
北京富泰印刷有限责任公司印刷
全国各地新华书店经销
\*
787 毫米×1092 毫米 16 开本 23.5 印张 570 千字
2024 年 4 月第 1 版  2024 年 4 月第 1 次印刷
定价:66.00 元

# 《土壤与地下水污染防控》
# 编委会

# 前　言

　　土壤和地下水是人类赖以生存的重要资源，浅部土壤是维持植被和农作物生长的基础，可为人类和动物提供所需食物与环境；土壤和地下水是生态系统的重要组成部分，地表的显性生态系统与地下的隐性生态系统均依赖土壤和地下水系统。土壤和地下水污染不仅直接危害人体健康，而且通过食物链和生态系统污染威胁人类生活与整个地球生态环境安全。土壤污染引起农作物中某种元素含量超标，可通过食物链富集到动植物和人类的体内而导致严重危害，并引发人类致命疾病；受到污染的土壤，如污染物含量较高的表土易被风力或水力作用带至大气环境及地表水体中，进而导致大气污染、地表水以及新的土壤污染问题；人类生产与生活产生的污染物可通过各种途径污染土壤和地下水，污染物还可被转移并污染地表水与水生生物，进而通过食物链危害人体健康并破坏生态环境；土壤和地下水中的挥发性与半挥发性有机污染物转化成气体造成大气、土壤与地表水及地下水污染，进而危及人类健康；另外，污染严重的工业场地若转为城市建设用地中的居住用地（R）、公共管理与公共服务用地中的中小学用地（A33）或医疗卫生用地（A5）与社会福利设施用地（A6）以及公园绿地（G1）中的社区公园或儿童公园用地等第一类用地，通过地基和建筑物底部裂隙等通道，具有挥发性的污染物可能会进入人类生存环境而导致人体健康风险，或引发大气污染、地表水和地下水污染以及生态系统破坏等生态环境风险。因此，学习掌握土壤和地下水污染与防控领域的专业知识和相关技术具有非常重要的科学意义和现实价值。

　　近两年的《中国生态环境状况公报》显示，我国土壤环境风险得到基本管控，土壤污染加重趋势得到初步遏制，重点建设用地安全利用得到有效保障，但全国重点行业企业用地土壤污染风险仍不容忽视。近年来，我国针对土壤和地下水环境管理和污染防治陆续出台《土壤污染防治行动计划》（简称"土十条"）等一系列政策文件和标准法规，提出的预防为主、保护优先、风险管控的总体思路为土壤和地下水保护与污染防控工作指明了方向，制定的相关技术标准与防控法规不仅体现了国家对土壤和地下水环境保护的重视，也为土壤和地下水污染防控工作提供了强有力保障。

本教材面向国家绿色和生态优先发展战略，可满足环境专业和相关专业学生学习土壤-地下水污染与防控的专业知识及新技术的需求。通过本教材专业知识学习，使学生真正树立"绿水青山就是金山银山"的理念，并认识到土壤和地下水污染的危害性，将有助于及时发现土壤与地下水污染问题，加强土壤-地下水污染风险管理和实时监控网络、预警系统与应急保障体系建设，准确及时地采取有效的管控措施。全面提升包括土壤和地下水在内的我国整体生态环境质量，有利于全国人民的生活环境改善和综合健康水平提高。本书是编者们在数十年教学实践的基础上，结合近年来环境科学与工程学科土壤和地下水污染与防控技术领域的进展而编写的，教材按照新形势下环境专业人才培养要求，注重将专业知识和国家需求相结合，使学生们在学习土壤-地下水污染与防控基础知识和基本技能的同时，掌握相关的研究方法与创新思维，培养通过各种途径获取污染防控知识的能力；通过污染防控技术与具体修复案例的分析，并结合环境科学与工程学科中的相关重大发现及国内外专业前沿内容开展教学，能够使学生得到科学精神的熏陶，提升发现问题、分析问题与解决问题的综合能力，培养学生求真务实、勇于探索、善于思辨的科学素养，提升学生的专业知识和技能以及良好的专业素质与创新动力。通过学习，有助于将专业知识、创新能力与素质培养相融合，提升学生学习的主动性和积极性，使学生在教师引导和兴趣促进下达成课程教学目标，并增强建设我国美好生态环境的社会责任感。

作者基于多年讲授《土壤污染与防治》《土壤污染防治技术》《环境土壤

学》《环境地球化学》《环境污染修复学》《环境地学》和《环境工程创新技术》等多门专业课程，以及作为上海市污染地块土壤和地下水调查评估与治理修复项目评审专家在工作中掌握的有关知识和积累的相关经验，并参考和引用了当前学者以及前人的大量研究成果，经过作者多年的课堂讲述、专业积累和对相关知识的理解、提炼与编排，以及参编人员的共同努力才完成了本教材的编写工作。本书比较系统地讲述了土壤和地下水污染及其治理与防控方面的理论基础知识与相关技术进展，介绍了污染环境调查与评估方法和污染场地修复技术与防控措施等，书后附有实验参考书。全书主要内容分为九章，其中第1~3章主要介绍了我国土壤和地下水的研究现状、存在问题和防控任务以及土壤–地下水污染与防控的技术进展，讲述了土壤和地下水的组成、结构与基本性质特征；第4~6章主要阐述了我国土壤和地下水环境污染特征以及重要的无机污染物、有机污染物及新型污染物的特性等相关知识；第7~9章主要讲述的是我国现行的土壤和地下水环境的污染调查与评价技术方法、污染防控与环境修复技术和污染修复案例及实践应用等内容；在书后附加的实验参考书中有16个相关的实验可供选用与参考。

本教材由刘晓艳和张新颖任主编，陈学萍、耿春女、戴春雷、徐启新、白建峰任副主编，杨长明、王菲菲、张艾、毛凌晨、王传花和赵珍珍等参编。

第一章由刘晓艳、张新颖编写；第二章和第三章由张新颖、刘晓艳、戴春雷编写；第四章由陈学萍、张新颖编写；第五章由陈学萍、白建峰编写；第六章由张新颖、张艾、刘晓艳编写；第七章由耿春女、刘晓艳编写；第八章由张新颖、刘晓艳、王传花编写；第九章由徐启新、白建峰、杨长明、王菲菲、刘晓艳、赵珍珍编写，实验参考书由毛凌晨、戴春雷、张新颖、王传花编写；另外，米兰心、肖青芸、鲁静娴、杨文静、刘妍等研究生承担了一部分外文资料翻译和资料整理与编排工作；全书由刘晓艳和张新颖统稿。

感谢国家重点研发计划科技专项（2023YFC3709000，2018YFC1800600）和国家自然科学基金（21677093，21806100）对本教材相关部分科研工作的支持；感谢上海大学 2022 年本科教材建设项目（N.13-G311-22-104-11）和2021 年一流研究生教育培养质量提升项目（G314-21-509）对教材出版的支持。另外，本教材编写过程中参考引用了一些土壤和地下水污染与防控领域的论文、著作、教材和电子文献等相关资料，在此表示衷心感谢；感谢在本书涉及的学术领域做出贡献的人们，没有他们的卓越研究和技术创新就难以形成相关的理论体系和技术规范；感谢中国石化出版社领导和编辑与校对的老师们在书稿编辑、文字润色以及出版过程中给予的大力支持，同时对以各种方式为本书编写和出版提供帮助的人们表示衷心感谢。

编　者

2024 年 1 月

# 目　录

# 第一章　绪论

## 第一节　我国土壤污染现状

土壤(Soil)是指地球陆地表面能够生长植物的一层疏松物质,它由各种颗粒状矿物质、有机物质、水分、空气以及微生物等组成。在工业和农业等各领域的发展进程中,由于污染物的产生和欠规范排放,导致土壤污染问题日益加剧,不仅给自然生态系统带来较大的压力,也威胁着人类的生存。我国在注重生态环境保护并强调可持续发展的大背景下,重视土壤污染环境的治理,确保环境质量达到相关标准要求。但随着各种污染物排放类型和数量的增多,土壤环境治理工作难度加大,相关环境保护人员应利用先进的修复技术,使土壤环境逐步得到净化,增强土地生产力,同时为城镇化建设创造良好的条件并进一步改善居民的生活环境。因此,应在掌握我国土壤污染现状基础上,结合不同的土壤污染实际情况,创新和优化当前土壤污染治理的技术措施,在工作中积极采取相应的防控措施,有效地提高我国的土壤环境质量。

### 一、土壤污染概述

当污染物进入土壤环境以后,就会对土壤功能产生不利的影响,甚至引起土壤环境恶化,难以实现土地资源的价值。

土壤污染的隐蔽性特点给治理工作带来了困难,使人们难以快速有效地排查污染问题,并影响后续治理工作。同时土壤污染也具有累积性,由于污染物在土壤中的迁移性较低,使得污染物的含量随着时间的推移而逐渐增加。近年来,在人类活动影响逐渐增加的情况下,土壤污染类型也更加多样化,如农业污染型和水质污染型等,并且由于污染物成分的差异性导致各种无机污染问题与有机污染问题;此外重金属污染种类较多,如镉、铬、砷、铅、镍、汞及铜元素污染等。

我国开展了数次土壤普查和土壤污染状况调查工作。调查结果表明,我国的土壤环境质量问题普遍存在,部分地区的土壤污染较为严重,有的区域的耕地土壤被破坏,并存在矿业废弃物污染的问题。土壤问题所带来的恶劣影响是系列化的,继而可能引起食品安全问题及污染土地修复相关的市场经济问题等,这类污染问题不仅危害环境,也严重影响和谐社会的建设。面对土壤污染问题,应做好必要的土壤修复管理。管理部门高度重视土壤污染产生的社会问题,逐步开展污染场地修复与治理工作,将土壤修复技术视为重要的技术类型,重视环境保护、产品研发及环境装备更新等,对相关的企业以及检测部门给予一定的政策支持。我国在土壤污染管控与修复领域已经开展了大量的工作。但污染土壤治理方法与实用的修复技术还需要不断提升，而且土壤污染治理所需的资金较大，在土壤污染修复领域所面临的现实问题也比较多。

土壤污染问题如果不能得到及时处理，随着时间的变化及上游产业的拓展，就可能出现污染物迁移扩散导致污染范围逐渐扩大或转嫁污染等情形。我国的土壤污染主要存在有毒化工污染物以及重金属污染等情形，而且有逐渐从城区转向农村、从工业转至农业的趋势，还会导致水土复合污染以及通过食品转移污染等问题，这类污染问题逐渐演变或扩散迁移，进而可能导致严重的污染事故。

在城市化与现代化的背景下，建立在城市边缘区域的很多工业园区与农田相连。某些工业企业在运行管理阶段由于忽视环境保护和污染物规范处理，污染物排放后导致周围农田土壤受到影响。如果土壤长期受到污染，污染物可能从地表土壤逐步转移到地表水体和深层土壤中，并随着后续降水量增多或时间的变化还可造成地下水污染。

由于重金属有富集累积的特点，如果在重金属污染土壤的上层持续进行农耕生产，那么污染物就可能从土壤中转移到农作物中，从而进入食物链，含有重金属污染物的蔬菜、水果和粮食被人食用后就会在人体内富集，富集到一定程度将严重影响人体健康。在农耕期间，使用化肥或农药也是导致土壤污染的主要因素，若化肥及农药使用不当且周围环境中有流动水体的条件下，则可扩大污染范围，而且还会出现土壤盐渍化以及土壤肥力不足等问题。如果有机污染物难以被降解，那么污染物持续存在或转移将形成危害社会和生态环境的严重污染问题[1,2]。

## 二、土壤污染的成因

污染土壤即土壤中污染物含量达到对人体健康或生态环境产生的不利影响超过可接受风险水平的土壤。目标污染物则是在地块环境中其数量或浓度已达到对生态系统和人体健康具有实际或潜在不利影响的，需要进行修复的关注污染物。我国污染土壤形成环境与时间各异，目标污染物种类多样，其主要形成原因体现在以下几个方面。

### （一）农药污染

在农业生产中经常使用大量的农药，其中含有很多有毒有害物质，进入周围土壤后可引发不同程度的污染问题。部分区域由于原来对环保的重视不够，为了达到预期的病虫害防治效果，施加大量具有强力杀虫作用的农药，这是土壤生态系统被破坏的重要原因之一。土壤的自净能力难以快速降解农药残留成分，导致其长期存留在土壤中，使土壤的调节和载体功能受到损害。土壤中含有大量的污染物也可导致农作物对有害成分的吸收量增大，影响食用农产品的安全，对人体健康造成威胁。另外，由于污染物迁移，还可能引起一系列的面源污染问题，导致更大范围的生态环境污染。

### （二）化肥污染

随着化学肥料使用量的增加，在很长一段时间内，保持土壤肥力主要依赖化肥，特别是在作物的关键生长期对化肥的依赖性更强。但由于当前磷肥、氮肥及钾肥等化肥的使用较为普遍，导致土壤中氮和磷元素的浓度超标，引起了氮和磷的污染问题。氮、磷化合物的降解难度较大，因此加剧了土壤污染，如果不采取有针对性的恢复和治理技术，就会对土壤环境造成严重破坏。而且随着化肥使用量逐渐增多还可产生土壤的板结问题，使土壤性质发生改变，无法满足农作物的种植要求，造成农作物减产和土地资源的浪费。当地表径流增大时，容易使污染物发生扩散迁移，不仅出现严重的水土流失，还会导致污染范围扩大，甚至可能迁移到很远的地方。

### （三）固体废弃物污染

在工业生产过程中可能产生大量的废弃物，尤其是我国在工业领域比较快速的发展过程中，曾经产生各种固体废弃物的污染问题。工业废弃物中含有大量的污染物质，尤其是重金属污染物较多，污染物容易富集在土壤中，对土壤性质造成不良影响。重金属污染的危害性较大，而且难以通过天然植物和微生物等实现快速削减，治理成本也相对较高。在矿产行业中，矿山开采作业也会产生大量的废弃物，包括残渣和尾矿等，如果未能及时做好无害化和资源化处置，也会污染矿山环境及附近的农田。此外，因各种生活垃圾的数量逐渐增多，会造成垃圾渗滤液中的污染物渗透到土壤中，可能进一步引起土壤与地下水的环境污染问题。

### （四）灌溉水污染

农业生产中的灌溉环节在为农作物补充所需水分并维持农作物健康生长的同时，也会将土壤中的营养物质和有机物质带进水体，加剧地表水体的污染。如果在农业灌溉中采用了受污染水体，则易于引发土壤污染问题，这也是导致土壤污染范围扩大的重要原因。污水中不仅含有较多的氮、磷物质，重金属元素的浓度也比较高，容易对土壤生态系统造成不同程度的污染及破坏。

### （五）大气沉降污染

在各种工业和金属冶炼等生产领域可能产生较多的粉尘和有毒有害气体，其中的颗粒物及气体污染物逐渐沉降下来，进入土壤环境中，这也是引发环境污染事件的重要原因之一，而且随着降雨量的增大，地表径流也会对土壤环境形成不同程度的破坏。特别是在重污染企业的附近区域内，大气沉降导致的土壤环境污染问题更加严重，周围土壤中的污染物含量明显增加，且呈现出扩大化的趋势。此外，随着汽车数量的增加，导致尾气排放量增多，在大气沉降作用下，也可引发不同程度的土壤污染问题[1]。

### （六）微塑料污染

塑料及其产品被广泛应用于人类生活及各行各业的生产中，它们可对土壤等生态环境造成影响及破坏，尤其是一些废弃塑料的危害性更强。大块的塑料经紫外线照射、碰撞磨损或生物粉碎等方式可形成粒径<5mm的微塑料颗粒，具有难溶性及持久性的微塑料进入土壤后，积累到一定程度则会影响土壤的性质与功能。微塑料可影响土壤的结构与理化性质，影响土壤容重、水力特征以及团聚体的变化，而且不同种类微塑料的影响也有差异性，微塑料颗粒很容易与土壤团聚体结合，影响土壤水分运移和水土保持，进而影响生态环境和生物多样性。微塑料也会通过各种途径进入人体，对人体健康造成不良影响。

## 三、土壤污染的危害

当耕地土壤中污染物的含量增大时，部分污染物会被植物吸收和富集，导致农作物的质量安全受到威胁[1]。污染土壤中，植物生长健康状况不佳，叶绿素含量也会随之下降，难以进行正常的光合作用，其生长抑制作用明显，可造成农作物减产与相应的经济损失。我国相关部门对粮食安全的重视程度越来越高，而土壤污染问题在很大程度上可威胁粮食安全，不利于社会与经济的稳定发展。食物链是污染物质传递的主要途径，很多重金属元素和各种有机污染物等在食物链中的传递会直接危害人体健康。如果人体吸收较多的污染物则会导致各类疾病，威胁呼吸系统、消化系统以及神经系统等，癌症等各种疾病也由此引发。土壤污染往往会引发不同程度的大气污染和水环境污染等，它们彼此之间存在着密切联系，当出现水环境污染时，也可能威胁人们的饮水安全和身体健康。

## 四、土壤污染的类型

我国有些地区存在着不同程度的土壤污染。一般可将土壤污染类型分成四种：①物理污染。这类污染的来源主要是工厂与矿山等区域，这类污染的固体废弃物较多，在生产或运营过程中会出现大量废矿石及工业污染物。②化学污染。这种污染主要包含无机物与有机物，如镉、铅、砷及汞等化学污染都会产生常见的污染问题。③放射性污染。这类污染的危害性极大，形成原因是核原料的开采与使用以及当地大气层出现核爆炸等问题，其中锶与铯是常见的放射性污染物。④生物污染。在城市生活及生产过程中所面临的污染问题较为严峻，各种生物类污染物增多，带病菌的城市垃圾数量较多，例如在日常生活以及医院工作中所产生的废弃物或废水等，如果处理不当，就会引发大面积的生物污染问题。我国的国土资源辽阔，社会经济发展速度比较快，在此过程中不仅要关注经济发展，也应重视环境污染和生态保护等方面的问题，保持土壤环境的安全并有效治理污染土壤环境。由于土壤污染主要来源于农业和工业生产过程以及城市生活等方面，所以在开展土壤修复过程中也应结合实际情况进行修复技术方案的优化[2]。

# 第二节　我国地下水污染状况

地下水(Ground Water)是指赋存于地面以下土壤或岩石介质中的水，狭义上是指地下水面以下饱和含水层中的水。根据岩土空隙的成因不同分为孔隙、裂隙和溶隙三大类。在国家相关标准中，地下水就是埋藏在地表以下饱和含水层中的重力水。地下水既是水资源的重要组成部分，也是农业灌溉、工矿与城市的重要水源之一。但在一定条件下，地下水的变化也会引起沼泽化、盐渍化、地面沉降以及各种污染情况的发生。

## 一、地下水污染概述

地下水资源在保证居民生活用水、社会经济发展和维持生态平衡等方面发挥着重要作用。地下水在地质条件下的分布见图1-1[3]。

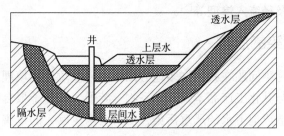

图 1-1　地下水在地质条件下的分布示意图

　　我国是水资源比较匮乏的国家，人均水资源占有量远低于世界平均水平。而地下水作为水资源的重要组成部分，在人们的生产及生活中都发挥着十分重要的作用。根据中国水资源公报的相关统计数据显示，2022 年全国平均年降水量为 631.5mm，比多年平均值偏少；全国水资源总量为 27088.1 亿 m³，比多年平均值少 1.9%[4]，其中地表水资源量为 25984.4 亿 m³，地下水资源量为 7924.4 亿 m³，地下水与地表水资源不重复量为 1103.7 亿 m³；全国供水总量和用水总量均为 5998.2 亿 m³，其中地表水源供水量为 4994.2 亿 m³，地下水源供水量为 828.2 亿 m³，其他水源供水量为 175.8 亿 m³；全国人均综合用水量为 425m³。

　　地下水污染通常指由于人类活动引起地下水中化学成分和物理性质以及生物学特性发生改变而导致水质恶化与使用价值(功能)降低的现象。地下水污染与地表水污染不同，污染物进入地下含水层后，迁移扩散速度缓慢，污染过程是逐渐发生的，一般难以及时发现，而且当发现地下水污染后，确定污染源也比较困难。更重要的是，由于地表以下地层结构复杂等因素的影响，地下水污染难以治理，即使彻底消除其污染源，已经进入含水层的污染物仍将长期产生不良影响。因此，地下水污染具有不确定性、隐蔽性和不可逆性等特点。另外，地下水污染有别于地表水污染还体现在其存在直接污染和间接污染。直接污染是指具有明确的污染源，如工业活动、农业活动、矿山开发、市政工程等产生的污染物进入地下水中，导致地下水污染；间接污染是指不存在污染源，通过抽水、注水、工程活动(包括土壤与地下水修复工程)等改变了地下水环境，使含水层中有害物质富集到地下水中，导致地下水污染。如滨海地区过量开采地下水可能导致海水入侵到地下水中；农业灌溉增加了土壤中的碳源，土壤中微生物繁盛，铁还原菌和硫酸盐菌等会将岩土介质中的重金属解析出来，溶解于地下水中；抽取地下水使得地下水位下降，原有的地下水变动带由还原的厌氧环境变成氧化环境并使地下水的水质发生变化。再者，地下水不同于地表水，它存在于岩土体中，不断发生水-岩(土)相互转化作用，当地下水环境改变时可导致水-岩(土)相互作用发生变化，地下水中的化学组分浓度发生变化。

　　地下水污染源的分类方法较多，按照分布形状可分为点源、线源和面源；按照形成原因可分为人为污染源和天然污染源两大类；按照污染来源可分为工业污染源、农业污染源、生活污染源、矿山污染源、区域性污染源和自然界本身污染源等。地下水中的污染物主要包括无机污染物、有机污染物、生物污染物和放射性污染物等。各类污染物可通过不同途径污染地下水。按照污染源种类可分为污水管渠与污水池渗漏、固体废物堆淋滤、化学液体渗漏、农业活动污染及矿山开采污染等；按照水力学特点可分为间歇入渗型、连续入渗型、越流入渗型及径流入渗型等[5]。

## 二、地下水污染的危害

近年来，地下水污染问题在我国许多地方凸显出来。垃圾的填埋与淋滤，农药化肥随雨水渗入地下，石油与其化工产品苯及其同系物、苯酚、高分子聚合物等难降解有机污染物渗透到含水层中，造成地下水的严重污染，对人类产生巨大的危害。其主要危害表现在以下几个方面。

### (一)垃圾及废弃物填埋污染

填埋释放气体中挥发出的有机物及 $CO_2$ 都会溶解进入地下水中，打破原来地下水中的 $CO_2$ 平衡压力，促进 $CaCO_3$ 的溶解，引起地下水硬度升高。全封闭型填埋场的填埋气体的逸散可能造成衬层泄漏而加剧渗滤液的浸出，进而导致地下水污染。渗滤液组分较复杂，含有难以被生物降解的有机物和重金属等。渗滤液通过下渗还可能对地下水造成严重污染，主要表现在地下水浑浊，有臭味，COD 及"三氮"(亚硝酸盐氮、硝酸盐氮和氨氮)含量高，油类、酚类及重金属污染严重，细菌与大肠杆菌超标等。

### (二)生活及农业污水排放污染

农业灌溉水及农村家畜产生有机废物，城镇居民产生的生活垃圾和生活废水，其中含有纤维素、淀粉、尿素、洗涤剂以及多种微生物。这些污染物质渗入地下水中可引起水的理化指标变差，COD 及 BOD 升高，严重者出现水质浑浊、恶化以至于不能饮用。并且微生物的作用使含氮有机物转变为亚硝酸盐和硝酸盐，长期饮用含高浓度硝酸盐的地下水会引起消化道疾病和婴儿高铁血红蛋白症，导致婴儿窒息或死亡。人与动物饮用农药污染的地下水还会引起各种怪病，如畸胎、肿瘤、皮肤病及神经系统疾病等。

### (三)工业有机物和重金属污染

目前已发现地下水中的有机污染物竟高达 184 种以上，其中包括芳香烃类及卤代烃类等，这些有机物都是难以被生物降解的污染物，对人类健康危害极大，有许多是致癌物质。受到污染的地下水中如果含有超量的镉、汞、铬、砷及铅等重金属元素及其化合物，则可能在自然界的生物体内富集，如人体的肝、肾、脾及脑组织与骨组织等重要部位。长期饮用含汞超标的地下水可引起肝炎、肾炎以及运动失调等疾病；饮用被镉污染的水则会引起人的慢性中毒，损害人的肝、肾和骨髓等；摄入超量的砷会引起慢性中毒，潜伏期可长达几年甚至几十年，最终将造成癌变或畸变。

### (四)海(咸)水入侵污染

沿海城市人为因素引发的海(咸)水入侵可引起城市供水水源地的污染，不仅造成了大批机井报废，还可使入侵区大面积耕地盐碱化，丧失灌溉能力，灌溉面积减少，更严重的是造成人与动物用水困难。饮用海水入侵的地下水会对人体健康造成严重影响，肝病与肠胃病发病率明显高于非污染区[5]。

## 三、地下水污染的现状

根据《2022 中国生态环境状况公报》[6]，在全国监测的 1890 个地下水质量考核点位中，Ⅰ～Ⅳ类水质占 77.6%、Ⅴ类水质占 22.4%，主要超标指标为铁、硫酸盐和氯化物。从近几年的中国地下水污染状况可知，中国浅层地下水污染严重，其污染源主要来自工业场地的化学品污染、加油站的石油类污染、污染土壤下渗、污染地表水体渗流、矿山开发污染源以及农业面源污染源等[7]。尤其是长期以来，地下水的不合理开发、土地的不合理利用、工业废物和生活垃圾等的欠规范处置以及农药化肥的大量使用，使地下水污染状况日益加重，因地下水污染造成的水质型缺水问题逐渐突出。据报道，全国 90% 的地下水遭受了不同程度的污染，其中 60% 污染严重，因此我国的地下水污染防控形势非常严峻[5]。

我国社会经济的快速发展也带来了严重的地下水污染问题。表 1-1 为我国近十年地下水水质的变化情况，可以看出，我国Ⅳ类和Ⅴ类地下水所占比例整体呈上升趋势，地下水的水质呈恶化趋势。

表 1-1 我国 2013~2022 年各类地下水水质占比一览表

| 年份 | 水质监测点个数 | Ⅰ～Ⅲ类所占比例/% | Ⅳ类所占比例/% | Ⅴ类所占比例/% |
|---|---|---|---|---|
| 2013 | 4778 | 40.4 | 43.9 | 15.7 |
| 2014 | 4896 | 38.5 | 45.4 | 16.1 |
| 2015 | 5118 | 38.7 | 42.5 | 18.8 |
| 2016 | 6124 | 39.9 | 45.4 | 14.7 |
| 2017 | 5100 | 33.4 | 51.8 | 14.8 |
| 2018 | 101668 | 13.8 | 70.7 | 15.5 |
| 2019 | 10168 | 14.4 | 66.9 | 18.8 |
| 2020 | 10171 | 13.6 | 68.8 | 17.6 |
| 2021① | 1990 | 79.4 | | 20.6 |
| 2022① | 1890 | 77.6 | | 22.4 |

①根据国家地下水环境质量考核点位的统计数据。

近十年我国地下水的主要污染物为铁、锰、氯化物、"三氮"（亚硝酸盐氮、硝酸盐氮、氨氮）、溶解性总固体、硫酸盐、氟化物等，个别监测点位也有重金属（锌、砷、铅、六价铬、汞、镉等）污染[8]，具体情况见表 1-2。总体而言，我国的地下水污染物种类较多，地下水受到了严重污染。

表 1-2 我国 2012~2022 年地下水主要污染物一览表

| 年份 | 主要超标污染物 |
|---|---|
| 2012 | 超标指标为铁、锰、氟化物、"三氮"、总硬度、溶解性总固体、硫酸盐、氯化物等，个别监测点存在重（类）金属超标现象 |
| 2013 | 超标指标为总硬度、铁、锰、溶解性总固体、"三氮"、硫酸盐、氟化物、氯化物等 |
| 2014 | 超标指标为总硬度、溶解性总固体、铁、锰、"三氮"、氟化物、硫酸盐等，个别监测点有砷、铅、六价铬、镉等重（类）金属超标现象 |
| 2015 | 超标指标主要包括总硬度、溶解性总固体、pH 值、COD、"三氮"、氯离子、硫酸盐、氟化物、锰、砷、铁等，个别水质监测点存在铅、六价铬、镉等重（类）金属超标现象 |

| 年份 | 主要超标污染物 |
|---|---|
| 2016 | 超标指标主要为锰、铁、总硬度、溶解性总固体、"三氮"、硫酸盐、氟化物等，个别监测点存在砷、铅、汞、六价铬、镉等重(类)金属超标现象 |
| 2017 | 超标指标主要为总硬度、锰、铁、溶解性总固体、"三氮"、硫酸盐、氟化物、氯化物等，个别监测点存在砷、六价铬、铅、汞等重(类)金属超标现象 |
| 2018 | 超标指标主要为锰、铁、浊度、总硬度、溶解性总固体、碘化物、氯化物、"三氮"和硫酸盐，个别监测点存在铅、锌、砷、汞、六价铬、镉等重(类)金属超标现象 |
| 2019 | 超标指标主要为锰、总硬度、碘化物、溶解性总固体、铁、氟化物、氨氮、钠、硫酸盐和氯化物 |
| 2020 | 超标指标主要为锰、总硬度和溶解性总固体 |
| 2021 | 超标指标主要为硫酸盐、氯化物和钠 |
| 2022 | 超标指标主要为铁、硫酸盐和氯化物 |

## 四、地下水污染的来源

### (一)工业污染

随着我国工业的快速发展，工业区的地下水污染问题逐渐凸显。由于工业生产方式逐渐多样化，工业企业污染物的种类越来越多，成分也越来越复杂。如果工业污水不经过任何处理直接外排就会严重污染当地的地表水和地下水；若工业企业的防渗措施不到位或直接将工业污水外排至地下，使得污水渗入地下水系统，也会导致地下水的水质逐步恶化。此外，工业企业排放的废气，其中含有的污染物可随着干湿沉降而落入地表，然后下渗到地下水中而引起地下水的污染。

### (二)农业污染

农业面源污染是造成地下水污染的重要因素。通常情况下，农药和化肥的过量施用、农业灌溉用水的污染、畜禽养殖污染等都是造成农业面源污染的重要原因，并进一步引起地下水的污染。在农业生产过程中，过量施用的化肥和农药影响土壤活性以及土壤分解、转化与吸附污染物的自净能力；长期大量施用化肥易引起地下水的硝酸盐污染。我国农田生态系统受施肥等农业活动影响很大，浅层地下水存在一定程度的硝态氮污染。另外，部分农药在土壤中具有较强的移动性，它们可通过降水入渗或通过包气带(土壤)进入饱水带的地下含水层中；还有部分农药会通过落水洞、水井以及补给地下含水层的河水一起渗入地下含水层中，且在承压含水层补给区发生淋溶作用，随着地下径流的扩散，造成地下水发生区域性与大面积污染。同时，我国许多地区还存在着用废污水灌溉农田的现象，由于废污水中存在的污染物以及一些难降解成分会随着灌溉进入土壤，然后进入地下水中，从而引起地下水污染。此外，我国畜禽养殖场的数量较多，这些养殖场在生产运营过程中也会造成地下水的污染。而畜禽养殖业产生的污染物对地下水的水质影响主要是通过渗透途径使污染物渗入地下，从而引起地下水溶解氧含量减少、含氮量增加以及水中有毒成分增多，严重时会使地下水体发黑或变臭，失去使用价值。

### (三)采矿污染

采矿过程也会对地下水的水位和水质产生较大影响。这主要是因为在采矿过程中可产生大量的渗滤液，还会产生矿坑水等污水，这些都可能引起地下水的污染。在矿山开采过程中产生的污水含有较多的矿物质、微量元素或有毒有害的其他物质，且由于自然降水作用，这些污水逐渐进入水体中，并大量地渗透到地表和地下环境，进而引起地下水酸化和地下水污染。因此，在采矿过程中产生的多种重金属污染物进入土壤和地下水中，使地下水环境遭到了重金属等有毒有害物质的污染。

### (四)城乡生活污染

有的城镇污水管网建设滞后，使得雨污管网不够完善，甚至有些污水管网因年久失修可能存在破损现象，导致城镇污水存在漏排，进而造成地下水的污染。在农村地区，也存在生活污水乱排放的现象，难以做到污水全收集及全处理，而且生活污水都是通过明渠或暗管的方式进行处理和排放，这些都可能引起地下水的污染。此外，生活垃圾填埋场在填埋过程中产生的渗滤液也可能通过多种方式进入地下而引发地下水污染。而城市生活垃圾填埋场产生的垃圾渗滤液主要是通过包气带下渗进入地下水含水层，由于渗滤液污染物浓度较高，流动缓慢，渗漏持续时间长，从而对周围的地下水造成了比较严重的污染。

### (五)加油站污染

由于加油站的地下设施、埋地油罐以及输油管线等长期使用，可能会存在维护不力或材料腐蚀破损等现象，从而可能造成油品向地下环境的泄漏。而油品中含有的苯系物、多环芳烃和甲基叔丁基醚等有毒有害物质，则会因为泄漏进入土壤和地下水中，从而造成地下水的污染，因此加油站是影响地下水环境的重要风险源。而加油站引起的地下水污染往往具有隐蔽性，这类污染的治理难度较大，且治理成本也较高。

### (六)危废处置场污染

危废处置场是用来专门处置危险废弃物的场所。在危险废弃物中一般都含有重金属等许多有害物质。若危险废弃物在危废处置场中大量堆积，就会因为雨水淋溶、风化和生物降解作用，使危险废弃物中的有毒有害物质析出，并在物理、化学与生物作用下迁移至土壤环境中，然后进入地下水中引起地下水的污染[8]。

## 第三节　土壤-地下水污染与防控存在的问题

土壤与地下水是人类赖以生存的重要资源，浅部土壤是维持植被和农作物生长的基础，提供人类和动物生存的食物。很多国家的饮用水源为地下水，我国北方一些地区主要供水水源为地下水。土壤与地下水是生态系统的一部分，地表的显性生态系统和地表以下的隐性生态系统均依赖土壤和地下水，地下水流系统通过水分循环、养分循环和碳循环将地表显性生态系统与地表以下隐性生态系统联系起来。因此，土壤与地下水污染不仅直接危害人类健康，而且通过食物链和生态系统污染威胁着人类安全。土壤污染引起农作物中某种元素含量超标，并通过食物链富集到人体和动物中，危害人畜健康，引发人类癌症和其他疾病。另外，土壤受到污染后，污染物含量较高的污染表土容易在风力和水力作用下分别进入大气和地表水体中，导致大气污染、地表水和地下水污染以及生态系统破坏等生态环境问题。人类产生的污染物逐渐通过各种途径进入地下环境而污染土壤和地下水。地下水中的污染物通过水流转移到地表水体中，污染河流、湖泊和海洋，进而污染水生生物，并通过食物链影响人体健康；土壤和地下水中挥发和半挥发性有机污染物转化成气体，直接影响人体健康；土壤污染物转移到作物中，影响食品安全；土壤与地下水污染，影响饮用水源，从而影响人类健康；污染严重的工业场地转化成商用或民用建筑，也会通过地基和建筑物底部裂隙或空隙通道，使挥发性气态污染物进入房间，影响人体健康；土壤与地下水污染影响地下空间环境质量，从而影响人体健康[7]。因此，土壤-地下水污染与防控具有重要的科学意义和现实价值。

## 一、加强土壤-地下水污染管控

面对土壤-地下水污染问题，应做好土壤的修复与防控管理。我国各级管理部门建立了多种污染场地修复和治理的相关标准与技术规范，关注和支持有关的环境保护、产品研发及装备更新等方面的工作及条件改善。现阶段，环境污染源呈现出多样化和复杂化的特点，其中重金属污染、有机物污染、细菌病毒污染以及抗生素污染等问题都是环境管理中的重点问题。如果人们饮用了被有机物污染的地下水，可能出现腹泻、呕吐乃至中毒等现象；日常饮用水被重金属等有害物质污染，就会引起人体的慢性中毒，损害内脏的正常运行。城市是遭受有机物和重金属污染的重灾区，其地下水环境容易遭受污染。地下水污染受多种因素的影响，不同地区的污染原因差异较大，在同一区域内也可能出现不同原因的地下水污染问题，这增加了地下水污染防治工作的难度。不少地区在实施污水和雨水分流时还存在一定的问题，导致污水在汛期随雨水渗透到地下，引发地下水污染。随着城市化进程的加快，城市人口数量增长速度很快，污水排放压力大，而且不少城区在建设过程中对地下管道的设计与建设容量不足，影响了污水的处理和排放，污水下渗则会引发地下水污染问题。另外，在城市发展中，一般采用填埋或焚烧的方式处理垃圾，但垃圾焚烧会引发大气污染，垃圾填埋则可能导致垃圾渗滤液流入地下水，引发地下水污染。

随着工业化进程和城市化建设的不断加快，推动了经济持续发展，但许多工业企业在发展过程中的排污工作尚需改进和加强。一方面是部分在产企业的土壤和地下水污染治理需要改进；另一方面，在推行绿色石油化工产业的形势下，在各种新兴产业的建设中也需要加强土壤和地下水的管控措施。此外，很多农村地区的农药减量与化肥减量问题尚需落实和加强监管，应树立高度的危机意识和忧患意识，积极承担环保责任和义务。同时还需完善与土壤-地下水污染防治相关的法律法规建设，有效推进地方生态环境管理部门及时针对受污染的土壤-地下水环境进行管控和治理修复。

## 二、完善有效的治理措施

以前我国对土壤-地下水污染的防范较为薄弱，缺乏成熟的污染管控体系和治理措施，但随着人们对美好生活的向往和保护生态环境意识的增强，在完成了绝大部分地下水水质检测分析工作基础上，逐步改善了单纯依靠水质监测和水量评估难以保证管控有效性的问题，定期在全国范围内对土壤-地下水基础环境状况进行调查与评估，把握土壤-地下水污染情况，为土壤-地下水资源利用和污染环境治理提供可靠的依据。

完善治理措施主要可从以下几方面开展：加强相应的法律法规建设，明确土壤-地下水污染的责任，解决追究难度大的问题；逐渐加大对土壤-地下水保护的资金投入力度，不断提高更新相关设备和工具的资金支持；推进完善成熟的土壤-地下水污染治理管理体系，实现对土壤-地下水质量的实时监测；在发生地下水污染后，及时做出预警，防止地下水污染范围扩大。

### (一)完善监督体系建设

生态环境部门对土壤及地下水实施统一监督和管理，并设有专门管理土壤和地下水环境污染的部门，在环境监督执行过程中，应注意明确各部门之间的职责分配，否则容易导致监管任务的正常执行受到影响，进而影响环境污染治理工作的有序开展。还有，部分区域在开展环境污染治理工作中，应注意构建完善的管理机制和相应的模式，并结合区域地理环境和水文环境的实际情况，避免造成监督管理工作不到位现象的发生，加强环境监管力度和防治工作实际成效的落实，逐步形成土壤-地下水污染监测的统一监测网络和监督管理体系，统一监测制度，使得监测与监督工作管理到位。

### (二)加强管控技术研发和人力支撑

随着我国土壤-地下水污染修复技术的发展和相关技术渐趋完善，不断将实验研究成果和研究技术应用于工程实践，相关管控技术与装备研发逐渐赶超发达国家，逐步形成土壤-地下水修复技术筛选体系，以满足当前土壤-地下水污染环境修复工作的需要。同时，我国的地下水污染防渗技术尚需加强，逐渐实现土壤-地下水污染以防为主的目标。

目前线上平台监测已运用到土壤和地下水环境的治理中，但应注意不同网络平台的运行机制可能存在差别，彼此间应尽快形成统一的规划和体系，以避免在共同运行中出现监测工作交叉和点位布设可能重叠等问题，防止平台监测指标存在差别导致数据的可靠性下降等情况的发生。完善环境监察执法队伍的装备，如为县区和地市级监管部门配备快速检测仪或其他相关的先进传感设备，以保证监管执法队伍在进行土壤和地下水污染防治中发挥更重要的作用。另外，由于土壤和地下水的污染治理工作有很高的技术要求，需要基层生态环境部门加强人才储备，保证业务素质过硬的技术人员进入该领域开展工作，提高业务能力并强化管理机制。

### (三)更新防治基础设施并健全环境保护法规标准体系

为了准确地探测土壤和地下水环境的动态变化情况，生态环境部门可在有的污染现场安置特定的硬件设施，如防渗漏装置及水利截取装置等，这些设备可以最大限度地维持现场的稳定性，避免给周围环境带来不良的干扰和影响，在有的地区可能需要更新相应的基础设施，使得污染防治工作监测与管控到位。另外，土壤和地下水污染治理及管控必须依靠特定的法律、标准和相关的规章制度，这需要逐渐完善土壤和地下水保护的防治标准、管控技术以及相应的制度，形成统一的整体，明确目的性和系统性。

### 三、提高相应的防范意识

在土壤-地下水污染问题治理过程中，应强化部分地方政府管理部门的职能，让大家真正树立绿水青山就是金山银山的理念，并认识到土壤-地下水污染的危害性，使土壤-地下水污染问题被及时发现和控制。土壤-地下水污染具备很强的隐蔽性，因此应积极重视起来，以便得到很好的处理，而且土壤-地下水污染还具有难以逆转的特点，可对生态环境以及供水与用水安全产生严重影响。一直以来，在水污染治理中，人们比较重视地表水污染治理，但同时也应加强地下水污染防治，以免造成地下水污染问题频发。一些比较发达的国家经常采取基于风险的管理模式，优先处置高风险的污染场地，将风险控制在可接受范围内[9]。目前，我国污染场地的风险管理更多地关注表层土壤和包气带，应切实加强对地下水污染风险管理[10]。有关土壤-地下水复合污染风险管理的工作亟待加强。同时，我国还应针对土壤-地下水污染突发事件尽早制定专项应急预案并强化管理，建设对土壤-地下水污染的实时监控网络、预警系统和应急保障体系，准确及时地采取有效的控制措施[5]。

# 第四节　土壤-地下水污染与防控的任务及内容

## 一、推进土壤污染防控

我国正在采取严格管理措施，以某些耕地重金属污染的突出区域为重点，强化镉等重金属污染的源头管控，巩固提升受污染耕地安全利用水平；以用途变更为"一住两公"（住宅、公共管理与公共服务用地）的地块为重点，严格准入管理，坚决杜绝违规开发利用；以土壤污染重点监管单位为重点，强化监管执法，防止新增土壤污染。

### （一）加强耕地污染源头控制

**1. 严格控制涉重金属行业企业污染物排放**

在矿产资源开发活动集中区域和安全利用类与严格管控类耕地集中区域，已开始执行《铅、锌工业污染物排放标准》《铜、镍、钴工业污染物排放标准》及《无机化学工业污染物排放标准》中颗粒物和镉等重点重金属特别排放限值。依据《中华人民共和国大气污染防治法》《中华人民共和国水污染防治法》以及重点排污单位名录管理有关规定，将符合条件的排放镉等有毒有害大气和水污染物的企业纳入重点排污单位名录；纳入名录的涉镉等重金属排放企业在2023年底前应对大气污染物中的颗粒物按排污许可证规定实现自动监测，以监测数据核算颗粒物等排放量；开展涉镉等重金属行业企业排查整治"回头看"，动态更新污染源整治清单。

**2. 整治涉重金属矿区历史遗留固体废物**

以某些矿产资源开发活动集中区域为重点，聚焦有色重金属、煤炭、硫铁矿等矿区以及安全利用类和严格管控类耕地集中区域周边的矿区，全面排查无序堆存的历史遗留固体废物，制定整治方案，进行分阶段治理，逐步消除存量。优先整治周边及下游耕地土壤污染较重的矿区，有效切断污染物进入农田的渠道。

3. 开展耕地土壤重金属污染成因排查

以土壤重金属污染问题突出区域为重点，兼顾粮食主产区，对影响土壤环境质量的输入输出因素开展长期观测。选择一批耕地镉等重金属污染问题突出的县(市、区)，开展集中连片耕地土壤重金属污染途径识别和污染源头追溯。

## (二)防范工矿企业新增土壤污染

### 1. 严格建设项目土壤环境影响评价制度

对涉及有毒有害物质可能造成土壤污染的新(改、扩)建项目，依法进行环境影响评价，提出并落实防腐蚀、防渗漏及防遗撒等土壤污染防治的具体措施。

### 2. 强化重点单位的监管

我国采取动态更新土壤污染重点监管单位名录的方式，监督全面落实土壤污染防治义务，依法纳入排污许可管理。2025年底前，至少完成一轮土壤和地下水污染隐患排查整改。地方生态环境部门定期开展土壤污染重点监管单位的周边土壤环境监测。

### 3. 推动实施绿色化改造

鼓励土壤污染重点监管单位因地制宜实施管道化及密闭化改造，重点区域防腐防渗改造，以及物料与污水管线架空建设和改造；聚焦有色重金属采选和冶炼以及涉重金属无机化工等重点行业，鼓励企业实施清洁生产改造，进一步减少污染物排放。

## (三)深入实施耕地分类管理

### 1. 切实加大保护力度

我国依法将符合条件的优先保护类耕地划为永久基本农田，在永久基本农田集中区域，不得规划新建可能造成土壤污染的建设项目。加强农业土地及农产品的质量监管，从严查处向农田施用重金属不达标肥料等农业投入品的行为。并在长江中下游等南方粮食主产区，实施强酸性土壤降酸改良工程。

### 2. 全面落实安全利用和严格管控措施

在各省份制定的"十四五"受污染耕地安全利用方案及年度工作计划中，明确行政区域内安全利用类耕地和严格管控类耕地的具体管控措施，以县或设区的市为单位全面推进落实。分区分类建立完善安全利用技术库和农作物种植推荐清单，推广应用品种替代、水肥调控、生理阻隔、土壤调理等安全利用技术。鼓励对严格管控类耕地按规定采取调整种植结构等相关保护措施。国家及安全利用类耕地集中的省(区、市)应成立安全利用类耕地专家指导组，加强对地方工作指导。探索利用卫星遥感等技术开展严格管控类耕地种植结构调整等措施实施情况监测。加强粮食收储和流通环节监管，杜绝重金属超标粮食进入粮食市场。

### 3. 动态调整耕地土壤环境质量类别

根据土地利用变更、土壤和农产品协同监测结果等情况，动态调整耕地土壤环境质量类别，调整结果经省级人民政府审定后报送农业农村部和生态环境部，并将清单上传全国土壤环境信息平台。原则上禁止曾用于生产、使用、储存、回收、处置有毒有害物质的工矿用地复垦为种植食用农产品的耕地。

**（四）严格建设用地准入管理**

1. 开展土壤污染状况调查评估

以用途变更为"一住两公"的地块为重点，依法开展土壤污染状况调查和风险评估。鼓励各地因地制宜地提前开展土壤污染状况调查，化解建设用地土壤污染风险管控和修复与土地开发进度之间的矛盾，及时将注销、撤销排污许可证的企业用地纳入监管视野，防止腾退地块游离于监管之外。土壤污染重点监管单位生产经营用地的土壤污染状况调查报告应当依法作为不动产登记资料送交地方人民政府不动产登记机构，并报地方人民政府生态环境主管部门备案。强化土壤污染状况调查质量管理和监管，探索建立土壤污染状况调查评估等报告抽查机制。明确土壤环境是否被污染或污染程度及范围等。

2. 因地制宜严格污染地块用地准入

从事土地开发利用活动，应当采取有效措施，防止及减少土壤污染，并确保建设用地符合土壤环境质量要求。合理规划污染地块用途，从严管控农药与化工等行业中的重度污染地块规划用途，确需开发利用的，鼓励用于拓展生态空间。地方各级自然资源部门对列入建设用地土壤污染风险管控和修复名录的地块，不得作为住宅、公共管理与公共服务用地；不得办理土地征收、收回、收购、土地供应以及改变土地用途等手续。依法应当开展土壤污染状况调查或风险评估，而未开展或尚未完成的地块，以及未达到土壤污染风险评估报告确定的风险管控及修复目标的地块，不得开工建设与风险管控及修复无关的项目。鼓励因地制宜地探索"环境修复+开发建设"模式，如某污染地块原计划进行污染土壤清挖、异位修复后再进行回填，因后续规划将作为商业用地开发建设，所以可将修复工程与建设工程相结合，修复后土壤不需回填、开发建设可利用基坑进行建设，双方均节省费用与时间。

3. 优化土地开发和使用时序

在土地开发和使用过程中，涉及成片污染地块分期分批开发的以及污染地块周边土地开发的情况，应优化开发时序，防止污染土壤及其后续风险管控和修复影响周边拟入住敏感人群。原则上，居住、学校以及养老机构等用地应在毗邻地块土壤污染风险管控和修复完成后再投入使用。

4. 强化部门信息共享和联动监管

在土地管理中，建立完善的污染地块数据库及信息平台，共享疑似污染地块及污染地块空间信息。生态环境部门与自然资源部门应及时共享疑似污染地块和污染地块的有关信息，用途变更为"一住两公"的地块信息，土壤污染重点监管单位生产经营用地用途变更或土地使用权收回及转让信息。将疑似污染地块和污染地块的空间信息叠加至国土空间规划"一张图"。推动利用卫星遥感等手段开展非现场检查。

### （五）有序推进建设用地土壤污染风险管控与修复

#### 1. 明确风险管控与修复重点

在建设用地土壤污染风险管控工作中，以用途变更为"一住两公"的污染地块为重点，依法开展风险管控与修复。以重点地区危险化学品生产企业搬迁改造以及长江经济带化工污染整治等专项行动遗留地块为重点，对暂不开发利用的，应加强风险管控。以化工等行业企业为重点，鼓励采用原位风险管控或修复技术，探索在产企业边生产边管控土壤污染风险模式。鼓励绿色低碳修复，探索污染土壤"修复工厂"模式，提倡节约高效的修复技术以及相关的修复方法。

#### 2. 强化风险管控与修复活动监管

鼓励地方先行先试，探索建立污染土壤转运联单制度，防止转运污染土壤非法处置。严控农药类等污染地块风险管控和修复过程中产生的异味、噪声、飘尘及毒害性中间产物等二次污染。针对采取风险管控措施的地块，强化后期管理。严格效果评估，确保实现土壤污染风险管控与修复目标。

#### 3. 加强从业单位和个人信用管理

依法将从事土壤污染状况调查和土壤污染风险评估、风险管控、修复、风险管控效果评估、修复效果评估及后期管理等活动的单位和个人的执业情况和违法行为记入信用记录，纳入全国信用信息共享平台，并通过"信用中国"网站、国家企业信用信息公示系统向社会公布。鼓励社会选择水平高及信用好的单位开展相关工作，推动从业单位提高能力与信誉。

### （六）开展土壤污染防治试点示范

在长江中下游、西南以及华南等区域，开展一批耕地安全利用重点县建设，推动区域受污染耕地安全利用示范。在长江经济带、粤港澳大湾区、长三角地区及黄河流域等区域，继续推进土壤污染防治先行区建设。

## 二、加强地下水污染管控

以保护和改善地下水环境质量为核心，建立健全地下水污染防治管理体系；加强地下水污染源头预防，控制地下水污染增量，逐步削减存量；强化饮用水源地保护，保障地下水型饮用水水源的环境安全。

### （一）建立地下水污染防治管理体系

#### 1. 制定地下水环境质量达标方案

针对国家地下水环境质量考核点位，分析地下水环境质量状况，非地质背景导致未达到水质目标要求的，应因地制宜地制定地下水环境质量达标或保持方案，明确防治措施及完成时限。

#### 2. 推动地下水污染防治分区管理

我国鼓励地级及以上城市开展地下水污染防治重点区划定，实施地下水环境分区管理、分级防治，明确环境准入、隐患排查、风险管控及修复等差别化环境管理要求。

3. 建立地下水污染防治重点排污单位名录

建立地下水污染防治重点排污单位名录，推动纳入排污许可管理，加强防渗、地下水环境监测和执法检查等工作的开展。综合推动地下水环境分区管理及建立重点排污单位名录等，因地制宜地开展典型环境问题监管，探索创新地下水生态环境管理制度。

## （二）加强污染源头预防、风险管控与修复

1. 开展地下水污染状况调查评估

积极开展"一企一库"和"两场两区"（即化学品生产企业、尾矿库、危险废物处置场、垃圾填埋场、化工产业为主导的工业集聚区、矿山开采区）地下水污染调查评估工作。到2023年，完成一批以化工产业为主导的工业集聚区、危险废物处置场和垃圾填埋场地下水污染调查评估；到2025年，完成一批其他污染源地下水污染调查评估。

2. 落实地下水防渗和监测措施

鼓励并督促"一企一库"和"两场两区"采取防渗漏措施，按相关要求建设地下水环境监测井，开展地下水环境自行监测；指导地下水污染防治重点排污单位优先开展地下水污染渗漏排查，针对存在问题的设施，采取污染防渗改造措施。地方生态环境部门开展地下水污染防治重点排污单位周边地下水环境监测。

3. 实施地下水污染风险管控

针对存在地下水污染的化工产业为主导的工业集聚区、危险废物处置场和生活垃圾填埋场等，实施地下水污染风险管控，阻止污染扩散，加强风险管控后期环境监管。试点开展废弃矿井地下水污染防治、原地浸矿地下水污染风险管控，探索油气采出水回注地下水污染防治措施等。

4. 推进开展地下水污染修复

土壤污染状况调查报告、土壤污染风险管控或修复方案等，应依法包括地下水相关内容，存在地下水污染的，要统筹推进土壤和地下水污染风险管控与修复。针对迁移性强的重金属和有机污染物等，兼顾不同水文地质条件，选择适宜的修复技术，开展地下水污染修复试点，形成一批可复制与可推广的技术模式。

## （三）强化地下水型饮用水水源保护

1. 规范地下水型饮用水水源保护区环境管理

强化县级及以上地下水型饮用水水源保护区划定，设立标志并进行规范化建设。针对水质超标的地下水型饮用水水源，应分析超标原因，因地制宜地采取整治措施，确保水源水质达标和生态环境安全。

2. 加强地下水型饮用水水源补给区保护

完善地下水型饮用水水源补给区划定技术方法，开展城镇地下水型饮用水水源保护区、补给区及供水单位周边环境状况调查评估，推进县级及以上城市浅层地下水型饮用水

重要水源补给区划定，加强补给区地下水环境管理。

3. 防范傍河地下水型饮用水水源环境风险

推进地表水和地下水污染协同防治，加强河道水质管理，减少受污染河段侧渗和垂直补给对地下水的污染，确保傍河地下水型饮用水水源的水质安全[11]。

# 第五节　土壤-地下水污染与防控的进展及未来

## 一、土壤-地下水污染与防控的进展

在土壤-地下水污染防控工作中，有关部门深入贯彻和推进国家生态文明建设，认真落实党中央与国务院决策部署，在土壤、地下水和农业农村生态环境保护中取得明显成效。

### (一)土壤污染风险得到基本管控

在土壤污染风险管控中，顺利完成《土壤污染防治行动计划》确定的受污染耕地安全利用率和污染地块安全利用率"双90%"目标任务，遏制了土壤污染加重的趋势，管控土壤污染风险，土壤环境质量总体保持稳定。完成土壤污染状况详查，初步查明我国农用地土壤污染的面积、分布及其对农产品质量的影响，掌握重点行业企业用地潜在环境风险情况。完成耕地土壤环境质量类别划定，并实施分类管理。严格建设用地准入管理，依法依规对数万个地块开展调查，并将重点污染地块列入建设用地土壤污染风险管控和修复名录。有力整治耕地周边涉镉等重金属污染源，将多家企业纳入土壤污染重点监管单位。建立全国土壤环境信息平台，建成土壤环境监测网络。中央财政累计已投入土壤污染防治专项资金数百亿元，实施"场地土壤污染成因与治理技术"及"农业面源和重金属污染农田综合防治与修复技术"等国家重点研发专项，开展相关的土壤-地下水污染环境治理与应用技术研发。

### (二)地下水生态环境保护稳步推进

完成《水污染防治行动计划》确定的有关目标任务，实现全国1170个地下水考核点位质量极差比例控制在15%左右；全国9.6万座加油站的36.2万个地下油罐完成双层罐更换或防渗池设置。在实施《全国地下水污染防治规划(2011—2020年)》及《地下水污染防治实施方案》过程中，持续开展全国地下水状况调查评价，基本掌握440万 $km^2$ 的1:25万比例尺区域地下水质量，逐步建立"双源"(地下水型饮用水水源和地下水污染源)清单，掌握城镇集中式地下水型饮用水水源和地下水污染源的基本信息。实施"国家地下水监测工程"，建设国家地下水监测站点，稳步推进地下水生态环境保护。

## 二、我国土壤与地下水保护展望

土壤是人类赖以生存的载体，保护土壤和地下水资源与人类生活息息相关。2014年《全国土壤污染状况调查公报》颁布以后，我国土壤环境问题已引起社会各界的广泛关注。

但是在实际执行和决策过程中仍暴露出不少的问题[12]。首先，我们不应只考虑哪些地块需要修复，而应考虑受体，不提倡为修复而修复的"一刀切"模式。传统的调查方式是规划为调查服务，先确定规划用地类型，再决定是否需要做调查；这种方式可能造成的问题是地块内土壤条件不满足规划中第一类或第二类用地的要求，从而增加后续土壤修复的成本。其次，在土壤及地下水修复管控中，除了应着重关注对人体健康的影响，也应重视对生态环境的保护。目前，土壤及地下水修复工程周期普遍较短，应避免可能存在的"偷工减料"现象的发生，加强地块修复后的监管工作。构建经济性与绿色环保可持续的防控理念，做到修复与管控相结合，实现以自然条件为基础的解决方案。最后，土壤与地下水修复治理不应该被割裂开来，开展统筹规划和综合考虑才能达到理想的修复目标。各种污染物在土壤和地下水之间的迁移，仅完成某一方面的治理并不能保证后续污染不再发生，应将地块的污染源、土壤、地下水、地表水以及地表绿化等要素统筹考虑，还可将用地规划一并考虑，作为一个整体目标进行修复和后续利用，实现自然资源的统一管理方为根本之策。

### (一)明确职责范围和目标

在实际工作中，多头管理是限制环保工作进程的主要障碍，如果不同部门在土壤和水污染治理过程中职责不清，就难以实现整个治理体系的和谐与稳定。因此，部门间在应对环保问题方面要并向而行，齐心协力并权责分明地互相协商与开展合作。同时，还要进一步明确权责分界以及环境污染与治理的范围，例如，水利部门的水资源管理处应引导整个国内的地下水资源管理，还要编订环境通报，并及时向地区各级水资源管理处发布最新的环境治理消息，实现资源共享；另外，也要进一步落实"市一级统筹，县一级落实"的长效工作机制，并针对阶段性的治理工作进行目标性考核，使土壤和地下水污染治理任务能真正落实到基层。在必要的情况下，还要成立专项调查小组，专门负责现场的实时观察和监测工作，以判断土壤和地下水的污染程度。

### (二)突出技术层面的综合升级

通常情况下，土地环境污染监测和分析是土壤和地下水状态判断的重要参考，目前发达国家已在环境污染监测领域逐渐走向集成化，实现了技术和设备的升级。而就国内的发展现状来看，还有一定的提升空间，当土壤和水环境污染扩散范围延伸、防控工作和修复工作齐头并进的时候，相关的管控技术升级也是必要的。所以，在实际治理过程中，可把微生物技术和传感技术相结合，进行技术层面的综合升级，并且还要研制出更加多样化且具有防干扰功能的监控设施，以满足实际需求。值得注意的是，由于土壤和地下水污染涉及地质学、水文学、生物学、化学及环境学等多学科内容，故技术研发工作也可开展多个领域的协作，应在多个相关层面进行综合升级。而在国家层面，需根据整体的技术需求，支持开展既具学术意义又有应用价值的协同技术研发。此外，相关部门还要带头选择一些具有代表性的土壤和地下水的污染区域，将其作为试验对象，并将多种防治和修复的途径相结合，观察综合效果并宣传推广良好的成功模式。

### (三)强化源头把控和监督

在实际工作中应进一步对土壤和水环境做出空间上的限制，无论何种行业还是何种企业都应按照区域政策落实自身的布局计划，做到科学选址和环保选址，以利于实现高效利用宝贵的自然资源。而当地的管理部门也应针对城镇生活区域，划分出重点监测范围，以管控新建与改建等可能给土壤和地下水环境带来不良影响的项目。同时，生态环境部门应及时设计出合理的污染源控制方案，并针对污染源控制的时间、类型以及责任单位作出明确规定，严格监管。生态环境部门、农业农村部门和市场监管部门在面对土壤污染时，应积极联合起来，互相分享相关的经验，并根据耕地调查现状和耕地质量等级，共同监督粮食安全生产和食品安全加工。另外，当地管理部门也要针对一些违规行为加大行政处罚的力度，避免修复工程给土壤和地下水带来二次污染。

### （四）构建完善的法律机制和体系

土壤和地下水污染治理必须依靠特定的法律和规章制度，应尽快将现行的土壤和地下水保护的防治标准整合形成统一的整体，并不断优化相应的标准和法律法规，为生态环境部门执法提供有效的参考和依据。还应明确土壤和地下水防治主体的工作权限和范围，构建完善的追责问责机制。此外，还要加速完善监察制度，并联合个人、团体及企业等主体，积极承担起相关的法律责任和义务。但应注意土壤和地下水污染管控的联动性，环境治理需要与其他自然系统相结合，例如大气污染治理及废料污染治理等，这样就可以发挥出不同法规的联动作用。而在面对不同的污染源时，也要相应构建起有针对性的评价规范，同时还要设立明确的监督和管控目标，以及统一防范的标准，从而大力提高法律法规的实用性。

### （五）注重修复工程的过程

目前，随着人们环保意识的增强，国内的土壤和地下水污染治理项目明显增多，但在实践过程中，不仅要关注修复工程实施的过程，加强全过程监理，还要关注修复结果。同时，也应坚持公正公开的原则，及时发布修复工程的进程，展示出监测数据等相关信息，保障大众的知情权，并有效发挥引导和示范作用。工作中也可争取更多的社会力量支持，从而为后续的土壤和水污染治理工作提供坚实的保障。

### （六）构建技术人员队伍和综合平台

随着土壤和地下水环境监测技术和治理技术的不断升级，同时也对环境治理技术人员提出了更高要求，因此必须做好相关技术人员队伍的培训和引进工作。其中，生态环境部门应注重引进高级技术人才和选用复合型人才，还应注重在岗职工培训以保证掌握基本的监测技术与方法。对于合格招聘人员在正式上岗前，应进行前期的培训和引导，使其意识到自己的职责和使命[10]。同时，对于地下水的监测工作，主要是由国家水利部、自然资源部和生态环境部共同负责，在强化人员队伍素质和工作水平的基础上，构建完善的信息平台和专业化的环境监测网站，并针对同等级、同资源以及同需求的区域开放统一的监测模块，以便于相关工作人员在平台上进行信息共享和业务交流。

💡 **思考题**

1. 什么是污染土壤？

2. 什么是目标污染物?

3. 简述我国土壤污染的形成原因。

4. 说明土壤污染的主要危害。

5. 简述微塑料及其土壤污染特征。

6. 简述我国地下水污染的成因与特征。

7. 说明地下水污染的主要危害。

8. 简述地下水污染物的主要来源。

9. 说明加强土壤-地下水污染防控的意义。

10. 如何完善土壤-地下水治理措施?

11. 如何推进土壤污染防控?

12. 如何加强地下水污染管控?

# 第二章　土壤的基本特征与性质

## 第一节　土壤的基本概念

### 一、土壤简介

土壤作为独立的表生自然体，其传统定义为位于地球陆地的、具有肥力的、能够生长植物的疏松表层。通俗地说，土壤就是地球陆地表面能够生长植物的一层疏松物质。按容积计，一般土壤中矿物质占38%~45%；有机质占5%~12%，土壤空隙约占50%；按质量计，一般土壤中矿物质占固相部分的90%~95%，有机质占1%~10%。总的看来，土壤是以矿物质为主的物质体系。土壤是独立的和复杂的地球外壳，它覆盖在整个地球大陆的外层。土壤圈处在与岩石圈、生物圈、水圈和大气圈的密切相互依存与作用中。

广义土壤的定义：地球表面松散的沉积物，包括农作物根系能够达到的土层（耕作层）、天然植被根系能够达到的土层、渗滤带土层、毛细管带土层以及松散的饱水带土层，包括含水层、弱透水层及相对隔水层等。

狭义土壤的定义：地表由各种颗粒状矿物质、有机质、水分、空气、微小生物、细菌和植物根系等组成，能够生长植物的松散土层。狭义土壤属于非饱和带，土壤水压力小于大气压力，处于负压状态，其含水量$(\theta)$大于植被凋萎含水量$(\theta_p)$，小于孔隙率$(\Phi)$，即$\theta_p \leqslant \theta \leqslant \Phi$。植被根系能够到达的深度为狭义土壤层厚度，它取决于植被类型和气候特征等。干旱的且地下水位埋深大的地区，植被根系深，因而这些地区土壤厚度大；湿润地区且地下水位埋深浅的地区的植被侧根系发达，但植被根系比较浅，因而这些地区土壤厚度较小。农业耕作层较浅，一般在60~80cm，常见的农田土壤层厚度一般<100cm。在基岩地区一般风化带厚度为土壤层厚度[7]。

土壤是一种多组分三相体系，土壤中存在多种矿物、有机物、气体（包括空气、$CO_2$和挥发性有机物等）、液体（包括水、非水相的有机物、各种化学组分溶解相的液体）以及大量的微小生物和微生物等，能够维持植被生长，具有非饱和的多相流特点。土壤作为土壤圈的一部分，它具有四种功能：植物生长的介质、储存和传输降水的介质、提供生物生存的水分以及净化水质。土壤作为地球表面生长植物区域的表皮，它是连接各个圈层以及无机界与有机界的纽带。

### 二、土壤的功能

土壤是地球表层的一圈脆弱薄层，它关系到地球的生态环境和人类的生存。土壤圈是人类赖以生存与发展的重要资源与生态环境条件，是在地球演化特别是地表圈层系统形成的历史过程中，继原始岩石圈、大气圈、水圈和生物圈之后出现和形成的独立自然圈层；土壤圈处于岩石圈、水圈、生物圈和大气圈的中心。由于土壤圈的特殊空间位置，从而使其成为地球表层系统中物质与能量交换和迁移与转化最复杂及频繁的场所，它是自然界中有机界与无机界相互连接的桥梁。陆地生态系统的基础土壤环境是地表环境系统的重要组成部分，土壤环境在地表环境系统中特殊的空间地位，使其在整个地表环境系统中起着重要的稳定作用与缓冲功能。土壤环境与依赖于它生存的动植物等生物界息息相关，因此，它在维持生物圈的生命过程和生物多样性以及全球变化与人类社会的可持续发展中起着重要作用。

### （一）土壤与大气圈的关系

在近地球表层，土壤与大气环境之间进行着频繁的水、气及热的交换和平衡。土壤是庞大而复杂的多孔隙系统，能接收并储存大气降水以供生物生命需要。土壤从大气吸收 $O_2$，向大气释放 $CO_2$、$CH_4$、$H_2S$ 和 $NO_x$ 等温室气体，温室气体的排放与人类的耕作、施肥和灌溉等土壤管理活动具有密切的关系。

### （二）土壤与水圈的关系

水是地球表层系统中连接各圈层物质迁移的介质，也是地球上一切生命生存的源泉。土壤的高度非均质性影响降雨在地球陆地和水体间的重新分配，也影响元素的生物地球化学行为以及水圈的水循环与水平衡，土壤水分及其有效性在很大程度上取决于土壤的物理、化学和生物学过程，土壤与水圈密切相关。

### （三）土壤与岩石圈的关系

土壤是岩石经过各种风化过程和成土作用的产物，土壤属于风化壳的一部分，岩石是其母体。虽然土壤的平均厚度只有几十厘米至几米，甚至有的地方只有几厘米，但它位于岩石圈的上层，可对岩石圈起着一定的保护作用，并减少各种外力对岩石圈的破坏。

### （四）土壤与生物圈的关系

土壤是动物、植物、微生物和人类生存的最基本环境和重要的栖息场所。土壤为绿色植物和土壤生物的生存提供生长空间以及所需水分与养分等条件，不同类型的土壤养育着不同类型的生物群落，对地球生态系统的稳定具有重要意义。

除以上功能外，土壤环境还起着重要的净化、稳定和缓冲作用。土壤环境具有较强的净化能力、较大的环境容量，人类很早就把它作为处理动物粪便、有机废物和垃圾的天然场所，现代发展起来的污水灌溉、污泥施田和垃圾处理等各种土地处理系统，更是在有意识及有目的地利用土壤的环境功能和环境容量。然而土壤环境的稳定与缓冲作用是有限度的，如果输入土壤中的污染物数量和速度超过了土壤的自净能力和容纳能力，土壤环境将会遭到严重破坏。而一旦土壤环境受到污染，不但土壤本身的治理难度大、周期长，污染物还可通过各种迁移途径向大气、水和生物环境中迁移，产生"次生污染"，扩大污染范围，危害整体生态环境。

# 第二节　土壤的形成

由于土壤处于岩石圈、大气圈、水圈和生物圈的中心位置，是陆地表面各种物质(固态、气态、液态物质及有机、无机物质)能量交换与形态转换最为活跃和频繁的场所，土壤既具有本身特有的发生和发展规律，又有其在分布上的地理规律。成土母质在一定的水热条件和生物作用下，经过一系列物理、化学和生物化学作用而逐渐形成。

## 一、土壤形成要素

影响土壤形成与发育的因素称土壤形成因素，简称成土因素，它是一种物质、力、条件或关系或它们的组合。自然成土因素主要包括母质、生物、气候、地形和时间。而人类活动也是土壤形成的重要因素，可对土壤性质和发展方向产生深刻的影响，有时甚至起着主导作用。

### (一)成土母质

通常将与土壤形成有关的块状固结的岩体称为母岩，而将与土壤发生直接联系的母岩风化物及其堆积物称为母质。它是形成土壤的物质基础，是土壤的前身，因此母岩的类型和性质直接影响着形成土壤的类型与性质。

1. 成土母岩的类型与特征

成土母岩的分类，按成因可分为沉积岩、岩浆岩和变质岩。

(1)沉积岩。沉积岩是由各种沉积物组成的岩石，具体来说，它们是由原岩(即岩浆岩、变质岩和早期形成的沉积岩)经风化剥蚀作用而形成的岩石碎屑、溶液析出物或有机质等形成的岩石。地壳中的原岩在高温、高压和化学性活泼的物质渗入的作用下，在固体状态下改变了原来岩石的结构、构造甚至矿物成分，形成的一种新岩石。常见的砂岩、页岩、石灰岩等都是沉积岩。在自然界中，露出地表的岩浆岩、变质岩和早期形成的沉积岩遭受风化剥蚀可为沉积岩的形成提供物质基础。此外，生物遗体、生物碎屑和火山喷出的碎屑以及地球外部飞来的宇宙物质也是沉积岩的来源。沉积岩主要分布在地表，看起来常成层分布。据统计，沉积岩约占地壳陆地总面积的75%，岩浆岩和变质岩约占25%。沉积岩约占深度16km以内的上部地壳层总体积的5%。根据成因和物质成分，可将沉积岩分为以下四类：①碎屑岩。主要是由碎屑物质组成的岩石，即由碎屑沉积物经过压紧、胶结后形成的；碎屑岩的数量约占沉积岩的32%，其中由原岩风化破坏产生的碎屑物质形成的沉积岩被称为沉积碎屑岩，如砾岩、砂岩和粉砂岩等；由火山喷出的碎屑物质形成的沉积岩称为火山碎屑岩，如火山角砾岩及凝灰岩等。②黏土岩。主要由黏土矿物及其他矿物的黏土颗粒组成的岩石，如泥岩及页岩等，约占沉积岩的46%。③碳酸盐岩。由碳酸盐岩矿物组成，如石灰岩及白云岩等；碳酸盐岩既有化学成因的，又有机械成因的，约占沉积岩的21%。④生物岩。由生物沉积物组成的沉积岩，如煤及油页岩等，约占沉积岩的1%。在沉积岩中蕴藏着十分丰富的矿产，例如煤、油页岩和岩盐是沉积岩特有的矿产。自然界中绝大部分矿产存在于沉积岩中。还有一些沉积岩本身就是矿产，如石灰岩是烧石灰及制造水泥的重要原料，还有黏土矿和其他重要矿产等。据统计，全世界每年开采各种矿产资源总价值的75%都是从沉积矿产中得到的。

沉积岩最显著的标志就是颜色，它可以反映岩石的成分、结构和成因，在描述岩石时经常把颜色放在最前面，并作为分层、对比和推断古地理条件的重要标志。沉积岩的颜色根据成因可分为继承色、原生色和次生色。①继承色。沉积岩的继承色主要取决于岩石中所含矿物碎屑的颜色，常为碎屑岩所具有。因碎屑颗粒是母岩机械风化的产物，碎屑岩继承了母岩的颜色，如长石砂岩呈红色，是因其母岩花岗岩的长石颗粒是红色的缘故。②原生色(自生色)。原生色是在沉积和成岩阶段由原生矿物形成的颜色。如海绿石砂岩呈绿色，是因其中有绿色的原生矿物海绿石的缘故，黏土岩和化学岩的颜色常属这种类型。③次生色(后生色)。次生色的颜色取决于后生矿物的颜色。岩石形成以后，由于后生作用或风化作用使岩石原来的成分发生变化，生成的次生矿物致使岩石变色。不同成因的颜色具有不同的特点，从岩石剖面上看，继承色和原生色的颜色均匀稳定、分布范围广，并与层理符合，次生色的颜色不均匀、呈斑点状，在裂缝和空洞处颜色有变化。岩石的新鲜面颜色多为原生色或继承色，但在裂缝周围也可能有次生色；野外露头的风化面颜色为次生色。沉积岩颜色的色调变化由黄色至黑色可大致反映沉积环境由大陆向海洋，海湖盆地水体由浅至深，沉积介质由氧化至还原逐渐过渡的递变规律。所以沉积岩原生色的各种颜色可说明沉积介质的物理化学性质，并间接说明当地的气候和地形。一般说来，炎热干旱气候条件下的大陆沉积物多为红、黄色，但红色层不一定都是陆相沉积物，海相沉积物有时也呈红色，这主要是由于海底火山喷发物质的影响或海底沉积物氧化的结果，或是由于大陆红色沉积物入海后，处在近岸浅水氧化环境或迅速埋藏而呈红色。海相红色岩层的主要标志是常含有海相化石。在判断岩石的沉积环境时，应根据岩性和生物化石等特征进行综合分析。掌握沉积岩的颜色方面的知识对于认识及观察土壤剖面的特征也具有重要意义。

(2)岩浆岩。岩浆岩又称火成岩，地壳下面的岩浆沿地壳薄弱地带上升侵入地壳或喷出地表后冷凝而成的岩石。岩浆是存在于地壳下的高温高压的熔融状态的硅酸盐(主要成分 $SiO_2$)。岩浆活动分侵入作用和喷出作用两种形式。侵入作用是岩浆沿着岩石的裂缝上升到一定高度后，在岩石的裂缝或断裂中冷凝与结晶形成侵入岩。其中侵入地壳深处(3~6km)的称深成岩，侵入地表附近(<3km)的称浅成岩。喷出作用是岩浆冲破上覆岩层而喷出地表引起的火山喷发，也称火山作用。岩浆在地表冷却、凝固后形成喷出岩或称火山岩。岩浆在地下活动的速度主要取决于压力变化和岩浆的黏度，压差越大，流动越快；挥发性物质越多，黏度越小，流动越快。岩浆岩依冷凝成岩时的地质环境不同而分为三类：①喷出岩(火山岩)。岩浆喷出地表后冷凝形成的岩浆岩称为喷出岩。在地表条件下，温度下降迅速，矿物来不及结晶或结晶差，肉眼看不清楚，如流纹岩、安山岩、玄武岩等。②浅成岩。岩浆沿地壳裂缝上升至距地表较浅处冷凝形成的岩浆岩。由于岩浆压力小，温度下降较快，矿物结晶较细小，如花岗斑岩、正长斑岩、辉绿岩等。③深成岩。岩浆侵入地壳深处(约距地表3km以上)冷凝形成的岩浆岩。由于岩浆压力大，温度下降缓慢，矿

物结晶良好，如花岗岩、正长岩、辉长岩等。深成岩和浅成岩又统称为侵入岩。岩浆岩的化学成分相当复杂，其中 $SiO_2$ 含量直接影响着岩浆岩的性质，根据 $SiO_2$ 含量可将岩浆岩分为碱性岩与酸性岩等不同的类型。根据 $SiO_2$ 含量，岩浆岩可被分为以下四种类型：酸性岩浆岩（$SiO_2$ 含量>65%），如花岗岩、花岗斑岩、流纹岩等；中性岩浆岩（$SiO_2$ 含量52%~65%），如正长岩、正长斑岩、粗面岩、闪长岩、安山岩等；碱性岩浆岩（$SiO_2$ 含量45%~52%），如辉长岩、辉绿岩、玄武岩等；超碱性岩浆岩（$SiO_2$ 含量<45%），如橄榄岩、辉岩等。岩浆岩中 $SiO_2$ 的含量越多，其颜色越浅，密度也越小。

（3）变质岩。变质岩是由原来的岩浆岩和沉积岩变质而形成的岩石。引起岩石变质的因素主要有以下两方面：内因是原来岩石的性质（化学成分、矿物成分、结构和构造等）；外因则是由于地壳运动以及伴随地壳运动而来的岩浆活动与断裂变动等各种内力地质作用的影响。由于外部环境（温度、压力）的改变，地壳内部物理化学条件也随之变化，促进了原来岩石内部矛盾的发展，通过变质作用，改变岩石的成分与结构、构造而形成变质岩。如常见的变质岩可分成两类：①片理状岩类。有较明显的片理构造，如片麻岩、片岩、千枚岩、板岩等；②块状岩类。较致密，如大理岩、石英岩等。

**2. 岩石母质的成土作用特征**

以上三大类成土母岩在土壤形成过程中起着非常重要的作用，其母质作用可大致概括为以下三种类型。

（1）母质特征对成土过程的影响。母质矿物和化学特性对成土过程的速度、性质和方向的影响很大。不同母质因其矿物组成理化性状的差异，在其他成土因素的作用下，直接影响着成土过程的速度、性质和方向。例如，在石英含量较高的花岗岩风化物中，抗风化很强的石英颗粒仍可保存在所发育的土壤中，而且因其所含的钾、钠、钙、镁盐基成分较少，在强淋溶作用下极易完全淋失，使土壤呈酸性；反之，富含盐基成分的碱性岩，如玄武岩、辉绿岩等风化物，则因不含石英，盐基丰富，抗淋溶作用较强。

（2）母质的粒度与层理对土壤的影响。母质的粗细及层理变化对土壤发育也具有比较大的影响。母质的机械组成和矿物风化特征直接影响土壤的质地，从而影响土壤形成以及一系列的土壤理化性质。例如，对于砂质或砾质母质，水分可自上而下地迅速穿过，在土壤中滞留和作用时间很短，而不易引起母质中的化学风化，故其成土作用和土壤剖面发育缓慢；而壤质母质透水性适宜，最有利于当地各成土因素的作用，形成的土壤常具明显的层次性。

（3）母质层次对形成土壤特征的影响。母质层次的不均一性也会影响土壤的发育和形态特征，如冲积母质的砂黏间层所发育的土壤比较容易在砂层之下、黏层之上形成滞水层。

**（二）生物因素**

土壤形成的生物因素主要包括植物、土壤动物和土壤微生物。生物因素是促进土壤形成最活跃的因素。生物除参与岩石风化外，还在土壤形成中进行着有机质的合成及分解。

只有当母质中出现了微生物和植物时，土壤的形成才真正开始，各种生物的生长发育与土壤的形成是相互促进及相辅相成的。土壤生物及其多样性不仅对土壤形成具有重要作用，同时也是影响全球变化的重要因素。土壤生物以不同的方式改变着土壤的物理、化学和生物学特性，土壤生物群落的组成和结构可影响其他资源空间，土壤生物与土壤生态系统功能及生物多样性关系密切，生物在土壤形成过程中起着重要作用。

微生物是体积极小的生物体，包括细菌、真菌、病毒等。微生物是地球上最古老的生物体，已存在数十亿年，它们虽微小，却很重要，早在出现高等植物以前就已经对地球的演变发生作用。土壤微生物对成土的作用是多方面的，而且非常复杂，其中最主要的作用是作为分解者推动土壤生物小循环不断发展。微生物在土壤形成过程中发挥着重要作用，它有助于有机质的分解和土壤养分的循环。土壤中的微生物能够分解有机质，将有机物转化为无机物，释放出其中的养分。细菌及真菌等微生物通过分泌酶可降解有机物质，将其分解为更简单的化合物，如蛋白质、脂肪、糖类等。这些分解产物可被植物吸收利用，促进植物的生长发育；同时，微生物通过分解有机质促使土壤形成，参与养分的循环过程并肥沃土壤。微生物对土壤结构和质地的形成均有影响。(1)微生物对土壤结构的影响主要体现在三方面：①影响土壤聚集体的形成。微生物通过胶体的黏附和聚集作用，促进土壤颗粒的结合，并形成土壤聚集体。这些聚集体可增加土壤的结构稳定性和通气性，减少土壤侵蚀和贫瘠化的风险，并为根系提供良好的生长环境。②影响土壤孔隙度。微生物代谢产物的释放和微生物体积变化可对土壤孔隙度产生影响，微生物活动使得土壤颗粒间隙形成或扩大，可为空气和水分的进出提供通道，并增加土壤透气性和水分渗透性。③影响土壤团聚体的稳定性。微生物通过分泌胞外多糖、胶体和黏合剂等物质，可增强土壤结构的稳定性，抑制土壤颗粒的分解和破碎，因此，微生物有助于土壤的团聚体的形成与稳定，具有提供支撑根系和保持土壤结构的能力。(2)微生物对土壤质地的影响主要有以下两方面：①影响有机质的分解与转化。微生物通过分解有机质，将有机质转化为土壤中的可溶性氮、磷、钾等元素，为植物的生长提供所需养分。这些有机质的分解与转化过程也影响着土壤颗粒的形成与组成，间接影响着土壤的质地。②影响矿物质的转化与释放。微生物通过生物矿化、溶解和氧化还原等作用，促进土壤中矿物质的转化与释放，改变土壤中矿物质的形态、组成以及土壤质地。

地球上的植物多种多样，森林、树木、花草等丰富多彩。植物对土壤的形成具有重要作用。植物通过合成有机质向土壤中提供有机物质和能量，促使母质肥力发生变化，植物的根部可分泌某些有机酸类和 $CO_2$ 等物质，影响土壤中一系列的生物化学和物理化学作用；植物根系能调节土壤微生物区系，促进或抑制某些生物化学过程；同时植物根系在土壤中伸展穿插的机械作用可促进土壤结构体的形成。在一定的气候条件下，植物与微生物的特定组合决定了土壤形成的发育速度及方向，植物对各种类型土壤的形成起着重要作用。

土壤动物是土壤生态系统重要组成部分，它们在土壤元素循环转化和迁移过程中发挥着重要的作用，土壤动物对土壤形成的影响是不可忽视的。土壤动物是植物凋落物分解的"微型粉碎机"，通过体内"特殊转换器"，影响土壤有机质的转化和腐殖质的形成。从微小的原生动物到高等脊椎动物所构成的动物区系，均以其特定的方式参与土壤中有机残体的破碎与分解作用，并通过搬运与疏松土壤及母质影响土壤的物理性质。某些土壤动物如蚯蚓还可参与土壤结构体的形成，其分泌物可引起土壤化学成分的改变。

### （三）气候影响

气候也是影响土壤形成的重要因素之一，降水量、温度和风力等气候因素会直接影响土壤的水分状况、物质循环和生物活动。在湿润的气候条件下，土壤中的有机质分解速度较快，土壤肥力较高；而在干旱的气候条件下，土壤中的水分含量较低，有机质分解速度较慢，土壤肥力较低。此外，气候条件还会影响土壤侵蚀作用的程度和风化作用的速度，进而影响土壤的形成速度与类型。气候不仅直接影响土壤的水热状况和物质的转化与迁移，而且还可通过改变生物群落（如植被类型及动植物生态等）影响土壤的形成。地球上不同地带的气候条件不同，其天然植被互不相同，土壤类型也不相同。具体来说，气候的作用有：①气候控制着土壤形成的方向及其地理分布。气候因素决定着成土过程的水热条件，直接影响土壤中的水、气、热的状况与变化，气候影响土壤中有机质的积累与分解，决定着养分物质的生物小循环的速率与规模。②气候制约着土壤的形成过程。气候对成土过程的影响主要表现在母质和土壤中矿物的风化和淀积，有机质的合成与分解，水分的蒸发和淋溶等过程。通常来说，温度增高 $10℃$ ，化学反应速度平均增加 $1\sim2$ 倍，温度从 $0℃$ 增至 $50℃$ 时，物质的解离度增加 7 倍，可有效加速土壤的形成进程。

### （四）地形影响

在土壤形成过程中，地形是影响土壤和环境之间进行物质与能量交换的一个重要条件，但它与母质、生物、气候等因素的作用不同，地形主要是通过影响其他成土因素发挥作用。由于地形影响着水与热条件的再分配，从而影响母质的演化和植被类型，所以不同地形条件下形成的土壤类型有较大的差异。地形对土壤形成也有直接的影响，地势高低和坡度大小可影响土壤的水分状况和侵蚀程度。如在山地地形中，土壤通常较薄，易于被侵蚀；而在平原地形中，土壤较深厚，肥力较高。此外，地形还会影响土壤的排水情况和水分分布，进而影响土壤的质地与肥力。地形也可通过地表物质的再分配过程影响土壤的形成。

### （五）时间因素

随着时间的推移，岩石经过风化作用和侵蚀作用，逐渐破碎成颗粒，并与有机质、水分等混合形成土壤。时间的推移还会产生土壤剖面的发育，即土壤层次的形成。土壤剖面发育过程中，上层土壤会逐渐富集有机质，而下层土壤则较贫瘠。因此，时间是土壤形成的重要因素之一。时间因素可体现土壤的不断发展，就像一切历史自然体一样，土壤也有一定的年龄，土壤年龄是指土壤发育时间的长短。通常把土壤年龄分为绝对年龄和相对年龄。土壤的绝对年龄是指该土壤在当地新鲜风化层或新母质上开始发育时算起迄今所经历的时间，通常用年表示；相对年龄则是指土壤的发育阶段或土壤的发育程度。土壤剖面发育明显，土壤厚度大，发育度高，相对年龄大；反之相对年龄小。我们通常说的土壤年龄是指土壤的发育程度，而不是年数，亦即通常所谓的相对年龄。

### (六) 人类活动对土壤形成的影响

人类活动在土壤形成过程中具有独特的作用，有人将其作为第六成土因素，但它与其他五个自然因素却有着本质的区别。因为人类活动对土壤的影响是有意识、有目的、定向的，它具有社会性并受社会制度和社会生产力的影响。同时，人类对土壤的影响具有双重性，利用合理则有助于土壤质量的提高，但利用不当就会破坏土壤。例如，有些地区的土壤退化主要是由于人类不合理利用造成的。

上述各种成土因素可分为自然成土因素(母质、生物、气候、地形、时间)和人类活动因素，前者存在于一切土壤形成过程中，产生自然土壤；后者是在人类社会活动的范围内起作用，对自然土壤施加影响，可改变土壤的发育程度和发育方向。各种成土因素对土壤形成的作用不同，但都是互相影响、相互制约的，一种或几种成土因素的改变可引发其他成土因素的变化，它们对土壤形成有着不可忽视的影响。岩石母质是土壤形成的物质基础，它决定了土壤的化学性质和质地；气候是能量的基本来源，气候影响土壤的水分状况和物质循环；生物则把物质循环和能量交换向形成土壤的方向发展，使无机能转变为有机能，太阳能转变为生物化学能，促进有机质积累和土壤肥力的产生，改良土壤；地形决定了土壤的排水情况和侵蚀程度，时间是土壤形成的长期过程，地形和时间以及人类活动影响土壤的形成速度和发育程度及其方向。这些成土因素相互作用，共同决定了土壤的性质、类型和肥力以及区域生态系统。

## 二、土壤形成过程

土壤主要是由母岩的风化作用形成的，其形成过程包括母岩的风化作用以及与之相关的成土过程。

### (一) 母岩的风化作用

成土母岩的风化作用属于外力地质作用中的一种，风化作用是指外力对地壳表层的破坏作用。根据风化作用的性质不同可分为物理风化、化学风化和生物风化作用三种类型。母岩由于地壳上升运动的影响，露出地表而处于一种新的环境中，岩石经过日晒雨淋、风吹冰冻，遭受风化作用，逐渐形成岩石的风化产物，它是形成土壤的物质基础。

1. 物理风化作用

物理风化作用主要是指仅造成岩石的机械破碎，但物质成分并未发生变化的风化作用，亦称机械风化作用或机械破碎作用。物理风化作用主要是由温度变化引起的，其作用方式主要有剥离作用、冰劈作用和结晶撑裂作用等。

(1)剥离作用。剥离作用实为温差作用。气温在昼夜四季都有温差，露出地面的岩石在温度变化的作用下发生膨胀与收缩。例如岩石表层在白天受太阳照射吸热膨胀，到夜间则转为放热收缩。由于岩石是不良导热体，所以在表层开始受热膨胀时，其内层还是冷的，而表层散热收缩时，其内层则刚开始受热膨胀。如此循环不断表里不均地膨胀与收缩，岩石的外表与内层之间就产生裂隙，互相脱离，逐渐剥离开来而发生崩解。由于岩石的突出棱角最易被风化，在破坏的过程中随着棱角逐渐消失而变为球形，称为球状风化。岩石逐渐被破碎形成碎屑，这些碎屑的粒度逐渐变小，从砾变为砂，可为土壤的形成提供物质来源。

（2）冰劈作用。雨水或雪水的冻结也是引起物理风化作用的因素。它们可顺着裂隙和孔隙渗透到岩石中。冬天时，岩石中所含的水分变成了冰，水从液态转变到固态时其体积要膨胀约1/11，这样产生的压力就会逐渐扩大岩石的裂隙，当这种压力超过了岩石强度时，就会使岩石开裂，并逐渐崩裂成碎块。冰劈作用也可为土壤的形成提供物质基础。

（3）结晶撑裂作用。当岩石中含有潮解性盐类时，夜间它们可从大气中吸收水分，顺着毛细管渗透到岩石内部，沿途溶解盐类；到了白天在烈日的照射下，水分蒸发，使得原来在溶液中的盐类结晶析出，新的晶体对岩石产生一种撑裂作用。岩石经过长期的变化易崩裂成碎块，若仔细观察，有时在碎块上还可见到盐类的小晶体。

物理风化作用的强弱程度取决于岩石的性质和气候变化情况。岩石的性质不同，在同样的气候变化条件下，遭受风化的难易程度也不同，受热快的岩石比受热慢的岩石容易风化，颜色深的岩石比浅色岩石容易风化，颗粒大的岩石比颗粒小的岩石容易风化；矿物成分和颜色复杂的岩石要比岩性单纯的岩石更容易遭受风化。气候条件是岩石风化的主要外在因素，温度变化越大，物理风化作用越强烈。

2. 化学风化作用

化学风化作用是指岩石与水或水溶液发生化学反应而分解破坏岩石成分并形成新矿物的作用，其表现形式主要有氧化作用、碳酸化作用和水的作用。

（1）氧化作用。自然界的氧化作用主要受到空气中或溶解在水中的游离氧的作用影响。氧这种活泼的元素易于同其他元素化合，在地表水和大气中均富含游离氧。在大气中氧的质量约占23%，地表水中的氧比其他气体更易溶解，其中氧气约占整个溶解气体积的33%。所以成土母岩的氧化作用也是很普遍的。氧化作用的实质就在于将母岩中的阳离子元素由低价变到高价。在自然界，具有变价元素的矿物如角闪石、辉石、黑云母等均极易遭受氧化作用。氧化作用往往可以从母质颜色的变化显现出来，如深色母质褪色后出现黄色、褐色、红色和浅红褐色等。但游离氧渗入地表以下有一定的深度限制，再往下就逐渐转化成还原条件了，氧化作用能够达到的深度被称为氧化还原界面。

（2）碳酸化作用。自然界的水中含有一定量的气体与矿物质，其中常溶有较多的二氧化碳（$CO_2$）。如雨水中的$CO_2$占其中全部溶解气的9%，相当于空气中$CO_2$含量的300倍，河水中的$CO_2$约为51.8%，在海水中可高达59%。有些岩石、矿物在水和$CO_2$的作用下易发生化学变化，如钾长石（$KAlSi_3O_8$）易被分解成高岭石[$Al_4(Si_4O_{10})(OH)_8$]。

$$4KAlSi_3O_8+2CO_2+4H_2O \longrightarrow Al_4(Si_4O_{10})(OH)_8+8SiO_2+2K_2CO_3$$

碳酸钾溶于水被带走，余下松软的高岭土和$SiO_2$（石英、玉髓、蛋白石）的混合物，但还有一部分$SiO_2$以胶体状态溶于水而被带入水中。

（3）水的作用。水是地表最重要的化学溶剂，它可以溶解岩石中的矿物质并发生化学反应生成新的矿物，而使原岩遭受风化。水的作用包括溶解作用、水化作用及水解作用。

①溶解作用：固体物质在水中均匀地扩散而不改变其主要化学成分的作用过程。自然界没有绝对不溶解于水的母岩和矿物，虽然大部分矿物是难溶解的，但当水中含有 $CO_2$ 和矿物质时，则可显著增加其对物质的溶解能力；有的矿物是易溶于水的，如岩盐、石膏等。当母岩长期与水接触，其中某些易溶成分被逐渐溶解，使得母岩遭受破坏。

②水化作用：有些矿物与水起反应使水分子按一定比例加入新矿物的成分中，吸收水分形成新矿物的作用。水化作用的结果可产生含水矿物，如硬石膏($CaSO_4$)吸水后变成石膏($CaSO_4 \cdot 2H_2O$)，含水矿物的硬度变小，抗蚀能力削弱，同时体积发生膨胀，如硬石膏变成石膏其体积可增大 60%，因此对周围产生的压力可促进母岩的风化。

③水解作用：有些矿物溶于水后，由于内部构造被破坏，而使其成分与水发生化学反应形成新的矿物，这一过程称为水解作用。水具有解离能力，有些矿物溶于水后也可起到解离作用，且可与水离子结合而形成不分解的新矿物。如正长石经过水解可变成高岭石，而高岭石在炎热潮湿的气候下可进一步分解形成铝土矿。

其他硅酸盐类矿物也可经水解作用变成松散的土状矿物，而使母岩逐渐风化形成土壤。母岩的化学风化作用使其成分发生了改变，母岩中的可溶组分在溶液中被水带走，难溶解的部分作为残积物残留在原地。不同区域的化学风化作用的强弱不同。一般来说，在炎热潮湿地区比较强烈，在干旱及寒冷地区比较微弱；在地下数十米深度的水及水溶液活跃，母岩易遭风化破坏，在高山地区因水及水溶液不活跃则不易风化。其原因主要是各地的物理化学环境不同。影响化学风化速度的决定因素主要是气候条件和母岩本身的性质。其中大气湿度是主要因素，水是化学风化的主导营力，温度也是一个重要影响因素。

3. 生物风化作用

生物风化作用是指生物对母岩的破坏作用。地面上的生物对母岩可进行机械破坏和化学分解两种作用。生物对母岩的机械破坏作用在野外是比较常见的，如植物的根生长在母岩的裂缝中，年深日久，树大根深，使母岩劈裂而崩溃，经常可在岩石上或悬崖上见到这种现象。另外，生活在地下的动物，如地鼠、蚯蚓及蚂蚁等在疏松的母岩中打洞造穴也会产生机械破坏作用，而人类的生产建设活动对母岩的破坏作用更强。生物对母岩的化学分解主要表现为生物新陈代谢和生物遗体腐烂所引起的作用。低等植物如藻类与菌类等能附着在母岩的表面，它们产生的有机酸类化合物使母岩发生化学分解；土壤中的微生物作用更为显著，只要有微小的孔隙就有微生物活动而产生各种有机酸，促使母岩中的矿物分解或破碎；生物遗体积聚腐烂后变成黑色胶状的腐殖质，从而进一步破坏母岩并进而转化为土壤。

总体来看，母岩风化作用主要有物理、化学和生物作用三种基本类型，其作用结果都可使母岩被风化破坏而逐渐形成土壤。因地球表面不同区域的自然地理条件千差万别而具有不同类型的风化作用。干旱和高山地区以物理风化作用为主，化学风化作用为辅；在湿热地区，生物茂盛，破坏母岩的主要作用是化学风化作用和生物风化作用，而物理风化作用次之。就同一个地区来说，各种风化作用同时进行而又互相促进，只是有主次之分，这取决于母岩的性质和外界条件。在遭受风化作用的过程中，母岩本身的性质是内因，它决定风化产物的性质；气候条件是外因，它只决定风化作用的方式和强弱程度，而且是通过内因起作用的。实际上，母岩适应地表物理化学环境变化而进行改造的过程就是母岩遭受风化作用逐渐形成土壤的过程。

母岩遭受风化作用后形成的各种风化产物就是形成各类碎屑物质和土壤最主要的原始物质成分。母岩的风化产物除一部分易转移的成分被转移到他处，还有一部分残留在原地，形成残积物碎屑，碎屑的颗粒大小不定，成分因地而异，常含有大量的黏土矿物、铁和铝的氧化物及氢氧化物，这些碎屑逐渐演化成土壤。

### (二)土壤的主要形成过程

土壤的形成是母岩与生物在自然界中不断演化的结果。植物营养元素在生物体与土壤之间的循环(吸收、固定及释放过程)被称为生物小循环，其结果使植物营养元素逐渐在土壤中累积；与之相反，母岩风化作用则是促进物质的地质大循环。所谓物质的地质大循环是指地面母岩的风化作用以及风化产物的淋溶、搬运与堆积，进而产生成岩作用，这是地球表面的周而复始的大循环。物质大循环是一个漫长的地质过程，每一轮循环所需的时间长、作用范围广；生物小循环则是生物学的循环过程，每一轮循环的时间短、范围小。土壤形成是一个综合性的作用过程，其实质是物质的地质大循环与生物小循环的对立统一作用，其中又以小循环为矛盾的主要方面。因为地质大循环是物质的淋失过程，生物小循环是土壤元素的集中过程，二者是矛盾的；但如果没有地质大循环，生物小循环就无法进行；无生物小循环，仅地质大循环，土壤则难以形成。在土壤形成过程中，两种循环过程相互渗透、不可分割，同时同地进行着，它们又通过土壤而相互密切联结。因此，土壤的形成过程是地壳表面的岩石风化体及其搬运的沉积体受其所处环境因素的作用，形成具有一定剖面形态和肥力特征的土壤的历程。因此，土壤的形成过程可以看作成土因素的函数。由于各地区成土因素的差异，在不同的自然因素综合作用下，大小循环所表现的不同形式必然产生各式各样的成土过程。土壤形成过程中，主导的成土过程不同，由此产生土壤类型的分化。根据成土过程中物质交换和能量转化的特点和差异，土壤的形成基本表现出原始成土、有机质积聚、富铝化、钙化、盐化、碱化、灰化、潜育化等成土过程。

(1)原始成土过程。从母岩风化产生碎屑并着生微生物和低等植物到高等植物定居之前形成的土壤过程，称为原始成土过程。该过程主要包括三个阶段：①母岩及碎屑表面着生蓝藻、绿藻和硅藻等岩生微生物的"岩漆"阶段；②地衣对原生矿物产生强烈的破坏性影响的"地衣"阶段；③苔藓阶段，生物风化与成土过程的速度大大增加，为高等绿色植物的生长准备了肥沃的基质。原始成土过程多发生在高山区，也可以与母岩风化同时同步进行。

(2)有机质积聚过程。有机质积聚过程是在木本或草本植被下，土体上部有机质增加的过程，它是生物因素在土壤形成过程中的具体体现，普遍存在于各种土壤中。由于成土条件的差异，有机质及其分解与积累也可有较大的差异。据此可将有机质积聚过程进一步划分为腐殖化、粗腐殖化及泥炭化三种。具体体现为六种类型：①漠土有机质积聚过程；②草原土有机质积聚过程；③草甸土有机质积聚过程；④林下有机质积聚过程；⑤高寒草甸土有机质积聚过程；⑥泥炭积聚过程。

（3）富铝化过程。富铝化过程又称为脱硅过程或脱硅富铝化过程。它是热带、亚热带地区，土壤物质由于矿物的进一步风化，形成弱碱性条件，促进可溶性盐类及硅酸的大量流失，从而造成铁铝在土壤中相对富集的过程。因此它包括两方面的作用，即脱硅作用和铁铝相对富集作用。

（4）钙化过程。钙化过程主要出现在干旱及半干旱地区。由于成土母质富含碳酸盐，在季节性的淋浴作用下，土体中碳酸钙可向下迁移至一定深度并以不同形态（假菌丝、结核、层状等）累积为钙积层，其碳酸钙含量一般在 10%～20%，因土壤类型和地区的不同而异。

（5）盐化过程。盐化过程指地表水、地下水以及母质中含有的盐分，在强烈的蒸发作用下，通过土壤水的垂直和水平运移，逐渐向地表积聚（现代积盐作用），或是已脱离地下水或地表水的影响，而表现为残余积盐特点（残余积盐作用）的过程，多发生于干旱气候条件下。参与作用的盐分主要是一些中性盐，如 $NaCl$、$Na_2SO_4$、$MgCl_2$、$MgSO_4$ 等。在受海水影响的滨海地区，土壤也可发生盐渍化，其组分常以 $NaCl$ 为主。

（6）碱化过程。碱化过程是土壤中交换性钠或交换性镁增加的过程，该过程又被称为钠质化过程。碱化过程的结果可使土壤呈强碱性反应，使其常出现 pH>9.0 的情况，土壤黏粒被高度分散，物理性质差。土壤发生碱化的原因较复杂，主要有脱盐交换、生物积累和硫酸盐还原等。

（7）灰化过程。灰化过程是指在冷湿的针叶林生物气候条件下，土壤中发生的铁铝通过配位反应而迁移的过程。在寒带和寒温带湿润气候条件下，由于针叶林的残落物被真菌分解，产生的酸性富啡酸对土壤矿物起着较强的分解作用。在酸性介质中，矿物分解使硅、铝、铁分离，铁、铝与有机配位体作用而向下迁移，在一定的深度形成灰化淀积层；而 $SiO_2$ 残留在土层上部，形成灰白色的土层。

（8）潜育化过程。潜育化过程的产生要求具备土壤长期渍水、有机质处于厌氧分解状态这两个条件，该过程中铁锰强烈还原，形成灰蓝-灰绿色的土壤。有时，由于"铁解"作用而使土壤胶体破坏，土壤转为酸性。潜育化过程主要发生在排水不良的水稻土和沼泽土中，往往发生在剖面下部的永久地下水位以下。

## 三、土壤剖面分化特征与观测

土壤剖面是指一个土体的垂直断面，一般达到基岩或达到地表沉积体的深度。一个完整的土壤剖面应包括土壤形成过程中所产生的发生学层次（发生层）和母质层。不同发生层相互组合可构成不同类型的土体构型，由此产生各种土壤类型的分化特征。

### （一）土壤发生层和土体构型

土壤发生层是指成土过程中所形成的具有特定性质和组成的、大致与地面相平行的，并具有土壤特性的层次。作为一个土壤发生层，至少应能被肉眼识别，并不同于相邻的土壤发生层。识别土壤发生层的形态特征一般通过颜色、质地、结构、新生体和紧实度等。

土壤发生层分化越明显，即上下层之间的差别越大，表示土体非均质性越显著，土壤的发育度越高。但许多土壤剖面中发生层之间是逐渐过渡的，有时母质的层次性会残留在土壤剖面中。

土体构型是各土壤发生层(包括残留的具层次特征的母质层)有规律的组合及有序的排列状况，它是土壤剖面的最重要特征，也是鉴别土壤的重要依据，也可称土壤剖面构型。

## (二)基本土壤发生层

土体自上而下分化为一系列性质不同而又发生联系的水平层次，简称土层。它们是在土壤形成过程中由于土体内的物理、化学、生物学作用引起物质迁移转化和淋溶淀积的结果。不同自然条件下形成的土壤，其土壤发生层的数目、厚度、性状及排列组合方式不同。一般可将土壤发生层的立体组合形式称为剖面构型。在 19 世纪末，俄国土壤学家道库恰耶夫最早把土壤剖面分为三个发生层，即腐殖质聚积表层(A)、过渡层(B)和母质层(C)。在 1967 年，国际土壤学会提出把土壤剖面划分为六层：有机层(O)、腐殖质层(A)、淋溶层(E)、淀积层(B)、母质层(C)和母岩(R)。各类土壤都有其特定的土体构型。每个层次又可以根据不同的颜色、质地、结构、松紧度、新生体等进行细分。当过渡层不便详细划分时，通常用上下两层代表符号并列来表示，如 AB 层、BC 层等。

实际上，某一自然土壤在剖面上也不一定同时具有上述全部层次。由于自然条件和土壤发育程度不同，自然土壤剖面构造的层次组合也可能不同。耕作土壤纵断面一般具有耕作层(表土层、熟化层)、犁底层(亚表土层)、生土层(心土层)、死土层(底土层)。剖面构造的层次组合随耕作情况不断变化。耕作层浅薄的，表土层以下就是犁底层或心土层；水田土壤的耕作部分为淹育层(表土层)，以下是犁底层与潴育层(心土层)；地下水位较高的可以出现潜育层。

O 层：指已分解的或未分解的有机质为主的土层，它可以位于矿质土壤的表面，也可被埋藏于一定深度。

A 层：形成于表层或位于 O 层以下的矿质发生层。土层中混有有机物质或具有因耕作、放牧或类似的扰动作用而形成的土壤性质。该层中生物活动最为强烈，进行着有机质的积聚与分解的转化过程。

E 层：硅酸盐黏粒、铁、铝等单独或相继淋失，石英或其他抗风化矿物的砂粒或粉粒相对富集的矿质发生层。E 层一般接近表层，位于 O 层或 A 层之下、B 层之上。在土层描述中，有时字母 E 不表示它在剖面中的位置，而表示剖面中符合上述条件的任一发生层。

B 层：在上述各层的下面，是物质淀积作用造成的。淀积的物质可以来自土体的上部，也可来自下部地下水的上升，可以是黏粒或钙、铁、锰和铝等，淀积的部位可以是土体的中部或下部。一个发育完全的土壤剖面必须具备这一重要的土层。该层具有下列性质：①硅酸盐黏粒、铁、铝、腐殖质、碳酸盐、石膏或硅的淀积；②碳酸盐的淋失；③残余二氧化物或三氧化物的富集；④有大量二氧化物或三氧化物胶膜，使土壤亮度较上、下土层低，彩度较高，色调发红；⑤具粒状、块状或棱柱状结构。

C 层：土壤母质层。处于土层的下部，它是没有产生明显成土作用的土层，尚未经受土壤发育过程显著影响，基本上保持着母岩的特点。

R层：即坚硬基岩，如花岗岩、玄武岩、石英岩或硬结的石灰岩及砂岩等均属R层。

G层（潜育层）：是长期被水饱和并使土壤中的铁、锰被还原及迁移，土体呈灰蓝、灰绿或灰色的矿质发生层。

P层（犁底层）：由农具镇压、人畜践踏等压实而形成。主要见于水稻土耕作层之下，有时亦见于旱地土壤耕作层的下面。土层紧实、容重较大，既有物质的淋失，也有物质的淀积。

J层（矿质结壳层）：一般位于矿质土壤的A层之上，如盐结壳、铁结壳等。但出现于A层之下的盐盘及铁盘等不能称作J层。

### （三）土壤的类型及特征

土壤的分类比较复杂，一般人们根据不同的需要对土壤进行不同的分类，例如可根据土壤形成条件、成土过程、土体构型、土壤属性和肥力特征进行分类，通过分类构成一个由不同分类单元组成的土壤分类系统，以反映各类土壤间发生的联系和地理分布所处的地位。土壤分类可以为土壤调查制图和资源评价以及合理利用、改良土壤与污染环境修复提供科学依据。中国农民积累了丰富的辨土与识土经验，有的土壤命名沿用至今，如华北的两合土和蒙金土等，南方的青泥土和黄泥土等。国际上尚无统一公认的土壤分类原则和系统，我国现代土壤分类采用土类、亚类、土属、土种、变种5级分类；有的学者将我国的主要土壤类型分为15种：砖红壤、赤红壤、红黄壤、黄棕壤、棕壤、暗棕壤、寒棕壤、褐土、黑钙土、栗钙土、棕钙土、黑垆土、荒漠土、高山草甸土和高山漠土。其主要分布区域和特点见表2-1。

表2-1 我国15种土壤类型的主要分布区域和特点

| 序号 | 土壤类型 | 主要分布区域 | 主要特点 |
|---|---|---|---|
| 1 | 砖红壤 | 海南岛、雷州半岛、西双版纳和台湾省南部 | 风化淋溶作用强烈，易溶性无机养分大量流失，铁、铝残留在土中，颜色发红；土层深厚，质地黏重，肥力差，呈酸性至强酸性 |
| 2 | 赤红壤 | 滇南大部、广西、广东南部、福建东南部及台湾省中南部 | 风化淋溶作用略弱于砖红壤，颜色发红；土层较厚，质地较黏重，肥力较差，呈酸性 |
| 3 | 红黄壤 | 长江以南大部分地区以及四川盆地周围的山地 | 有机质来源丰富，但分解快，流失多，腐殖质少，土性较黏，因淋溶作用较强，钾、钠、钙、镁积存少而含铁、铝多，土呈均匀红色；因氧化铁水化致土层呈黄色 |
| 4 | 黄棕壤 | 北起秦岭、淮河，南到大巴山和长江，西自青藏高原东南边缘，东至长江下游地带 | 既具有黄壤与红壤富铝化作用的特点，又具有棕壤黏化作用的特点；呈弱酸性反应，自然肥力比较高 |
| 5 | 棕壤 | 山东半岛和辽东半岛，暖温带半湿润气候 | 土壤中的黏化作用强烈，具有较明显的淋溶作用，使钾、钠、钙、镁被淋失，黏粒向下淀积；土层较厚，质地较黏重，表层有机质含量较高，呈微酸性反应 |

| 序号 | 土壤类型 | 主要分布区域 | 主要特点 |
|---|---|---|---|
| 6 | 暗棕壤 | 东北的大兴安岭东坡、小兴安岭、张广才岭和长白山区 | 土壤呈酸性反应,与棕壤比较,表层有较丰富的有机质,腐殖质的积累量多,是比较肥沃的森林土壤 |
| 7 | 寒棕壤 | 大兴安岭北段山地上部,北面宽南面窄 | 经漂灰作用(氧化铁被还原随水流失的漂洗作用和铁/铝氧化物与腐殖酸形成螯合物向下淋溶并淀积的灰化作用),土壤酸性大,土层薄,有机质分解慢,养分少 |
| 8 | 褐土 | 山西、河北、辽宁三省连接的丘陵低山地区,陕西关中平原 | 淋溶程度不很强烈,有少量碳酸钙淀积;土壤呈中性、微碱性反应,矿物质、有机质积累较多,腐殖质层较厚,肥力较高 |
| 9 | 黑钙土 | 大兴安岭中南段东西两侧,东北松嫩平原的中部和松花江、辽河的分水岭地区 | 腐殖质含量最为丰富,腐殖质层厚度大,土壤颜色以黑色为主,呈中性至微碱性反应,钙、镁、钾、钠等无机养分也较多,土壤肥力高 |
| 10 | 栗钙土 | 内蒙古高原东中部的草原地区,草场为典型的干草原,生长不如黑钙土区茂密 | 腐殖质积累程度比黑钙土略弱,厚度较大,土壤颜色为栗色;土层呈弱碱性反应,局部地区有碱化现象;土壤质地以细砂和粉砂为主,区内沙化现象较严重 |
| 11 | 棕钙土 | 内蒙古高原中西部、鄂尔多斯高原、准噶尔盆地北部、塔里木盆地外缘;钙层土向荒漠地带过渡的土壤 | 若不灌溉就无法种植农作物,植被为荒漠草原和草原化荒漠;腐殖质的积累和腐殖质层厚度是钙层土中最少的,土壤颜色以棕色为主,土壤呈碱性反应,地面普遍多砾石和沙,并逐渐向荒漠土过渡 |
| 12 | 黑垆土 | 陕西北部、宁夏南部、甘肃东部等黄土高原土壤侵蚀较轻与地形较平坦的黄土源区 | 黄土母质形成,植被与栗钙土地区相似,绝大部分已开垦为农田;腐殖质积累和有机质含量较低,腐殖质层的颜色上下差别较大,上部为黄棕灰色,下部为灰带褐色 |
| 13 | 荒漠土 | 内蒙古、甘肃西部,新疆大部,柴达木盆地等地区,面积约占全国总面积的1/5 | 土壤基本上没有明显的腐殖质层,土质疏松,缺少水分,土壤剖面几乎均为砂砾,碳酸钙表聚、石膏和盐分聚积多,土壤发育程度差 |
| 14 | 高山草甸土 | 青藏高原东部和东南部,阿尔泰山、准噶尔盆地以西山地和天山山脉 | 剖面由草皮层、腐殖质层、过渡层和母质层组成,土层薄,土壤冻结期长,通气不良,土壤呈中性反应 |
| 15 | 高山漠土 | 藏北高原的西北部,昆仑山脉和帕米尔高原 | 土层薄,石砾多,细土少,有机质含量很低,土壤发育程度差,呈碱性反应 |

一般常根据需要将土壤分为砂质土、黏质土、壤土三种类型。砂质土的性质是含沙量多,颗粒粗糙,渗水速度快,保水性能差,通气性能好;黏质土的性质是含沙量少,颗粒细腻,渗水速度慢,保水性能好,通气性能差;壤土的性质是含沙量中等,颗粒中等,渗水速度中等,保水性能中等,通气性能中等。另外,还常将土壤分为杂填土、淤泥质黏土、粉质黏土、砂质黏土、砂性土等类型。

(1)杂填土。杂色、稍湿,主要由黏土组成,含砂、砾、砼块等建筑垃圾,土层结构松散。杂填土主要出现在一些陈旧居民区及工矿区内,它主要是人们在生活和生产活动中遗留或堆放的垃圾土。这类垃圾土又可分为建筑垃圾土、生活垃圾土和工业生产垃圾土。

不同类型的垃圾土及不同时间堆放的垃圾土的形状亦不同。杂填土的主要特点是无规划堆积、成分复杂、性质各异、厚薄不均及规律性差。因而同一场地表现为压缩性和强度的明显差异，极易造成不均匀沉降，使用时应进行地基处理，以免发生杂填土的不均匀沉降问题。素填土与杂填土不同，其垃圾杂质较少，原状土较多。

（2）淤泥质黏土。灰黑色、饱和、流塑，以黏粒为主，富含有机质，絮状结构，分散状构造，质纯，手捻具滑腻感，易污手，略具腥臭味。

（3）粉质黏土。稍湿、可塑（硬塑），主要由黏粒组成，土质较均匀，黏性较强，含少量粉粒；主要由坡（洪、冲、残）积而形成。黏土是指其塑性指数（$I_p$）>10，且粒径>0.075mm，颗粒含量不超过全部土质量的50%；其中 $10<I_p \leqslant 17$ 的即为粉质黏土。黏土的塑性指数 $I_p$ 是指土的液限与塑限之间差值的百分数。

（4）砂质黏土。稍湿，可塑（硬塑），为花岗岩风化残积而成，组织结构全被破坏，已风化成土状，遇水易软化及崩解。

（5）砂性土。是含砂土粒较多且具有一定黏性的土。压实后水稳性好，强度较高，毛细作用小；颗粒间无黏聚力，性质松散，主要由 0.075~2mm 的颗粒所组成无塑性的土。按粒度组成可分为粗砂土、中砂土、细砂土和粉砂土；砂性土在第四纪沉积物中以及现代滨海、河流、湖泊、沙漠地带有广泛的分布。

需要注意的是在野外可利用简单的方法区别黏土、粉质黏土及粉土。将新取出的土壤放在手里摇一摇，若是很快就从土的孔隙中排出水来的是粉土；另外，若将土放在手里搓土条，搓得越细且不易断的就是黏土；若难以搓成条且断的就是粉土；介于两者之间的就是粉质黏土；粉质黏土的切面不如黏土那样光滑。

（6）壤土。壤土是农艺性状较好的一种土壤，其通透性、保水保肥能力以及潜在养分含量介于砂土和黏土之间，适合各类农作物的生长，一般可以按产量的要求和作物的生长期，适时适量地进行施肥。

（7）盐碱土。它是盐土和碱土的总称，盐土主要指含氯化物或硫酸盐较高的盐渍化土壤，土壤中含盐量在 0.1%~0.2%，或土壤胶体吸附一定数量的交换性钠，碱化度在 15%~20%；盐碱土的有机质含量少，土壤肥力低，理化性状差，对作物有害的阴、阳离子多，不易促苗，不利于作物正常生长。中国的盐碱土主要分布在华北、东北和西北的内陆干旱、半干旱地区，东部沿海包括台湾省、海南省等岛屿沿岸的滨海地区也有分布。

**（四）土壤剖面观测与样品采集**

土壤剖面观测与土壤样品采集是开展土壤质量检测的基础，按照相关标准要求测定各个检测指标，以判断土壤是否被污染及污染水平，并预测其发展变化趋势。调查分析引起土壤污染的主要污染物质，确定污染物的来源、范围和程度，为后续使用或采取治理对策提供科学依据。

在从事野外研究中，进行土壤剖面观测与土壤采样应注意：①开挖的剖面规格一般长1.5m、宽0.8m、深1.0m；②每个剖面采集 A、B、C 三层土样，过渡层（AB、BC）一般不采样；③当地下水位较高时，挖至地下水出露时止；④剖面观测现场应记录实际采样深度，如 0~20cm、50~65cm、80~100cm；⑤在各层次典型中心部位自下而上采样，切忌混淆层次、混合采样；⑥在山地土壤土层薄的地区，B层发育不完整时，仅采A、C层样即可；⑦干旱地区剖面发育不完整的土壤，可采集表层(0~20cm)、中土层(50cm)和底土层(100cm)附近的样品。

由于水、气是流体，污染物进入后易混合，在一定范围内相对均匀，但土壤是固、液、气三相的混合体，其中的污染物难以混合均匀，制备合格的样品具有一定的局限性。一般来说，土壤监测采样导致的误差大于分析检测误差，而且土壤的不均一性是造成采样误差的最主要原因。因此，在实际的采样过程中应特别注意规范性，尽量避免或减少出现采样误差，土壤样品的代表性和采样误差的控制措施主要有：①采样前要进行现场勘察和有关资料的收集，根据土壤类型、肥力等级和地形等因素将研究范围划分为若干个采样单元，每个采样单元的土壤要尽可能使其均匀一致；②需要保证有足够多的采样点，使之能充分代表采样单元的土壤特性，采样点的数量取决于研究范围、研究对象的复杂程度以及检测研究要求的精密度等因素；③应严格遵循土壤采样布点原则及采样规范。

为了保证土壤样品具有代表性，减少检测费用，有的情况下也可采集混合样，但应注意以下几点：①一般了解土壤污染状况时可采集土壤混合样品，将一个采样单元内各采样分点采集的土样混合均匀制成；②对种植一般农作物的耕地，只需采集0~20cm耕作层土壤；③对于种植果林类农作物的耕地，一般采集0~60cm耕作层土壤；④一般每个土壤单元设3~7个采样区，采样区范围以200m×200m左右为宜；⑤土壤混合的采集布点方法：由于土壤本身存在着空间分布的不均一性，为更好地代表取样区域的土壤性状，经常以地块为单位，进行多点取样，然后再混合成一个混合样品进行检测。

土壤采样使用的器具应提前准备好，一般非挥发性有机污染土壤的采集主要采用不锈钢工具；重金属污染土壤的采集主要采用竹制或木质、塑料等不含金属的工具；挥发性有机污染土壤优先采用非扰动采样管或Encore采样器进行土壤样品采集；非扰动采样管由Power Stop Handle(蓝色手柄)和Easy Draw Syringe(注射器采样管)组成，蓝色手柄可重复使用；一次可采集5g、10g或13g土壤样品，根据土质选择不同的取样挡位。

对于混合土壤采样量，由于测定所需的土样是多点混合而成的，取样量一般较多，而实际进行检测分析使用的土样不需太多，1~2kg足够，因此对所得混合土样可反复按"四分法"弃取，最后留下所需的土量，装入塑料袋或布袋内，贴上标签备用。

常规土壤样品采集的注意事项主要有：①对照样的采样点位不能设在田边、沟边、路边或肥堆边，更不可在有污染或人为扰动的地点采样；②对于有腐蚀性或需要测定挥发性污染物的样品，应使用广口瓶装样；③对于含有容易分解有机物的待测定样品，采集后置于低温(冰箱)中临时保存；④分层采样的次序应自下而上进行，即先采剖面的底层样品，再采中层样品，最后采上层样品；⑤需要检测重金属的样品，应避免使用金属器具采样，可用竹片或竹刀去除与金属采样器接触的部分土壤，再用其取样；⑥需要检测有机污染物的样品，应避免接触塑料制品或使用塑料等有机材质的器具采样。

土壤采样过程的质控措施主要有：①对于土壤平行样的要求，应不少于地块总样品数的10%，每个地块至少采集1份；每份平行样需采集3个，其中2个送检测实验室，另1个送各省(区、市)质量控制实验室。②注意平行样应在土样同一位置采集，两者检测项目和检测方法应一致，在采样记录单中应标注平行样编号及对应的土壤样品编号。③采样前后应对采样器进行除污和清洗，不同土壤样品采集应更换手套，避免交叉污染。④对于土壤样品采集拍照记录，采集土样过程应针对采样工具、采集位置、VOCs 和 SVOCs 采样瓶土壤装样过程、样品瓶编号、盛放柱状样的岩芯箱、现场检测仪器使用等关键信息拍照记录，每个关键信息至少应拍一张照片，以备质量控制。

## 四、土壤母质形成时代与层系划分

土壤的形成时代与其母岩的形成时代和类型及层系密切相关，因此首先介绍地层形成时代与层系划分的相关知识。

### (一)地层形成的时代与层系划分

地层是地壳历史发展过程中在一定地质时间内所形成的岩石母质的总称。地球自形成以来经历了漫长的历史，在地球历史发展的每一阶段，地球表面都有一套相应的地层形成。根据形成沉积岩的古地理条件不同，地层可被分为两大类型，在海洋环境中形成的岩层称为海相地层，含有海相生物化石；在河流与湖泊等陆地环境中形成的地层称为陆相地层，含陆相化石。化石直接反映地层形成的时代与环境，所以地层及其所含化石是研究一个地区的地质发展历史的重要资料。

1. 地层地质时代表

人类生活的地球的形成与发展经历的时间从地壳开始形成时算起，距今已大约 46 亿年。为了便于了解地球的历史演变进程以及建立地球表层的土壤从上到下具有不同的发育层次的时间概念，首先认识一下地质时代与生物历史对照表，详见表 2-2。

由于沉积岩地层是在不同的时代沉积的，先沉积的是老地层，后沉积的是新地层，一般可将各地大致同时期沉积的某一段地层称为某一时代的地层，其上新沉积的地层则为另一新的地质时代的地层。这样，根据新老地层就可以确定出地质年代次序。这种表明地层形成先后顺序(新老关系)的时间概念被称为相对地质时代。地质时代并无严格的界限，一般是从最老的地层算起，直到最新的地层所代表的时代。地质时代表是在研究地层的基础上建立起来的，地壳上的全部地层共被分为五大部分，即太古界、元古界、古生界、中生界和新生界；每个"界"又分成几个"系"，每个系又分成几个"统"，统还可以进一步细分为"阶"。地壳的历史也被相应地进行了划分。人们将全部地史分成了与界相对应的"代"，每个代又分成与系对应的"纪"，每个纪又分成与统对应的"世"，世也可以进一步细分为"时"，这些都是相对应的地质时代单位。此外，通常把某段地层自形成到现在的具体时间用一个概略的数字表示出来，称为绝对地质时代。如最古老的地层是太古界，自形成到现在有 30 亿~40 亿年的历史，故其绝对年龄是 30 亿~40 亿年。由于地球及地球各部分的地理和气候的变化，是以若干万年为单位而显现其变化的，所以绝对地质时代是以百万年(Ma)为单位，它表明地壳经历了漫长的演化与发展历史。地层的绝对年龄通常是利用放射性同位素方法测定出来的。

表2-2　地质时代与生物历史对照表

| 代（界） | 纪（系） | 世（统） | 距今年龄[①]/Ma | 构造运动 | 生物界 | |
|---|---|---|---|---|---|---|
| | | | | | 植物 | 动物 |
| 新生代（界）Kz | 第四纪（系）Q | 全新世（统）$Q_4$ | | | | |
| | | 晚更新世（统）$Q_3$ | | | | |
| | | 中更新世（统）$Q_2$ | | | | |
| | | 早更新世（统）$Q_1$ | | 喜山期 | 被子植物时代 | 哺乳动物时代 |
| | 新第三纪（系）N | 上新世（统）$N_2$ | 2~3 | | | |
| | | 中新世（统）$N_1$ | | | | |
| | 老第三纪（系）E | 渐新世（统）$E_3$ | | | | |
| | | 始新世（统）$E_2$ | | | | |
| | | 古新世（统）$E_1$ | | | | |
| 中生代（界）Mz | 白垩纪（系）K | 晚白垩世（统）$K_2$ | 80 | 燕山期 | 裸子植物时代 | 爬行动物时代 |
| | | 早白垩世（统）$K_1$ | | | | |
| | 侏罗纪（系）J | 晚侏罗世（统）$J_3$ | | | | |
| | | 中侏罗世（统）$J_2$ | 140 | | | |
| | | 早侏罗世（统）$J_1$ | | | | |
| | 三叠纪（系）T | 晚三叠世（统）$T_3$ | | 印支期 | | |
| | | 中三叠世（统）$T_2$ | 195 | | | |
| | | 早三叠世（统）$T_1$ | | | | |
| 古生代（界）Pz | 二叠纪（系）P | 晚二叠世（统）$P_2$ | 230 | 海西期 | 孢子植物时代 | 两栖动物时代 |
| | | 早二叠世（统）$P_1$ | | | | |
| | 石炭纪（系）G | 晚石炭世（统）$G_3$ | | | | |
| | | 中石炭世（统）$G_2$ | 270 | | | |
| | | 早石炭世（统）$G_1$ | | | | |
| | 泥盆纪（系）D | 晚泥盆世（统）$D_3$ | | | | |
| | | 中泥盆世（统）$D_2$ | 320 | | | |
| | | 早泥盆世（统）$D_1$ | | | | |
| | 志留纪（系）S | 晚志留世（统）$S_3$ | | 加里东期 | | 鱼类时代 |
| | | 中志留世（统）$S_2$ | 375 | | | |
| | | 早志留世（统）$S_1$ | | | | |
| | 奥陶纪（系）O | 晚奥陶世（统）$O_3$ | | | | |
| | | 中奥陶世（统）$O_2$ | 440 | | | 无脊椎动物时代 |
| | | 早奥陶世（统）$O_1$ | | | | |
| | 寒武纪（系）ε | 晚寒武世（统）$\epsilon_3$ | | | | |
| | | 中寒武世（统）$\epsilon_2$ | 550 | | | |
| | | 早寒武世（统）$\epsilon_1$ | | | | |
| 元古代[②]（界）Pt | 晚元古代（界）$Pt_2$ | 震旦亚代（亚界）Z | 600 | | | |
| | 早元古代（界）$Pt_1$ | | 1700 | | | |
| 太古代（界）Ar | | | 2050 | | | |
| 地球初期发展阶段（地壳形成之前） | | | 3000~4000 | | | |

①根据中国地质科学院1976年所测数据。

②现在主张将元古代两分（早、晚元古代），整个震旦亚代相当于晚元古代，我国震旦亚代的地层发育最全，由老到新包括长城系、蓟县系、青白口系、震旦系四个系；有人也主张在长城系与蓟县系之间划分出南口系，不同意见待统一。

## 2. 地层单位的划分

地层单位根据划分依据不同分为地方性和时间性两种。

(1)地方性地层单位。根据沉积物性质(包括岩性、特殊矿物成分、颜色、结构、构造以及岩石的物理性质)、岩层厚度、岩层的接触关系、沉积旋回、变质程度等进行划分。它反映了一个地区的沉积特征,所以适用范围也只限于某一地区。具体划分按其级别由大到小分为三级,即群、组、段,其中群和组的命名常采用某一地区的地名,如上海组、南汇组、嘉定组等。

(2)时间性地层单位。根据生物演化的阶段特征来划分,化石是划分时间性地层单位的主要依据,它具有相对时间的概念。由于生物在地史上的空间分布范围广,采用时间地层单位可以适用于国际性、全国性或大区域范围内的地层对比。时间性地层单位由大到小可分为界、系、统、阶、带五级,其分别与地质时代单位代、纪、世、期、时相对应。

(3)各级地层单位的含义。界是国际通用的最大的地层单位。包括在一个代的时间内所形成的地层,如元古界、古生界等。

系是国际通用的第二级单位。界分为系,系是界的一部分,代表一个纪的时间内所形成的地层,如寒武系、侏罗系等。

统是国际通用的第三级单位。一个系可为 2~3 个统,统是系的一部分,代表一个世的时间内所形成的地层。三分的系分为下统、中统、上统。两分的系分为下统、上统。如侏罗系分为下侏罗统、中侏罗统、上侏罗统,也可称为侏罗系下统、侏罗系中统、侏罗系上统。

阶是全国性和大区域性的地层单位,是在一个期的时间内所形成的地层。统可以分为阶,但在不同的生物地理区内,同一个统有时可分出数目不等的阶,阶的专名只适用于某个生物地理区。

群是最大的地方性地层单位,包括很厚的、组分不同的岩层,通常相当于一个统,但既可小于也可大于统,有时甚至与系相当或更大,如青龙群(下、中三叠统)。

组是地方性的最基本的地层单位,一般相当于阶或略小于阶。有时组也可以比阶更大,甚至可以与统相当。组主要是根据岩相、岩性和变质程度划分出来的,同一个组往往具有统一的岩相、岩性和变质程度。组或由一种岩石所组成,或包括一种主要岩石兼有夹层,或由两三种不同的岩石反复重叠而成,也可能具有很复杂的岩石组分。

段是小于组的地方性地层单位,组有时可以分为段。可以用专门的地理名称,也可以不用地理名称,而直接称为某组第一段、某组第二段等。

带是代表一个或几个古生物标准种属生存期间所形成的地层。带一般小于段,也可以与段相当或稍大,但不超过组。通常以标准种属的古生物名称命名。带可以是地方性的地层单位,也可以是大区域性的地层单位。

### 3. 地质时代单位的划分

地质时代可划为四级单位，即代、纪、世、期。代、纪、世是国际性的时间单位，期是大区域性的时间单位。另外还有一个可以自由使用的地方性的时间单位"时"。

代是最大的时代单位。一个代相当于形成一个界的地层所经历的时间。代的名称与界的名称相对应。例如，与元古界、古生界相对应的时间单位有元古代、古生代。

纪是第二级时代单位。代再分纪，纪是代的一部分，代表形成一个系的地层所经历的时间，纪的名称与系的名称相对应，如寒武纪、侏罗纪、白垩纪等。

世是第三级时代单位，是国际地质年代表中的最小单位。世是纪的一部分，相当于形成一个统的地层所经历的时间。一个纪分为三个或两个世。其名称是在纪的名称前加早、中、晚或早、晚，即三分的纪分为早、中、晚三个世。如寒武纪分为早寒武世、中寒武世、晚寒武世；两分的纪分为早、晚两个世，如二叠纪分为早二叠世和晚二叠世等。

期是全国性的或大区域性的地质时代单位。世分为期，期是世的一部分，相当于形成一个阶的地层所经历的时间，期的名称与阶的名称相对应。

时和时期、时代、时候等，都不是专有的时间单位，可以表示与任何地方性地层单位相当的时间以及其他任何时间。

地质时代单位和地层单位之间有着紧密的关系，但不完全是对应的关系，地层系统与地质时代的三个大单位是完全相对应的，即界、系、统完全对应于代、纪、世。任何地方及地区的地层都不是完整无缺的，其中总不免有许多间断或缺失。代、纪、世则代表连续不断的时间延续，所有时间单位都是连续的，中间没有缺失。

### 4. 地层代号

一般地层系统可用国际统一规定的符号来表示。如太古界以"Ar"表示，古生界以"Pz"表示，寒武系以"$\epsilon$"表示，侏罗系以"J"表示，白垩系以"K"表示等。这种用以表示地层单位的符号称为地层代号。统的代号一般是对应于下、中、上统，在系的代号的右下角加1、2、3表示，如下、中、上侏罗统代号即分别为$J_1$、$J_2$、$J_3$。阶的代号是在统的符号后面加阶名汉语拼音的首字母或再加上一个最接近的子音字母组成，用小写正体字母表示。如上寒武统长山阶的代号是$\epsilon_{3c}$，上寒武统崮山阶的代号是$\epsilon_{3g}$等。群的代号是在相应的统和系的符号后面加上群名汉语拼音的首字母或再加上一个最接近的子音字母组成，一般是加两个字母，用小写斜体字母表示。如寒武系水口群，其代号即为$\epsilon_{sh}$。组的代号尚无统一规定，一般是在相应的阶、统或系的代号后面加上组名汉语拼音的首字母或再加上一个最接近的子音字母组成，用小写斜体字母表示。

## （二）上海地区主要土层分布特征

上海地区因受海进海退及沉积间断的影响，各土层在水平和垂向上具有一定的差异性，尤其是与工程建设密切相关的浅部土层。上海地区工程地质层特性如表2-3所示，典型区域土层的分布特征及工程特点如下[13]。

## 表2-3 上海地区工程地质层特性表

| 地质时代 | 地层 | 土层层号 | 土层名称 | 层厚/m | 颜色 | 岩性描述 |
|---|---|---|---|---|---|---|
| 全新世 | | ①₁ | 填土 | 0.1~6.2 (1.1) | 杂 | 人工获得产物，农田地区为素填土，城市化地区为杂填土，以黏土为主，含植物根茎及碎石、砖块等 |
| | | ①₂ | 浜填土 | | 杂 | 主要为暗浜土 |
| | | ①₃ | 冲填土 | 0.4~0.6 (3.4) | 灰 | 以粉土为主，含云母及贝壳碎片，夹薄层淤泥质黏土，部分地区以淤泥质黏土为主，含有机质浸染斑点 |
| Qh₃ | 青浦组/如东组 | ②₁ | 黏土、粉质黏土 | 0.4~4.7 (2.0) | 褐黄灰黄 | 见有植物根茎及铁锰质、浸染斑点或小结核 |
| | | ②₂ | 泥炭质土 | 0.2~0.9 (0.4) | 灰黑 | 含黑色有机质，夹棕红色半腐殖物根茎及碎屑，有臭味 |
| | 如东组/上海组 | ②₃ | 粉土、粉砂 | 0.6~22.6 (6.8) | 灰 | 含云母及有机质，杂斑，夹薄层粉质黏土，偶见贝壳碎片。河口三岛地区垂向岩性有所差异，上部一般为砂质粉土，中部为黏质粉土，下部为粉砂 |
| Qh₂ | 上海组 | ③ | 淤泥质粉质黏土（滨海平原区） | 0.5~10.9 (4.6) | 灰 | 层内夹薄层粉砂，粉砂夹层厚0.5~1.0mm，具有波状水平理理，局部见有交错层理，层内气孔发育，多呈圆形，孔径0.5~1.0mm，孔内无填充物，含贝壳碎片 |
| | | | 灰色黏土、粉质黏土（湖沼平原） | 0.5~12.7 (5.4) | 灰 | 含灰白色团块及有机质浸染斑点，夹蓝灰色条纹，偶夹0.3cm左右的腐殖物根茎，土质较均匀。部分地区颜色呈蓝灰色，含灰白色泥质条纹及少量腐殖物 |
| | | ③ₐ | 砂质粉土 | 0.5~3.7 (2.5) | 灰 | 含云母，夹薄层黏土，土质不均 |
| | | ④ | 灰色淤泥质黏土 | 0.9~17.7 (7.2) | 灰 | 含云母、有机质，横断面见有鱼鳞状构造，鳞片排列紧密，直径大小以1~2mm多见，黏土矿物成分主要为水云母、蒙脱石，局部夹贝壳碎片 |
| | | ④ₐ | 砂质粉土 | 1.5~14.0 (5.8) | 灰 | 含云母，夹薄层黏土 |
| Qh₁ | 娄唐组 | ⑤₁₋₁ | 黏土 | 0.7~19.9 (6.4) | 灰 | 含云母、有机质，见灰白色泥钙质结核及半腐芦苇根茎，夹薄层黏土，土质较均匀 |
| | | ⑤₁₋₂ | 灰色粉质黏土 | 0.5~28.1 (7.6) | 灰 | 夹较多砂质粉土或黏质粉土，在金山区局部地区岩性为黏质粉土夹粉砂，土质不均 |
| | | ⑤₂ | 砂质粉土、粉砂 | 1.8~24.3 (9.0) | 灰 | 岩性以灰色砂质粉土夹粉砂为主，局部地区为粉砂含有机质、钙质结核、腐殖物等，局部交错层理，层内气孔发育 |
| | | ⑤₃ | 粉质黏土 | 1.0~33.5 (12.4) | 灰 | 层内富含有机质，局部地段夹粉砂层，甚至为互层，夹层处见有斜层理或波状水平层理，该层因在封闭环境中沉积，故可能含有天然气 |
| 晚更新世 | 南汇组/滆湖组 | ⑤₄ | 粉质黏土 | 0.8~9.6 (3.4) | 灰绿 | 部分地区为黏土，颜色有暗绿、灰绿、草黄色等，含氧化铁斑点、有机质，见铁锰质结核，偶夹粉砂薄层 |
| | Qp₃² | | | | | |

| 地质时代 | 地层 | 土层层号 | 土层名称 | 层厚/m | 颜色 | 岩性描述 |
|---|---|---|---|---|---|---|
| 晚更新世 | $Qp_3^2$ | ⑥ | 黏土、粉质黏土 | 0.8~12.5 (4.1) | 暗绿–褐黄 | 本层下部略具水平层理，上部未见明显层理构造，含有铁锰质浸染斑点、结核及少量植物残体，颜色由上至下由暗绿色逐渐过渡为褐黄色、草黄色 |
| | | ⑦₁ | 黏质粉土、砂质粉土 | 1.0~17.0 (5.0) | 草黄–灰 | 西部湖沼平原区颜色多为灰色，而冈身及滨海平原区颜色多为草黄色，略具水平层理，夹较多薄层黏土，含少量贝壳碎片 |
| | | ⑦₂ | 粉砂 | 1.3~38.0 (19.2) | 灰黄–灰 | 具水平层理，矿物成分以石英为主，少量暗色矿物，局部云母片富集，土质较均匀 |
| | | ⑧₁₋₁ | 黏土 | 1.4~23.8 (9.6) | 灰 | 含云母、腐殖物，土质较均匀 |
| | | ⑧₁₋₂ | 粉质黏土 | 1.0~35.5 (9.8) | 灰 | 含云母，夹薄层粉砂，夹层单层厚一般为0.1~0.5cm，粒度成分以粉砂粒为主，层内富含动物化石 |
| | | ⑧₂₋₁ | 粉质黏土 | 0.9~21.5 (6.9) | 暗绿–褐黄 | 含铁锰氧化物条纹、腐殖物，夹薄层粉土、粉砂，偶见鱼骨碎片 |
| | | ⑧₂₋₂ | 砂质粉土 | 4.0~25.0 (13.2) | 草黄–灰 | 含云母、腐殖物，夹薄层黏土。在河口砂岛区，该层基本为粉砂夹砂质粉土层和粉砂夹粉质黏土层 |
| | | ⑧₂₋₃ | 粉质黏土夹砂 | 2.0~40.0 (13.6) | 灰 | 含云母、腐殖物，层内见有螺、贝壳、植物根茎，在滨海平原区该层主要为粉质黏土夹砂和粉质黏土与粉砂互层，层间有间隙，层面间有鱼鳞状构造，具明显的水平或单斜层理，呈"千层饼"状，局部夹少量钙质结核及半腐烂植物，土质不均，湖沼平原区基本为粉质黏土夹粉砂 |
| | | ⑧₃₋₁ | 粉质黏土 | 2.0~10.0 (5.1) | 暗绿–蓝灰 | 含氧化物条纹，夹薄层粉砂 |
| | | ⑧₃₋₂ | 砂质粉土 | 1.9~12.5 (5.4) | 褐黄 | 含云母、腐殖物，夹薄层黏土 |
| | | ⑧₃₋₃ | 粉质黏土 | 1.1~13.1 (8.7) | 蓝灰–灰 | 含云母、腐殖物，夹薄层粉砂 |
| | | ⑧₄ | 粉质黏土 | 8.6~13.2 (11.6) | 灰 | 含云母，夹薄层粉砂，土质不均 |
| | | ⑨₁ | 粉砂 | 1.5~22.8 (9.0) | 青灰–灰 | 以长石、石英、云母矿物为主，次为暗色矿物，分选性较好，部分地区顶部夹薄层黏土，见有水平层理，夹少量贝壳碎片 |
| | | ⑨₂ | 含砾中砂 | 11.3~26.0 (12.9) | 青灰 | 上部一般为细砂，至下逐渐过渡为中粗砂、砾石层，矿物成分以长石、石英、云母为主，次为暗色矿物，砾石直径一般为2~5mm，磨圆度很好，呈半棱角状。局部夹有薄层黏土透镜体 |
| 中更新世 | $Qp_2$ | ⑩ | 粉质黏土 | 0.6~7.2 (4.0) | 蓝灰 | 含铁、锰质结核及黑色有机质 |
| | | ⑪ | 粉细砂 | 未钻穿 | 灰黄–灰 | 矿物成分以长石、石英、云母为主 |

注：根据文献［13］，有改动。

第②₃层(浅部砂层)：主要分布在崇明、横沙、长兴三岛和沿江、沿海以及冈身一带，呈条带状分布，由三角洲河流、滨海、河口等不同的沉积环境形成。该层由于埋藏浅，为可液化土层，应注意由其引起的砂土震动液化及渗流液化问题。

第③、④层(淤泥质软土层)：这层软土层在上海地区广泛分布，仅在青浦区和金山区西部以及崇明岛西北端由于受到后期古河道的切割而缺失，由滨海、浅海等不同的沉积环境形成。软土层具有含水量高、孔隙比大、压缩性高、强度低等不良工程特性，为地基沉降的主要层位，故在高层建筑和路基工程施工过程中极易产生变形。此外，该两层还具有流变和触变特性，在基坑开挖和隧道盾构施工过程中，易引起边坡失稳或地层沉降。

第⑥层(第一硬土层)：该层为全新世和更新世分界的标志层，因此一直为研究的重点层位。因受古河道的切割，该层土壤呈块状分布。西部的青浦、金山、松江等地区分布较为普遍，河口三岛区和宝山区、浦东新区沿江、沿海地区由于受到长江古河道切割而缺失，上海市中心城区南部大部分地区也因受古河道切割而缺失。该层由泛滥湖泊相沉积环境形成，具有含水量低、压缩性低、强度高等特点，土性好，在控制地面沉降方面，除其本身不易压缩外，在一定程度上还能消散或滞后下部应力对上部土层的影响。

第⑦层(下部砂层)：分布比较广泛，在河口三岛区和宝山区沿岸因受长江古河道的切割均缺失，为河流相沉积环境。该层具有压缩性低、强度高等特点，而且埋藏适中，可作为大型建筑物的桩基持力层。该层亦为区内的第一承压含水层，水头较高，应注意地下空间开发过程中易由该层引起基坑突涌和流沙问题。

**(三)上海市典型区域土层分布特征**

(1)奉贤区典型区域土层特征。根据时代与成因不同，奉贤区内第四纪松散沉积物中50m以上的浅部土层分布特征：

第①层，包含3个亚层：第①₁层为人工填土，杂色，全区均有分布，含碎石、石块、垃圾、植物根茎等；第①₂层灰色或灰黑色浜底淤泥，夹较多黑色有机质，具臭味，土质软塑~流塑，高压缩性，分布于明浜、暗浜(塘)区；第①₃层灰色粉土，俗称江滩土，局部夹有较多淤泥质黏土，多分布于黄浦江沿岸。

第②层，属全新世晚期($Q_4^3$)，滨海-河口相沉积，全区普遍分布，包含3个亚层：第②₁层褐黄色黏土，可塑，属中等压缩性土，俗称"硬壳层"，常见顶面埋深0.5~2.0m，层厚1.5~2.0m，奉贤全区普遍分布；第②₂层灰黑色泥炭质土，软塑，属中等~高压缩性土，局部夹粉土，常见顶面埋深1.5~2.0m，层厚0.5~2.0m，全区普遍分布；第②₃层灰色粉土，粉砂，松散~稍密，属中等压缩性土，常见顶面埋深2.0~3.0m，层厚3.0~15.0m，主要分布于奉贤南部沿海一带。

第③+④层(第一压缩层)，属全新世中晚期($Q_4^2$)滨海-浅海相沉积，全区普遍分布。第③层灰色淤泥质粉质黏土，流塑，属高压缩性土，是浅部主要压缩层，常见顶面埋深3.0~7.0m，层厚5.0~10.0m；第④层灰色淤泥质黏土，流塑，属高压缩性土，是浅部主要压缩层，常见顶面埋深7.0~12.0m，层厚5.0~10.0m。

第⑤层（第二压缩层），属全新世早期（$Q_4^1$）滨海-沼泽相沉积，全区普遍分布，包含4个亚层：第⑤₁层灰色黏土，软塑~可塑，土性自上而下逐渐变好，属中等~高压缩性土，常见顶面埋深 15.0~20.0m，层厚 5.0~15.0m；第⑤₂层灰色粉土、粉砂（微承压含水层），稍密~中密，局部密实，属中等压缩性土，常见顶面埋深 20.0~30.0m，层厚 5.0~20.0m，主要分布于古河道区；第⑤₃层灰~褐灰色黏土，可塑，属中等压缩性土，常见顶面埋深 25.0~32.0m，层厚 9.0~20.0m，主要分布于古河道区；第⑤₄层灰绿色黏土，可塑~硬塑，属中等压缩性土，常见顶面埋深 35.0~40.0m，层厚 1.0~3.0m，主要分布于古河道区。

第⑥层（第一硬土层），属晚更新世（$Q_3^2$）河口-湖泽相沉积层，包含2个亚层：第⑥₁层暗绿色黏土，可塑~硬塑，属超固结、中等压缩性土，常见顶面埋深 15.0~30.0m，层厚 2.0~5.0m；第⑥₂层褐黄色黏土，可塑~硬塑，属超固结、中等压缩性土，常见顶面埋深 30.0~32.0m，层厚 1.0~2.0m。

第⑦层（第一承压含水层），属晚更新世（$Q_3^2$）河口-滨海相沉积，区内普遍分布，包含2个亚层：第⑦₁层草黄色~灰色粉土、粉砂，中密~密实，属中等压缩性土，常见顶面埋深 20.0~35.0m，层厚 4.0~8.0m，分布较广，厚度变化较大；第⑦₂层灰色粉细砂，密实，属中等~低压缩性土，常见顶面埋深 35.0~40.0m，层厚 6.0~30.0m，分布较广，层位不稳定。

奉贤区浅部土层的土壤分布特征属于三角洲河流沉积环境和滨海沉积环境。区内浅部土层有潟湖沉积，土壤类型为潴育水稻土-青黄土；早期滨海潮滩沉积，土壤类型有潴育水稻土-沟干泥、潮砂泥；中期滨海潮滩沉积，土壤类型有潴育水稻土-潮砂泥、沟干潮泥、沟干泥和黄泥，灰潮土-园林灰潮土，渗育水稻土-砂夹黄和黄夹砂；晚期滨海潮滩沉积的土壤类型有滨海盐土-盐化土、砂夹黄、黄夹砂；支流河道-边滩沉积，土壤类型有潴育水稻土-青黄土和沟干潮泥。

（2）黄浦江沿岸典型区域土层特征。黄浦江沿岸的隆昌路区域分布的土层主要由饱和的黏土、粉土、砂土组成，属第四纪松散沉积物，按其土性不同和物理力学性质上的差异可分7个主要层次及分属不同层次的亚层。其中①、③、④、⑤层土为 $Q_4$ 沉积物，⑥、⑦、⑨层土为 $Q_3$ 沉积物。其中，区域15m内的浅部地层分布特征：第①₁₋₁层杂填土，土质松散，上部以黏土为主，夹建筑垃圾，层厚 1.3~5.0m；第①₃₋₁层灰色黏质粉土，江滩土，饱和，松散，含云母、腐殖质等，土质不均，局部夹薄层淤泥质粉质黏土，呈互层状，层厚 2.3~6.6m；第①₃₋₂层灰色黏质粉土夹淤泥质粉质黏土，江滩土，饱和，松散，流塑，含云母及腐殖质等，土质不均，局部黏粒含量较高，区域局部分布，层厚 1.9~4.0m；第③层灰色淤泥质黏土夹粉土层，饱和，流塑，含云母、有机质，土质不均，区域局部分布，层厚 2.2~7.6m；第④层灰色淤泥质黏土层，饱和，软塑，切面光滑，土质较均匀，含少量贝壳碎屑，局部夹极薄层粉土，区域遍布，层厚 6.9~8.2m。

（3）嘉定工业区典型区域土层特征。该区内埋深在 10.0m 以上的土层主要由黏土组成，呈水平成层分布。按其沉积年代、成因类型及其物理力学性质的差异自上而下依次划分为第①₁层填土、第②层粉质黏土、第③层淤泥质粉质黏土、第④层淤泥质黏土。各土层分布主要有以下特点：第①₁层填土，层顶标高 2.26~2.94m，层厚 0.6~1.1m，以黏土为主，含植物根茎、碎石及碎砖等建筑垃圾，土质松散；第②层粉质黏土，层顶标高 0.27~0.89m，层厚 1.7~2.4m，含氧化铁斑点、铁锰质结核，局部夹黏土，土质自上而下逐渐变软，呈可塑~软塑状，中等压缩性；第③层淤泥质粉质黏土，层顶标高 -3.96~ -2.42m，层厚 3.0~4.4m，以黏土为主，含云母，局部夹薄层粉土，呈流塑状，高等压缩性；第④层淤泥质黏土，层顶标高 -6.16~ -5.36m，层厚 1.7~3.5m，含云母，夹少量薄层粉土，呈流塑状，具高压缩性。

# 第三节　土壤生态系统的组成

生态系统是指在一定空间内共同栖居着的所有生物与环境之间通过不断的物质循环和能量流动过程而形成的统一整体。土壤生态系统包括土壤生物、土壤矿物质、土壤有机质、土壤水溶液及土壤气体五部分，其中土壤矿物质与有机质构成土壤的固相部分，与土壤水相及气相等粒间物质共同构成土壤的非均质各向异性的三相结构。在土壤生态系统中，土壤生物为土壤生态系统的核心，其他四部分则构成土壤生物所处的动态环境，同时土壤植物根系与微生物、植物根系与动物、土壤微生物之间互为环境并相互影响，以上各部分共同作用，进行不间断的物质与能量的迁移与转化，构成动态的土壤生态系统，形成了土壤环境中各种生物化学过程及环境污染物在土壤环境体系中的迁移和转化。

## 一、土壤矿物质

土壤矿物质是土壤固相的主体物质，构成了土壤的"骨骼"，占土壤固相总质量的90%以上。土壤矿质胶体(粒径<2μm)是土壤矿物质中最活跃的组分，其主体是黏土矿物。土壤黏土矿物胶体表面在大多数情况下带负电荷，比表面积大，可与土壤固相、液相及气相中的离子、质子、电子和分子相互作用，影响土壤中的物理、化学、生物学过程与性质。因此，研究土壤矿物质的组成及其分布对鉴定土壤类型、分析土壤性质、考察土壤环境中污染物的迁移转化等具有重要意义。

### (一)土壤矿物质的元素组成

矿物是天然产生于地壳中具有一定化学组成、物理性质和内在结构的物质，是组成岩石母质的基本单位。矿物的种类很多，共3300种以上，各种元素的不同组合或不同形态可以形成不同的矿物，不同的土壤中含有不同的矿物质。

土壤的化学元素组成很复杂，几乎包括地壳中的所有元素(表2-4)[14,15]。主要元素组成有10余种，包括氧、硅、铝、铁、钙、镁、钛、钾、钠、磷、硫以及一些微量元素如锰、锌、铜、钼等。其中，氧(O)和硅(Si)是地壳中含量最多的两种元素，分别占地壳质量的47%和29%，铝（Al）和铁（Fe）次之，四者共占地壳质量的88.7%，而其余90多种元素合计占地壳质量的11.3%。在地壳组成中的含氧化合物占比极大，其中又以硅酸盐最多。

表2-4　地壳和土壤的平均化学组成

| 元素 | 地壳中/% | 土壤中/% | 元素 | 地壳中/% | 土壤中/% |
|---|---|---|---|---|---|
| O | 47.0 | 49.0 | Mn | 0.10 | 0.085 |
| Si | 29.0 | 33.0 | P | 0.093 | 0.08 |
| Al | 8.05 | 7.13 | S | 0.09 | 0.085 |
| Fe | 4.65 | 3.80 | C | 0.023 | 1.0~2.0 |
| Ca | 2.96 | 1.37 | N | 0.01 | 0.10 |
| Na | 2.50 | 1.67 | Cu | 0.01 | 0.002 |
| K | 2.50 | 1.36 | Zn | 0.005 | 0.005 |
| Mg | 1.37 | 0.60 | Co | 0.003 | 0.0008 |
| Ti | 0.45 | 0.40 | B | 0.003 | 0.001 |
| H | 0.15 | — | Mo | 0.003 | 0.0003 |

注：据克拉克等（1924）、费尔斯曼（1939）和泰勒（1964）等估计，地壳元素组成与此表稍有不同，但总体趋势一致。

土壤矿物的化学组成反映了成土过程中元素的分散、富集特性和生物积聚作用。一方面，它继承了地壳化学组成的遗传特点；另一方面，有的化学元素如氧、硅、碳和氮等在成土过程中增加了，而有的则降低了，如钙、镁、钾、钠。此外，土壤矿物质中元素的组成还与风化产物的淋溶强度有关。根据风化壳中元素的迁移特点可分为下面几种类型。

（1）强移动的阴离子，包括 S、Cl、B、Br 元素的阴离子。

（2）移动元素，包括 Ca、Na、Mg、Sn、Ra 等元素的阳离子及 F 元素的阴离子。

（3）弱移动元素，其中有 K、Ba、Rb、Li、Be、Cs、Ti 等元素的阳离子，此外还包括 Si、P、Sn、As、Ge、Sb 等主要以阴离子形态移动的元素。

（4）在氧化环境中可移动，而在还原环境中移动性弱的元素，主要有：①在氧化环境中，随酸性水强烈迁移；而在中性、碱性水中移动性弱的元素主要呈阳离子形态迁移，例如 Zn、Ni、Pb、Ca、Hg、Ag。②在酸性或碱性水中都强烈迁移的元素（主要呈阴离子形态迁移），如 V、U、Mo、Se、Re。

（5）在还原环境中移动，而在氧化环境中呈惰性的元素，如 Fe、Mn、Co。

（6）在多数环境中均难以移动的元素，主要有：①形成化合物的微迁移元素，如 Al、Zn、Cr、Y、Ga、Nb、Th、Se、Ta、W、In、Bi、Te；②不形成或几乎不形成化合物的难移动元素（天然金属），如 Os、Pd、Ru、Pt、Au、Rh、Ir。

以上各种元素迁移的特点，不仅直接影响土壤矿物质的元素组成，而且与土壤的污染特征及自净能力密切相关。

## (二)土壤矿物质的主要特征

### 1. 矿物的基本特征

矿物是形成于地壳中的由单一元素或几种元素化合而成的物质，统称天然矿物。如铜（Cu）、硫黄（S）等由单个元素的单质组成的矿物；石英（$SiO_2$）、方解石（$CaCO_3$）则是由多种元素化合而成的矿物。人工可以制造合成矿物，如人造金刚石等，这里主要介绍天然矿物。通过对矿物的不断实践及认识，人们总结出矿物有下列五个基本特征。

（1）矿物在地壳中多数呈固态（如石英、赤铁矿），还有液态（如水、石油）和气态（如$CO_2$、$O_2$、天然气等）。

（2）矿物一般都有一定的且较均一的化学成分，并可用一定的化学式表示。例如：石膏 $CaSO_4 \cdot 2H_2O$、石盐 NaCl、黄铁矿 $FeS_2$、石英 $SiO_2$。

（3）绝大多数矿物都具有一定的晶体构造，即内部质点（原子、离子或分子）排列具有一定的规律性。例如：石英每个 $Si^{4+}$ 周围有 4 个 $O^{2-}$ 包围，各质点间都有一定间距。自然界只有少数矿物不具有晶体构造。凡是质点呈规则排列的矿物被称为晶质矿物，而内部质点不呈规则排列的矿物被称为非晶质矿物，如蛋白石 $SiO_2 \cdot nH_2O$。

（4）矿物的物理性质和化学性质主要是由矿物的化学成分和晶体构造所决定的。

（5）矿物是在地壳中由地质作用形成的自然体，如盐湖中沉积形成的石盐、石膏。

在目前已发现的 3300 多种矿物中，组成岩石的主要矿物有 20~30 种，它们被称为造岩矿物。造岩矿物在一定的地质条件下可形成各种各样的岩石。由于地壳由岩石组成，而岩石又是由各种矿物组成的，所以要研究岩石和土壤的性质也应从认识矿物开始。

### 2. 矿物的形态和主要物理性质

矿物的形态即外貌特征及主要物理性质是肉眼鉴定矿物的重要依据。自然界大多数矿物主要是晶体形态的晶质矿物，一般具有一定的规则外形，可以被人们看见与触摸。那么，矿物的外形又是怎样形成的呢？由于晶质矿物都具有一定的化学成分和内部构造，组成矿物的原子、离子或分子等质点的大小、种类、数量及化学键都是一定的，只要存在一定的外界条件，质点就作有规律的排列，具有一定的外形，如石英呈六方柱锥状，黄铁矿呈立方体，方解石呈菱面体，绿柱石呈柱状等。自然界的矿物一部分是单体，一部分呈集合体形态。晶质矿物的集合体形态多种多样，有板状、片状、放射状、针状、纤维状、晶簇等；非晶质矿物有结核状、鲕状、豆状等。部分矿物可通过外形进行鉴定，但应注意不同矿物可能有相同的外形以及同一种矿物可能有不同的外形，而且结晶形状很好的矿物也可能在地质作用影响下失去本来面目。所以若需准确鉴定还应依据矿物的其他物理特征进行综合判断。矿物的物理性质是指矿物通过物理变化表现出来的性质，如矿物的光学性质、力学性质以及其他性质等。

（1）矿物的光学性质。

1）矿物的颜色和条痕。颜色是矿物的显著特征之一，有自色、他色和假色。

自色是矿物本身固有的颜色，特点是一般比较均匀，主要决定于色素离子（表2-5）。当它成为矿物的主要化学组成时，矿物显自色，如褐铁矿 $[Fe(OH)_3]$ 为褐色，是由于色素

离子 $Fe^{3+}$ 呈褐色。

表2-5　几种色素离子的颜色

| 离子 | $Ti^{4+}$ | $Fe^{2+}$ | $Fe^{3+}$ | $Fe^{2+}+Fe^{3+}$ | | $Mn^{2+}$ | $Mn^{4+}$ |
|---|---|---|---|---|---|---|---|
| 颜色 | 褐红，褐 | 绿 | 褐 | 红 | 黑 | 玫瑰红 | 黑 |
| 矿物举例 | 楣石 | 绿泥石 | 褐铁矿 | 赤铁矿 | 磁铁矿 | 菱锰矿 | 软锰矿 |

他色是由矿物结晶混入杂质而形成的颜色，特点是颜色不固定、不均匀。如含有杂质的石英呈粉红或其他浅色。

假色是由矿物内部的裂缝、包裹体或表面被氧化物覆盖等所引起的光线干涉而呈现的颜色，如黄铁矿表面易风化呈浅黄色。

条痕是指矿物粉末的颜色。硬度较小的暗色矿物，在白色瓷板上刻划能见条痕。条痕能保持矿物自色，减少他色，消除假色。如黄铁矿的条痕为暗绿黑色，为自色，常用的石笔主要为滑石。

2)矿物的光泽。矿物表面的反光能力称光泽。根据矿物表面反光能力的强弱可分为三种光泽：①金属光泽：反光能力最强，耀眼夺目，如黄铁矿为金属光泽。多数金属矿物具金属光泽。②半金属光泽：反光能力中等，如磁铁矿及赤铁矿。③非金属光泽：反光能力比前两者弱，多为非金属矿物的光泽。非金属光泽有玻璃光泽(如长石、石英、方解石的晶面，具有玻璃一样的光泽)、油脂光泽(如石英的断口，其光泽像油脂或树脂)、丝绢光泽(如纤维石膏)等。

3)矿物的透明度。它是指一定厚度的矿物对日光的透过能力。一般以矿物碎片的薄边为厚度标准。矿物的透明度可分为三类：①透明：几乎完全透光并能清晰透见他物，如透明石膏、纯净的石英水晶体等。②半透明：部分透光，可模糊透见他物，如黑云母、锡石等。③不透明：几乎不能透光，如黄铁矿及褐铁矿等金属矿物多为不透明矿物。

(2)矿物的力学性质。

1)矿物的解理与断口。解理是指矿物受外力作用后可沿着一定结晶方向裂开的性质，矿物的光滑裂开面称为解理面。当矿物受外力作用后，沿任意方向发生不规则的破裂，形成凸凹不平的破碎面被称为断口。矿物受外力作用后是产生解理面还是产生断口取决于组成矿物分子中各个直接相连接的原子间的化学键的强弱程度。化学键强弱不同的矿物受外力作用后，容易从化学键弱的方向裂开成解理面。化学键强弱一致的矿物受外力作用后容易产生断口。根据矿物晶体沿解理面裂开能力的强弱程度可将解理分为以下四种类型：①极完全解理：定向裂开的能力强，晶体受力可破裂成薄片，解理面大而平整光滑，无断口，如云母。②完全解理：解理面成小块，平整光滑，不易见到断口，如方解石。③中等解理：矿物碎块上既有解理，又有断口，如长石。④不完全解理：矿物碎块上以断口为主，偶见解理面，如磷灰石。从上述四种解理可以看出，解理越完全，断口就越不易出现；反之，解理越不完全，越容易出现断口。常见的断口有平坦状、参差状、贝壳状等。

2)矿物的硬度。矿物抵抗外力的能力称硬度。通常是用各种不同矿物做相互比较而确定软硬的。为了便于鉴别，一般选用10种矿物做相互比较，常用的摩氏硬度标准顺序由低到高分为 10 级(表2-6)。

表2-6　摩氏硬度计

| 矿物名称 | 滑石 | 石膏 | 方解石 | 萤石 | 磷灰石 | 正长石 | 石英 | 黄玉 | 刚玉 | 金刚石 |
|---|---|---|---|---|---|---|---|---|---|---|
| 相对硬度 | 1 | 2 | 3 | 4 | 5 | 6 | 7 | 8 | 9 | 10 |

实际工作中常用指甲(硬度约2.5)、铜钥匙(硬度3~4)、玻璃(硬度约5.5)、小钢刀(硬度5~6)来大致确定矿物的硬度级别。注意鉴定矿物硬度必须在矿物的新鲜面上刻划方可得到矿物的真实相对硬度。

3)矿物的弹性与挠性。矿物的弹性是矿物在弹性限度内受外力作用而变形,外力取消后可恢复原状,如云母等;矿物的挠性是指矿物受外力作用而变形,外力取消后不能恢复原状,如石膏、绿泥石等。

(3)矿物的其他物理性质。

1)矿物的密度。矿物的相对密度是指纯净矿物在空气中的质量与同体积纯水质量之比(4℃时)。各种不同的矿物密度相差很大,主要取决于形成矿物的化学成分和内部构造。组成矿物的化学元素决定了矿物的密度,而化学元素的密度与其原子结构有关,元素的密度与其体积也有密切关系。一般来说,原子半径大的元素具有较小的堆积密度,而原子半径小的元素具有较大的堆积密度。由于多数造岩矿物(长石、石英和斜长石)的平均相对原子质量是常数,所以由原子堆积密度较大的元素所形成的矿物具有较大的密度,反之亦然。多数造岩矿物具有离子键或共价键,其密度为 2.2~3.5g/cm³,只有很少的矿物密度达到 4.5g/cm³;具有金属离子键和金属共价键的矿物有较大的密度,一般在 3.5~7.5g/cm³ 的范围内。具有金属键的矿物的密度变化范围很大,因而天然金属的密度变化范围大。另外,矿物的密度还受矿物本身结构变化的影响。多数造岩矿物的元素的平均相对原子质量是常数,只有在矿物本身的结构发生变化时才会出现密度增大的现象。例如,硅酸盐矿物的结构主要由 $SiO_2$ 四面体之间的连接方式所决定。矿物的类质同象现象对矿物的密度有很大的影响,如果相对原子质量小的元素被相对原子质量大的元素所取代,则矿物的密度逐渐增大。常见矿物的密度($g/cm^3$)如下:石膏 2.3~2.37,钾长石 2.54~2.57,高岭石 2.61~2.68,斜长石 2.61~2.75,海绿石 2.4~2.95,石英 2.65,方解石 2.72,白云母 2.77~2.88,白云石 2.86,硬石膏 2.9~3.0,黑云母 2.7~3.3,红柱石 3.13~3.16,普通角闪石 3.02~3.45,普通辉石 3.2~3.4,绿帘石 3.38~3.49,橄榄石 3.2~4.4,蓝晶石 3.53~3.65,黄铜矿 4.1~4.3,重晶石 4.3~4.7,磁铁矿 4.9~5.2,黄铁矿 5。金属矿物多为重矿物,和重矿物组合研究土壤的物质成分,可以推断形成土壤的母岩的成分和物质来源。

2)矿物的磁性与发光性。有一些矿物能够被磁铁(吸铁石)吸引上来,这种被磁铁吸引的特性称为磁性。磁性是含铁、钴、镍的少数矿物所特有的性质,因此是重要的鉴定特征,如磁铁矿。矿物的发光性是指部分矿物在受到紫外线、X射线等外界能量激发时可发光的现象。仅在外来能量激发过程中发光的为荧光,外来能量激发停止后仍然继续发光一段时间的为磷光。由于不同矿物所发的光的强度、颜色各不相同,故具有鉴定意义。

3)矿物的吸水性与感觉。某些矿物有吸收空气中水分的能力。吸水性强者,表面可潮解(如岩盐),或呈黏稠性并且粘舌头(如高岭石)。矿物的感觉性质是指人的感觉器官对某些矿物所觉察到的性质,如石盐的咸味,燃烧黄铁矿时的硫臭味等。

应该指出,矿物的物理性质很多,但对不同矿物来说各有其特点,故在鉴定矿物时要先抓住其主要特征,即注意从矿物的个性入手去鉴别,同时结合其他特征进行综合判断。

### (三)土壤矿物的分类

#### 1. 按照化学成分及内部结构分类

根据化学成分及内部结构可将矿物分为以下五种类型。

(1)自然元素类。这类矿物就是以单质形式产出的。该类矿物在地壳中已发现有30余种,主要为金属,也有几种气态元素和液态元素,它们占地壳质量的0.1%,对工业有重要意义的有金、银、铜、铂、金刚石、石墨、硫黄等。

(2)硫化物及其类似化合物类。这类矿物包括金属的含硫、含砷、含碲、含锑的化合物,以硫化物为最多,除硫化氢以外,均为固态。这类矿物有350余种,占地壳质量的0.15%,分布虽少,却有很高的经济价值,是有色金属和稀有金属的重要来源。如方铅矿、黄铁矿、辉锑矿、辉钼矿等。

(3)氧化物和氢氧化物类。这类矿物包括金属和非金属元素与氧和氢氧根组成的最简单的化合物。这类矿物有200余种,占地壳质量17%,仅石英约占地壳质量的12.0%。铁的氧化物、氢氧化物占3%~4%。常见的有石英、赤铁矿、磁铁矿、褐铁矿、铝土矿等。这类矿物是铁、铬、锰、钛等矿石的主要来源。

(4)卤化物类。氟、氯、溴、碘四种元素称为卤族,与卤族元素化合形成的矿物称为卤化物矿物,如岩盐、钾盐、萤石等。

(5)含氧酸盐类。这类矿物包括硝酸盐、碳酸盐、硫酸盐、铬酸盐、磷酸盐、砷酸盐、钼酸盐、钨酸盐、钒酸盐、硼酸盐、硅酸盐,其中硅酸盐占地壳质量的75%,它们是主要的造岩矿物。这类矿物均呈固态,是非金属矿物原料的主要来源。常见的有方解石、白云石、重晶石、石膏、云母、长石、海绿石、高岭石等。

地壳中矿物虽多,但数量较多且分布较广的矿物并不多。据统计,各种常见矿物分别占地壳总质量的比例约为:长石59.5%,石英12%,辉石、角闪石、橄榄石16.8%,云母3.8%,含钛矿物1.5%,磷灰石0.5%。

#### 2. 按照矿物的来源分类

按照矿物的来源可将土壤矿物分为原生矿物和次生矿物。原生矿物是直接来源于母岩的矿物,其中岩浆岩是其主要来源;而次生矿物则是由原生矿物分解、转化而成的。

(1)原生矿物。土壤原生矿物是指那些经过不同程度的物理风化,未改变化学组成和结晶结构的原始成岩矿物,主要分布在土壤的砂粒和粉砂粒中,以硅酸盐和铝硅酸盐占绝对优势。常见的有石英、长石、云母、辉石、角闪石和橄榄石以及其他硅酸盐类和非硅酸盐类。表2-7中列出了土壤中主要的原生矿物组成[15]。

表 2-7　土壤中主要的原生矿物组成

| 原生矿物 | 分子式 | 稳定性 | 常量元素 | 微量元素 |
|---|---|---|---|---|
| 橄榄石 | $(Mg,Fe)_2SiO_4$ | 易风化 ↑ | Mg,Fe,Si | Ni,Co,Mn,Li,Zn,Cu,Mo |
| 角闪石 | $Ca_2Na(Mg,Fe)_2(Al,Fe^{3+})(Si,Al)_4O_{11}$ $(OH)_2$ | | Mg,Fe,Ca,Al,Si | Ni,Co,Mn,Li,Se,V,Zn,Cu,Ga |
| 辉石 | $Ca(Mg,Fe,Al)(Si,Al)_2O_6$ | | Ca,Mg,Fe,Al,Si | Ni,Co,Mn,Li,Se,V,Pb,Cu,Ga |
| 黑云母 | $K(Mg,Fe)_3(Al,Si_3O_{10})(OH)_2$ | | K,Mg,Fe,Al,Si | Rb,Ba,Ni,Co,Se,Li,Mn,V,Zn,Cu |
| 斜长石 | $CaAl_2Si_2O_8$ | | Ca,Al,Si | Sr,Cu,Ga,Mo |
| 钠长石 | $NaAlSi_3O_8$ | | Na,Al,Si | Cu,Ga |
| 石榴子石 | $(Mg,Fe,Mn)_3Al_2(SiO_4)_3$ 或 $Ca_3(Cr,Al,Fe)_2(SiO_4)_3$ | 较稳定 | Ca,Mg,Fe,Al,Si | Mn,Cr,Ga |
| 正长石 | $KAlSi_3O_8$ | | K,Al,Si | Ra,Ba,Sr,Cu,Ga |
| 白云母 | $KAl_2(AlSi_3O_{10})(OH)_2$ | | K,Al,Si | F,Rb,Sr,Ga,V,Ba |
| 钛铁矿 | $Fe_2TiO_3$ | | Fe,Ti | Co,Ni,Cr,V |
| 磁铁矿 | $Fe_3O_4$ | | Fe | Zn,Co,Ni,Cr,V |
| 电气石 | $(Ca,K,Na)(Al,Fe,Li,Mg,Mn)_3(Al,Cr,Fe,V)_6(BO_3)_3Si_6O_{18}(OH,F)_4$ | ↓ | Ca,Mg,Fe,Al,Si | Li,Ga |
| 锆英石 | $ZrSiO_4$ | | Si | Zn,Hg |
| 石英 | $SiO_2$ | 极稳定 | Si | |

矿物的稳定性很大程度上决定着土壤中原生矿物类型和数量的多少，极稳定的矿物如石英，具有很强的抗风化能力，因而在土壤粗颗粒中的含量较高。同时，占地壳质量的50%~60%的长石类矿物，亦具有一定的抗风化稳定性，所以在土壤粗颗粒中的含量也较高。

(2)次生矿物。原生矿物在母质或土壤的形成过程中，经化学分解、破坏(包括水合、氧化、碳酸化等作用)而形成次生矿物。土壤中的次生矿物种类繁多，包括次生层状硅酸盐类、晶质和非晶质的含水氧化物类及少量残存的简单盐类(如碳酸盐、重碳酸盐、硫酸盐等)。其中，层状硅酸盐类和含水氧化物类是构成土壤黏粒的主要成分，因而土壤学上将此两类矿物称为次生黏土矿物，它们是土壤矿物中最活跃的组分。

### (四)黏土矿物

#### 1. 黏土矿物的构造特征

层状硅酸盐黏粒矿物一般粒径小于5μm，X射线衍射结果揭示其由一千多个层组所构成，而每个层组由硅(氧)片和(水)铝片叠合而成；硅片由硅氧四面体连接而成[15]。四面体基本的结构由1个硅离子$(Si^{4+})$和4个氧离子$(O^-_2)$组成，堆砌成一个三角锥形的晶格单元，共有四个面，故称为硅氧四面体(或简称四面体)，见图2-1。

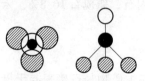

◨代表底层氧离子　●代表硅离子
○代表顶层氧离子

图 2-1　硅氧四面体及其构造图示

从化学角度来看，四面体为$(SiO_4)^{4-}$，它不是化合物，在其形成硅酸盐黏粒矿物之前，四面体可自聚合，聚合的结果，在水平方向上四面体通过共用底部氧的方式在平面两维方向上无限延伸，排列成近似六边形蜂窝状的四面体片，这就是硅片。硅片顶端的氧仍然带负电荷，硅片可用$n(Si_4O_{10})^{4-}$表示，见图2-2。

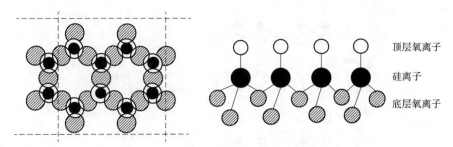

图 2-2　硅四面体相互连接成硅片的图示

铝片则由铝氧八面体连接而成。八面体基本结构是由 1 个铝离子（$Al^{3+}$）和 6 个氧离子（$O^{2-}$）（或氢氧离子）所构成。6 个氧离子（或氢氧离子）排列成两层，每层都由 3 个氧离子（或氢氧离子）排成三角形，但上层氧的位置与下层氧交错排列，铝离子位于两层氧的中心孔穴内。其晶格单元具有八个面，故称为铝氧八面体（简称八面体），见图 2-3。

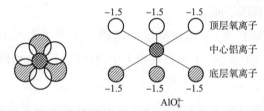

$AlO_6^{9-}$

⦿代表底层氧离子　⊛代表铝离子　○代表顶层氧离子

图 2-3　铝氧八面体及其构造图示

在水平方向上的相邻八面体通过共用两个氧离子的方式，在平面两维方向上无限延伸，排列成八面体，从而构成铝片，铝片两层氧都有剩余的负电荷，铝片可用 $n(Al_{10}O_{12})^{12-}$ 表示，见图 2-4。

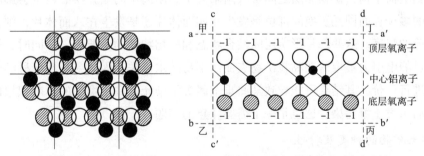

⦿代表底层氧离子(或氢氧离子)　●代表中心铝离子　○代表顶层氧离子(或氢氧离子)

图 2-4　铝八面体相互连接成铝片的图示

硅片和铝片都带有负电荷，不稳定，必须通过重叠化合才能形成稳定的化合物。硅片和铝片以不同的方式在 $c$ 轴方向上堆叠，形成层状铝硅酸盐的单位晶层。两种晶片的配合比例不同，而构成 1∶1 型、2∶1 型、2∶1∶1 型晶层。

1∶1 型单位晶层由一个硅片和一个铝片构成。硅片顶端的活性氧与铝片底层的活性氧通过共用的方式形成单位晶层。这样 1∶1 型层状铝硅酸盐的单位晶层有两个不同的层面，一个是具有六角形空穴的氧离子层面，一个是由氢氧群构成的层面，见图 2-5。

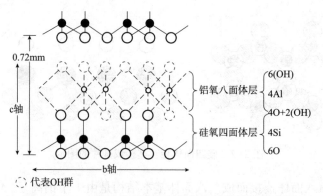

图2-5　1:1型层状硅酸盐(高岭石)晶体结构示意图

2:1型单位晶层由两个硅片夹1个铝片构成。两个硅片顶端的氧都向着铝片，铝片上下两层氧分别与硅片通过共用顶端氧的方式形成单位晶层。这样2:1型层状硅酸盐的单位晶层的两个层面都是氧原子面。

2:1:1型单位晶层在2:1单位晶层的基础上多了1个八面体镁片或铝片，这样2:1:1型单位晶层由两个硅片、1个铝片和1个镁片(或铝片)构成。

## 2. 同晶置换

当矿物形成时，性质相近的元素在矿物晶格中相互替换而不破坏晶体结构的现象，被称为同晶置换。在硅酸盐黏粒矿物中，最普遍的同晶置换现象是晶体中的中心离子被低价的离子所代替，如四面体中的 $Si^{4+}$ 被 $Al^{3+}$ 所替代，八面体中 $Al^{3+}$ 被 $Mg^{2+}$ 替代，所以土壤黏粒矿物一般以带负电荷为主。同晶置换现象在2:1和2:1:1型的黏粒矿物中较普遍，而在1:1型的黏粒矿物中则相对较少。低价阳离子同晶置换高价阳离子会产生剩余负电荷，为达到电荷平衡，矿物晶层之间常吸附阳离子。阳离子同晶置换的数量会影响晶层表面电荷量的多少，而同晶置换的部位是发生在四面体片还是发生在八面体片，则会影响晶层表面电荷的强度。这些都是影响层间结合状态和矿物特性的主要因素。同时，被吸附的阳离子通过静电引力被束缚在黏粒矿物表面而不易随水流失。因此，从环境科学的角度对同晶置换进行评价，其结果可能导致某些重金属等污染元素在土壤中的不断积累以致超过环境容量而引发土壤污染，这也是一个需要注意的问题。

## 3. 黏土矿物的种类及特性

根据构造特点和性质，土壤黏土矿物可以归纳为五类：高岭石族、蒙脱石族、伊利石族(水化云母族)、绿泥石族和氧化物族。其中，除氧化物族属非硅酸盐黏土矿物外，其余四类均属硅酸盐黏土矿物。

(1)高岭石族。硅酸盐黏粒矿物中结构最简单的一类。包括高岭石、珍珠陶土及埃洛石(一种类似高岭石的硅酸盐矿物)等，其单位晶胞分子式可用 $Al_4Si_4O_{10}(OH)_8$ 表示，是水铝片和硅氧片相间重叠组成的1:1型矿物，无膨胀性，所带电荷数量少，胶体特性较弱，于南方热带和亚热带土壤中普遍而大量存在。

(2)蒙脱石族。属于2:1型膨胀性矿物，由两片硅氧片中间夹一水铝片组成，其单位晶胞分子式可用$(Al,Fe,Mg)_4(Si,Al)_8O_{20}\cdot nH_2O$表示。包括蒙脱石、绿脱石、拜来石、蛭石等。与高岭石族相区别的是，蒙脱石族具有膨胀性，所带电荷数量多且胶体特性突出。蒙脱石在我国东北、华北和西北地区的土壤中分布较广。蛭石广泛分布于各大土类中，但以风化不太强的温带和亚热带排水良好的土壤中最多。

（3）伊利石族。属于2:1型非膨胀性矿物，以伊利石为主要代表，它的特征近似于蒙脱石，主要区别在于相邻晶层之间有$K^+$的引力作用而使晶层间结合较蒙脱石更为紧密，故膨胀性较小。广泛分布于我国多种土壤中，尤其是西北、华北干旱地区的土壤中含量很高。

（4）绿泥石族。这类矿物以绿泥石为代表，绿泥石是富含镁、铁及少量铬的硅酸盐黏粒矿物。具有2:1:1型晶层结构，同晶置换较普遍，颗粒较小。土壤中的绿泥石大部分是由母质残留下来的，但也可由层状硅酸盐矿物转变而来。沉积物和河流冲积物中含较多的绿泥石。

（5）氧化物族。包括水化程度不等的各种铁、铝氧化物及硅的水化氧化物，其中有的为晶质，如三水铝石、水铝石、针铁矿、褐铁矿等；有的则是非晶质无定形的物质，如凝胶态物质水铝英石等。无论是晶质还是非晶质的氧化物，其电荷的产生都不是通过同晶置换获得的，而是由于质子化和表面羟基中$H^+$的离解。氧化物组除水铝英石外，一般对阳离子的静电吸附力都很弱。但是，铁铝氧化物，特别是它们的凝胶态物质，都能与磷酸根作用而固定大量的磷酸根。在红壤中这类矿物较多，固磷能力较强。同时，它们具有专性吸附作用，影响着土壤污染物的行为与归宿。

## 二、土壤有机质

土壤有机质是土壤中各种含碳有机化合物的总称。它与矿物质一起构成土壤的固相部分。土壤中有机质含量并不多，一般只占固相总质量的10%以下，耕作土壤多在5%以下，但它却是土壤的重要组成部分，是土壤发育过程的重要标志，对土壤性质的影响很大。

### （一）土壤有机质的来源及含量与组成

#### 1. 土壤有机质的来源

一般说来，土壤有机质主要来源于动植物及微生物的残体，但不同土壤的有机质其来源亦有差别。自然土壤的有机质主要来源于生长于其上的植物残体（地上部的枯枝落叶和地下的死根及根系分泌物）与土壤生物；农田耕作土壤的情况则不同，由于不存在自然植被，种植作物的大部分又被人工收获取走，因而进入土壤中的有机残体一般远不及自然土壤丰富，其有机质主要来源于人工施入的各种有机肥料和作物根茬以及根的分泌物，其次才是各种土壤生物。

#### 2. 有机质的含量及其组成

土壤有机质的含量在不同土壤中的差异很大，高的可达200g/kg或300g/kg以上（如泥炭土、一些森林土壤等），低的不足5g/kg（如一些漠境土和砂质土壤）。在土壤学中，一般将耕层含有机质 200g/kg 以上的土壤称为有机质土壤，含有机质在 200g/kg 以下的土壤称为矿质土壤，但耕作土壤中，表层有机质的含量通常在 50g/kg 以下。土壤中有机质的含量与气候、植被、地形、土壤类型及耕作措施等影响因素密切相关。

土壤有机质的主要元素组成是 C、O、H、N，其次是 P 和 S，C/N 大约为 10。土壤有机质的主要组成是类木质素和蛋白质，其次是半纤维素、纤维素以及乙醚和乙醇可溶性有机物。与植物组织相比，土壤有机质中类木质素和蛋白质含量显著增加，而纤维素和半纤维素含量则明显减少。大多数土壤有机质组分为非水溶性。

土壤腐殖质是除未分解和半分解的动、植物残体及微生物体以外的有机物质的总称。土壤腐殖质由非腐殖物质（Non-Humic Substances）和腐殖物质（Humic Substances）组成，通常占土壤有机质的 90% 以上。非腐殖物质是有特定物理化学性质、结构已知的有机化合物，其中一些是经微生物改变的植物有机化合物，另一些则是微生物合成的有机化合物。非腐殖物质占土壤腐殖质的 20%~30%，其中，碳水化合物（包括糖、醛、酸）占土壤有机质的 5%~25%，平均为 10%，它在增加土壤团聚体稳定性方面起着极重要的作用。此外还包括氨基糖、蛋白质和氨基酸、脂肪、蜡质、木质素、树脂、核酸及有机酸等，尽管这些化合物在土壤中的含量很低，但相对容易被降解和作为基质被微生物利用，这对土壤肥力或土壤自净能力均有一定的贡献。腐殖物质是经土壤微生物作用后，由多酚和多醌类物质聚合而成的含芳香环结构的、新形成的黄色至棕黑色的非晶形高分子有机化合物。它是土壤有机质的主体，也是土壤有机质中最难降解的组分，一般占土壤有机质的 60%~80%。

### （二）土壤腐殖酸

#### 1. 土壤腐殖酸的分组

腐殖物质是一类组成和结构都很复杂的天然高分子聚合物，其主体是各种腐殖酸及其与金属离子相结合的盐类，它与土壤矿物质部分密切结合形成有机-无机复合体，因而难溶于水。若要研究土壤腐殖酸的性质，首先必须将它们从土壤中提取出来。理想的提取试剂应满足以下条件：①对腐殖酸的性质没有影响或影响极小；②获得均匀的组分；③具有较高的提取能力，可将腐殖酸几乎完全分离出来。但是，由于腐殖酸的复杂性以及组成上的非均质性，难以找到满足所有这些条件的提取剂。

目前一般所用的方法是先把土壤中未分解或部分分解的动植物残体分离掉，通常是用水浮选、人工挑选和静电吸附法移去这些动植物残体，或采用相对密度为 1.8 或 2.0 的重液（例如溴仿-乙醇混合物，但需注意溴仿的毒性）可以更有效地除尽这些残体，被移去的这部分有机物质称为轻组，而留下的土壤组成则称为重组。然后根据腐殖物质在碱、酸溶液中的溶解度可划分出几个不同的组分。传统的分组方法是将土壤腐殖物质划分为胡敏酸、富啡酸和胡敏素三组分，其中胡敏酸是碱可溶，水和酸不溶，颜色和平均分子量中等；富啡酸是水、酸、碱都可溶，颜色最浅和平均分子量最小；胡敏素则水、酸、碱都不溶，颜色最深且平均分子量最大，但其中一部分可被热碱所提取。再将胡敏酸用 95% 乙醇回流提取，可溶于乙醇的部分称为吉马多美郎酸。目前对富啡酸和胡敏酸的研究最多，它们是腐殖物质中最重要的组成。但需要特别指出的是，这些腐殖物质组分仅仅是操作定义上的划分，而不是特定化学组分的划分。

2. 土壤腐殖酸的性质

(1) 土壤腐殖酸的物理性质。腐殖酸在土壤中的功能与分子的形状和大小有密切的关系。腐殖酸的分子量因土壤类型及腐殖酸组成的不同而异，即使同一样品用不同方法测得的结果也有较大差异。据报道，腐殖酸分子量的变动范围为几百至几百万之间，但其共同的趋势是在同一土壤中，富啡酸的平均分子量最小，胡敏素的平均分子量最大，胡敏酸则处于富啡酸和胡敏素之间。我国几种主要土壤胡敏酸和富啡酸的平均分子量分别为 890 ~ 2550 和 675 ~ 1450。

土壤胡敏酸的直径范围在 $0.001 ~ 1\mu m$，富啡酸则更小些。通过电子显微镜或根据黏性特征推断，腐殖酸分子可能均为短棒形。芳香基和烷基结构的存在使得腐殖酸分子具有伸缩性，分子结构内部有很多交联构造，物理性空隙能使一些有机和无机化合物陷落其中。腐殖酸的整体结构并不紧密，整个分子表现出非晶质特征，具有较大的比表面积，远大于黏粒矿物的比表面积，可高达 $2000m^2/g$。

腐殖酸是一种亲水胶体，有强大的吸水能力，单位质量腐殖物质的持水量是硅酸盐黏粒矿物的 4~5 倍，最大吸水量可以超过其本身质量的 500%。

(2) 腐殖酸的化学性质。腐殖酸的主要元素组成是 C、H、O、N，此外还含有少量的 Ca、Mg、Fe、Si 等元素。不同土壤中腐殖酸的元素组成不完全相同，有的甚至相差很大。腐殖酸含碳 55% ~ 60%，平均为 58%；含氮 3% ~ 6%，平均为 5.6%；其 C/N 值为 (10 : 1) ~ (12 : 1)。但不同腐殖酸的含 C 与 N 量均按富啡酸、胡敏酸和胡敏素的次序增加，其增幅大致分别为 4.5% ~ 6.2% 与 2% ~ 5%。富啡酸的 O、S 含量大于胡敏酸，C/H 和 C/O 小于胡敏酸。表 2-8 是我国主要土壤表土中胡敏酸和富啡酸的元素组成[15]。

表 2-8    我国主要土壤表土中腐殖物质的元素组成 (无灰干基)

| 腐殖物质的元素组成 | 胡敏酸 HA/% | | 富啡酸 FA/% | |
|---|---|---|---|---|
| | 范围 | 平均 | 范围 | 平均 |
| C | 43.9 ~ 59.6 | 54.7 | 43.4 ~ 52.6 | 46.5 |
| H | 3.1 ~ 7.0 | 4.8 | 4.0 ~ 5.8 | 4.8 |
| O | 31.3 ~ 41.8 | 36.1 | 40.1 ~ 49.8 | 45.9 |
| N | 2.8 ~ 5.9 | 4.2 | 1.6 ~ 4.3 | 2.8 |
| C/H | 7.2 ~ 19.2 | 11.6 | 8.0 ~ 12.6 | 9.8 |

腐殖酸分子中含有各种基团，其中主要是含氧的酸性基团，包括芳香族和脂肪族化合物上的羧基 (—COOH) 和酚羟基 (—OH)，其中羧基是最重要的。此外，腐殖物质中还存在一些中性和碱性基团，中性基团主要有醚基 (—O—)、酮基 (C =O)、醛基 (—CHO) 和酯基 (—COOR)；碱性基团主要有胺 (—NH₂) 和酰胺 (—CONH₂)。富啡酸的羧基和酚羟基含量以及羧基的解离度均较胡敏酸高，醌基含量较胡敏酸低；胡敏素的醇羟基含量比富啡

酸和胡敏酸高，富啡酸中羧基含量最高。我国主要土壤表土中胡敏酸的羧基含量为275~481cmol/kg，醇羟基含量为224~426cmol/kg，醌基含量在90~181cmol/kg。富啡酸的羧基含量为639~845cmol/kg，是胡敏酸的2倍左右，富啡酸的醇羟基和醌基的含量分别为515~581cmol/kg和54~58cmol/kg(表2-9)[16]。

表2-9 我国主要土壤表土中腐殖物质的含氧基团含量 cmol/kg

| 含氧基团 | 胡敏酸 | 富啡酸 |
| --- | --- | --- |
| 羧基 | 275~481 | 639~845 |
| 酚羟基 | 221~347 | 143~257 |
| 醇羟基 | 224~426 | 515~581 |
| 醌基 | 90~181 | 54~58 |
| 酮基 | 32~206 | 143~254 |
| 甲氧基 | 32~95 | 39 |

腐殖物质的总酸度通常是指羧基和酚羟基的总和。总酸度是按胡敏素、胡敏酸、富啡酸的次序增加的，富啡酸的总酸度最高主要与其较高的羧基含量有关。总酸度数值的大小与腐殖物质的活性有关，一般较高的总酸度意味着有较高的阳离子交换量(CEC)和配位容量。羧基在pH为3时，质子开始解离，产生负电荷；酚羟基在pH超过7时，质子才开始解离，羧基和酚羟基的脱质子解离随着pH的升高而增加，因而负电荷也随之增加。由于羧基、酚羟基等基团的解离以及氨基的质子化，使腐殖酸分子具有两性胶体的特征，在分子表面既带负电荷又带正电荷，而且电荷随着pH的变化而变化，在通常的土壤pH条件下，腐殖酸分子带净负电荷。

阳离子交换量(Cation Exchange Capacity，CEC)就是在一定pH条件下，土壤胶粒与溶液中的阳离子进行交换的最大量，简写为CEC(cmol/kg)。影响CEC值的因素主要有：①土壤中无机、有机胶粒的含量。胶粒含量高者CEC值大，土壤腐殖质丰富时，CEC值也高。②不同类型的黏土矿物，CEC不同。如2：1型(蒙脱石)>1：1型(高岭土)，它们的CEC值分别为60~100cmol/kg和10~15cmol/kg，我国北方的黏质土壤所含的胶粒以蒙脱石和伊利石为主，其CEC较高。如：华北褐土的CEC值约为12~20cmol/kg，南方红壤以高岭石为主，含腐殖质较低，其CEC在5~10cmol/kg范围内。③土壤pH影响CEC值。一般在pH高时，土壤的可变负电荷增加，其CEC增高。④土壤质地对CEC值的影响。在土壤pH与腐殖质含量大致相同时，CEC的大小取决于土壤的质地。如华北地区砂土的CEC值为5~8cmol/kg，壤土CEC值为8~15cmol/kg，黏土CEC值为15~30cmol/kg。交换性阳离子主要包括$H^+$、$Al^{3+}$及$Ca^{2+}$、$Mg^{2+}$、$K^+$、$Na^+$、$NH_4^+$等交换性阳离子，在石灰性土壤中以$Ca^{2+}$、$Mg^{2+}$为主，酸性土壤中$H^+$、$Al^{3+}$较多，盐碱土中$Na^+$较多。土壤的交换性盐基总量是指除交换性$H^+$、$Al^{3+}$以外的其他交换性阳离子的总量，由盐基总量可以计算盐基饱和度。

由于腐殖酸中存在各种基团，因而腐殖酸表现出多种活性，如离子交换、对金属离子的配位作用、氧化还原性以及各种生理活性等。以单位质量计算，腐殖酸因带负电荷而产生的 CEC 值为 500~1200cmol/kg；以单位体积计算，CEC 值为 40~80cmol/L。腐殖酸的 CEC 值远超过土壤硅酸盐黏粒矿物对土壤 CEC 值的贡献。在通常情况下，腐殖酸具有弱酸性，因而对 $H^+$ 浓度有较大的缓冲范围。此外，腐殖酸的弱酸性还反映在与 $Al^{3+}$、$Fe^{3+}$、$Cu^{2+}$ 等金属离子以及与铁、铝氧化物及其水化氧化物之间的配位作用上，腐殖酸上的羧基等重要的基团并不总是以游离基团存在，而有可能是与金属离子配位成复合体的方式存在。

胡敏酸和富啡酸都含有较高的氨基酸氮，其中甘氨酸、丙氨酸和缬氨酸等酸性和中性氨基酸的含量较高，多肽和糖类的组成也十分近似。腐殖酸中还包含少量的核酸(DNA 和 RNA)及其衍生物、叶绿素及其降解产物、磷脂、胺和维生素等。

### (三)土壤有机质的转化

#### 1. 土壤有机质的转化过程

在以土壤微生物为主导的各种作用综合影响下，有机残体进入土壤后向着两个方向转化：一是在微生物酶的作用下发生氧化反应，彻底分解而最终释放出 $CO_2$、$H_2O$ 和能量，所含 N、P、S 等营养元素在一系列特定反应后，释放成为植物可利用的矿质养料，这一过程称为有机质的矿化过程；另一个转化方向则是各种有机化合物通过微生物的合成或在原植物组织中的聚合转变为组成和结构比原来有机化合物更复杂的新的有机化合物，这一过程称为腐殖化过程。有机残体的矿化和腐殖化是同时发生的两个过程，矿化过程是进行腐殖化过程的前提，而腐殖化过程是有机残体矿化过程的部分结果。腐殖质仅处于相对稳定的状态，它也在缓慢地进行着矿化。所以，矿化和腐殖化在土壤形成中是对立统一的两个过程。

#### 2. 影响土壤有机质转化的因素

有机质是土壤中最活跃的物质组成。一方面，外来有机物质不断地输入土壤，并经微生物的分解和转化形成新的腐殖质；另一方面，土壤中存在的有机质不断地被分解和矿化，离开土壤。进入土壤的有机物质主要由每年加入土壤中动植物残体的数量和类型决定，而土壤有机质的损失则主要取决于土壤有机质的矿化及土壤侵蚀的程度。进入土壤的有机物质与有机碳从土壤中消失之间的平衡决定了土壤有机质的含量。

有机物质进入土壤后由其系列转化和矿化过程所构成的物质流通称为土壤有机质的循环。由于微生物是土壤有机质分解和循环的主要驱动力，因此，凡是能影响微生物活动及其生理作用的因素都会影响有机质的转化。一般来说，有利于矿化作用的因素几乎都是有损于腐殖化作用的，影响土壤有机质转化主要有下列因素。

(1)温度的影响。温度影响到植物的生长和有机质的微生物降解。一般说来，在 0℃以下，土壤有机质的分解速率很小；在 0~35℃，提高温度可促进有机质的分解，加速土壤微生物的生物循环。温度每升高 10℃，土壤有机质的最大分解速率提高 2~3 倍。一般土壤微生物活动的最适宜温度范围大约为 25~35℃，超出此范围，微生物的活动就会受到明显的抑制。

（2）土壤水分和通气状况的影响。土壤水分对有机质分解和转化的影响是复杂的。土壤中微生物的活动需要适宜的土壤含水量，但过多的水分导致进入土壤的氧气减少，从而改变土壤有机质的分解过程和产物。当土壤处于厌氧状态时，大多数分解有机质的喜氧微生物停止活动，从而导致未分解有机质的积累。植物残体分解的最适水势在 $-0.1 \sim -0.03$MPa，当水势降到 $-0.3$MPa 以下，细菌的呼吸作用迅速降低，而真菌到 $-5 \sim -4$MPa 时可能还有活性。

土壤有机质的转化也受土壤干湿交替作用的影响。干湿交替作用使土壤呼吸强度在很短时间内大幅度地提高，并使其在几天内保持稳定的土壤呼吸强度，从而增加土壤有机质的矿化作用。另一方面，干湿交替作用会引起土壤胶体，尤其是蒙脱石、蛭石等黏土矿物的收缩和膨胀作用，使土壤团聚体崩溃，其结果一是使原先难以被分解的有机质因团聚体的分散而被微生物分解；二是干燥引起部分土壤微生物死亡。

（3）植物残体的影响。新鲜多汁的有机物质比干枯的秸秆易于被分解，因为前者含有较高比例的简单糖类和蛋白质，后者含有较高比例的纤维素、木质素、脂肪、蜡质等难于降解的有机物。有机质的颗粒大小影响其与外界因素的接触面，并影响其矿化速率。同样，紧实的有机质的分解速率比疏松有机质更加缓慢。

有机质组成的碳氮比（C/N）对其分解速度影响很大。植物体的 C/N 变化很大，豆科植物和幼叶的 C/N 在（10：1）~（30：1），而一些植物碎屑的 C/N 可高达 600：1（表 2-10），它与植物种类、生长时期、土壤养分状况等有关。与植物相比，土壤微生物的 C/N 低得多，稳定在（10：1）~（5：1）范围内，平均为 8：1。因此，微生物每吸收 1 份氮，大约需要 8 份碳。但由于微生物代谢的碳只有 1/3 进入微生物细胞中，其余的碳以 $CO_2$ 的形式释放。对微生物来说，同化 1 份氮到体内，必须相应需要约 24 份的碳。显然，植物残体进入土壤后，由于氮的含量太低而不能使土壤微生物将加入的有机碳转化为自身的组成。为了满足微生物分解植物残体对氮养分的需要，土壤微生物必须从土壤中吸收矿质态氮，此时土壤中矿质态氮的有效性控制了土壤有机质的分解速率，结果是在微生物与植物之间竞争土壤矿质态氮。随着有机质的分解和 $CO_2$ 的释放，土壤中有机质的 C/N 降低，微生物对氮的要求也逐步降低。最后，当 C/N 降至大约 25：1 以下，微生物不再利用土壤中的有效氮，相反由于有机质较完全地分解而释放矿质态氮，使得土壤中矿质态氮的含量比原来有显著提高。但无论有机物质的 C/N 大小如何，当它被翻入土壤中，经过微生物的反复作用后，在一定条件下，它的 C/N 迟早都会稳定在一定的数值。

表 2-10　一些有机质的碳和氮含量及其碳氮比

| 有机质 | C/% | N/% | C/N |
|---|---|---|---|
| 云杉锯屑 | 50 | 0.05 | 600/1 |
| 硬木锯屑 | 46 | 0.1 | 400/1 |
| 小麦秸秆 | 38 | 0.5 | 80/1 |

| 有机质 | C/% | N/% | C/N |
|---|---|---|---|
| 玉米禾茎 | 40 | 0.7 | 57/1 |
| 甘蔗渣 | 40 | 0.8 | 50/1 |
| 黑麦草(开花期) | 40 | 1.1 | 37/1 |
| 草坪禾草 | 40 | 1.3 | 31/1 |
| 黑麦草(营养期) | 40 | 1.5 | 26/1 |
| 成熟苜蓿干草 | 40 | 1.8 | 25/1 |
| 腐烂畜肥 | 41 | 2.1 | 20/1 |
| 堆肥 | 40 | 2.5 | 16/1 |
| 嫩苜蓿干草 | 40 | 3.0 | 13/1 |
| 毛叶苕子 | 40 | 3.5 | 11/1 |
| 城市淤泥 | 31 | 4.5 | 7/1 |
| 土壤微生物 | | | |
| 细菌 | 50 | 10.0 | 5/1 |
| 放线菌 | 50 | 8.5 | 6/1 |
| 真菌 | 50 | 5.0 | 10/1 |
| 土壤有机质 | | | |
| 软土 Ap 层 | 56 | 4.9 | 11/1 |
| 老成土 A1 层 | 52 | 2.3 | 23/1 |
| 平均 B 层 | 46 | 5.1 | 9/1 |

当然除了 N 之外，S、P 等元素也都是微生物活动所必需的，当缺乏这些养分时也同样会抑制土壤有机质的分解。土壤中加入新鲜的有机物质可促进土壤原来的有机质降解，这种矿化作用称为新鲜有机物质对土壤有机质分解的激发效应。激发效应可以是正或负向的。正激发效应存在两大作用：一是加速土壤微生物碳的循环，二是由于新鲜有机物质引起土壤微生物活性增强，从而加速土壤原来的有机质分解。但在通常情况下，微生物的生物量增加超过了分解的腐殖质量，因此净效应促使土壤有机质的增加。

（4）土壤特性的影响。气候和植被在较大范围内影响土壤有机质的分解和积累，而土壤质地在局部范围内影响土壤有机质的含量。土壤有机质的含量与其黏粒含量存在极显著的正相关。土壤 pH 也通过影响微生物的活性而影响有机质的降解。各种微生物都有其最适宜活动的 pH 范围，大多数细菌活动的最适 pH 是在中性范围内(pH 6.5~7.5)，放线菌的最适 pH 略偏碱性，而真菌则最适于在酸性条件下(pH 3~6)活动。pH 过低(<5.5)或过高(>8.5)对一般的微生物都不大适宜。

## （四）土壤有机质的作用及其生态环境意义

从土壤有机质的作用来看，基础土壤学着重探讨其在土壤肥力方面的功效。有机质是土壤肥力的基础，其在提供植物需要的养分和改善土壤肥力特性上均具有不可忽略的作用。其中，它对土壤肥力特性的改善又通过影响土壤物理、化学及生物学性质来实现。而从环境土壤学方面来看，土壤有机质的生态与环境效应则更加受到关注。

1. 有机质与重金属离子的作用

土壤腐殖物质含有多种基团，这些基团对重金属离子有较强的配位和富集能力。土壤有机质与重金属离子的配位作用对土壤和水体中重金属离子的固定和迁移具有重要的影响。各种基团对金属离子的亲合力的一般顺序如下：

$$C\!=\!C\!-\!OH > -NH_2 > -N\!=\!N\!-\! > \overset{\diagup}{\underset{\diagdown}{N}} > -COOH > -O\!-\! > C\!=\!O$$

$$\text{烯醇基} \quad \text{氨基} \quad \text{偶氮基} \quad \text{环氮} \quad \text{羧基} \quad \text{醚基} \quad \text{羰基}$$

如果腐殖物质中的活性基团（—COOH、酚—OH、醇—OH 等）的空间排列适当，那么可以通过取代阳离子水化圈中的一些水分子与金属离子结合形成螯合复合体。两个以上基团（如羧基）与金属离子螯合，形成环状结构的螯合物。胡敏酸与金属离子的键合总容量大约在 $200\sim600\mu mol/g$，其中约有 33%是由于阳离子在复合位置上的固定，而主要的复合位置是羧基和酚基。腐殖物质-金属离子复合体的稳定常数反映了金属离子与有机配位体之间的亲合力，对重金属环境行为的了解有重要价值。一般金属-富啡酸复合体稳定常数的排列次序为：$Fe^{3+} > Al^{3+} > Cu^{2+} > Ni^{2+} > Co^{2+} > Pb^{2+} > Ca^{2+} > Zn^{2+} > Mn^{2+} > Mg^{2+}$，其中稳定常数在 pH 为 5.0 时比 3.5 时稍大，这主要是由于羧基等基团在较高 pH 条件下有较高的离解度。在低 pH 时，由于 $H^+$ 与金属离子一起竞争配位体的吸附位，因而与腐殖酸配位的金属离子较少。金属离子与胡敏酸之间形成的复合体极有可能是不移动的。

重金属离子的存在形态也受腐殖物质的配位反应和氧化还原作用的影响。胡敏酸可作为还原剂将毒性强的 Cr(Ⅵ)还原为 Cr(Ⅲ)。作为 Lewis 硬酸 Cr(Ⅲ) 可与胡敏酸上的羧基形成稳定的复合体，从而可限制动植物对它的吸收性。腐殖物质还可将 V(Ⅴ)还原为 V(Ⅳ)，$Hg^{2+}$ 还原为 $Hg^0$，$Fe^{3+}$ 还原为 $Fe^{2+}$ 等。此外，腐殖物质还通过催化作用促成 $Fe^{3+}$ 变成 $Fe^{2+}$ 的光致还原反应。

腐殖酸对无机矿物也有一定的溶解作用。胡敏酸对方铅矿(PbS)、软锰矿($MnO_2$)、方解石($CaCO_3$)和孔雀石[$Cu_2(OH)_2CO_3$]的溶解程度大于硅酸盐矿物，胡敏酸对 $Pb^{2+}$、$Zn^{2+}$、$Cu^{2+}$、$Ni^{2+}$、$Co^{2+}$、$Fe^{3+}$、$Mn^{4+}$ 等各种金属硫化物和碳酸盐化合物的溶解程度从最低的 $ZnS(95\mu g/g)$ 到最高的 $PbS(2100\mu g/g)$。腐殖酸对矿物的溶解作用实际上是其对金属离子的配位、吸附和还原作用的综合结果。

2. 有机质对农药等有机污染物的固定作用

土壤有机质对农药等有机污染物有强烈的亲合力，对有机污染物在土壤中的生物活性、残留、生物降解、迁移和蒸发等过程有重要的影响。土壤有机质是固定农药的最重要的土壤组分，其对农药的固定与腐殖物质基团的数量、类型和空间排列密切相关，也与农药本身的性质有关。一般认为极性有机污染物可以通过离子交换和质子化、氢键、范德华力、配位体交换、阳离子桥和水桥等各种不同机理与土壤有机质结合。对于非极性有机污染物可以通过分配机理与之相结合。腐殖物质分子中既有极性亲水基团，也有非极性疏水基团。

可溶性腐殖物质可增加农药从土壤向地下水的迁移，富啡酸有较低的分子量和较高的酸度，比胡敏酸更易溶，可更有效地促使农药和其他有机物质的迁移。腐殖物质还可作为还原剂改变农药的结构，这种改变因腐殖物质中羧基、酚羟基、醇羟基、杂环、半醌等的存在而加强。一些有毒的有机化合物与腐殖物质结合可使其毒性降低或消失。

### 3. 土壤有机质对全球碳平衡的影响

土壤有机质也是全球碳平衡过程中非常重要的碳库。据估计全球土壤有机质的总碳量在 $1.4×10^{15}$ ~ $1.5×10^{15}$ kg，大约是陆地生物总碳量（$5.6×10^{14}$ kg）的 2.5 ~ 3 倍。而每年因土壤有机质生物分解释放到大气中的总碳量为 $6.8×10^{13}$ kg。全球每年因焚烧释放到大气中的碳仅为 $6×10^{12}$ kg，是土壤呼吸作用释放碳的 8% ~ 9%；可见，土壤有机质的损失对地球自然环境具有重大影响。从全球来看，土壤有机碳水平的不断下降，对全球气候变化的影响将不亚于人类活动向大气排放的影响。

## 三、土壤生物

土壤生物是土壤具有生命力的主要成分，在土壤形成和发育过程中起主导作用。同时，它在净化土壤有机污染物等方面发挥重要作用。因此，生物群体是评价土壤质量和健康状况的重要指标之一。土壤生物是栖居在土壤（还包括枯枝落叶层和枯草层）中的生物体的总称，主要包括土壤动物、土壤微生物和高等植物根系。它们有多细胞的后生动物、单细胞的原生动物、真核细胞的真菌（酵母及霉菌）和藻类，原核细胞的细菌、放线菌和蓝细菌及没有细胞结构的分子生物（如病毒）等。

### (一) 土壤动物

土壤动物是指在土壤中度过全部或部分生活史的动物。其种类繁多、数量庞大，几乎所有动物门、纲均可在土壤中找到它们的代表。按照系统分类，土壤动物可分脊椎动物、节肢动物、软体动物、环节动物、线形动物和原生动物等。

（1）土壤脊椎动物。它们是生活在土壤中的大型高等动物，包括土壤中的哺乳动物（如鼠类等）、两栖类（蛙类）、爬行类（蜥蜴、蛇）等，它们多是食草型或食肉型的动物，多具掘土习性，对于疏松和混合上、下层土壤有一定的积极作用。

（2）土壤节肢动物。主要包括依赖土壤生活的某些昆虫（甲虫）或其幼虫、螨类、弹尾类、蚁类、蜘蛛类、蜈蚣类等，它们在土壤中的数量很大，主要以植物残体为食物，是植物残体的初期分解者。

（3）土壤环节（蠕虫）动物。环节动物是进化的高等蠕虫，在土壤中最重要的是蚯蚓类。蚯蚓在土壤中的数量巨大，每公顷肥沃土壤中可达几十万至上百万条。蚯蚓可促进植物残枝落叶的降解、有机物质的分解和矿化这一复杂的过程，并具有混合土壤、改善土壤结构及提高土壤透气、排水与深层持水能力的作用。因此，它可通过影响土壤的物理和生物性质而影响物质在土壤中的环境行为。依据此种生态功能，蚯蚓在污染土壤削减和去除各种污染物方面具有重要作用，可被广泛应用于土壤污染环境防治中。由于蚯蚓主要以土壤中有机质为食，土壤中某些重金属易在蚯蚓体内积累起来，因此，蚯蚓被作为土壤环境污染的重要指示生物。众多研究者利用蚯蚓，通过实验室或田间的生态毒理学试验来评价土壤中化学污染物的生态毒性。蚯蚓具有通过与微生物协同作用加速有机物质分解转化的功能，分解处理有机垃圾的能力强。

（4）土壤线虫。线虫个体比蚯蚓小得多，大都躯体纤细。按照食性，土壤线虫可分为杂食性、肉食性和寄生性。许多线虫寄生于高等植物和动物体上，常常引起多种植物根部的线虫病，最典型的松材线虫可导致很多松树的快速枯萎或死亡，其生态环境危害很大。

（5）土壤原生动物。它们为单细胞真核生物，简称原虫。其细胞结构简单，数量多，分布广。海洋、各种淡水水体和潮湿土壤都是它们的主要生境。土壤中都有原生动物，但不同地区和不同类型土壤原生动物的种类和数量有差异，一般每克土壤为 $10^4 \sim 10^5$ 个，多时可达 $10^6 \sim 10^7$ 个，表土中最多，下层土壤中少。鞭毛虫以取食细菌作为食料，变形虫在酸性土壤上层以动、植物的碎屑作为食料，纤毛虫以细菌和小型的鞭毛虫为食料。原生动物在土壤中的作用有：①调节细菌数量；②增进土壤的生物活性；③参与土壤植物残体分解。

## （二）土壤微生物

在地球上的土壤-植物整个生态系统中，微生物可谓是无处不在。微生物分布广、数量大、种类多，是土壤生物中最活跃的部分。其分布与活动，一方面反映了土壤生物因素对生物的分布、群落组成及其种间关系的影响和作用；另一方面也反映了微生物对植物生长、土壤环境和物质循环与迁移的影响和作用。目前已知的微生物绝大多数是从土壤中分离、驯化、选育出来的，但仅占土壤微生物实际总数的 10%左右。一般 1kg 土壤可含 $5 \times 10^{11}$ 个细菌、$1.0 \times 10^{10}$ 个放线菌、$1.0 \times 10^9$ 个真菌及 $5 \times 10^8$ 个微小动物。其种类主要有原核微生物、真核微生物以及病毒类非细胞型生物（分子生物）。

### 1. 原核微生物

（1）古细菌。它包括甲烷产生菌、极端嗜酸热菌和极端嗜盐菌。这三个类型的细菌都生活在特殊的极端环境（水稻土、沼泽地、盐碱地、盐水湖和矿井等），对物质转化担负着重要的角色，有关研究对揭示生物进化的奥秘、深化对生物进化的认识有重要意义。现已探明生物适应环境的遗传基因普遍存在于质粒上。因此，有可能把这类生活在极端环境的古细菌作为特殊基因库，用以构建有益的新种。

（2）细菌。细菌是土壤微生物中分布最广泛、数量最多的一类，占土壤微生物总数的70%~90%，其个体小、代谢强、繁殖快，与土壤接触的表面积大，是土壤中最活跃的因素。因其可利用各种有机物为碳源和能源，富集土壤中重金属及降解农药与多环芳烃等有机污染物，在污染土壤修复中可发挥重要作用。按营养类型分，土壤中存在各种细菌生理群，包括纤维分解菌、固氮细菌、硝化细菌、亚硝化细菌、硫化细菌等，均在土壤 C、N、P、S 循环中担当重要角色。而就细菌属而言，土壤中常见的主要有节杆菌属（*Arthrobactor*）、芽孢杆菌属（*Bacillus*）、假单胞菌属（*Pseudomonas*）、产碱杆菌属（*Alcaligenes*）、黄杆菌属（*Flavobacterium*）等。其中假单胞菌属是一个巨大而庞杂的属，分布极广，土壤中这类细菌一部分为腐生菌，一部分为兼性寄生菌，具有代谢多种化合物能力，在降解土壤、水体中的农药和除草剂、处理石油废水中可发挥重要作用，又是制造多种产品的经济微生物。嗜冷性假单胞菌属是冷藏食品、制品的有害菌。

(3)放线菌。它以孢子或菌丝片段存于土壤中，其栖居数量及种类很多，仅次于细菌，土壤中放线菌占土壤微生物总数的5%～30%。用常规方法监测时，大部分为链霉菌属，占70%～90%；其次为诺卡氏菌属占10%～30%；小单胞菌属占第三位，只有1%～15%。放线菌除极少数是寄生型外，大部分均属喜氧腐生菌；它的作用主要是分解有机质，对新鲜的纤维素、淀粉、脂肪、木质素、蛋白质等均有分解能力，并可产生抗生素，对其他有害菌可起到拮抗作用。最适宜生长在中性及偏碱性、通气良好的土壤中，pH值为5.5以下时，其生长即受抑制。

(4)蓝细菌。它是光合微生物，过去称为蓝(绿)藻，由于原核特征而被改称为蓝细菌，以便与真核藻类区分开。在潮湿的土壤和稻田土壤中常常大量繁殖。蓝细菌有单细胞和丝状体两类形态，现已知的9科31属蓝细菌中有固氮的种类。

(5)黏细菌。黏细菌在土壤中的数量不多，是已知的最高级的原核生物。具备形成子实体和黏孢子的形态发生过程。子实体含有许多黏孢子，具有很强的抗旱性、耐温性，对超声波、紫外线辐射也有一定抗性，条件合适萌发为营养细胞。因此，黏孢子有助于黏细菌在不良环境中，特别适宜在干旱、低温和贫瘠的土壤中存活。

2. 真核微生物

(1)真菌。它是常见的土壤微生物，数量仅次于细菌和放线菌。适宜在通气良好和酸性的土壤中生长，生长最适pH为3~6，并要求较高的土壤湿度。因此，在森林土壤及酸性土壤中，真菌占较大的优势。我国土壤真菌种类繁多，资源丰富，分布最广的是青霉属(*Penicilliumn*)、曲霉属(*Aspergillus*)、镰刀菌属(*Fusarium*)、木霉属(*Trichoderma*)、毛霉属(*Mucor*)、根霉属(*Rhizopus*)。按其营养方式，真菌又可分为腐生真菌、寄生真菌、菌根真菌(共生真菌)等。其中菌根真菌在污染土壤修复领域大显身手，接种菌根真菌可快速降解土壤中的有机污染物。有研究者将VA菌根(泡囊丛植菌根)应用于邻苯二甲酸二酯(DEHP)污染土壤修复研究，菌根的菌丝在DEHP降解和转移过程中发挥着重要的促进作用。

(2)藻类。藻类为单细胞或多细胞的真核原生生物。土壤中藻类主要由硅藻、绿藻和黄藻组成。很多含有叶绿素，生长在土壤表层，能进行光合作用，吸收$CO_2$而放出$O_2$，有利于其他植物的根部吸收利用。不含叶绿素的藻类则多生长于土壤较下层，其作用在于分解有机质。藻类是土壤生物的先行者，对土壤的形成和熟化起重要作用，它们凭借光能自养的能力，成为土壤有机质的最先制造者。

(3)地衣。它是真菌和藻类形成的不可分离的共生体。广泛分布在荒凉的岩石、土壤和其他物体表面，常为裸露岩石和土壤母质的最早定居者，在土壤形成的早期起重要作用。

(三)非细胞型生物

病毒类非细胞型生物(分子生物)是一类超显微的非细胞生物，每一种病毒只有一种核酸，它们是一种活细胞内的寄生物，凡有生物生存之处均有相应的病毒存在。随着电镜技术和分子生物学方法的应用，人们对病毒本质的认识不断深化，发现非细胞生物包括真病毒和亚病毒。但目前对土壤中的病毒了解较少，仅知道土壤中的病毒可保持寄生能力，并以休眠状态存在。病毒在控制杂草及有害昆虫的生物防治方面已显示出良好的应用前景。

### （四）高等植物根系

高等植物根系作为土壤生物的重要组成部分，是植物吸收水分和养分的主要器官，另外土壤中的重金属和有机物等污染物亦是通过植物根系的吸收与转运到达植物地上部分，对植物的生长发育起着不可忽视的作用，同时对土壤系统中污染物的富集和去除也发挥着重要作用，植物修复已成为目前世界范围内广泛使用的绿色生物修复技术。另外，在土壤生态系统的生成和发育过程中，植物根系和微生物、土壤动物等共同作用，在含水环境中形成了特定的土壤水、肥、气、热条件，对土壤的生产力和净化能力都有重要的影响。

## 第四节　土壤的物理性质

土壤是地球生物圈中非常重要的组成部分，它承载着植物的生长、食物产出以及水资源的存储等功能。土壤的结构和质地对其能力和健康发挥着至关重要的作用。从物理学的观点看，土壤是一个极其复杂的有三相物质的分散系统。它的固相基质包括大小、形状和排列不同的土粒。这些土粒的相互排列和组织，决定着土壤结构与孔隙的特征，水和空气就在孔隙中保存和传导。土壤的三相物质的组成和它们之间强烈的相互作用，表现出土壤的各种物理性质。

### 一、土壤质地

土壤质地可在一定程度上反映土壤矿物组成和化学组成，同时，土壤颗粒大小与土壤的物理性质有密切关系，并且影响土壤孔隙状况，从而对土壤水分、空气、热量的运动和物质的转化均有很大的影响。因此，质地不同的土壤表现出不同的性状。以下将依次从土粒、粒级、机械组成（颗粒组成）等方面掌握土壤质地的内容。

#### （一）土粒及粒级分类

土壤颗粒（土粒）是构成土壤固相骨架的基本颗粒，其形状和大小多种多样，可以呈单粒，也可能结合成复粒存在。根据单个土粒的当量粒径（假定土粒为圆球形的直径）的大小，可将土粒分为若干组，称为粒级。

如何按土粒大小对其分级，分成多少个粒级，各粒级间的分界点（当量粒径）的确定，至今尚没有公认的标准。在许多国家，各个部门采用的土粒分级制也不同，当前，在国内常见的几种土壤粒级制见表2-11[17]。由表2-11可见，各种粒级制都把大小颗粒分为石砾、砂粒、粉粒（曾称粉砂）和黏粒（包括胶粒）4组。

表 2-11 常见的土壤粒级制

| 当量粒径/mm | 中国制(1987) | 卡钦斯基制(1957) | | 美国农部制(1951) | 国际制(1930) |
|---|---|---|---|---|---|
| 3~2 | 石砾 | 物理性砂粒 | 石砾 | 石砾 | 石砾 |
| 2~1 | 石砾 | | | 极粗砂粒 | 粗砂 |
| 1~0.5 | 粗砂粒 | | 粗砂粒 | 粗砂粒 | 粗砂 |
| 0.5~0.25 | 粗砂粒 | | 中砂粒 | 中砂粒 | 粗砂 |
| 0.25~0.2 | 细砂粒 | | 细砂粒 | 细砂粒 | 细砂 |
| 0.2~0.1 | 细砂粒 | | 细砂粒 | 细砂粒 | 细砂 |
| 0.1~0.05 | 细砂粒 | | 细砂粒 | 极细砂粒 | 细砂 |
| 0.05~0.02 | 粗粉粒 | 物理性黏粒 | 粗粉粒 | 粉粒 | 粉粒 |
| 0.02~0.01 | 粗粉粒 | | 粗粉粒 | 粉粒 | 粉粒 |
| 0.01~0.005 | 中粉粒 | | 中粉粒 | 粉粒 | 粉粒 |
| 0.005~0.002 | 细粉粒 | | 细粉粒 | 粉粒 | 粉粒 |
| 0.002~0.001 | 粗黏粒 | | 细粉粒 | 黏粒 | 黏粒 |
| 0.001~0.0005 | 细黏粒 | 黏粒 | 粗黏粒 | 黏粒 | 黏粒 |
| 0.0005~0.0001 | 细黏粒 | 黏粒 | 细黏粒 | 黏粒 | 黏粒 |
| <0.0001 | 细黏粒 | 黏粒 | 胶质黏粒 | 黏粒 | 黏粒 |

目前国际上通行的粒级制是将<0.002mm 的称为黏粒,我国土壤系统分类中与之相同。美国农部和世界土壤资源参比中心对黏粒已作了细分,将 0.0002mm 的称为细黏粒。

## (二)土壤各粒级的理化性质

同级土粒的大小相近,其成分和性质基本一致。不同粒级土粒的矿物其组成有很大差别,因而其化学成分也有所不同(表 2-12)[15]。一般说来,土粒越粗,石英含量越高,化学成分以 $SiO_2$ 为主;土粒越细,石英、长石含量越低,云母、角闪石越多,$SiO_2$ 的含量越低,而铁、铝、钙、镁、磷和钾等氧化物的含量越高。矿物组成决定土壤的化学成分,土粒越细,所含养分越多,次生矿物的含量越高。砂粒和粉粒中 $SiO_2$ 含量较高;黏粒中铁、钾、钙、镁等的含量较高。一般的细土粒养分含量高于粗土粒养分含量。土壤颗粒由原生矿物和次生层状硅酸盐矿物组成。

表 2-12 土壤各粒级的化学组成

| 土类 | 粒级/mm | 化学组成(干重)/(g/kg) | | | | | | | | | |
|---|---|---|---|---|---|---|---|---|---|---|---|
| | | $SiO_2$ | $Al_2O_3$ | $Fe_2O_3$ | $TiO_2$ | MnO | CaO | MgO | $K_2O$ | $Na_2O$ | $P_2O_5$ |
| 灰色森林土 | 0.1~0.01 | 899 | 39 | 9.4 | 5.1 | 0.6 | 6.1 | 3.5 | 22.1 | 8.1 | 0.4 |
| | 0.01~0.005 | 826.3 | 81.3 | 23.9 | 9.7 | 0.6 | 9.5 | 19.4 | 27.7 | 14.5 | 1.4 |
| | 0.005~0.001 | 767.5 | 113.2 | 39.5 | 13.4 | 0.4 | 10 | 10.5 | 33.2 | 13 | 2.5 |
| | <0.001 | 580.3 | 234 | 101.9 | 7.3 | 1.7 | 4.4 | 24 | 31.5 | 2.4 | 4.6 |
| | 全土 | 851 | 59.6 | 24.6 | 5.3 | 1.2 | 9.2 | 6.8 | 23.8 | 7.8 | 1.1 |

| 土类 | 粒级/mm | 化学组成(干重)/(g/kg) | | | | | | | | | |
|---|---|---|---|---|---|---|---|---|---|---|---|
| | | $SiO_2$ | $Al_2O_3$ | $Fe_2O_3$ | $TiO_2$ | MnO | CaO | MgO | $K_2O$ | $Na_2O$ | $P_2O_5$ |
| 黑钙土 | 0.1~0.01 | 881.2 | 57.5 | 12.9 | 4.5 | 0.4 | 7.4 | 2.9 | 19.9 | 12.1 | 0.2 |
| | 0.01~0.005 | 821.7 | 79.6 | 27.3 | 10 | 0.2 | 9.4 | 11.9 | 23.1 | 18.4 | 1.2 |
| | 0.005~0.001 | 673.7 | 171.6 | 75.1 | 13.8 | 0.3 | 7.5 | 17.7 | 30.4 | 13.8 | 2.3 |
| | <0.001 | 574.7 | 226.6 | 115.4 | 6.6 | 0.8 | 3.8 | 24.8 | 31.7 | 1.9 | 3.9 |
| | 全土 | 715.2 | 137.4 | 55.2 | 7.0 | 1.8 | 22.1 | 17.3 | 26.7 | 7.5 | 2.1 |

因为各级土粒的矿物与化学组成各有差异，因而它们的理化性质也有很大不同，各级土粒的主要特性见表2-13[16]。

表2-13  各级土粒的水分性质和物理性质

| 土粒名称 | 粒径/mm | 最大吸湿量/% | 最大分子持水量/% | 毛管水上升高度/cm | 渗透系数/(cm/s) | 湿胀/%(按最初的体积计) | 塑性/%(上、下塑限含水量) |
|---|---|---|---|---|---|---|---|
| 石砾 | 3.0~2.0 | — | 0.2 | 0 | 0.5 | — | |
| | 2.0~1.5 | — | 0.7 | 1.5~3.0 | 0.3 | — | |
| | 1.5~1.0 | | 0.8 | 4.5 | 0.12 | | 不可塑 |
| 粗砂粒 | 1.0~0.5 | — | 0.9 | 8.7 | 0.072 | — | |
| | 0.5~0.25 | | 1 | 20~27 | 0.056 | | |
| 细砂粒 | 0.25~0.10 | | 1.1 | 50 | 0.03 | 5 | |
| | 0.10~0.05 | — | 1.2 | 91 | 0.005 | 6 | |
| 粗粉粒 | 0.05~0.01 | <0.5 | 3.1 | 200 | 0.004 | 16 | 不可塑 |
| 中粉粒 | 0.01~0.005 | 1.0~3.0 | 15.9 | — | — | 105 | 可塑(28~40) |
| 细粉粒粗黏粒 | 0.005~0.001 | | 31 | | | 160 | 塑性较强(30~48) |
| 细黏粒 | <0.001 | 15~20 | 1.1 | 50 | — | 405 | 塑性强(34~87) |

石块：岩石崩解的碎块，不利耕作和作物生长。

石砾：由母岩碎片和原生矿物粗粒组成，其大小和含量直接影响耕作的难易。

砂粒：由母岩碎屑和原生矿物细粒(如石英等)所组成，通气性好，无胀缩性。

黏粒：是各级土粒中最活跃的部分，主要由次生铝硅酸盐组成，呈片状，颗粒很小，有巨大的比表面积，吸附能力强。由于黏粒孔隙很小，膨胀性大，所以通气和透水性较差。黏粒矿物的类型和性质能反映土壤形成条件和形成过程的特点。

粉粒：其矿物组成以原生矿物为主，也有次生矿物。氧化硅及铁硅氧化物的含量分别在60%~80%及5%~18%范围内。从物理性质看，粒径0.01mm是颗粒的物理性状发生明显变化的分界线，亦即物理性砂粒与物理性黏粒的分界线。粉粒颗粒的大小和性质均介于砂粒和黏粒之间，有微弱的黏结性、可塑性、吸湿性和胀缩性。

### (三)土壤的机械组成和质地

**1. 土壤的机械组成**

根据土壤机械分析,分别计算其各粒级的相对含量,即为机械组成,并可由此确定土壤的质地。土壤机械组成数据是研究土壤的最基本的资料之一,有很多用途,如土壤比表面积估算、确定土壤质地和土壤结构性评价等。随着计算机的运用,20世纪90年代初就已在大尺度的土壤水文状况和污染监测中对土壤机械组成进行应用研究。

**2. 土壤质地**

土壤质地与土壤机械组成有紧密关系,每种质地土壤的机械组成都有一定的变化范围。

(1)土壤质地的概念。土壤质地是根据机械组成划分的土壤类型,也可以说,土壤质地是根据土壤中各粒级土粒占土壤质量的百分数来划分的土壤类型。土壤质地主要继承了成土母质的类型和特点,一般分为砂土、壤土和黏土三组,不同质地组反映不同的土壤性质。而根据此三组质地中机械组成的变化范围又可细分出若干种质地名称。质地反映了母质来源及成土过程的某些特征,是土壤的一种稳定的自然属性;同时,其黏、砂程度对土壤中物质的吸附、迁移及转化均有很大影响,因而是土壤污染环境研究中的重要因素之一。

(2)质地分类制 国内外几种使用多年的土壤质地分类制包括国际制、美国农部制和卡钦斯基制等。它们都是与粒级分级标准和机械分析前的土壤(复粒)分散方法相互配套的。在众多的质地制中,有三元制(砂、粉、黏三级含量比)和二元制(物理性砂粒与物理性黏粒两级含量比)两种分类法,前者如国际制土壤质地分类三角图(图2-6)和美国农部制土壤质地分类三角图(图2-7)及多数其他质地制,后者如卡钦斯基制(表2-14)。有时还考虑不同发生类型土壤的差别。

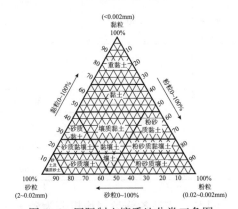

图 2-6　国际制土壤质地分类三角图

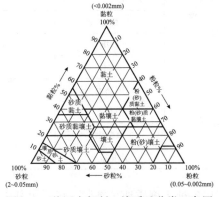

图 2-7　美国农部制土壤质地分类三角图

表 2-14　卡钦斯基土壤质地基本分类(简制)

| 质地组 | 质地名称 | 不同土壤类型的粒级含量/% | | |
| --- | --- | --- | --- | --- |
| | | 灰化土 | 草原土壤、红黄壤 | 碱化土、碱土 |
| 砂土 | 松砂土 | 0~5 | 0~5 | 0~5 |
| | 紧砂土 | 5~10 | 5~10 | 5~10 |

| 质地组 | 质地名称 | 不同土壤类型的粒级含量/% | | |
|---|---|---|---|---|
| | | 灰化土 | 草原土壤、红黄壤 | 碱化土、碱土 |
| 壤土 | 砂壤 | 10~20 | 10~20 | 10~15 |
| | 轻壤 | 20~30 | 20~30 | 15~20 |
| | 中壤 | 30~40 | 30~45 | 20~30 |
| | 重壤 | 40~50 | 45~60 | 30~40 |
| 黏土 | 轻黏土 | 50~65 | 60~75 | 40~50 |
| | 中黏土 | 65~80 | 75~85 | 50~65 |
| | 重黏土 | >80 | >85 | >65 |

我国首个较完整的土壤质地分类是于 20 世纪 30 年代由熊毅提出的，包括砂土、壤土、黏壤和黏土 4 组共 22 种质地。后于《中国土壤》(第二版，1987)中公布"中国土壤质地分类"，增加了"砾质土"部分，此后又稍作了修改并沿用至今(表 2-15)[18]。

表 2-15　中国土壤质地分类

| 质地组 | 质地名称 | 颗粒组成/% | | |
|---|---|---|---|---|
| | | 砂粒(1~0.05mm) | 组粉粒(0.06~0.01mm) | 细黏土(<0.001mm) |
| 砂土 | 极重砂土 | >80 | — | <30 |
| | 重砂土 | 70~80 | | |
| | 中砂土 | 60~70 | | |
| | 轻砂土 | 50~60 | | |
| 壤土 | 砂粉土 | ≥20 | ≥40 | |
| | 粉土 | <20 | | |
| | 砂壤 | ≥20 | <40 | |
| | 壤土 | <20 | | |
| 黏土 | 轻黏土 | — | — | 30~35 |
| | 中黏土 | | | 35~40 |
| | 重黏土 | | | 40~60 |
| | 极重黏土 | | | >60 |

对比各种土壤质地分类制，可看出其中的共同点，就是各分类制均粗分为砂土、壤土和黏土三类，不同质地制的相似类型土在农业利用上和工程建设上的表现是大体相近的。

## 二、土壤的孔性和结构性

土壤的孔隙性质(简称孔性)是指土壤孔隙总量及其大、小孔隙分布。土壤孔性决定于土壤的质地、松紧度、有机质含量以及土壤结构等。土壤的结构性是指土壤固体颗粒的结合形式及其相应的孔隙性和稳定度。可以说，土壤的孔性是土壤结构性的反映，结构好则孔性好,反之亦然。

**(一)土壤孔性**

土壤孔隙的数量及分布可分别用孔(隙)度和分级孔度表示。土壤孔度一般不是直接测定,而以土壤容重和密度计算而得。土壤孔度分级,亦即土壤大小孔隙的分配,包含其连通情况和稳定程度。

1. 土壤密度

单位容积的固体土粒(不包括粒间孔隙)的干重与4℃时同体积水重之比称为土壤密度,无量纲。其数值大小主要决定于土壤的矿物组成,有机质含量对其也有一定影响。土壤学中,一般把接近土壤矿物密度(2.6~2.7)的数值2.65作为土壤表层的平均密度值。

2. 土壤容重

单位容积的土体(包括粒间孔隙)的干重称为土壤容重,量纲为 $g/cm^3$。受土壤质地、有机质含量结构性和松紧度的影响,土壤容重值变化较大。砂土的孔隙大、数量少,总的孔隙容积较小,容重较大,一般为 $1.2~1.8g/cm^3$;黏土的孔隙容积较大,容重较小,一般为 $1.0~1.5g/cm^3$;壤土的容重介于砂土与黏土之间。有机质含量越高,土壤容重越小。而质地相同的土壤,若有团粒结构形成则容重减小;无团粒结构的土壤则其容重较大。此外,土壤容重还与土壤层次有关,耕层容重一般在 $1.10~1.30g/cm^3$,随土层增深,容重值也相应变大,可达 $1.40~1.60g/cm^3$。而各区域不同土壤类型的容重差异较大,长江上游流域的初育土的平均容重高(约 $1.49g/cm^3$),高山土的平均容重低(约 $1.16g/cm^3$);不同土地利用方式下旱地(约 $1.38g/cm^3$)的平均容重最高,依次是灌木林(约 $1.27g/cm^3$)、有林地(约 $1.26g/cm^3$)和中覆盖度草地(约 $1.25g/cm^3$)[19]。陕西关中地区良好的农田耕层黄土平均容重为 $1.21g/cm^3$,在 $20~40cm$ 深度土层的平均容重为 $1.58g/cm^3$,属于很紧实的土壤状态,其中约36%的土壤达到或超过 $1.60g/cm^3$ 的高容重值[20]。上海市临港滴水湖沿岸绿地土壤容重变化范围为 $1.14~1.65g/cm^3$,均值 $1.44g/cm^3$,土壤容重偏大,说明滴水湖沿岸带土壤紧实;不同深度土壤容重有差异,表层土壤容重小、约 $1.42g/cm^3$,随着土层深度增加,土壤容重逐渐增加至 $1.49g/cm^{3[21]}$。

土壤容重是土壤物理性质的一个重要的基本数据,可作为大致判断土壤质地、结构、孔隙度和压实状况的指标,并可据其计算任何体积的土壤质量。

3. 土壤孔隙状况

(1)土壤孔度。土粒或团聚体之间以及团聚体内部的孔隙称为土壤孔隙。土壤孔隙的容积占整个土体容积的百分数称为土壤孔度,也称总孔度,它是衡量土壤孔隙的指标,一般通过下式计算土壤容重和土壤密度。

$$土壤孔度(\%) = \frac{孔隙容积}{土壤容积} \times 100 = \frac{土壤容积 - 土粒容积}{土壤容积} \times 100 = \left(1 - \frac{土粒容积}{土壤容积}\right) \times 100$$

$$= \left(1 - \frac{土壤质量/密度}{土壤质量/容重}\right) \times 100 = \left(1 - \frac{容重}{密度}\right) \times 100$$

砂土的孔隙粗大，但孔隙数目少，因此孔度小；黏土的孔隙狭细而数目很多，所以孔度大。一般说来，砂土的孔度为30%~45%，壤土为40%~50%，黏土为45%~60%，结构良好的表土其孔度高达55%~65%，甚至在70%以上。陕西关中地区良好的农田耕层黄土的孔隙度的划分标准：孔隙度>50%时为结构良好状态，孔隙度在45%~50%之间属于压实状态，孔隙度在40%~45%之间属于严重压实状态。关中农田土壤，一般的耕层土壤总孔隙度均>50%，属于结构良好状态，而对于亚表层的土壤总孔隙度均<50%，属于压实状态[19]。上海市临港滴水湖沿岸绿地土壤总孔隙度变化范围为39.14%~57.85%，均值为46.59%，土壤总孔隙度相对偏低。

（2）土壤孔度分级。土壤孔度仅反映土壤孔隙"量"的问题，并不能说明土壤孔隙"质"的差别。即使两种土壤的孔度相同，如果大小孔隙的数量分配不同，土壤性质也会有很大差异。因此，按照土壤中的孔隙大小及其功能进行孔隙分类，并以分级孔度表示。

但由于土壤固相骨架内的土粒大小、形状和排列多样，粒间孔隙的大小、形状和连通情况极为复杂，难以找到有规律的孔隙管道来测量其直径以进行大小分级。土壤学中常用当量孔径（或称有效孔径）代替，它与孔隙的形状及其均匀性无关。土壤水吸力与当量孔径的关系按下式计算：

$$d = \frac{3}{T}$$

式中，$d$ 为孔隙的当量孔径，mm；$T$ 为土壤水吸力，mbar 或 $cmH_2O$。

当量孔径与土壤水吸力成反比，孔隙越小则土壤水吸力越大。每一当量孔径与一定的土壤水吸力相对应。按当量孔径大小不同可将土壤孔隙可分为三级：非活性孔、毛管孔和通气孔。其中，非活性孔为土壤中最微细的孔隙，当量孔径约在0.002mm以下，常常被土粒表面的吸附水所充满，又称无效孔隙；毛管孔即土壤中毛管水所占据的孔隙，当量孔径约为0.02~0.002mm；通气孔则孔隙较粗，当量孔径>0.02mm，其中水分受重力支配可排出，不具毛管作用，又称非毛管孔。各级孔度具体计算方法如下：

$$非活性孔度(\%) = \frac{非活性孔容积}{土壤总容积} \times 100$$

$$毛管孔度(\%) = \frac{毛管孔容积}{土壤总容积} \times 100$$

$$通气孔度(\%) = \frac{通气孔容积}{土壤总容积} \times 100$$

## （二）土壤结构性

若要了解土壤的结构性可从土壤结构体及其分类开始。自然界中土壤固体颗粒很少完全呈单粒状况存在，多数情况下，土粒（单粒和复粒）会在内外因素综合作用下相互团聚成一定形状和大小且性质不同的团聚体（土壤结构体），由此产生土壤结构。因此，土壤结构性定义为土壤结构体的种类、数量（尤其是团粒结构的数量）及结构体内外的孔隙状况等产生的综合性质。

土壤结构体的划分主要依据其形态、大小和特性等。目前国际上尚无统一的土壤结构体分类标准。最常用的是根据形态和大小等外部性状来分类，较为精细的分类则结合外部性状与内部特性(主要是稳定性、多孔性)综合划分。常有以下几类：

(1)块状结构和核状结构。土粒互相黏结成为不规则的土块，内部紧实，轴长在5cm以下，而长、宽、高三者大致相似，称为块状结构。可按大小再分为大块状、小块状、碎块状及碎屑状结构。碎块小且边角明显的则叫核状结构，常见于黏重的心、底土中，由石灰质或氢氧化铁胶结而成，内部紧实。如红壤下层由氢氧化铁胶结而成的核状结构，具有坚硬而泡水不散的特点。

(2)棱柱状结构和柱状结构。土粒黏结成柱状体，纵轴大于横轴，内部较紧实，直立于土体中，多现于土壤下层，边角明显的称为棱柱状结构；棱柱体外常由铁质胶膜包着；边角不明显，则称为柱状结构体。常出现于半干旱地带的白浆土、碱土及干湿交替作用频繁的黏质水稻土的心土和底土层中。因多次湿胀、干裂，土体发生裂缝，入渗水沿裂隙下移，所携胶体干时在结构体表面生成胶膜，而形成棱柱状结构。由于结构体之间具有较强的渗透性，其水稻土易漏水漏肥。旱作期间，其致密的结构体又不利于作物根系的伸展。

(3)片状结构(板状结构)。其横轴远大于纵轴发育呈扁平状，多出现老耕地的犁底层。在表层发生结壳或板结的情况下，也会出现这类结构。在冷湿地带针叶林下形成的灰化土的漂灰层中可见到典型的片状结构。

(4)团粒结构。包括团粒和微团粒。团粒为近似球形的较疏松的多孔小土团，直径约为0.25~10mm，直径在0.25mm以下的则为微团粒。这种结构体在表土中出现，具有水稳性(泡水后结构体不易分散)、力稳性(不易被机械力破坏)和多孔性等良好的物理性能，是农业土壤的最佳结构形态。

近几十年来，由于大量使用农用塑料薄膜，给土壤结构造成极大破坏。农用薄膜是一种高分子有机物，在自然环境条件下不易降解，随着耕层土壤中塑料薄膜残留量不断增加，在土壤中形成了阻隔层，并逐渐造成了农田"白色污染"。而土壤中残留薄膜碎片，将改变或切断土壤孔隙的连续性，增大孔隙的弯曲性，致使土壤重力水的移动受到的阻力增大，重力水向下移动较为缓慢，就会降低土壤的渗透性能，从而影响土壤的正常功能。

## 三、土壤水分

土壤水分主要来源于大气降水和灌溉水，而且地下水上升和大气中水汽的凝结也是土壤水分的来源。水分由于在土壤中受到重力、毛管引力、水分子引力、土粒表面分子引力等各种力的作用，形成不同类型的水分并反映出不同的性质。①固态水，土壤水冻结时形成的冰晶；②气态水，存在于土壤空气中；③束缚水，包括吸湿水和膜状水；④自由水，包括毛管水、重力水和地下水；⑤重力水，由于地心引力向下渗透的水。

### (一)土壤水势

土壤水势是用能量表示的土壤水分含量，其量纲为atm或J/g。为了方便使用，可取其数值的对数，并以缩写符号pF表示，也称为土壤水的pF值。即pF=log(土壤水势转换成的水柱高度，cm)，例如某土壤水势是$10^5$cm，则其pF值即为5.0。如果土壤处于不饱和状态，因其势能比纯水低，就会吸水而具有一定的水势；如果土壤越干燥，其潜在吸水量越大，则其水势越高，即 pF 值也就越高。因此，土壤含水量与其 pF 值呈负相关。需要注意，土壤水势与土壤自身的其他理化性质也是相关的，例如，具有相同 pF 值的不同质地土壤的含水量是有差异的。

### (二) 吸湿水

吸湿水是指干土从空气中吸着水汽所保持的水。土壤吸湿水的含量主要决定于空气的相对湿度和土壤质地。空气的相对湿度越大，水汽越多，土壤吸湿水的含量也越多；土壤质地越黏重，表面积越大，吸湿水量越多。此外，腐殖质含量多的土壤，吸湿水量也较多。吸湿水受到土粒表面分子的引力很大，最内层可以达到 pF 值 7.0，最外层为 pF 值 4.5。所以吸湿水不能移动，无溶解力，植物不能吸收，重力也不能使它移动，只有在转变为气态水的先决条件下才能运动，因此又称为紧束缚水，属于无效水分。其主要吸附力为分子引力和土壤胶体颗粒带有负电荷产生的强大的吸引力。

### (三) 膜状水

膜状水是指由土壤颗粒表面吸附所保持的薄膜状水层，其厚度可达几十或几百个以上的水分子。膜状水属于束缚水的一种形态，其性质与紧束缚水相似，当水膜增厚时，即成为松束缚水。膜状水的含量决定于土壤质地及腐殖质含量等。土壤的质地越黏重，腐殖质含量越高，膜状水含量越高，反之则低。膜状水达到最大量时的土壤含水量一般被称为最大分子持水量。由于膜状水受到的引力比吸湿水小，一般其 pF 值为 4.5~3.8，所以能由水膜厚的土粒向水膜薄的土粒方向移动，但其移动速度比较缓慢。膜状水可被植物根系吸收，但数量少，难以及时补给植物的需求，从植物生长发育的角度看属于弱有效水分，或称松束缚水分。

### (四) 毛管水

毛管水是指靠土壤中毛管孔隙所产生的毛管引力所保持的水分。土壤孔隙的毛管作用因毛管直径大小而不同，当土壤孔隙直径在 0.5mm 时，毛管水达到最大量；土壤孔隙在 0.1~0.001mm 范围内，毛管作用最为明显；孔隙小于 0.001mm，则毛管中的水分为膜状水所充满，不起毛管作用，故这种孔隙可称无效孔隙。毛管水又可以分为下面两种类型。

(1) 毛管悬着水。土体中与地下水位无联系的毛管水称毛管悬着水。在毛管系统发达的壤质土中，悬着水主要存在于持水孔隙中；但对于毛管系统不发达的砂质土壤，悬着水主要围绕着砂粒相互接触的点位，也称为触点水。

(2) 毛管支持水。土体中与地下水位有联系的毛管水称毛管支持水，也称毛管上升水。毛管支持水与地下水联系密切，常随地下水位而变化。其原因是地下水受毛细管作用(毛管现象)上升而影响，其运动速度与毛细管半径有密切联系。

毛管水是土壤中最宝贵的水分，因为土壤对毛管水的吸引力在 pF 值 2.0~3.8 范围内，接近于自然水，可以向各个方向移动，根系的吸水力大于土壤对毛管水的吸力，所以毛管水很容易被植物吸收。毛管水中溶解的养分也可供植物利用。

### (五) 重力水

当进入土壤的水分超过田间持水量后，一部分水沿着大孔隙受重力作用而向下迁移，这部分受重力作用的土壤水称重力水。重力水下渗到下部的不透水层时，就会聚积成为地下水。所以重力水是地下水的重要来源。地下水的水面距地表的深度称为地下水位。地下水位要适当，不宜过高或过低；地下水位过低，地下水不能通过毛管支持水方式供应植物；地下水位过高不但影响土壤通气性，而且还可能产生盐渍化。若重力水在渗漏的过程中遇到质地黏重的不透水层或可透水性很弱的土层，就形成临时性或季节性的饱和含水层，称为上层滞水。这层水的位置很高，特别是出现在犁底层以上会使植物受渍，通常把根系活动层范围内的上层滞水叫潜水层，容易影响植物生长而产生涝灾。重力水虽然可被植物吸收，但因下渗速度很快，实际上不利于被植物利用。

上述各类型的水分在一定条件下可以相互转化，例如，超过膜状水的水分即成为毛管水；超过毛管水的水分成为重力水；重力水下渗聚积成地下水；地下水上升又成为毛管支持水；当土壤水分大量蒸发，土壤中就只有吸湿水。

### （六）土壤含水率

当土壤中的水分处于饱和状态时，含水率为饱和含水率，而吸力或基质势为零。若对土壤施加微小的吸力，土壤中尚无水排出，则含水率维持饱和值。当吸力增加至某一临界值后，由于土壤中最大孔隙不能抗拒所施加的吸力而继续保持水分，于是土壤开始排水，相应的含水率开始减小。饱和土壤开始排水意味着空气随之进入土壤中，故称该临界值为进气吸力，或称为进气值。一般情况下，粗质砂性土壤或结构良好的土壤的进气值是比较小的，而细质的黏性土壤的进气值相对较大。由于粗质砂性土壤具有大小不同的孔隙，故进气值的出现往往较细质土壤明显。当吸力进一步提高，次大的孔隙接着排水，土壤含水率随之进一步降低，而随着吸力不断增加，土壤中的孔隙由大到小依次不断排水，含水率越来越小，当吸力很高时，仅在微小的孔隙中才能保持很少的水分。

### （七）土壤含水率的影响因素

土壤含水率的影响因素主要有土壤质地和土壤结构及土温。

（1）土壤质地。一般土壤中的黏粒含量越高，同一吸力条件下则土壤的含水量越大。这主要是因为土壤中黏粒含量增多可促使土壤中的细小孔隙发育。砂质土壤绝大部分孔隙都比较大，随着吸力的增大，这些大孔隙中的水首先排空，土壤中仅有少量的水存留。

（2）土壤结构及土温。土壤越密实，则大孔隙数量越少，中小孔径的孔隙越多。因此，在同一吸力值下，若土壤容重越大，其相应的含水率一般也比较高。此外，温度升高，水的黏滞性和表面张力下降，基质势相应增大，则土壤水吸力减少。尤其是在低含水率时，这种影响表现得更加明显。

## 四、土壤通气性

### （一）土壤通气性概述

土壤通气性是指气体透过土体的性能，它反映土壤特性对土壤空气更新的综合影响。土壤空气与大气的交换，主要决定于气体的扩散作用，而扩散作用只能在未被水占据的空气孔隙中进行。因此，土壤通气性的好坏，主要决定于土壤的总孔度特别是空气孔度的大小。土壤通气性对于保证土壤空气的更新有重要意义。如果土壤通气性差，土壤空气中的氧在很短时期内就会被全部消耗，而 $CO_2$ 含量则会过高地增加，作物的生长就会受到危害。一般在 20~30℃，对于 0~30cm 表层土壤，其耗氧量可高达 0.5~1.7L/hm$^2$。设土壤的平均空气容量为 33.3%，其中 $O_2$ 的含量为 20%。如果土壤不能通气，土壤中 $O_2$ 将会在 12~40h 后被耗尽。所以，土壤通气性的重要性可归结为通过与大气交流，不断更新土壤空气组成。土壤的通气性直接与土壤中植物的生长、微生物群落组成和活性以及溶解氧等相关，因而影响到土壤中养分元素、重金属以及有机污染物等众多物质的环境行为。通气良好的土壤中，植物根系的生理活动旺盛，根系分泌作用强，喜氧微生物数量增加并活性增强，土壤中溶解氧浓度高。因此，土壤通气性是影响重金属和农药等有机污染物在土壤中迁移转化与降解过程的重要因素之一，在各种污染土壤修复过程中具有重要意义。

**(二)土壤通气性的度量指标**

土壤的通气性一般常采用下列三种指标来度量。

(1)空气孔度。即非毛管孔隙度。一般将非毛管孔隙度不低于 10% 作为土壤通气性良好的指标；或将土壤空气孔度占总孔度的 1/5~2/5，而且分布比较均匀时，作为土壤通气性良好的标志。

(2)土壤的氧扩散率。土壤氧扩散率是指氧被呼吸消耗或被水排出后重新恢复的速率，以单位时间内扩散通过单位面积土层的氧量表示，量纲为 $mg/(cm^2 \cdot min)$。土壤氧扩散率可作为土壤通气性的直接指标，一般要求在 $30 \times 10^{-5} ~ 40 \times 10^{-5} mg/(cm^2 \cdot min)$，有利于植物的生长。

(3)氧化还原电位($E_h$ 值)。土壤通气状况在很大程度上决定了其氧化还原电位，所以土壤 $E_h$ 值也是土壤通气性的指标之一。一般以 $E_h$ 值 30mV 为土壤的氧化还原界面，> 30mV 土壤处于氧化态，<30mV 则为还原态。

# 第五节　土壤的化学性质

## 一、土壤胶体特性及吸附性

### (一)土壤胶体及其种类

由于土壤中直径<1000nm 的黏性颗粒都具有胶体的性质，因此土壤胶体实际上是指直径在<1000nm 的土壤颗粒，它是土壤中颗粒最细小且最活跃的部分，并表现出强烈的胶体的特征。土壤胶体按成分和来源被分为无机胶体、有机胶体和有机-无机复合胶体三种类型。

(1)无机胶体。包括成分简单的晶质和非晶质的硅、铁及铝的含水氧化物，成分复杂的各种类型的层状硅酸盐(主要是铝硅酸盐)矿物。常把此两者统称为土壤黏粒矿物，因其同样都是岩石风化和成土过程的产物，并同样影响土壤属性。含水氧化物主要包括水化程度不等的铁和铝的氧化物及硅的水化氧化物。其中又有结晶型与非晶质无定形之分，结晶型的如三水铝石($Al_2O_3 \cdot 3H_2O$)、水铝石($Al_2O_3 \cdot H_2O$)、针铁矿($Fe_2O_3 \cdot H_2O$)、褐铁矿($2Fe_2O_3 \cdot 3H_2O$)等；非晶质无定形如不同水化度的$SiO_2 \cdot nH_2O$、$Fe_2O_3 \cdot nH_2O$、$Al_2O_3 \cdot nH_2O$和$MnO_2 \cdot nH_2O$及它们相互复合形成的凝胶及水铝英石等。

(2)有机胶体。主要是腐殖质及少量的木质素、蛋白质、纤维素等。腐殖质胶体含有多种基团，属两性胶体，但因等电点较低，故在土壤中常带负电，因而对土壤中无机阳离子特别是重金属等土壤吸附性能影响很大。但它们比无机胶体的稳定性弱，而易被微生物分解。

(3)有机-无机复合体。土壤的有机胶体很少单独存在，大多通过多种方式与无机胶体相结合，形成有机-无机复合体，其中主要是二、三价阳离子(如钙、镁、铁、铝等)或基团(如羧基醇羟基等)与带负电荷的黏粒矿物和腐殖质的连接作用。有机胶体主要以薄膜状紧密覆盖于黏粒矿物的表面，也可进入黏粒矿物的晶层之间。土壤有机质含量越低，有机-无机复合度越高，一般变动范围为50%~90%。

### (二)土壤胶体特性

土壤胶体是土壤中最活跃的部分，其构造由微粒核及双电层两部分构成，这种构造使土壤胶体产生表面特性及电荷特性，表现为具有较大的表面积并带有电荷，能吸附各种重金属等污染物，有较大的缓冲能力，对土壤中元素的保持和酸碱的耐受性以及某些毒性物质危害的降低都具有重要的作用。此外，受其结构的影响，土壤胶体还具有分散、絮凝、膨胀、收缩等特性，这些特性与土壤结构的形成及污染元素在土壤中的行为均有密切关系；而它所带的表面电荷则使得土壤具有一系列的物理化学性质。土壤中的化学反应主要为界面反应，这是由于表面结构不同的土壤胶体所产生的电荷可与溶液中的离子、质子、电子发生相互作用。土壤表面电荷数量决定着土壤可吸附的离子数量，而由土壤表面电荷数量与土壤表面积所确定的表面电荷密度则影响着对这些离子的吸附强度。因此，土壤胶体特性影响着重金属和有机污染物在土壤固相表面或溶液中的积聚、滞留、迁移与转化，它使土壤对各种污染物具有一定的自净作用和环境容量。

总的来说，土壤胶体的特性主要有：①土壤胶体具有巨大的比表面和表面能；②土壤胶体具有双电层，微粒的内部称微粒核，一般带负电荷，形成负离子层，其外部由于电性吸引而形成一个正离子层，而形成双电层；③土壤胶体具有凝聚性，由于胶体的比表面和表面能都很大，为减小表面能，胶体具有相互吸引、凝聚的趋势，这就是胶体的凝聚性；④土壤胶体具有分散性，在土壤溶液中的胶体常带负电荷，即具有负的电动势，所以胶体微粒又因相同电荷而相互排斥，电动势越高，相互排斥力越强，胶体微粒呈现出的分散性亦越强。

### (三)土壤吸附性

土壤是永久电荷表面与可变电荷表面共存的体系，可吸附各种类型的阳离子及阴离子。土壤胶体表面可通过静电吸附的离子与溶液中的离子发生交换反应，也可通过共价键与溶液中的离子发生配位吸附。因此，土壤吸附性就是土壤固相与液相界面上离子或分子的浓度大于整体溶液中该离子或分子浓度的现象，这种现象也称为正吸附。在一定条件下还会出现与正吸附相反的现象，被称为负吸附。土壤吸附性是重要的土壤化学性质之一。它取决于土壤固相物质的组成、含量、形态及溶液中离子的种类、含量与形态，以及酸碱性、温度及水分状况等条件与变化，其对土壤中物质的形态、转化、迁移和有效性具有一定的影响。按土壤吸附性的形成机理不同，可将其分为交换性吸附、专性吸附、负吸附及化学沉淀等方面。

（1）交换性吸附。带电荷的土壤表面借静电引力从溶液中吸附带异号电荷的离子或极性分子。在吸附的同时，有等当量的同号另一种离子从表面上解吸而进入溶液。其实质是土壤固液相之间的离子交换反应。

（2）专性吸附。相对于交换吸附而言，是非静电因素引起土壤对离子的吸附。土壤对重金属离子专性吸附的机理有表面配合作用和内层交换等学说；对于多价含氧酸根等阴离子专性吸附的机理则有配位体交换说和化学沉淀说。这种吸附仅发生在水合氧化物型表面（也即羟基化表面）与溶液的界面上。

（3）负吸附。它是与上述两种吸附相反的，土壤表面排斥阴离子或分子的现象。表现在土壤固液相界面上，离子或分子的浓度低于整体溶液中该离子或分子的浓度。其机理是静电因素引起的，即阴离子在负电荷表面的扩散双电层中受到相斥作用；使土壤体系力求降低其表面能以达体系的稳定，因此凡是可增加体系表面能的物质都会受到排斥。在土壤吸附性能的现代概念中的负吸附一般仅指阴离子，而分子常归为土壤物理性吸附范畴。

（4）化学沉淀与土壤吸附。指进入土壤中的物质与土壤溶液中的离子（或固相表面）发生化学反应，形成难溶性的新化合物而从土壤溶液中沉淀出来的现象。这实际上是化学沉淀反应，而不是界面化学行为的土壤吸附现象，但在实践中经常难以区分。

**（四）土壤胶体特性及吸附性的环境意义**

1. 土壤胶体对重金属等污染元素生物毒性的影响

土壤和沉积物中的 Mn、Fe、Al、Si 等氧化物及其水合物对多种重金属离子起富集作用，其中以氧化锰和氧化铁的作用更强。例如，红壤和黄壤的铁锰结核中，Zn、Co、Ni、Ti、Cu、V 等重金属元素均有富集，其中 Zn、Co 及 Ni 的含量均与 Mn 含量呈正相关，而 Ti、Cu、V 和 Mo 的含量与 Fe 含量呈正相关。这些被 Fe、Mn 氧化物吸附的所有重金属离子均不能被提取交换性阳离子的通用试剂如 $CH_3COONH_4$ 或 $CaCl_2$ 等所提取；亦即这种富集现象是由于氧化物胶体专性吸附的结果。由于专性吸附对微量金属离子具有富集作用的特性，因此，正日益成为地球化学领域及生态环境学科的重要研究内容。

氧化物及其水合物对重金属离子的专性吸附对土壤溶液中金属离子浓度起着重要的控制作用，土壤溶液中 Zn、Cu、Co、Mo 等微量重金属离子的浓度主要受吸附-解吸作用所支配，其中氧化物专性吸附所起的作用更为重要。因此，专性吸附在调控重金属的生物有效性和生物毒性方面起着重要作用。

土壤是重金属的一个汇，当外源重金属污染物进入土壤或水体底泥时，易为沉积物中的氧化物及水合物等胶体专性吸附所固定，对水体中的重金属污染起到一定的净化作用，并对这些金属离子从土壤溶液向植物体内迁移和累积发挥着一定的缓冲作用与调节作用。

另一方面，专性吸附作用也可能给土壤带来潜在的污染风险。因此，在研究专性吸附的同时，还应探讨通过土壤胶体专性吸附的金属离子的生物学效应问题。

2. 土壤胶体对有机污染物环境行为的影响

由于土壤胶体的特性影响农药等有机污染物在土壤中的转化过程，从而导致污染物的环境滞留等问题。进入土壤的农药等有机污染物可被黏粒矿物吸附而失去其毒性，当条件改变时，又可被释放出来；而且，某些有机污染物也可在黏粒表面发生催化降解而失去毒性。一般来说，带负电的、非聚合分子有机农药，在有水的情况下，不会被黏粒矿物强烈吸附；相反，对带有正电荷的有机污染物则有很强的吸附力。

黏粒吸附阳离子态有机污染物的机制是离子交换作用。例如，杀草快和百草枯等除莠剂类的农药是强碱性的，易溶于水而完全离子化，黏粒对这类污染物的吸附与其交换量具有密切的关系。很多有机农药是较弱的碱类，呈阳离子态，其与黏粒上金属离子相交换的能力决定于农药从介质中接受质子的能力，同时亦受 pH 的影响。黏粒矿物的表面可提供 $H^+$ 使农药质子化。

有机污染物与黏粒的复合也影响其生物毒性，影响程度取决于吸附力和解吸力。例如，蒙脱石吸附的百草枯很少呈现植物毒性，而吸附于高岭石和蛭石的百草枯仍具有生物毒性。不同交换性阳离子对蒙脱石所吸附农药的释放程度的影响也是不同的。铜–黏粒–农药复合体最为稳定，仅少量的农药逐步释放；而钙–黏粒–农药复合体很不稳定，几乎全部农药可被快速释放；铝体系的释放情况介于二者之间。农药解吸的难易程度直接决定土壤中残留农药的生物毒性的强弱。

## 二、土壤酸碱性

土壤酸碱性与土壤的固相组成和吸收性能具有密切的关系，它是土壤的重要化学性质之一，其对植物生长和土壤生产力以及土壤的污染与净化作用都具有比较大的影响。

### （一）土壤 pH 值

根据 $H^+$ 在土壤中所处的部位，可以将土壤酸性分为活性酸和潜在酸两种类型。活性酸指土壤溶液中的 $H^+$ 浓度直接表现出的酸度。土壤酸碱性常用土壤溶液的 pH 表示，pH 值是 $H^+$ 浓度的负对数值，它是土壤酸碱性强度的指标。土壤 pH 常被看作土壤性质的主要变量，它对土壤的许多化学反应和化学过程都有很大影响，对土壤中的氧化还原、沉淀溶解、吸附、解吸和配位反应起着决定性作用。土壤 pH 对植物和微生物所需养分元素的有效性有显著的影响，在 pH>7 的情况下，一些元素、特别是微量金属阳离子如 $Zn^{2+}$、$Fe^{3+}$ 等的溶解度降低，植物和微生物会受到由于此类元素的缺乏而带来的负面影响；pH<5.0~5.5 时，铝、锰及众多重金属的溶解度提高，对许多生物产生毒害作用；更极端的 pH 值预示着土壤中将出现特殊的离子和矿物，例如 pH>8.5 的情况下，一般就会有大量的溶解性 $Na^+$ 或交换性 $Na^+$ 存在，而 pH<3 则往往会有金属硫化物存在。

按土壤 pH 值大小可将土壤酸碱性分为若干级，《中国土壤》中将我国土壤的酸碱度分为五级，详见表 2-16。我国土壤的 pH 值大多为 4~9，在地理分布上有"东南酸、西北碱"

的规律性，即长江以南的土壤多为酸性或强酸性，而长江以北的土壤多为中性或碱性[22]。

表 2-16　土壤酸碱度的分级

| 土壤 pH 值 | <5.0 | 5.0~6.5 | 6.5~7.5 | 7.5~8.5 | >8.5 |
|---|---|---|---|---|---|
| 酸碱度级别 | 强酸性 | 酸性 | 中性 | 碱性 | 强碱性 |

### (二) 土壤酸度

1. 土壤中不同形态酸度间的关系

土壤总酸度是用 $Ca(OH)_2$ 等碱液进行滴定而获得的，它包括了各种形态的酸，其大小顺序为：

(1) 土壤潜在酸。也称储备酸，是与固相有关的土壤全部滴定酸，其值等于土壤非交换性酸和交换酸之总和。

(2) 土壤的非交换性酸。它是不能被浓中性盐(一般是 1.0mol/L KCl)置换或极慢置换进入溶液的结合态 $H^+$ 和 $Al^{3+}$。非交换性酸与腐殖质的弱酸性基及有机质配合的铝和矿物表面强烈保持的羟基铝等有密切关系。

(3) 土壤的交换性酸。它是能被浓中性盐(往往是 1.0mol/L KCl)置换进入溶液的结合态 $H^+$ 和 $Al^{3+}$。交换性酸与有机配合铝、腐殖质的易解离酸性基及保持在黏土交换点位上的 $Al^{3+}$ 有关。矿质土壤的交换性酸主要由交换性 $Al^{3+}$ 组成，有机质土壤的交换性酸主要由交换性 $H^+$ 组成。有些土壤交换性酸的量可超过非交换性酸的量。

(4) 土壤的活性酸。它是土壤中与溶液相关的全部滴定酸(主要是溶液中的游离 $Al^{3+}$ 和 $H^+$)。一般可从土壤溶液中 $Al^{3+}$ 浓度和 pH 的直接测定并进行计算得到。

2. 土壤 pH 值与土壤潜在酸

保持在土壤固体上的、形态明显的酸度和潜在形态(产生质子)的酸度与土壤 pH 值密切相关。土壤固体表面酸度的重要形态包括：①解离而释放酸的有机酸；②水解而释放酸的有机-$Al^{3+}$ 配合物；③被阳离子交换和水解作为酸释放的交换性 $H^+$ 和 $Al^{3+}$；④矿物上的非交换性酸，主要指铁、铝氧化物，水铝英石及层状硅酸盐矿物表面吸附的羟基铁和羟基铝聚合物等可变电荷矿物的表面产生的非交换性酸[23]。

以上这些形态的酸共同组成土壤潜在酸，因为这些酸性离子在土壤微孔隙中扩散缓慢，铝配合物的解离也相当缓慢，所以它们对土壤溶液中 $H^+$ 和 $Al^{3+}$ 浓度(土壤活性酸)变化的化学过程反应是比较迟钝的。

### (三) 土壤碱度

土壤碱性及碱性土壤形成是自然成土条件和土壤内在因素综合作用的结果。碱性土壤中的碱性物质主要是钙、铁、钠的碳酸盐和重碳酸盐以及胶体表面吸附的交换性钠。碱性反应的主要机理是碱性物质的水解反应，如碳酸钙和碳酸钠的水解以及交换性钠的水解等。

土壤碱度与土壤酸度一样也常用土壤溶液(水浸液)的 pH 值表示，据此可进行土壤碱性分级。由于土壤的碱度在很大程度上取决于胶体上吸附的交换性 $Na^+$ 的相对数量，所以

通常把交换性 $Na^+$ 的饱和度称为土壤碱化度，它是衡量土壤碱度的重要指标。

$$土壤碱化度(\%) = \frac{交换性钠(mmol/kg)}{阳离子交换量(mmol/kg)} \times 100$$

土壤碱化与盐化在成因上具有密切关系。盐土在积盐过程中，胶体表面吸附有一定数量的交换性钠，但因土壤溶液中的可溶性盐浓度较高，阻止交换性钠水解。所以，盐土的碱度一般都在 pH 8.5 以下，物理性质也不会恶化，一般不显现碱土的特征。但当盐土脱盐到一定程度后，土壤交换性钠发生解吸，土壤就会出现碱化特征。但土壤脱盐并不是土壤碱化的必要条件。土壤碱化过程是在盐土积盐和脱盐频繁交替发生时，促进钠离子取代胶体上吸附的钙、镁离子，从而演变为碱化土壤。

### (四)影响土壤酸碱度的因素

土壤在一定的成土因素作用下具有一定的酸碱度，并受成土因素的影响而发生变化。

(1)气候。在温度高、雨量多的地区，风化淋溶较强，盐基易淋失，容易形成酸性的自然土壤。在半干旱或干旱地区的自然土壤，盐基淋溶少，又由于土壤水分蒸发量大，下层的盐基物质易随毛管水的上升而聚集在土壤的上层，使土壤具有石灰性反应。

(2)地形。在同一气候小区域内，处于高坡地形部位的土壤，淋溶作用较强，所以其 pH 值常较低洼地更低。干旱及半干旱地区的洼地土壤，由于接纳高处流入的盐碱成分较多，或因地下水矿化度高而又接近地表，常使土壤呈碱性。

(3)母质。在其他成土因素相同的条件下，酸性母岩(如砂岩、花岗岩)常较碱性母岩(如石灰岩)形成的土壤具有较低的 pH 值。

(4)植被。针叶林的灰分组成中盐基成分常较阔叶树少，因此发育在针叶林下的土壤的酸性较强。

(5)人类耕作活动。耕作土壤的酸度受人类耕作活动影响很大，特别是施肥。施用石灰、草木灰等碱性肥料可中和土壤酸度；而长期施用硫酸铵等生理酸性肥料可因遗留酸根而使土壤逐渐转为酸性。另外，人为排灌也可以影响土壤的酸碱度。

此外，某些土壤性质也可影响土壤酸碱度，例如盐基饱和度、盐基离子种类和土壤胶体类型。当土壤胶体为 $H^+$ 饱和的氢质土时呈酸性，当为 $Ca^{2+}$ 饱和的钙质土时接近中性，而为 $Na^+$ 饱和的钠质土时则呈碱性。当土壤的盐基饱和度相同而胶体类型不同时，土壤酸碱度也是不同的。这主要是不同胶体类型所吸收的 $H^+$ 离子具有不同的解离度导致的。

### (五)土壤酸碱性的环境意义

土壤酸碱性对土壤微生物的活性以及对矿物质和有机质的分解起着重要作用。它可通过对土壤中进行的各项化学反应的干预作用而影响组分和污染物的电荷特性，沉淀-溶解、吸附-解吸和配位解离平衡等，从而改变污染物的毒性；同时，土壤酸碱性还通过土壤微生物的活性而改变污染物的毒性。

土壤溶液中的大多数金属元素(含重金属)在酸性条件下以游离态或水化离子态存在，毒性较大；而在中、碱性条件下，因易生成难溶性氢氧化物沉淀而使其毒性降低。以重金属 Cd 为例，在高 pH 值和高 $CO_2$ 条件下，Cd 形成较多的碳酸盐而使其有效度降低。但在酸性(pH=5.5)土壤中，在同一总可溶性 Cd 水平下，即使增加 $CO_2$ 分压，溶液中 $Cd^{2+}$ 仍可保持很高水平。土壤酸碱性的变化不但直接影响金属离子的毒性，而且也改变其吸附、沉淀、配位反应等特性，从而间接影响其毒性。

土壤酸碱性还显著影响铬和砷等含氧酸根阴离子污染物在土壤溶液中的形态，影响它们的吸附、沉淀等特性。在中性及碱性条件下，Cr(Ⅲ) 可被沉淀为 $Cr(OH)_3$。在碱性条件下，由于 $OH^-$ 的交换能力大，能使土壤中可溶性砷的百分率显著增加，从而增加了砷的生物毒性。

此外，有机污染物在土壤中的积累、转化、降解也受到土壤酸碱性的影响和制约。例如，有机氯农药在酸性条件下性质稳定，不易降解，只有在强碱性条件下才能被加速代谢；持久性有机污染物五氯酚(PCP)，在中性及碱性土壤环境中呈离子态，移动性大，易随水流失，而在酸性条件下呈分子态，易为土壤吸附而降解半衰期增加；有机磷和氨基甲酸酯农药虽然大部分在碱性环境中易于水解，但剧毒性农药二嗪磷则更易于发生酸性水解反应。

## 三、土壤氧化性和还原性

土壤氧化性和还原性是土壤的又一个重要化学性质。电子在物质之间的传递引起氧化还原反应，表现为元素价态的变化。土壤中参与氧化还原反应的元素有 C、H、N、O、S、Fe、Mn、As、Cr 及其他一些变价元素，较为重要的是 O、Fe、Mn、S 和某些有机化合物，并以氧和有机还原性物质较为活泼，Fe、Mn 和 S 等的转化则主要受氧和有机质的影响。土壤中的氧化还原反应在干湿交替下进行得最为频繁，其次是有机物质的氧化和生物机体的活动。土壤氧化还原反应影响着土壤形成过程中的物质转化、迁移和土壤剖面的发育，控制着土壤元素的形态和有效性，制约着土壤环境中的某些污染物的形态、转化和归趋。因此，土壤的氧化还原性对于污染土壤环境治理与修复具有重要意义。

### (一)土壤氧化还原体系及其指标

土壤具有氧化还原性的原因在于土壤中多种氧化还原物质共存。土壤空气中的氧和高价金属离子都是氧化剂，而土壤有机物以及在厌氧条件下形成的分解产物和低价金属离子等为还原剂。由于土壤成分很复杂，其中各种反应可同时进行。常见的氧化还原体系见表 2-17。

表 2-17　土壤中常见的氧化还原体系

| 体系 | $E^0/V$ | | |
|---|---|---|---|
| | pH = 0 | pH = 7 | $Pe^0 = \log K$ |
| 氧体系 $1/4O_2 + H^+ + e \Longrightarrow 1/2H_2O$ | 1.23 | 0.84 | 20.8 |
| 锰体系 $1/2MnO_2 + 2H^+ + e \Longrightarrow 1/2Mn^{2+} + H_2O$ | 1.23 | 0.40 | 20.8 |
| 铁体系 $Fe(OH)_3 + 3H^+ + e \Longrightarrow Fe^{2+} + 3H_2O$ | 1.06 | -0.16 | 17.9 |
| 氮体系 $1/2NO_3^- + H^+ + e \Longrightarrow 1/2NO_2 + 1/2H_2O$ | 0.85 | 0.54 | 14.1 |
| $NO_3^- + 10H^+ + 8e \Longrightarrow NH_4^+ + 3H_2O$ | 0.88 | 0.36 | 14.9 |

| 体系 | $E^0/V$ | | |
|---|---|---|---|
| | pH=0 | pH=7 | Pe$^0$=log$K$ |
| 硫体系 $1/8SO_4^{2-}+5/4H^++e \Longrightarrow 1/8H_2S+1/2H_2O$ | 0.3 | -0.21 | 5.1 |
| 有机碳体系 $1/8CO_2+H^++e \Longrightarrow 1/8CH_4+1/4H_2O$ | 0.17 | -0.24 | 2.9 |
| 氢体系 $H^++e \Longrightarrow 1/2H_2$ | 0 | -0.41 | 0 |

土壤氧化还原能力的大小可用土壤的氧化还原电位($E_h$)来衡量，主要为实测的 $E_h$ 值，其影响因素涉及土壤通气性、微生物活动、易分解有机质的含量、植物根系的代谢作用、土壤的 pH 值等多方面。一般旱地土壤的 $E_h$ 值为+400~+700mV；水田的 $E_h$ 值为 -200~+300mV。根据土壤 $E_h$ 值可确定土壤中有机物和无机物可能发生的氧化还原反应的环境行为。

土壤中的氧是主要的氧化剂，通气性良好、水分含量低的土壤的 $E_h$ 值较高，为氧化性环境；渍水的土壤 $E_h$ 值则较低，为还原性环境。此外土壤微生物的活动、植物根系的代谢及外来物质的氧化还原性等也会改变土壤的 $E_h$ 值。从土壤污染研究角度，特别注意污染物在土壤中由于参与氧化还原反应而导致对迁移性与毒性的影响。氧化还原反应还可影响土壤的酸碱性，使土壤酸化或碱化而改变 pH 值，从而影响土壤组分及外来污染物的行为。

### (二)土壤氧化性和还原性的环境意义

从环境科学角度看，土壤氧化性和还原性与污染物在土壤环境中的存在密切相关。

(1)有机污染物。在热带、亚热带地区，间歇性阵雨和干湿交替对厌氧、喜氧细菌的增殖均有利，比单纯的还原或氧化条件更有利于有机农药分子结构的降解，特别是有环状结构的农药，因其环开裂反应需要有氧的参与，如 DDT 的开环反应。有机氯农药大多在还原环境下方可被加速代谢。例如，六六六在旱地土壤中分解很慢，在蜡状芽孢菌参与下，经脱氯反应后快速代谢为五氯环己烷中间体，后者在脱去氯化氢后生成四氯环己烯和少量氯苯类代谢物。分解 DDT 适宜的 $E_h$ 值为-250~0mV，艾氏剂也仅在 $E_h$<-120mV 时才可快速降解。

(2)重金属。土壤中大多数污染重金属是亲硫元素，在农田厌氧还原条件下易生成难溶性硫化物而使其降低毒性和危害。土壤中低价硫 $S^{2-}$ 来源于有机质的厌氧分解与硫酸盐的还原反应，水田土壤 $E_h$<-150mV 时，$S^{2-}$ 生成量在 100g 土壤中可达 20mg。当土壤转为氧化状态时，难溶硫化物逐渐转化为易溶硫酸盐而致其生物毒性增加。如黏土中添加 Cd 和 Zn 等的情况下，淹水 5~8 周后，可能存在 CdS。在同一土壤含 Cd 量相同的情况下，若水稻在全生育期淹水种植，即使土壤含 Cd 100mg/kg，糙米中 Cd 浓度大约为 1mg/kg(Cd 食品卫生标准为 0.2mg/kg)；但若在幼穗形成期前后，此水稻田落水搁田，则糙米含 Cd 量可高达 5mg/kg。这是由于土壤中 Cd 溶出量下降与 $E_h$ 下降同时发生而导致的结果。这说明在土壤淹水条件下，因 CdS 的生成而使 Cd 的毒性降低。

## 四、土壤中的配位反应

金属离子和电子给予体结合而成的化合物被称为配位化合物。如果配位体与金属离子形成环状结构的配位化合物则称为螯合物，它比简单的配合物具有更大的稳定性。在土壤这个复杂的化学体系中，配位反应广泛存在。

土壤中常见的无机配位体有 $Cl^-$、$SO_4^{2-}$、$HCO_3^-$、$OH^-$ 和特定土壤条件下存在的硫化物、磷酸盐、$F^-$ 等，它们均能取代水合金属离子中的配位分子，而和金属离子形成稳定的螯合物或配离子，从而改变金属离子（尤其是一些重金属离子）在土壤中的生物有效性。此外，土壤中能产生螯合作用的有机物很多，参与整合作用的基团包括羟基（—OH）、羧基（—COOH）、氨基（—NH$_2$）、亚氨基（=NH）、羰基（C=O）、硫醚（RSR）等。富含这些基团的有机物包括腐殖质、木质素、多糖类、蛋白质、单宁、有机酸及多酚等，最重要的是腐殖质，它不仅数量占优，而且形成的螯合物较稳定。

在土壤中能被螯合的金属离子主要有 $Fe^{3+}$、$Al^{3+}$、$Fe^{2+}$、$Cu^{2+}$、$Zn^{2+}$、$Ni^{2+}$、$Pb^{2+}$、$Co^{2+}$、$Mn^{2+}$、$Ca^{2+}$、$Mg^{2+}$ 等。各种元素所形成的螯合物稳定性不同，一般随着土壤的 pH 值而变化。在酸性土壤中，$H^+$、$Al^{3+}$、$Fe^{3+}$、$Mn^{2+}$ 等浓度增加，可对其他土壤离子产生较强的竞争力；但在碱性土壤中，$Ca^{2+}$、$Mg^{2+}$ 等浓度增加，而 $Fe^{3+}$、$Mn^{2+}$、$Cu^{2+}$、$Zn^{2+}$ 等离子则因生成氢氧化物沉淀，使浓度降低，从而受到 $Ca^{2+}$、$Mg^{2+}$ 等离子的强力竞争，因此螯合态的比例也差异很大。一些重金属离子在形成配合物后，其迁移及转化等特性发生改变，螯合态可能是其在溶液中的主要形态，因此可通过人工螯合剂的研发，并用于土壤治理与修复，以降低重金属污染物在土壤中的生物毒性。

### 💡 思考题

1. 简述土壤概念及土壤的功能。
2. 说明影响土壤形成的主要因素。
3. 简述形成土壤的母岩类型及其主要特征。
4. 简述沉积岩及其主要类型。
5. 简述沉积岩的颜色分类及其意义。
6. 简述岩浆岩及其分类与特征。
7. 简述微生物对土壤结构和质地的影响。
8. 简述母岩的风化作用及其类型。
9. 土壤的形成基本表现出哪些成土过程？
10. 简述原始成土过程及其三阶段。
11. 简述有机质积聚过程及其类型。
12. 什么是淀积层？其具有哪些性质？
13. 土壤剖面一般划分为哪六层？
14. 我国土壤常采用哪五级分类？
15. 简述土壤剖面特点及其观测方法。

16. 土壤样品的采样误差控制措施有哪些?

17. 采集土壤代表性混合样品应注意什么?

18. 简述矿物的种类及其主要特征。

19. 简述土壤的机械组成与质地及其关系。

20. 说明土壤的密度与容重及其关系。

21. 简述什么是同晶置换及其土壤环境学意义。

22. 试述黏土矿物的种类、结构特征。

23. 简述什么是土壤腐殖质,其类型有哪些?

24. 土壤腐殖酸有哪些化学性质?

25. 简述影响土壤有机质转化的因素。

26. 简述土壤有机质的作用及其环境意义。

27. 简述土壤包含的主要化学成分及各组分在土壤性质方面的作用。

28. 简述土壤胶体类型与特性。

29. 简述土壤胶体对污染物迁移转化的影响机制。

30. 简述土壤酸碱度及缓冲作用的环境意义。

31. 简述土壤酸碱度及其影响因素。

32. 简述什么是 CEC 值,其影响因素主要有哪些?

33. 简述土壤中的主要氧化–还原过程及其机理。

34. 简述上海地区主要土层分布特征。

35. 简述上海市典型区域土层分布特征。

# 第三章　地下水的基本特征与性质

## 第一节　地下水的基本概念

地下水是宝贵的资源，它对于人类的生活和生产都具有非常重要的意义，例如我国北方很多城市及乡镇是以地下水作为水源的；因此必须在了解地下水的情况下方可更好地保护地下水。

### 一、地下水的概念

广义地下水是指赋存于地表以下岩土介质中的水（Subsurface Water），包括非饱和带、毛细带和饱和带中各种形态的水；狭义上，从水资源利用的角度，地下水是指赋存于地表以下岩土介质中的饱和重力水（Ground Water）[21]。从环境学的角度，地下水是指赋存于地表以下土壤或岩石介质中的水。它是具有不同形态的水，包括土壤水和地下水（气态、液态、固态、非混溶态、超临界态、多组分水）。这里的气态包括气态水、$CO_2$、空气和挥发性有机物；液态包括地下水和溶解在地下水中的污染物；固态包括冻土地区的地下冰和非移动的水（含水层颗粒表面的结合水）；非混溶态是指非溶解在地下水中的污染物，包括自由态的有机污染物；超临界态是指 $CO_2$ 深部地质储存、核废料深埋处置以及地热能开发中的深部高压和高温地下水状态；多组分水是指由于污染物的进入，使得地下水的天然组分发生变化，存在各种化学和生物组分的地下水。

### 二、地下水环境特征

要了解地下水应先知道地下环境。地下环境是指地表以下土壤、渗滤带、毛细带及含水层中固、液、气、有机物、矿物质、微生物等的状态及其变化的总称。地下环境的变化可影响地下水质量的变化，对于非水相的有机污染物，一般难溶于地下水中，通常监测地下水化学成分时，需采集地下水样品，采集到的地下水中有机污染物属于少量的溶解态有机污染物，大部分有机污染物存在于地下环境中（自由态和吸附态），因此，传统的地下水采样方法难以获得地下水中非水相有机污染物的信息，需要在采集地下水样的同时，采集含水层尤其相对弱透水层的饱和土壤样品，以利于分析地下环境中污染物的分布状况。

地下水环境指地下水及其赋存空间环境在地质作用和人为活动作用、生态系统、地表水系统影响下所形成的状态及其变化的总称。地下水环境的变化也可改变地下水质量，而导致地下水环境变化的因素不仅包含人为活动，也包括自然地质作用。一般来说，地质作用过程比较漫长，如沉积过程、地貌改造、风化作用、地震、火山等。地下水中的重金属大部分来源于沉积作用过程与岩石风化作用过程。生态系统变化尤其是土地利用方式的变化可改变潜水含水层的蒸腾散发作用和地下水的补给方式，也可改变土壤中的有机质含量和微生物状况，从而影响地下水的质量。另外，地表水系统也可影响地下水环境，这种影响取决于地表水与地下水的转化关系，地下水的补给方式主要有两种：一是大气降水通过土壤入渗，二是通过地表水的补给。对于一个流域来说，地表水与地下水的交流和转化是比较频繁的，洪水期一般是地表水补给地下水，而枯水期则是地下水补给地表水，傍河水源地开采地下水，就是利用地表水补给地下水来获取水资源。在地表水与地下水之间的潜流带，由于地下水位随着地表水补给与排泄状况的变化而变化，潜流带为氧化与还原环境的变化带，该带的微生物亦为喜氧与厌氧微生物，微生物和地球化学作用的变化可导致地下水质量发生变化。

# 第二节　地下水系统的基本特征

在地表以下的一定深度内，土壤和岩石介质的空隙被重力水充满，形成地下水面。地表到地下水面这部分区域可被称为包气带或非饱和带。地下水面以下的区域可被称为饱水带或饱和带[24]。

## 一、饱和带的含水层与隔水层

地壳浅部分布有不同岩性的岩石，或有不同空隙类型的多孔介质，它们赋存、给出和透过地下水的能力有明显的差异，在进行地下水研究和给排水等实际应用中有必要对其进行分类[25]。一般按照传输与给出水的性质可将饱和带的岩(土)层划分为含水层、隔水层及弱透水层。含水层是指含有一定量的水并且有允许足够水量透过的地质体，该地质体可以是松散沉积层，也可以是坚硬岩层或岩组。松散沉积物中的砂砾层、裂隙发育的砂岩以及岩溶发育的碳酸盐岩等是常见的含水层。

隔水层与含水层相反，是指含有一定量的水或不含水并且不允许透过足够量水的地质体。裂隙不发育的岩浆岩与泥质岩浆岩是常见的隔水层。从实用观点来说，隔水层也称为不透水层，如黏土层含有大量的水，但不能透过足够量的水，从地下水资源利用角度看，黏土层是一种隔水层；但从环境角度看，黏土层能够透过污染物，黏土层就不应定义为隔水层，属于低渗透层，如上海的潜水含水层大部分为黏土层。

弱透水层是指具有弱透水性能的含水地质体，它虽允许水透过，但透过速度比一般含水层小得多。它本身不能给出水量，但垂直岩层面方向可传输水量，如黏土、重亚黏土等是典型的弱透水层。在人工强烈抽水条件下，在大范围内它是沟通相邻含水层之间水力联系的纽带。因此，常把弱透水层称为越流层或半透水层。

含水层与隔水层都是相对的，严格来讲，没有绝对的隔水层。同一岩层，在不同场合下，可以归为含水层，也可以归为隔水层。例如，作为大型供水水源，供水能力强的岩层才是含水层；渗透性较差的岩层只能看作隔水层。但对于小型供水水源，渗透性较差的岩层也可以看作含水层。再如，裂隙极不发育的基岩，无论对于供水还是矿坑排水都是典型的隔水层；但对于核废料处置，就必须看作含水层；核废料放射性衰减达到无害，需要上万年时间，渗透性很差的岩层在如此漫长的时间里，也有可能导致核泄漏；某些核废料储存场所岩层的渗透性非常低，坑道里见不到渗水，需要测定坑道排出气体的湿度来评价岩层的渗透性。又如，当地下水中有密度大于水的称为非水相重液（Dense Non-Aqueous Phase Liquids，DNAPLs）存在时，由于 DNAPLs 具有高密度、低水溶性和高界面张力的特性，其渗透性极弱，常用的抽提处理技术对 DNAPL 的修复效率很低。另外，还有一些隔水层在人工干扰下可能会变成弱透水层或透水层，甚至含水层。由此可见，在特定条件下，或从较大时间尺度考察，所有岩层都是可渗透的[21,23]。

粗大颗粒的孔隙介质如卵石、砾石、砂可构成良好的含水层。岩溶化的碳酸盐岩（石灰岩和白云岩）是良好的含水层，火山岩（如玄武岩、流纹岩、凝灰岩）孔隙性变化大，含有气孔和发育垂直节理的火山岩可以构成含水层；坚硬的沉积岩如砂岩、砾岩虽然由于固结其原生孔隙不发育，但如果裂隙发育则可以构成含水层；侵入岩（如花岗岩、闪长岩）只有裂隙发育的部位可以构成局部含水层，变质岩（如片岩、片麻岩、石英岩）在浅部风化带发育密集的裂隙时可以构成局部含水层。我国北方的寒武奥陶系碳酸盐岩含水层、美国的 Florida 石灰岩含水层和 Dakota 砂岩含水层，都是当地重要的含水层下黏土，由于孔隙很小，给水和透水能力极差，一般被认为是隔水层。泥岩、页岩及泥灰岩通常是隔水层。裂隙不发育的致密结晶岩，如侵入岩、火山岩和变质岩，也被认为是隔水层。含水层和隔水层之间并没有截然的界限，在一定条件下可以相互转化。在不同情况下，人们所定义的含水层和隔水层可以是变化的。岩性相同、渗透性完全一样的岩层，在某些地方可以认为是含水层，而在另一些地方可以认为是隔水层[25]。

## 二、地下水的存在类型

按照埋藏条件可将地下水分为潜水、承压水和上层滞水等类型。潜水和承压水分布于饱水带，上层滞水分布于包气带。据含水层的含水介质又可划分为孔隙水、裂隙水和岩溶水[26]。

### (一)潜水

潜水是指饱水带中第一个具有自由表面且有一定规模的含水层中的重力水。潜水面（地下水面）到隔水底板的垂直距离为潜水含水层厚度（$M$）。潜水面到地表的垂直距离为潜水埋藏深度（$D$）。潜水含水层厚度和潜水埋藏深度随潜水面的升降而变化。

潜水面以上不存在（连续性）隔水层，因此，潜水与大气水及地表水联系紧密，积极参与水文循环，对气象、水文因素以及污染状况响应敏感，水位、水量和水质发生季节性和多年性变化。潜水的全部分布范围都可以接受大气降水的补给，在地表水分布处可以接受地表水的补给，还可以接受下伏含水层的越流补给或其他方式的补给，另外还可能接受人工有意或无意的补给。潜水有多种排泄方式：以泉的形式溢流于地表，直接泄流于地表水，通过包气带向大气蒸发以及通过植物蒸腾，以越流或其他方式向相邻或下伏含水层排泄，通过水井、钻孔、坑道等人工排泄。潜水以腾发（蒸发及植物蒸腾）方式排泄时，水量耗失，盐分留存，在干旱半干旱地区可导致水土盐化。潜水的其他排泄方式可统称为径流排泄，径流排泄时，水量和盐分同时耗失，不会导致水土盐化。

在自然条件下，潜水水质主要取决于气候及地形。湿润气候以及地形切割强烈的地区，潜水主要以径流方式排泄，水交替迅速，形成淡水。干旱半干旱气候的地势低洼处，腾发成为主要排泄方式，形成微咸水或咸水。除了降水稀少的干旱气候区以外，潜水积极参与水文循环，水交替迅速，补给资源丰富，有良好的再生性。潜水缺乏上覆隔水层，因此容易受到污染；同时，由于交替循环迅速，其自净修复能力也比较强。

潜水含水层也被称为非承压含水层，是指潜水面作为上部边界的含水层。存在于潜水层中的水即为潜水，由多个观测井中潜水位组成一个潜水面，该潜水面为自由曲面，潜水面上的压力等于大气压力，潜水面上的压力定义为零，所以，潜水面水位等于位置高程，因此，潜水面的形状与地形等势面形状一致。潜水面的形状受地形控制，通常为缓于地形坡度的曲面。潜水面上任意一点的高程即为该点的潜水位，将潜水位相等的各点连线制成的图则称为潜水等水位线图。等水位线图可以说明地下潜水的流向或反映区域地下水流场特征，以及与地表水的补给排泄关系等；对于开展某区域土壤–地下水污染调查或污染区域的土壤–地下水环境修复具有重要意义。

## （二）承压水

承压含水层上部的隔水层称为隔水顶板，下部的隔水层称为隔水底板。承压含水层就是指顶底由相对隔水层限制的含水层，充满于顶底两个隔水层之间的含水层中的水称为承压水。含水层中地下水位高于顶部相对隔水层的位置，若钻井刚好揭露这类含水层时，井中水位将上升到顶部相对隔水层的底面之上。这个水位称为测压水头，多个同一承压含水层观测井中地下水位组成一个测压面。当井中水位高出地表面时，地下水就会喷出地表，这样的井称为自流井，这样的含水层称为自流含水层，它也是承压含水层的一种。

承压含水层顶底板之间的垂直距离为承压含水层厚度，井孔钻穿承压含水层隔水顶板的底面时，瞬间测得的水位是初见水位，随后水位升到顶板以上一定高度（$H$）稳定，此时测得的水位称为稳定水位。稳定水位的高程便是该点承压水的测压水位。稳定水位与隔水顶板高程之间的差值被称为承压高度（$H$），即该点承压水的测量高度。隔水顶板的存在，不仅使承压水具有承压性，还限制其补给和排泄范围，阻碍承压水与大气及地表水的联系。承压含水层的地质结构越封闭，承压水参与水文循环的程度越低，水交替循环越缓慢。因此，地质结构对于承压水的水量与水质起着控制作用。

在同一个地方只有一层潜水，却可以有多层承压水，取决于区域水文地质条件。总体来说，承压水埋藏越深，与大气及地表水的联系越差，水交替循环越缓慢。承压水的补给可能来自大气降水和地表水，也可能来自相邻的潜水或承压水。承压水也有多种排泄方式，但都是径流排泄，基本不存在以腾发方式排泄。

承压水的水质取决于形成时的初始水质以及区域的水交替条件。地质结构越开放，水交替循环越充分，水质越接近于大气水及地表水。例如，海相沉积物构成的承压含水层，如果后期水交替循环差，便赋存含盐量很高的咸水；如果后期水交替循环较好，可赋存含盐量中等到较低的水。由陆相河流及淡水湖相沉积构成的承压含水层，即使后期水交替缓慢，也可以赋存含盐量很低的淡水。

承压水的水位、水量及水质没有明显的季节性变化及多年变化。承压水交替缓慢，补给资源贫乏，再生能力较差。也因此使得在一般情况下，承压水不容易被污染，若一旦被污染也难以自净修复。将某一承压含水层测压水位相等的各点连线，可得到等测压水位线图。等测压水位线表示的是一个虚拟水面，只有当井孔钻穿某点隔水顶板时，井孔水位才能达到所示的高程。

当开采地下水使用的时候主要是开采适当层位的承压水，承压含水层的测压水位会发生显著下降。原因在于开采承压含水层时释放出的水量主要来自两方面：①由于减压而发生水体积弹性膨胀；②由于有效应力增大而导致含水层微量压密。下降单位面积及单位水位（测压水位）时，承压含水层释出的水量要比潜水含水层小 $1\sim3$ 个数量级；因此必须控制地下水的开采量，若过度开采地下水将会导致严重的灾害，如地面沉降或塌陷、边坡失稳、影响大坝安全、坑道施工安全威胁甚至可诱发地震的发生。

### （三）上层滞水

上层滞水是指分布在地下水潜水面之上岩土介质中的局部黏土层或隔水层之上的重力水。换句话说就是包气带局部隔水层（弱透水层）之上积聚的具有自由表面的重力水即为上层滞水。在浅层裂隙化岩体中的局部渗透性弱的岩层之上的重力水具有季节性变化。上层滞水分布局限，接受大气降水补给，通过蒸发排泄或通过隔水（弱透水）层底板的边缘下渗排泄补给下伏的潜水含水层。水位水量有明显季节变化，有时雨季有水而旱季无水。松散沉积物的黏性土透镜体，裂隙岩层局部风化壳以及浅表岩溶发育带都可以形成上层滞水。上层滞水水量有限而不稳定，且易于污染。

在一定条件下，赋存于两个隔水层之间的地下水，并不充满含水层，既不是承压水，也不是潜水。一般承压水总是分布于潜水之下，但在特定条件下，局部性承压水可赋存于潜水之上。特定构造条件下形成小型盆地时，受隔水底板控制，会出现一系列水位跌水式突变的局部饱水带，不能归为上层滞水或潜水。在多年冻土区，以固态水形式出现的多年冻土，可构成隔水层；浅表部分季节性融化而形成冻土层上水，具有与潜水或上层滞水类似的特征；赋存于多年冻土层以下的冻土层下水，具有与承压水类似的特征[27]。

# 第三节　地下水的运动规律

## 一、渗流基本概念

地下水在岩石空隙中的运动称为渗流，发生渗流的区域称为渗流场。孔隙是形状复杂的网络，沿着流程、渗流通道宽窄及方向变化，水的质点流速及方向频繁变化。裂隙及岩溶介质中的渗流通道也是复杂多变的。通常，空隙通道狭小，水流所受阻力很大，地下水的流速极其缓慢。水质点做有序与互不混杂的流动被称为层流；水质点做无序与互相混杂的流动被称为紊流。地下水在狭小空隙的岩石（如裂隙不很宽大的基岩）中流动时，重力水受介质的吸引力较大，水质点排列较有序，流速比较缓慢，呈层流运动；但在宽大的空隙

(大的溶穴、宽大裂隙)中流动且流速较大时则容易呈紊流运动[26]。

水在渗流场内运动，各个运动要素(水位、流速、流向等)不随时间改变时，称为稳定流；运动要素随时间变化的流动被称为非稳定流。实际上，自然界中地下水都属于非稳定流，但为了便于分析和运算，也可以将某些运动要素变化微小的渗流近似看作稳定流。

渗流场中任意点的流速变化只与空间坐标一个方向有关的渗流被称为一维流；与空间坐标的两个或三个方向有关的渗流分别被称为二维流或三维流。自然界物质和能量传输都有趋于平衡的倾向，物质能量状态差异是一切物质运动的基础，物质运动的自发趋势是由能量高的状态转向能量低的状态，使整个系统趋于平衡和稳定。地下水总是从能量较高处流向能量较低处，即通常说的水往低处流；能态差异是地下水运动的驱动力[27]。

地下水的机械能包括动能和势能，水力学中用总水头($H$)表示，公式为：

$$H = z + \frac{p}{\rho g} + \frac{u^2}{2g}$$

式中，$z$ 为位置水头(重力势)；$\frac{p}{\rho g}$ 为压力水头(压力势)；$p$ 为压强；$\rho$ 为水的密度；$g$ 为重力加速度；$\frac{u^2}{2g}$ 为流速水头(动能)；$u$ 为流速。位置水头、压力水头和流速水头三者可以相互转化；水总是从总水头高的地方流向总水头低的地方。

一般情况下，由于渗流速度很小，地下水具有的动能相对于势能可忽略不计，所以，地下水的能量状态可用它的总势能(测压水头)表示：

$$H \approx z + \frac{p}{\rho g}$$

其中位置水头与压力水头可相互转化，常根据测压水头大小判断地下水的流动方向。

## 二、重力水运动的基本规律

### (一)达西定律

法国水力学家达西通过均匀砂柱的渗流实验，得到线性渗透定律，称为达西定律(Darcy's law)[28]。根据实验结果，得到下列关系式(即达西公式)：

$$Q = KA\frac{H_1 - H_2}{L} = KAI$$

式中，$Q$ 为渗透流量(出口处流量，即通过砂柱各断面的体积流量)；$A$ 为过水断面面积(砂柱的横断面积，包括砂颗粒和孔隙面积)；$H_1$、$H_2$ 分别为上、下游过水断面的水头；$L$ 为渗透途径(上下游过水断面的距离)；$I$ 为水力梯度；$K$ 为渗透系数。

通过过水断面 $A$ 的流量 $Q = vA$，则渗流速度 $v$ 为：

$$v = \frac{Q}{A}$$

由上式及 $Q = vA$ 可得：

$$v = KI$$

这是达西定律的另一种表达形式：渗透流速与水力梯度成正比，即线性渗透定律，$K$ 为其线性比例系数，称为渗透系数。实际上，渗透系数就是饱和土壤在单位水压梯度下，水分通过垂直于水流方向单位截面的速度。

### (二)渗透流速与实际流速

过水断面面积($A$)系指砂柱的横断面积，包括砂颗粒所占据的面积及孔隙所占据的面积；而水流实际过水断面是扣除结合水所占范围以外的孔隙面积 $A_n$，即：

$$A_n = An_e$$

式中，$n_e$ 为有效孔(空)隙度。

有效孔隙度($n_e$)为重力水流动的孔隙体积(不包括不连通的死孔隙和不流动的结合水所占据的空间)与岩石体积(包括孔隙体积)之比。显然，有效孔隙度 $n_e$ 小于孔隙度 $n$。由于重力释水时孔隙中所保持的除结合水外，还有孔角毛细水乃至悬挂毛细水，因此，有效孔隙度 $n_e$ 大于给水度 $\mu$。黏性土因孔隙细小，结合水所占比例大，所以有效孔隙度很小。对于空隙大的岩层(如溶穴发育的可溶岩，有宽大裂隙的裂隙岩层)：

$$n_e \approx \mu \approx n$$

设通过空隙过水断面 $A_n$ 的实际平均流速为 $u$，它是地下水的质点流速在 $A_n$ 面积上的平均值。渗透流速是假想渗流的速度，相当于渗流在包括骨架与空隙在内的断面 $A$ 上的平均流速，也称达西流速或比流量，它不代表真实的水流速度。

据流量相等原理有：

$$vA = uA_n = Q$$

因此，渗透流速与实际流速的关系为：

$$v = u \frac{A_n}{A} = un_e$$

所以，渗透流速总是小于实际流速。

### (三)水力梯度

渗流场中水头相等的各点连成的面(线)称为等水头面(线)。沿等水头面(线)法线方向(水头降低方向)的水头变化率称为水力梯度，记为 $I$，即：

$$I = -\frac{dH}{dn}$$

式中，$n$ 为等水头面(线)的外法线方向，也是水头降低的方向。

在各向同性介质中，水力梯度 $I$ 为沿水流方向单位长度渗透途径上的水头损失。水在空隙中运动时，必须克服水与隙壁以及流动快慢不同的水质点之间的摩擦阻力(这种摩擦阻力随地下水流速增加而增大)，消耗机械能，造成水头损失。水力梯度可以理解为水流通过单位长度渗透途径为克服摩擦阻力所耗失的机械能。因此，求算水力梯度 $I$ 时，水头差必须与渗透途径相对应[26]。

### (四)渗透系数与渗透率

渗透系数 $K$，也称为水力传导度(Hydraulic Conductivity)，是重要的水文地质参数。由

达西定律 $v = KI$ 可以看出，渗透系数与渗透流速的量纲均为 $[L/T]$，一般采用量纲为 m/d 或 cm/s。在达西定律公式中，令 $I=1$，则 $v=K$，意即水力梯度为 1 时，渗透系数在数值上等于渗透流速。当水力梯度为定值时，渗透系数越大，渗透流速也越大；渗透流速为定值时，渗透系数越大，水力梯度越小[26]。因此，渗透系数可定量说明水在岩石中的渗透性能。渗透系数越大，岩石的透水能力越强，地下水的流动速度越快，地下水中污染物的扩散速度也越快。

地下水流在岩石空隙中运动，需要克服隙壁与水及水质点之间的摩擦阻力，所以，渗透系数不仅与岩石的空隙大小及多少等性质有关，还与液体的容重及黏滞性等物理性质有关。黏滞性不同的两种液体在相同的岩石中运动，黏滞性大的液体的渗透系数会小于黏滞性小的液体。例如，一般油类有机相因黏滞性大而使其渗透系数较水小。

因此，利用渗透率 $k$ 表征岩层对不同流体的固有渗透性能。渗透率是指在一定的水头差下，岩土允许流体通过其连通空隙的能力。它只取决于岩土连通空隙的大小、多少及形状等，与流体性质无关[29]。渗透系数与渗透率的关系为：

$$K = \frac{\rho g}{\mu} k$$

式中，$\rho$ 为液体密度；$g$ 为重力加速度；$\mu$ 为液体动力黏滞系数；$k$ 的量纲为 $[L^2]$，常用量纲为 cm$^2$ 或 D（达西），1D（达西）$\approx 0.987 \times 10^{-12}$m$^2$。

从上式可知，渗透系数与液体的密度成正比，与液体的动力黏滞系数成反比；而液体的密度和动力黏滞系数都是随液体的温度和溶解性总固体不同而变化的。因此，在研究石油、卤水或热水的运动时，要考虑液体的物理性质，采用与液体性质无关的渗透率表征岩层的固有渗透性能。部分岩石渗透系数的常见值见表 3-1 和表 3-2[30]。

表 3-1　水在部分岩石中的渗透系数与透水性分级

| 岩石名称 | 渗透系数/（m/d） | 透水性分级 |
| --- | --- | --- |
| 卵石、砾石、粗砂、具溶洞的灰岩 | >10 | 强透水 |
| 砂、裂隙岩石 | 1~10 | 中等透水 |
| 亚砂土、黄土、泥灰岩、砂层 | 0.01~1 | 弱透水 |
| 亚黏土、黏土质砂岩 | 0.001~0.01 | 微透水 |
| 黏土、致密的结晶岩、泥质岩 | <0.001 | 不透水（隔水） |

表 3-2　水在松散岩石中渗透系数参考值

| 松散岩石名称 | 渗透系数/（m/d） | 松散岩石名称 | 渗透系数/（m/d） |
| --- | --- | --- | --- |
| 亚黏土 | 0.05~0.5 | 中砂 | 5~20 |
| 亚砂土 | 0.1~0.5 | 粗砂 | 20~50 |
| 黄土 | 0.05~0.25 | 砾石 | 50~150 |
| 粉砂 | 0.5~1.0 | 漂砾石 | 100~500 |
| 细砂 | 1.0~5.0 | 漂石 | >500 |

## 三、流网

渗流场内可以画出一系列等水头面和流面。在渗流场中某一典型剖面或切面上，由一系列等水头线与流线组成的网格称为流网。流线是渗流场中某一瞬时的一条线，线上各水质点在此瞬时的流向均与此线相切。迹线是渗流场中某一时间段内某一水质点的运动轨迹。流线可看作同一时刻水质点运动的瞬时状态，迹线则可看成水质点运动过程的动态状态。在稳定流条件下，流线与迹线重合[21,26]。

### (一)均质各向同性介质中的流网

在均质各向同性介质中，地下水必定沿着水头变化最大的方向(即垂直于等水头线的方向)运动；因此，流线与等水头线构成正交网格。精确地绘制定量流网需要充分掌握边界条件及参数。在实测资料很少的情况下，也可绘制定性流网。尽管这种信手流网并不精确，但往往可以为我们提供许多有用的水文地质信息，是水文地质分析的有效工具。

作流网时，首先根据边界条件绘制容易确定的等水头线或流线。边界包括定水头边界、隔水边界及地下水面边界。地表水体边界一般可看作等水头面[河渠湿周是等水头线，图 3-1(a)]。隔水边界应看作流线或流面[图 3-1(b)]，水流不能穿过隔水边界和流线。地下水面边界比较复杂。当无入渗补给及蒸发排泄、有侧向补给、作稳定流动时，地下水面是流线[图 3-1(c)]；当有入渗补给时，它既不是流线，也不是等水头线[图 3-1(d)]。

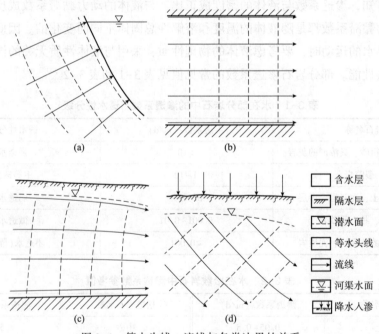

| | 含水层 |
| | 隔水层 |
| | 潜水面 |
| | 等水头线 |
| | 流线 |
| | 河渠水面 |
| | 降水入渗 |

图 3-1  等水头线、流线与各类边界的关系

流线总是由源指向汇，故根据源(补给区)和汇(排泄区)可以判断流线的趋向。渗流场中具有一个以上补给点或排泄点时，首先要确定分流面或分流线。相对于地质隔水边界，分流面是水力隔水边界。进而，根据流线与等水头线正交规则，在已知流线与等水头线间插补其余部分，得到由流线与等水头线构成的正交网格。这种正交流网，等水头线的

密疏说明水力梯度的大小；相邻两条流线之间通过的流量相等，故流网的疏密反映渗透流速及流量的大小。利用流网，还可以追踪污染物质的运移；根据某些矿体溶于水中标志成分的浓度分布，结合流网分析，可以推断深埋于地下盲矿体的位置。实际工作中往往只画示意流线便可以说明问题。

### (二)层状非均质介质中的流网

所谓层状非均质是指介质场内各层内部渗透性相同，但不同层介质的渗透性不同。设有两岩层渗透系数分别为 $K_1$ 及 $K_2$，而 $K_2 = 3K_1$。当两层厚度相等，流线平行于层面流动时，两层中的等水头线间隔分布一致，但在 $K_2$ 层中流线密度为 $K_1$ 层的 3 倍。也就是说，更多的地下水通过渗透性好的 $K_2$ 层运移。当 $K_1$ 与 $K_2$ 两层长度相等，流线恰好垂直于层面，这时通过两层的流线数相等。但在 $K_1$ 层中等水头线的间隔数为 $K_2$ 层的 3 倍。这就是说，通过流量相等、渗透途径相同情况下，在渗透性差的 $K_1$ 层中消耗的机械能是 $K_2$ 层的 3 倍。

还有一种情况：当流线与岩层界面既不平行也不垂直，而以一定角度斜交。这种情况下，当地下水流线通过具有不同渗透系数的两层边界时，就像光线通过一种介质进入另一种发生折射一样，服从以下规律：

$$\frac{K_1}{K_2} = \frac{\tan\theta_1}{\tan\theta_2}$$

式中，$\theta_1$ 是流线在 $K_1$ 层中与层界面法线间的夹角；$\theta_2$ 是流线在 $K_2$ 层中与层界面法线间的夹角。应用物理学知识比较容易理解上述现象。为了保持流量相等，流线进入渗透性好的岩层后将更加密集，等水头线则间隔加大（$dl_2 > dl_1$）。同理，当含水层中存在强渗透性透镜体时，流线将向其汇聚；存在弱渗透性透镜体时，流线将绕流。

# 第四节　地下水的化学组成及其变化

一般的地下水都不是纯水，而是复杂的水溶液。赋存于岩石圈中的地下水不断与岩土发生化学反应，在与大气圈、水圈和生物圈进行水量交换的同时，亦互相交换化学成分。虽然人类活动对地下水化学成分的影响只是悠长地质历史的一瞬，却深刻改变了地下水的化学组成。地下水的化学成分是地下水与环境长期相互作用的产物。一个地区地下水的化学组成反映了该地区地下水的历史演变。研究地下水的化学成分可有助于重塑一个地区的水文地质历史，阐明区域地下水的起源与形成过程。

水是良好溶剂，它可溶解岩土组分，并搬运这些组分，也可在某些部位将某些组分析出沉淀。流动的地下水是地球中元素迁移、分散与富集的动力，可参与岩溶、沉积、成岩、变质、成矿等多种地质过程。人们为各种目的利用地下水，都对水质有一定要求，为此要进行水质评价。含大量盐类(如 NaCl、KCl)或富集某些稀散元素的地下水是宝贵的工业原料；某些具有特殊物理性质与化学成分的地下水具有医疗意义；上述情况下，地下水是宝贵的液体矿产。盐矿、油田以及金属矿床常形成特定化学元素的分散晕圈，是重要的找矿标志[26]。

地下水中化学元素迁移、集聚与分散的规律是作为水文地质学分支的水文地球化学的研究内容，这一研究地下水水质演变的学科与研究地下水水量变化的地下水动力学共同构成了水文地质学的理论基础。地下水水质的演变具有时间上的继承性，自然地理与地质发展历史给予地下水的化学特征以深刻影响；因此，不能单纯从化学角度，孤立、静止地研究地下水的化学成分及其形成过程，而须从地下水与环境长期相互作用的角度去揭示地下水化学演变的内在依据与规律性。随着水文地球化学理论的发展以及水化学分析技术的进步，且因各种污染物进入地下水和海水入侵等问题的出现，地下水化学特征研究及其对污染物迁移的影响对于解析各种污染物在土壤-地下水体系中的赋存特征与迁移转化规律研究乃至污染环境修复都将发挥越来越重要的作用。

## 一、地下水中的化学组分

地下水中的化学组分很复杂，从宏观上来看，地下水在形成过程中通过与自然界和所处环境中的物质组分不断交换，使其含有各种不同的无机物质和有机物质，它们可能是呈气、液或固态的各种物质以及微生物等。

### (一)地下水主要气体成分

地下水中含有各种气体、离子、胶体与有机质。地下水中常见的气体成分有 $O_2$、$N_2$、$CO_2$、$CH_4$ 及 $H_2S$ 等，以前三种组分为主。地下水中气体含量不高，一般每升水中有几 mg 至几十 mg，但却有重要意义。一是气体成分可说明地下水所处的地球化学环境；二是有些气体可增加地下水溶解某些矿物组分的能力[26]。

1. 氧气($O_2$)和氮气($N_2$)

地下水中的 $O_2$ 和 $N_2$ 主要来源于大气。它们随同大气降水及地表水补给地下水，与大气圈关系密切的地下水中含 $O_2$ 及 $N_2$ 较多。溶解氧含量多说明地下水处于氧化环境。$O_2$ 的化学性质远较 $N_2$ 活泼，在相对封闭的环境中，$O_2$ 将耗尽而留下 $N_2$。因此，$N_2$ 的单独存在通常说明地下水起源于大气并处于还原环境。大气中的惰性气体($Ar$、$Kr$、$Xe$)与 $N_2$ 的比例恒定，即：$(Ar+Kr+Xe)/N_2 = 0.0118$，若比值为此数值说明 $N_2$ 是大气起源的；若小于此数值则表明水中含有生物起源或变质起源的 $N_2$。

2. 硫化氢($H_2S$)和甲烷($CH_4$)

地下水中出现 $H_2S$ 和 $CH_4$，是在与大气比较隔绝的还原环境中，微生物参与的生物化学作用的结果。

3. 二氧化碳($CO_2$)

降水和地表水补给地下水时带来 $CO_2$，但含量通常较低。地下水中的 $CO_2$ 主要来源于土壤。有机质残骸的发酵作用与植物的呼吸作用，使土壤中不断产生 $CO_2$ 并进入地下水。含碳酸盐的岩石在深部高温下，也可变质生成 $CO_2$：

$$CaCO_3 \xrightarrow{400℃} CaO+CO_2$$

这种情况下，若地下水中富含 $CO_2$，可高达 1g/L 以上。另外，煤、石油、天然气等化石燃料的大量使用，导致大气中人为产生的 $CO_2$ 明显增加。工业化以来，大气 $CO_2$ 浓度已从 1000~1750 年间的 280mg/L 升高到 2000 年的 368mg/L。地下水中含 $CO_2$ 越多，溶解某些矿物组分的能力就越强。

### (二)地下水溶解性总固体及主要离子

#### 1. 溶解性总固体

溶解性总固体(TDS)是溶解在水中的无机盐和有机物的总称(不包括悬浮物和溶解气体等非固体组分)。将 1L 水加热到 105~110℃，剩下的残渣质量即作为溶解性总固体的量，其量纲为 mg/L 或 g/L。也可用分析得出的各种溶解性固体组分含量累加，减去 $HCO_3^-$ 含量的 1/2 求得(蒸干时有将近 1/2 的 $HCO_3^-$ 逸失)。

按溶解性总固体含量(g/L)将地下水分为五类：淡水<1；微咸水 1~3；咸水 3~10；盐水 10~50；卤水>50。地下水中分布最广、含量较多的离子共七种，即：氯离子($Cl^-$)、硫酸根离子($SO_4^{2-}$)、重碳酸根离子($HCO_3^-$)、钠离子($Na^+$)、钾离子($K^+$)、钙离子($Ca^{2+}$)及镁离子($Mg^{2+}$)。构成这些离子的元素，可能是地壳中含量较高且较易溶于水的(如 O、Ca、Mg、Na、K)，或是地壳中含量虽不很大，但极易溶于水的($Cl$、以 $SO_4^{2-}$ 形式出现的 S)。地壳中含量很高的 Si、Al、Fe 等元素，由于难溶于水，在地下水中的含量并不高。

一般情况下，随着地下水溶解性总固体变化，主要离子成分也随之变化。在低 TDS 水中，常以 $HCO_3^-$ 及 $Ca^{2+}$、$Mg^{2+}$ 为主；高 TDS 水以 $Cl^-$ 及 $Na^+$ 为主；TDS 中等的地下水中，阴离子多以 $SO_4^{2-}$ 为主，主要阳离子则可以是 $Na^+$，也可以是 $Ca^{2+}$、$Mg^{2+}$。地下水的 TDS 与离子成分间之所以具有这种对应关系，主要原因是水中盐类的溶解度(g/L)不同(表3-3)。盐类溶解度还受其他因素影响，如 $CaCO_3$ 及 $MgCO_3$ 的溶解度随水中 $CO_2$ 含量增加而增大[26]。

表3-3　地下水常见盐类的溶解度(20℃，1atm，pH=7)

| 盐类 | 溶解度 | 盐类 | 溶解度 |
| --- | --- | --- | --- |
| NaCl | 359 | $MgSO_4$ | 337 |
| KCl | 342 | $CaSO_4$ | 2.55 |
| $MgCl_2$ | 546 | $Na_2CO_3$ | 215 |
| $CaCl_2$ | 745 | $MgCO_3$ | 0.39 |
| $K_2SO_4$ | 111 | $CaCO_3$ | $6.17×10^{-3}$ |
| $Na_2SO_4$ | 195 | | |

总体上，氯化物的溶解度最大，硫酸盐次之，碳酸盐较小。钙、镁的碳酸盐溶解度最小。随着 TDS 增大，钙、镁的碳酸盐首先达到饱和并沉淀析出，继续增大时，钙的硫酸盐饱和析出；因此，TDS 高的水中便以易溶的氯和钠占优势；氯化钙的溶解度更大，TDS 异常高的地下水中以氯和钙为主；但自然情况是仅在很少的特定条件下出现氯化钙型水。

#### 2. 氯离子($Cl^-$)

$Cl^-$ 在地下水中广泛分布，但在低 TDS 水中含量通常仅有几 mg/L 至几十 mg/L，高

TDS 水中可达几 g/L 乃至 100g/L 以上。地下水中的 $Cl^-$ 主要有以下几种来源：①沉积岩中岩盐或其他氯化物的溶解；②岩浆岩中含氯矿物[氯磷灰石 $Ca_5(PO_4)_3Cl$、方钠石 $Na_8Al_6Si_6O_{24}Cl_2$]的风化溶解；③海水补给地下水，或海风将细末状的海水带到陆地，使地下水中 $Cl^-$ 增多；④来自火山喷发物的溶滤；⑤人为污染：生活污水及粪便中含有大量 $Cl^-$，故居民点附近的地下水 TDS 不高，但 $Cl^-$ 含量较高。

氯盐溶解度大，不易沉淀析出，$Cl^-$ 不被植物及细菌所摄取，不被土壤表面吸附，所以 $Cl^-$ 是地下水中最稳定的离子。$Cl^-$ 含量随着 TDS 增加而不断增加，因此，$Cl^-$ 含量常可用来说明地下水化学演变的历程；一般，随着地下水流程增加而增加。由于某些化学作用可使水中 TDS 降低，所以，地下水中的 $Cl^-$ 含量常比 TDS 更能表征地下水流程。当然，将 $Cl^-$ 含量作为地下水流程标志时，必须排除生活污水污染及海水的影响等特殊因素。

3. 硫酸根离子（$SO_4^{2-}$）

在高 TDS 水中，$SO_4^{2-}$ 的含量仅次于 $Cl^-$，可达几 g/L，个别达几十 g/L；在低 TDS 水中，一般含量仅几 mg/L 至几百 mg/L；中等矿化的水中，$SO_4^{2-}$ 常成为含量最多的阴离子。

地下水中的 $SO_4^{2-}$ 来自含石膏（$CaSO_4 \cdot 2H_2O$）或其他硫酸盐的沉积岩的溶解。硫化物的氧化则使本来难溶于水的 S 以 $SO_4^{2-}$ 形式大量进入水中。例如：

$$2FeS_2(黄铁矿) + 7O_2 + 2H_2O \longrightarrow 2FeSO_4 + 4H^+ + 2SO_4^{2-} \qquad (3-1)$$

煤系地层常含有很多黄铁矿，因此流经这类地层的地下水往往以 $SO_4^{2-}$ 为主，金属硫化物矿床附近的地下水也常含大量 $SO_4^{2-}$。化石燃料的应用提供了人为产生的 $SO_2$、$NO_2$ 等，与水分子作用形成硫酸及硝酸进入降水。降水的 pH 值在 <5.6 时被称为"酸雨"[31]。由于 $CaSO_4$ 的溶解度较小，限制了 $SO_4^{2-}$ 在水中的含量，故地下水中的 $SO_4^{2-}$ 的稳定性远低于 $Cl^-$，最高含量也远低于 $Cl^-$。

4. 重碳酸根离子（$HCO_3^-$）

地下水中的 $HCO_3^-$ 有几个来源。首先来自含碳酸盐的沉积岩与变质岩：

$$CaCO_3 + H_2O + CO_2 \longrightarrow 2HCO_3^- + Ca^{2+}$$

$$MgCO_3 + H_2O + CO_2 \longrightarrow 2HCO_3^- + Mg^{2+}$$

$CaCO_3$ 和 $MgCO_3$ 是难溶于水的，当水中有 $CO_2$ 存在时则有一定数量溶解于水。

岩浆岩与变质岩地区，$HCO_3^-$ 主要来自铝硅酸盐矿物的风化溶解，如：

$$Na_2Al_2Si_6O_{16} + 2CO_2 + 3H_2O \longrightarrow 2HCO_3^- + 2Na^+ + H_4Al_2Si_2O_9 + 4SiO_2$$

（钠长石）

$$CaOAl_2O_3 2SiO_2 + 2CO_2 + 3H_2O \longrightarrow 2HCO_3^- + Ca^{2+} + H_4Al_2Si_2O_9$$

（钙长石）

地下水中 $HCO_3^-$ 含量一般不超过数百 mg/L，$HCO_3^-$ 常是低 TDS 水的主要阴离子成分。

5. 钠离子（$Na^+$）

在低 TDS 水中，$Na^+$ 的含量一般很低，仅几 mg/L 至几十 mg/L，但在高 TDS 水中它是主要的阳离子，其含量最高可达数十 g/L。$Na^+$ 来自沉积岩中岩盐及其他钠盐的溶解，还可来自海水。在岩浆岩和变质岩地区，则来自含钠矿物的风化溶解。酸性岩浆岩中有大量含钠矿物，如钠长石；故在 $CO_2$ 和 $H_2O$ 的参与下，将形成低 TDS 的以 $Na^+$ 及 $HCO_3^-$ 为主的地下水。由于 $Na_2CO_3$ 的溶解度较大，故当阳离子以 $Na^+$ 为主时，水中 $HCO_3^-$ 的含量可超过与 $Ca^{2+}$ 伴生时的上限。

6. 钾离子（$K^+$）

$K^+$ 的来源以及在地下水中的分布特点与 $Na^+$ 相近。它来自含钾盐类沉积岩的溶解以及岩浆岩、变质岩中含钾矿物的风化溶解。在低 TDS 中含量甚微，而在高 TDS 水中含量较高。虽然在地壳中钾的含量与钠相近，钾盐的溶解度也相当大，但在地下水中 $K^+$ 的含量要比 $Na^+$ 少得多；原因是 $K^+$ 大量地参与形成不溶于水的次生矿物（水云母、蒙脱石、绢云母）并易被植物摄取。由于 $K^+$ 的性质与 $Na^+$ 相近，含量少，故在水化学分类时，大多时候将 $K^+$ 归并到 $Na^+$ 中，不另区分。

7. 钙离子（$Ca^{2+}$）

$Ca^{2+}$ 是低 TDS 地下水中的主要阳离子，其含量一般不超过数百 mg/L。在高 TDS 水中，当阴离子主要是 $Cl^-$ 时，因 $CaCl_2$ 的溶解度相当大，故 $Ca^{2+}$ 的绝对含量显著增大，但通常仍远低于 $Na^+$。地下水中的 $Ca^{2+}$ 来源于碳酸盐类沉积物及含石膏沉积物的溶解以及岩浆岩、变质岩中含钙矿物的风化溶解。

8. 镁离子（$Mg^{2+}$）

$Mg^{2+}$ 的来源及其在地下水中的分布与 $Ca^{2+}$ 相近，来源于含镁的白云岩与泥灰岩等碳酸盐类沉积物；此外，还来自岩浆岩、变质岩中含镁矿物的风化溶解：

$$CaMg(CO_3)_2 + 2H_2O + 2CO_2 \longrightarrow Ca^{2+} + Mg^{2+} + 4HCO_3^-$$

$$(Mg \cdot Fe)SiO_4 + 2H_2O + 2CO_2 \longrightarrow MgCO_3 + FeCO_3 + Si(OH)_4$$

$Mg^{2+}$ 在低 TDS 水中含量通常较 $Ca^{2+}$ 少，不构成地下水中的主要离子，部分原因是地壳组成中 $Mg^{2+}$ 含量比 $Ca^{2+}$ 少；碱性岩浆岩中的地下水中的 $Mg^{2+}$ 含量较高。

### （三）地下水中的同位素组分

具有相同质子数、不同中子数的同一元素的不同核素互为同位素。地下水中存在多种同位素，最有意义的是氢（$^1H$、$^2H$、$^3H$）、氧（$^{16}O$、$^{17}O$、$^{18}O$）和碳（$^{12}C$、$^{13}C$、$^{14}C$）同位素。

氘（$^2H$ 或 D）及氧–18（$^{18}O$）是常见氢、氧的稳定同位素，由于质量不同，在状态转化时可发生分馏作用。例如，蒸发时重同位素（$^2H$、$^{18}O$）不易逸出，在液态水中相对富集；凝结时，液态水中也富集重同位素。因此，降水中氢、氧重同位素丰度的分布存在多种效应。例如，高度效应指 $^2H$、$^{18}O$ 等重同位素丰度有随降水高度而降低的规律。利用高度效应可判断取样点地下水的补给高度并进行来源分析。大陆效应是指重同位素丰度有随远离水汽来源的海洋而降低的趋势。

氚（$^3H$）及碳–14（$^{14}C$）是常见的放射性同位素，半衰期分别为 12.321 年及 5730 年。利用地下水中 $^3H$ 及 $^{14}C$ 的含量可求得地下水平均贮留时间（年龄），理论上的测年范围分别为 50~60 年及 $5×10^4 ~ 6×10^4$ 年[32]。需要注意的是，地下水 $^{14}C$ 测年，必须确定进入地下水的$^{14}C$初始浓度，还要考虑不含$^{14}C$的化石碳（"死碳"）溶入水中导致$^{14}C$的稀释，进行校正；同时，取样也容易造成误差。因此，地下水$^{14}C$测年的精度不高，得出的是地下水的视年龄，而非真实年龄。氚来自宇宙射线与氮、氧作用，也来自各种核爆炸，随着核爆氚显著衰减，利用氚测定地下水年龄的应用受到限制。

### （四）地下水中其他组分

除了以上主要离子成分外，地下水中还有一些次要离子，如$H^+$、$Fe^{2+}$、$Fe^{3+}$、$Mn^{2+}$、$NH_4^+$、$OH^-$、$NO_2^-$、$NO_3^-$、$CO_3^{2-}$、$SiO_3^-$及$PO_4^{3-}$等。另外，地下水中的微量组分，如Br、I、F、Ba、Li、Sr、Se、Co、Mo、Cu、Pb、Zn、B、As等；微量元素除可说明地下水来源外，其含量过高或过低也会影响人体健康。

地下水中以未离解的化合物构成的胶体，主要有$Fe(OH)_3$、$Al(OH)_3$、$H_2SiO_3$以及有机化合物等；此类化合物难以分解为离子形式，而主要以胶体形式存在于地下水中。胶体具有较大的表面积，可以吸附细菌及有机物等，携带后者一起随水迁移[28]。

天然地下水中的水溶有机质通常含量不高，溶解性有机碳（DOC）含量通常低于2mg/L，均值0.7mg/L。与沼泽、泥炭、淤泥、煤以及石油等松散及固结的沉积物有关时，地下水中的DOC含量增加，甚至超过1000mg/L。微生物通过将有机物氧化为$CO_2$获得能量来维持生存及繁殖。微生物及有机质的存在可促进多种生物地球化学作用[28]。

## 二、地下水中的微生物

微生物在地下水中分布广泛。微生物不仅出现在地表至数千米深处，而且出现于洋脊底部富含矿物的高温火山口处。地下水中还存在各种各样的极端微生物，包括嗜热菌、嗜盐菌、嗜碱菌、嗜酸菌、嗜压菌、嗜冷菌以及抗辐射、耐干燥、抗高浓度金属离子和极端厌氧环境的微生物[33-35]。地下水中的微生物主要有以下作用[34,36]：①参与地下水化学形成作用，改变地下水组分；②生物修复地下水污染；③改变含水介质特性；④参与成岩作用；⑤参与成矿作用。

微生物是氧化-还原作用的媒介。脱硫酸菌促进氧化-还原作用，碳酸盐及硅酸盐的溶解和沉淀都有微生物的参与[36]。氧化铁和氧化硫的硫杆菌能促进黄铁矿氧化，增加水中的$SO_4^{2-}$。在微生物作用下，铁、锰氧化物还原性溶解，导致砷从沉积物释放，这是形成高砷地下水的主要原因之一[37]。

污染地下水的生物修复是最有潜力的污染修复方式。微生物主要作用有两种：①作为媒介促使有机污染物氧化为$CO_2$而降解；②可以吸附重金属离子利用媒介作用还原或氧化金属和准金属而改变其活动性[34,36]。

在可溶岩喀斯特化的化学作用过程中存在多种微生物的生物化学作用，影响碳酸盐的溶解与沉淀。微生物代谢产生有机酸，促进岩溶发育；硫化物氧化菌可将地下水中的硫化氢、硫及其他硫化物氧化成硫酸，促进碳酸盐岩溶解[34]；这一作用可能是深部岩溶发育的一种机制。微生物代谢还产生水溶无机碳，也能够促进可溶岩溶解。当微生物代谢形成碱性环境时，碳酸盐将发生沉淀。在某些砂岩含水层的补给区，由于相邻相对隔水层中含有大量有机碳，在微生物影响下形成有机酸，使砂层产生次生空隙，致其透水性增大；到了径流区，碳酸盐饱和，开始出现方解石胶结；排泄区的砂层有 50% 的空隙被方解石充填，透水性显著降低[36]。同理，在微生物影响下，可形成某些氧化物、磷酸盐、硫化物及硅酸盐矿物，许多沉积岩实际上就是微生物岩。微生物几乎参与了所有的地质地球化学过程，地质微生物学对于解决水文地质学和环境地球化学中的理论及实际问题有着重要意义[38,39]。

## 三、地下水的温度

地壳表层有两个热能来源：一是太阳的辐射，二是来自地球内部的热流。根据热源影响的情况，地壳表层可分为变温带、常温带及增温带。

变温带是受太阳辐射影响的地表极薄的带。由于太阳辐射能的周期变化，本带呈现地温昼夜变化和季节变化。地温的昼夜变化仅影响地表以下 1~2m 的深度范围，而变温带的深度一般为 15~30m。变温带以下是一个厚度极小的常温带，地温年变化<0.1℃，一般比当地年平均气温高 1~2℃。在粗略计算时，可将当地的多年平均气温作为常温带地温。常温带以下的地温主要受地球内部热量的影响，常随深度增加而有规律地升高，即增温带。增温带中的地温变化常用地温梯度表示，地温梯度是指每增加单位深度时地温的增值，一般以℃/100m 表示。

地下水的温度受其赋存与循环处的地温控制。处于变温带中的浅埋地下水显示微小的水温季节变化，常温带的地下水温度与当地年平均气温接近。这两带的地下水常给人以"冬暖夏凉"的感觉。增温带的地下水随其赋存与循环深度的增加而升高，成为热水甚至蒸汽。

已知年平均气温($t$)、年常温带深度($h$)、地温梯度($r$)时，可概略计算某一深度($H$)的地下水温度($T$)，即：

$$T = t + (H - h)r$$

同样，利用地下水温度，可以推算其大致循环深度($H$)，即：

$$H = \frac{T - t}{r} + h$$

地温梯度一般在 1.5~4℃/100m，其平均值约为 3℃/100m，但个别新火山活动区可能很高。

## 四、地下水中化学成分的形成

地下水主要来源于大气降水，其次是地表水。这些水在进入含水层之前，已经含有某些物质。内陆的大气降水混入尘埃，一般以 $Ca^{2+}$ 与 $HCO_3^-$ 为主。靠近海岸处的大气降水，$Na^+$ 和 $Cl^-$ 含量较高(这时可出现低 TDS 并以氯化物为主的水)。初降雨水或干旱区雨水中杂质较多，而雨季后期与湿润地区的雨水杂质较少。大气降水的 TDS 一般为 0.02~0.05g/L；海边与干旱区较高，分别可达 0.1g/L 及 $n×0.1g/L$[40]。

### (一)溶滤作用

在水与岩土相互作用下，岩土中一部分物质转入地下水中即为溶滤作用。溶滤作用的结果使得岩土失去一部分可溶物质，而地下水则补充了新的组分。因水分子是由一个带负电的氧离子和两个带正电的氢离子组成的。由于氢离子和氧离子分布不对称，在接近氧离子一端形成负极，氢离子一端形成正极，水分子属于偶极分子。岩土与水接触时，组成结晶格架的盐类离子，被水分子带相反电荷的一端所吸引；当水分子对离子的引力足以克服结晶格架中离子间的引力时，离子就会脱离晶格，被水分子包围，溶入水中。实际上，当矿物盐类与水溶液接触时，同时发生两种方向相反的作用：溶解作用与结晶作用；前者使离子由结晶格架转入水中，后者使离子由溶液中固着于晶体格架上。随着溶液中盐类离子增加，结晶作用加强，溶解作用减弱。当同一时间内溶解与析出的盐量相等时，溶液达到饱和状态，饱和溶液中某种盐类的含量即为其溶解度。

不同盐类，结晶格架中离子间的吸引力不同，因而具有不同的溶解度。随着温度上升，结晶格架内离子的振荡运动加剧，离子间引力削弱，水的极化分子易将离子从结晶格架上拉出。因此，盐类溶解度通常随温度上升而增大。但有些盐类不同，如 $Na_2SO_4$ 在温度上升时，因其矿物结晶中的水分子逸出，离子间引力增大，溶解度反而降低；还有，因脱碳酸作用，$CaCO_3$ 及 $MgCO_3$ 的溶解度也随温度上升而降低。岩土的化学组分通过溶滤作用转入水中主要取决于下列因素：

(1)组成岩土的矿物的溶解度。例如，含岩盐沉积物中的 NaCl 将迅速转入地下水中，而以 $SiO_2$ 为主要成分的石英岩则很难溶于水中。

(2)岩土的空隙特征是影响溶滤作用的另一个因素。缺乏裂隙的基岩，因水难以与矿物盐类接触而使其溶滤作用较弱。

(3)水的溶解能力决定着溶滤作用的强度。水对某种盐类的溶解能力随此盐类的浓度增加而减弱。某一盐类的浓度达到其溶解度时，水对此盐类就会失去溶解能力。因此，一般 TDS 低的水的溶解能力强，而 TDS 高的水的溶解能力弱。

(4)水中溶解气体 $CO_2$、$O_2$ 等的含量决定着某些盐类的溶解能力。水中 $CO_2$ 含量越高，溶解碳酸盐及硅酸盐的能力越强；水中 $O_2$ 的含量越高，溶解硫化物的能力越强。

(5)水的流动状况是影响其溶解能力的关键因素。停滞的地下水，随着时间推移，水中溶解盐类增多，$CO_2$、$O_2$ 等气体耗失，最终将失去溶解能力，溶滤作用就会终止。地下水流动迅速时，TDS 低的、含有大量 $CO_2$ 和 $O_2$ 的大气降水和地表水不断入渗，更新含水层中原有的溶解能力已降低的水，地下水便经常保持较强的溶解能力，岩土中的组分不断向水中转移，溶滤作用持续。

地下水的径流与交替强度是决定溶滤作用最活跃最关键的因素。溶滤作用是一定地理与地质环境下的自然演变过程。剥蚀出露的岩层不断接受降水及地表水的入渗补给就开始其溶滤过程。岩层中原来含有包括氯化物、硫酸盐、碳酸盐及硅酸盐等各种矿物盐类，在开始阶段，氯化物最容易由岩层转入水中，而成为地下水中的主要化学组分。溶滤作用随着时间而持续进行，岩层含有的氯化物不断转入水中，相对易溶的硫酸盐成为转入水中的主要组分；逐渐地岩层中保留下来的多是难溶的碳酸盐及硅酸盐，进而地下水的化学成分逐渐就以碳酸盐及硅酸盐为主了。因此，一个地区经受溶滤作用越强烈，持续时间越长久，地下水的 TDS 越低就越是以难溶矿物的离子为其主要成分。

### (二) 浓缩作用

流动的地下水将溶滤获得的组分从补给区输运到排泄区。干旱与半干旱地区的平原与盆地的低洼处，地下水位埋藏不深，蒸发成为地下水的主要排泄途径。蒸发作用只排走水分，盐分仍保留在地下水中，随着时间延续，地下水溶液逐渐浓缩，导致 TDS 不断增大。同时，随着浓度增加，溶解度较小的盐类在水中达到饱和而相继沉淀析出，易溶盐类的离子逐渐成为主要成分。假设未经蒸发浓缩前，地下水为低 TDS 水，阴离子以 $HCO_3^-$ 为主，居第二位的是 $SO_4^{2-}$，$Cl^-$ 的含量很低，阳离子以 $Ca^{2+}$ 和 $Mg^{2+}$ 为主；随着蒸发浓缩，溶解度小的钙、镁的重碳酸盐部分析出，$SO_4^{2-}$ 及 $Na^+$ 逐渐成为主要成分；继续浓缩，水中硫酸盐达到饱和并开始析出，就会逐渐形成以 $Cl^-$、$Na^+$ 为主的高 TDS 水。

浓缩作用必须同时具备下述条件：干旱或半干旱的气候，有利于毛细作用的颗粒细小的松散岩土，低平地势下地下水位埋深较浅的排泄区。在这些条件下，水流源源不断地带来盐分，使地下水及土壤累积盐分。浓缩作用的规模，取决于地下水流系统的空间尺度及其持续的时间尺度。当上述条件都具备时，浓缩作用十分强烈，有时可以形成卤水。例如，准噶尔盆地西部的艾比湖，湖水由地下水补给再经蒸发浓缩，TDS 为 92~137g/L 的卤水，阴离子以 $SO_4^{2-}$ 及 $Cl^-$ 为主，阳离子以 $Na^+$ 为主[41]。

### (三) 脱碳酸作用

水中 $CO_2$ 的溶解度随温度升高及 (或) 压力降低而减小，当升温降压时，一部分 $CO_2$ 就会成为游离 $CO_2$ 从水中逸出，这就是脱碳酸作用。其结果是 $CaCO_3$ 及 $MgCO_3$ 析出沉淀，地下水中的 $HCO_3^-$ 及 $Ca^{2+}$、$Mg^{2+}$ 减少，TDS 降低：

$$Ca^{2+}+2HCO_3^- \longrightarrow CO_2\uparrow+H_2O+CaCO_3\downarrow$$

$$Mg^{2+}+2HCO_3^- \longrightarrow CO_2\uparrow+H_2O+MgCO_3\downarrow$$

自然界中的深部地下水上升成泉，泉口往往形成钙华，就是脱碳酸作用的结果。温度及压力较高的深层地下水，上升排泄时发生脱碳酸作用，$Ca^{2+}$、$Mg^{2+}$ 从水中不断析出，水中阳离子通常转变为以 $Na^+$ 为主。

### (四) 脱硫酸作用

在还原环境中，当有机质存在时，脱硫酸细菌促使 $SO_4^{2-}$ 还原为 $H_2S$：

$$SO_4^{2-}+2C+2H_2O \longrightarrow H_2S+2HCO_3^-$$

脱硫酸作用的结果使地下水中的 $SO_4^{2-}$ 减少以致消失，$HCO_3^-$ 增加，pH 值变大。

封闭的地质构造，如储油构造，是产生脱硫酸作用的有利环境。因此，某些油田水中出现 $H_2S$，而 $SO_4^{2-}$ 含量很低。这一特征有时也可作为油田的辅助标志。

### (五) 阳离子交替吸附作用

黏性土颗粒表面带有负电荷，颗粒将吸附地下水中某些阳离子，而将其原来吸附的部分阳离子转为地下水中的组分，这便是阳离子交替吸附作用。不同的阳离子，其吸附于岩土表面的能力不同，按吸附能力，从大到小的顺序为：$H^+>Fe^{3+}>Al^{3+}>Ca^{2+}>Mg^{2+}>K^+>Na^+$。离子价越高，离子半径越大，水化离子半径越小，则吸附能力越大，而 $H^+$ 是例外。以 $Ca^{2+}$ 为主的地下水，进入主要吸附有 $Na^+$ 的岩土环境时，水中的 $Ca^{2+}$ 就会置换岩土所吸附的一部分 $Na^+$，使地下水中的 $Na^+$ 增多而 $Ca^{2+}$ 减少。

地下水中某种离子的相对浓度增大，则该种离子的交替吸附能力（置换岩土所吸附的离子的能力）也随之增大。例如，当地下水组分以 $Na^+$ 为主、岩土中原来吸附有较多的 $Ca^{2+}$ 时，水中的 $Na^+$ 将反过来置换岩土吸附的部分 $Ca^{2+}$。海水侵入陆相沉积物时就会出现这种情况。显然，阳离子交替吸附作用的规模取决于岩土的吸附能力；而后者决定于颗粒的比表面积。颗粒越细，比表面积越大，交替吸附作用越强。因此，黏土及黏土岩类最容易发生交替吸附作用，而在致密的结晶岩中一般不会发生这种作用。

### （六）混合作用

成分不同的两种水汇合在一起可形成化学成分不同的地下水，即混合作用。混合作用有化学混合与物理混合两类：化学混合作用是两种成分发生化学反应，形成化学类型不同的地下水；物理混合作用只是机械混合，一般不发生化学反应[42]。

海滨、湖畔或河边，地表水往往混入地下水中；当深层地下水补给浅部含水层时则发生两种地下水的混合。混合作用的结果，可能发生化学反应而形成化学类型完全不同的地下水。例如，当以 $SO_4^{2-}$、$Na^+$ 为主的地下水与 $HCO_3^-$、$Ca^{2+}$ 为主的水混合后，且 $SO_4^{2-}$ 及 $Ca^{2+}$ 超过溶度积时，则会发生以下反应：

$$Ca^{2+}+SO_4^{2-}\longrightarrow CaSO_4 \downarrow$$

由于石膏的沉淀析出逐渐形成以 $HCO_3^-$ 及 $Na^+$ 为主的地下水。但有时，两种水的混合也可能不产生化学反应，例如，高 TDS 氯化钠型海水混入低 TDS 重碳酸钙镁型地下水，就是这种情况。此时，可以根据混合水的 TDS 及某种组分含量，求取两种水的混合比例；当混合水的温度及（或）同位素组分不同时，也可求取其混合比例。

### （七）人类活动对地下水化学成分的影响

然而随着工业化和都市化的快速进程，逐渐导致了地下水的水量衰竭和水质恶化，人类活动对地下水化学成分的影响已经到了不容忽视的程度。一是人类生活与生产活动产生的废弃物逐渐污染地下水，二是人类活动已经大幅度地改变了地下水的形成条件和存在环境，因而对地下水的化学成分影响很大。掌握人类活动对地下水化学成分的影响对于有效地保护地下水资源和相应的生态环境具有重要意义。人类活动对地下水化学成分的影响主要体现在以下几方面：①人类生活污水和工业废水的排放对地下水的影响很大，例如典型的污水灌溉与排水进入地表水均会直接或间接地影响地下水的化学成分，导致地下水的水质变差；②人类使用的农药、化肥以及排放的各种固体废弃物对地下水的化学成分也具有很大的影响，如以冶金、煤炭、火力发电等行业为主的工业废弃物和以居民生活为主的城市垃圾等固体废弃物中含有大量难溶于水的化学物质，在地表水及雨水冲刷下随着下渗过程对地下水产生污染，而农药和化肥则会使地下水富集汞、砷、铬、氰化物、亚硝酸盐及酚类化合物等有害物质；③人类活动还可通过改变地下水的形成条件而导致其水质变化，如滨海地区不合理地打井采水使咸水发生迁移，导致地下水变咸；干旱半干旱地区不合理地引入地表水灌溉，会使浅层地下水位上升，引起大面积次生盐渍化，也可能使浅层地下水变咸；在原来分布地下咸水的地区挖渠打井，就会降低地下水位，使原来主要排泄途径由蒸发改为径流，并逐渐使地下水的水质淡化；④人类对地下水超采不仅容易导致地下水的水质变化，还可能形成不良的浓度梯度现象，进而引起海水入侵。

另外，人们对地下水的过度依赖，将会导致地下水资源锐减，造成的影响主要有：地下水水位大幅急速下降，形成地下水降落漏斗，造成地面沉降、塌陷；导致河流与湖泊的水量减少，逐渐形成断流及干涸等灾害；还可能导致减少泉流量，影响古建筑物与文物的保护，甚至因泉水枯竭使自然生态环境和旅游资源受到破坏；引起水井枯竭的现象发生，单井用水量减少造成水井报废或掉泵，并致使含沙量增加。

因此，人类活动对地下水资源的影响是巨大的，必须管控人类活动对地下水的不利影响，采取先进技术与措施改善地下水的水质，有效保证水资源的可持续利用，保持社会经济与生态的良性发展，需更加重视对地下水的污染防控和水资源的强有力保护。

## 思考题

1. 简述地下水的概念及主要类型。
2. 影响地下水分布的主要因素有哪些？
3. 为什么弱透水层不能给出水但却可发生越流？
4. 简述潜水等水位线图与绘制方法及其环境意义。
5. 试比较潜水与承压水的不同并分析两者差别的根本原因。
6. 简述渗流的驱动力及其表征方法。
7. 达西公式的应用条件是什么？
8. 如何理解达西定律体现了质量守恒和能量守恒原理？
9. 简述流网的特性与用途并说明各向同性介质与各向异性介质的流网有何异同。
10. 地下水中的微生物主要有哪些作用？
11. 简述地下水 TDS 及主要离子成分特征。
12. 简述地温梯度与表示方法及其主要特征。
13. 简述地下水中化学成分的形成过程。
14. 简述溶滤作用与结果及其主要影响因素。
15. 人类活动对地下水的影响主要体现在哪些方面？

# 第四章 土壤和地下水环境的污染特征

## 第一节 土壤和地下水污染源

### 一、土壤环境污染源

土壤环境污染源主要由人类活动引起，根据污染源的性质可将其划分为工业污染源、农业污染源、生物污染源、交通污染源、放射性污染源和生活污染源[43]。

#### （一）工业污染源

工业排放污染物主要以废水、废气、废渣三种形式排放。工业废水具有成分复杂、污染物浓度高及排放量大等特点，若废水不经处理排放可能导致土壤、河流、湖泊、海洋等大面积污染。工业废气能够随风向运移而对下风向区域的土壤造成污染，废气污染物从大气中降至地面即成为土壤污染物。在工业生产中，废渣的肆意堆放也能够引起土壤污染，废渣中的污染物通过淋滤作用向深层土壤迁移，废渣渗滤液还可能导致地下水污染。

#### （二）农业污染源

化肥和农药等的大面积施用可对土壤造成污染。在农药喷洒时，有将近一半的农药直接落在地表，喷洒在植株上的农药在雨水淋滤作用下可能又降至地面造成土壤污染；化肥直接施用于地表，也可直接导致土壤污染。污水灌溉也会导致土壤污染。污水中的污染物浓度和成分很难控制，加之现在我国大部分农村都采用大水漫灌的灌溉方式，进入土壤的污染物浓度和数量一旦超过土壤的自然净化能力时就会导致土壤污染。

#### （三）生物污染源

生物污染源主要是指由于人畜粪尿孳生细菌和寄生虫等致病微生物而导致土壤污染的污染源，生物污染源主要集中于生活垃圾、生活污水以及饲养场的排出固体物和畜禽养殖污水中，一旦污水进入土壤就会带入细菌和寄生虫，造成土壤的生物污染。例如，牧场牲畜粪便如果不及时处理可引起公共卫生污染，在某些地区由于牲畜粪便病原体而常常引发牲畜传染病和寄生虫病的传播。

#### （四）交通污染源

交通污染源是指由交通运输过程排放的污染物引起土壤污染的污染源，交通运输主要是指公路和铁路交通。在公路交通中，长期使用含铅汽油使汽车尾气造成了公路两侧土壤环境大面积的铅污染，污染物沿公路和铁路线两侧呈带状分布。街道密集、车辆较多的城市的污染地带交叉纵横成片而使交通污染呈现为面源污染特征。危险化学品或易对环境造成污染的物质在运输过程中发生交通事故，造成运载品泄漏进入土壤或水体中而导致污染。

## （五）放射性污染源

放射性污染物即放射性物质，其污染源常以点源形式存在，主要有原子实验场、核电站、原子能的非和平释放及放射医疗等。虽然放射性污染在土壤污染中并不常见，但放射性污染却是最难治理的土壤污染之一。

## （六）生活污染源

土壤的生活污染源来自人类在生活中产生的各种污染物，如生活垃圾在土壤表面的堆积、生活污水在土壤表面的溢流等可使大量有机物、无机营养元素、病原细菌等进入土壤而导致污染，生活污染是仅次于农业污染源的土壤污染源。

土壤污染物与污染源之间的关系可见图4-1。

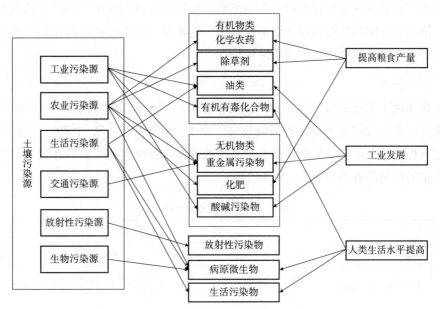

图4-1　土壤污染与污染源之间的关系

# 二、地下水污染源

引起地下水污染的各种物质的来源称为地下水污染源。污染源的种类繁多，分类方法各异。按污染源的形成可分为自然污染源和人为污染源[21]，详见表4-1。

表4-1　按污染成因的地下水污染源分类表

| 分类名称 | 主要原因 |
| --- | --- |
| 自然污染源 | 海水、咸水、含盐量高及水质差的其他含水层的地下水进入开采层，大气降水 |
| 人为污染源 | 城市液体废物：生活污水、工业废水、地表径流<br>城市固体废物：生活垃圾、工业固体废物、污水处理厂、排水管道及地表水体的污泥<br>农业活动：污水灌溉、施用农药、化肥及农家肥<br>矿业活动：矿坑排水、尾矿淋滤液、矿石选洗 |

按产生污染物的行业(部门)或活动可将地下水污染源分为工业污染源、农业污染源、生活污染源及区域性水体污染源。这种分类方法便于掌握地下水污染的特征。

按污染源的空间分布特征可分为点状污染源、带状污染源和面状污染源。这种分类方法便于评价、预测地下水污染的范围,以便采取相应的防治措施。

按污染源发生污染作用的时间动态特征可分为连续性污染源、间断性污染源和瞬时性(偶然性)污染源。这种分类方法对评价和预测污染物在地下水中的运移是必要的。

下面主要讨论按产生污染物的行业(部门)或活动划分的各种污染源的特征。

### (一)工业污染源

工业污染源是地下水的主要污染来源,特别是其中未经处理的污水和固体废物的淋滤液,直接渗入地下水中就会对地下水造成严重污染。工业污染源可再细分为三类:第一类是在工业生产和矿业开发过程中所产生的废水、废气和废渣,俗称"三废",其数量大,危害严重;第二类是储存装置和输运管道的渗漏,这常是一种连续性污染源,一般不易被发现;第三类是由于事故而产生的偶发性污染源。

#### 1. 工业"三废"

造成我国地下水污染的工业"三废"主要来源于各工业部门所属的工厂、采矿及交通运输等活动。工业"三废"包含的各种污染物与工业生产活动的特点密切相关,不同的工业性质、工艺流程、管理水平以及处理程度,其排放的污染物种类和浓度亦有较大的差别,对地下水产生的影响亦各不相同[44](表4-2)。

表4-2　工业污染源分类表

| 工业部门 | 污染源 | 主要污染物 | | |
| --- | --- | --- | --- | --- |
| | | 气体 | 液体 | 固体 |
| 动力工业 | 火力发电、核电站 | 粉尘、SO$_2$、NO$_x$、CO、放射性尘 | 冷却系统排出的热水,放射性废水 | 粉煤灰、核废料 |
| 冶金工业 | 黑色冶金:选矿、烧结、炼焦、炼铁、炼钢及轧钢等 | 粉尘、SO$_2$、CO、CO$_2$、H$_2$S及重金属 | 酚、氰、PAHs化合物、冷却水、酸性洗涤水 | 矿石渣、炼钢废渣 |
| | 有色金属冶炼:选矿、烧结、冶炼、电解、精炼等 | 粉尘、SO$_2$、CO、NO$_x$及重金属Cu、Pb、Zn、Hg、Cd、As等 | 含重金属Cu、Pb、Zn、Hg、Cd、As的废水、酸性废水、冷却水 | 冶炼废渣 |
| 化学工业 | 化学肥料、有机/无机化工、化学纤维、合成橡胶、塑料、油漆、农药、医药等生产 | CO、H$_2$S、NO$_x$、SO$_2$、F等 | 各种盐类、Hg、As、Cd、酚、氰化物、苯类、醛类、醇类、油类、PAHs化合物等 | 化工废渣 |
| 石油化工 | 炼油、蒸馏、裂解、催化等工艺及合成有机化学产品等生产 | 石油气、H$_2$S、烯烃、烷烃、苯类、醛、酮等各种有机气体 | 油类、酚类及各种有机物等 | 石化废渣 |
| 纺织印染 | 棉纺、毛纺、丝纺、针织印染等 | VOCs类 | 染料、酸、碱、硫化物、各种纤维状悬浮物 | 纤维废渣,印染废料 |

| 工业部门 | 污染源 | 主要污染物 | | |
|---|---|---|---|---|
| | | 气体 | 液体 | 固体 |
| 制革工业 | 皮革、毛发的鞣制 | 酸类、VOCs 类 | 含 Cr、S、NaCl、硫酸、有机物等 | 纤维废渣、Cr 渣 |
| 采矿工业 | 矿山剥离和掘进、采矿、选矿等生产 | 粉尘、酸类、VOCs 类 | 选矿废水及矿坑排水，含悬浮物及重金属 | 废矿石及碎石 |
| 造纸工业 | 纸浆、造纸的生产 | 烟尘、硫酸、$H_2S$ | 酸/碱、木质素、悬浮物 | 造纸废渣 |
| 食品加工业 | 油类、肉类、乳制品、水产；水果、酿造等加工 | 油烟、VOCs 类 | 营养元素、有机物、微生物病原菌、病毒等 | 废油、废渣 |
| 机械制造业 | 农机/车辆及设备制造维修、锻压/铸件、金属加工 | 烟尘、$SO_2$ | 含酸废水、电镀废水、Cr、Cd、油类 | 金属加工碎屑 |
| 电子及仪器仪表工业 | 电子元件、电讯器材、仪器仪表制造等 | 少量有害气体、Hg、氰化物、铬酸 | 含重金属废水、电镀废水、酸等 | 金属碎屑、废渣及废塑料 |
| 建材工业 | 石棉、玻璃、耐火材料、烧窑业及各种建材加工 | 粉尘、$SO_2$、CO | 悬浮物 | 炉渣 |
| 交通运输 | 报废车辆、动力燃料 | CO、$NO_x$、乙烯、PAHs/VOCs 类 | 泄漏的油品及运载品 | 废轮胎 |

（1）工业废水。工业废水是天然水体最主要的污染源之一，它们种类繁多、排放量大、所含污染物组成复杂。其毒性和危害均较严重，且难于处理，不容易净化。为了我国工业的可持续发展，国家各级主管部门已加大了管理力度，采取了许多行之有效的对策和措施。但从整体来看，水污染仍很严峻，工业废水正是最重要的污染源。

（2）工业废气。一个大型工厂每天排放的废气量可达 10 万 $m^3$ 以上，各类车辆亦排出不同的废气，废气中所含各种污染物随着降雨、降雪落在地表，进而渗入地下，污染土壤和地下水。

（3）工业废渣。工业废渣及污水处理厂的污泥中都含有多种有毒有害污染物，若露天堆放或填埋，都会由于受到雨水淋滤而渗入地下水中。工业废渣成分相对简单，主要与生产性质有关，如采矿业的尾矿及冶炼废渣中的主要污染物为重金属。污水处理厂的污泥属于危险废物，污水中含有的重金属与有机污染物都会在污泥中聚积，从而使污泥中的污染物成分非常复杂，且其含量一般高于污水中的污染物。

2. 储存装置和输运管道的渗漏

常用储存槽或罐来储存化学物品、石油、污水，特别是油罐、油库及地下油库等，其渗漏与流失常常是污染地下水的重要污染源。渗漏可能是长期未被人发现的连续性污染源，但较多的也可能是渗漏的管道和储存装置。如山西某农药厂管道的渗漏使大量的三氯乙醛进入饮用的含水层中而直接导致水源地报废；虽然后续修复了管道，切断了污染源，但已进入含水层的三氯乙醛在对流弥散作用下不断扩大污染范围，造成了大面积的地下水污染。另外，一些加油站的地下储油库也存在着一定的渗漏风险，在日常的油品存储和运营过程中需要严加防控。

### 3. 事故类污染源

事故类污染是偶然性的污染源，因此常因没有防备，其造成的污染就更加严重。例如，储罐爆炸造成的危险品突发性大量泄漏，输送石油的管道破裂以及江河湖海上的油船事故等造成的漏油，泄漏的污染物首先污染土壤及地表水，进而污染地下水。例如，2005年1月美国肯塔基州的一条输油管道发生破裂，超过 $22 \times 10^4$t 的原油从裂缝溢出。由于管道距肯塔基河岸仅 17m，大部分原油流入河道内，形成了 20km 的浮油污染带，浮油蔓延到了与肯塔基河交汇的俄亥俄河，威胁到饮用水源的安全；又如大连湾输油管道因破裂致使原油流入附近海湾等环境中造成了区域生态环境污染。泄漏的石油污染物可能随地表水的补给和雨水的渗流进一步污染地下水。

## (二) 农业污染源

农业污染源有牲畜和禽类的粪便、农药、化肥以及农灌引来的污水等，这些都会随下渗水流污染土壤和地下水。

### 1. 农药污染地下水

农药是用来控制、扑灭或减轻病虫害的化学物质，包括杀虫剂、杀菌剂和除草剂等。与地下水污染有关的三大重要杀虫剂是有机氯(滴滴涕和六六六)、有机磷(1605，1059，苯硫磷和马拉硫磷)以及氨基甲酸酯。有机氯的特点是化学性质稳定，短期内不易分解，易溶于脂肪类有机物，在脂肪中蓄积，它是目前造成地下水污染的主要农药；有机磷的特点是较活跃、可水解、残留性较弱，在动植物体内不易蓄积；氨基甲酸酯是一种较新的化学物质，它属于低残留的农药。这些农药对人体都具有毒性。

从地下水污染的角度，大多数除草剂是中低浓度时对植物有毒性，在高浓度时则对人类和牲畜产生毒性；农药的细粒、喷剂和团粒施用于农田，经土壤向地下水渗透而逐渐污染地下水。

### 2. 化肥污染地下水

化肥主要有氮肥、磷肥和钾肥。当化肥淋滤到地下水时就变成了严重的污染物，其中氮肥是引起地下水污染的主要物质。

### 3. 动物废物污染地下水

动物废物是指与畜牧业有关的各种废物，包括动物粪便、垫草、洗涤剂、废弃的饲料和病死的动物尸体等。动物废物中含有大量的各种细菌和病毒，同时含有大量的氮，因此，可能导致地下水的污染。

### 4. 植物残余物污染地下水

植物残余物包括农田或场地上的农作物的残余物、草场中的残余物以及森林中的伐木碎屑等，这些残余物的需氧特性对地下水的水质是一种危害。

### 5. 污水灌溉污染地下水

前些年我国城市污水的一部分用于农田灌溉，其中的工业废水与生活污水各约占一半。因废水中含有多种有毒有害物质，尤其是重金属与持久性有机污染物（POPs），它们会在土壤中累积并向下迁移，从而造成土壤与地下水的污染。

### （三）生活污染源

随着人口的增长和生活水平的提高，居民排放的生活污水量逐渐增多，其中污染物来自人体的排泄物和肥皂、洗涤剂以及腐烂的食物等。除此之外，科研文教单位排出的废水成分复杂，常含有多种有毒物质。医疗卫生部门的污水中则含有大量细菌和病毒等污染物，它们是流行病和传染病的重要来源之一。

生活垃圾亦对地下水的污染有重要影响，处理不当亦是地下水的污染源之一。垃圾渗透液中除含有低分子质量（分子量≤500）的挥发性脂肪酸、中等分子量的富里酸类物质（主要组分分子量500~10000）与高分子量的胡敏酸类（主要组分分子量10000~100000）等主体有机物外，还含有很多微量有机物，如烃类化合物、卤代烃、邻苯二甲酸酯类、酚类以及苯胺类化合物等。垃圾填埋场是生活垃圾集中的地方，如防渗措施不合要求或垃圾渗滤液未经妥善处理排放，均可造成垃圾中的污染物渗入地下水。

### （四）区域性水体污染源

海水入侵或盐水入侵是由于过量开采地下水引起海水倒灌、盐水入侵，而导致的地下水水质恶化。此外，由于地下水的开采，还会导致不同含水层之间的污染物转移，造成的地下水污染更加严重，并且治理与修复的难度很大。

# 第二节　土壤和地下水污染物类型

土壤和地下水中的污染物复杂多样，其主要类型可分为无机污染物、有机污染物、放射性污染物、炸药类污染物和其他污染物，无机污染物又可分为金属类和非金属类等。

## 一、非金属类无机污染物

土壤-地下水中的非金属类无机污染物主要包括氨氮、硝酸盐氮、亚硝酸盐氮、硫化物、氰化物、氟化物、碘化物、阴离子合成洗涤剂、挥发性酚类（以苯酚计）、石棉等[21]。

## 二、金属类无机污染物

土壤与地下水中典型的金属类无机污染物包括钾（K）、钠（Na）、钙（Ca）、镁（Mg）、铁（Fe）、锰（Mn）、铜（Cu）、锌（Zn）、铝（Al）、银（Ag）、铍（Be）、硼（B）、锑（Sb）、钡（Ba）、钴（Co）、镍（Ni）、钼（Mo）、铊（Tl）、汞（Hg）、砷（As）、硒（Se）、镉（Cd）、铬（Cr）、铅（Pb）、碲（Te）、锡（Sn）、钒（V）、钛（Ti）、铋（Bi）、锆（Zr）、金属氰化物及氧化铝[21]。土壤中的金属类污染物不能被降解，并且毒性难以降低，会导致长期的环境危害。金属在土壤中的迁移转化取决于其理化性质和土壤的环境状况，在pH较低的土壤和地下水中，金属类污染物容易在土壤中迁移，在地下水中较易溶解并随着地下水迁移转化。当土壤中金属类污染物达到一定数量时，将向地下水中迁移而污染地下水。

土壤中的砷以五价砷[As(V)]或三价砷[As(Ⅲ)]的形式存在，三价砷的毒性比五价砷的毒性强约 60 倍。As(V)容易与土壤中的铁(Fe)、铝(Al)和钙(Ca)形成络合物而固定在土壤中，土壤中的铁可有效地控制 As(V)的迁移。As(Ⅲ)化合物比 As(V)化合物的溶解性大 4~10 倍，在厌氧环境下的 As(V)可以被还原成 As(Ⅲ)。As(Ⅲ)的高溶解性使其更容易从土壤中渗滤到地下水中，故地下水中的砷通常为 As(Ⅲ)，地下水中的砷形态主要以亚砷酸盐为主。As(Ⅲ)在土壤中的吸附性取决于土壤的 pH，当 pH=3~9 时，As(Ⅲ)在黏土中的吸附性强，在 pH=7 的中性地下水中，氧化铁吸附 As(Ⅲ)可达到最大吸附容量。

土壤中的铬表现为三价铬[Cr(Ⅲ)]和六价铬[Cr(Ⅵ)]形式。当土壤 pH<6 时，土壤 Cr(Ⅵ)主要为重铬酸盐 $Cr_2O_7^{2-}$ 形态；当土壤 pH>6 时，土壤中的 Cr(Ⅵ)主要为铬酸盐 $CrO_4^{2-}$ 形态，$Cr_2O_7^{2-}$ 的毒性大于 $CrO_4^{2-}$ 的毒性，Cr(Ⅵ)离子的毒性远大于 Cr(Ⅲ)离子。Cr(Ⅲ)常以 $Cr(OH)^{2+}$、$Cr(OH)_2^+$ 等阳离子形式存在，土壤中以 Cr(Ⅲ)和 Cr(Ⅵ)两种形态存在。在酸性和中性土壤与地下水中，氧化铁和氧化铝表面吸附铬酸盐离子。Cr(Ⅲ)在土壤中稳定且不迁移，但它与溶解性有机配位基易形成络合物使其迁移性增大。土壤的 pH 和 $E_h$ 的变化影响土壤中 Cr(Ⅲ)和 Cr(Ⅵ)的转换。

自然界的镉(Cd)元素常与锌矿、铜矿和铅矿相伴生。氧化镉和硫化镉相对难溶解，而氯化镉和硫酸镉是可溶解的。在碱性环境下，土壤、氧化硅和氧化铝表面吸附镉的能力强；在 pH=6~7 时，镉在土壤、氧化硅和氧化铝表面解吸附。

铅(Pb)有三种氧化态：元素铅(0 价)、离子铅(Ⅱ)和铅(Ⅳ)。铅易于累积在土壤层表面(地表下 3~5cm)，随深度增加，其浓度降低。非溶解性硫化铅在土壤中相对固定，铅也可被生物甲基化，而形成四甲基铅和四乙基铅，这些化合物挥发进入大气。土壤吸附铅的能力随 pH、阳离子交换量、有机碳含量、土壤及水的 $E_h$ 值以及磷酸盐水平增加而增加。铅在黏性土壤中表现出很强的吸附性能，只有少量铅可浸出，大部分铅为固体或吸附在土壤颗粒上，地表径流可迁移包含吸附铅的土颗粒，促进铅的迁移，进而将铅从污染土壤中解吸出来。另外，地下水并不是造成铅迁移的主要途径，铅化合物在低 pH 和高 pH 条件下均具有溶解性，铅污染土壤被固化/稳定化处理后，在低 pH 和高 pH 条件下又可能被溶出，进而渗滤到地下水中，导致地下水铅污染。

汞(Hg)毒性极大且在环境中非常容易移动，在土壤和地表水中，挥发态的汞(金属汞和二甲基汞)挥发到大气中，固态汞变成微粒。在土壤中，吸附作用是控制溶液中汞排除的重要途径之一，汞的吸附作用随 pH 增加而增加，无机汞吸附到土壤中难以被解吸附。

自然界的钡(Ba)常出现在硫酸盐矿物(重晶石)和碳酸盐矿物(碳酸钡矿)中。土壤和地下水中的钡主要来源于钻井处置废物、铜冶炼和机动车及附件的制造。土壤系统中的钡迁移性弱，容易与溶解性有机化合物发生络合。

铜(Cu)在土壤中比其他毒性金属(除铅外)的吸附性更强，但铜对溶解性有机配位体有很强的吸引力，容易形成有机物络合态，这些络合物极大地增加了土壤中铜的移动性。

硒(Se)常以硫化物的形式出现在自然界，还以有机硒化合物、硒螯合物及吸附元素等富集在煤炭中。在碱性土壤中和氧化条件下，硒充分地被氧化以保持生物可利用态，使植物吸收硒的能力增加。在酸性或中性土壤中，硒保持相对难溶解性，生物可利用硒能力降低，当微生物将其转化成挥发硒化合物(二甲基硒)时，硒可从土壤中挥发到大气中。

银(Ag)常出现在辉银矿(Ag₂S)和角银矿(AgCl)中，铅矿、铅锌矿、铜矿、金矿以及铜镍矿是银的主要来源。金属银本身无毒，但银盐具有毒性。

锌(Zn)容易与黏质碳酸盐或含水氧化物互相吸附，污染土壤中总锌与铁锰氧化物有关，锌化合物具有高的溶解性，大气降水将锌从土壤中渗入地下水中。锌随着 pH 增加，其吸附性增强，在 pH>7.7 时锌水解，这些水解锌吸附在土壤表面，锌与无机有机配位体形成络合物而影响锌在土壤表面的吸附作用。

## 三、有机污染物

有机污染物的种类繁多，按密度可分为非水相重液(Dense Non-Aqueous Phase Liquids，DNAPLs)和非水相轻液(Light Non-Aqueous Phase Liquids，LNAPLs)两大类。

### (一)非水相重液 DNAPLs

土壤与地下水中的非水相重液(Dense Non-Aqueous Phase Liquids，DNAPLs)包括挥发性卤代烃类、挥发性氯代苯类、硝基苯类、多环芳烃类(PAHs)、多氯联苯类(PCBs)、有机氯农药类、有机磷农药、酯类、脂肪族酮类等[21]。

1. 挥发性卤代污染物

挥发性卤代污染物的种类比较多，主要包括氯乙烯、氯甲烷、二氯甲烷、三氯甲烷、1,1,2-三氯乙烷、氯丙烷、四氯化碳、1,1,1-三氯乙烷、1,2,3-三氯丙烷、三氯乙烯(TCE)、四氯乙烯(PCE)，氯乙烷、1,1-二氯乙烷、1,2-二氯乙烷、1,2-二氯丙烷、1,1,1,2-四氯乙烷、1,1,2,2-四氯乙烷、1,1-二氯乙烯、顺-1,2-二氯乙烯、反-1,2-三氯乙烯、顺-1,3-二氯丙烯、反-1,3-二氯丙烯、二溴甲烷、三溴甲烷、二氯溴甲烷、二溴氯甲烷、二溴氯丙烷，溴化甲烷、六氯乙烷、六氯丁二烯、六氯环戊二烯、氯化氰、四氯乙炔、2-二氯丁烯、氯丁橡胶、五氯乙烷、二氯丙烯、1,2,2-三氟乙烷(Freon 113)、三氯三氟乙烷、二溴乙烯、溴二氯甲烷、一氟三氯甲烷(Freon 11)及偏氯乙烯等。

2. 半挥发性卤代污染物

半挥发性卤代污染物的种类复杂多样，其中有很多是农药或杀虫剂类的物质，注意由于杀虫剂的毒性强也被称为杀生剂。半挥发性卤代污染物主要包括：包括氯苯、邻二氯苯、对二氯苯、五氯苯、六氯苯、1,2-二氯苯、1,4-二氯苯、邻氯甲苯、对氯甲苯、1,3-二氯苯、1,2,4-三氯苯、多氯联苯类(PCBs)、四氯酚、五氯酚(PCP)、4-氯苯胺、六氯丁二烯、2,4-二氯酚、2,4,5-三氯酚、2,4,6-三氯酚、2-氯酚、对氯间甲酚、1,2-双(2-氯乙氧基)乙烷、双(2-氯乙氧基)乙醚、双(2-氯乙氧基)甲烷、双(2-氯乙氧基)邻苯二甲酸酯、双(2-氯乙基)乙醚、双(2-氯代异丙基)乙醚、4-氯联苯醚、六氯环戊二烯、2-氯萘、克氯苯、五氯硝基苯、3,3-二氯联苯胺、4-溴联苯醚、不对称三氯苯。半挥发性卤代污染物中的农药类很多，包括杀虫剂、杀菌剂、除草剂、杀螨剂、灭线虫剂和灭鼠剂等，如艾氏剂、滴滴涕(DDT)、4,4'-滴滴涕(4,4'-DDT)、4,4'-滴滴伊(4,4'-DDE)、4,4'-滴滴滴(4,4'-DDD)、氯丹、乙基对硫磷、α-六六六、β-六六六、γ-六六六、δ-六

六六、狄氏剂、七氯、硫丹Ⅰ、硫丹Ⅱ、硫丹硫酸盐、环氧七氯、马拉硫磷、甲基对硫磷、异狄氏剂、对硫磷、异狄氏剂醛、毒杀芬、乙硫磷等。

3. 非氯代半挥发性有机污染物

非氯代半挥发性有机污染物：包括苯并蒽、蒽、联苯胺、异佛尔酮、芴、苯并[a]芘（BaP）、茚并[1,2,3-cd]芘、苯并[k]荧蒽、苯并[b]荧蒽、苯并[a]蒽、芘、䓛、萘、苊、苊烯、二苯并呋喃、苯基萘、荧蒽、菲、多环芳烃（PAH）、邻硝基苯酚、2,4-二硝基苯酚、对硝基苯酚、邻硝基苯胺、间硝基苯胺、对硝基苯胺、1-氨基萘、2-氨基萘、亚甲基醚、二苯基甲烷、2,3-亚苯基芘、苯甲酸、2-甲基萘、苯甲醇、苯并[g,h,i]芘、二苯并[a,h]蒽、2-甲酚、4-甲酚、2,4-二甲苯酚、苯酚、双(2-氯异丙基)醚、邻苯二甲酸(2-乙基己基)酯、邻苯二甲酸二丁酯、邻苯二甲酸丁苄酯、邻苯二甲酸二乙酯。

4. DNAPLs 污染物的迁移特征

这类 DNAPLs 污染物进入土壤中，在重力和降水入渗作用下以垂向迁移为主。在非水相重液迁移过程中，部分变成挥发态(以气相存在于土壤中或逸出地表)，部分被土壤颗粒表面吸附变成吸附态，部分被土壤中微生物降解，大部分以自由相向下迁移，进入地下水之后，由于该类污染物的密度大于地下水的密度，且难溶于地下水，大部分自由态和少量溶解在地下水中的溶解态有机物富集在地下水中，在重力作用下不断下沉，在相对隔水层中短暂停留，沿着隔水层的倾斜方向逐渐向下迁移，有时也可能与地下水流方向相反。它们在基岩裂隙地下水中的迁移过程更加复杂，见图 4-2[45]。

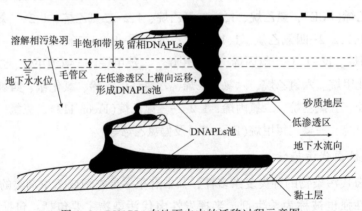

图 4-2　DNAPLs 在地下水中的迁移过程示意图

挥发性卤代烃类污染物的介电常数均小于水，介电常数越小，其在电场中越不容易被极化，属于非极性(非离子型)化合物；卤代烃类污染物的憎水性强，水溶性差；卤代烃类污染物的密度一般在 1.17~1.63g/cm³，其运动黏滞系数($\nu_{CHC}$)普遍小于水($\nu_w$)，由于这类污染物的渗透系数为 $K_{CHC} = \dfrac{\rho_{CHC}}{\nu_{CHC}}k$，而地下水的渗透系数为 $K_w = \dfrac{\rho_w}{\nu_w}k$，故卤代烃类污染物的渗透系数远大于水；除四氯乙烯和1,1,2,2-四氯乙烷外，其他污染物的蒸气压均远大于水，因而，卤代烃类污染物极易挥发，其迁移性强。由于卤代烃类污染物的渗透性大于地下水的渗透性，且密度大、憎水性强，卤代烃类污染物在非饱和土壤中具有很强的渗透能力，尤其在孔隙结构差异大和含水量较大的条件下，微小孔隙中的地下水对憎水的卤代烃类污染物的排斥作用使得大孔隙中的卤代烃类污染物优先下渗而污染地下水。

当卤代烃类污染物在地下水中的含量小于其在水中的溶解度时，其可完全溶解于地下水中，随着地下水流一起运动，可用溶质运移模型进行定量描述；当卤代烃类污染物在地下水中的含量大于其在水中的溶解度时，卤代烃类污染物呈游离态，表现为DNAPLs，其在含水层中的迁移主要受重力影响，而不受地下水流运动方向的控制，只要含水层底板倾斜，DNAPLs的迁移方向总是指向含水层底板的倾斜方向。一般来说，DNAPLs容易聚集在相对隔水层的上部而形成污染池，且长期释放污染地下水，或在微生物作用下转化成毒性更大的中间产物并污染地下水。在地下水中采集到的DNAPLs一般均是呈溶解态的，溶解在地下水中的DNAPLs常呈混溶状态，与取样深度无关；而自由态的DNAPLs在含水层的深部，一般在隔水底板附近采集饱和土壤样品时方可捕获到DNAPLs。

DNAPLs在含水层中的迁移速度大于地下水，在一些垃圾填埋场中采用了黏土防渗层，地下水难以穿透该防渗层，而垃圾渗滤液中的卤代烃类污染物能够穿透该防渗层，它的穿透能力比实验室测定的渗透性大100~1000倍[46]，这是因为卤代烃类污染物属于低介电常数物质，与防渗层中黏粒接触可使得双电层明显压缩，黏粒絮凝，导致防渗层黏土的孔隙结构发生较大改变，同时，由于卤代烃类污染物本身渗透系数大于地下水，因此，DNAPLs的渗透性更强，其迁移能力也就更强。

## （二）非水相轻液 LNAPLs

土壤与地下水中非水相轻液（Light Non-Aqueous Phase Liquids，LNAPLs）包括挥发性单环芳烃类、挥发性醚类、石油类、脂肪族酮类以及其他有机污染物等[21]。

### 1. 挥发性单环芳烃类

挥发性单环芳烃类污染物也有很多，重要的如苯、甲苯、乙苯、间二甲苯、对二甲苯、邻二甲苯、1,2,4-三甲基苯、1,3,5-三甲基苯、苯乙烯、吡啶或氮苯、正丙基苯、正己基苯、1,2,4,5-四甲基苯、1,2,3,4-四甲基苯、1,2,4-三甲基-5-乙基、二甲基乙苯、2,2,4-三甲基庚烷、3,3,5-三甲基庚烷、2,2,4-三甲基戊烷、2,2-二甲基庚烷、2-甲基庚烷、甲基戊烷、3-乙基戊烷、甲基叔丁醚（MTBE）等。

### 2. 非氯代挥发性有机物

非氯代挥发性有机物除苯系物（BTEX）和石油类（TPHs）外，主要污染物见表4-3。

表4-3　主要的非氯代挥发性有机物（不包括 BTEX 和 TPHs）

| 污染物名称 | 密度/(g/cm³) | 污染物名称 | 密度/(g/cm³) |
|---|---|---|---|
| 甲醇 | 0.7918 | 乙醚 | 0.7135 |
| 乙醇 | 0.7893 | 丙酮 | 0.7845 |
| 异丙醇 | 0.7855 | 4-甲基-2-戊酮 | 0.80 |
| 正丁醇 | 0.8098 | 甲基异丁基甲酮 | 0.799~0.803 |
| 异丁醇 | 0.803 | 甲基乙基酮 | 0.810 |

| 污染物名称 | 密度/(g/cm³) | 污染物名称 | 密度/(g/cm³) |
|---|---|---|---|
| 丙烯腈 | 0.810 | 丙烯醛 | 0.84 |
| 1-丁醇 | 0.811 | 四氢呋喃 | 0.8892 |
| 乙酸乙酯 | 0.902 | N-亚硝基二丙胺 | 0.916 |
| 苯乙烯 | 0.909 | 乙酸乙烯酯 | 0.924 |
| 环己酮 | 0.950 | 邻苯二甲酸二正辛酯 | 0.978 |
| 邻甲苯胺 | 0.9984 | 四氢噻吩 | 1.00 |
| 苯胺 | 1.0217 | 二硫化碳 | 1.26 |

其中有的非氯代挥发性有机物因其相对密度>1 而属于 DNAPLs。

3. 石油类污染物

总石油烃(Total Petroleum Hydrocarbons, TPHs)包括汽油、煤油、柴油、润滑油、石蜡和沥青等，是多种烃类(链烷烃、环烷烃、芳烃等)和少量其他有机物，如硫化物、氮化物、环烷酸类等的混合物。目前在土壤与地下水污染评价中常用指标是总石油烃 TPHs $C_{10} \sim C_{40}$，在建设用地土壤和地下水中 TPHs 的健康风险评估中，采用分段评估的方式开展 TPHs 污染物对人体的健康风险评价计算。TPHs 污染物常出现在下列场地：石油开采区、加油站、污染海洋沉积物区、机场区、消防训练场，飞机油库区和维修区、机动车维修区、溶剂脱脂区、渗漏储油罐区、地面储油罐区、大型船舶使用与维修区以及垃圾填埋场等。石油类污染物毒性强且分布广泛，应加强防范和管控。

4. LNAPLs 的迁移特征

LNAPLs 进入土壤并在垂向下渗过程中，其中一部分变成挥发性污染物，一部分吸附在土壤颗粒上，一部分被土壤中微生物降解，一部分以自由相向下渗漏，进入潜水含水层后，由于该类污染物的密度小于地下水，且难溶于地下水，大部分自由态和少量溶解在地下水中的溶解态有机物富集在地下水潜水面附近，并且沿着地下水流方向迁移，如图 4-3 所示[45]。

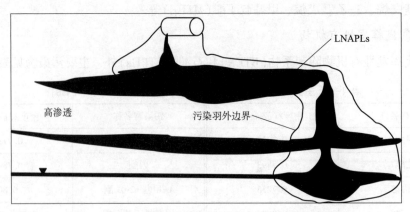

图 4-3　LNAPLs 在土壤与地下水中迁移过程示意图

## 四、放射性污染物

在某些工业场地或混合废弃物处置场地出现放射性污染物，场地中典型的放射性污染物[21]主要包括镅-241、碘-129、碘-131、钌-103、钌-106、钡-140、氪-85、银-110、碳-14、钼-99、锶-89、锶-90、铈-144、镎-237、锝-99、铯-134、铯-137、钚-238、钚-239、钚-241、碲-132、钴-60、钋-210、镭-228、钍-230、钍-232、锔-242、锔-244、镭-224、镭-226、氡-222、氚、铕-152、铕-154、铕-155、铀-234、铀-235、铀-238等。大多数放射性污染物类似于重金属污染物，难溶于水且不挥发，但部分放射性污染物如氡-222、铯-137、铀-238具有挥发性，镭-226易溶解在水中。因此，放射性污染物的性质不同，在对土壤与地下水中的放射性污染物实施治理与修复的过程中应根据具体情况而使用不同的方法。

## 五、炸药类污染物

炸药类污染物是指常用于推进剂、爆炸物以及各种烟火的物质，它们在爆炸过程中可能产生热、震动、摩擦力、静电放电以及有害化学物质。各种烟火物质中含有硝酸钠、镁、钡、锶以及金属硝酸盐等。在推进剂和一些爆炸物制造过程中可产生有机污染物，进而可能污染土壤与地下水。在一些地区发现炸药类污染物，如爆破场地、烟花爆竹厂、打靶场、采石场、海洋沉积物区、垃圾填埋场等，在这些场地中发现的炸药类污染物有三硝基甲苯(TNT)、苦味酸盐类、环三亚甲基三硝胺(黑索金，RDX)、三硝基苯(TNB)、三硝基苯甲硝胺(特屈儿，Tetryl)、二硝基苯(DNB)、2,4-二硝基甲苯(2,4-DNT)、2,6-二硝基甲苯(2,6-DNT)、硝化甘油(NG)、硝化纤维(NC)、环四亚甲基四硝胺(奥克托今，HMX)、高氯酸铵(AP)、硝基芳香化合物等。

## 六、其他类型污染物

在土壤与地下水中发现的污染物除上述类型外，还有一些污染物未发现或尚未造成严重的污染，这些污染物可视为新兴污染物，主要有以下几种类型。

1. 药物及个人护理品类

这些药物及个人护理品类(PPCPs)的污染物种类也很多，包括各类抗生素、人工合成麝香、止痛药、降压药、避孕药、催眠药、减肥药、发胶、染发剂和杀菌剂等。抗生素类污染物包括四环素类、磺胺类、氟喹诺酮类、大环内酯类、氯霉素类和β-内酰胺类。抗生素磺胺类包括抗生素磺胺嘧啶、磺胺甲基异噁唑(SMX)、磺胺二甲嘧啶；氟喹诺酮类抗生素包括氧氟沙星、诺氟沙星、环丙沙星。

2. 塑化剂类污染物

塑化剂(Plasticizer)也就是增塑剂或可塑剂，是一种增加材料的柔软性或使材料液化的高分子材料助剂，也是环境雌激素中的邻苯二甲酸酯类(PAEs)物质。它是邻苯二甲酸的酯化衍生物，是最常见的塑化剂。PAEs的常见品种包括邻苯二甲酸二(2-乙基己基)酯

（DEHP）、邻苯二甲酸二辛酯（DOP）、邻苯二甲酸二正辛酯（DNOP/DnOP）、邻苯二甲酸丁苄酯（BBP）、邻苯二甲酸二仲辛酯（DCP）、邻苯二甲酸二环己酯（DCHP）、邻苯二甲酸二丁酯（DBP）、邻苯二甲酸二异丁酯（DIBP）、邻苯二甲酸二甲酯（DMP）、邻苯二甲酸二乙酯（DEP）、邻苯二甲酸二异壬酯（DINP）、邻苯二甲酸二异癸酯（DIDP）等。

### 3. 纳米材料类污染物

纳米材料广泛应用于生产生活及环境修复中，尤其在地下水污染修复中广泛应用，如纳米铁还原脱氯可用于地下水氯代溶剂类污染的环境修复。但需要注意的是，有一些纳米材料进入土壤后，通过植物吸收又进入人体积累，或进入地下水中，再通过饮用进入人体中累积，造成人体健康危害。另外，微塑料也会通过各种途径进入人体，对人体健康造成不良影响。

进入土壤-地下水体系中的污染物种类繁多，对于其他类型的污染物在土壤与地下水中的迁移转化特征以及相关的治理修复研究还需要进一步深入研究。

# 第三节　土壤和地下水中元素的背景含量

## 一、土壤环境背景值

土壤背景值即土壤本底值，土壤环境背景值是指基于土壤环境背景含量的统计值。通常以土壤环境背景含量的某一分位值表示。其中土壤环境背景含量是指在一定时间条件下，仅受地球化学过程和非点源输入影响的土壤中的元素或化合物的含量。简单地说就是在未受人类社会行为干扰或人为污染与破坏时，土壤成分的组成和各组分元素的含量。背景对照监测点位的布设应尽量选择在一定时间内未经外界扰动的裸露土壤，同时应注意，对照监测点位应位于地下水流向的上游。土壤背景值调查一般通过分析测定土壤样品中某些元素的含量，确定这些元素的背景值水平和变化。土壤的背景值要求测定土壤中各种元素的含量，污染事故监测可以仅测定可能造成土壤污染的指标，土壤质量监测应测定影响自然生态和植物正常生长及危害人体健康的指标。土壤环境背景值不是一个不变的量，它是诸成土因素综合作用下成土过程的产物，所以实质上是各自然成土因素（包括时间因素）的函数。由于成土环境条件仍在继续不断地发展和演变，特别是人类社会的不断发展，科学技术和生产水平不断提高，人类对自然环境的影响不断地增强和扩展，目前难以找到绝对不受人类活动影响的土壤。因此，现在所获得的土壤环境背景值也只能是尽可能不受或少受人类活动影响的数值。因而所谓土壤环境背景值只是代表土壤环境发展中一个历史阶段的、相对的数值，并非是确定不变的数值。

另外，我国现行的土壤调查标准最主要的评价标准有以下三个：《土壤环境质量　建设用地土壤污染风险管控标准（试行）》（GB 36600—2018）、《土壤环境质量　农用地土壤污染风险管控标准（试行）》（GB 15618—2018）及《食用农产品产地环境质量评价标准》（HJ/T 332—2006）。在实际应用过程中，根据以上标准进行土壤-地下水监测与评价的时候一般均需要与对照点位的环境背景值进行比较与分析。

土壤环境背景值的研究是随着环境污染的出现而发展起来的。美国、英国、加拿大和日本等国已做了较大规模的研究，如美国在1975年就提出了美国大陆岩石、沉积物、土壤、植物及蔬菜的元素化学背景值，Mills(1975年)和Frank(1976年)分别列出了加拿大Manitoba省和Ontario省土壤中若干元素的背景值；日本(1978年)报告了水稻土元素的背景值。我国在20世纪70年代也开始了土壤环境背景值的研究工作，逐步开展了北京、南京、广州、重庆以及华北平原、东北平原、松辽平原、黄淮海平原、西北黄土、西南红黄壤等地区的土壤和农作物的背景值研究，同时还开展了土壤环境背景值的应用及环境容量的同步研究，这是我国土壤背景值研究的特色之一。

研究土壤环境背景值具有重要的实际意义：①土壤环境背景值是土壤环境质量评价，特别是土壤污染综合评价的基本依据。例如，评价土壤环境质量、划分质量等级或评价土壤是否已发生污染、划分污染等级，均必须以区域土壤环境背景值作为对比的基础和评价的标准，并用于判断土壤环境质量状况和污染程度，以制定防治土壤污染的措施，以及进而作为土壤环境质量预测和调控的基本依据。②土壤环境背景值是研究和确定土壤环境容量，制定土壤环境标准的基本数据。③土壤环境背景值是研究污染元素的单质和化合物在土壤环境中化学行为的依据，因污染物进入土壤环境之后的组成、数量、形态和分布变化，都需要与环境背景值比较才能加以分析和判断。④在土地利用及其规划，研究土壤生态、施肥、污水灌溉、种植业规划，提高农、林、牧、副业生产水平和产品质量，进行食品卫生、环境医学研究时，土壤环境背景值也是重要的参比数据。

总之，土壤环境背景值是土壤环境学乃至整个环境科学研究的基础之一，是区域土壤环境质量评价、土壤污染态势预测预报、土壤环境容量计算、土壤环境质量基准/标准确定、土壤环境污染物迁移转化研究以及制定国民经济发展规划等多方面工作的基础数据。

## (一) 中国城市土壤化学背景值与基准值

土壤地球化学基准值和背景值是土壤地球化学研究的最基础的特征参数，它们分别代表了不同环境土壤中的元素含量水平和变化规律。土壤地球化学基准值反映的是原始自然状态条件下各类成土母质的元素地球化学丰度，其控制因素主要是地质背景、沉积物来源和类型，以及地貌气候条件，以深层土壤地球化学调查元素含量表征。它是研究表生元素地球化学行为的重要参比值，也是成土母质环境质量、农产品品质与安全性及土壤生态环境保护与防治对策等研究的基本值。以北京、上海、杭州三个城市为例，探讨中国城市土壤化学背景值和基准值问题[47]，见表4-4~表4-6。表中a为当数据服从正态分布时，平均值为算术平均值；当数据分布服从对数正态分布时，平均值为几何平均值；当数据服从其他分布类型时，平均值为中位值。b为当数据服从正态分布时，离差为标准离差；当数据分布服从对数正态分布时，离差为几何标准离差；当数据服从其他分布类型时，离差为绝对中位差(MAD)。c为当数据服从正态分布时，变化范围为算术平均值±2标准离差；当数据分布服从对数正态分布时，变化范围为平均值/(2×离差)~平均值×2×离差；当数据服从其他分布类型时，变化范围为中位值±2绝对中位差。d的$Al_2O_3$、$CaO$、$Fe_2O_3$、$K_2O$、$MgO$、$Na_2O$、$SiO_2$、$C_{org}$、TC量纲为%。

表4-4　北京市土壤地球化学背景值与基准值

| 成分与参数 | 背景值 | | | | 基准值 | | | |
|---|---|---|---|---|---|---|---|---|
| | 平均值[a] | 离差[b] | 变化范围[c] | 数据类型 | 平均值[a] | 离差[b] | 变化范围[c] | 数据类型 |
| Ag | 0.05 | 0.01 | 0.03~0.07 | 其他 | 0.13 | 0.05 | 0.03~0.23 | 其他 |
| $Al_2O_3$[d] | 12.16 | 1.07 | 5.66~26.13 | 对数 | 11.65 | 0.36 | 10.93~12.37 | 其他 |
| As | 8 | 3 | 3~13 | 正态 | 8 | 1 | 6~9 | 其他 |
| Au | 0.0014 | 0.0003 | 0.0008~0.0020 | 其他 | 0.0033 | 0.0018 | <0.0068 | 其他 |
| B | 33 | 8 | 17~49 | 正态 | 31 | 4 | 23~38 | 其他 |
| Ba | 598 | 43 | 51~685 | 正态 | 631 | 1 | 299~1331 | 对数 |
| Be | 1.8 | 0.2 | 1.4~2.1 | 正态 | 1.8 | 0.1 | 1.7~2.0 | 其他 |
| Bi | 0.21 | 0.05 | 0.11~0.31 | 正态 | 0.30 | 0.06 | 0.18~0.42 | 其他 |
| Br | 2.1 | 0.8 | 0.5~3.7 | 正态 | 3.0 | 1.3 | 1.1~8.1 | 对数 |
| CaO[d] | 4.34 | 1.57 | 1.21~7.48 | 正态 | 5.17 | 0.82 | 3.53~6.81 | 其他 |
| Cd | 0.09 | 0.02 | 0.06~0.12 | 正态 | 0.17 | 0.04 | 0.10~0.24 | 其他 |
| Ce | 55 | 8 | 39~71 | 正态 | 57 | 6 | 44~69 | 正态 |
| Cl | 81 | 13 | 55~107 | 其他 | 139 | 48 | 43~235 | 其他 |
| Co | 10 | 1 | 9~12 | 其他 | 10 | 1 | 9~11 | 其他 |
| Cr | 58 | 3 | 51~65 | 其他 | 57 | 3 | 51~62 | 其他 |
| Cu | 20 | 4 | 12~28 | 正态 | 28 | 6 | 17~39 | 其他 |
| F | 494 | 58 | 377~611 | 正态 | 495 | 27 | 441~549 | 其他 |
| $Fe_2O_3$[d] | 3.86 | 0.52 | 2.82~4.91 | 正态 | 3.73 | 0.18 | 3.37~4.09 | 其他 |
| Ga | 16 | 1 | 14~18 | 正态 | 15 | 0 | 15~16 | 其他 |
| Ge | 1.3 | 1.1 | 0.6~2.8 | 对数 | 1.3 | 0.1 | 1.1~1.4 | 其他 |
| Hg | 0.031 | 0.013 | 0.005~0.057 | 其他 | 0.285 | 2.345 | 0.061~1.338 | 对数 |
| I | 1.4 | 0.5 | 0.4~2.5 | 其他 | 1.4 | 0.3 | 0.8~1.9 | 其他 |
| $K_2O$[d] | 2.37 | 0.07 | 2.23~2.51 | 其他 | 2.35 | 0.07 | 2.20~2.50 | 正态 |
| La | 28 | 4 | 20~36 | 正态 | 28 | 3 | 22~35 | 正态 |
| Li | 26 | 4 | 19~34 | 正态 | 26 | 1 | 11~58 | 对数 |
| MgO[d] | 1.87 | 0.24 | 1.38~2.36 | 正态 | 1.90 | 0.20 | 1.50~2.30 | 正态 |
| Mn | 521 | 1 | 220~1237 | 对数 | 507 | 26 | 455~559 | 其他 |
| Mo | 0.6 | 1.3 | 0.2~1.7 | 对数 | 0.7 | 0.1 | 0.5~0.9 | 其他 |
| N | 249 | 2 | 82~754 | 对数 | 805 | 271 | 264~1364 | 正态 |
| $Na_2O$[d] | 1.94 | 1.13 | 0.86~4.36 | 对数 | 1.92 | 0.09 | 1.74~2.10 | 其他 |
| Nb | 12 | 1 | 6~28 | 对数 | 12 | 1 | 11~13 | 其他 |
| Ni | 25 | 1 | 10~58 | 对数 | 24 | 2 | 21~27 | 其他 |
| P | 551 | 62 | 427~675 | 其他 | 972 | 208 | 556~1388 | 其他 |

| 成分与参数 | 背景值 | | | | 基准值 | | | |
|---|---|---|---|---|---|---|---|---|
| | 平均值[a] | 离差[b] | 变化范围[c] | 数据类型 | 平均值[a] | 离差[b] | 变化范围[c] | 数据类型 |
| Pb | 19 | 2 | 15~24 | 正态 | 30 | 6 | 19~42 | 其他 |
| pH | 8.5 | 0.2 | 8.2~8.8 | 其他 | 8.3 | 0.1 | 8.1~8.6 | 其他 |
| Rb | 87 | 4 | 80~94 | 其他 | 84 | 3 | 78~89 | 其他 |
| S | 128 | 1 | 47~347 | 对数 | 336 | 84 | 168~504 | 其他 |
| Sb | 0.7 | 0.2 | 0.4~1.0 | 其他 | 0.9 | 0.2 | 0.5~1.2 | 其他 |
| Sc | 10 | 1 | 7~12 | 正态 | 9 | 0 | 8~10 | 其他 |
| Se | 0.09 | 1.33 | 0.03~0.23 | 对数 | 0.23 | 0.05 | 0.13~0.33 | 其他 |
| $SiO_2$[d] | 65.57 | 3.53 | 58.51~72.62 | 正态 | 63.12 | 2.98 | 57.16~91.12 | 正态 |
| Sn | 2.5 | 1.2 | 1.0~6.1 | 正态 | 3.6 | 0.8 | 2.0~5.2 | 其他 |
| $C_{org}$[d] | 0.21 | 1.60 | 0.07~0.68 | 对数 | 1.06 | 0.30 | 0.46~1.66 | 其他 |
| Sr | 271 | 45 | 181~360 | 正态 | 290 | 1 | 256~332 | 其他 |
| TC[d] | 0.91 | 0.23 | 0.45~1.37 | 其他 | 2.03 | 1.40 | 0.72~5.71 | 对数 |
| Th | 9 | 1 | 6~11 | 正态 | 9 | 1 | 4~20 | 对数 |
| Ti | 3444 | 1 | 1517~7823 | 对数 | 3285 | 134 | 3017~3553 | 其他 |
| Tl | 0.5 | 0.1 | 0.4~0.6 | 正态 | 0.5 | 0.0 | 0.4~0.6 | 其他 |
| U | 1.6 | 0.4 | 0.8~2.3 | 正态 | 2.1 | 0.3 | 1.5~2.8 | 其他 |
| V | 71 | 9 | 52~89 | 正态 | 66 | 3 | 60~72 | 其他 |
| W | 1.3 | 0.2 | 0.8~1.8 | 其他 | 1.5 | 0.2 | 1.1~1.9 | 其他 |
| Y | 21 | 1 | 9~46 | 对数 | 20 | 1 | 18~22 | 其他 |
| Zn | 58 | 8 | 43~74 | 正态 | 84 | 15 | 54~114 | 其他 |
| Zr | 248 | 26 | 196~300 | 其他 | 247 | 20 | 207~287 | 其他 |

注：a、b、c 的意义见正文，d 量纲为%，其他量纲为 mg/kg。

表 4-5　上海市土壤地球化学背景值与基准值

| 成分与参数 | 背景值 | | | | 基准值 | | | |
|---|---|---|---|---|---|---|---|---|
| | 平均值[a] | 离差[b] | 变化范围[c] | 数据类型 | 平均值[a] | 离差[b] | 变化范围[c] | 数据类型 |
| Ag | 0.10 | 0.02 | 0.05~0.15 | 其他 | 0.21 | 0.08 | 0.05~0.37 | 其他 |
| $Al_2O_3$[d] | 13.43 | 0.93 | 11.56~15.29 | 正态 | 12.48 | 0.80 | 10.88~14.08 | 正态 |
| As | 7 | 1 | 6~9 | 其他 | 9 | 1 | 7~11 | 其他 |
| Au | 0.0010 | 0.0003 | 0.0003~0.0017 | 其他 | 0.0050 | 0.0026 | <0.0101 | 其他 |
| B | 69 | 10 | 50~88 | 正态 | 60 | 9 | 41~79 | 正态 |
| Ba | 482 | 11 | 460~504 | 其他 | 464 | 29 | 406~522 | 其他 |
| Be | 2.3 | 0.2 | 1.9~2.8 | 正态 | 2.2 | 0.2 | 1.9~2.5 | 正态 |
| Bi | 0.37 | 0.04 | 0.29~0.45 | 其他 | 0.62 | 0.16 | 0.30~0.94 | 其他 |

| 成分与参数 | 背景值 | | | | 基准值 | | | |
|---|---|---|---|---|---|---|---|---|
| | 平均值[a] | 离差[b] | 变化范围[c] | 数据类型 | 平均值[a] | 离差[b] | 变化范围[c] | 数据类型 |
| Br | 3.2 | 0.7 | 1.8~4.6 | 正态 | 4.7 | 1.2 | 1.9~11.7 | 对数 |
| CaO[d] | 2.92 | 0.39 | 2.14~3.71 | 正态 | 3.24 | 0.47 | 2.30~4.18 | 其他 |
| Cd | 0.12 | 0.02 | 0.08~0.16 | 其他 | 0.37 | 0.13 | 0.11~0.63 | 其他 |
| Ce | 76 | 4 | 68~85 | 正态 | 73 | 3 | 67~79 | 其他 |
| Cl | 96 | 13 | 69~122 | 其他 | 122 | 31 | 59~185 | 其他 |
| Co | 15 | 2 | 12~19 | 正态 | 14 | 1 | 6~31 | 对数 |
| Cr | 88 | 4 | 79~96 | 其他 | 96 | 8 | 80~112 | 其他 |
| Cu | 28 | 3 | 22~33 | 其他 | 48 | 15 | 19~77 | 其他 |
| F | 650 | 65 | 520~780 | 正态 | 708 | 61 | 586~830 | 其他 |
| $Fe_2O_3$[d] | 5.46 | 0.55 | 4.35~6.56 | 正态 | 5.27 | 0.29 | 4.69~5.85 | 其他 |
| Ga | 17 | 2 | 14~21 | 正态 | 17 | 1 | 15~19 | 其他 |
| Ge | 1.5 | 0.1 | 1.3~1.7 | 正态 | 1.5 | 1.1 | 0.7~3.4 | 对数 |
| Hg | 0.075 | 0.024 | 0.028~0.122 | 其他 | 0.240 | 0.090 | 0.060~0.420 | 其他 |
| I | 3.6 | 1.7 | 1.1~12.1 | 对数 | 3.4 | 1.4 | 1.2~9.6 | 对数 |
| $K_2O$[d] | 2.46 | 0.18 | 2.09~2.83 | 正态 | 2.28 | 0.14 | 1.99~2.57 | 正态 |
| La | 41 | 3 | 35~47 | 正态 | 41 | 1 | 39~44 | 其他 |
| Li | 50 | 8 | 33~67 | 正态 | 45 | 6 | 34~56 | 正态 |
| MgO[d] | 2.26 | 0.16 | 1.95~2.57 | 正态 | 1.93 | 0.19 | 1.54~2.31 | 正态 |
| Mn | 834 | 147 | 541~1127 | 正态 | 780 | 60 | 660~900 | 其他 |
| Mo | 0.5 | 0.1 | 0.4~0.6 | 其他 | 1.0 | 0.4 | 0.2~1.8 | 其他 |
| N | 584 | 66 | 452~716 | 其他 | 1247 | 1 | 468~3319 | 对数 |
| $Na_2O$[d] | 1.48 | 0.13 | 1.23~1.73 | 正态 | 1.19 | 0.06 | 1.07~1.31 | 其他 |
| Nb | 18 | 1 | 16~20 | 正态 | 17 | 1 | 16~19 | 其他 |
| Ni | 37 | 5 | 27~46 | 正态 | 36 | 3 | 31~41 | 其他 |
| P | 653 | 1 | 289~1477 | 对数 | 1096 | 183 | 730~1462 | 其他 |
| Pb | 27 | 2 | 23~32 | 其他 | 54 | 20 | 14~93 | 其他 |
| pH | 8.2 | 0.1 | 7.9~8.5 | 正态 | 8.0 | 0.2 | 7.7~8.3 | 其他 |
| Rb | 117 | 13 | 91~143 | 正态 | 104 | 1 | 47~228 | 对数 |
| S | 327 | 2 | 78~1373 | 对数 | 566 | 2 | 172~1866 | 对数 |
| Sb | 0.6 | 0.1 | 0.4~0.7 | 其他 | 1.8 | 0.9 | <3.6 | 其他 |
| Sc | 13 | 1 | 10~16 | 正态 | 11 | 1 | 5~25 | 对数 |
| Se | 0.14 | 0.03 | 0.09~0.19 | 其他 | 0.39 | 0.14 | 0.11~0.67 | 其他 |
| $SiO_2$[d] | 64.31 | 1.33 | 61.65~66.96 | 正态 | 63.13 | 1.49 | 60.15~66.11 | 其他 |

| 成分与参数 | 背景值 | | | | 基准值 | | | |
|---|---|---|---|---|---|---|---|---|
| | 平均值[a] | 离差[b] | 变化范围[c] | 数据类型 | 平均值[a] | 离差[b] | 变化范围[c] | 数据类型 |
| Sn | 4.5 | 0.7 | 3.1~5.9 | 其他 | 14.0 | 6.3 | 1.4~26.6 | 其他 |
| $C_{org}$[d] | 0.50 | 1.36 | 0.18~1.36 | 对数 | 1.52 | 1.56 | 0.49~4.72 | 对数 |
| Sr | 142 | 9 | 124~159 | 正态 | 154 | 14 | 126~182 | 其他 |
| TC[d] | 1.00 | 1.21 | 0.41~2.42 | 对数 | 2.06 | 0.54 | 0.98~3.14 | 其他 |
| Th | 13 | 1 | 10~16 | 正态 | 12 | 1 | 10~14 | 其他 |
| Ti | 4786 | 172 | 4441~5130 | 正态 | 4524 | 279 | 3966~5081 | 正态 |
| Tl | 0.6 | 0.1 | 0.5~0.7 | 正态 | 0.6 | 0.1 | 0.5~0.7 | 其他 |
| U | 2.2 | 0.2 | 1.8~2.5 | 正态 | 2.3 | 0.2 | 2.0~2.6 | 其他 |
| V | 99 | 11 | 77~121 | 正态 | 92 | 9 | 74~111 | 其他 |
| W | 2.1 | 0.2 | 1.8~2.4 | 其他 | 3.2 | 0.8 | 1.5~4.8 | 其他 |
| Y | 28 | 1 | 26~29 | 其他 | 27 | 1 | 25~29 | 其他 |
| Zn | 107 | 9 | 89~124 | 其他 | 182 | 63 | 56~308 | 其他 |
| Zr | 234 | 11 | 212~256 | 其他 | 231 | 11 | 209~253 | 其他 |

注：同表4-4。

表4-6　杭州市土壤地球化学背景值与基准值

| 成分与参数 | 背景值 | | | | 基准值 | | | |
|---|---|---|---|---|---|---|---|---|
| | 平均值[a] | 离差[b] | 变化范围[c] | 数据类型 | 平均值[a] | 离差[b] | 变化范围[c] | 数据类型 |
| Ag | 0.07 | 0.01 | 0.04~0.09 | 其他 | 0.13 | 0.05 | 0.04~0.22 | 其他 |
| $Al_2O_3$[d] | 12.19 | 1.18 | 5.15~28.84 | 对数 | 11.90 | 1.32 | 9.26~14.54 | 其他 |
| As | 5 | 1 | 3~7 | 其他 | 7 | 1 | 4~9 | 其他 |
| Au | 0.0020 | 0.0006 | 0.0009~0.0031 | 其他 | 0.0040 | 2.3617 | 0.0008~0.0189 | 对数 |
| B | 74 | 4 | 66~82 | 其他 | 68 | 7 | 54~82 | 其他 |
| Ba | 437 | 33 | 372~502 | 其他 | 450 | 38 | 374~526 | 其他 |
| Be | 2.0 | 1.2 | 0.8~4.9 | 对数 | 1.9 | 0.3 | 1.4~2.4 | 其他 |
| Bi | 0.26 | 0.09 | 0.08~0.44 | 其他 | 0.40 | 0.13 | 0.15~0.65 | 其他 |
| Br | 2.2 | 0.7 | 0.9~3.5 | 其他 | 4.6 | 1.4 | 1.6~13.4 | 对数 |
| CaO[d] | 1.71 | 2.02 | 0.42~6.90 | 对数 | 1.39 | 0.47 | 0.45~2.33 | 其他 |
| Cd | 0.11 | 0.02 | 0.07~0.15 | 其他 | 0.17 | 0.04 | 0.10~0.24 | 其他 |
| Ce | 74 | 9 | 55~93 | 正态 | 73 | 7 | 58~88 | 正态 |
| Cl | 79 | 15 | 50~108 | 其他 | 70 | 10 | 49~90 | 其他 |
| Co | 11 | 2 | 7~15 | 其他 | 11 | 1 | 8~13 | 其他 |
| Cr | 57 | 11 | 35~79 | 其他 | 60 | 10 | 40~80 | 其他 |
| Cu | 16 | 5 | 6~26 | 其他 | 27 | 2 | 9~88 | 对数 |

| 成分与参数 | 背景值 | | | | 基准值 | | | |
|---|---|---|---|---|---|---|---|---|
| | 平均值[a] | 离差[b] | 变化范围[c] | 数据类型 | 平均值[a] | 离差[b] | 变化范围[c] | 数据类型 |
| F | 465 | 44 | 377~553 | 其他 | 474 | 46 | 382~566 | 其他 |
| $Fe_2O_3$[d] | 3.47 | 0.29 | 2.89~4.05 | 其他 | 3.57 | 0.36 | 2.85~4.29 | 其他 |
| Ga | 15 | 1 | 6~36 | 对数 | 14 | 2 | 11~17 | 其他 |
| Ge | 1.4 | 0.1 | 1.1~1.7 | 其他 | 1.5 | 0.2 | 1.1~1.9 | 正态 |
| Hg | 0.058 | 0.024 | 0.011~0.105 | 其他 | 0.211 | 2.585 | 0.041~1.091 | 对数 |
| I | 1.6 | 1.7 | 0.5~5.4 | 对数 | 1.7 | 0.3 | 1.1~2.3 | 其他 |
| $K_2O$[d] | 2.15 | 0.34 | 1.48~2.82 | 正态 | 2.05 | 0.12 | 1.81~2.29 | 其他 |
| La | 41 | 5 | 31~52 | 正态 | 39 | 3 | 33~45 | 正态 |
| Li | 31 | 6 | 19~43 | 其他 | 32 | 6 | 21~44 | 其他 |
| MgO[d] | 1.59 | 0.17 | 1.26~1.92 | 其他 | 1.36 | 0.30 | 0.76~1.96 | 正态 |
| Mn | 465 | 66 | 334~596 | 其他 | 465 | 62 | 342~588 | 其他 |
| Mo | 0.4 | 0.1 | 0.3~0.5 | 其他 | 0.7 | 0.2 | 0.3~1.0 | 其他 |
| N | 559 | 154 | 252~866 | 其他 | 1197 | 448 | 301~2093 | 其他 |
| $Na_2O$[d] | 1.74 | 0.19 | 1.36~2.12 | 其他 | 1.59 | 0.25 | 1.09~2.09 | 其他 |
| Nb | 14 | 3 | 9~20 | 正态 | 16 | 1 | 14~18 | 其他 |
| Ni | 26 | 1 | 10~71 | 对数 | 25 | 1 | 11~59 | 对数 |
| P | 697 | 94 | 510~884 | 其他 | 970 | 1 | 367~2568 | 对数 |
| Pb | 21 | 4 | 13~28 | 其他 | 36 | 9 | 19~53 | 其他 |
| pH | 8.0 | 0.5 | 7.0~9.0 | 其他 | 7.2 | 0.7 | 5.8~8.6 | 其他 |
| Rb | 92 | 1 | 36~236 | 对数 | 88 | 11 | 66~110 | 其他 |
| S | 116 | 37 | 43~189 | 其他 | 318 | 1 | 110~919 | 对数 |
| Sb | 0.4 | 0.1 | 0.2~0.6 | 其他 | 0.8 | 0.2 | 0.3~1.3 | 其他 |
| Sc | 11 | 1 | 4~26 | 对数 | 10 | 1 | 8~12 | 其他 |
| Se | 0.11 | 2.33 | 0.02~0.52 | 对数 | 0.37 | 0.12 | 0.13~0.60 | 其他 |
| $SiO_2$[d] | 69.40 | 1.39 | 66.63~72.17 | 其他 | 70.80 | 1.27 | 68.25~73.35 | 其他 |
| Sn | 4.1 | 1.7 | 0.8~7.4 | 其他 | 14.9 | 8.4 | <31.7 | 其他 |
| $C_{org}$[d] | 0.34 | 0.17 | 0.01~0.67 | 其他 | 1.18 | 0.42 | 0.34~2.02 | 其他 |
| Sr | 130 | 26 | 78~182 | 其他 | 130 | 28 | 75~185 | 正态 |
| TC[d] | 0.90 | 0.17 | 0.57~1.23 | 其他 | 1.53 | 0.36 | 0.82~2.24 | 其他 |
| Th | 12 | 1 | 5~29 | 对数 | 11 | 2 | 8~15 | 正态 |
| Ti | 4294 | 212 | 3871~4717 | 其他 | 4301 | 304 | 3692~4910 | 正态 |
| Tl | 0.5 | 1.3 | 0.2~1.4 | 对数 | 0.5 | 0.1 | 0.4~0.7 | 其他 |
| U | 2.3 | 0.2 | 1.8~2.8 | 其他 | 2.4 | 1.1 | 1.0~5.4 | 对数 |

| 成分与参数 | 背景值 | | | | 基准值 | | | |
|---|---|---|---|---|---|---|---|---|
| | 平均值[a] | 离差[b] | 变化范围[c] | 数据类型 | 平均值[a] | 离差[b] | 变化范围[c] | 数据类型 |
| V | 73 | 10 | 54~92 | 其他 | 74 | 8 | 58~90 | 其他 |
| W | 1.4 | 1.3 | 0.5~3.6 | 对数 | 1.8 | 0.3 | 1.3~2.3 | 其他 |
| Y | 25 | 4 | 17~32 | 正态 | 24 | 1 | 22~72 | 其他 |
| Zn | 68 | 1 | 25~183 | 对数 | 92 | 19 | 54~130 | 其他 |
| Zr | 315 | 69 | 178~453 | 正态 | 304 | 1 | 129~715 | 对数 |

注：同表4-4。

## 二、地下水环境背景值

地下水污染已成为制约许多地区经济发展和环境保护的重要因素。人们不但需要判别劣质的地下水是否由人类污染所致，而且更关注被污染的地下水污染到什么程度，以确定治理的轻重缓急，并提出相应的治理措施。而这些研究都必须基于一定的参考值或基准值，即地下水环境背景值。在此基础上，不仅可以判别地下水是否已被污染，划定污染区域的边界，并进行更为有效的地下水环境监测。此外，也可以获得不同区域的污染指数，进行污染程度分级评价或地下水污染类型分区；准确描述污染对重要水源保护地的"威胁"风险等[48]。在20世纪80年代初的"长江中下游重点地区地下水环境背景值调查"研究中，我国的水文地质学家正式提出了"地下水环境背景值"[49]。2006年，随着土壤-地下水污染普查工作的开展，我国开始大范围的地下水污染调查工作。由于地下水污染面积和污染区域的增加，尤其在一些以地下水为水源的区域，地下水污染已经威胁到供水安全。因此，定量描述平原区各层地下水的污染程度具有重要意义。2007年，国家环境保护部发布的《环境保护标准（地下水环境）》中明确和规范了地下水环境背景值的概念："地下水环境背景值指在未受人类活动影响的情况下，地下水所含化学成分的浓度值；该值反映了天然状态下地下水环境自身原有化学成分的特性值，也称地下水环境本底值"[50]。2008年，欧洲科学家联盟在欧洲开展了地下水水质的详细调查，其主要目标是确定含水层中地下水的天然背景值，阐明其地球化学过程，并为厘清污染组分和污染过程奠定基础。

# 第四节　土壤和地下水污染及其特征

## 一、土壤污染的特征

土壤污染不同于大气与水质污染，土壤污染存在隐蔽性、滞后性、积累性、不可逆性以及治理难度大等特点。土壤环境的污染严重影响人们正常生活和生产环境，危害性很大。土壤污染特征主要包括以下几方面[51]。

（1）土壤污染具有隐蔽性和滞后性。土壤污染不同于大气、水和废弃物等污染问题，这些污染一般都能够通过直观现象进行观测或分析监测。但对于土壤污染问题，一般表现形式难以通过观察发现，土壤污染监测工作较为困难，通常对土壤样品进行分析化验以及农作物残留进行相关监测，同时在进行土壤污染监测过程中还应通过对人畜健康状况实行相应的研究分析。另外，土壤一般污染形成过程时间较长，从污染问题形成到问题被发现需要一定时间，污染较为滞后，因而在环境控制中难以受到人们的重视，从而导致环境治理工作的不足，严重影响人们正常生活。

（2）土壤污染的累积性。大气和水体污染中物质比土壤迁移性强，能够有效地进行监测防治。但是土壤污染物质一般由于内部结构等因素，造成扩散性和稀释性不强，从而导致土壤污染物质的长时间积累，使土壤污染具有很强的地域性，增大了治理人员监测防治过程的难度。

（3）土壤污染具有不可逆转性。在土壤污染中，由于重金属结构特点一般是固态形式，可降解性差，从而形成土壤污染的不可逆性。同时大多数有机污染物的存在同样造成土壤污染的难以逆转性，严重影响环境管理与防治工作。

（4）土壤污染治理难度大。大气和水体污染一般对污染源进行合理的切断和处理就能够防治污染。但由于土壤内部的污染物一般降解难度大，即使切断污染源，对于已经存在的污染物的治理也是一项比较困难的工作。不同于大气和水体污染，通过稀释和自净化作用实现对污染环境的控制，而土壤污染需要通过换土与淋洗土等方法进行全面的土壤污染治理，这些治理方法周期时间长且工作变数大，造成土壤治理工作效果不明显，同时也会导致治理成本费用高的问题。

## 二、地下水污染的特征

地下水污染明显不同于地表水，地下水污染特征主要体现在以下三方面。

（1）地下水污染隐蔽性强。一般，地表水在受到污染后常表现出一些比较明显的特征，如颜色的变化及气味的变化等，另外也可根据水体中动植物的变化情况判断地表水是否受到了污染。但地下水储存于地下，它的隐蔽性很强，即使已受某些组分的严重污染，但它在外观上经常还是无色、无味的，人们难以从颜色、气味或鱼类死亡等地表水的现象中快速判断或鉴别出来；即便是在意外的情况下，人类饮用了受有毒或有害组分污染的地下水，对人体的影响也常是慢性的，不易被迅速觉察出来，而对人体健康造成严重威胁[21]。

（2）地下水污染难以逆转。地下水具有流动速度慢及自净能力差等特点，一旦受到污染便难以发生逆转；其难以逆转性的另一个原因是某些污染物被介质和有机质吸附之后，可能在水环境特征的变化中发生解吸-再吸附的反复交替[9]。因此，在对地下水污染进行防控时，需首先考虑的应该是如何预防，采取有效的措施和方法降低人为活动对地下水的污染；监测部门需定期对区域内的地下水水质进行监测，若发现地下水受到污染，则需确定污染源头并将其阻断或消除，然后再对地下水污染进行治理，采取有效的措施，逐步改善水质。地下水污染难以逆转，在对其进行利用的同时应做好保护工作，实现社会与自然环境的协调发展。

（3）地下水污染治理难度大。由于地下水的存在特性及隐蔽性，地下水一旦受到污染，就很难治理和恢复。这种情况主要是因为一般情况下地下水的流速是极其缓慢的，即使在切断了地下水的污染源后，仅靠含水层本身的自然净化作用，所需要的时间可能也是很长的，例如可长达十年、几十年甚至上百年的漫长过程。地下水污染治理难度大的另一个原因是治理修复的成本太高。因此，基于以上原因导致地下水的治理难度很大。

# 第五节　土壤和地下水中污染物的存在形态

## 一、土壤中重金属的形态

进入土壤中的重金属，由于土壤环境变化，会在土壤中发生不同形态和价态的变化，土壤中重金属一般有六种存在形态（可交换态、碳酸盐结合态、有机物结合态、铁-锰氧化物结合态、硫化物结合态以及残渣态），这些形态并不是一成不变的，它们可随着土壤中酸碱度、氧化还原电位的变化而变化，也会随着土壤中水分迁移发生转移[21]。由于土壤是一种多组分、多相流且含多种天然矿物质、有机质、微小动物和微生物等的复杂物质，又因大气降水或农业灌溉使得土壤中的水分不断变化，当重金属进入土壤中可发生一系列的物理过程、化学过程和生物过程的变化，同时也发生水-岩（土）的相互作用，因此，土壤中的重金属形态和价态（如重金属铬常以三价和六价的形态存在，六价铬毒性远大于三价铬；三价砷毒性远大于五价砷等）变化复杂。土壤中的重金属是动态的，不是固定在土壤中不动的，因此，在研究土壤中的污染物时，要运用辩证的思维进行思考，一是考虑土壤环境及其变化，二是考虑污染物的类型。Tessier 等[52]提出的土壤及沉积物样品中的重金属顺序提取法，该方法称为 Tessier 五步萃取法，主要为以下五步提取过程。

第一步：可交换态，称 1.00g 土样于 50mL 塑料离心管中，加入 8mL 的 1mol/L 氯化镁溶液（调 pH=7）。将离心管置于恒温振荡箱中振荡 1h（25℃±1℃，180r/mim）。振荡结束后通过离心（4000r/mim，10min）得到上清液和残渣。测定上清液中的重金属含量。

第二步：碳酸盐结合态，在第一步的残渣中加入 8mL 的 1mol/L 的醋酸钠溶液（调 pH=5），将离心管置于恒温振荡箱中振荡 5h（25℃±1℃，180r/mim）。振荡结束后通过离心（4000r/mim，10min）得到上清液和残渣。测定上清液中的重金属含量。

第三步：铁锰氧化态，在第二步的残渣中加入 20mL 的 0.04mol/L 的盐酸羟胺溶液（25%的醋酸定容）。将离心管进行水浴加热 6h（96℃±3℃），每隔 1h 摇匀一次。水浴加热结束后通过离心（4000r/mim，10min）得到上清液和残渣。测定上清液中的重金属含量。

第四步：有机结合态，在第三步的残渣中加入 3mL 的 0.02mol/L 的 $HNO_3$ 溶液和 5mL 的 30%的 $H_2O_2$ 溶液。将离心管进行水浴加热 2h（85℃±2℃），每隔 1h 摇匀一次。加热结束后加入 3mL 的 30% $H_2O_2$ 溶液。进行水浴加热 3h，每隔 1h 摇匀一次。加热结束后，加入 5mL 的 3.2mol/L 的醋酸铵溶液。将离心管置于恒温振荡箱中振荡 0.5h（25℃±1℃，180r/mim）。振荡结束后通过离心（4000r/mim，10min）得到上清液和残渣。测定上清液中的重金属含量。

第五步：残渣态，将第四步的残渣烘干后，取 0.1g 的残渣样于微波消解罐中，加入 6mL 的浓硝酸和 4mL 的氢氟酸。通过微波消解得到重金属溶液，测定其中的重金属含量。

所有分离后的样品需要进行强酸消解，然后再测试。土壤中重金属的形态根据 Tessier 法可以分为六种。

可交换态(水溶态)：吸附在黏土、腐殖质和其他成分上的重金属，易于迁移转化，称为生物可吸收态，能被植物吸收。该形态重金属被农作物吸收，将会通过粮食或蔬菜进入食物中，对人体健康造成危害；水溶态的重金属在降水或灌溉条件下迁移到地下水中，导致地下水重金属污染。

碳酸盐结合态(酸溶态)：在碳酸盐矿物上形成共沉淀结合态，对 pH 比较敏感，pH 下降使得碳酸盐结合态的重金属溶出，将会变成可交换态，可能被植被吸收，也可能渗入地下水中，从而使地下水中的重金属被富集。

铁–锰氧化物结合态(可还原态)：主要以矿物细分散颗粒存在，当 pH 和 $E_h$ 较高时，有利于铁–锰氧化物的形成，当土壤中 pH 下降(如酸雨)时，土壤中铁–锰氧化物结合态中的重金属将会溶出，或被植被提取吸收，或向地下水中迁移。

有机物结合态(可氧化态)：重金属与土壤中的有机物整合而成，在氧化环境下，土壤中有机物结合态中的重金属也会溶出，或被微生物固定化，或迁移到地下水中。

硫化物结合态：重金属与土壤中的硫化物结合，形成相对稳定的状态，但在 pH 和 $E_h$ 变化的条件下，土壤中重金属也会溶出，或被土壤中微生物释放出来。

残渣态：可存在于硅酸盐、原生和次生矿物等土壤晶格中，或以固态金属形式存在于土壤中。

从生物可利用性的角度，土壤中可交换重金属可以直接被生物利用，其他络合态为潜在生物可利用，残渣态为生物不可利用。

欧洲共同体标准局 1987 年起在欧洲广泛进行萃取方法的对比研究，他们在 1992 年推出了 BCR 三步萃取法[53]，之后在欧洲作为标准方法得到广泛应用并不断完善。

## 二、土壤中有机污染物的形态

有机污染物进入土壤中大多进行纵向迁移，在迁移过程中，由于土壤物理性质的不同、土壤生态环境的变化以及有机污染物性质的差异，进入土壤中的有机污染物的形态也可发生变化，其物理形态主要有如下四种。

(1)挥发态：土壤属于非饱和状态，土壤内存在气体，挥发性污染物进入土壤中，在气相浓度梯度的作用下，与土壤中的气相发生混合与扩散作用。气相扩散过程中，土壤气相的密度也随着多组分有机污染物的气化过程而发生密度的变化。同时，由于土壤中温度梯度的变化，土壤中挥发性污染物的迁移方向也会发生变化，如夏天地表温度高于土壤与潜水面之间的温度，挥发性物质就会向地表逐渐迁移；冬天地表温度低于下部土壤温度，挥发性物质则会向下迁移。

(2)溶解态：有机污染物进入土壤中可与地下水发生部分溶解作用，溶解在地下水中的有机污染物会随着土壤水的运动而扩散及迁移。在大气降水入渗作用下则可能迁移到潜水中，导致地下水被有机污染物所污染。

(3)吸附态或残留态：由于土壤颗粒表面的吸附作用和非饱和土壤的基质吸力作用，

使得有机污染物残留在土壤中而形成残留态。在土壤吸附作用下，有机污染物变成固相的一部分；在基质吸力作用下，有机污染物可与土壤的结合水及薄膜水相结合，形成难以移动的液相；这部分残留有机物在大气降水和农业灌溉水大量入渗作用下就会逐渐迁移或进行溶解迁移，逐渐污染地下水。

(4)自由态或非混溶态：由于大量有机污染物具有非溶解和非亲水性的特点，这些有机污染物进入土壤中，大部分以自由态的形式存在，并在重力作用下向深部地下水迁移。当迁移到潜水后，轻的 LNAPLs 则会浮在潜水面附近，随地下水流迁移；重的 DNAPLs 则会向地下水深部迁移，在相对隔水层部位滞留，但需要注意的是溶解在地下水中的 DNAPLs 可能会在地下水中均匀混合。

实际上，在土壤中存在大量的微生物，有机污染物进入土壤中以后，就会逐渐进行生物降解作用，使得目标有机物得到逐步衰减，若目标污染物的衰减速率比较快，在土壤有机污染物修复时，可以采用监测衰减修复技术。但要注意，有机污染物在生物降解过程中，目标污染物衰减的同时，可能也会产生大量的中间产物，在进行检测的时候，不仅应监测目标污染物的衰减效果，也应监测中间产物及其组分的变化，有些有机污染物中间产物的毒性远超其目标污染物的毒性，如四氯乙烯(PCE)和三氯乙烯(TCE)在降解过程产生的中间产物氯乙烯(VC)的毒性远超 PCE 和 TCE，在实际操作中需要特别注意。

## 三、地下水中污染物的存在状态

重金属污染物通过土壤进入地下水中大多以离子形态存在，属于溶解态，并可随着地下水流迁移；由于深层地下水处于还原环境，地下水中重金属的形态取决于地下水的 pH 和 $E_h$ 值的变化。此外，在地下水中存在腐殖酸等有机组分可促进重金属污染物在地下水中的迁移作用。有些重金属污染物可直接与有机酸官能团相结合并随着有机酸一起迁移；另外因某些有机酸具有还原能力和胶体性质，砷等变价元素在处于低价态时具有较高的溶解度，而有机酸的还原作用可促使它们由高价态向低价态转变，并使之在迁移过程中保持价态的稳定性。重金属污染物在地下水中可能存在的形态有可交换态、铁锰氧化物态、硫酸盐态、碳酸盐态和残渣态。其中可交换态能够与水中其他离子进行交换，碳酸盐态在水体 pH 值较低时可使重金属离子析出，导致地下水中重金属污染物的含量升高[21]。

### (一)砷

在进行土壤-地下水污染普查时发现，砷的分布范围非常广，砷与其他非金属相似，有多种价态和形态，其生物利用性和毒性均受砷的价态和形态的影响。在水溶液中，砷的主要形态受 $E_h$ 和 pH 值所控制，不同液态砷的稳定性是 pH 的函数，如图 4-4 所示[54]。砷随地下水的 pH 不同，其三价砷和五价砷的形态不同，As(Ⅲ)的三种形态 $H_3AsO_3$、$H_2AsO_3^-$、$HAsO_3^{2-}$ 基本上在碱性地下水中存在，在 pH=7~10 条件下，地下水 As(Ⅲ)的形态为 $H_3AsO_3$；在 pH=8.3~11 条件下，地下水中 As(Ⅲ)的形态大多为 $H_2AsO_3^-$；在 pH>11 后，$H_2AsO_3^-$ 逐渐变少，而 $HAsO_3^{2-}$ 形态的砷增多，如图 4-4(a)所示。As(Ⅴ)在酸性环境下主要的形态为 $H_2AsO_4^-$ 和 $H_3AsO_4$，在碱性环境下主要形态为 $HAsO_4^{2-}$ 和 $AsO_4^{3-}$，见图 4-4(b)。

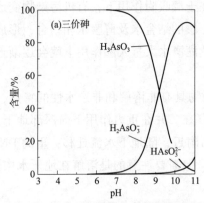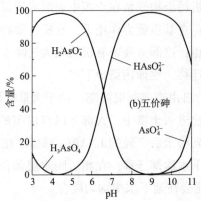

(a)地下水中三价砷不同形态随pH存在分量的变化图　　(b)地下水中五价砷不同形态随pH存在分量的变化图

图4-4　地下水中As(Ⅲ)和As(Ⅴ)随pH的形态变化图示

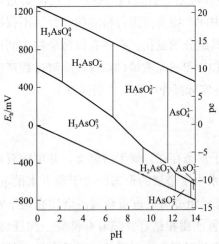

图4-5　地下水中的砷在有氧条件下的
不同形态(25℃，$10^5$Pa)

当地下水中氧化还原电位变化时，地下水中砷的形态也发生变化。不同地区、不同岩土性质和水文地质条件，地下水中$E_h$和pH的不同，则地下水中的砷表现出不同的形态。一般在较高$E_h$和较低pH的酸性环境下，地下水中砷的形态为$H_3AsO_4^0$，$H_2AsO_4^-$；在较低$E_h$和pH≤9条件下，地下水中砷的形态为$H_3AsO_3^0$，如图4-5所示[54]。因此说，由于人类活动改变了地下水的环境，使得地下水酸碱性发生变化，地下水中砷的形态发生变化，其迁移特性也随之发生变化，在地下水砷污染调查和修复时，一定要考虑环境变化和砷的形态与价态的变化。

因砷在地下水中(pH=4~9)主要以砷酸根和亚砷酸的形态存在，故地下水中的As(Ⅴ)更容易被含水层颗粒中带正电的物质，如铁、铝氧化物、针铁矿和水铝矿及水铁矿等吸附。随着pH的增大，胶体和黏土矿物带更多的负电荷，降低了对以阴离子形式存在的砷酸根的吸附，从而有利于砷的解吸，或在pH较高时可阻止砷的吸附，为地下水中砷的富集创造条件。高砷地下水一般呈弱碱性。在潜水的氧化环境中，地下水中砷的化合物会被胶体或铁锰氧化物或氢氧化物吸附，但在还原环境中当$E_h$值达到一定程度时，胶体变得不稳定或对砷有着强大吸附能力的铁(锰)氧化物或氢氧化物被还原，生成了溶解性很强的更为活泼的低价铁(锰)离子，吸附在它们表面的砷也被释放出来而进入地下水中。在这类地下水中，高砷常伴随着高铁、高锰及低溶解氧。在氧化环境中，含砷矿物(如黄铁矿等)的氧化作用也可导致砷的释放，砷的化合物主要以As(Ⅴ)的形式存在，地表水为氧化环境，砷大多以As(Ⅴ)的形态出现；而地下水在还原环境中则主要以As(Ⅲ)的形式存在，As(Ⅲ)的毒性远大于As(Ⅴ)的毒性。

除了物理化学环境因素的影响外，生物作用往往也会参与到重金属的生物地球化学循环中。在地下水中甲烷菌的作用下，砷酸根、亚砷酸根经甲基化作用可生成单甲基砷酸盐（$CH_3 \cdot H_3AsO_3$）、二甲基砷酸盐[$(CH_3)_2 \cdot H_3AsO_3$]等甲基砷化合物，有利于有机砷的富集和在地下水中聚集。这些因素不仅可使砷在有机环境中富集，而且使 As(Ⅲ)的比例增加，从而增强了砷的毒性。地下水中存在较多的还原性微生物，如硫酸盐还原菌、铁还原菌等。硫酸盐还原菌使得地下水中的 $SO_4^{2-}$ 还原为 $H_2S$ 气体，$H_2S$ 气体与地下水中的 $Fe_2O_3$ 反应生成 FeS，进而吸附到 $Fe(OH)_3$ 上的砷溶解到地下水中。结果导致在高浓度砷富集的地下水中常伴随高的溶解性 Fe 和低的 $SO_4^{2-}$。溶解态 As(Ⅲ)来源于 As(Ⅴ)的还原，无机砷很难还原成甲基砷。当富含 As(Ⅲ)的地下水被抽出并暴露到大气中后，As(Ⅲ)会迅速被氧化成 As(Ⅴ)。砷与地下水中的铁还原菌发生还原作用，在地下水还原环境下，厌氧微生物以有机碳作为能源，Fe(Ⅲ)和 As(Ⅴ)作为电子受体，分别将 Fe(Ⅲ)和 As(Ⅴ)还原成 Fe(Ⅱ)和 As(Ⅲ)，从而释放出表面吸附的 As(Ⅴ)。地下水中的硫酸盐还原菌可以将硫酸盐还原成硫化物，并使 As(Ⅴ)还原成 As(Ⅲ)。

## （二）铬

地下水中的铬也因地下水环境的变化或与其他金属元素发生各种化学反应而表现出不同形态。不同形态的铬在地下水中的迁移转化作用不同。地下水中的铬主要以三价铬 Cr(Ⅲ)和六价铬 Cr(Ⅵ)的化合物为主，一般以 $Cr^{3+}$、$CrO_2^-$、$CrO_4^{2-}$、$Cr_2O_7^{2-}$ 等离子形态存在。水体中的 Cr(Ⅲ)大多数被吸附转入固相，少量会溶于水，迁移能力相对较弱。而 Cr(Ⅵ)在碱性水体中较为稳定并且以溶解态的形式存在，迁移能力比 Cr(Ⅲ)强。因此，地下水中如果 Cr(Ⅲ)占优势，它可在中性或弱碱性的水体中发生水解，生成不溶的氢氧化铬和水解产物，或者被悬浮物吸附后转入沉积物中。若是 Cr(Ⅵ)占优势，则大多溶于水中。Cr(Ⅵ)的毒性比 Cr(Ⅲ)强，但 Cr(Ⅵ)可在水体中被还原为 Cr(Ⅲ)，还原作用的强弱主要取决于水体的环境条件，例如溶解氧 DO，溶解氧含量越低，则还原作用相对越强。所以 Cr(Ⅵ)可被有机物还原成 Cr(Ⅲ)，然后再被沉积物吸附，这也是 Cr(Ⅵ)和 Cr(Ⅲ)在水体中的一种转化形式。

重金属在地下水中不能被微生物降解，但它可以发生形态的转化以及分散与富集。例如铬在地下水中的迁移过程主要包括水解、沉淀、络合、吸附和氧化还原等过程。

（1）水解作用：天然水体中 Cr(Ⅵ)以 $H_2CrO_4$、$HCrO_4^-$、$CrO_4^{2-}$ 和 $Cr_2O_7^{2-}$ 这几种形式存在。地下水中 pH 值可影响铬的存在形态，各种形态之间存在着平衡；在地下水中，Cr(Ⅲ)容易水解生成羟基配合物。

（2）沉淀作用：Cr(Ⅵ)可与钡、铅、银等重金属离子生成不溶于水的铬酸盐沉淀。但是由于地下水中这些元素的含量较低，所以 Cr(Ⅵ)在地下水中常具有很强的迁移能力而难于沉淀。在弱酸性和碱性环境下，Cr(Ⅲ)易形成难溶于水的氢氧化物沉淀，同时 Cr(Ⅲ)还可以被水合铁氧化物吸附在表面成为晶体的组成部分，从而形成共沉淀。

（3）氧化还原反应：Cr(Ⅵ)是一种强氧化剂，尤其是在酸性溶液中可与还原性物质反应生成 Cr(Ⅲ)。

（4）络合反应：Cr(Ⅵ)一般不会生成配位化合物。但地下水中的 Cr(Ⅲ)可与带负电荷的有机或无机化合物生成稳定的配位化合物。无机配体有氨、氟离子、溴离子、硫酸盐等。有机配体有 EDTA、醋酸、丙酮酸等。

（5）吸附作用：地下水中具有比较丰富的胶体物质，胶体物质具有巨大的比表面积，因此具有较强的吸附作用，它对地下水中的 $Cr(Ⅵ)$ 与 $Cr(Ⅲ)$ 具有很强的吸附能力。

### （三）铁和锰

铁进入地下水的途径主要有：①含碳酸的地下水对岩土层中二价铁的氧化物起溶解作用。②三价铁的氧化物在还原条件下被还原而溶解于水。③有机物质对铁质的溶解作用。有些有机酸可溶解岩土层中的二价铁，有些有机物质能将岩土层中的三价铁还原成为二价铁而使之溶于水中，还有些有机物质则可与铁质生成复杂的有机铁而溶于水中。④铁的硫化物被氧化而溶于水中。地下水中铁的形态主要是可溶性的二价铁离子 $Fe^{2+}$，但常用 $Fe(HCO_3)_2$ 和 $FeSO_4$ 等来表示水中铁的存在形态。

地下水中锰的来源通常是由于岩石和矿物中锰的氧化物、硫化物、碳酸盐及硅酸盐等溶解于水所得。高价锰的氧化物，如软锰矿（$MnO_2$）等，在缺氧的还原环境中可被还原剂 $H_2S$ 还原为二价锰而溶于含碳酸的水中，此外，在富含腐殖酸等有机物的水中，还可能存在有机锰。地下水中的锰的价态从 +2～+7，但除了 +2 价和 +4 价的锰之外，其他价态的锰在中性的天然水中一般是不稳定的，或也可以认为它们不存在。而 +4 价锰在地下水中溶解度很低，通常可忽略不计，所以天然地下水中的锰主要是呈 +2 价的形态。

地下水中的铁和锰的迁移特征，在不同的地形条件下，其迁移方式亦不同。在基岩山区，地下水中铁和锰离子的迁移作用除了受含水介质的成分与径流条件影响外，主要是受氧化环境的控制。在岩石受强烈风化、分解及溶滤作用时，岩土中的铁与锰矿物释放出大量的铁与锰离子。这些铁锰离子以高价态的形态存在，并易形成难溶的氢氧化物沉淀，影响其迁移性。而在平原区，特别是在细粒物沉积的滨湖区，地下水中铁和锰离子的迁移，除与含水介质成分、径流条件、上覆土层性质、酸碱条件以及地下水中氯离子含量有关外，主要受还原环境控制。有的区域因具有较高的地下水位，大部分土层受地下水长期浸渍，使其逐渐转为低电位的还原环境。在还原环境中，低价态的铁锰含量增多，因此铁锰离子的迁移性增强；又由于水体中的有机质在微生物的作用下不断分解，产生大量的 $CO_2$，提高了水中 $HCO_3^-$ 的含量，生成大量的 $Fe(HCO_3)_2$ 和 $Mn(HCO_3)_2$，该物质易溶于溶液中而向地下水中迁移。

### （四）其他重金属

铅在地下水中的迁移方式可以分为机械迁移、物理化学迁移和生物迁移。这三种迁移方式之后是相互联系的，并在整个迁移过程中共同发挥作用的。机械迁移是指重金属以溶解态或颗粒态的形式随水流机械迁移，在水环境中扩散，使其在大范围内发挥环境效应。生物迁移是指重金属铅参与生物体的新陈代谢，在生物体内进行富集，通过食物链传递。物理化学迁移是指水中的颗粒悬浮物可能会与铅的各种形态结合，并发生反应，主要有吸附、解吸、溶解、沉淀、氧化还原、络合以及水解等方式。铅在水中的迁移受到不同环境因素的影响，例如 pH 值、温度、有机污染物、水中含有的其他重金属离子等。

### （五）有机污染物

有机污染物也是地下水中的一类重要污染物。生活污染源、工业污染源和农业污染源中有机污染物被淋渗进入含水层中，使得地下水中的有机污染物含量增加，并出现病原体。农药与化肥对地下水的污染较轻，并主要污染浅层地下水。污染途径大致可分为：①间歇入渗型；②连续入渗型；③越流型；④径流型。地下水一旦遭受有机污染就很难消除，因此必须以防为主，积极监测，一旦发现地下水遭受有机污染，应立即切断污染源并及时采取有效的防控措施。

根据有机污染物是否易于被微生物分解而将其分为生物易降解有机污染物和生物难降解有机污染物(持久性有机污染物)两类。根据有机污染物的挥发性，地下水有机污染物分为 VOCs 和 SVOCs 两类。地下水中常见的 VOCs 主要包括苯系物类(苯、甲苯、二甲苯等)、饱和或不饱和卤代有机物类(三氯乙烯、三氯甲烷、三氯乙烷)等；地下水中的 SVOCs 主要包括有机磷农药、有机氯农药、多环芳烃以及多氯联苯类等污染物。有机污染物进入地下水中也表现出不同的形态，其物理状态主要表现为：①溶解态。部分有机污染物溶解在地下水中，随地下水流动迁移；②吸附态。部分有机污染物进入地下环境中，吸附在含水层颗粒上；③挥发态。部分有机污染物进入地下水中，由于其挥发性，部分气化，向土壤中迁移；④自由态。大部分有机污染物为非亲水性和非溶解性，故大部分表现为自由态。对于 LNAPLs 来说，位于潜水面附近，随地下水流动迁移；而 DNAPLs 向下迁移，在相对隔水层滞留，并在重力作用下迁移。

有机污染物进入地下水中，不仅发生物理形态的变化，其迁移转化规律也被各种物理、化学及生物过程所控制，包括生物降解、非生物转化、水解、污染物随地下水的对流、机械弥散、分子扩散、稀释作用以及吸附解吸作用等。

(1)对流：污染物随地下水流以一定的流速一起运动的过程。

(2)分子扩散作用：地下水中的污染物由于分子的不规则运动，从高浓度区向低浓度区运动的过程。即使是在静止的条件下，也会发生物质的迁移，使污染物与地下水之间的分界面渐渐变得模糊不清，从而形成一个过渡带，并随着时间逐渐地扩展，这就是分子扩散引起的弥散现象。分子扩散通量可由费克(Fick)第一定律计算获得。

(3)弥散作用：它是由于污染物质点在微观尺度上因流速的变化而引起的相对于平均流速的离散运动。通常认为该过程始于不可逆过程。

(4)生物降解：地下水环境中的有机污染物会在微生物的作用下降解为无机物和合成新的细胞物质，从而使地下水中有机污染物的浓度降低。

(5)吸附作用：地下水环境中的有机污染物同重金属类似可被沉积物悬浮中的胶体物质所吸附而且水环境中滞留。

农药进入环境中可与多种环境介质发生作用。一部分农药会被作物截留，一部分农药则会进入土壤环境或水体中，从而间接进入地下水环境中。这主要与农药的理化性质和环境特征有关，例如农药的水溶性、蒸气压、水体的流动性等。水解是水体中农药转移的一个重要途径，它可以分为化学水解和生物水解。化学水解是农药在酸碱的影响下与水分子发生离子交换作用，即水分子中的 $H^+$ 和 $OH^-$ 分别与农药分子的两部分相结合，形成两个新的分子；该作用过程主要受农药化学结构、温度、pH、离子强度的影响。而生物水解是通过生物体内的水解酶将大部分非水溶性农药转变为亲水性的化合物，进而有利于生物体的吸收和排除，促进有机污染物被逐步降解。地下水沉积物对有机农药的吸附解吸过程也是一个重要途径。当水体环境处于相对稳定的状态时，一定浓度的农药会使水体沉积物的吸附解吸过程达到平衡；但当环境发生变化时，此平衡被打破，水体中的农药就会寻找一种新的平衡。

多环芳烃是一种持久性有机污染物，它对地下水环境也造成了一定程度的污染。进入地下水环境中的 PAHs 污染物在含水层介质中进行对流迁移、水动力弥散和被固相物质吸附产生迁移、滞留、发生化学反应转化或者被生物降解等。这些过程在 PAHs 的迁移转化中经常发生相互作用，共同影响有机污染物在地下水中的最终归宿；吸附和生物降解被认为是受污染地下水中多环芳烃的主要归宿。吸附过程可以被分为等温平衡吸附和非平衡吸附。生物降解过程是先经过包括单加氧酶作用在内的若干步骤生成双酚化合物，再在双加氧酶作用下逐一开环形成侧链，而后按直链化合物方式转化，发生矿化作用并最终分解为无机物 $CO_2$ 和 $H_2O$。

### 思考题

1. 简述土壤和地下水的污染源及其两者间的联系。

2. 土壤和地下水污染类型分别有哪些？

3. 简述 DNAPLs 在土壤-地下水中的迁移过程与特征。

4. 简述 LNAPLs 在土壤-地下水中的迁移过程与特征。

5. 简述土壤环境背景值及其研究意义。

6. 简述土壤环境背景值和地下水环境背景值及其特征。

7. 土壤污染具有哪些特征？

8. 地下水污染具有哪些特征？

9. 简述重金属在土壤中存在不同的结合形态及其研究意义。

10. 简述 Tessier 五步萃取法的土壤重金属形态提取过程。

11. 简述土壤中有机污染物的不同形态及其在土壤中的环境行为。

12. 铁进入地下水的途径主要有哪些？

13. 简述氧化还原条件对地下水中砷的释放迁移的影响。

14. 简述铬在地下水中的迁移过程及其主要特征。

15. 说明农药在地下水中的存在特征。

16. 简述农药与化肥对地下水的污染途径。

17. 简述地下水中的有机污染物的物理形态及特征。

18. 简述有机污染物进入地下水中的迁移转化规律。

19. 说明 PAHs 在地下水中的存在特征。

# 第五章　土壤和地下水中的重要无机污染物及特征

## 第一节　重金属污染概述

重金属污染指由重金属或其化合物造成的环境污染。主要由采矿、废水、废渣及废气排放、污水灌溉和使用重金属超标制品等人为因素所致。重金属是指密度在 $4.5g/cm^3$ 以上的金属，包括金、银、铁、铅、镉、铬、镍等。重金属污染与其他有机化合物的污染不同。不少有机化合物可以通过自然界本身的物理、化学或生物的净化作用而使其有害性降低或解除。而重金属由于其富集性和生物难降解性，很难在环境中自然衰减。目前由于重金属的开采、冶炼、加工过程中造成一些重金属如铅、汞、镉、钴等进入大气、水、土壤环境而引起严重的污染现象。如随废水排出的重金属，即使浓度较低，也可在藻类和底泥中积累，被鱼类和贝类的体表吸附，并逐渐产生食物链浓缩，从而造成严重的公共危害。水体中的重金属有利或有害不仅取决于金属的种类及理化性质，而且还取决于重金属的浓度及存在的价态和形态，即使有益的金属元素浓度超过某一阈值也会有剧烈的毒性，使动植物中毒，甚至死亡。重金属的有机化合物(如有机汞、有机铅、有机砷、有机锡等)常比相应的金属无机化合物毒性强得多；可溶态的金属又比颗粒态金属的毒性大。

重金属在人体内可与蛋白质及各种酶发生强烈的相互作用，使它们失去活性，也可能在人体的某些器官中富集，如果超过人体所能耐受的限度就会造成人体急性中毒、亚急性中毒、慢性中毒等，对人体会造成很大的危害。例如，日本发生的水俣病(汞污染)和骨痛病(镉污染)等公害病痛都是由重金属污染造成的。

重金属在大气、水体、土壤及生物体中广泛分布，而水体的底泥常常是重金属的储存库和归宿。当环境发生变化时，底泥中的重金属形态将发生转化并释放造成污染。重金属不能被生物降解，但具有生物累积性，可以直接威胁高等生物包括人类的健康和生存。重金属对土壤和地下水的污染具有不可逆转性，已受污染的土壤和地下水环境的治理难度很大。因此，土壤、地下水和底泥的重金属污染问题都需要关注并加强防控。

## 第二节　土壤和地下水中重金属污染物的环境行为

### 一、土壤中重金属污染物的环境行为

#### (一)土壤组成与污染物毒性

污染物进入土壤环境后，可与各种土壤组分发生物理化学与生物学反应，主要包括吸

附解吸、沉淀溶解、络合解络、同化矿化以及降解转化等过程。这些过程与土壤污染物的毒性和水溶态与交换态等存在形态具有紧密关系。一般认为，土壤中某污染物的水溶态或交换态的有效浓度越大，其对生物的毒性越大，而专性吸附态、氧化物态或矿物固定态含量越高，则其毒性越小。

1. 黏粒矿物对重金属毒性的影响

土壤中的黏粒矿物如层状铝硅酸盐和氧化物显著影响污染物吸附解吸行为及其毒性，铝硅酸盐可吸附重金属和离子态有机农药，氧化物可吸附氟、铝、砷和铬等含氧酸根（尤其是专性吸附），这些都对污染物可起到固定或暂时失活的减毒效应。氧化物对重金属的专性吸附与氧化物的交换量无关。专性吸附可显著降低重金属的生物毒性。重金属浓度低时，专性吸附量比较大。表5-1是不同土壤组分对重金属选择吸附和专性吸附的顺序。

表5-1　土壤成分对重金属选择吸附和专性吸附的顺序

| 土壤成分 | 选择吸附和专性吸附顺序 |
|---|---|
| 黏粒 | $Cr^{3+}>Cu^{2+}>Zn^{2+}\geq Cd^{2+}>Na^{+}$ |
| 土壤 | $Pb^{2+}>Cu^{2+}>Cd^{2+}>Zn^{2+}>Ca^{2+}$ |
| 泥炭土和灰化土 | $Pb^{2+}>Cu^{2+}>Zn^{2+}\geq Cd^{2+}$ |
| 针铁矿 | $Cu^{2+}>Pb^{2+}>Zn^{2+}>Co^{2+}>Cd^{2+}$ |
| 氧化铁凝胶 | $Pb^{2+}>Cu^{2+}>Zn^{2+}>Ni^{2+}>Cd^{2+}>Co^{2+}>Sr^{2+}$ |
| 氧化铝凝胶 | $Cu^{2+}>Pb^{2+}>Zn^{2+}>Ni^{2+}>Co^{2+}>Cd^{2+}>Sr^{2+}$ |
| 土壤有机物 | $Fe^{2+}>Pb^{2+}>Ni^{2+}>Co^{2+}>Mn^{2+}>Zn^{2+}$ |
| 富里酸(pH 3.5) | $Cu^{2+}>Fe^{2+}>Ni^{2+}>Pb^{2+}>Co^{2+}>Ca^{2+}>Zn^{2+}>Mn^{2+}>Mg^{2+}$ |
| 富里酸(pH 5) | $Cu^{2+}>Pb^{2+}>Fe^{2+}>Ni^{2+}>Mn^{2+}=Co^{2+}>Ca^{2+}>Zn^{2+}>Mg^{2+}$ |
| 胡敏酸(pH 4) | $Zn^{2+}>Cu^{2+}>Pb^{2+}>Mn^{2+}>Fe^{2+}$ |
| 胡敏酸(pH 5) | $Zn^{2+}>Cu^{2+}>Pb^{2+}>Mn^{2+}>Fe^{2+}$ |
| 胡敏酸(pH 6) | $Zn^{2+}>Cu^{2+}>Pb^{2+}>Fe^{2+}>Mn^{2+}$ |
| 胡敏酸(pH 7) | $Zn^{2+}>Cu^{2+}>Pb^{2+}>Fe^{2+}>Mn^{2+}$ |
| 胡敏酸(pH 8) | $Pb^{2+}>Zn^{2+}>Fe^{2+}>Cu^{2+}>Mn^{2+}$ |
| 胡敏酸(pH 9) | $Zn^{2+}>Pb^{2+}>Fe^{2+}>Cu^{2+}\geq Mn^{2+}$ |
| 胡敏酸(pH 10) | $Zn^{2+}>Fe^{2+}>Cu^{2+}>Pb^{2+}\geq Mn^{2+}$ |

土壤中的铁、铝氧化物是$F^-$的主要吸附剂。氧化物胶体表面与中心金属离子配位的碱性最强的A型羟基($—OH_2^+$)可与$F^-$发生配位交换反应，从而降低氟的毒性。氧化物对$F^-$的最高吸附量是$SO_4^{2-}$或$Cl^-$的3倍，也高于其他阴离子（如$PO_4^{3-}$、$AsO_3^-$、$Cr_2O_7^{2-}$等）。在吸附平衡溶液含$F^-$时，$Al(OH)_3$胶体吸附氟量和比埃洛石和高岭石高出数十倍甚至数百倍，这是红黄壤中的氟毒性低以及残留态氟易富集累积的原因。

$Cu^{2+}$被黏粒矿物吸附的顺序为高岭石>伊利石>蒙脱石。这是因为$Cu^{2+}$通过与硅酸盐表面的六配位被专性吸附，与矿物表面的羟基群及pH值有关，而不直接决定于黏土矿物的阳离子交换量(CEC)，但与盐基饱和度关系密切。不同类型的矿物和氧化物对 $Cu^{2+}$ 的吸附结合强度决定着土壤中被吸附 $Cu^{2+}$ 的解吸难易程度。用 1mol/L 的 $NH_4Ac$ 或螯合剂作为解吸剂，发现吸附在蒙脱石上的 98% 的 $Cu^{2+}$ 可较快解吸，而专性吸附于铁、铝、锰氧化物上的 $Cu^{2+}$ 的"惰性"极强，在一般条件下难以被置换，相当一部分 $Cu^{2+}$ 不能被同价阳离子所交换，只有通过强烈的化学反应才能被活化而释放出来。

黏粒矿物类型不同，影响土壤对农药的吸附。农药被土壤黏粒吸附后，其毒性大大降低。土壤对农药的吸附作用不仅影响农药的迁移，而且减缓其化学分解和生物降解速度，因而吸附量大时，其残留量也高。表 5-2 是不同类型黏粒矿物和 pH 对除草剂吸附的影响。

表 5-2　不同类型黏粒矿物和土壤 pH 对除草剂吸附量的影响

| 化合物 | 用量/(mg/km$^2$) | 黏土/pH | 在水溶液中的浓度/(mg/kg) | | | 吸附的比例/% | | |
|---|---|---|---|---|---|---|---|---|
| | | | 5.5 | 6.5 | 7.3 | 5.5 | 6.5 | 7.3 |
| DNC | 400 | 伊利石 | 0.07 | 0.19 | 6.70 | 99.0 | 97.0 | 0 |
| | | 高岭石 | 2.50 | 6.70 | 6.70 | 63.0 | 0 | 0 |
| | | 蒙脱石 | 0.06 | 0.18 | 6.70 | 99.1 | 97.0 | 0 |
| | | 伊利石 | 0.02 | 0.05 | 1.70 | 99.0 | 97.0 | 0 |
| 2,4-滴 | 400 | 伊利石 | 0.05 | 0.09 | 1.70 | 97.0 | 95.0 | 0 |
| 2,4,5-滴 | 400 | 蒙脱石 | 1.70 | 1.70 | 1.70 | 0 | 0 | 0 |
| 灭草隆 | 100 | 伊利石 | 0.07 | 0.07 | 0.08 | 96.0 | 96.0 | 95.0 |
| 敌草隆 | 100 | 蒙脱石 | 0.03 | 0.03 | 0.03 | 98.0 | 98.0 | 98.0 |
| Trietazine(三嗪) | 100 | 伊利石 | 0.01 | 0.02 | 0.04 | 99.6 | 99.6 | 99.0 |
| 西玛津 | 150 | 高岭石 | 0.07 | 0.14 | 0.14 | 97.0 | 97.0 | 95.0 |

### 2. 有机质对重金属毒性的影响

土壤中有机质组分对重金属污染物毒性的影响可通过静电吸附和络合(螯合)作用来实现。土壤有机质与重金属的吸附主要通过其含氧基团进行。羧基和酚羟基是两种腐殖酸的主要含氧基团，分别占其基团总量的 50% 和 30%，成为腐殖质金属络合物的主要配位基。

在二价离子中，$Cu^{2+}$ 与富里酸形成的络合物的稳定常数最大，是 $Zn^{2+}$ 的 3 倍多。一些二价离子与富里酸形成的络合物的稳定常数在 pH 3.5 时为：$Cu^{2+}(5.78)>Fe^{2+}(5.06)>Ni^{2+}(3.47)>Pb^{2+}(3.09)>Co^{2+}(2.20)>Ca^{2+}(2.04)>Zn^{2+}(1.73)>Mn^{2+}(1.47)>Mg^{2+}(1.23)$；在 pH 5.0 时为：$Cu^{2+}(8.69)>Pb^{2+}(6.13)>Fe^{2+}(5.77)>Ni^{2+}(4.14)>Mn^{2+}(3.78)>Co^{2+}(3.69)>Ca^{2+}(2.92)>Zn^{2+}(2.34)>Mg^{2+}(2.09)$。当土壤 pH 上升时，生成的络合物的稳定性增加。

胡敏酸和富里酸可以与金属离子形成可溶性的和不可溶性的络合(螯合)物，主要取决于其饱和度。富里酸比胡敏酸的金属离子络合物的溶解度大，这里因为前者酸度大且分子质量较低。金属离子也以各种方式影响腐殖质的溶解特性。当胡敏酸和富里酸溶于水中时，其—COOH 发生解离，由于带电基团的排斥作用，分子处于伸展状态，当外源金属离子进入时，电荷减少、分子收缩凝聚，导致溶解度降低。金属离子也能将胡敏酸和富里酸分子桥接起来成为长链状结构化合物。在较低的金属/胡敏酸的比例条件下，金属–胡敏酸络合物是水溶性的。但当其链状结构增加，本身自由的—COOH基团因金属离子 M 的桥合作用而变为中性时，就会发生沉淀作用，并受土壤中离子强度、pH 和胡敏酸浓度等因素影响。

### （二）土壤酸碱性与污染物转化及毒性

土壤酸碱性通过影响组分和污染物的电荷特性、沉淀溶解、吸附解吸和络合解络等平衡过程来改变污染物的毒性，土壤酸碱性还通过土壤微生物的活性来改变污染物的毒性。土壤溶液中的大多数重金属元素在酸性条件下以游离态或水化离子态存在，其毒性较大；而在中性和碱性条件下则易生成难溶性氢氧化物沉淀，毒性大为降低。重金属离子可与 OH⁻ 等阴离子生成沉淀，可用溶度积常数（$K_{sp}$）来估测。常见的重金属离子与一些阴离子的溶度积常数见表5-3[55]。土壤酸碱性对阴阳离子浓度有影响，pH 升高导致 OH⁻ 上升，使重金属离子的毒性或活性大为降低。

表5-3 常见重金属沉淀的溶度积常数（p$K_{sp}$，18~25℃）

| 离子 | Cd | Co | Cr | Cu | Hg | Ni | Pb | Zn |
|---|---|---|---|---|---|---|---|---|
| $AsO_4^{3-}$ | 32.66 | 28.12 | 20.11 | 35.12 | | 25.51 | 35.39 | 26.97 |
| $CN^-$ | 8.0 | | | 19.94 | 39.3(+1价) | 22.5 | | 12.59 |
| $CO_3^{2-}$ | 11.28 | 9.98 | | 9.63 | 16.05(+1价) | 6.87 | 13.13 | 10.84 |
| $CrO_4^{2-}$ | 4.11 | | | 5.44 | 8.7(+1价) | | 13.75 | |
| $Fe(CN)_6^{4-}$ | 17.38 | 14.74 | | 15.89 | | 14.89 | 18.02 | 15.68 |
| $O^{2-}$ | | | | 14.7 | 25.4 | | 65.5(+4价) | 53.96 |
| $OH^-$ | 13.55 | 14.8 | 30.2 | 19.89 | | 14.7 | 14.93 | 16.5 |
| $S^{2-}$ | 26.1 | 20.4(α) | | 35.2 | 52.4 | 18.5(α) | 27.9 | 23.8(α) |
| | | 24.7(β) | | 47.6(+1价) | 51.8 | 24.0(β) | 26.6 | 21.6(β) |
| $PO_4^{3-}$ | 32.6 | 34.7 | 17.0 | 36.9 | | 30.3 | | 32.04 |
| $HPO_4^{2-}$ | | 6.7 | | | 12.4 | | 9.90 | |

注：未说明价数者为金属正常价态（Cr 为+3价，其他为+2价）。

土壤 pH 值对土壤中的重金属离子的水解及其产物的组成和电荷有极大的影响。在 pH<7.7 的溶液中，锌主要以 $Zn^{2+}$ 存在；在 pH>7.7 时，以 $ZnOH^+$ 为主；在 pH>9.11 时，则以电中性的 $Zn(OH)_2$ 为主。在一般的土壤 pH 范围内，$Zn(OH)_3^-$ 和 $Zn(OH)_4^{2-}$ 不会成为土壤溶液中的主要络离子。对 Pb 来说，当 pH<8.0 时，溶液中以 $Pb^{2+}$ 和 $Pb(OH)^+$ 占优势，其他形态的铅如 $Pb(OH)_3^-$、$Pb(OH)_2$、$Pb(OH)_4^{2-}$ 较少。对 Cu 而言，当 pH<6.9 时溶液中主要是 $Cu^{2+}$，pH>6.9 时主要是 $Cu(OH)_2$，而 $Cu(OH)_3^-$、$Cu(OH)_4^{2-}$ 和 $Cu(OH)_2^{2+}$ 在土壤条件下一般不重要。

土壤酸碱性对土壤微生物的活性、对矿物质和有机质的分解都起着重要作用。它可通过对土壤中进行的各项化学反应的干预作用而影响组分和污染物的电荷特性，沉淀溶解、吸附解吸和配位解离平衡等，从而改变污染物的毒性。同时，土壤酸碱性还通过土壤微生物的活性来改变污染物的毒性。

土壤酸碱性也显著影响铬和砷等的含氧酸根阴离子在土壤溶液中的存在形态，影响它们的吸附和沉淀等特性。在中性和碱性条件下，Cr(Ⅲ)可被沉淀为$Cr(OH)_3$。在碱性条件下，由于$OH^-$的交换能力强，可使土壤中的可溶性砷的比例显著增加，从而增加砷的生物毒性。

此外，有机污染物在土壤中的积累、转化和降解也受到土壤酸碱性的影响。例如，有机氯农药在酸性条件下的性质稳定、不易降解，只有在强碱性条件下方可实现加速代谢。又如，持久性有机污染物五氯酚(PCP)，在中性及碱性土壤环境中常呈离子态，移动性大，易随水流失；而在酸性条件下则呈分子态，易为土壤吸附而使其降解半衰期增加。有机磷和氨基甲酸酯农药大部分在碱性环境中易于水解，但农药"地亚农"则更易于发生酸性水解反应。

### (三)土壤氧化还原性与污染物转化及毒性

土壤的氧化还原性主要用其氧化还原电位$E_h$(mV)值表达，它是一个综合性指标，主要决定于土体内的水气比例。但土壤中的微生物活动、易分解有机质含量、易氧化与易还原的无机物含量、植物根系的代谢作用及土壤pH等与$E_h$关系密切，对污染物毒性有显著影响。

土壤中大多数重金属污染元素是亲硫元素，在农田厌氧还原条件下易生成难溶性硫化物，降低其毒性与危害。土壤中低价硫$S^{2-}$来源于有机质的厌氧分解与硫酸盐的还原反应，当水田土壤$E_h$值低于$-150mV$时，$S^{2-}$生成量可达0.2mg/g土。当土壤转为氧化状态时，难溶硫化物逐渐转化成易溶硫酸盐，则其生物毒性增强。土壤中硫化物的形成也可影响铜的溶度，当$[pE+pH]>14.89$时，$Cu^{2+}$受土壤胶体上吸附的铜所控制；在$[pE+pH]$为$11.5\sim4.73$范围内，磁铁矿控制铁的活度。

砷可以$-3$、$0$、$+3$及$+5$这4种价态存在。其中3价砷比5价砷的毒性大很多倍。在土壤溶液中，$+3$和$+5$价态砷对氧化还原状况相当敏感。在酸性条件下，在25℃时，As(Ⅴ)和As(Ⅲ)互相转化的临界$E_h$可用Nernst方程进行估算，土壤$E_h$值不仅取决于砷的标准氧化还原电位$E^0$，还与pH和不同价态砷的浓度比有关。通过热力学方法研究含砷物质在土壤中的稳定性，在通气良好的碱性土壤中，$Ca_3(AsO_4)_2$是最稳定的含砷化合物，其次是$Mn_3(AsO_4)_2$，后者在碱性和酸性环境中均可能形成。土壤矿物质对As(Ⅲ)的氧化作用具有一定的影响。土壤中的$\delta-MnO_2$对As(Ⅲ)有一定的氧化能力，$\delta-MnO_2$对As(Ⅲ)的氧化反应在开始1h内反应速率较快，之后反应速率较慢，并符合方程：$In[As(Ⅲ)]=-K_t+C$；$K$为反应速率常数，$C$是常数。土壤中As(Ⅲ)被氧化为As(Ⅴ)，其毒性显著降低。

铬在土壤中的迁移转化作用主要受土壤pH值和$E_h$值的控制，同时还受土壤有机质、无机胶体组成和土壤质地等因素的影响。Cr(Ⅲ)和Cr(Ⅵ)在适当土壤环境下可相互转化，根据Nernst方程可从不同土壤pH值估算Cr(Ⅲ)和Cr(Ⅵ)转变的土壤临界$E_h$值。根据计算结果，当土壤pH值分别为3、4、5、6、7、8、9、10和11时，其$E_h$值分别为920mV、779mV、640mV、504mV、366mV、352mV、273mV、194mV和116mV。

### (四)土壤质地和土体构型与污染物迁移转化

土壤质地的差异,形成不同的土壤结构和通透性状,因而对环境污染物的截留、迁移和转化产生不同的效应。黏质土类,颗粒细小,含黏粒多,比表面面积大,黏重,大孔隙少,通气透水性差,能把水中的悬浮物阻留在土壤表层。由于黏土类富含黏粒,土壤物理性吸附、化学吸附及离子交换作用强,具有较强保肥、保水性能,同时也把进入土壤中污染物质的有机离子和无机分子离子吸附到土粒表面保存起来,增加了污染物转移的难度。

土壤黏粒以 2∶1 型的蒙脱土为主的土壤吸附量大,被吸附的重金属呈较稳定状态。例如,表 5-4 表明[56],<0.001mm 的黏粒含量从 13.4%到 56.4%,土壤汞的数量比从 1 增加到 2.72;而麦粒中汞的含量随土壤黏粒增加而减少,麦粒中 Hg 含量的比值从 1.0 下降到 0.65 和痕量。

表 5-4　矿物黏粒的数量和 Hg 的含量与迁移特征

| 土壤号 | <0.001mm 黏粒含量/% | Hg 含量相对值 | |
|---|---|---|---|
| | | 土壤 Hg | 麦粒 Hg |
| 1 | 13.4 | 1.00 | 1.00 |
| 2 | 28.4 | 1.90 | 0.95 |
| 3 | 34.5 | 2.60 | 0.65 |
| 4 | 56.4 | 2.72 | 痕量 |

因土壤的质地不同,进入土壤的砷污染物的转化类型亦不同,对生物的毒性也不同。土壤质地越细,黏粒越多,As(Ⅴ)被铁锰氧化物吸附的数量就越多,而 As(Ⅲ)的 O-As 的转化率与黏粒含量关系不大。在黏土中加入砂粒,相对减少黏粒含量,增加土壤通气孔隙,可以减少对污染物的分子吸附,提高淋溶的强度,可促进污染物的转移,但因此也更易导致地下水被污染。砂质土类,黏粒含量少,砂粒含量占优势,通气性、透水性强,分子吸附、化学吸附及交换作用弱,对进入土壤中的污染物的吸附能力弱,对污染物的持留能力较差,同时由于通气孔隙大,污染物容易随水淋溶及迁移。因此,砂质土类的优点是污染物容易从土壤表层淋溶至下层,减轻表土污染物的量及其危害;缺点是有可能进一步污染地下水,造成二次污染。实际上,砂土类土壤淋失的氮素远大于壤土和黏土类。因此,若常年在砂土中施入氮肥,土壤深层会发生氮素(硝酸盐为主)的累积,引起地下水污染。壤土的性质介于黏土和砂土之间,其性状差异取决于壤土中的砂与黏粒含量的比例,黏粒含量多,性质偏黏土类,砂粒含量多则偏砂土类。

土壤的剖面构造是土壤最典型、最综合的特征之一。从地面向下一直到母质层的垂直断面称为土壤剖面。它是由形态上和性质上各不相同的土层组合而成的,并在土体中按一定的上下层次排列,构成一个相互关联的整体。土壤中这些层次的数量、组合特点和显现程度等综合特征被称为土壤的剖面构造或土壤构造。不同的土壤具有不同的剖面构造特征。它们是在土壤形成过程中物质发生移动和转化、淋溶与积聚等作用造成的结果。因此,土壤剖面又称为发生剖面,其中的层次称为发生层。土壤质地的层次组合主要是成土过程和母质沉积过程所致,人为的影响甚少;土壤质地在剖面上的分布不同,形成不同的土体构型，因而引起通气性与透水性的差异。自然土壤中的淋溶土类的淀积层和农业土壤型底层，由于黏粒、淀积物质多或犁底层挤压，土层紧实，通透性弱，成为表层淋溶物质的接纳层，阻隔了可溶性及非可溶物质向下迁移；在污染区可能导致土壤污染物的富集。打破土壤黏土隔层和犁底层，可以增加土壤通透性，改善土壤水渗透强度和污染物质向下迁移的条件，但应注意防止对地下水的污染问题。

### （五）土壤生物活性与污染物转化

植物、动物和微生物等土壤生物是土壤环境形成过程中最活跃且具有控制作用的因素，主要体现在以下几个方面。①植物利用太阳能、水和 $CO_2$ 进行光合作用，并吸收矿物质营养元素构成机体使自身发育壮大，死亡后回归大地，直接被分解转化成为简单的可被植物利用的氮、磷、钾等营养元素，也可形成较复杂的难分解的有机质而成为土壤腐殖质，腐殖质可再被分解成简单的营养物质而供植物吸收利用；②由于植物对营养元素的选择性吸收，通过庞大的根系使分散于土壤下部的营养物质相对集中并累积到上部土层中；③动物和植物残体形成的腐殖质与土粒结合形成良好的土壤结构，综合运用了土壤中的水、肥、气及热等条件。因此，土壤母质中有了生物的参与活动才具有了供应与协调植物营养的能力，并使其水平不断提高。

土壤动物作为生态系统物质循环中的重要分解者，在生态系统中起着重要的作用，一方面它们积极利用各种有用物质建造壮大自身，另一方面又将其排泄物归还到环境中以肥沃土壤，还有它们在不断地改造其周围的土壤环境。它们同环境因子间存在相对稳定且密不可分的关系。土壤中数量庞大的各类动物，在其消化和搬运动植物体的过程中，起到搅匀土壤和分解有机质的作用，可促进土壤的形成，不断提高土壤环境的质量。达尔文曾阐述了蚯蚓对土壤的影响，蚯蚓生长量大，一条蚯蚓一生可吃进大量的有机质和矿物质并产生相应的排泄物，形成团粒状结构；蚯蚓生活中可通过翻动土壤增加了土壤的通气与透水性能，从而改良土壤。

微生物在土壤环境形成过程中起到了重要及决定性作用。这是因为土壤微生物分解有机质并释放营养元素，同时合成腐殖质，提高土壤的有机无机胶体含量，改善土壤物理化学性质；固氮微生物可固定大气中游离的氮素；细菌可分解并释放矿物中的元素，丰富土壤环境中的营养成分与含量。土壤微生物是污染物的"清洁工"，它们参与污染物的转化，在土壤自净过程及减轻污染物危害方面发挥着重要作用。例如，氨化细菌对污水与污泥中的蛋白质及含氮化合物的降解转化作用可较快地消除蛋白质腐烂过程产生的污秽气味。微生物对农药等有机污染物的降解作用可使土壤逐渐被净化。

土壤微生物学研究是环境土壤学研究的重要领域。其中，根际微域中的土壤微生物种群及活性的变化、污染物的根际效应与根际污染物的微生物代谢消解等的研究都很重要。根际是指植物根系活动的影响在物理、化学和生物学性质上不同于土体的动态微域，它是植物土壤微生物与环境交互作用的场所。有别于一般土体，根际中根分泌物提供的特定碳源及能源使根际微生物数量和活性明显增加，一般为非根际土壤的 $5 \sim 20$ 倍，甚至可达百倍以上。而且植物根的类型（直根、丛根、须根）、植物年龄、不同植物的根（如有瘤或无瘤）以及根毛的数量等，都可影响根际微生物对特定有机污染物的降解速率。例如，有研

究者发现 $^{14}C-PCP$（五氯苯酚）在有冰草生长的土壤中的消失速度是无植物区的 3.5 倍；阿特拉津在植物根区土壤中的半衰期较无植物对照土壤缩短约 75%；多种作物的根际都能够提高三氯乙烯（TCE）的降解效能。此外，根际微域中土壤 pH、$E_h$、湿度、养分状况及酶类活性也是植物存在的影响参数。根向根际中分泌的低分子有机酸（如乙酸、草酸、丙酸、丁酸等）可与 Hg、Cr、Pb、Cu、Zn 等元素的离子进行配位反应，并可导致土壤中的重金属生物毒性的变化。根与土壤理化性质的不断变化导致土壤结构和微生物环境也随之变化，从而使污染物的滞留与消解作用不同于非根际的一般土体。因此，根际效应所营造的土壤根际微生物种群及其活性的变化使得土壤重金属及有机农药等污染物快速消解，并逐渐推动了环境土壤学与环境微生物等相关学科的不断交叉融合与进步。

综上所述，土壤环境中的生物体系是土壤环境的重要组成部分和物质能量转化的重要因素。土壤生物是土壤形成、养分转化、物质迁移以及污染物降解、转化与固定的重要参与者，并主宰着土壤环境物理化学和生物化学过程、特征和结果，土壤生物的活性直接影响着污染物在土壤中的迁移转化、降解削减与归宿。

## 二、地下水中重金属污染的环境行为

重金属和类金属等无机污染物一旦进入水环境则难以被生物降解，主要通过沉淀溶解、氧化还原、配合作用、胶体形成、吸附解吸等一系列物理化学作用进行迁移转化，参与和干扰各种环境地球化学过程以及物质循环过程，逐渐以一种或多种形态长期存留于环境中，对环境造成难以消除的危害或潜在风险。重金属在水中的迁移转化受 pH、$E_h$、温度、离子强度及有机质等条件的影响[57]。

1. pH 对重金属的影响

天然水体的 pH 值通常在弱酸性-弱碱性之间（6.5~8.5）。pH 值的变化可影响重金属污染物的价态和迁移能力，常常导致一些重金属的溶解和沉淀，从而对污染物的迁移和富集产生影响。pH 值降低可导致碳酸盐和氢氧化物的溶解，$H^+$ 的竞争作用增加了重金属离子的解吸量。在一般情况下，沉积物中重金属的释放量随着反应体系 pH 值的升高而降低。其原因既有 $H^+$ 离子的竞争吸附作用，也有在低 pH 条件下致使重金属难溶盐类以及配合物的溶解等。因此，在接纳酸性废水排放的水体中，水中重金属的浓度常常比较高；在中性和弱碱性条件下，重金属离子容易发生水解，产生水解产物氢氧化物。这些影响作用也会直接影响到地下水环境发生变化。

2. $E_h$ 对重金属的影响

在湖泊、河口及近岸沉积物中一般均有较多的耗氧物质，使一定深度以下沉积物的 $E_h$ 值快速降低，并将使铁和锰的氧化物部分或全部溶解，因此使得被其吸附或与之共沉淀的重金属离子也同时被逐渐释放出来。

3. 温度对重金属的影响

重金属在水中固体颗粒上的吸附与解吸过程中，一般情况下，吸附属于放热过程，解吸属于吸热过程，所以温度对重金属的存在状态具有一定的影响，温度升高常有利于重金属的解吸作用。

### 4. 离子强度对重金属的影响

离子浓度的增加可与重金属离子竞争吸附点位，溶液总离子强度的增加可降低溶液的活化系数，从而降低重金属的吸附作用。另外，较高的离子强度对吸附剂表面双电层的压缩作用也将使其解体，因而可促进重金属离子的解吸作用。

### 5. 有机质对重金属的影响

有机质可增加沉积物中的重金属的释放量，促进污染物的迁移转化作用，其主要途径为：①有机质可使金属氧化物中的金属还原为低价态，增加其溶解性，释放出氧化物上吸着的重金属污染物；②有机酸可以和重金属离子形成可溶性络合物和胶体悬浮物。另外，有机质与重金属污染物还可因形成重金属有机污染物而改变其污染程度及范围。

# 第三节　工业企业重金属对土壤和地下水的污染特征

## 一、工业区重金属污染概述

随着我国工业化水平的不断发展和工业企业数量与规模的快速增加，一些环境污染问题也逐渐显现出来，例如电镀工业在生产过程中因使用大量重金属溶液、强酸强碱等化学用品，电镀行业排放的重金属废水、固体废物废渣以及酸性废水废气等大量有毒物质已经造成了严重的环境问题，其中最为严重的就是土壤的重金属污染问题[58]。

工业区土壤重金属污染指的是工业生产与处理过程中产生的污染物质所造成的重金属超标进入土壤环境的现象。它是因为传统工业技术问题、工业区管理问题或土地利用设计问题而引起的污染。有些工业企业在生产过程中未充分考虑对环境的危害，没有采用科学化的污染物处置方法。据统计，全世界汞、镍、铅和锰平均年排放量分别约为 1.5 万 t、100 万 t、500 万 t 和 1500 万 t。食品安全问题刻不容缓，每年因土壤重金属污染所导致的经济损失严重，土壤重金属污染给农作物造成的影响相当巨大，进而会直接导致人民群众的生命财产安全受到不良影响。因此，对于重金属土壤修复技术的研究具有极其重要的意义。

工业区重金属的排放对水环境的污染也应受到重视。在工业化发展的过程中，工业企业在正常生产运营时出现的"三废"排放可能导致周围环境产生较大的压力，尤其在经济发展水平较薄弱的地区，对于水污染环境监测方面应在常规督查和抽查等多方面加强管理。水污染问题严重，水体自身净化能力有限，逐渐导致工业企业周边出现水环境污染问题。由于重金属具有显著的生物毒性，汞、镉、铬、铅和砷在水环境中备受关注。重金属水污染主要来源有金属冶炼业、电镀行业、矿物开采、纺织业及化工行业等。工业企业重金属污染的问题不仅在国内引起了广泛关注，在国外也发生过许多令人恐怖的重金属污染事件。例如 20 世纪比较典型的因美国工厂排放含铬废水导致 Cr(Ⅵ)污染水体而致使附近居民癌症高发以及日本的"骨痛病"与"水俣病"等。

## 二、工业重金属污染的来源

工业重金属污染主要来源于煤矿开采、有色金属冶炼、化工生产、加工、电镀与制革等很多行业。因生产工艺落后以及生产过程中所产生的大量废渣长期堆积，经降水淋滤作用渗入土壤中，另外通过灌溉及渗透等方式逐渐污染土壤，导致土壤中的重金属污染物严重超标。工业废水中的污染物涉及的无机物主要有汞、镉、砷、铅、铬等，这些污染物严重地损坏了水环境。还有，我国以前在进行工业建设及经济发展的过程中采用的粗放型管理，并未及时净化处理工业废水，就使水资源不断受到工业废水中重金属及其化合物污染的影响，很多工业企业还有废水二次运用的问题，也进一步增加了水环境的污染程度。工业用地重金属的主要来源详见表5-5[58]。

表5-5　工业用地重要重金属的主要来源

| 污染物 | 工业用地土壤污染物筛选值/管制值①/（mg/kg） | 主要来源 |
| --- | --- | --- |
| Cd | 65/172 | 铅锌矿开采及冶炼、合金钢生产与加工、化工业、电子业、镀镉厂、电池、染料、农药、油漆、玻璃、陶瓷等生产和加工 |
| Hg | 38/82 | 塑料、电子等工业、废旧医疗器械、触媒催化剂的制作，其防腐剂燃煤电厂是全球汞排放最大来源 |
| Cr(Ⅵ) | 5.7/78 | 劣质化妆品原料、金属加工、镀铬、冶金、水泥、皮革制剂等工业以及煤和石油燃烧的废气 |
| Pb | 800/2500 | 油漆、涂料、蓄电池、冶炼、五金、机械、电镀、燃煤、汽车尾气（四乙基铅）的排放等 |
| As | 60/140 | 含砷农药的生产和使用、有色金属的开发和冶炼、矿山、化工含砷废水排放以及燃煤排出的含砷飘尘的降落和危废治理业 |
| Ni | 900/2000 | 矿业开采、冶炼加工、电池、机械、镀镍、石油和煤炭加工炼制 |

①根据我国现行的土壤污染调查的评价标准《土壤环境质量　建设用地土壤污染风险管控标准（试行）》（GB 36600—2018）。

梁敏静等[59]对广州郊区的电镀工业区、印染纺织企业、五矿稀土公司三类企业周边的土壤进行了重金属污染调查，结果显示印染纺织业与稀土工业周边土壤重金属含量比电镀工业区相对较低，印染纺织业周边土壤 Cd、Cu、Zn 污染较为明显，稀土工业周边土壤点位的 Cd、Pb 污染较明显；电镀工业周边土壤各类重金属（Hg、Pb 除外）污染均明显。

## 三、工业企业重金属对土壤和地下水的污染特征

不同类型工业用地的重金属污染状况存在一定差异，因此目前已有很多针对不同行业土壤和地下水重金属污染情况的研究[59,60]。如研究发现垃圾处理园区周边地下水中的重金属污染物主要为 Zn 和 Ni，土壤中的污染物主要为 Cr、Cu、Ni、Pb、As 和 Cd，同时指出重金属在土壤剖面中存在明显的纵向迁移现象[61]。我国制革场地土壤和地下水受重金属 Cr 污染严重，土壤以 Cr(Ⅲ) 污染为主，地下水中的铬含量与形态受到土壤铬分布、污染

时间、水文地质等因素的共同影响[62]。电镀场地土壤和地下水中的重金属含量均超标的污染物为 Ni 和 Cr，场地内酸性土壤和地下水的氧化环境有利于 Ni 与 Cr 的垂向迁移[63]。此外，其他工业用地土壤和地下水也出现不同程度的重金属累积现象。

## (一)重金属污染物在土壤中的特征

重金属在土壤中具有积累时间长、破坏力强、隐蔽性高等特点。虽然土壤作为生态系统的重要组成部分，具有自身的净化功能，但面对强大的重金属污染，土壤自身所具有的净化功能也是无能为力的。土壤重金属污染难以被微生物降解，它在土壤中不断积累，可能转化为毒性更强的烷基化合物，还会改变土壤的理化性质，并对土壤微生物群落结构产生毒害作用，影响土壤的生物学特性和生态结构的稳定性。Zn 与 Cu 等重金属是动植物身体中蛋白质和生物酶等组织的组成成分，但其他绝大多数重金属没有任何有益的生理功能，在人体中的过量积累会导致许多疾病。Cd 在人体内的积累可导致肾脏、骨骼和肺损伤，Pb 可损害中枢神经系统、肾脏和造血系统等。As 在土壤中多以含氧阴离子形式存在，As 在土壤中的吸附和迁移受土壤胶体性质(如水合作用、pH 值、特异性吸附、阳离子配位变化、同晶置换和结晶度等)的影响较大，导致 As 在土壤中的吸附和迁移缺乏规律性，与其他重金属有一定差别。而食物链则是人体接触重金属的主要途径[59]。

重金属在土壤中的空间分布不均匀，随着垂直深度的加深，重金属含量逐渐降低，垂向土壤受人为活动影响逐渐降低。这可能是因为工业生产活动中的不慎泄漏或排放的重金属污染物首先富集在土壤表层，之后在降雨淋溶等水力作用下发生纵向迁移，但黏土层的阻滞作用导致其无法充分下渗，因此深层土壤与饱和带土壤受人为活动的影响逐渐降低。

## (二)重金属污染物在地下水中的特点

水污染中含有的重金属元素，大多通过食物链的方式对人类及自然生物产生毒害作用，不同的重金属进入生物体后具有不同的毒性，一般会直接制约生物体内部酶的活性，使酶蛋白中的基键失活。地下水中重金属，尤其是 As、Cr、Pb 和 Ni 元素受人类活动影响较大。地下水中 Cr 污染主要来源于金属加工行业，As 主要来源于化工和危废治理行业，Ni 主要来源于金属加工和危废治理行业，Pb 在这几个行业相关的地下水中均有不同程度的累积。

## (三)土壤-地下水污染系统耦合研究

金属加工行业造成的土壤和地下水重金属污染最为严重，主要污染物为 Cr、Pb 和 Ni 三种重金属在不同深度的土壤和地下水中均具有显著累积趋势，且部分点位的土壤和地下水均达到重度污染等级，存在着水土复合污染。土壤和地下水中的主要污染物各不相同，化工行业土壤中的主要污染物为 Cd、Pb 和 Ni，而其地下水中的主要污染物为 As 和 Pb；危废治理行业土壤中的主要污染物为 Hg 和 Cd，其地下水主要污染物为 Ni 和 Pb。

工业企业的水土复合污染可能与土壤重金属的含量和迁移性有密切关系。一方面，金属加工行业水土复合污染点位主要出现在电镀车间的位置，这些车间普遍存在镀铬、镀镍等生产活动，涉及大量硫酸、盐酸和重金属原料使用，产生多种富含重金属的酸性电镀废水。由于生产和排污过程中可能有原料和废水泄漏现象，导致表层土壤重金属含量远超背景值。另一方面，电镀废水的排放导致土壤呈现较强的酸性环境，而 Pb、Cr 和 Ni 在酸性土壤中主要以弱酸提取态为主，迁移能力强且不易被土壤吸附，若污染区包气带厚度小、地下水埋深浅，那么高浓度重金属较易迁移至饱和带土壤并解吸释放进入地下水[60]。

化工和危废治理行业与金属加工行业不同，土壤重金属污染主要集中在表层，且处于轻度污染水平，重金属大多被黏土层阻隔而未迁移至含水层，因此地下水中的主要污染物与土壤不同，其地下水污染物可能主要来自地埋式构筑物中的污染物泄漏等直接污染，而非土壤污染物的迁移下渗。

此外，水土复合污染现象还与企业管理情况密切相关。金属加工行业企业规模较小、成立时间较早且地点分散，因缺乏统一规划与管理，发展相对粗放，部分企业存在防渗措施不到位、原辅材料存储不规范或废水处理不当等现象，导致电镀三废中的重金属污染物进入并累积于土壤和地下水中；而化工和危废处理企业规模较大，分布较集中，受到重点监管并配置有比较齐全的防渗和三废处理设施，因此土壤和地下水污染程度较轻，未出现水土复合污染现象。

# 第四节　电子垃圾对土壤和地下水的重金属污染特征

## 一、电子垃圾的概念和污染物质

电子垃圾（e-wastes）常被称为电子废弃物（Waste Electrical and Electronic Equipment，WEEE），是指废弃的电子电器产品、电子电气设备（以下简称产品或设备）及其废弃零部件、元器件和国家环保总局会同有关部门规定纳入电子废物管理的物品及物质。包括工业生产活动中产生的报废产品或设备、报废的半成品与下脚料，产品或设备维修、翻新、再制造过程产生的报废品，日常生活或为日常生活提供服务的活动中废弃的产品及设备，以及法律法规禁止生产或进口的产品及设备等。电子垃圾已成为全球增长速度最快的固体废弃物。发达国家常将大部分电子垃圾出口到发展中国家，特别是中国、印度等亚洲地区。联合国环境规划署报告显示，全世界有 80% 的电子垃圾出口到亚洲，其中大部分被出口到中国。随着人们对电子产品的需求越来越高，我国电子垃圾年产量达到 100 万 t 以上，同时还以 5% 的速度增长。

电子垃圾中含有大量的重金属污染物，由于传统的拆解方法缺乏严格规范的流程，拆解产生的金属污染物经常无序排放进入环境，并对环境造成了危害。以电脑为例，电脑材料主要是金属、玻璃和塑料，目前已基本废弃的带显像管显示器台式电脑需要 700 多种化学原料，其中一半以上对人体有害，主要包括的重金属污染物有：①废显示器中的显像管含有大量的铅和钡等，氧化铅在管锥和管颈的含量分别为 22.3% 和 32.5%，氧化钡则占管屏重量的 5.7%。废弃电脑和显示器的含铅量已占美国垃圾总含铅量的 40%。②主机中的各种板卡含有铜、镉、汞、砷、铬及锡等重金属污染物。在大约 1t 随意收集的电子板卡中可以分离出 130kg 铜、0.5kg 黄金、20kg 锡、58kg 汞、24.6kg 镉以及其他物质。③中央处理器上的芯片和磁盘驱动器中含有汞和铬，半导体器件、SMD 芯片电阻和紫外线探测器中含有镉，电池含有镍和镉等。电子废弃物中的主要污染物具体见表5-6。

**表5-6　电子废弃物中存在的污染物**

| 污染物 | 电子废弃物 |
|---|---|
| 卤化物 | |
| 聚氯乙烯 | 电缆绝缘 |
| 多溴二苯醚 | |
| 多溴联苯 | TBBA 是目前印刷电路板和外壳中使用最广泛的阻燃剂。 |
| 四溴双酚 A | 塑料阻燃剂(热塑性塑料部件、电缆绝缘) |
| 氯氟烃 | 绝缘泡沫，冷却装置 |
| 多氯联苯 | 变压器、冷凝器 |
| 重金属和其他金属 | |
| 砷 | 发光二极管中少量形式的砷化镓 |
| 钡 | CRT 中的 Getters |
| 铍 | 包含可控硅整流器和 X 射线透镜的电源盒 |
| 镉 | 可充电镍镉电池、荧光层/CRT 屏幕、打印机墨水/碳粉、复印机/打印机鼓 |
| 铬(VI) | 数据磁带、软盘 |
| 铅 | CRT 屏幕、电池、印刷线路板 |
| 锂 | 锂电池 |
| 汞 | LCDs 中或某些碱性电池和汞润湿开关中提供逆光的荧光灯 |
| 镍 | 可充电镍镉电池或镍氢电池，CRT 中的电子枪 |
| 稀土元素(钇、铕) | 荧光层(显微光屏) |
| 硒 | 较旧的复印机(照片鼓) |
| 硫化锌 | 与稀土金属混合的 CRT 屏幕内部 |
| 其他 | |
| 碳粉 | 用于激光的打印机/复印机的碳粉匣 |
| 放射性物质镅 | 医疗设备、火灾探测器、烟雾探测器中的主动传感元件 |

## 二、电子垃圾重金属对土壤的污染

由于电子垃圾本身含有众多的重金属等持久性有毒污染物(Persistent Toxic Substances, PTS)，发展中国家对它们采用原始与低级工艺的处理方式，落后的处理工艺不仅会将电子垃圾中的许多污染物直接排入环境，同时还产生了部分原本没有的毒害污染物，从生产、销售、修复、处置和回收过程等各种电子活动都会对土壤造成重金属污染。由于电子产品中的化学物质以及通过无序与混乱的处置不可回收的电子元件而产生的化学物质造成了土壤的严重污染。

### (一)不同地区电子垃圾的重金属污染

张昱等[64]发现电子废弃物拆解点及附近土壤中的重金属污染指数分别达 164.2 和

152.9，其潜在生态风险指数高达2685和6914。其中，重金属对拆解区域土壤产生了严重的污染。白建峰等[65]发现在上海某新建电子废弃物处理厂附近的土壤中的As、Cd、Cu、Pb均比本地化工区土壤中的含量高，其中As、Cd更高，拆解厂土壤重金属的风险指数为392，属于强生态风险。我国电子企业生产过程中产生的固体拆解是我国电子废弃物土壤污染中的严重问题，电子废弃物拆解对周边的土壤可造成不同程度上的重金属污染。在电子废弃物回收和拆解过程中，重金属还可通过废气排放进入空气中，附着在颗粒物上，造成大气重金属污染[66]，也会通过废水排放、大气干湿沉降和固体废弃物堆放等途径进入土壤，造成土壤重金属污染[67]；甚至通过动物呼吸进入食物链中，还可能通过呼吸与食物链危害人体健康。在珠三角电子废弃物拆解园区周边的土壤中进行土壤重金属排放特征探究[68]，重金属的含量由高到低依次为Zn、Cu、Pb、Cr、Ni、As、Cd、Hg，污染情况比较严峻；在台州某电子废弃物拆解场地[69]的土壤中的重金属主要污染物Hg、Cd、Ni、Pb、Cr、As、Hg、Cu八种重金属的生态危害程度很强；另外，在电子废弃物拆解旧场地附近的具有代表性的村庄采集68个样本进行分析[70]，发现土壤重金属各元素的含量均高于背景值，富集程度依次为Cd>Hg>Cu>Cr>Pb>Ni>As。

### （二）不同电子垃圾重金属的污染途径

Fang等[71]研究了手工拆解与机械分离印刷电路板和阴极射线管的车间的$PM_{2.5}$与$PM_{10}$中的重金属（Cr、Ni、Cu、Cd和Pb），发现含量最高的是Pb和Cu；Gullett等[72]发现线路板飞灰中含有高浓度的Pb和Cu（分别为8%和5%）；绝缘线飞灰中Pb含量较高（为6%）；在电子废物焚烧地的土壤中，不同重金属含量的比例为Cu>Pb>Zn>Cd[73]。因此，可推测Pb和Cu更易通过拆解产生的粉尘与焚烧产生的飞灰被扩散到环境中。Damrongsiri等[74]对泰国曼谷电子废弃物拆解点的污染特征进行研究发现，Cu、Pb与Ni的含量在土壤粗颗粒与细颗粒中并没有显著差异，且它们的酸溶态和交换态含量较少，而Zn在土壤细颗粒与酸溶态和交换态的高含量表明其具有易浸出的性质；可见，Zn更易通过水介质扩散污染环境。

### （三）不同电子垃圾重金属的污染程度

世界印刷线路板业平均增长率在8%~9%，我国的增长率为14.4%[75]。据联合国数据，2021年人均产生7.6kg的电子垃圾，2021年全球产生5740万t电子垃圾，预计2030年将增长到7470万t，线路板作为电器电子产品的基础部件，约占电子废弃物总量的3.1%[76]。有研究[77]发现，线路板粉碎和分离过程中的Cr和Pb比Cu和Cd更容易被释放到周围环境中，从12个样点土壤重金属单项污染指数平均值来看，Cd、Cu、Pb、Zn为重度污染，Cr为中度污染，Ni为轻微污染。

Cd是造成我国土壤重金属污染中的主要污染物之一，通过电子废弃物"四机一脑"再生工业系统和土壤介质界面间迁移转化过程带来土壤污染问题。土壤中可交换态和碳酸盐结合态Cd主要以吸附方式与土壤胶体结合，魏晓莉等[78]研究发现不同粒径的土壤团聚体中的Cd与Pb的形态占比不同。王青青等[79]发现电子废弃物再生园区Cd污染排放主要分为三个途径：一是烟气排放，二是废水排放，三是固体废弃物堆存下渗排放。在土壤Cd

污染来源探究中，以园区为中心向四周扩张 3km，并以 1km×1km 划分为 28 个采样区；结合土壤 Cd 污染与整体土壤 Cd 含量均值，证实采样地 Cd 含量高于整体平均值。

电子废物处理区和距离主要加工区较远的土壤中都存在重金属污染物，这些污染物的迁移率取决于几个环境参数，主要有吸附-解吸过程、有机物含量、降解过程、pH 值、生物吸收、温度、物质自身化学特性以及络合作用等。电子废弃物造成土壤环境重金属污染的方式主要包括：①采用酸洗或酸浴处理线路板等电子器件回收贵重重金属后的废酸液中含有很多浓度较高的重金属，若存在不规范处置而进入周边河道或土壤中，在雨水等动力冲刷下可渗入沉积在土壤及底泥中。②废旧电器和废旧电子元件拆解产生的粉尘可能进入周围环境的土壤中造成锡和铅等重金属污染。③烘烤或破碎线路板等产生的废气粉尘等进入土壤后造成的铅及锡等重金属的污染。④处理后的已无回收价值的电子垃圾若处置不当也会导致其中的重金属逐渐释出而污染土壤。

以上这些可能不规范处理方式和处置过程而产生的大量重金属对土壤等生态环境所造成的污染是十分严重的，也对环境和生态系统具有极大的潜在危害性。

### 三、电子垃圾重金属对地下水的污染

电子垃圾在拆解过程中产生的重金属污染物经过各种途径进入河流等水体环境，然后逐渐沉积并富集在沉积物中；若外界环境条件发生改变，这些重金属则会重新释放出来，造成水体二次污染。另外，水体沉积物是水生动植物的主要活动场所，重金属可能进一步在水生动植物体内富集与浓缩，破坏其正常代谢功能，甚至通过食物链影响陆地生物和危害人体健康。还有，重金属的价态不同，其活性与毒性也不同；其形态可随 pH 值和 $E_h$ 值等条件的变化而转化。广东省清远市某地区的电子废弃物在污灌区周边农田的超标重金属种类为 Cd、Cu 和 Zn，其中由于灌渠中底泥的 Cd 以可交换态和碳酸盐结合态存在，因此很容易受环境因素改变而进入灌溉水中，后续还可危害区域地下水。

我国砷污染主要以内蒙古、陕西、新疆和台湾地区的地下水污染和贵州的生活燃煤污染为主，砷在水体中迁移的两种微观过程为土壤表面的吸附-解吸过程和沉淀-溶解过程。

电子垃圾的酸解和焚烧行为也会产生和排放大量的"三废"，其中所含的重金属可能具有更强的活性。这些残留在环境介质中的重金属对土壤的污染是十分严重的。同时，这些随着"三废"排放的重金属极有可能通过地表径流和下渗过程造成当地水系的污染并且成为重金属在流域中迁移的重要过程，最终导致整个水系统的环境污染。

## 第五节　矿山开采重金属土壤和地下水污染特征

我国的矿产资源丰富且种类齐全，随着社会经济与工业的发展，矿产开发的需求越来越大，但大规模及高强度矿山开采工程不仅会引发地质灾害，还可能对土壤环境和地表水乃至地下水造成严重污染，甚至危害人体健康。

### 一、矿山开采污染物来源

矿山水土环境污染物从形态上可分为固体污染物、液体污染物和大气颗粒物三种类

型。矿山内固体废弃物经长期风化与降雨淋滤等作用产生有毒堆浸废水，可能渗入土壤及浅层地下水中；不达标废水废液排放到周边河流、沟谷及池塘中，经地表水渗漏并补给污染地下水和土壤环境，或通过引污水灌溉方式污染土壤；矿山内各类场地在风力作用下易产生扬尘，细粒有毒物质随扬尘飘落到矿山周边，造成土壤污染；此外，矿车道路运输遗撒产生的扬尘也会对周边土壤环境造成污染。矿业活动从勘探阶段就存在水土环境污染风险，不同矿业活动阶段污染风险因素不同。矿业活动主要包括勘探、建矿、采矿、洗选、冶炼及运输等过程。勘探阶段，主要工程活动包括山地工程、钻探、物探和化探等，构成水土污染的风险因素是机械设备的燃油、机油渗漏，化学药品的遗撒，钻探泥浆废弃，钻井水的排出，作业人员生活废水与垃圾的排放等；建矿阶段，构成水土污染的风险因素是大规模表土剥离、开挖、搬运形成的扬尘，废石土的不合理堆放，矿坑积水排出，工业废料场的油污，作业人员排放的生活废水及垃圾等；采矿阶段，构成水土污染的风险因素是矿石运输、废石土清运产生的扬尘，矿坑排水，排土场或废石堆扬尘和堆浸废水渗出，工业广场和废料场的落地油污，作业人员排放的生活废水、垃圾等；洗选矿阶段，构成水土污染的风险因素是洗矿场或选矿厂的扬尘，洗矿或选矿产生的大量废水和废渣排放，尾矿库或尾矿坝的渗漏、溃决及漫流等；冶炼阶段，构成水土污染的风险因素是冶炼产生的烟尘排放与飘落，冶炼废水排放，冶炼废渣储运等；运输过程中可能产生的渗漏、飘尘及遗撒等。

我国开发的主要能源矿产为煤炭和石油，煤炭矿中的主要污染物来源于煤矸石和煤矿废水和煤本身，油田开采区的主要污染物来源于泄漏的原油、采油中使用的各种助剂以及产生的废水等。这些污染物中都存在着大量的重金属污染物。金属矿山在开采过程中，矿体中的重金属也会流失进入地下水和土壤环境中，造成水土环境污染；非金属类矿山绝大多数是建材非金属矿，开采过程中会产生大量粉尘，粉尘降落到土壤表层造成土壤板结和酸碱度的变化，同时产生的废水含有大量的悬浮物。不同类型矿山主要污染物见表 5-7。

表 5-7　不同类型矿山主要污染物

| 矿山类型 | | 主要污染物 |
| --- | --- | --- |
| 能源矿山 | 煤炭 | Fe、Mn、F、As、Pb、Zn、Hg、Cd、Cr、硫化物、氰化物等 |
| | 油气 | 石油类、挥发酚、COD、硫化物、悬浮物、可溶性重金属、高分子助剂等 |
| 金属矿山 | | $SO_4^{2-}$、$Fe^{3+}$、$Mn^{2+}$、$Ca^{2+}$、$Mg^{2+}$、$Al^{3+}$、Pb、Cu、Cd、Hg、Zn、As、Cr、Ni、Co、悬浮物和氰化物等 |
| 非金属矿山 | | $SO_4^{2-}$ 和 Na、K、Fe、Mn 等元素 |

# 二、矿山开采对土壤的重金属污染

## （一）矿区重金属污染土壤

金属矿山的开采、选矿、冶炼、矿渣的堆放都会直接或间接对矿区周围的土壤产生污染。矿区重金属污染土壤环境主要体现在以下几个方面。

（1）废矿渣的堆放。矿山各矿段可能因管理不善将废矿渣和矿石无序堆积在矿井四周，经雨水浸沥出的富含污染物的废水若通过水渠灌溉农田就增加了土壤中的重金属毒素。

（2）采掘后的矿坑。矿山矿坑污染，在地下采空区常充填有大量的废渣与废石，残留矿体暴露面积较大；若地表水进入矿坑则会因淋滤作用产生废水并易发生迁移，导致区域地下水以及矿区周边土壤环境污染。

（3）尾矿库堆积场。由于开矿初期选矿技术较差或尾矿库选址不当，就会使尾矿库的渗漏成为后期污染的重要隐患，大量含矿的粉砂质泥岩和粉砂岩经选矿的破碎与磨矿工序后成为粉末状，再经浮选后堆积在尾矿库中，磨碎后的尾矿接触水面积更大，重金属离子的迁移作用更强，渗出的污染水就会污染土壤。尤其在丰水期，大量的污染水通过层面裂隙排泄到下游的农田土壤中而造成耕地污染。

### （二）矿区重金属污染影响因素

不同种类金属矿的开采对矿区土壤重金属污染存在差异，铅锌矿常伴生 Cd，其矿山在开采过程中除释放大量 Pb 和 Zn 外，还会向环境中释放大量的 Cd；锡矿的开采常会释放较多的 Cd、As、Zn 和 Pb；铜矿开采常释放 Cd 和 Pb；另外多种类型的金属矿（如铅锌矿、铁矿、锡矿和铜矿）开采均显著增加了土壤中的 Cd 含量，其主要因为 Cd 具有高度分散性，不易形成独立的 Cd 矿床，大多共生或伴生于铅矿、锌矿、锡矿、银矿、钼矿和铜矿等金属矿中[80]。影响矿区重金属对土壤污染行为的因素主要有以下几方面。

（1）重金属总量影响其对土壤的生物毒性。土壤重金属的生物毒性随其总量的增加而增强，即土壤重金属污染程度越高，其生物有效性越大，所造成的环境危害也越大。

（2）土壤 pH 值。土壤 pH 值可改变重金属的解吸和吸附作用，从而导致重金属的形态、吸附性、配位性及吸附表面稳定性等特征改变，影响重金属对土壤的污染。有研究[81]表明：酸性环境有利于 Ca、Sr、B、Ra、Cu、Zn、Cd、$Fe^{2+}$、$Mn^{2+}$ 和 $Ni^{2+}$ 的迁移，碱性环境有利于 Se、Mo 和 $V^{5+}$ 的迁移；Hg、Cd 等重金属在迁移过程中易富集于底泥中而形成长期潜在的具有积累性的污染。

（3）土壤 $E_h$ 值。土壤 $E_h$ 值是影响重金属形态特征的重要因素。$E_h$ 值升高可导致土壤中残余态的 Cd、Cu 和 Ni 占总量的比例升高。

（4）有机质。土壤有机质含量对重金属赋存形态亦可产生影响，且影响效果可因重金属种类的不同而产生差异。

（5）矿物及化学组成。重金属土壤赋存形态还会受到土壤矿物组成等因素的影响。

（6）微生物。土壤微生物可吸附重金属离子并抑制土壤其他组分对重金属离子的吸附，使土壤微生物的富集程度影响重金属的赋存形态。微生物吸附重金属的原理在于其细胞表面带有电荷，可主动吸附重金属离子并富集于细胞内外。

## 三、矿山开采对地下水的污染

矿山开采引起的地下水问题存在隐蔽性、滞后性与长期性。矿区的深部开采可能导致地下水的水位下降和配套工程引起的多源污染。矿区抽排也会导致地下水下降，流动系统受到影响，如果多个含水层被矿井钻穿，则含有杂质的水就会相互混合导致水污染。矿山开采会使有害物质暴露于地表，污染地表土壤并进而污染地下水。

## （一）矿山开采对地下水造成直接污染

矿山开采产生的废石或工业废物等污染物经地表水的渗滤浸泡常形成酸性的渗滤液，污染矿区的地下水环境。或有的重金属废水长期存放于地表容器中，经氧化微生物分解或雨水渗析等可能发生化学反应而产生含重金属的酸性废水，进而可能对土壤、地表水和地下水环境产生不同程度的污染。另外，煤矿开采时产生的煤矸石和粉煤灰渗滤液也会污染地下水，特别是在煤矿城市中，开采后留下的粉煤灰经雨水淋滤或煤矸石及粉煤灰中的重金属都会渗滤迁移进入土壤中，并逐渐污染地下水。还有，被污染的地下水中可能含有大量的细菌和大肠菌群，不仅污染地下水，还可对动植物以及人体健康造成危害。

矿山开采中除了产生大量渗滤液外，还会产生岩石孔隙水与矿坑水等污水。各种污水混合后含有大量硫化物，使水呈酸性，主要因矿石或围岩附近有大量硫化矿物经氧化分解而溶解在矿井水中。矿山开采过程中良好的通风条件更易于使硫化合物氧化分解并造成环境污染。如果矿山开采未进行回水利用将产生大量废水，严重污染矿区环境及地下水环境。矿山开采产生的污水造成地下水污染，其主要污染物有矿物杂质、粉尘溶解盐、煤颗粒以及油脂氧化分解产物等，这些污染物可使地下水变成灰黑色，且散发出腥臭及腥味。

## （二）矿山开采对地下水环境造成间接污染

矿山开采过程中可产生间接污染，地下水位可能发生大幅下降甚至地表塌陷，污水渗入泉眼或干枯河道并污染地下水环境。若矿山开采引起地表塌陷，导致第四系含水层和岩溶含水层之间连通，则可使污染物从第四系含水层就进入岩溶含水层中，第四系含水层中有大量亚砂土和砂砾石，受到污染的地表水通过砂砾石层经过塌陷区而进入岩溶含水层，导致岩溶水污染并造成地下水环境污染。

矿山开采中受到地表塌陷等因素的影响还可破坏原有地质体的力学平衡，使上覆岩层失衡后发生变形或严重时产生断裂。从某种程度上来说，覆岩破裂和岩土体中的水位变低有着密切的联系，如果导水裂隙带涉及上覆含水层时，含水层中的水将会流向采空区，使得岩土体中的水位迅速降低。依据上覆岩层破裂带的高度与它的分布形态，能够有效推算出矿山开采中的含水层水位的变化，如果采空区的含水层水位大幅下降，就要被迫放弃浅水层而开采深层，开采深层时需要穿过上层水质差的含水层，由于上层水中存在污染物，已被污染的水经外壁流入下面的含水层中，导致地下水环境污染加剧。

## （三）矿山开采对地下水的重金属污染

矿山开采重金属污染主要是指在矿山开采过程中产生的重金属及其化合物造成的环境污染。随着矿山开采活动的增多，很多重金属进入土壤和地下水中，严重破坏生态环境，特别是地下水环境，地下水环境遭到污染可严重影响人类对水资源的利用。

在矿山开采过程中涉及很多重金属元素，水体中的重金属离子通过氧化还原、沉淀溶解、吸附解吸、络合、胶体形成与微生物固定等多种形式进行迁移转化，其结果使重金属以不同形态存在于水体中并对环境造成危害。地下水中除了 Pb 以外，其他重金属的含量均低于地表水，地下水中的 Cu、Zn、Hg、Cd 与 Pb 等很多微量金属易于被岩土组分吸附，产生的重金属化合物导致重金属污染。除吸附外，还可能发生沉淀现象。在矿山开采过程中，排污河流和污水渗坑与包气带中存在硫还原菌，重金属与硫还原菌可发生反应并产生重金属硫化合物的沉淀；而且，重金属还会消耗氧，通过与其他物质的氧化还原反应产生某些金属化合物沉淀，从而造成地下水环境重金属污染。矿山开采对地下水环境造成的重金属污染主要污染源是废石、废渣、工业废物及矿场废水等，将污染源与污染方式及各种物理化学作用相结合，可得出矿山开采重金属污染地下水环境的过程，见图5-1。

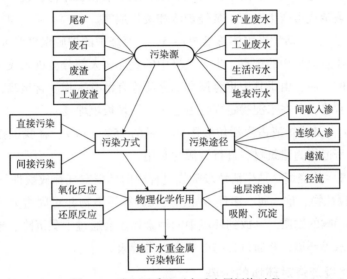

图 5-1　矿山开采地下水重金属污染过程

通过矿山开采重金属污染地下水环境过程框图可看出，矿山开采可能会造成严重的地下水环境重金属污染。这些污染若通过地表水渗漏而进入地下水含水层，导致地下水层的重金属污染，还会严重影响动植物的生存，进而通过食物链危害人体健康。

## 第六节　生活垃圾重金属土壤和地下水污染特征

逐年增加的城市生活垃圾已成为生态文明建设中的突出环境问题，近几年我国年均生活垃圾清运量在 2 亿 t 以上，目前处理生活垃圾的方法有焚烧、填埋和堆肥，垃圾焚烧和填埋是处理生活垃圾的主要方法。生活垃圾焚烧设施因具有占地少、减容减量程度高、消毒彻底、焚烧余热可利用等优势而成为城市生活垃圾无害化处置的重要手段。卫生填埋的方法技术成熟、处理能力大、操作和管理相对容易、投资和运营成本低以及适用性强，但在处理过程中，部分污染物可能因挥发污染大气，且产生的渗滤液也会污染土壤和地下水。堆肥利用垃圾或土壤中存在的细菌、酵母菌、真菌和放线菌等生物，使垃圾中的有机物发生生物化学反应而降解，可形成类似腐殖质的物质并用作肥料以改良土壤，但堆肥周期长、臭味大，且垃圾中的污染物可能随着施肥而进入土壤和农作物中，造成二次污染。本节主要介绍垃圾焚烧和填埋产生的重金属对土壤和地下水的污染特征。

# 一、垃圾焚烧的污染特征

## (一)垃圾焚烧的主要环境问题

生活垃圾焚烧可向大气直接释放重金属、二噁英类与多环芳烃等污染物,影响大气环境质量并危害人体健康。同时,大气污染物还可经大气沉降等过程汇集进入土壤中,并在地表径流及植物吸收等作用下,逐渐污染地表水、地下水和农作物,进一步危害人体健康和生态系统。垃圾焚烧可产生飞灰、焚烧炉渣和焚烧烟气。

(1)飞灰。飞灰占生活垃圾固体总量 3%~5%,焚烧炉的炉膛温度为 800~1000℃,超过部分重金属单质及氯化物的沸点,生活垃圾中的重金属大部分会进入飞灰中。飞灰是烟气除尘器收集下的物质,由于其中重金属和二噁英等有毒有害物质含量高,已被列入我国危险废物名录。常将飞灰在水泥稳定固化后送至生活垃圾填埋场。

(2)焚烧炉渣。焚烧炉渣占生活垃圾固体总量的 25%~30%,在我国按一般工业固体废物进行管理,普遍作为建筑材料进行资源化利用。

(3)焚烧烟气。焚烧烟气是生活垃圾焚烧过程中向环境空气释放酸性气体($SO_2$、$NO_x$、HCl、HF 等)、颗粒物、重金属、多环芳烃、二噁英等污染物并对周边大气环境质量和人群健康产生不利影响的物质。释放到环境中的污染物还会通过干湿沉降、地表径流等过程污染土壤与地下水等环境,并通过食物链危害人类健康。

## (二)生活垃圾焚烧对环境的污染

土壤是焚烧烟气中污染物的主要的汇和受纳体,也是食物等其他暴露途径的重要二次源。在风力作用下,废旧电池盲电器等重金属含量较高的垃圾焚烧所释放重金属(如 Cr、Cu、Ni、Zn、Pb、Hg 等)通过烟囱及无组织逸散等方式排入大气中,随后沉降到土壤中,在雨水与河流的侧向力等外力作用下,重金属元素随地表径流向下游的土壤中迁移;垃圾渗滤液携带着重金属元素经过土壤空隙向下层渗透,垂向迁移进入地下水后,沿地下水向下迁移,而后经毛细水上升进入深层土壤[82]。大部分重金属元素在土壤中相对稳定,不宜被分解,也很难从土壤中分离出来,从而对土壤生态结构以及功能的稳定性造成严重影响。相关研究表明,土壤在遭受到重金属污染之后,其中的微生物数量要比正常土壤少很多,还破坏微生物群落的多样性。而且土壤重金属无法被生物降解,但可通过食物链被人体吸收,当重金属进入人体后可与体内的蛋白质和酶等发生作用并影响其活性,逐渐在人体器官中积累而导致慢性中毒。

生活垃圾焚烧引起的土壤重金属污染还存在以下几个特征:

(1)隐蔽性,受到生活垃圾重金属污染的土壤一般没有特别的颜色和味道,很难被人们发现,只有当它们进入食物链中之后才能被人们察觉。

(2)普遍性,随着社会的发展,产生大量的生活垃圾,因限于垃圾处理技术使得很多地方都存在着土壤重金属污染问题。

(3)表聚性,土壤中的重金属污染成分一般常固定在土壤中的黏土矿物和有机质的表面,因而不具备较好的迁移能力,主要是在土壤表层分布,表层以下的含量相对较低。

(4)难消除，如果土壤中的垃圾重金属含量超标则会对土壤性质造成严重影响，还有可能因发生化学反应而形成毒性物质，另外由于重金属很难被降解，土壤中的重金属污染物很难被消除。

(5)形态多变、毒性复杂，有些重金属多有变价，不同形态的重金属易与土壤中的物质产生化学反应，产生新的毒害物质，例如络合物就是由离子态的重金属元素与土壤中的配位体结合形成。重金属的有机化合物比其无机化合物的毒性高，另外毒性还受其价态的影响，如果价态相同但化合物不同，其毒性也不同。

## 二、垃圾填埋的污染特征

垃圾填埋场周围土壤-地下水的重金属污染来源主要有：渗滤液透过填埋场防渗墙进入土壤，周边企业排放含有重金属的有害气体和粉尘通过自然沉降和雨淋沉降进入土壤，污水灌溉土壤等。填埋场附近地下水重金属污染的主要原因有：渗滤液组分腐蚀防渗设施、防渗体本身发生开孔、破裂或解体等现象，使其失去防渗作用，致使渗滤液渗入地下，造成地下水污染。填埋场周边地区土壤与地下水等生态环境被重金属污染后，不仅会引起生态环境破坏等问题，还会通过饮水或食物链进入人体病危害人体健康。

张宪奇等人[83]对堆放场内上覆土、垃圾层以及垃圾层底部原状土中的 Cu、Zn、Pb、Ni、Cr、As 六种重金属浓度水平进行对比分析结果显示，垃圾填埋堆体中的重金属平均浓度最高的是 Zn，其次是 Cu 和 Pb。各采样点重金属浓度变化较大，说明堆体中的重金属来源复杂，空间分布差异性大。一般而言，影响土壤重金属空间分布差异的因素主要是含有大量重金属离子的渗滤液在土壤中的迁移扩散受各种因素的影响，尤其受地形影响较大，若地形起伏越大，土壤重金属空间分布的差异性就越明显；地势较高处由于渗滤液在重力作用下难以到达，受垃圾填埋场的影响则较小，地势较低处往往是渗滤液汇集区，重金属易在土壤中汇集，因而受到的影响较大。除地形因素外，风向也会对土壤重金属的空间分布造成一定的影响，若垃圾填埋场覆盖措施不完善，场区内的细小垃圾碎片可被带至下风向处，导致下风向垃圾碎片更多，土壤中的重金属含量也比上风向的区域高。

在对周边土壤造成重金属污染的同时，垃圾填埋场周边的重金属形态也可能产生变化。土壤重金属形态受到的影响因素也较多，但最主要的两个因素是土壤可溶性有机物的含量以及 pH 值。垃圾在长期堆放后产生的有机物渗滤液对土壤重金属有强烈的活化功能，当土壤中的有机质含量增加后，重金属释放量也增加，土壤受到的重金属污染程度加大；还可增强重金属在土壤中的迁移能力，甚至造成周边地下水的重金属污染加剧；土壤 pH 值的降低可增加交换性离子的含量，也会加重生态风险。

# 第七节　固体废弃物重金属土壤和地下水污染特征

固体废弃物是指人类在生产、消费、生活和其他活动中产生的固态或半固态的废弃物质。也即指没有"利用价值"而被遗弃的固态或半固态物质。固体废弃物的种类繁多，大体可分为工业废弃物、农业废弃物和生活废弃物三大类。工业废弃物包括采矿废石、冶炼废渣、各种煤矸石、炉渣及金属切削碎块、建筑用砖、瓦、石块等，农业废弃物包括农作物的秸秆、牲畜粪便、农膜等；生活废弃物主要是生活垃圾。详见表5-8。

表5-8　固体废弃物的主要种类

| 固体废弃物种类 | 主要物质 |
| --- | --- |
| 工业固体废弃物 | 采矿废石、选矿尾矿、燃料废渣、化工生产及冶炼废渣等 |
| 农业固体废弃物 | 植业、林业、畜牧业、渔业、副业五种农业产业产生的废弃物 |
| 城市生活固体废弃物 | 居民生活垃圾、医院垃圾、商业垃圾、建筑垃圾（又称渣土）等 |

## 一、工业固体废弃物的环境污染

工业高速发展加剧了对矿物资源的需求，有的甚至存在过度开采现象，矿山开采与加工中最为常见的污染问题就是重金属污染。随着固体废弃物的覆盖范围不断增加，其含有的重金属污染元素受到淋滤与侵蚀作用后被释放，并随着地表水和雨水等可溶物一并渗入土壤并流入地表水中，严重威胁着矿区周围的环境安全。例如煤炭资源开采过程中，其煤矸石的排放与堆积不仅直接侵占了大量土地资源，而且污染了周边土壤与地下水环境，破坏了地表植被及生态环境。煤矸石中含有 $Cr$、$Cd$、$Zn$、$Cu$、$Ni$、$Pb$ 和 $Hg$ 等重金属元素，在长期堆积和风化及淋滤等作用下会造成土壤发生重金属污染。而土壤重金属污染问题具有累积性与隐蔽性等特点，因此会对动植物产生更大的危害性。陈雯等[84]通过淋溶实验研究了矿石堆中的重金属铜、砷、锑、锌的释放规律，发现锌的浸出量呈现前后期释放缓慢、中期释放快速的变化特征。这主要是因锌元素存在一定的化学惰性，需要一段时间后才能发生化学反应，而且碱性浸提更有助于锌的溶出。砷、锑、铜三种重金属元素因化学属性较为近似，其浸出变化趋势大致相同，前期相对较快的释放，后期逐渐趋于平稳，且在碱性条件下溶出量更多。工业固体废弃物对土壤-地下水环境污染形势是严峻的。

## 二、城市生活固体废弃物的环境污染

城市生活固体废弃物增加导致环境问题日益突出。废弃物填埋场中的固体废弃物成分复杂，其中各种重金属可能会造成土壤与地下水污染以及周边生态环境的破坏，还会逐渐通过饮水或食物链危害人体健康。苗芳芳等[85]对江苏苏州某废弃物填埋场进行风险评估发现该区域土壤中 $Zn$ 含量高于环境背景值，这可能是由于废弃物填埋导致土壤中 $Zn$ 含量增加，并且随着时间在土壤中富集的结果；在填埋区存在的高浓度的 $Cd$ 主要是由于废弃物填埋堆积，大量含重金属 $Cd$ 的废渣与废液渗入土壤环境所致。总体而言，废弃物填埋场区域的土壤中 $Cd$ 和 $Zn$ 的含量明显高于其他区域，并且这些重金属的含量均随其与填埋场的距离增加而递减。$Cd$ 可经由呼吸引起呼吸道刺激症状，若从消化道进入人体在严重时可因肝肾综合征造成死亡；过量 $Zn$ 也会造成严重的环境污染和对人类健康的极端不利影响，接触过量的 $Zn$ 元素可能导致锌中毒。废弃物填埋场环境中的重金属对当地生态环境和人体健康的影响是逐渐显现的。垃圾焚烧与填埋处理虽然具有很多优点，但在处置过程中也难以避免会产生各种污染物，若防控措施不到位就可导致区域的土壤与地下水环境污染，并进而危害区域生态环境和人类健康。

# 第八节　化肥污染及其在土壤和地下水中的环境行为

化肥是化学肥料的简称，是指利用化学合成或物理方法制成的含有一种或几种农作物生长需要的营养元素的肥料。主要是无机肥料，包括氮肥、磷肥、钾肥及其复合肥。它具有成分简单、有效养分高、易溶于水和易被植物根系吸收等特点，也被称为"速效性肥料"。近年来我国农用化肥年使用量在 5000 万 t 以上，其中氮肥约占 35%、磷肥 12%、钾肥 10% 及复合肥 42%。氮肥和钾肥中的重金属含量相对较低，磷肥由于磷矿石的原因而常含有较多的 Cu、Zn、Cd 和 Pb 等重金属。

## 一、化肥污染对环境的影响

我国土壤污染问题已经影响到食品安全，化肥的滥用或过度使用是导致土壤污染的重要原因之一，农民为了使农作物增产，大量施用或不规范使用化肥，造成过量的化肥进入土壤环境，改变了土壤性质，破坏土壤的结构，降低土壤养分，反而出现农作物减产的现象，农民继续加大化肥和农药的施用量，从而形成恶性循环，造成农田土壤生态环境逐渐恶化，进而造成农田土壤和地下水的污染。

虽然化肥在农产品的营养及病害防护方面起到了重要的作用，广泛存在于农业生产区域，但若不合理选择化肥或使用重金属含量超标的化肥将为农田重金属富集与沉积埋下隐患；且若化肥施用量过大或复合肥料使用欠科学性，也会导致重金属污染现象。我国化肥使用中经常存在以下几点问题：首先是化肥使用量过大，我国化肥的使用总量约占全世界总用量的 1/7，过度施肥现象普遍存在；其次是利用率不足，虽然化肥的用量很高，但其利用率却不到 1/3，大部分化肥均因径流、渗漏及漂移等流失，不仅造成极大的浪费且污染耕地的土壤以及相关水体。另外，若化肥使用不规范，因化肥及农药中的化学物质相对稳定，在土壤中不易分解，可逐渐发生积累而导致生态环境的污染问题。

若农田长期施用化肥，土壤中的重金属 Cd、Cr、Hg、As、Cu 与 Zn 均呈增加趋势，重金属 As 在某些农田区含量较高可能也是因为化肥与农药的过量及不合理使用所致；氮肥对重金属影响较小，磷肥可增加农田的重金属含量，而有机肥也在一定程度上增加 Cu、Zn 和 Hg 的量。由于氮肥和钾肥中重金属元素含量较低，而磷肥中重金属 Cd 含量相对较高，长期施用磷肥可能会造成农田 Cd 累积，且表层土壤更易受重金属类污染物的影响，若不及时采取措施控制重金属的迁移和富集，重金属污染物则会随农业生产活动而进入深层土壤，并通过降雨和灌溉下渗作用到达地下水层，进而造成地下水污染。由于重金属在土壤中难以微生物降解，易吸附于土壤中，具有一定的累积性，且土壤重金属污染的隐蔽性强，容易造成更严重的污染环境危害。

## 二、化肥对农田土壤重金属有效态的影响

施肥对土壤重金属生物有效性的影响主要包括：①肥料本身的酸碱性；②肥料在土壤

中成分转化时产生的酸碱物质；③肥料中阳离子组分影响土壤中的重金属络合、沉淀与吸附作用。施用化肥可降低农田土壤的 pH 值，而 pH 值与土壤重金属迁移率呈负相关，土壤酸化可能提高重金属的可利用性；在酸性条件下，$H^+$ 容易将与黏土矿物或有机物相关的配体上结合的重金属离子取代下来，导致重金属离子释放到土壤中，促进了重金属的生物可利用性，使其进入食物链、危害人体健康的风险。

### 三、施用化肥对地下水的影响

施用化肥不仅对农田土壤产生影响，也影响区域地下水环境。如有调查发现在某地区农村生活和农业生产活动中使用的硝态氮化肥等污染物以地表径流、农田排水和地下渗漏等方式迁移进入地下水中，造成严重的地下水硝酸盐氮污染；且硝酸盐氮污染不是持续的，随着硝态氮类污染物的使用情况而变化，在大量使用硝态氮类化肥等污染物的情况下，造成该区域地下水无法使用，但随着硝态氮类污染物的减少或停用，该地区地下水中硝酸盐氮的浓度又会通过地下水体的自净作用而逐步降低到可用水平。但对水资源比较匮乏、农业灌溉用水主要依靠开采地下水的一些地区，大量氮肥的施用已造成严重的地下水硝酸盐氮的累积与污染问题。

# 第九节　放射性物质在土壤和地下水中的环境行为

## 一、放射性物质的特征

放射性物质是指其原子核可发生衰变、放出人类肉眼看不见也感觉不到但可用专业仪器探测到的一类物质，这种性质被称为放射性。在自然环境中存在许多放射性核素，包括天然放射性核素和人为放射性核素。天然放射性物质的来源有宇宙射线、宇宙放射性核素和自然界中的天然放射性核素。天然放射性物质在自然界广泛分布，岩石、土壤、水、大气及动植物体内都含有天然放射性核素。而其中土壤放射性核素的来源主要分为成土母质、核能利用、磷钾肥的使用、煤炭的使用以及放射性同位素的生产与应用等。随着核电站的建设与核能利用，同时也逐渐产生了一些放射性物质。

切尔诺贝利核电站在 1986 年发生的爆炸事故对周边环境和人员造成了持续恶化影响和生态环境危害。事故发生后产生的大量放射性物质在爆炸冲击力作用下直接释放到大气中，对周边国家和地区造成大范围的生态环境污染。2011 年日本福岛核事故是继切尔诺贝利核事故之后发生的又一起大型核事故，其放射出大量的放射性物质导致了核电厂周围的土壤大面积污染，多种动植物中存在放射性物质超标情况。这些核事故的发生都对生态环境产生了严重的放射性危害。放射性物质具有以下特性：①公众无法感知。人类的感官无法感知到放射性物质及其剂量，只能通过专业的辐射监测仪器来测定，甚至在辐射剂量达到致死水平时，人们都可能尚未感知及并未采取任何辐射防护措施。②具有稳定性和持续性。放射性活度只能通过自然衰变而减弱，这些放射性核素衰变的速度是由原子核内部自身决定的，与外界的物理和化学状态无关；且放射性核素具有蜕变能力，其衰变产物有可能是新的放射性核素。因此，放射性核素可长期潜伏在土壤中，进而通过土壤这一环境介质对人体造成长期的外辐射，或通过经由食物链进入人体内，对人体形成持续的内辐射。③较强的潜伏性。放射性损伤产生的效应可遗传给其后代，生殖细胞短暂暴露在辐射下会引起先天性的障碍，包括在其后代中的生育缺陷和迟发性癌症等。而累积性剂量则会引发慢性辐射病，如造血器官与神经系统受损等，发病过程可延续几十年。④危害程度大。辐射照射可能诱发白内障，并可引发持久的精神健康问题，如创伤后应激障碍症等。放射性核素可对人体健康和社会经济产生巨大的影响，对生态环境的影响也是不容忽视的。据报道，切尔诺贝利核事故后的高辐射区的针叶植物、无脊椎动物和哺乳类动物的死亡率升高，在动植物的生殖细胞中观测到了辐射的遗传效应；核污染土壤的污染原因与其他土壤污染存在较大的差异性，其具有隐蔽性、稳定性和潜伏性等特征，且污染范围广、半衰期长、危害程度更为严重。

## 二、放射性物质对土壤和地下水的污染

土壤中的放射性污染物一般有天然放射性污染源和人为放射性污染源两种。天然放射性污染来源主要存在于自然界的天然物质中，在土壤和岩石中尤其是地壳中可以发现一些物质经过放射性衰变，对外界散发放射性，但天然放射性剂量较弱，对人类活动和自然界的发展影响较小；但人为放射性物质的出现改变了土壤中放射性污染物的状态，主要来源于人为活动。例如，一是科研实验，放射性物质被广泛运用于金属冶炼、工业自动化、生物工程等领域，其中由于核试验产生的放射性物质的沉降物对环境放射性污染最严重；二是核能生产与核事故，在核燃料循环过程中，前期开采铀矿、燃料原件制造、核反应堆的发电情况以及后期的废物废水处理，整个循环过程都可能存在放射性物质泄漏的风险；三是核反应堆出现故障后的放射性物质的扩散污染，核工业活动中涉及原料的开采、冶炼、提纯等都会产生带放射性的废弃物与废水，它们会对周围环境造成危害。

由于核事故泄漏产生的大量放射性物质，经过大气的干沉降与湿沉降过程，降落于地面并通过雨水等渠道渗入土壤，造成了土壤和地下水以及动植物的污染；采用一般的物理、化学及生物学的方法都难以消除这些污染。

### (一)放射性核素——铯

根据迄今为止的各种研究认为，核事故释放出的放射性核素铯(Cs)可被吸附到土壤中的细颗粒上，并稳定地固定在土壤中含有云母等的矿物质层系之间，其自身属性导致它难以因降雨或风吹等被洗脱或吹散。但若存在 $K^+$ 和 $NH_4^+$，它们可以交换固定在土壤上的铯离子，就可以洗脱土壤中的铯；但在一般的离子浓度情况下，对促进溶解没有影响，即使它被洗脱，也会反复被吸附到新的土壤颗粒上。因此，土壤中的放射性铯很难迁移。

另外，铯在土壤中的分布还与土壤类型有关，铯在黄黏土、潮土、盐土和风沙土中的含量有极显著差异；原地层中铯的活性度分布随土层深度的增加以指数形式衰减；土壤中放射性核素铯比活度的对数值随土壤颗粒表面积对数值的增加而线性增加。

### (二)铯在土壤中的迁移特征与制约因素

在碱性环境中，水合铁的氧化物比石英对铯的吸附能力强，故表面涂有铁氧化物的石

英砂对铯的迁移阻力要比表面不含铁氧化物的石英砂更大，铯在沉积物中的迁移速度比在石英砂中更快，铯在石英砂中可稳定存在。

在森林中土壤的垂向上，堆积在土壤表层的$^{137}$Cs可较长时间的存在于表层，并逐渐向下迁移，灰化土迁移速度快，潜育土的迁移深度最低。据此推测其他土壤也具有相似的性质，从大气中沉降到地表的$^{137}$Cs都会在地表浅层存在一段时间，然后向下迁移或是被植物吸收。但在迁移过程中，$^{137}$Cs还会受到一些物理、化学以及环境因素的影响，富含有机物的土壤可加快$^{137}$Cs的迁移速率。

## (三)放射性核素铀

土壤中的铀同位素(U)来源主要有成土母岩、地表水转运、人为工农业活动如磷矿和煤矿的开采与磷肥的使用以及人类核活动排放到大气中的同位素沉降等。另外土壤中铀同位素的分布和迁移与铀的形态以及土壤的理化性质有关。

(1)成土母岩的影响。铀元素经历地质过程在岩石中积累，一般花岗岩富含铀元素，其他岩石如砂岩及冲积岩等铀含量明显低于花岗岩；花岗岩中的铀同位素常伴随着岩石风化的过程进入土壤，成为土壤矿物质的组成元素。

(2)采矿和燃煤等工业活动的影响。煤矿开采与燃煤等工业活动产生的飞灰和细颗粒可通过大气扩散至周围区域，导致环境中的天然放射性水平增加。含铀大气颗粒物通过沉降进入土壤，导致区域表层土壤中的铀水平增高。因此，采矿和燃煤等工业活动可能是区域表土中铀同位素的重要来源。

(3)土壤中铀的保留。有研究发现土壤有机质含量和铀的含量呈正相关。有机质的含量影响土壤氧化还原环境，从而影响土壤中铀的存在形态及迁移特征。有机质含量高的土壤环境易呈还原性环境，高流动性的U(Ⅵ)被还原成亲颗粒的U(Ⅳ)，使得铀滞留在土壤中。反之，有机质含量较低时，铀主要以铀酰离子的形式存在，它易于与土壤溶液中的碳酸根形成水溶性络合物碳酸铀酰，并可从原有土壤中淋滤进入水体而迁移。因此土壤有机质是土壤中铀保存的关键因素，影响表土的铀水平。

(4)其他影响土壤铀的因素。现代农业中大量使用化肥，其中磷肥和土壤改良剂的使用可能是区域表土中的另一个铀同位素来源途径。由于磷与铀共生的特点，使得铀经常与磷矿伴生。因磷肥的大量施用，其中的铀则随之进入土壤，并可在土壤环境中迁移转化。

## (四)放射性物质对地下水的污染

水的放射性主要来自岩石、土壤及空气中的放射性物质。岩石和土壤中的天然放射性核素可形成各种水溶物，被流水带到各种水源中，不溶性的放射性物质也可随泥沙等固体微粒进入水体中。同时，铀矿的开采和冶炼也可能产生大量的废气、废水与废渣，当地下水或生产用水直接与矿体接触时，矿石中的金属离子受到淋滤和溶解，使水中含有一定量的放射性核素及其他重金属离子，特别是当矿石中的硫化铁含量较高时，水中的铀和镭的浓度将会更高。若人们不慎饮用含有放射性物质的水就会对人体健康产生严重危害。

### 💡 思考题

1. 试简述土壤哪些性质影响重金属污染物的毒性。

2. 试简述土壤哪些性质影响有机污染物的毒性。

3. 简述土壤氧化还原条件对砷的价态和形态的影响。

4. 重金属污染在土壤中有哪些特征？

5. 地下水中的重金属主要受哪些因素影响？

6. 简述电子垃圾中的重金属对土壤-地下水的污染特征。

7. 电子垃圾中可造成土壤污染的物质有哪些？

8. 简述电子废弃物中有机物污染地下水的途径。

9. 矿区重金属污染土壤环境主要体现在哪些方面？

10. 简述影响矿区重金属对土壤污染行为的因素。

11. 简述生活垃圾焚烧引起的土壤重金属污染特征。

12. 简述化肥污染及其在土壤和地下水中环境行为。

13. 简述化肥对土壤重金属生物有效性的主要影响。

14. 简述我国处理垃圾的主要方式及其对土-水环境的危害。

15. 放射性物质具有哪些特性。

16. 简述铀同位素在土壤中迁移分布与其形态及土壤理化性质的关系。

17. 简述放射性物质对土壤和地下水的污染。

# 第六章　土壤和地下水中的重要有机污染物及特征

## 第一节　有机污染概述

土壤和地下水可能出现各类有机物污染的问题，造成土壤与地下水环境的破坏，并影响生态环境的可持续发展。而且土壤和地下水的环境安全与人类的生存及生活密切相关，环境污染可对生态环境安全和人类健康造成极大影响。土壤与地下水中的有机污染物的来源主要可分为两类[86,87]，一类是自然条件下产生的天然有机污染物。天然有机污染物多集中在草原或森林区域，如果忽视对各类天然有机污染物进行综合处理，也会导致草原或森林区域土壤和地下水的有机污染物含量超标，进而影响土壤和地下水环境的稳定性及可持续管控效果。从地下水分布情况来分析，发现地下水中的有机污染物大部分是由腐殖酸组成的，如果地下水中腐殖酸类有机污染物存留时间过长，也会影响周边土壤的环境质量。加之土壤与地下水存在紧密联系，其中的天然有机污染物也会随着关联通道发生扩散，从而导致土壤及地下水出现严重的天然有机污染问题。另一类则是人为有机污染物，它们是在人为加工生产与制造过程中产生的有机污染物，这类有机污染物与人类生产活动紧密相关，其形成原因很复杂且分布广泛。

### 一、土壤有机污染概述

由土壤中的有机物含量过高而引起的土壤污染称为土壤有机污染。由于可能造成食物链、地下水和地表水污染，土壤中的有机污染物逐渐受到了关注。有机污染物可被农作物吸收富集，进而污染食品和饲料；而一些水溶性的有机污染物可随土壤渗滤到地下水而致使地下水受到污染；一些有机污染物可吸附于悬浮物随地表径流迁移并造成地表水污染，甚至渗入及污染地下水；许多有机污染物可挥发进入大气导致大气污染，所以土壤有机污染常成为重要的二次污染源。

#### (一)土壤中有机污染物的种类

由于土壤有机污染物的种类复杂，结构、形态与性质各异，而且有机污染物逐年增加，因此尚没有明确的标准来划分土壤中的有机污染物，但可以根据各学科的研究目的和研究方向进行归类和划分。通常有以下几种划分方法。

(1)土壤中的有机污染物按溶解性难易可分为两类。一是易分解类，如有机磷农药、三氯乙醛等；二是难分解类，如有机氯等。部分有机污染物在生物和非生物作用下，特别是微生物的作用下可转化为无害物质，但仍然有相当一部分难以转化，造成农作物减产，并在植物中残留而成为植物残毒。

（2）根据有机物的性质并依其毒性划分为有毒和无毒两种类型。有毒的有机污染物主要包括苯及衍生物、多环芳烃和有机农药等；低毒或无毒的有机物主要包括容易分解的有机物，如糖、蛋白质和脂肪等。

（3）根据在环境中残留的半衰期可划分为持久性有机污染物（persistent organic pollutants，POPs）和非持久性有机污染物。POPs是一类具有长期残留性、生物累积性、半挥发性和高毒性并能够长距离迁移对人类健康和生态环境具有严重危害的有机污染物。根据国际上对POPs的界定，这些物质必须符合下列条件：①在所释放和运输的环境中是持久性的；②可蓄积在食物链中，对有较高营养价值的生物造成影响；③进入环境后，经长距离迁移可进入偏远的极地地区；④在相应环境浓度下，对接触该物质的生物造成有害或有毒效应。联合国环境规划署曾提出需要管控的首批12种POPs，包括艾氏剂、狄氏剂、异狄氏剂、DDT、氯丹、六氯苯、灭蚁灵、毒杀芬、七氯、多氯联苯、二噁英和苯并呋喃。其中前9种是农药，多氯联苯是环境中危害极大的一类有毒物质，极难降解并广泛用于石油、电子、涂料及农药等产品中。二噁英主要在造纸与除草剂生产和使用中以及金属冶炼及垃圾焚烧过程中产生，并通过食物链的传递在人体组织中积累。这12类有机污染物大多具有高急性毒性和水生生物毒性，其中8种已被国际癌症研究机构定为确认或可能的人体致癌物。它们在水体中的半衰期大多在几十天至20年，个别长达100年；在土壤中的半衰期大多在1~12年，个别长达600年，生物富集系数（Bioconcentration Factor，BCF）在4000~70000。BCF是生物体中的污染物母体及其代谢物的浓度与水中该污染物母体及其代谢物浓度的比值。该比值越大，其生物富集性就越高。人们越来越重视以POPs、有机农药、石油烃等为典型代表的土壤有机污染，它们具有化学性质稳定、难以生物降解、容易在生物体内富集且对生态环境毒性强等特点。

常见的土壤有机污染物包括有机农药类、多环芳烃类（PAHs）、石油烃（TPHs）、持久性有机污染物（POPs）、多氯联苯（PCBs）、二噁英（PCDDs、PCDFs）等[88]。其中对土壤污染较大的有机污染物主要有：苯和苯的衍生物，比如苯、苯酚、二甲苯、苯胺；有机氯、有机磷、氨基甲酸酯等农药、三氯乙醛；氰化物，包括氰化钠、氰化钾及氢氰酸；3,4-苯并（a）芘等多环芳烃；各种有机合成表面活性剂；农用化学品，主要是化肥、农药、植物生长调节剂和塑料等；国际上广泛关注的POPs、内分泌干扰物、抗生素、微塑料等污染物以及石油与各种石油制品对土壤的有机污染不容忽视。

**（二）土壤中有机污染物的来源**

土壤中有机污染物来源非常广泛，包括农业施用、污水灌溉、污泥和废弃物的土地处置与利用、污染物泄漏、工业"废水、废气、废渣"等。土壤有机污染物具有致癌、致畸、致基因突变的"三致"作用毒性和环境持久性与生物累积性等特点，这些有机污染物可影响植物生态以及水环境，甚至可通过食物链危害人体健康及饮水安全。根据污染源的数量和面积以及影响范围可划分为面源污染和点源污染。根据污染物质的来源又可分为一次污染源和二次污染源。土壤中的有机污染物主要包括人为生产加工使用造成的污染以及自然界产生而形成的污染。有机污染物在土壤中的积累是在下列情况下产生的，农药直接施入、污水灌溉或污泥的使用；用来处理植物地上部分的药剂大量沉降在土壤中;含残留农药的动植物遗体进入土壤中;随气流、大气飘尘和湿沉降等方式进入土壤中的有机污染物。

具体的有机污染物需要重点关注来自钢铁、炼焦、合成、化肥、农药、炼油、塑料、染料、医药、电镀、印染、黄金冶炼、合成橡胶、有机玻璃、电解银以及离子交换树脂等工业的原料、生产过程以及"三废"排放等。

### (三)土壤有机污染特点

土壤体系中的有机污染物主要有以下特点。

(1)持久性。有机污染物具有很强的化学键,键能高并拥有强大的抗生物分解、化学分解及光解作用的能力,它被直接排放到自然生态环境中,难以被自然界中的物质完全分解,可长期停留于土壤、大气以及水环境介质中,不仅影响动植物生长,还可通过食物链危害人类健康。

(2)半挥发性。它具有半挥发性,能够促使有机污染物从土壤及水体中直接挥发至大气环境中,它们可长期停留于大气中,并吸附大气颗粒物,产生长距离迁移,随着颗粒物在地表发生沉降而污染生态环境。

(3)生物富集性。它具有较高的亲油性,可从周围的土壤与水等介质中逐步富集到生物体内,并随着食物链的延伸而使得这种富集的范围更广,捕食生物体中的有机污染物浓度也不断增加。

(4)高毒性。它具有高毒性,通过食物链等形式被人体吸收,可直接威胁到人体健康,如破坏人的神经系统、肝脏系统等,逐渐产生慢性或急性毒素,持续威胁人体健康[89]。

### (四)有机污染物在土壤体系中的存在形态

有机污染物在土壤体系中的存在形态主要有以下几种类型。

(1)水溶态。由于不同有机物的辛醇-水分配系数差异较大,故不同有机污染物在土壤溶液体系中水溶态的量及性质也各有不同。总体上,土壤体系中的挥发性有机污染物(VOCs)和半挥发性有机污染物(SVOCs)的溶解性相对较好,而农药和重质石油烃组分等则由于溶解度低而较少以水溶态存在。

(2)气态。由于有机污染物特别是轻质的 VOCs 与 SVOCs 具有一定的挥发性,在土壤生态系统中一部分可以气态形式存在。土壤中的气态有机物的迁移转化等均应考虑其挥发性。而气态有机物的高危害和环境风险特性使其成为土壤重要有机污染物类型或存在形式,其在修复过程中的风险亦是污染土壤修复工程中需要重点关注和防控的内容。

(3)吸附态。吸附态是土壤体系中的有机污染物的主要存在形态之一,主要吸附于无机和有机胶体颗粒上。许多有机污染物由于与土壤颗粒吸附较紧密,在土壤体系中的迁移性较差,加之土壤的自净作用较弱,故长期在土壤环境中形成高残留有机污染物,对包气带及至饱水带造成长期的持续污染。

(4)非水相液体。非水相液体(Non-Aqueous Phase Liquids, NAPLs)就是难以与水、气混溶的流体,按与水密度对比可分为非水相轻液(Light Non-Aqueous Phase Liquids, LNAPLs)和非水相重液(Dense Non-Aqueous Phase Liquids, DNAPLs)。有机污染物进入地

下环境后，大多以 NAPLs 形式污染土壤和地下水。NAPLs 类污染物来源广泛，包括石油开采、石油化工、农药、洗涤剂等，是被普遍关注的有机污染物形态，与土壤及地下水系统中的有机污染物的迁移与转化等过程均具有重要关系[88]。

## 二、地下水有机污染概述

地下水约占地球上整个淡水资源的 30%，在水资源日益紧张的今天，地下水日益显出其重要性，其质量给人们的正常生活和生产活动带来极大的影响。但若人们过于重视城市的建设和经济的发展，则将因忽视对大自然的破坏而使地下水受到污染。另外，污染物还可通过迁移、扩散和渗透等作用进入地下水–土壤体系-植物系统中，并逐渐因生物放大作用进入食物链而危害人类健康[90,91]。地下水有机污染是指因有机物进入地下水而造成水质变差的现象。地下水中常见的有机污染物如三氯乙烯、四氯乙烯、甲苯、二甲苯等，具有"三致"作用，已被我国列入水中优先控制污染物黑名单[92]。此外，地下水中已检出的许多有机污染物均对人体健康有严重伤害，不同的有机化合物对人体各器官及系统有不同的危害。例如，三氯乙烯可刺激皮肤并对肺、肝、肾等内脏器官有损害；苯可刺激皮肤、眼睛以及对神经系统、免疫功能、胃肠系统有损害[93]。有机污染物通常以单独相态存在于地下水环境中，称为非水相液体（Non-Aqueous Phase Liquids，NAPLs），在包气带中易受淋溶作用而迅速迁移至含水层，在污染地下水的同时，还通过溶解与挥发作用不断向地下水、土壤和大气环境中扩散，对人居环境造成长期破坏[80]。由于 NAPLs 在地下水中的迁移行为复杂且隐蔽性强，并在化工类企业区域环境中广泛存在，而成为土壤和地下水污染的重要污染源[93]。

### (一)地下水有机污染特点

地下水有机污染物数量多且污染特征复杂，其主要特点如下。

(1)不确定性。由于地下水含水介质的差异性和复杂性，而且地下水处于不断运移和循环中，经历着补给、径流、排泄各个途径，不同的水力系统又有着密切的水力联系。因此，地下水一旦被污染，其污染范围很难被准确圈定。

(2)隐蔽性。有机污染物进入含水层及在其中运移的速度缓慢，常常难以被发现。人类饮用了受有毒或有害组分污染的地下水，对人体的影响经常是缓慢而隐蔽的，因而难以引起人们应有的重视。

(3)不可逆性。地下水运移在含水介质中，受含水介质的差异性、空隙、裂隙等系统的限制，地下水的运移速率极其缓慢，地下水在含水系统中的循环周期也相当长(几年、几十年、几百年)，因而污染物在地下水中的滞留时间也很漫长，这就使得被污染的地下水在近期内很难得以恢复或彻底修复[5]。

### (二)地下水的有机污染途径

地下水污染途径是指污染物从污染源进入地下水中所经过的路径。有机污染物可通过不同的途径污染地下水。按照有机污染源的种类可分为污水管渠和污水池渗漏、固体废物堆淋滤、化学液体渗漏、农业活动污染以及矿山开采污染等；按照水力学特点可分为间歇入渗型、连续入渗型、越流入渗型及径流入渗型四类(表6-1)。

表6-1　地下水污染途径分类

| 类型 | 污染途径 | 污染物来源 | 被污染含水层 |
|---|---|---|---|
| 间歇入渗型 | 降水对固体废弃物的淋滤 | 工业和生活固体废物 | 潜水 |
|  | 矿区疏干地带的淋滤和溶解 | 疏干地带的易溶矿物 | 潜水 |
|  | 灌溉及降水对农田的淋滤 | 农田表层土壤残留农药、化肥及易溶盐 | 潜水 |
| 连续入渗型 | 渠、坑等污水的渗漏 | 各种污水及化学液体 | 潜水 |
|  | 受污染的地表水渗漏 | 受污染的地表污水体 | 潜水 |
|  | 地下排污管道的渗漏 | 各种污水 | 潜水 |
| 越流入渗型 | 地下水开采引起的层间越流 | 受污染的含水层或天然咸水等 | 潜水或承压水 |
|  | 水文地质天窗的越流 | 受污染的含水层或天然咸水等 | 潜水或承压水 |
|  | 经由井管的越流 | 受污染的含水层或天然咸水等 | 潜水或承压水 |
| 径流入渗型 | 通过岩溶发育通道的径流 | 各种污水或被污染的地表水 | 主要是潜水 |
|  | 通过废水处理井的径流 | 各种污水 | 潜水或承压水 |
|  | 盐水入侵 | 海水或地下咸水 | 潜水或承压水 |

(1)间歇入渗型。间歇入渗型的特点是污染物通过大气降水或灌溉水的淋滤,使固体废物、表层土壤或地层中的有毒有害物质周期性(降水或灌溉时)从污染源通过包气带土层渗入含水层。这种渗入一般是呈非饱和入渗形式,或呈短时间的饱水状态连续渗流形式。此种途径引起的地下水污染,其污染物常来源于固体废物或表层土壤中。此外,也包括污水灌溉的农田,其污染源则来自城市污水。此类有机污染无论是范围还是浓度均可能有明显的季节性变化,受污染的对象主要是潜水层。

(2)连续入渗型。连续入渗型的特点是污染物随着各种液体废物经包气带不断渗入含水层,这种有机污染物一般呈溶解态。最常见的是污水蓄积地段,如污水池、污水渗坑、污水管道渗漏以及被污染的地表水体和污水渠的渗漏等,污灌农田可造成大面积的连续入渗。这种类型的污染对象也主要是潜水层。

(3)越流入渗型。越流型的特点是污染物通过层间越流的形式进入其他含水层。这种转移可通过天然途径或人为途径(如结构不合理的井管、破损的老井管等),或因为人为开采引起的地下水动力条件变化而改变了越流方向,使有机污染物通过大面积的弱透水层进入其他含水层。其污染源可能是地下水环境本身,也可能是外来的,它可能污染潜水层或承压水层。

(4)径流入渗型。径流型的特点是污染物通过地下水径流的形式进入含水层,或通过废水处理井,或通过岩溶发育的巨大岩溶通道,或通过废液地下储存层的隔离层破裂部位进入其他含水层中。海水入侵是海岸地区的地下淡水超量开采而造成海水向陆地流动的地下径流。径流型的污染物可能是人为来源或天然来源,污染潜水层或承压水层。其污染范围取决于污染区域的水文地质条件,但由于缺乏自然净化作用,污染程度常很严重[94]。

### (三)地下水有机污染物的分类

地下水中的有机污染物常分为以下三种类型。

(1)溶解相液体。溶解相液体(Non-NAPLs)污染物的特点是易溶于水,污染地下水后不会在污染源积累,可随着地下水流动而迁移,造成持久性的污染。主要包括从市政污水管网中泄漏出来的污水、垃圾填埋场渗滤液中可过滤的部分和天然的有机物污染源。

(2)非水相轻液。非水相轻液(LNAPLs)主要是难溶于水的汽油类有机物如苯系物的单环芳烃与萘、蒽、菲等多环芳烃(PAHs),以及乙醇与甲基叔丁基醚(MTBE)等汽油添加剂。这类污染物进入地下水后,由于溶于水的部分较少,自身阻滞系数较高,因此不但可随着地下水流的方向迁移,还可在污染源处积累,造成长时间的污染。

(3)非水相重液。非水相重液(DNAPLs)包括有机溶剂如氯苯、三氯乙烯(TCE)、四氯乙烯(PCE)等密度大于水且不易溶于水的有机污染物,DNAPLs进入地下水后则向下移动,可在纵向上形成一条较深的污染带,同时有部分污染物随着水流迁移,横向上也可形成一条较长的污染带,因此DNAPLs易在地下水中形成大面积的污染[95]。

# 第二节 有机污染物的环境行为

有机污染物在土壤-地下水中的环境行为首先是由其自身性质决定的,如憎水性、挥发性和稳定性。同时环境因素也会产生重要的影响,如土壤组成和结构、土壤微生物、温度、降雨及灌溉等。进入土壤中的有机污染物可同土壤物质和土壤微生物发生各种反应,进而产生降解作用。有机污染物进入土壤可能经历以下过程:①与土壤颗粒的吸附-解吸;②挥发和随土壤颗粒进入大气;③渗滤至地下水或随地表径流迁移至地表水中;④通过食物链在生物体内富集或被降解;⑤生物降解与非生物降解。其中吸附与解吸、渗滤、挥发和降解等过程对土壤中有机污染物的去除贡献较大。

土壤作为污染物的重要载体,同时也是有机污染物的一个重要的自然净化场所。进入土壤的有机污染物能够同土壤中的化学物质和土壤生物发生各种反应而被降解。土壤污染物的增加与去除主要取决于污染物的输入量与土壤净化力之间的消长关系。当有机污染物的输入量超过土壤净化能力时,就将导致土壤污染,反之则可以通过土壤的自净能力逐渐降解去除土壤中的有机污染物。

土壤有机污染物在土壤中的环境行为主要包括吸附、解吸、挥发、淋滤、降解残留以及生物富集等。主要影响因素包括有机污染物的特性(化学特性、水溶解度、蒸气压、吸附特性、光稳定性和生物可降解性等)、环境特性(温度、日照、降雨、湿度、灌溉方式和耕作方式)、土壤特性(土壤类型、有机质含量、氧化还原电位、水分含量、pH、离子交换能力等)。

## 一、有机污染物在土壤中的吸附与解吸

有机污染物在土壤中的吸附和解吸是污染物在环境中重要的分配过程之一,对污染物的环境行为具有显著的影响,这是研究有机污染物在土壤中的环境行为的基础。有机污

物在土壤中的吸附–解吸研究主要集中在黏土矿物–水界面的吸附–解吸作用以及它们在土壤腐殖物质中的吸附–解吸行为。有机污染物在土壤中的吸附机理研究是其环境行为研究的重要组成部分，通过吸附机理的研究可以了解有机污染物在土壤中吸附的主要类型、吸附的强弱以及可逆性，明确有机污染物在环境中的迁移、挥发和生物降解等环境行为。

有机污染物运移的机制最重要的是其在水相与固体颗粒间的吸附–解吸过程。自然土壤颗粒常具有次级结构，如团聚体或裂隙结构。即使在较干燥的情况下，由于小孔隙的毛细作用，团聚体内的小孔隙被静止的水充满，而团聚体间的大孔隙则为流动相（水相、气相或水气共存）所占据。由于自然土壤的这种次级结构，有机污染物在水相与团聚体间的吸附过程不仅包括水与团聚体内小孔隙壁间的物质交换，而且还包括污染物在团聚体内小孔隙静止的水中的扩散过程。有机污染物在土壤中的吸附–解吸过程常被视为是瞬时完成而达到平衡的，被称为"局部平衡假设"；但很多研究表明，非平衡吸附更具普遍意义，且在非平衡吸附对有机污染物运移影响的研究中发现，被污染区域的土壤空气与有机污染物含量的比值相较根据局部平衡假设所得的预测值低 $1 \sim 3$ 个数量级。造成这种实测值比预测值低很多的原因主要是解吸速度较吸附速度慢，而使相同时间内从固体颗粒表面释放到气相的污染物的量小于由气相通过水相吸附到固体颗粒的污染物量。此外，农药施用后可长期存在于土壤中，甚至长达十几年之久。这些都证明了非平衡吸附的重要性。

土壤中的黏土矿物和腐殖酸是吸附农药的两类主要活性组分。关于有机污染物在土壤活性组分上吸附机理的研究，国内外已有较多的报道。已发现的吸附机理主要有化学吸附、物理吸附和离子交换，主要包括离子交换、氢键、电荷转移、共价键、范德华力、配体交换、疏水吸附与分配等 7 种机理。

有机质在农药吸附中的重要作用已被很多研究证实，腐殖物质的吸附量远远超过其他土壤成分的吸附量，腐殖酸对有机污染物的吸附作用超过其他土壤成分许多倍。例如，在生草灰化土中，80%吸附态的西玛津（一种除草剂）是与腐殖物质含量超过80%的泥粒部分相结合的；土壤对有机污染物的吸附作用主要取决于土壤有机质，更具体地说是取决于其中的胡敏酸和富里酸，约占总吸附量的74%。与土壤有机质相似，黏土矿物也是农药的吸附剂。为了明确土壤有机质在农药归宿中的作用，研究黏土矿物和腐殖质的相互作用以及土壤中有机质的定性定量差别具有重要意义。一般来说，有机质和黏土矿物在农药吸附中的作用是难以区分的，因它们在土壤中常常以金属黏土–有机复合体的形式存在，而这些复合体与其单独的组成成分相比具有很高的吸附活性。

有机污染物的吸附行为与土壤有机质含量紧密相关，通常土壤有机质被认为是影响农药在土壤中行为的最重要参数。当腐殖质含量较高时，土壤矿物表面就会被阻塞，不再起吸附作用，这时的农药与土壤吸附量取决于土壤中有机质的种类和含量。另外，土壤对农药的吸附量还与土壤质地、黏土矿物类型和 pH 值等性质有关。土壤中的有机质对有机污染物的行为影响很大，土壤中的有机质分为非腐殖物质和腐殖物质两大类。人们已经了解其中的腐殖物质的形成、转化、分布，土壤胶体和离子交换性质、功能、成土及其与污染物的相互作用等，腐殖物质与简单的有机物不同，它们是由微生物次生合成的一系列酸性的、从黄色到黑色且具有高分子质量的聚合物。腐殖物质的成分随土壤的不同而有差异，其主要成分是木素蛋白复合体，并和黏土矿物、微生物等结合在一起形成聚合体。腐殖物质中存在羧基、酚羟基、乙醇羟基、羰基和甲基等基团，当农药有效成分含有相似的基团时容易与上述基团结合而吸附残留。

有机污染物在土壤黏土矿物中的吸附主要决定于污染物与水、污染物与胶体以及胶体与水的相互作用。对有机污染物吸附作用的研究最简单的方法是批量平衡法，通过测定水相和吸附相中的浓度，将吸附量与平衡浓度作图得到该温度下的吸附等温线，即在相同温度下，单位质量的吸附剂的吸附容量与流体相中吸附质的分压或浓度的比值的变化规律，一般可分为三种类型：线性吸附等温线、Langmuir 吸附等温线和向上弯曲的吸附等温线。当以 $\log C_s$（$X$ 轴）和 $\log C_w$（$Y$ 轴）作图时，多数情况下溶液中有机污染物的吸附等温线都是线性的，即 Freundlich 吸附等温线：

$$\log C_s = \log C_d + n\log C_w \ \text{或} \ C_s = K_d C_w^n \tag{6-1}$$

式中，$C_s$ 表示土壤吸附的有机物的浓度，mg/kg；$C_w$ 表示水中有机污染物的浓度，mg/L；$K_d$ 和 $n$ 是在一定温度下测定的常数。

然而，高吸附与低吸附的化合物的吸附等温线均不符合 Freundlich 方程，高吸附时所得到的吸附等温线几乎与纵坐标平行，而在低吸附情形下形成吸附是随浓度逐渐增加的 S 形吸附等温曲线。有机污染物由溶液吸附到土壤固体颗粒上不仅仅是 Freundlich 或 Laugmuir 方程所描述的两种状态，通常包括四种类型的经验吸附等温线：L 型、S 型、C 型和 H 型，见图 6-1。

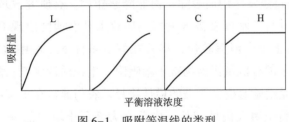

图 6-1　吸附等温线的类型

在不同的吸附等温线中，L 型：最普遍，代表吸附的最初状态，固体和溶质之间的亲和力很高，当吸附位被占满时，溶质分子寻找吸附位点的难度增大；S 型：表示协同吸附，即溶质分子在等温线起始部分浓度增加时，水分强烈地与溶质竞争吸附位；C 型：代表溶液和吸附体表面之间划分均衡部分，表示当溶质被吸附时新位置变成有效的，吸附总是与溶液浓度成正比；H 型：代表溶质和固体间的亲合力非常高，是罕见的。有机污染物在土壤中的吸附-解吸特性决定了污染物在环境中的行为。蒋新明和蔡道基[96]以呋喃丹、甲基对硫磷、六六六三种农药以及东北黑土、太湖水稻土、广东红壤这三种类型的土壤进行了农药在土壤中吸附与解吸性能的比较实验研究，结果表明，影响农药吸附与解吸的主要土壤因素为有机质的含量，以呋喃丹为例，其吸附常数 $K$ 与土壤有机质含量的关系式为 $y=0.0205+0.4426K$。利用该方程式可预测呋喃丹在其他土壤中的吸附量。农药在水体中的溶解度对吸附作用影响很大，其影响程度大于土壤性质的影响程度。

土壤有机质是使有机氯农药（如 DDT）减低活性的主要物质，在有机碳含量为 0~1%

时，有机质含量增加可提高 DDT 的活性，原因是在缺少有机碳时，DDT 被矿物胶体吸附而使活性降低；当有机质含量增加时，有机质会优先占据吸附位点，使得 DDT 活性提高。另外，其他有机氯化物的吸附、残留和钝化也与土壤有机质含量密切相关。

## 二、有机污染物在土壤中的降解和代谢

有机污染物的降解可分为生物降解与非生物降解两大类。降解是指有机污染物由于受各种因素的作用(化学、生物、光照、酸碱等)而逐渐分解并转变为无毒物质的过程；在生物酶作用下，农药在动植物体内或微生物体内体外的降解即为生物降解；生物代谢是指有机污染物在生物体内经过酶类及其他物质作用而发生变化并进行消化和排泄的过程；微生物降解是指利用微生物降解有机污染物的生物降解过程，降解微生物有细菌、真菌和藻类等；微生物的矿化作用是指有机污染物被微生物降解为 $CO_2$ 和 $H_2O$ 的过程；非生物降解则是指有机污染物在环境中受光、热及化学因子作用引起的降解现象。

有机污染物母体及其降解产物若能迅速被降解就不会发生残留问题。环境中的有机污染物降解主要包括生物降解、化学降解和光解三种形式。诸多因素同时控制着有机污染物的降解过程，其中比较重要的因素包括污染强度、营养物、氧化剂、表面活性剂、温度、湿度、土壤性状等。而且在降解的不同阶段，各因素的重要性及最佳水平也可发生变化。

虽然在厌氧和需氧条件下的多氯有机物可被降解，但其在厌氧条件下的降解速度更快。漫灌是消除土壤 DDT 残留的一种手段，因在厌氧的条件下，DDT 更容易被降解。另外，可能 DDT 主要通过蒸发作用而去除，而非降解作用。有研究发现在水中的 DDT 分子趋向于向水面移动，并且随水挥发进入大气，导致未开发地区出现 DDT 的积累。六六六和 DDT 在厌氧的淹水土壤中消解较快，尽管在好氧条件下土壤中也有很多分解菌存在，但在好氧的旱田条件下因有机氯污染物被土壤吸附，生物活性降低，故可长期残留。但也有人认为微生物降解是消除有机氯污染的最佳途径。农药通常在土壤中的分解要比在蒸馏水中的分解快得多，将土壤灭菌处理后，农药在大部分土壤中的分解速度明显受到抑制(表6-2)。

表6-2 灭菌对土壤中农药的降解速度的影响

| 药剂 | 土壤条件 | 灭菌方式 | 分解速度比(未灭菌/灭菌) |
|---|---|---|---|
| 林丹 | 旱田 | 高压蒸汽灭菌 | 2.6 |
| | 旱田 | $NaN_3$ | 1.1 |
| | 淹水 | 高压蒸汽灭菌 | >5 |
| DDT | 淹水 | 高压蒸汽灭菌 | >10 |
| 异狄氏剂 | 淹水 | 高压蒸汽灭菌 | 约为2 |
| 狄氏剂 | 旱田 | 高压蒸汽灭菌 | 5.0 |
| | 旱田 | 环氧乙烷 | 1.0 |
| 七氯 | 淹水 | 高压蒸汽灭菌 | 约为5 |

研究人员已从土壤、污泥、污水、天然水体、垃圾场和厩肥中分离得到降解不同农药

的活性微生物，这些活性微生物主要以转化和矿化两种方式，通过胞内或胞外酶直接作用于周围环境中的农药。值得注意的是，尽管矿化作用是清除环境中农药污染的最佳方式，但自然界中此类微生物的种类和数目还是相当缺乏的；然而微生物的转化作用却是相当普遍的，某一特定属种的微生物以共代谢的方式实现对农药的转化作用，并同环境中的其他微生物以共代谢的方式最终将农药完全降解。研究显示 DDT 的分解菌至少涉及 30 个属，其中包括细菌、酵母、放线菌、真菌以及藻类等微生物；六六六的分解菌除了生芽孢梭状芽孢杆菌和大肠杆菌外，还有很多可分解六六六的喜氧性、基本厌氧性、厌氧性的细菌与真菌。六六六在环境中的微生物代谢途径主要有两种，即通过脱氯化氢变成五氯环己烯和脱氢、脱氯化氢反应变成四氯环己烯。代谢中可能还有多氯苯或多氯酚等多种中间产物。

各种微生物降解的室内模拟试验研究比较多，可推广应用于实际使用的技术尚需加强。研究发现互生毛霉在试管内 2~4 天即可使 DDT 降解，但在田间试验中把真菌的孢子接种到被 DDT 污染的土壤中时，真菌降解 DDT 的能力很弱。方玲[97]以有机氯农药六六六或 DDT 为唯一碳源进行微生物的分离筛选以及田间试验，结果显示试验菌株对 DDT 和六六六的降解率仅为 50% 左右。环戊二烯类有机氯农药在土壤中的反应主要是双键部位的环氧化，可使艾氏剂转变成狄氏剂、异艾氏剂转变成异狄氏剂、七氯变成环氧七氯；土壤中的多种真菌、细菌及放线菌参与这类反应。

在常规条件下可降解目标污染物的微生物数量少且活性低，当添加某些碳源与能源性营养物质或提供目标污染物降解过程所需条件可提高降解菌对有机污染物的降解效率。共代谢是指微生物从其他底物获取大部分或全部碳源和能源后将同一介质中有机污染物降解的过程。在有其他碳源和能源存在的条件下，微生物酶活性增强，降解非生长基质的效率提高的现象，亦称共代谢作用。土壤微生物通常不只利用一种碳源，而是同时利用多种碳源。共代谢过程已作为一种生物技术在各种有机污染物降解修复中得到广泛应用。研究显示，与有机氯农药降解有关的微生物并非某种特定菌种，通常是通过土壤中各种微生物的共代谢作用进行的。由于多环芳烃水溶性低，辛醇-水分配系数高，因此该类化合物易于从水中分配到生物体内或沉积层中。多环芳烃在土壤中有较高的稳定性，其苯环数与其生物可降解性明显呈负相关关系，鲜见可直接降解高环数多环芳烃的微生物；因此，一般高环的多环芳烃的生物降解常以共代谢方式开始，多环芳烃苯环的断开主要通过加氧酶的作用，加氧酶可将氧原子加到 C—C 键上形成 C—O 键，再经过加氢、脱水等作用而使 C—C 键断裂，从而降低苯环数；加氧酶可分为单加氧酶和双加氧酶，其活性程度对多环芳烃的降解有很大影响。环境中的多环芳烃生物降解缓慢的两个原因是缺少微生物生长的合适碳源和多环芳烃有限的生物有效性。有研究发现，将含有 16 种优控 PAHs 的土壤平衡 45 天后，加入适量的水可使土壤中 PAHs 的降解速度提高至原来的 3 倍，且增加可溶性的有机物能够加速 4~6 环的 PAHs 的降解速度；加水而使土壤呈水饱和状态可提高 PAHs 的生物有效性。

## 三、有机污染物在土壤中的迁移和吸收

污染物迁移是指环境中的污染物发生空间位置的相对移动的过程，可分为机械性、物

理-化学性和生物迁移。吸收则是外源物质经各种途径透过有机体的生物膜而进入血液循环的过程，主要经由消化道、呼吸道和皮肤三种途径。土壤中有机污染物的迁移与吸收与它们的亲水性有关。有机污染物按照亲水性的强弱可分为亲水性的和憎水性的有机污染物。憎水性的有机污染物是指含有疏水性基团的有机污染物，它们在水中的溶解度很低，但很容易被土壤颗粒吸附，是主要的有机污染物；亲水性的和憎水性的有机污染物在土壤中行为有很大的区别，亲水性的有机污染物进入土壤后被土壤吸附，其中溶解于土壤团粒之间的重力水中和存在于团粒内部复合体微粒间的毛管水中的部分在淋溶和重力作用下可向下部的深层土壤不断扩散，逐渐到达地下含水层，并随地下水而迁移扩散。

持久性有机污染物(POPs)多属于憎水性有机污染物，在水中的溶解度很低，易于被土壤中的有机矿物复合体吸附，土壤黏土矿物与腐殖酸类有机质构成的复合体表面有—OH、—COOH、—NH$_2$、—SO$_3$H、—SH 等许多基团，这些基团与憎水性的污染物分子相互作用可导致有机污染物被吸附在复合体的表面。达到土壤颗粒的饱和吸附量后，还有一小部分自由态存在于土壤团粒之间以及团粒内部，在雨水和地表径流的淋溶作用及自身重力的作用下，憎水性有机污染物以自由态或与土壤中可溶性有机物形成胶体，或吸附于细微的胶粒表面向下渗透迁移，进入地下含水层中。一般情况下，土壤底层为黏土层或岩层等低渗透区，污染物受阻挡而使渗透速率降低并在毛细管力的作用下逐渐汇集，如果污染源的排放是连续的，则在地下含水层底部憎水性污染物将汇集而出现 NAPLs 层，成为地下水的二次污染源。若是密度大于水的 DNAPLs 时，污染物将穿过地表土壤及含水层到达隔水底板，即潜没在地下水中，并沿隔水底板横向扩展；若是密度小于水的 LNAPLs 时，污染物的垂向运移在地下水面受阻，而沿地下水面(主要在水的非饱和带)横向广泛扩散。NAPLs 可被孔隙介质长期束缚，其可溶性成分还可逐渐扩散至地下水中而成为一种持久性的污染源。

土壤中的有机污染物通常呈溶解于水、悬浮于水或吸附在土壤颗粒上这几种存在状态。在土壤中的有机污染物的归趋包括向土壤系统外转移和系统内分解两种，具体以哪种为主可依污染物的种类而异。有机污染物的植物吸收途径有根部吸收与地上部吸收两种。有研究表明，土壤中 DDT、六六六和氯丹的含量与蔬菜中的农药含量具有较强的相关性。农药林丹易被植物吸收并转移到作物顶部，因其具有较高的水溶性，可以通过扩散到达根表面并进入植物体内，然后随水分转移；而 DDT 的挥发作用更重要。还有研究发现，在以 0.5mg/kg 剂量处理的土壤中的七氯和 DDT 等有机氯农药，结果是有 55%的七氯通过挥发被去除，而有 43%的 DDT 被挥发，仅有 2%被根部吸收。

植物种类与农药的吸收量关系密切。不同品种的胡萝卜对艾氏剂与七氯的吸收差异大，而作物种子的含油量可影响有机氯的残留量，另外作物生长阶段也影响它们对有机氯的吸收量，且不同品种影响程度不同。大豆在整个生长期间对有机氯的吸收量逐渐增高，到种子成熟时吸收减少；而棉花则在苗期吸收量最高，然后逐渐降低。不同的农作物从土壤中吸收残留农药的能力差异很大，吸收量最大的是胡萝卜，其次是草莓、菠菜、萝卜和马铃薯等；水生生物从污水中吸收农药的能力常比陆生植物从土壤中吸收农药的能力强得多。

关于土壤类型与植物对有机氯污染物吸收量关系的研究发现，土壤有机质含量增加可导致农作物对农药的吸收量下降。在对多氯联苯（PCBs）在稻田土壤和水稻间的转化特征研究中发现，稻米中的 PCBs 的含量不易受环境中 PCBs 浓度的影响，水稻的不同部位中 PCBs 的含量分配规律为叶>稻壳>秸秆>稻米。而与植物相比，无脊椎动物对有机污染土壤中农药的累积作用要强得多。溶解度低于 0.1mg/L 的污染物常具有较高的通过生物途径累积的能力，关于残留有机氯农药在无脊椎动物体内的积累的数据见表 6-3。土壤中残留农药的最直接影响是可被作物吸收而污染食品。已知影响土壤中残留农药污染作物的因素有农作物种类、土壤质地、有机质含量及土壤含水量等。砂质土壤与壤土比较，前者对农药的吸附较弱，农作物易于从中吸收农药。土壤有机质含量高时，土壤吸附能力增强，农作物吸收的农药也就较少，具体见表 6-4。其中 dw/fw 为干/鲜重。

表 6-3　土壤中无脊椎动物体内的有机氯农药的含量

| 施药量 | 农药含量/（mg/kg-dw） | | | |
|---|---|---|---|---|
| （3~18kg/hm²） | 土壤 | 蛞蝓 | 蚯蚓 | 蜗牛 |
| DDT | 0.08~5.4 | 10.3~36.7 | 1.1~54.9 | 0.32~0.38 |
| DDE | 0.12~4.4 | 0.12~4.4 | 4.2~15.4 | 0.70~1.60 |
| DDD | 0.01~5.6 | 2.6~14.0 | 0.8~18.7 | 0.83~1.68 |
| 狄氏剂 | 0.01~0.02 | 0.2~11.1 | 0.04~0.82 | 0.02~0.07 |
| 异狄氏剂 | 0.01~3.5 | 1.1~114.9 | 0.4~11.0 | 2.72 |

表 6-4　土壤和农作物中残留有机氯农药的含量

| 杀虫剂 | 沙性土（mg/kg-fw） | 胡萝卜（mg/kg-fw） | 泥炭土（mg/kg-fw） | 胡萝卜（mg/kg-fw） |
|---|---|---|---|---|
| 六六六 | 0.095 | 0.0249 | 0.693 | 0.0225 |
| 七氯 | 0.066 | 0.0063 | 4.563 | 0.0170 |
| 狄氏剂 | 1.165 | 0.0455 | 8.563 | 0.0251 |
| DDT | 4.650 | 0.03774 | 10.217 | 0.0265 |

土壤水分可减弱土壤的吸附能力，能够增强农作物对农药的吸收。农作物被土壤中残留的农药污染的途径，除从根部吸收外还可因被雨水溅起而附着在农作物表面，或因从土壤表面蒸发而凝集在农作物表面。

植物体内残留性有机氯农药的累积和土壤吸附农药的能力之间存在相关性。土壤质地黏重、阳离子交换能力大和黏土矿物含量高这些因素都有利于土壤对农药的吸附。例如当黏性土中的六六六含量为 0.713mg/kg 时，土壤中的玉米的茎秆与籽粒中含六六六各为 0.086mg/kg 与 0.051mg/kg；而当砂性土中的六六六含量为 0.027mg/kg 时，玉米的茎秆和籽粒中的六六六含量相应为 0.047mg/kg 和 0.067mg/kg。这种现象决定于黏性土中含有较多的黏土矿物（53.5%），因而具有较高的吸附农药的能力。

## 四、有机污染物在土壤中的残留和积累

残留是指因使用农药而残留于人类食品或动物饲料中的农药污染物，还包括有毒理学意义的降解产物。积累是指有机污染物的持久性，污染物保持其分子完整性以及通过在环境中的运输与分配并维持其理化性质和功能特性的能力。污染物是否易于降解影响着它在某单一介质或相互作用的多介质中的停留时间。因此，若在介质中降解的速率超过其输入速率，则在这种介质中难以达到较高的含量水平。但如果生物吸收的速率高于其分解速率，或这种污染物的扩散和迁移的能力很弱，致使农药集中在小范围内则将导致有机污染物的残留。按污染物在环境中的存在形式可将其划分为结合态、轭合态和游离态三种类型。

结合残留物可能是农药母体物或是其代谢产物，结合残留物主要存在于样品的具有多种官能团的土壤腐殖物质和植物木质素等网状结构组分中，结合残留物同环境样品的结合可能包括化学键合和吸附过程及物理镶嵌等作用。人们原来常认为结合态农药是稳定的，不具有生物有效性，是有毒污染物的解毒途径之一，并习惯用溶剂萃取出的那部分农药（即游离态）残留量来衡量农药的持留性，但由于结合态农药的释放即农药从结合态转化为游离态而导致对环境的再次威胁，因此，原来对农药的安全评价可能低估了土壤中农药的残留状况、持留性或半衰期。农药结合残留的分析方法主要包括总燃烧法、高温蒸馏技术、强酸/碱水解和溶剂萃取法等。

农作物体内农药的残留取决于农药的理化性质，其表现方式依施用农药的作物和施用方法而不同。实际上，农药施用后其残留量是依作物种类和施用部位而不同的，可因农药的施用方法、施药量和施用时期而变化，且与作物的栽培方法和气候条件有关。因此，影响农药残留的因素是相当复杂的。但在农作物和施用方法一致的条件下，残留量也可因农药的种类而有差异，故应对各种农药的残留量进行比较，限制施用残留大的农药。再者，若施用农药量相同，农作物的农药残留可因施用方法和作物收获时期而不同，因此限制高残留农药使用和贯彻农药安全使用是极为重要的。农药在环境中的残留量主要受农药的使用量、使用频率及降解半衰期等因素影响。另外，鉴别主要代谢产物也是必要的，因它们可能比其母体污染物的毒性更强。在一定时期反复使用某种农药，如果这期间该农药的残留率（$r$）一定，以药量 $a$ 反复使用几次后的残留量 $R(n)$ 可用式（6-2）表示。

$$R(n) = a\frac{r(1-r^n)1}{1-r}(r < 1) \qquad (6-2)$$

如果无限制地反复施用，则 $r^n \to a$，故 $R(n)$ 趋近于某一定值 $\frac{a \times r}{1-r}$。如果每年施用一次，一年后残留率为 50%，即其半衰期为一年时，最终残留量不会超过一次施用量，即：

$$R(n \to \infty) = a\frac{0.5a}{1-0.5} = a \qquad (6-3)$$

如果农药的半衰期不到一年，则不必考虑土壤残留问题；但多数的有机氯农药和其他半挥发性有机污染物的土壤半衰期都远大于一年，而且它们的正辛醇-水分配系数也较大，

所以不但具有较强的残留性，而且极易在生物体内富集而造成严重的环境污染问题。

# 第三节　土壤中的典型有机污染物

## 一、有机农药类

农药是各种杀菌剂、杀虫剂、杀螨剂、除草剂和植物生长调节剂等农用化学制剂的总称，其品种繁多，且大多为有机化合物。施用农药是现代农业采取的技术手段，但农药施入田间后真正起作用的量仅占施用量的 10%~30%，而 20%~30%因蒸发和流失进入大气及水体，50%~60%残留于土壤中。自 20 世纪 40 年代广泛使用农药以来，累计已有数千万吨农药进入环境，农药已成为土壤中的主要有机污染物。在土壤中残留较多的是有机氯、有机磷、氨基甲酸酯和苯氧羧酸类等农药，其中有机氯农药和有机磷农药是造成土壤农药污染的主要种类。图 6-2 为常见有机氯农药和有机磷农药的结构式。

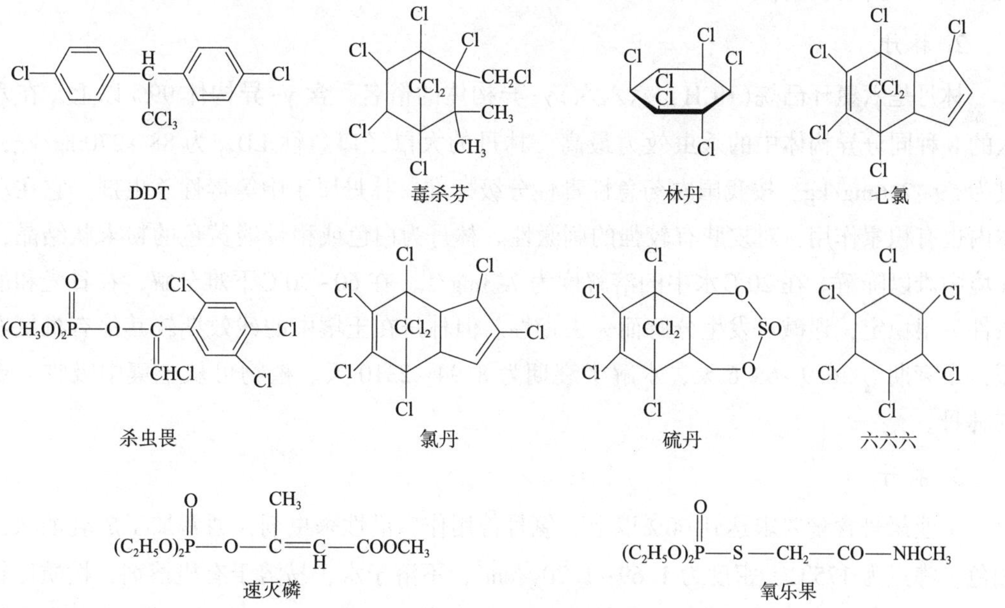

图 6-2　常见有机氯农药与有机磷农药结构式

## （一）有机氯农药

有机氯农药（OCPs）大部分是含有一个或几个苯环的氯代衍生物，主要用来防治植物病虫害。此类农药在 20 世纪 50~70 年代为确保农、林和畜牧业的增产发挥了一定的作用，但有机氯农药化学性质稳定、不易分解，并具有高生物富集性等特点，可通过食物链传递累积而威胁人畜健康和生态环境的安全。即使在远离各种工业的极地环境中都可监测到这类污染物，有机氯农药污染已经是一个全球性的环境问题。有机氯农药主要分为氯代苯和氯代亚甲基萘制剂两大类。氯代苯类以苯作为基本合成原料，如 DDT、六六六、林丹和六氯苯，这类制剂曾是我国应用最广及用量最大的农药品种；氯代亚甲基萘制剂以石油裂化产物作为基本原料合成而得，包括氯丹、七氯化茚、狄氏剂、艾氏剂和毒杀芬等。

### 1. DDT

DDT 在 20 世纪 70 年代以前是全世界最常用的杀虫剂。它有若干种异构体，仅对位异构体($p,p'$-DDT)有强烈的杀虫性能。在土壤中，表层土吸附 DDT 较多，所以它在土壤中的迁移不明显。但是植物可通过根及叶片吸收 DDT，DDT 进入植物体内在叶片中的积累量相对较大，而在果实中较少。DDT 对人畜的急性毒性较小，大白鼠半致死剂量($LD_{50}$)为 250mg/kg。但由于 DDT 脂溶性强(100000mg/L)而水溶性差(0.002mg/L)，它可以长期在脂肪组织中蓄积，并通过食物链在动物体内高度富集，使居于食物链末端的生物体内蓄积浓度比最初环境所含农药的浓度高出数百万倍。其对食物链末端的人类危害最大。

虽然 DDT 在全世界范围内已被禁用，但由于三氯杀螨醇的使用，历史上农药(六氯环己烷、林丹)残留和通过大气沉降传播，导致一些农田中仍有较高的 DDT 检出率。在 DDT 和三氯杀螨醇生产厂附近 0.5~21.5m 的土柱中，发现其深层 DDT 浓度要高于三氯杀螨醇，表明 DDT 比三氯杀螨醇还难降解。

### 2. 林丹

林丹是六氯环己烷(HCH，六六六)$\gamma$-异构体的俗名，含 $\gamma$-异构体 99%以上，在六六六的 8 种同分异构体中的杀虫效力最高。林丹的大鼠经口急性 $LD_{50}$ 为 88~270mg/kg，小鼠为 59~246mg/kg。按我国农药急性毒性分级标准，林丹属于中等毒性杀虫剂。它在动物体内也有积累作用，对皮肤有较强的刺激性。林丹为白色或稍带淡黄色的粉末状结晶，在环境中难以降解。在 20℃水中的溶解度为 7.3mg/L，在 60~70℃下难分解，在日光和酸性条件下很稳定，遇碱可发生分解而失去毒性。但林丹在土壤中的残效期较其他有机氯农药短，半衰期为 36.9~68.6 天，水解半衰期为 8.94~2310 天。植物可从土壤中吸收一定量的林丹。

### 3. 氯丹

工业氯丹含量要求达到 60%以上，氯丹曾用作广谱性杀虫剂，通常加工成乳油状，琥珀色，沸点为 175℃，密度为 1.69~1.70g/cm³，不溶于水，易溶于有机溶剂，性质比较稳定，遇碱性物质可分解失效。其挥发性较大，但仍有比较长的残效期。在杀虫浓度范围内，对植物无药害，对人与畜的毒性较低，如对大白鼠的 $LD_{50}$ 为 457~590mg/kg。但氯丹在体内代谢后，能转化为毒性更强的环氧化物，并使血钙降低，引起中枢神经损伤；其在动物体内的积累作用大于 DDT。

### 4. 毒杀芬

毒杀芬是用于控制农业蚊虫的杀虫剂，为黄色蜡状固体，有轻微的松节油气味。其熔点为 65~90℃，不溶于水，但溶于四氯化碳及芳烃等有机物。在加热或强阳光照射及铁类催化剂存在下可脱掉氯化氢。毒杀芬对人、畜的毒性中等，但可引起甲状腺肿瘤和癌症。大白鼠 $LD_{50}$ 为 69mg/kg。它可在动物体内积蓄。除葫芦科植物以外，对其他作物均无药害，残效期长。

## (二)有机磷农药

有机磷农药是为取代有机氯农药而发展起来的，因其较有机氯农药易降解，故它对自然环境的污染及对生态系统的危害和残留较有机氯农药弱；但有机磷农药毒性较高，大部分对生物体内胆碱酯酶有抑制作用，随着有机磷农药使用量的增加，它对环境污染和对人与畜的危害也很严重。世界上的有机磷农药已有数百种，其中常用的约有百种，我国常用的有30余种。世界有机磷农药的生产量约占农药总量的1/3，我国则约占一半。由于有机磷农药对有害靶生物的去除效果比较好，前些年是我国使用最多的一类农药。有机磷农药大部分是磷酸的酯类或酰胺类化合物(图6-3)，按结构可将其分为磷酸酯(如敌敌畏、二溴磷及敌百虫等)、硫代磷酸酯(如对硫磷、马拉硫磷、乐果等)、磷酰胺和硫代磷酰胺(如甲胺磷)等[98]。

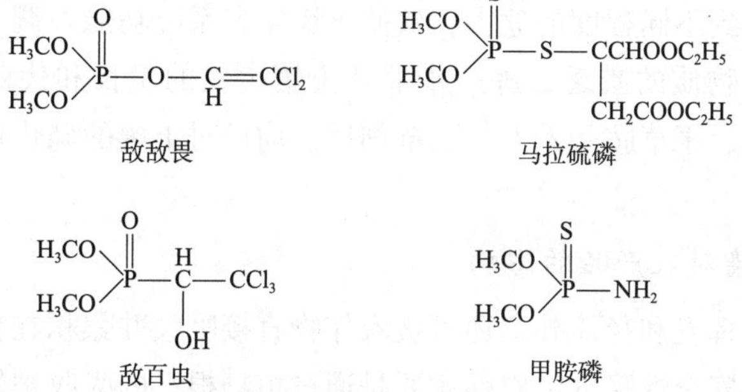

图6-3　有机磷农药结构式示例

有机磷农药多为液体，除乐果及敌百虫等少数品种外，一般都难溶于水，而易溶于乙醇、丙酮及氯仿等有机溶剂中。不同的有机磷农药的挥发性差别很大。

## (三)土壤农药污染的危害

土壤中的农药污染的危害是多方面的，主要表现在以下几个方面。

### 1. 农药污染对土壤生态系统的危害

施用农药的大部分落入土壤中，大气残留的农药和附着在作物上的农药经雨水冲刷等也有相当一部分落入土壤。被农药长期污染的土壤将会出现明显的酸化，土壤养分随着污染程度的加重而减少，还可导致土壤孔隙度变小及土壤板结等。另外，由于农药具有很强的生物毒性，它在杀死许多病虫害的同时，对土壤微生物、植物根系、土壤酶等土壤生态系统中的生物部分亦有毒性影响，可产生长期及潜在的生态危害。

土壤中的农药除了被吸附以外，还可通过挥发及扩散的形式迁移进入大气，引起大气污染，或随水迁移及扩散而进入水体，引起水体污染。农药在土壤中的迁移性与农药本身的溶解度密切相关，一些水溶性大的农药则直接随水流入江河与湖泊；一些难溶性的农药易吸附于土壤颗粒表面，随雨水冲刷并连同泥沙流入江河水域。

土壤中的农药残留对土壤酶活性除少数低浓度情况下有一定的促进作用外，农药对土壤酶活性具有明显的抑制作用。例如，甲磺隆的浓度为0.1mg/kg时对脲酶活性影响很小，但当其浓度提高到0.5~2.0mg/kg时，则可导致脲酶活性显著降低。朱南文等研究了土壤中施入不同浓度的有机磷杀虫剂甲磷胺后对土壤磷酸酶和脱氢酶活性的影响，发现甲磷胺对脱氢酶和三种磷酸酶的活性均有不同程度的抑制，其抑制强度和作用时间随浓度升高而加剧并延长。土壤酶活性的生态剂量 $ED_{50}$ 结果表明，土壤脲酶活性的 $ED_{50}$ 值最小，即脲酶活性对杀虫剂反应最灵敏，可用其作为土壤杀虫剂污染程度的监测指标。

土壤动物的丰富度是土壤肥沃程度的重要标志。然而土壤中残留的农药对土壤微生物、原生动物以及其他节肢动物、环节动物、软体动物以及线形动物等产生不同程度的危害。土壤中的细菌、真菌、原生动物和后生动物，它们是土壤性质及维持土壤生态系统平衡的关键。然而，多数农药对土壤生物均有一定的毒杀作用。例如，一些杀虫剂对蚯蚓有较强的杀伤力，对硫磷和多菌灵在培养 14 天的条件下，引起蚯蚓 50% 死亡的浓度分别是 74.52mg/kg 和 4.27mg/kg。农药危害土壤微生物及其种属数量，由于微生物数量的变化，土壤中的氨化作用、硝化作用、反硝化作用、呼吸作用以及有机质的分解、代谢和根瘤菌的固氮等过程都将受到不同程度的危害，致使土壤生态系统功能失调，系统中可能出现某些物质的积累或某些物质的匮乏，进一步危及土壤生物的生长和代谢过程。施用五氯酚钠、百草枯、氟乐灵、丁草胺和禾大壮除草剂后，均可对土壤的硝化作用产生长期的抑制作用。

2. 土壤农药污染对农产品的影响

土壤中的农药除挥发和径流外，还可被农作物直接吸收并累积在作物体内。施用农药可使农产品的质量和安全性降低。农药主要是通过植物根系的吸收被转运到植物组织或农产品中，其在植物体内残留可影响植物生长，进入农产品中则影响其质量和食品安全。因此，目前越来越多地使用生物农药。但土壤中残留的农药还在不断地释放而影响农产品的安全。DDT 与六六六在 20 世纪 80 年代初就已被禁止使用，但仍有一些农产品因其残留超标而影响其经济效益和食品安全。如它们在茶叶中的残留超标而影响茶叶的品质与安全。

残存于土壤中的农药对生长的作物也有危害，尤其是除草剂，一方面因使用不合理或用除草剂含量过高的废水进行农田灌溉而污染土壤，并同时危害农作物；另一方面，对某一种或某一类农药具有较强抗性的作物，虽然对于污染土壤中的农药未表现出明显的受害症状，但在农产品中却积累了大量农药，一旦被食用就会严重威胁人体健康。

3. 土壤农药污染对动物生长发育的影响

生物体内脂肪组织富集的六六六可通过胎盘和哺乳影响胚胎发育，导致畸形、死胎或发育迟缓等现象。农药还会引起其他器官组织的病变。如四氯二苯并二噁英（TCDD）暴露可引起慢性阻塞性肺病；也可引起肝脏纤维化及肝功能降低，出现黄疸、精氨酸升高及高血脂；还可引起消化功能障碍。

4. 土壤农药污染对人体的影响

许多化学农药具有环境激素效应，其在土壤和植物体上的残留对人和动物内分泌系统产生干扰作用，影响生殖繁衍，造成雌性化、腺体病变和后代生命力退化。

有机氯农药难降解、易积累，直接影响生物的神经系统[88]。如 DDT 主要影响人的中枢神经系统，有机磷农药虽易降解、残留期短，但其毒性大，虽在生物体内易分解、不易积累，但它可发生烷基化作用并引起致癌、致突变作用；有机磷农药通过破坏酶类和神经系统的独特方式危害生物体。六六六作为内分泌干扰物与相关受体结合后不易解离、不易被分解排出，因而扰乱内分泌系统的正常功能，包括抑制免疫系统正常反应的发生、影响巨噬细胞的活性、降低生物体对病毒的抵抗能力等。由于"全球蒸馏效应"，六六六与其他POPs物质类似迁移到高纬地区通过沉降而逐渐随食物链危害人体健康。

## 二、多环芳烃类污染物

多环芳烃（PAHs）是指两个以上的苯环连在一起的化合物（图6-4）。两个以上的苯环连在一起可以有两种方式：一种是非稠环型，即苯环与苯环之间各由一个碳原子相连，如联苯、联三苯等；另一种是稠环型，即两个碳原子为两个苯环所共有，如萘、蒽、芘等。根据苯环连接的方式，多环芳烃可分为联苯类、多苯代脂肪烃和稠环芳烃三类。

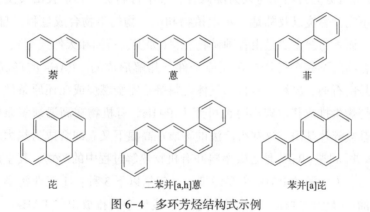

萘　　　　　　　蒽　　　　　　　菲

芘　　　　二苯并[a,h]蒽　　　　苯并[a]芘

图6-4　多环芳烃结构式示例

PAHs是一大类广泛存在于环境中的有机污染物，也是最早被发现和研究的化学致癌物，已被发现的致癌性PAHs及其衍生物已超过400种，人们常通过呼吸、饮食和吸烟等途径摄取，它是人类癌症的重要诱因之一。由于其高毒性及致癌性，早在1976年US-EPA就将16种PAHs列入优先控制的有毒有机污染物黑名单。工业发达国家的研究表明，近100~150年来，土壤（尤其是城市地区土壤）中的PAHs含量不断增加，土壤已成为PAHs重要的"汇"。PAHs主要来源于人类生产活动和能源利用过程以及石油与石油化工产品的生产过程，它们在环境中普遍存在并具有致癌性、致畸性和致突变性，并可强烈抑制微生物的活性。作为煤炭主体结构的重要组成部分，PAHs可随其开采和加工与利用过程进入土壤环境，使煤矿区及其加工利用区域的土壤中的PAHs常超过环境背景值。PAHs水溶性差，易吸附于土壤颗粒上，生物可利用性差，自然降解率低，土壤是它的一个主要环境归宿。

PAHs大都是无色、白色或淡黄绿色的固体，个别具深色，熔点及沸点比同碳数目的正构烷烃高、蒸气压低。由于其水溶性低，辛醇/水分配系数高，因此PAHs易于从水中分配到生物体内或沉积于河流沉积层中。土壤是PAHs的重要载体，吸附态的PAHs在土壤中有较高的稳定性。PAHs发生反应时常通过亲电取代反应形成衍生物，环状共轭体系难以被破坏。PAHs是一类惰性较强的烃类化合物，可通过光氧化和生物作用而降解。萘、苊和苊烯等低分子量的 PAHs 均可快速被微生物降解，而苯并[a]芘等高分子量的 PAHs 则很难被生物降解；且 PAHs 在土壤中难以发生光降解。

PAHs 具有线性、角形或簇状排列的苯环组成结构，按照苯环的数量，2~3 环的被称为低分子量多环芳烃，4~7 环的被称为高分子量多环芳烃，电化学稳定性、持久性、抗生物降解性和致癌指数随着苯环数量、结构角度的增加而增加，而挥发性则随着分子量的增加而降低。由于 PAHs 具有很强的疏水性，在土壤或沉积物中的沉积速率加快，且容易吸附在土壤颗粒上或进入地下水中。土壤和水环境中的多环芳烃被植物和动物吸收，可随食物链进入人体内。人类通过摄入、呼吸和皮肤接触等暴露途径，可造成急性或慢性的健康危害，若是职业或非职业原因接触多环芳烃可使相关人员罹患癌症的概率显著升高。

## (一)多环芳烃的来源

PAHs 的来源可分为自然源与人为源两种，其中自然源主要是火山喷发、草原与森林等天然火灾的不完全燃烧以及陆地、水生植物和微生物的生物合成过程，自然源的 PAHs 占比相对较小；而人为源主要是由各种矿物燃料(如煤、石油和天然气等)、木材、纸以及其他含烃类化合物的不完全燃烧或在还原条件下热解形成的。PAHs 的形成机理很复杂，一般认为主要是由石油、煤炭、木材、气体燃料等不完全燃烧或在还原条件下热分解而产生的，人们在烧烤牛排或其他肉类时也可产生 PAHs。有机物在高温缺氧条件下，热裂解产生烃类自由基或碎片基团，这些很活泼的物质在高温下又立即合成为热力学稳定的非取代 PAHs，如苯并[a]芘(BaP)是含碳燃料和有机物热解过程中的产物，其生成的最适宜温度为 600~900℃。人为源的 PAHs 主要污染途径包括以下 3 种：①工业污染，其主要来源是焦化厂、炼油厂等生产过程中所产生的废水、废气中所排放出的 PAHs；②各种交通机车的尾气排放，汽车启动时不完全燃烧所排放的 PAHs 含量巨大；③生活污染源，吸烟、烹调油烟以及家庭燃具的燃烧、垃圾焚烧等过程都会产生 PAHs 污染物，且易被人们忽视。

自然和人类活动产生排放的 PAHs 进入大气、水和土壤环境，由于其疏水特性，经过迁移与转化，最终进入沉积物和土壤中。在我国土壤中可不同程度地检测出前述的 16 种优先控制 PAHs。农村污染物含量较少，主要来自日常饮食及取暖；城市体系复杂，交通排放、集中供暖及各种工业生产等都是 PAHs 污染的重要来源，工业区污染物含量最多，主要来自工业燃煤、燃油及其他生产和存放过程，且具有污染区域集中的特点。其中，部分重工业区域如煤矿、油田、焦化厂等特殊工业区的 PAHs 污染尤为严重。

## (二)多环芳烃的危害

多环芳烃属于间接致癌物，其毒性主要包括化学致癌性、光致毒性效应、对微生物产生抑制等过程和作用。随着工业化进程的推进和持久性有机污染物自身特性及其"全球蒸馏效应"和"蚱蜢效应"的共同影响，使得 PAHs 已成为当今世界广泛分布的环境污染物，无论是从大气到海洋、从陆地到河湖水域、从偏远山区到繁华都市还是从南极大陆到雪域高原均有 PAHs 被发现。有的 PAHs 可对暴露于其中的生物体造成免疫系统、内分泌系统及生殖和发育等方面的严重危害[99]，PAHs 引起的"三致"作用屡见不鲜。

### 三、石油烃类污染物

石油是非常宝贵的资源，可它们一旦进入水土环境中就成为污染物。石油的组成极其复杂，迄今为止还没有人能够将其中所含的全部组分检测出来，它是由千万种化学特性不同的化合物组成的混合物，目前人们只能按需要对其进行分类并检测其中各种类型的化合物的量。如按其元素组成可知其中碳氢元素占95%～99.5%，其他元素(主要为硫、氮、氧)仅为0.5%～5%；按有机组分可分为烷烃、芳香烃、烯烃、酯类等，依碳链的长度及结构又可分为直链、支链的链烷烃、环烷烃和芳香烃；按其族组成可分为饱和烃、芳香烃、胶质和沥青质，其中前两者和后二者可分别被统称为石油总烃和非烃，胶质是低分子量的非烃，而沥青质是高分子量的非烃；石油烃类化合物是相对易于检测的，但非烃化合物由于其高极性与相对高分子量等特点使其分离检测的难度很大。

#### (一)土壤石油烃类污染物的存在状态

石油类污染物进入土壤后的存在状态主要有挥发态、自由态、溶解态和残留态四种。具体来说就是气态的挥发气、液态的游离油、溶于土壤孔隙水中的溶解态以及存在于土壤多孔介质中的残留态。气态石油烃是指通过挥发作用进入土壤气相中，并在浓度梯度作用下不断扩散的石油烃；逸散在大气中的石油烃可随空气漂移，其在漂移过程中易吸附在空气中的颗粒物表面，随大气沉降作用而进入远离污染源的地表环境中，使污染物发生长距离的迁移。液态的游离石油烃是在重力作用下可自由移动并通过挥发与溶解不断地向土壤-地下水体系中释放的石油烃；游离油一方面向大气中挥发，另一方面向土壤中入渗被土壤吸附以及由湿沉降进入土-水系统中，随地表径流发生水平迁移而污染地表水，另外在水动力驱动下垂直迁移到更深土壤层或地下含水层中而污染地下水。溶解态石油烃是溶于土壤孔隙水中或通过溶解作用进入地下水中的石油烃，溶解态石油烃随水流可相对自由地向土层深处迁移或发生平面的扩散运动，易于污染地下水。残留态石油烃是由于吸附或毛细作用残留在土壤多孔介质中的石油烃，其以固态或液态形式存在，但其难以在重力作用下自由移动。虽然石油类污染物在土壤中以四种形态存在，但每种形态的污染物的含量或比例可通过一系列的传质作用而发生形态间的转化。而且不同的油品、不同的地域、不同的土壤环境，石油类污染物的存在状态不同，而土壤中不同状态的石油类污染物其危害也不同，如残留态是最难以去除的，石油类污染物的残留量是关系治理费用及治理时间的关键因素；自由态是一个长期的污染源，溶解态可能造成大量水环境的污染等。

#### (二)土壤石油烃类污染物的危害

石油类污染物常以总石油烃(Total Petroleum Hydrocarbons，TPHs)为代表，实际上石油中含有各种有害污染物，其中苯系物(BTEX，苯、甲苯、乙苯和二甲苯)、多环芳烃(PAHs，菲、蒽、芘等)、有机硫化物等可严重危害生态环境和人体健康。石油PAHs类污染物对人体和动物的毒性大、"三致"作用强，石油中的BTEX类若经较长时间及较高剂量的接触将引起恶心、头痛和眩晕等症状，一些有机硫化物也具有"三致"作用。

1. 石油烃类污染对土壤生态系统的影响

由于石油烃的疏水性，土壤中绝大部分石油烃吸附在土壤固体颗粒的表面，但在适当的外界条件下可部分解吸并进入水相从而发生迁移。石油类污染物进入土壤后，可引起土壤理化性质的变化，如堵塞土壤孔隙、使土壤透水及透气性降低、改变土壤有机质的组成和结构、导致有机质的碳氮比（C/N）和碳磷比（C/P）发生变化、影响土壤微生物群落结构和功能及多样性变化，甚至破坏土壤的生态环境。石油烃作为具有高疏水性、低水溶性特征的污染物，在土壤介质中表现出复杂的相态。其在土壤生态系统中的吸附和滞留会直接导致土壤含水率的降低，对土壤生态系统正常的水、肥、气、热等状况产生影响，从而对农业生产等也产生相应的危害。

另外，因石油类污染物的脂溶性特点，除部分石油类组分可溶于土壤孔隙的水中，多数组分仍以纯液相的形态存在于土壤孔隙中，部分挥发到土壤气体中。根据辛醇-水分配系数（$K_{ow}$），除了石油中低分子的苯系物和萘可溶于水，蒽和菲具有中度溶解性外，分子量高于228的芳烃很难溶于水。烷烃较芳烃的水溶性更低。$C_{10}$以下的烷烃微溶于水，$C_{10}$以上的烷烃难溶于水；因此，石油在土壤中的积累将显著影响土壤的通透性。还有，土壤中积累的石油污染物在植物根系上形成一层黏膜，阻碍根系呼吸与吸收而破坏根系，导致植物腐烂死亡，石油类污染物可对污染区域的生态环境造成严重的破坏。

### 2. 石油烃类污染对动植物的影响

石油类污染物中的不同组分对动植物的影响也不同，低分子烃对植物的危害比高分子烃严重。沸点在150~275℃以内的石油烃，如粗汽油和煤油，对植物的毒害很大，它们可穿透植物的组织，破坏植物正常的生理机能。高分子石油烃类虽因分子较大穿透能力差，难以进入植物组织内部，但易在植物表面形成一层薄膜，阻塞植物气孔，影响植物的蒸腾和呼吸作用，并使其他生物的营养与输导系统产生混乱，严重的导致植物组织坏死。由于石油类污染物的水溶性差，因而土壤颗粒吸附石油类物质后不易被水浸润，难以形成有效的导水通路，使其透水性降低及透水量下降。积聚在土壤中的石油烃类污染物大部分是高相对质量的分子，它们黏附于植物根系表面并形成一层黏膜而引起根系腐烂；石油类污染物对动植物体的毒性顺序为芳香烃>烯烃>环烷烃>链烷烃。

长期使用含油污水灌溉，农作物正常生长发育受阻，抗倒伏和抗病虫害的能力降低，直接导致粮食的减产；由于石油类污染物的迁移和富集作用，油田区的农作物以及动植物体也受到了很大影响，使植物形态严重偏离正常植株，还可使农作物的品质降低。而且，石油类污染物中的烷烃、环烷烃、芳烃等对强酸、强碱和氧化剂都有很强的稳定性，可被植物的根、茎、果实等各部位吸收富集进入食物链，进而危害人类健康。

### 3. 石油烃类污染对水环境的影响

以气态、溶解态和自由相存留于非毛管孔隙的石油烃类迁移性较强，容易扩大污染范围，最终可引起地下水的污染。在一定条件下，土壤中的石油污染物会向下渗漏污染地下水，或被雨水携带污染地表水体，影响饮用水安全。土壤中的石油类污染物作为地下水和地表水的主要污染源之一，其淋滤和下渗是造成水体长期被石油污染的重要原因，危害水环境。世界范围内约1%的地下水受到了石油污染。土壤体系中的石油烃通过雨水冲刷可就近汇入水体，在水体表面形成油膜，甚至可影响水环境的复氧和各种生物化学过程。

#### 4. 石油类污染对人体健康的影响

石油中的烃类、非烃类以及重金属与芳香族化合物等有毒有害物质在农作物中产生残留和富集效应，并通过食物链危害人体健康。残留在土壤中的石油类污染物还可不断向空气中挥发、扩散和转移，使空气质量下降，直接影响人体健康、生命安危和后代繁衍。如某些脂溶性物质能侵蚀人的中枢神经系统，一些挥发性组分在紫外线照射下与氧作用形成毒性气体而危害人和动物的呼吸系统，多环芳烃类污染物还可影响人体肝、肾和心血管系统等的正常功能，甚至引起癌变；一些石油非烃类污染物也具有"三致"作用。

石油类污染物通过饮水、食物链和皮肤接触等进入人体，它可溶解细胞膜、干扰酶系统，引起肾、肝等内脏发生病变。总的来说，石油类污染物中所含组分的毒性按烷烃、烯烃、芳香烃的顺序逐渐变强。在具有潜在"三致"作用的化学物质中有许多是石油类或其制品中所含的污染物。

### （三）土壤石油烃类污染物的来源

土壤石油污染源分布广泛，类型繁多，主要包括含油废水任意排放、石油开发过程中的漏油事故、设备故障、开发油井的不正常操作及检修造成的石油溢出、渗漏和排放，井喷，罐底油泥排放以及输油管线、含油污水管线、加油站、地下储存罐泄漏，石油加工过程中的跑、冒、滴、漏，以及突发泄漏事故等，这些过程都有可能造成石油类污染物输入土壤环境，并在土壤中积累[100]。同时，含油污水灌溉、大气污染物沉降和汽车尾气排放亦是土壤石油污染不可忽视的来源。

在众多可引起土壤严重石油污染的来源中，油田区的石油开采过程是最值得关注的土壤石油类污染源。我国有很多油田与城区密不可分，它们相互交错分布，使得土壤石油污染问题对区域生态、水环境和人体健康的影响很大。我国大部分油田区和石油化工区的土壤环境均受到了石油类污染物和石油炼化及裂解产物的污染。污灌也是土壤中石油类污染物的重要来源，污灌会造成土层的烷烃与芳烃含量普遍增加，且土壤中石油类污染物的含量随着污灌时间的增长持续升高。

### （四）石油烃类污染物在土壤中的环境行为

在固-液-气-生物构成的多介质复杂体系中，土壤既是环境中诸多污染物的最终载体，也是污染物自然衰减并逐渐净化的场所。石油污染物进入土壤后可能经历以下几个过程：与土壤颗粒的吸附/解吸，挥发并随土壤颗粒进入大气，渗滤至地下水中或随地表径流迁移至地表水中，通过食物链在生物体内富集或被生物和非生物降解去除。

#### 1. 石油类污染物的吸附-解吸作用

吸附-解吸是控制石油类污染物在土壤中环境归宿的主要作用过程，不仅影响到土壤中石油类污染物的微生物可利用性，也可影响其向大气、地下水与地表水的迁移转化。吸附过程中土壤表面与石油类污染物的作用力一是来自其作用范围紧靠固体表面的化学力，二是来自作用距离较远的静电力和范德华引力。有机化合物的吸附主要有分配作用和表面吸附作用两种机理。在自然环境中，土壤一般都含有水分，或完全被水饱和；分配作用是其主要的吸附机理，而在水-土壤的石油类物质饱水分配体系中，土壤吸附量和有机质含量呈线性关系且具有很高的相关性，有机质凭借疏水作用和氢键组成规则的集合体区域是土壤的最佳吸附位。影响石油类污染物在土壤中吸附–解吸的因素很多，主要包括石油类污染物自身的分子结构和理化性质，土壤的组成、结构和性质以及温度、湿度、pH 值及共吸附质等其他外界因素。通常，石油类污染物在水中的溶解度越小就越有利于在土壤中的吸附；土壤有机质含量越高，吸附能力越大。因此，有机质是影响土壤吸附石油类污染物的关键因素，其中腐殖质类可起到最重要的作用。

2. 石油类污染物的挥发作用

挥发是土壤中石油类污染物迁移转化的一个重要途径。石油类污染物进入土壤环境后，熔点高且难挥发的高分子烃吸附到土壤中，而易挥发的低分子烃类则以液相和气相存在并逐渐溢散进入大气环境。土壤中的石油类污染物的挥发过程存在两步一级动力学：首先，泄漏的石油烃被土壤颗粒吸附需要一段时间，开始时存在着大量的自由态石油烃，因而挥发速率较快；随后石油烃逐渐由自由态变为吸附态，挥发速率趋于平衡。土壤中的石油类污染物的挥发主要发生在地表，对于土壤深层的污染物，则需先从深层迁移至地表，然后挥发至大气，而石油类污染物在土壤中的迁移速率较慢；挥发作用仅使低分子烃类污染物浓度降低，并改变土壤中石油类污染物的组成，但环境危害性仍然存在。

3. 石油类污染物的渗滤作用

水溶态和非水相液体(NAPLs)是土壤中石油类污染物的两种重要迁移形式。一般NAPLs 污染物在土壤中的入渗能力很弱，由于土壤的亲水性，水溶态污染物入渗能力明显高于 NAPLs。影响土壤中石油类污染物渗滤的因素很多，主要包括土壤结构、质地、含水量、孔隙度、温度以及石油类污染物本身的结构性质。在一定的降雨及灌溉淋滤条件下，土壤中残留的石油类污染物可发生解吸释放，加速污染物向饱水带的迁移。当土壤中的石油类污染物在入渗或淋滤作用下迁移至毛细带时，在重力、毛细力作用下可发生垂向及侧向迁移，入渗速度显著加快，同时进行相当明显的横向迁移扩展，在毛细带区形成一个污染区域。部分石油类污染物进入饱水带对地下水构成污染，部分则滞留在毛细带附近，随着降雨的淋溶作用，滞留在包气带及毛细带的石油类污染物可能逐渐渗透及污染地下水。

4. 石油类污染物的自然降解作用

(1)植物富集与降解。石油类污染物存在于土壤中，致使生长在土壤中的植物在新陈代谢过程中吸收、储存、转化或降解去除其中的某些组分，进而通过食物链在动物和人体中富集；植物根系可直接从土壤水溶液中吸收石油类污染物，再随蒸腾作用产生的上行传输过程沿木质部向茎叶迁移，然后累积在植物体内的有机体组分中，也可通过植物地上部分吸收空气中的气态石油类污染物再向根部转移。

(2)微生物降解。土壤微生物在适宜的环境条件下，可利用石油类污染物中的某些组分作为有机碳和能量的来源，同时选择性地消耗并降解它们。石油污染物进入降解微生物的细胞膜后可通过三种同化作用产生降解：喜氧呼吸、厌氧呼吸和发酵作用。其可降解性由污染物的化学组成而定，链烷烃及芳香烃中的 $C_{10} \sim C_{22}$ 烃易被降解；$C_1 \sim C_4$ 短链烃结构比较稳定，只有少量微生物可降解它们；$C_{22}$ 以上烃类的水溶性差，常呈固态，微生物对它们的降解能力有限。对土壤中微生物降解影响最显著的因素为石油类污染物的化学组成和环境条件。环境条件包括土壤中微生物的种类和数量、土壤中的营养元素、供氧量、温度、湿度、pH 值等。TPHs 含量可影响微生物的活性，污染物含量太高则会抑制微生物的活性，当土壤中 TPHs 含量为 $1 \sim 100 \mu g/g$ 时，一般不会对普通异养菌产生毒性。石油污染还会导致土壤中 C、N、P 比例失调，而缺乏营养物成为微生物降解的重要限制因素。

（3）光降解。在自然条件下，石油类污染物可发生两种类型的光降解反应，一是直接光降解，石油类污染物直接吸收太阳光能进行转化；二是非直接光解或光敏化降解，即先由土壤中存在的某种中间介质吸收太阳光，然后或经过电子转移过程将能量传递给污染物，或转化形成具有反应活性的光氧化剂，这些光氧化剂再与污染物进行其他反应，而使石油类污染物含量或毒性降低。土壤环境中只有表层的一小部分石油类污染物可以受到光照而发生降解，其余绝大部分则滞留在土层中，很少受到光照的影响，难以被光降解[100]。

## 四、其他有机污染物

### （一）多氯联苯

多氯联苯（PCBs）是一类以联苯为原料并在金属催化剂作用下，高温氯化生成的氯代芳烃。根据氯原子取代数和取代位置的不同，其共有 209 种同系物，其结构示意见图 6-5。

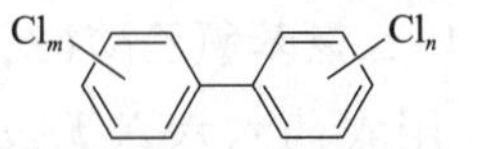

图 6-5　多氯联苯结构示意图（PCBs，209 种同系物）

PCBs 具有良好的化学惰性、抗热性、不可燃性、低蒸气压和高介电常数等特点，常被应用于电力工业、塑料加工业、化工和印刷等领域。PCBs 曾被作为热交换剂、润滑剂、变压器和电容器内的绝缘介质、增塑剂、石蜡扩充剂、黏合剂、有机稀释剂、除尘剂、杀虫剂、切割油、压敏复写纸和阻燃剂等，PCBs 是一类重要的化工产品。动物毒性实验表明，PCBs 对皮肤、肝脏、胃肠系统、神经系统、生殖系统和免疫系统的病变甚至癌变都有诱导效应。PCBs 可影响哺乳动物和鸟类的繁殖，它们对人类健康也具有严重的潜在致癌性。历史上曾发生过相关的污染事件，如日本的"米糠油"事件，1600 人因误食被 PCBs 污染的米糠油而中毒，22 人死亡。PCBs 的污染问题逐渐受到国际社会的重视。

土壤中的 PCBs 主要来源于大气颗粒沉降，工业园区造成的影响比较明显；有少量来源于用作肥料的污泥、填埋场的渗漏以及农药中含有的 PCBs 等。土壤中的 PCBs 含量常比上部空气中的含量高出 10 倍以上。若仅按挥发损失，土壤中 PCBs 的半衰期可长达 $10 \sim 20$ 年。PCBs 在土壤中的挥发速率随温度的升高而升高，但随着黏粒含量和联苯氯化程度的增加而降低；挥发过程是引起土壤中 PCBs 损失的主要途径，尤其是高氯取代的联苯。

### （二）二噁英类

二噁英类（Dioxins）是对性质相似的多氯代二苯并二噁英（PCDDs）和多氯代二苯并呋喃（PCDFs）两组化合物的统称（图 6-6），它们是一类无色无味、毒性很强的脂溶性污染物。二噁英熔点较高，分解温度>700℃，极难溶于水，可溶于大部分有机溶剂，易在生物体内积累，严重危害人体健康。二噁英具有极强的致癌性、免疫毒性和生殖毒性等多种毒性作用。这类污染物的化学性质极为稳定，难以被生物降解，并可在食物链中富集，它们能够存在于各种环境介质中，属于全球性的污染物。在75个PCDDs和135个PCDFs同系物中，侧位(2,3,7,8-)被氯取代的化合物(TCDDs)对某些动物表现出极强的毒性，具有"三致"作用，受到人们普遍重视。

多氯代二苯并二噁英，PCDDs        多氯代二苯并呋喃，PCDFs

图6-6  二噁英结构式

环境中的PCDDs和PCDFs主要来源于焚烧和化工生产，包括城市废弃物、医院废弃物、生活垃圾、化工厂的废物焚烧和燃煤电厂等，聚氯乙烯塑料、氯酚、氯苯、多氯联苯及氯代苯氧乙酸除草剂等农药的生产过程，钢铁冶炼、纸浆和造纸行业的氯气漂白过程，六六六热解废渣、造纸行业的污泥、汽车尾气排放，苯氧羧酸类除草剂和杀虫剂等的使用都可向环境中释放二噁英类污染物。PCDDs和PCDFs还可通过大气沉降、污泥农用和农药的施用等途径进入土壤环境中。

除草剂、杀菌剂和杀虫剂中也含有二噁英类化合物，如用于森林的苯氧乙酸除草剂2,4,5-三氯苯氧乙酸(2,4,5-T)和2,4-二氯苯氧乙酸(2,4-D)。最毒的2,3,7,8-TCDD异构体最初就是在2,4,5-T中发现的。用农药六六六无效体生产氯代苯的废渣中含PCDDS/PCDFs很高。自从20世纪30年代以来，氯酚被广泛用作杀菌剂、杀虫剂、木材防腐剂以及亚洲、非洲、南美洲地区的血吸虫病的防治，氯酚的生产主要采用苯酚直接氯化或氯苯的碱解这两种方式，因此，PCDDs/PCDFs常常作为氯酚制造过程中的副产物而进入环境。这些废弃物若未能妥善处理，随意堆放，则可通过渗漏、地表径流等方式进入土壤而产生污染。

由于环境中的二噁英类污染物主要以混合物形式存在，在对二噁英类污染物进行毒性评价时，常将不同组分折算成相当于2,3,7,8-TCDD的量表示毒性当量(Toxic Equivalents，TEQ)。样品中某PCDDs或PCDFs的浓度与其毒性当量因子(TEF)的乘积之和即为该样品的二噁英类毒性当量TEQ。城市污泥所含PCDDS/PCDFs的毒性当量(TEQ，dw)通常在$20 \times 10^{-9} \sim 40 \times 10^{-9}$ g/kg。施用污泥的土壤是否产生PCDDs或PCDFs的累积则取决于污泥中二噁英的含量及土壤性质等因素。

大气迁移与尘埃沉降也是土壤中二噁英类污染物的重要来源之一。有人认为大气降尘向土壤输入的PCDDs/PCDFs远比施用污水和污泥更重要。采用焚烧法处理城市生活垃圾时，其中包含的氯化物与燃烧过程中的碳、氢、氧和金属等元素在一定的温度范围内发生反应生成二噁英类物质(450℃左右时生成量最高)，大部分二噁英在高温(>850℃)可被分解，但仍有一定量排放于大气中并随大气及湿沉降而进入土壤而造成污染危害。

**(三)酚类和亚硝基化合物**

酚类化合物(图6-7)是芳烃的含羟基衍生物，可根据挥发性将其分为挥发性酚和不挥发性酚[98]。环境中的酚类污染物主要来源于工业企业排放的含酚废水，通常含酚废水中以苯酚和甲酚的含量最高。在许多工业领域，如煤气、焦化、炼油、冶金、机械制造、玻璃、石油化工、木材纤维、化学有机合成工业、塑料、医药、农药和油漆等工业排出的废水中均含有酚类污染物，这些废水若未经处理或处理不达标而排放，或用于灌溉就会污染土壤，并危害土壤生物和人体健康。酚类污染物被农作物吸收可导致食品有异味及中毒。

N-亚硝基化合物(图6-7)是一类含有 NNO 基的化合物，也是一类广谱致癌物，其前体物质广泛存在于环境中，人类与之接触的机会很多。当农田中大量使用含有硝酸盐的化肥或土壤中铁、钼元素缺乏或光照不足时，可造成植物体内的硝酸盐明显积累。过多的硝酸盐不仅严重影响动植物产品的安全，还将从土壤渗入地下水而对水体造成严重污染，而硝酸盐在一定条件下可转化为 N-亚硝基化合物。

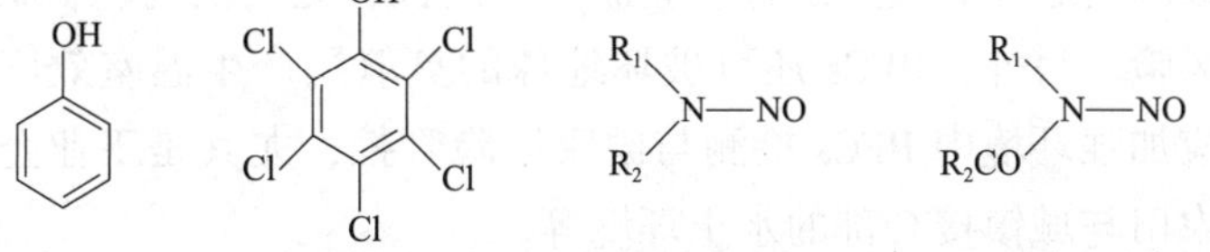

| 苯酚 | 五氯苯酚 | N-亚硝基胺 | N-亚硝基酰胺 |

图6-7　酚类和 N-亚硝基化合物结构式示例

### (四)环境内分泌干扰物

环境内分泌干扰物(EDCs)是干扰人类或动物体内分泌系统正常功能的外源性化学物质。EDCs 也被称为环境激素、环境荷尔蒙或环境雌激素等；由于人类的生产、生活而释放到环境中；它可通过多种方式进入土壤、地表水与地下水中；土壤成为 EDCs 的"汇"和"源"。近年来被广泛关注的双酚类、烷基酚类和类固醇激素类化合物都属于 EDCs。含有 EDCs 的物质被人食用或使用后可产生不良反应，如化妆品、洗浴剂、洗洁精、瓜果、蔬菜、肉类等，当 EDCs 进入人体后可使体内的内分泌系统误认为是天然荷尔蒙而加以吸收，占据了人体细胞中正常荷尔蒙的位置，而引发内分泌紊乱及激素失调；具体可表现在发育障碍、生殖异常、器官病变、畸胎率增加、母乳减少、男性精子数下降、精神及情绪等多方面问题等。环境中 EDCs 的危害主要体现在对生物体内分泌系统的危害、对生物体生殖系统的危害、对生物体神经系统的危害、对生物体免疫系统的危害及对人类的致癌作用等方面。

EDCs 的主要特性：1)延迟性，生物在胚胎、幼年时所造成影响可能到成年和晚年才显露出来。2)时段性，不同生长阶段对生物个体会造成不同方式的影响与后果。3)复杂性，不同剂量及暴露方式对不同器官可造成不同影响，其毒性有时有协同或拮抗作用。4)去除难度大，主要原因是：①EDCs 分布广且很难降解，化学结构稳定，不易生物降解，可在环境中持续几十年甚至上百年，具有很高的环境滞留性；②在空气、水及土壤中都可吸附在颗粒上，通过食物链不断富集，危害人体健康和生态环境；③EDCs 具有高亲脂性及脂溶性，通过食物链富集于动物和人类的脂肪和乳汁中，并可通过胎盘传递到胎儿或通过母乳传递到婴儿，危害大并具持续性。

## （五）全氟化合物

全氟化合物（PFCs）是碳链上的氢原子全部被氟原子所取代的一类新型持久性有机污染物，目前已知的 PFCs 有 5000 多种，如全氟辛酸（PFOA）、全氟辛烷磺酸（PFOS）、全氟丁酸（PFBA）、全氟戊酸（PFPeA）以及全氟烷基羧酸盐（PFCA）、全氟烷基磺酸盐（PFSA）等。PFCs 具有热稳定性、耐酸性、界面活性、疏水疏油性，它们在半导体制造领域主要在 CVD 工序中作为清洁气体使用和在干法刻蚀工序中作为工艺气体使用，还被广泛应用于纺织、润滑剂、油漆、防污涂料、碱性清洁剂、表面活性剂等工业生产和生活用品。PFCs 具有持久性和生物累积性，在生物体内的蓄积水平高于有机氯农药和二噁英等 POPs 污染物；PFCs 还具有生殖毒性、诱变毒性、发育毒性、神经毒性、遗传和免疫毒性以及致癌性等多种毒性，是一类具有全身多脏器毒性的环境污染物；暴露于一定水平的 PFOS 和 PFOA 可能导致影响胎儿和婴儿发育、癌症、肝损害、免疫疾病、甲状腺失调和心血管疾病等人体健康风险。另外，PFCs 还可破坏地球的臭氧层产生温室效应，已经被列为减排对象。因此，应加强环境中 PFCs 检测与健康风险管控，尤其是工业企业聚集区以及氟化工园区的周边农田与城镇接合部的水土环境等。

## （六）微塑料

微塑料是直径<5mm 的塑料碎片、颗粒、纤维和薄膜等不同形态的聚合物，主要包括纳米塑料（1~100nm）、亚微米塑料（100nm~1μm）、微米塑料（1μm~5mm），常见的微塑料成分包括聚乙烯（PE）、聚丙烯（PP）、聚苯乙烯（PS）、聚氯乙烯（PVC）等。微塑料产生源头是各类人造产品，土壤环境中微塑料主要来源是农业生产活动中农用地膜残留物、各种用具、灌溉污水、有机肥料、排放污泥以及来源于日常填埋场塑料垃圾与塑料制品废弃物及大气沉降等。

随着环境中塑料垃圾的增多，微塑料更多地出现在人类生活中，微塑料极小而难以被肉眼看到，它广泛分布在土壤、水体、空气中，甚至可存在于饮用水中。人体中微塑料的来源途径包括食物来源、空气来源和医疗来源等。①食物来源：人类食物中可能含有微塑料，如海产品、牲畜和禽类等，微塑料可能通过食物链逐步被转移进入人体；②空气来源：微塑料可以随空气流动进入人体，如吸入含有微塑料粒子的空气或在某些工作场所呼吸含有高浓度微塑料的空气等；③医疗来源：人类使用的医疗器械中也可能有微塑料，如人造心脏瓣膜、输液管线及手术器械等，这些器械可释放微塑料微粒而进入人体。

另外，土壤中微塑料具有较强吸附性，不仅吸附病毒物质及有机污染物，还可作为土壤中重金属迁移的重要载体，土壤微塑料可改变土壤理化性质，且对土壤生态系统和人类健康造成严重负面影响。土壤中残留的微塑料难以降解并在土壤中逐渐累积，逐渐发生水平迁移或垂直迁移而造成土壤环境污染。微塑料对人体危害大并可破坏生态环境，微塑料对人类健康的危害是其进入人体后，可引起消化道炎症、代谢紊乱、神经毒性和内分泌干扰等健康威胁；微塑料对生态环境的造成破坏是它进入水体和土壤环境中，影响水源、土壤质量和生物多样性，且微塑料可通过食物链传递而影响整个生态系统。

## （七）抗生素

抗生素是生物在其生命活动过程中产生的可在低浓度下选择性抑制或影响生物功能的

有机物质，主要包括喹诺酮类、磺胺类、大环内酯类和四环素类。抗生素在人类和动物体内使用后，人或动物常难以将服用的抗生素完全吸收，残留的药物成分通过排泄物甚至原态进入环境中而造成抗生素污染；还有，农业领域和养殖业中的抗生素滥用也是环境污染的重要原因。环境中抗生素的来源主要包括生活污水、医疗废水以及动物饲料和水产养殖废水排放等。环境中的抗生素残留又会通过各种方式可能重新进入人体，最主要的就是饮用含有抗生素的水、食用存在抗生素残留的肉类和蔬菜，另外还可以通过生态循环的方式回到人体。此外，抗生素滥用不仅对环境造成污染，也加剧了抗药性的传播。抗生素残留在环境中存在一定浓度后，细菌逐渐进化演变，形成对抗生素的耐药性，这类抗药性细菌可通过空气、水源和食物等途径传播到人类和动物中，使得原本对抗生素敏感的细菌变得越来越难以治愈；这种情况对临床治疗和养殖业的健康管理构成了巨大威胁。需要注意的是，抗生素滥用还会破坏生态平衡，抗生素在环境中的积累还可对其他微生物和生物多样性产生直接或间接的影响。某些微生物可利用抗生素，但其他微生物可能被抑制或杀灭，这就可能导致微生物群落的不平衡和多样性的丧失，从而破坏土壤环境与生态系统的稳定性。农田土壤抗生素累积及其导致的生态风险也已受到国内外学者的重视。

# 第四节　地下水中的典型有机污染物

## 一、地下水中的芳香烃类污染物

随着石油化工、焦化、油气开采等行业的快速发展，各种有机污染物以多种途径进入地下环境中，导致地下水有机污染问题严重，其中典型有机污染物芳香烃类（苯系物、萘、苯并芘等）较为普遍且危害性大，给生态环境和人类健康带来很大的风险和危害。

苯、甲苯、乙苯、邻二甲苯、对二甲苯和萘是挥发性芳香烃物质的代表性化合物，其中苯系物是一类极易挥发的单环芳烃类污染物，萘是多环芳烃物质的代表性污染物，苯系物和萘具有易挥发且高疏水等特点，其理化性质如表6-5所示。

表6-5　典型芳香烃的理化性质

| 芳香烃 | 苯 | 甲苯 | 乙苯 | 邻二甲苯 | 对二甲苯 | 萘 |
|---|---|---|---|---|---|---|
| 英文名称 | Benzene | Toluene | Ethylbenzene | $o$-xylene | $p$-xylene | naphthalene |
| 结构式 | | | | | | |
| 分子量 | 78 | 92 | 106 | 106 | 106 | 128 |
| 分子式 | $C_6H_6$ | $C_7H_8$ | $C_8H_{10}$ | $C_8H_{10}$ | $C_8H_{10}$ | $C_{10}H_8$ |
| 沸点/℃ | 80.1 | 110.6 | 136.2 | 144.4 | 138.35 | 217.9 |
| 密度/(g/cm³) | 0.8765 | 0.8669 | 0.8670 | 0.8802 | 0.861 | 1.1620 |

芳香烃类污染物进入土壤后可穿透岩土介质进入地下水中而造成地下水污染。同时，地下水中的部分芳香烃类污染物又以气体的形式进入大气而被吸入人体中，通过皮肤直接接触或饮食也会进入人体。芳香烃类污染物在人体内很难代谢，进入人体后就储存在人体组织中，较低浓度就可引发器官功能衰竭。长期接触则可对人体造成极大危害，不但会导致婴儿发育过程中的畸变和癌变，还可造成人体免疫能力减弱，内分泌系统紊乱，严重的可能导致基因突变。随着食物链的累积，动物和人类都难免受其毒害。

## （一）苯类污染物

苯类污染物是地下水环境中比较普遍的污染物，地下环境中的苯类污染物是以非水相液体（NAPLs）的形式污染土壤、含水层和地下水的；NAPLs 是与水不相混溶的有机液体，LNAPLs 是密度小于水的非水相轻液，DNAPLs 是密度大于水的非水相重液。当 LNAPLs 污染物进入地下水环境后，因其密度小于水，故污染物的垂向运移受地下水面的阻碍，只能沿地下水面横向广泛扩展[101]；环境一旦受到 DNAPLs 污染，DNAPLs 污染物将穿透地表的土壤层及含水层到达隔水底板，并迅速潜没在地下水中，且沿着隔水底板随地下水的流动而横向扩展；另外 DNAPLs 污染物进入包气带和含水层中，还可被地下岩层孔隙介质长期吸附，不仅残留时间长，可残留数十年或上百年，长期污染地下环境，而且其降解的中间产物也将对环境造成二次污染[102]。苯系污染物主要来源于石油开采过程中产生的含油污水及石油的泄漏液进入地下环境，对人类的生活与生产用水造成很大威胁；石油的不合理储存与运输过程也可使石油发生泄漏进入地下水中；过度使用石油产品，如作为有机溶剂、化石燃料及化工原料等。

## （二）萘

伴随着石油与化工行业的高速发展，由石油烃及多环芳烃等有机污染物造成的地下水环境污染问题日益严重。因 PAHs 疏水性强且难以被生物降解，它可在土壤中长期存在。当 PAHs 进入土壤环境并经一系列迁移转化和吸附作用，土壤中就会富集大量的 PAHs，通过自然降水和灌溉水的间歇性淋滤作用而被淋出，其中的中低分子量的 PAHs 随土壤孔隙水携带迁移至包气带深层土壤，低分子量 PAHs 甚至可进入饱水带的地下水层中，从而对地下水环境产生严重污染。其中，萘是常见的多环芳烃，在一些油田地区的地下水中已被广泛检出；长期摄入萘可引发溶血性贫血和肝肾损害，其代谢产物还可能引起双链 DNA 突变，对人类危害更为显著。

萘在地下水中呈溶解态和吸附态两种状态存在。萘的水溶性随温度的下降亦降低，萘是典型的疏水化合物，更易于吸附在水中的颗粒物或沉积物上，其浓度可达 6410mg/kg。需要注意在检测地下水中的萘时，检测的常是溶解在地下水中的吸附态的萘。随着地下水环境条件的变化，如季节性、丰水期和枯水期的变化，萘处于溶解与吸附的动态变化中。萘是常温下易挥发并有特殊气味的白色晶体，其嗅觉阈值为 2.5μg/L，味觉阈值为 25μg/L，美国 EPA 规定的人体健康限值为 20μg/L。萘是结构最简单且工业应用最广泛的 PAHs 之一，常被作为 PAHs 的模式化合物来研究其在环境中的行为。萘在水中的溶解度低，但可溶于甲醇、乙醇、苯、甲苯、乙醚、四氯化碳及氯仿等有机溶剂，萘的理化性质见表6-6。

表6-6 萘的理化性质

| 萘(CAS NO: 91-20-3) | | | |
|---|---|---|---|
| 分子式 | $C_{10}H_8$ | $logK_{oc}$ | 2.97 |
| 化学结构 | | $logK_{ow}$ | 3.29 |
| 分子量 | 128.18 | 密度 | $1.162g/cm^3(20℃)$ |
| 沸点 | 217.9℃ | 熔点 | 80.5℃ |
| 亨利常数 | $1.88×10^{-2}Pa·L/mol$ | 水中溶解度 | $31.7mg/L(25℃)$ |
| 蒸气压 | $0.085mm·Hg(25℃)$ | 蒸汽密度(空气) | 4.42 |

通过动物实验可知萘具有毒性和致癌性，对人也具有潜在的致癌性。萘可以气态、溶解态或吸附态的形式存在，但更易于吸附在固体颗粒或物体的表面，这一特性增加了人体暴露的风险。萘进入人体的方式可以是吸入、食入和经皮肤吸收等，萘对人体的危害主要体现在对组织器官的刺激作用，即导致头痛、腰痛、恶心、呕吐、食欲减退及尿频等，更严重的可导致贫血和肺、肝、肾等脏器的损害。其作用机制可能是萘在体内代谢过程中形成的产物对组织器官的氧化性伤害或 DNA 损伤所致。

萘是一种典型的环境污染物，在空气、食品、土壤和水中均被发现。萘是石化燃料的天然成分，如当石油、煤炭、木材、烟草等有机物燃烧时可产生萘，工业或汽车排放的废气中也含有萘。生产萘的常用原料是石油、煤炭或煤焦油。萘的主要用途是一些化工产品，如 PVC、增塑剂、树脂、农药及染料等生产的媒介或原料。以前，常用萘作为防蛀剂及除味剂的主要活性成分，但现在含有萘的防蛀剂产品已被禁止生产和应用。2000 年，萘的生产量在日本、西欧和美国分别达 $1.8×10^5t$、$2.1×10^5t$ 和 $1.1×10^5t$。2003 年，在美国EPA 确定的最严重的 1662 个污染场地中，有 654 个发现了萘污染，约占 40%。萘可溶解在水中，或吸附在土壤颗粒上，萘易于通过土壤进入地下水中。地下水中已被广泛检测出含有萘，其主要来自炼油厂、煤焦油厂、石油开采或输送管道的渗漏或泄漏等过程。在未被污染的地下水中，萘的浓度<0.03μg/L，在重度污染地区其浓度高达 15mg/L。在萘浓度为 11μg/L 的水中，水生生物生活 27 天就显示出明显的毒性；根据水环境参数 0.1 系数的限值设定规则，为了保护水生生物与环境，水环境中的萘浓度的推荐值为<1μg/L[103]。

萘污染是人类面临的最严重的地下水质量问题之一，很多国家的水中检测出含有萘，有的浓度高达 1.5mg/L；我国石油开采区的地下水的萘污染非常普遍，在污染严重地区的地下水中的萘含量可高达 7.1mg/L。高浓度的萘不仅毒害水生生物，也对人有致癌风险。1997 年，US-EPA 将萘列为优控 16 种 PAHs 之一，我国也将其列入优控污染物黑名单中。

## 二、地下水中的卤代烃类污染物

氯代烃作为一种化工原料，常用于工业清洗及衣服脱脂领域。它常常通过工业废水和生活污水的不合理排放、废弃物堆积场地渗滤液的渗漏、有毒有害化学废物的泄漏等方式进入地下水中，污染地下水环境。同时，大部分氯代烃具有致癌、致畸、致突变的"三致"毒性，对生态环境、人畜健康及生产生活造成了极大的威胁。因此，很多国家将其作为优先控制的有毒有害有机污染物之一。

氯代烃属于非水相液体（NAPLs）污染物，难溶于水，相较于水溶性污染物，其在地下水环境中的赋存状态与迁移转化过程更复杂。近年来，地下水中的氯代烃污染形势严峻。一些化工场地的区域地下水均受到不同程度的污染，且其污染范围不断扩大，并呈现由点向面扩散及由城市向乡镇蔓延的趋势。

### （一）常见氯代烃类及特征

氯代烃是一类含有碳（C）、氢（H）及氯（Cl）三种元素构成的有机化合物，难溶于水，是常用的有机溶剂。由于氯代烃的不当使用及储存泄漏，使其在地下水中广泛存在。研究表明，在地下水中的三氯乙烷（TCA）、三氯乙烯（TCE）、四氯乙烯（PCE）等是检出率最高的氯代烃类污染物。

（1）三氯乙烷。TCA常温下为无色透明液体，分子式为$C_2H_3Cl_3$，是一种易挥发的三氯有机物，其密度大于水，难溶于水，易溶于有机溶剂，可与醇、醚、氯仿、苯等多数有机溶剂互溶。用作偏二氯乙烯的原料，还作为树脂的中间体。TCA是在工业生产中被广泛应用的一种合成有机溶剂，主要用于医疗器械和航空设备，是土壤及地下水中常见的污染物之一。TCA由于排放不合理及泄漏等原因广泛存在于自然界中。

（2）三氯乙烯。TCE为无色透明液体，分子式为$C_2HCl_3$，是一种易挥发的有机化合物，难溶于水，不易燃，可与多数有机溶剂如乙醇、乙醚及氯仿等混溶，还具有氯仿气味。TCE的毒性很大，主要通过呼吸道、皮肤或消化道进入人体引起中毒；若经常接触TCE对皮肤和眼睛有很强的刺激作用。与TCA相比，TCE的生物可分解性较低，在土壤中的半衰期长达一年之久，在地下水中的半衰期更久。因此，TCE渗入土壤及地下水中可对环境造成长期的危害。TCE对人体健康危害很大，其可破坏人体神经系统，具有刺激和麻醉作用，是人类和啮齿动物中已知的致癌物之一，是公认的"三致"作用污染物。同时它还可降解为毒性更强的二氯乙烯和氯乙烯等污染物。

TCE广泛应用于工业生产中，在金属加工、机械和电子工业中作为脱脂剂、除油剂；在印刷、造纸、油漆等可作为氯化溶剂；TCE还可应用于化妆品生产及冰箱制冷剂；在生产五氯乙烷和聚氯乙烯中，可作为中间体和链终止剂；在多数生活用品中也含有TCE，如常用的胶水、皮鞋擦光剂与防腐剂等。由于TCE的大量使用、废液的不合理处置，它可通过多种途径进入地下环境而引起地下水的严重污染，对生态环境和人类健康造成威胁。

TCE在地下水中以DNAPLs形式存在，当TCE从地表被排放出来，在土壤和包气带迁移很快，并且常以液滴的形式滞留在空隙中。在地下水面，TCE主要不是向下迁移，而是横向扩散。地下水中溶解的TCE的扩散迁移性强，常形成细长的污染羽导致大范围污染。而TCE还可随地下水的迁移逐渐溶解到水中并造成二次污染。此外，由于TCE对微生物毒性强，难以被自然界的微生物降解，因此自然衰减速度慢，可能需上百年或更长时间。

（3）四氯乙烯。PCE也称全氯乙烯，为无色透明液体，化学式为$C_2Cl_4$，是一种卤化脂肪族有机化合物，它是常见的氯化溶剂，易挥发，不易燃，具有甜味气味。PCE 被广泛应用于工业生产中，如干燥、清洗和纺织品加工等，PCE 还被用作金属零件的脱脂剂以及打字机的修正液等，在化学处理中可用作萃取溶剂。PCE 早已被实验动物国际癌症研究机构（IARC）鉴定为一种致癌物，对人类肝脏、肾脏、中枢神经系统和生殖系统有高毒性。

　　PCE 作为一种氯代有机溶剂，被广泛应用于电子、汽车部件、干洗等行业中的清洗剂。由于不合理使用、废液的不当处置、储存液的渗漏及生活垃圾的渗漏等使 PCE 成为地下水中以 DNAPLs 形式存在的最常见的污染物之一[102,104]。

### （二）氯代烃在地下水中的赋存状态

　　氯代烃在地下水中主要有气相、残留相、溶解相和自由相四种赋存状态，其中地表污染源泄漏进入包气带的氯代烃呈自由相态，此状态的氯代烃既可以在重力作用及含水层介质的毛细作用下不断向下迁移，也可以在水力梯度下沿水平方向运移，在迁移过程中使污染的范围不断扩大，因此是主要的污染源。迁移过程中可能有一部分自由相的氯代烃残留在运移路径上，受吸附作用和毛细作用以不连续的薄膜状或液滴状赋存于土壤及含水层空隙介质或裂隙中，使之无法在重力作用下继续迁移，这部分氯代烃呈残留相态。当氯代烃继续迁移至地下水面以下，可能有一小部分氯代烃作为溶质进入地下水中并随地下水流不断迁移形成污染羽，这部分氯代烃呈溶解相态；虽然溶解相氯代烃的量较少，但与人们的联系最紧密，直接影响人们的生产生活与身体健康状况。结果，自由相氯代烃以 DNAPLs 形态滞留在含水层底部并不断累积而形成持久性污染源。在整个迁移过程中，由于氯代烃为挥发性有机物，因此不断挥发进入地下水中，并在浓度梯度下不断迁移，这部分则称为气相氯代烃。应注意，包气带滞留一定量残留相与气相氯代烃，可在雨水冲刷或其他外力作用下继续向下迁移，对地下水造成二次污染，增加实际场地污染治理难度。各种赋存状态下的氯代烃不是独立存在的，它们可在一定条件下相互转化，详见图 6-8 所示[105]。

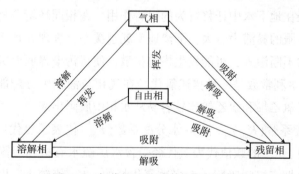

图 6-8　氯代烃四种赋存状态相互转化

### （三）氯代烃迁移转化的影响因素

　　氯代烃的赋存形态多样，其在地下水中的迁移转化属于多相流问题，不仅受到污染物自身特性的影响，也与所处地下水环境息息相关[105]。

　　1. 氯代烃物理化学性质的影响

　　不同氯代烃的密度、黏度、溶解度、亨利常数等性质存在差异，表现在对其迁移转化过程的影响也不同。一些常见氯代烃的理化性质参数见表6-7。

表6-7　几种常见氯代烃的基本理化参数(20℃)

| 氯代烃类 | 相对密度[①]/ (g/cm³) | 溶解度/ (mg/L) | 黏度/ (mPa·s) | 亨利常数/ (atm·m³/mol) | 辛醇-水分配系数/lg$K_{ow}$ |
|---|---|---|---|---|---|
| 1,2-二氯乙烷 | 1.26 | 8690 | 0.84 | $1.1×10^{-3}$ | 1.48 |
| 三氯甲烷 | 1.48 | 4500 | 0.56 | $9.09×10^{-4}$ | 1.97 |
| 四氯化碳 | 1.59 | 800 | 0.97 | $3.02×10^{-2}$ | 2.64 |
| 三氯乙烯 | 1.46 | 1100 | 0.58 | $9.9×10^{-3}$ | 2.61 |
| 四氯乙烯 | 1.62 | 150 | 0.90 | $1.46×10^{-2}$ | 2.88 |

①4℃的相对密度。

(1)密度。多数氯代烃的密度比水的密度(1g/cm³)高,属于非水相重液(DNAPLs)污染物,在地下水中主要表现为垂向迁移。同为DNAPLs类污染物,高密度较低密度的氯代烃表现出更深的垂向迁移距离,而低密度氯代烃则表现出更远的水平迁移距离,且受地下水流速影响较大。

(2)溶解度。氯代烃在地下水中的溶解是指由其他相向溶解相转化的过程。1,2-二氯乙烷的溶解度虽远高于三氯甲烷、四氯化碳、三氯乙烯、四氯乙烯等氯代烃,但仍属于微溶性物质。然而,氯代烃的难溶、微溶状态在一定的条件下也可发生变化,加入表面活性剂便可有效增强氯代烃的表观溶解度。氯代烃增溶的具体机理:①当表面活性剂浓度超过临界胶束浓度(CMC)后,可形成胶束物质,依靠其分配作用,氯代烃可进入胶束物质疏水内核与水的交界面,增强其在水中的溶解度;②在一定范围内,随表面活性剂浓度的增大,对氯代烃的增溶效果也逐渐增强。

(3)黏度。黏度是一层流体阻碍另一层流体与其发生相对运动的力,对氯代烃来说,主要表现为对氯代烃在地下水中迁移行为的阻碍作用。在相同环境条件下,氯代烃黏度越高,其入渗时所需克服的黏滞力越大,下渗速率就越缓慢,表现在地下水中的下渗距离就越短,且随氯代烃的不断渗入,可能发生横向扩散,使得污染界面变宽,增加污染面积。

(4)亨利常数。亨利常数是一种描述氯代烃在气相与液相中分配能力的物理常数。亨利常数较高的顺式二氯乙烯和氯乙烯比较容易从水相中脱附出来。

(5)辛醇-水分配系数($K_{ow}$)。辛醇-水分配系数($K_{ow}$)代表了氯代烃在辛醇与水之间的分配特性。具体来讲,$K_{ow}$的数值代表氯代烃受含水层疏水有机物吸附能力的强弱,即数值越大就越易被疏水性有机物吸附。大多数氯代烃的lg$K_{ow}$值较小,因此水溶相氯代烃不易受吸附作用影响,在含水层中迁移速率较快,从而更容易形成更大范围的污染,这也是地下水中氯代烃类污染物难以彻底清除的原因之一。

2. 地下水环境的影响

地下水环境对氯代烃迁移转化的影响主要体现在地下水流速、含水层介质的非均质性以及含水层介质中的生物作用等方面。地下水流速与含水层介质的非均质性改变了氯代烃在地下水环境的运移特征[105]。如郑菲等研究发现[106],在保持其他试验参数不变的条件下，不同流速对 PCE 运移的影响，随着地下水流速增加，PCE 的垂向入渗距离也在不断增加，在流速为 1.0m/d 时，PCE 已运移至含水层底部并形成了污染池，而且随流速的继续增加，污染池中心可发生相应偏移。因此，地下水的流速增加在促使 PCE 垂向入渗的同时，也可促进 PCE 的水平运移。但在相同流速下，如果土层介质的非均匀性的不同，那么在均质含水层下规则分布的污染羽形状随含水层介质的非均匀性增加而逐渐变得欠规则，还可能形成部分的高渗透区与低渗透区，低渗透区的 DNAPLs 运移过程中易发生绕流现象，而高渗透区易发生 DNAPLs 的累积。陆强研究发现[107]，氯代脂肪烃（CAHs）在长三角区域垂向上的分布特征，CAHs 在浅层土壤中的浓度远低于深层土壤（淤泥质黏土以上的土层），在渗透系数较高的土层中，CAHs 有较强的迁移能力，这可能与其本身密度较大、穿透性较强、脂溶性较高等理化性质密切相关；地下水中的 DNAPLs 主要集中于地下 6～8m 处的淤泥质粉质黏土层上部的砂质粉土层中。

## 三、地下水中的有机农药类污染物

因农业生产中农药的大量使用，部分农药在土壤中具有较强的可迁移性，使用后易淋溶到地下水中。由于地下水环境中的微生物较少，且处在避光和缺氧状态下，农药在地下水中难以被生物降解，具有持久性，即地下水中的农药污染具有难以逆转等特点。

### （一）地下水中的有机氯农药

有机氯农药（OCPs）的典型代表是六六六和 DDTs，它们曾作为广谱高效杀虫剂被广泛施用[108]。由于 OCPs 具有高稳定性及强烈的"三致"作用，对人类和生态系统可造成严重危害；尽管 OCPs 在 1983 年就被禁止使用，但由于其自身特点而导致它们易于在环境介质中累积，在土壤，水体和大气等不同的环境介质中仍可检测到 OCPs 残留。土壤和地表水中残留的 OCPs 通过地表径流、淋洗和渗滤等外部作用力可经过土壤孔隙或水中胶体颗粒向深层土壤迁移，进而危及地下水质安全，因此必须重视对地下水环境中 OCPs 类污染物的监管和治理。OCPs 可通过扩散、干沉降与湿沉降等从大气和水体转移至土壤中，土壤对 OCPs 有巨大的容纳能力，并且可作为二次污染源将污染物重新排放到大气和地下水中。淋溶是指降水或灌溉水等天然水通过溶解、水化、水解、碳酸化等一系列物理化学作用，将土壤表层中的某些物质带到地表以下或地下水中的作用，它是污染物随入渗水在土壤环境中沿土壤垂直剖面向下迁移的一种运动，污染物通过这种自上而下的移动，在水和土壤颗粒之间实现吸附、解吸或分配等行为。OCPs 淋溶的发生主要是由于溶解在土壤间隙水中的污染物在随土壤间隙水运载作用下垂直向下移动而不断向下渗滤，最终它可进入地下水而造成地下水污染[109]。

包气带是岩土颗粒、水、空气三者同时存在的一个复杂系统，是大气水和地表水同地下水发生联系并进行水分交换的地带，因而土壤中残留的 OCPs 是以包气带为通道进入地下水层的。岩溶地区由于其双层空间介质结构以及土层较薄、厚度不均匀，且覆盖不连续，降低了土层对 OCPs 的缓冲与净化作用，致使土壤中的污染物极易进入地下水中，直接威胁到岩溶地区居民的饮用水安全。

### (二)农药在土水中淋溶迁移的影响因素

农药在土壤–地下水中迁移与淋溶特性的主要影响因素包括农药自身的理化性质(溶解性、吸附性、降解性等)、土壤层系的理化性质(有机质含量、黏度、粒径大小、结构等)以及降水、地下水深埋、光照、温度、湿度等因素和耕作方式及微生物等。

#### 1. 农药性质的影响

农药对地下水造成的污染与农药自身的理化性质密切相关,如农药的溶解性与稳定性。农药水溶性越大,土壤对它的吸附越弱,则越易通过淋溶作用而进入地下水中。不稳定的农药,其在淋溶过程中会很快消解,不易造成对地下水的污染。表6-8列出了易导致地下水污染的农药的理化指标。

表6-8 易污染地下水的农药的主要理化指标

| 农药的理化性质 | 指标界限值 |
| --- | --- |
| 水溶性/质量分数 | $>3.0 \times 10^{-7}$ |
| 亨利常数/$(Pa \cdot m^3/mol)$ | $<10^{-2}$ |
| $K_d$(土壤吸附系数) | <5(通常<1或<2) |
| $K_{oc}$(标化分配系数) | <300~500 |
| 水解半衰期/周 | >25 |
| 光解半衰期/周 | >1 |
| 田间消解半衰期/周 | >3 |
| 淋溶深度/cm | >75~90 |

#### 2. 土壤理化性质的影响

(1)土壤质地的影响。土壤质地对农药在土壤中的迁移性有很大影响,同一种农药在砂性土壤中较在黏性土壤中的迁移性强。农药在不同土壤中的淋溶速度依次为:砂土>砂壤土>黏壤土>黏土。氯唑磷农药在土壤中的淋溶迁移性强弱分别为:砂土>砂壤土>黏壤土。杀虫双和多效唑在红壤中较易迁移,而在黄棕壤和潮土中的迁移性较弱。

(2)有机质及微生物的影响。有机质通过吸附降解作用可显著影响农药的移动性。对于分子型农药,土壤有机质含量越高,其对农药的吸附性越强,农药的迁移性则越弱;但若其有机质含量低,则迁移性越强。另外,不同的有机质成分对农药的吸附能力不同,如腐殖酸、富啡酸和其他腐殖质的吸附性能也不同。在有机质含量较丰富的土壤中,生物活动常比较活跃,生物活动与降解作用影响农药的行为和归宿,生物降解快的农药对地下水的污染影响风险则相对较弱。

(3)pH的影响。土壤pH对农药的迁移转化有较大影响,主要表现在pH值对农药水解特性及其稳定性的影响。如克草胺在酸性条件下较易水解,甲基异柳磷在碱性条件下易水解,单甲脒在中性及碱性条件下均不稳定,而嘧啶氧磷在酸碱条件下都易水解。在酸性土壤中,甲磺隆水解尤为迅速,主要以中性分子的形式和阴离子形式混合存在;在中性和碱性土壤中的水解作用缓慢,大部分是水溶性强的阴离子。而中性分子对水解性的敏感程度比阴离子强 250~1000 倍，因此甲磺隆在酸性土壤中比在碱性土壤中的降解快；但甲磺隆在碱性土壤中主要呈阴离子态，故不易与带负电荷的土壤胶体结合，形成的结合态甲磺隆残留量较少，其潜在的迁移性和淋溶性增强，则可易于被淋溶至底土层及污染地下水。

（4）土壤结构的影响。农药对地下水的污染常通过土壤淋溶作用进入地下水中。而土壤的结构可直接影响土壤中水分子的流向，从而影响农药进入地下水及其在土壤-地下水间的分配作用。当土壤孔隙度一定时，土壤团粒结构的半径小，当量孔径小，土水势低而易得水，农药表现出弱迁移性；反之则易失水，农药可随水迁移。当土壤团粒大小一定时，土壤水势与土壤孔隙度成正比。由于水分有向水势低的方向运动的趋势，所以地下水可由质地粗的土层向质地细的土层迁移。即对于粒径粗的土壤，农药向下移动污染地下水的潜在风险较大。

3. 降雨量与地下水埋深的影响

农药在土壤中的迁移主要是通过水的溶解作用而随水进入地下水中。降水或灌溉水是导致农药在土层中淋溶的动力学因素，降雨越多，则农药的最大淋溶深度也越大，两者呈正相关关系。降雨方式不同也影响农药的迁移，大量集中的降雨可使部分农药随地表径流而发生流失，从而可减少对地下水的污染风险，但可增加河流的污染程度。长时间的小雨可能增加土壤的持水量，使其进入地下水的量增加，从而导致农药对地下水污染的风险增加。降雨距施药时间越近，则淋溶深度越大。降雨可改变土壤中的含水量。土壤水分的增加则可改变土壤对农药的吸附作用。在土壤相对饱和湿度为 0~10% 的范围内，农药在土壤中的吸附量随湿度增大而降低的幅度很显著，而在相对饱和湿度为 10%~100% 时，其吸附量随含水量升高而降低的幅度则逐渐变慢。由于含水量的增加可使土壤中的农药的迁移性变强，从而更易于污染地下水。呋喃丹、$\gamma$-六六六在渍水中的降解速率高于湿润的土壤，而甲基对硫磷在两种水分条件下无明显差异；异丙隆与甲基对硫磷的情况相似，因为土壤的初始含水量对其浸出行为或其在土壤淋出水中的浓度都没有明显的影响。

4. 耕作方式及其他环境条件的影响

农药对地下水的污染与农药的施用量、施用频率及施用后管理等因素有关。灌溉形式对农药在土壤中的残留与迁移影响比较大，其中滴灌可有效减少农药在地下水中的残留量，而经犁种后的漫灌则极易造成农药对地下水污染。在有霜冻的冬天喷洒农药可减少其对地下水的污染。当地下水位较高时，可通过霜冻作用减轻上层水对地下水的浸透，从而减轻农药对地下水的污染。施用农药后若立即降雨则将会增加农药对地下水的污染。在表层 10cm 的土壤中，常规耕作地中的阿特拉津的平均含量高于免耕地[110]。

## 四、地下水中的石油类和硝基苯类污染物

### （一）地下水中的石油类污染物

在石油的开采、炼制、运输和使用等过程中，容易造成石油的环境污染。地表石油类污染源在降雨淋滤作用下可渗入地下环境而导致土壤和地下水污染。在我国因石油开采而造成污染的土壤可达 $1.0×10^8$ kg/a。石油类污染物具有"三致"作用，其在随地下水运移过

程中，不断受到各种物理、化学和微生物的作用，使其成分和含量发生改变。通过对地下水中的石油烃进行检测分析，可以掌握污染物在地下水中的分布特征。不同污染物的特性不同，在环境中的迁移、降解及转化等过程差异很大。其中，一般的烷烃类污染物在环境中易于发生降解。油田地下水中的石油类污染物种类繁多，如可分为烷烃类、芳烃类及非烃类(醇类、酯类、醛类等)，每种污染物在地下水中的分布特征各不相同。此外，地下水中的石油类污染物的迁移主要是随地下水流的对流而发生的，在此基础上污染物组分的转化规律主要由地下水对流途径中的各种弥散、扩散和降解等复杂作用而综合影响的。

1. 地下水中的烷烃类污染物

烷烃类作为石油污染中最常见的污染物，主要包括正构烷烃、异构烷烃、长链取代环烷烃、类异戊二烯烷烃类等化合物。烷烃类物质在土壤和地下水中受到微生物的作用可转化为醇、醛及有机酸等物质。地下水流向上，微生物对烷烃类有很强的降解作用，可将大分子链烷烃分解为小分子链烷烃，逐渐转化为非烃类。烷烃类中的链烷烃类在环境中易被降解，其降解机理是先被氧化成醇，醇在脱氢酶的作用下被氧化为相应的醛，然后通过醛脱氢酶氧化成脂肪酸，而脂肪酸再通过 $\beta$-氧化降解成乙酰辅酶 A，后者进入三羧酸循环可被分解成 $CO_2$ 和 $H_2O$；微生物对环烷烃的降解能力较弱，需要两种氧化酶的协同作用，一种先将其转化为环醇，继而脱氢形成环酮；另一种将环酮的环断开，再深入降解。链烷烃中的姥鲛烷难以被一般的微生物降解，而环烷烃中的甾类和萜烷类化合物的抗生物降解能力很强。

2. 地下水中的芳烃类污染物

芳烃类污染物主要含有苯、甲苯、乙苯等单环芳烃以及萘、蒽、芘等多环芳烃类。芳烃类污染物毒性强，多数为具有"三致"作用的高毒污染物。单环芳烃类大多具有较强的挥发性，它们在运移过程中逐渐减少；而多环芳烃类污染物在微生物作用下，苯环逐渐被解开，然后形成酚类物质。由于苯环的稳定性较强，故不易被微生物降解，需要一些对芳烃类具有特异性的酶类物质的参与，单环芳烃在脱氢酶及氧化还原酶作用下，经二醇的中间过程代谢成为邻苯二酚和取代基邻苯二酚。多环芳烃非常难降解，降解的难易程度与多环芳烃的溶解度、芳环数目、取代基种类、取代基位置以及杂环原子的性质等有关。首先是第一个环经羟基化开环反应后，进而降解为丙酮酸和 $CO_2$，二环再以同样的方式降解。微生物还可进行硫酸盐与硝酸盐还原及产甲烷反应等，并将烷基苯类转化为酚类物质。

3. 地下水中的非烃类污染物

非烃类主要含有酯类、醛类以及酮类等，它们都是由烷烃类或芳烃类物质在微生物降解作用下转化而成的，属于降解反应的中间产物。非烃类主要包括酚类、脂肪酸类、酮类、酯类和卟啉类等，在环境中难以被降解。主要的降解方式有醇类在催化剂作用下脱氢形成醛或酮，醛继而被转化为羧酸。酚类主要经过硝化反应转化为硝基苯酚类。在烷烃类和芳烃类的降解过程中可产生大量的醇类、醛类以及酯类等，这些产物能与沥青质和胶质发生酯化反应而结合到大分子的沥青质上并成为沥青质的一部分[111]。

## (二)地下水中的硝基苯类污染物

硝基苯为淡黄色油状液体，具有苦杏仁气味，它不溶于水，易溶于乙醚、乙醇和苯等有机溶剂中。硝基芳香烃作为一类单环芳香族化合物，它是现代农业、医药和化工产业的常用原料，其在环境中的残留和积累逐年增多，由于其结构中存在硝基，使得硝基芳香烃比其他单环芳香烃更难被降解，且对生物和人体具有更高的毒性。近年来，硝基芳香类污染物对地下水的污染已被普遍重视。

硝基苯是有机合成中间体和苯胺的重要原料，主要用于染料、炸药、医药、农业等行业，年产量很大。在以上生产过程中产生的废水是地下水中硝基苯的主要来源，其中的洗涤废水是最重要的硝基苯污染源，硝基苯含量可高达2000mg/L，由于其中含有苯、硝酸盐、硫酸盐等多种成分，使其具有更大的污染风险。此外，硝基苯在储存、加工和输送过程中产生的泄漏也可造成地下水的严重污染，全球排入环境的硝基苯超过10000t/a，硝基苯属于持久性有机污染物，其在环境中的不断积累严重威胁饮用水安全和人体健康。

硝基苯化学结构相对稳定，不容易分解，属于难生物降解化合物，但在一定条件下，可被还原为重氮盐、偶氮苯和苯胺等。硝基苯常由发烟硝酸和浓硫酸的混合液与苯反应制取。硝基苯具有"三致"作用，人体可通过空气、地表水、地下水、土壤和生物累积等途径暴露于硝基苯危害中，环境中的硝基苯可通过皮肤接触与吸入等途径进入生物体内，其体内总滞留率达到80%。硝基苯进入生物体内严重影响肝脾等脏器功能，并对神经系统造成损伤，其临床表现主要为头晕乏力、恶心、口唇紫绀，重者出现抽搐、昏迷、肝功能衰竭等症状；硝基苯毒性[112]作用机理为：①形成高铁血红蛋白，降低血液携氧能力，从而导致机体缺氧；脑组织缺氧会造成脑干和小脑的破坏，造成神经系统损伤；②通过氧化还原等代谢途径，产生大量致癌性自由基及中间体；③使红细胞中的珠蛋白变性，红细胞渗透性和脆性增加，在脾内甚至血管内溶血，损害肝脾脏器，危害人体健康。

### 💡 思考题

1. 土壤中的主要有机污染物有哪些？
2. 土壤中有机污染物的4种主要形态是什么？
3. 请列举土壤中常见的有机污染物的来源和主要危害。
4. 地下水有机污染特点有哪些？
5. 有机污染物进入土壤可能经历哪些过程？
6. 有机污染源进入地下水的途径有哪些？
7. POPs污染物必须符合哪些条件？
8. 简述微生物共代谢及其主要特征。
9. 简述土壤石油类污染物的存在状态及其特征。
10. 简述EDCs的危害及主要特性。
11. 简述全氟化合物的特性与危害。
12. 简述微塑料及其来源与危害。
13. 简述抗生素污染及其危害。

14. 请列举石油烃类污染物在土壤中的环境行为并加以解释。

15. 简述地下水中氯代烃类的赋存状态以及它们之间是如何相互转化的。

16. 氯代烃类有机物在地下水中的迁移转化受到哪些因素的影响？

17. 简述有机农药进入地下水的主要方式及其影响因素。

18. 农药在土水中淋溶迁移的影响因素主要有哪些？

# 第七章　土壤和地下水污染环境调查与评价

据 2022 年发布的《中国生态环境状况公报》显示，我国土壤环境风险得到基本管控，土壤污染加重趋势得到了初步遏制，但全国重点行业企业用地土壤污染风险仍不容忽视[113]。据 2023 年发布的生态环境状况公报表明，我国农用地安全利用率保持在 90% 以上，农用地土壤环境状况总体稳定，影响农用地土壤环境质量的主要污染物是重金属；重点建设用地安全利用得到有效保障[6]。近年来，我国针对土壤环境管理和污染防治陆续出台相关的政策文件和规划建议[114]。2016 年国务院印发的《土壤污染防治行动计划》（简称"土十条"）是我国土壤环境保护的重要纲领性文件，提出的预防为主、保护优先、风险管控的总体思路给未来的土壤保护工作指明了方向，对土壤污染防治工作做出了全面的战略部署[115]。2016~2018 年，我国生态环境部相继发布和实施了《污染地块土壤环境管理办法（试行）》[116]《农用地土壤环境管理办法（试行）》[117]《工矿用地土壤环境管理办法（试行）》[118]三项重要管理办法，提升了不同类别用地环境保护监督管理要求；2019 年《中华人民共和国土壤污染防治法》[119]的正式实施，确立了土壤环境保护法律法规体系框架，进一步完善了我国生态环境保护、污染防治的法律制度体系[120]。按照《中华人民共和国土壤污染防治法》要求，我国实行建设用地和农用地环境分类保护监督管理。建设用地利用土地的非生态利用性质，具有易拓展、空间利用率高、区域选择和再生性强、可逆性差等特质，建设用地上的人类活动更为频繁，土地流转更为迫切，部分区域的经济价值更突出，故建设用地土壤生态环境污染管理的方式明显区别于农用地[121-124]。

从 2009 年起，北京市制定和发布了场地污染修复系列标准，如《场地土壤环境风险评价筛选值》（DB11/T 811—2011）[125]，该标准筛选值包括 88 种污染物指标，涵盖了三种用地类型（住宅用地、公园与绿地、工业/商服用地），它是我国区域层面最早的关于土壤污染风险水平的评价标准，为国家和其他地区制定相关标准提供了理论基础和技术经验；伴随 2010 年上海世界博览会的筹办以及场馆建设过程的土地环境问题，原国家环境保护总局制定了《展览会用地土壤环境质量评价标准（暂行）》（HJ/T 350—2007）[126]，我国土壤环境标准进入风险管理阶段（2007 年至今）[127]。土壤环境污染物的检验和测定是污染防治的重要环节，20 世纪以来用于检测不同类别土壤污染物的技术方法类标准开始制定发布，并不断丰富健全土壤污染物种类及其检测方法与相关标准，逐渐提升了污染物检测结果的准确性，对于土壤污染科学治理措施的制定尤为重要。由于不同地域的自然条件、水文地质、风俗习惯、经济发展等情况各不相同，因此省级标准化行政主管部门根据本地土壤自然环境等特点，积极主导和推动土壤污染物测定方法类地方标准的制定和发布[127-130]。

我国生态环境部在 2018 年发布了《土壤环境质量　建设用地土壤污染风险管控标准（试行）》（GB 36600—2018）[131]，该标准在对建设用地分类基础上，侧重加强建设用地土壤环境监管，管控污染地块对人体健康的风险，保障人居环境安全，规定了保护人体健康的建设用地土壤污染风险筛选值和管制值(45项基本项目与40项其他项目)，以及相关的监测、实施及监督要求。原环境保护部于2014年发布的污染场地土壤污染环境管理技术导则四项标准，包含调查技术、监测技术、风险评估和修复技术要求，并于2019年对该系列标准进行了修订，补充了污染地块风险管控和修复效果评估以及地下水修复和风险管控的相关标准。我国在构建土壤污染防控和治理标准体系方面采取的风险管控思路，体现了我国坚持以改善生态环境质量为核心，以及对提升环境污染风险防范与管控的重视[132~135]。

# 第一节　建设用地土壤污染调查技术方法

《上海市建设用地土壤污染状况调查、风险评估、风险管控和修复、效果评估等工作的若干规定》(沪环规〔2021〕4号)[136]规定指出，土地使用权人(含土地储备机构)或土壤污染责任人应在用途变更前或土地储备、出让、收回、续期、划拨前应组织完成土壤污染状况调查、风险评估、风险管控和修复及效果评估。土壤污染状况调查的目的就是判断调查区域内的土壤及地下水是否受到污染，初步判断该地块是否属于污染地块，根据检测结果分析地块的污染类型及污染程度，为后续详细调查和开展修复治理工程提供技术参数和相关依据，并为地块的环境管理提供技术支持。

## 一、建设用地土壤调查原则与阶段划分

### (一)建设用地土壤污染状况调查原则

建设用地是指建造建筑物、构筑物的土地，包括城乡住宅和公共设施用地、工矿用地、交通水利设施用地、旅游用地、军事设施用地等。针对建设用地土壤污染状况调查与评价，相关的技术导则有《建设用地土壤污染状况调查技术导则》(HJ 25.1—2019)[137]、《建设用地土壤污染风险管控和修复监测技术导则》(HJ 25.2—2019)[138]和《建设用地土壤污染风险评估技术导则》(HJ 25.3—2019)[139]，评价标准主要使用《土壤环境质量　建设用地土壤污染风险管控标准(试行)》(GB 36600—2018)[131]。

土壤和地下水环境现状调查的三项基本原则：①针对性原则。针对地块的特征和潜在污染物特性，进行污染物浓度和空间分布调查，为地块的环境管理提供依据。②规范性原则。采用程序化和系统化的方式规范土壤污染状况调查过程，保证调查过程的科学性和客观性。③可操作性原则。综合考虑调查方法、时间和经费等因素，结合当前科技发展和专业技术水平，确保调查过程切实可行。

### (二)建设用地土壤污染状况调查阶段划分

根据HJ 25.1—2019，土壤污染状况调查可分为三个阶段，详见图7-1。

1. 土壤调查第一阶段

第一阶段土壤污染状况调查是以资料收集、现场踏勘和人员访谈为主的污染识别阶段，原则上不需要进行现场钻井及采样分析，但可以使用X射线荧光光谱仪(XRF)和光离

子化检测仪(PID)等现场快速检测设备对现场的环境状况及疑似污染痕迹进行快速识别。若经过第一阶段的综合调查确认地块内及周围区域当前和历史上均无可能的污染源，且不涉及《上海市建设用地地块土壤污染状况调查、风险评估、风险管控与修复方案编制、风险管控与修复效果评估工作的补充规定(试行)》(沪环土〔2020〕62号)[140]文件中要求的需要开展采样分析的八种情况，则认为地块的环境状况可以接受，就可以得出适合的调查结论，调查活动可以结束。

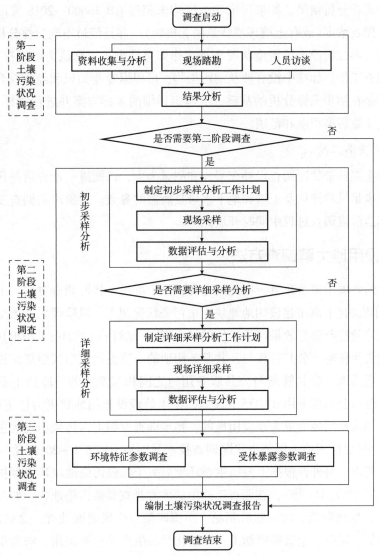

图7-1 土壤污染状况调查的工作内容与程序

## 2. 土壤调查第二阶段

第二阶段土壤污染状况调查是以采样与检测分析为主的污染证实阶段[141]。若第一阶段土壤污染状况调查表明地块内或周围区域存在可能的污染源，如化工厂、农药厂、冶炼厂、加油站、化学品储罐、固体废物处理等可能产生有毒有害物质的设施或活动；且涉及沪环土〔2020〕62号文件[140]中要求的需要开展采样分析的八种情况之一，以及由于资料缺失等原因造成无法排除地块内外存在污染源时，需要进行第二阶段土壤污染状况调查，确定污染物种类、污染浓度（程度）和污染物空间分布等。

第二阶段土壤污染状况调查通常可以分为初步采样分析和详细采样分析两步进行，每步均包括制定工作计划、现场采样、数据评估和结果分析等步骤。初步采样分析和详细采样分析均可根据实际情况分批次实施，逐步减少调查的不确定性。

根据初步采样分析结果，如果污染物浓度均未超过 GB 36600—2018 等国家和地方相关标准以及对照点浓度（或有土壤环境背景的无机物），并且经过不确定性分析确认不需要进一步调查后，第二阶段土壤污染状况调查工作即可结束；否则认为可能存在环境风险，须开展详细调查工作。标准中没有涉及的污染物，可根据专业知识和经验综合判断。详细调查采样分析是在初步采样分析的基础上，制定详细的采样方案并进行采样和检测分析，以进一步确定土壤污染程度和范围。

3. 土壤调查第三阶段

第三阶段土壤污染状况调查以补充采样和测试为主，以便进一步弄清楚污染范围和污染危害，获得满足风险评估及土壤和地下水修复所需的参数。本阶段的调查工作可单独进行，也可在第二阶段调查过程中同时开展。

## 二、建设用地土壤调查方法

综合现行的各项法规及政策，在此阐述各阶段土壤污染状况调查方法。上海市生态环境局 2020 年印发的《上海市建设用地地块土壤污染状况调查、风险评估、风险管控与修复方案编制、风险管控与修复效果评估工作的补充规定（试行）》（沪环土〔2020〕62 号）[140]中规定，用途变更为住宅、公共管理与公共服务用地的，变更前应当按照规定进行土壤污染状况调查；住宅用地、公共管理与公共服务用地之间相互变更的，原则上不需要进行调查，但公共管理与公共服务用地中环卫设施、污水处理设施用地变更为住宅用地的除外；现状为农用地和未利用地变更为建设用地的，初步调查原则上以污染识别为主，工作内容和工作流程参照《建设用地土壤污染状况调查技术导则》（HJ 25.1—2019）第一阶段土壤污染状况调查的要求。另外，根据上海市生态环境局关于加强污染地块环境保护监督管理的通知（沪环保防〔2017〕311 号），在调查工作中应注意排查疑似污染地块，如对从事过化工石化（含焦化）、医药制造、橡胶塑料制品、纺织印染、金属表面处理、金属冶炼及压延、非金属矿物制品、制革、金属铸锻加工、危险化学品生产储存及使用、农药生产、危险废物收集利用及处置、加油站、生活垃圾收集处置、污水处理等 15 类活动的疑似污染地块应进行重点监管。

### （一）第一阶段土壤环境调查方法

1. 资料收集与分析

资料收集主要包括：地块利用变迁资料、地块环境资料、地块相关记录、有关政府文件，以及地块所在区域的自然和社会信息。当调查地块与相邻地块存在相互污染的可能时，须调查相邻地块的相关记录和资料。①地块利用变迁资料包括用来辨识地块及其相邻地块的开发及活动状况的航片或卫星图片，地块的土地使用和规划资料，其他有助于评价地块污染的历史资料，如土地登记信息资料等；地块利用变迁过程中的地块内建筑、设施、工艺流程和生产污染等的变化情况。②地块环境资料包括地块土壤及地下水污染记录、地块危险废物堆放记录以及地块与自然保护区和水源地保护区等的位置关系等。③地块相关记录包括产品、原辅材料及中间体清单、平面布置图、工艺流程图、地下管线图、化学品储存及使用清单、泄漏记录、废物管理记录、地上及地下储罐清单、环境监测数据、环境影响报告书或表、环境审计报告和地勘报告等。④由政府机关和权威机构所保存和发布的环境资料，如区域环境保护规划、环境质量公告、企业在政府部门相关环境备案和批复以及生态和水源保护区规划等。⑤地块所在区域的自然和社会信息包括自然信息包括地理位置图、地形、地貌、土壤、水文、地质和气象资料等；社会信息包括人口密度和分布，敏感目标分布，以及土地利用方式，区域所在地的经济现状和发展规划，相关的国家和地方的政策、法规与标准以及当地地方性疾病统计信息等。在此基础上，调查人员应根据专业知识和经验识别资料中的错误和不合理的信息，如资料缺失影响判断地块污染状况时，应在报告中说明。

2. 现场踏勘

在现场踏勘前，根据地块的具体情况掌握相应的安全卫生防护知识，并装备必要的防护用品。现场踏勘的方法可通过对异常气味的辨识、摄影和照相、现场笔记等方式初步判断地块污染的状况，踏勘期间可以使用现场快速测定仪器。现场踏勘的范围主要应以地块内为主，并应包括地块的周围区域，周围区域的范围应由现场调查人员根据污染可能迁移的距离来判断，常选择地块周围500m内做调查。现场踏勘通过实地走访和勘察场地内和邻近地块的环境状况，包括从场地边界的可勘察区域沿公共通行路线检查相邻的地块，以识别场地内和周边地块的污染源，并了解场地内的环保措施是否符合环境许可的要求[141]。

现场踏勘的主要内容包括地块的现状与历史情况，相邻地块和周围区域的现状与历史情况，区域的地质、水文地质和地形的描述等。①地块现状与历史情况。可能造成土壤和地下水污染的物质的使用、生产、储存，"三废"处理与排放以及泄漏状况，地块过去使用中留下的可能造成土壤和地下水污染的异常迹象，如罐、槽泄漏以及废物临时堆放污染痕迹。②相邻地块的现状与历史情况。相邻地块的使用现况与污染源，以及过去使用中留下的可能造成土壤和地下水污染的异常迹象，如罐、槽泄漏以及废物临时堆放污染痕迹。③周围区域的现状与历史情况。对于周围区域目前或过去土地利用的类型，如住宅、商店和工厂等，应尽可能观察和记录；周围区域的废弃和正在使用的各类井，如水井等；污水处理和排放系统，化学品和废弃物的储存和处置设施，地面上的沟、河、池；地表水体、雨水排放和径流以及道路和公用设施。④地质、水文地质和地形的描述。地块及其周围区域的地质、水文地质与地形应观察、记录，并加以分析，以协助判断周围污染物是否会迁移到调查地块，以及地块内污染物是否会迁移到地下水和地块之外。

现场踏勘的重点对象一般应包括有毒有害物质的使用、处理、储存、处置；生产过程和设备，储槽与管线；恶臭、化学品味道和刺激性气味，污染和腐蚀的痕迹；排水管或渠、污水池或其他地表水体、废物堆放地、井等。同时应该观察和记录地块及周围是否有可能受污染物影响的居民区、学校、医院、饮用水源保护区以及其他公共场所等，并在报告中明确其与地块的位置关系。

3. 人员访谈

人员访谈可采取当面交流、电话交流、电子或书面调查表等方式进行。访谈内容应包括资料收集和现场踏勘所涉及的疑问，以及信息补充和已有资料的考证。访谈对象即受访者应为地块现状或历史的知情人，包括地块管理机构和地方政府的管理者、环境保护行政主管部门的管理者、地块过去和现在各阶段的使用者，以及地块所在地或熟悉地块的第三方，如相邻地块的工作人员和附近的居民。

访谈过程中应填写现场人员访谈记录表，访谈过程可拍照备用，访谈后应对访谈内容进行列表整理及综合梳理分析，并对照已有资料，对其中可疑处和不完善处进行核实和补充，相关材料可用于调查报告的编写，并可作为调查报告的附件。

4. 结论与分析

本阶段调查结论应明确地块内及周围区域有无可能的污染源，并进行不确定性分析。在第一阶段调查中，若不存在以下八种情况：①历史上曾涉及工矿用途、规模化养殖、有毒有害物质储存与输送；②历史上曾涉及环境污染事故、危险废物堆放、固废堆放与倾倒、固废填埋等；③历史上曾涉及工业废水污染；④历史监测数据表明存在污染；⑤历史上曾存在其他可能造成土壤污染的情形；⑥调查发现存在来自紧邻周边污染源的污染风险；⑦现场调查表明土壤或地下水存在污染迹象；⑧地块相关资料缺失、缺少判断依据。那么第一阶段调查工作即可结束。若存在以上八种情况或可能的污染源，应说明可能的污染类型、污染状况和来源，可划分出地块内的潜在污染区域并作出图示，说明应按照相关技术要求开展钻孔采样分析等后续调查工作，并提出开展第二阶段土壤污染状况调查的建议。

## （二）第二阶段土壤环境调查方法

1. 初步采样分析计划

根据第一阶段土壤污染状况调查的情况和划定的潜在污染区域，制定初步布点采样计划和检测分析等工作计划，内容主要包括核查已有信息、判断污染物的可能分布、制定采样方案、制定健康和安全防护计划、制定样品分析方案和确定质量保证和质量控制程序等任务。①核查已有信息：对已有信息进行核查，包括第一阶段土壤污染状况调查中重要的环境信息，如土壤类型和地下水埋深；查阅污染物在土壤、地下水、地表水或地块周围环境的可能分布和迁移信息；查阅污染物排放和泄漏的信息。应核查上述信息的来源，以确保其真实性和适用性。②判断污染物的可能分布：根据地块的具体情况、地块内外的污染源分布以及污染物的迁移和转化等因素，判断地块污染物在土壤中的可能分布，为制定采样方案提供依据。③制定采样方案：采样方案一般包括采样点的布设、样品数量、样品的采集方法、现场快速检测方法，样品收集、保存、运输和储存等要求。初步调查监测点位布设方法优先采用专业判断布点法，通过第一阶段土壤污染状况调查获得的相关信息，基于专业判断识别地块内可能存在的疑似污染区域，并在每个疑似污染区域设置监测点位。采样点水平方向的布设参照表7-1进行，并应说明采样点布设的依据。

表7-1　几种常见的布点方法及适用条件

| 布点方法 | 适用条件 |
| --- | --- |
| 系统随机布点法 | 适用于污染分布均匀的地块 |
| 专业判断布点法 | 适用于潜在污染明确的地块 |
| 分区布点法 | 适用于污染分布不均匀，并获得污染分布情况的地块 |
| 系统布点法 | 适用于各类地块，特别是污染分布不明确或污染分布范围大的地块 |

地块存在或历史上存在以下情况的，初步调查应涵盖地下水环境调查和采样监测工作，地下水监测指标应与土壤监测指标保持一致：①涉及含有毒有害物质的地下管线、储罐或沟渠等的；②涉及卤代物、苯系物、六价铬等易造成地下水污染的有毒有害物质的；③地块饱和带土壤存在油迹、异味和异色等污染迹象的；④历史上发生过倾倒、泄漏等污染事件的。

地下水监测，一般应在调查地块附近选择清洁对照点。地下水采样点的布设应考虑地下水的流向、水力坡降、含水层渗透性、埋深和厚度等水文地质条件及污染源和污染物迁移转化等因素；如果地块内或临近区域内的现有地下水监测井符合地下水环境监测技术规范，则可以作为地下水的取样点或对照点。

制定样品分析方案：检测项目应遵循保守性原则，依据国家和地方相关标准中的基本项目要求，根据第一阶段调查确定的地块内外潜在污染源和污染物，同时考虑污染物的迁移转化，确定样品的检测项目；对于不能确定的项目，可选取潜在典型污染样品进行筛选分析。一般工业地块可选择的检测项目有重金属、挥发性有机物、半挥发性有机物、氰化物和石棉等。当土壤明显异常而常规检测项目无法识别时，可进一步利用色谱-质谱定性分析等手段，筛选非常规的特征污染物，必要时可采用生物毒性测试方法进行筛选。

质量保证和质量控制：现场质量保证和质量控制措施应包括防止样品污染的工作程序，运输空白样分析，现场平行样分析，采样设备清洗空白样分析，采样介质对分析结果影响分析，以及样品保存方式和时间对分析结果的影响分析等，具体参见HJ 25.2。实验室分析的质量保证和质量控制的具体要求见HJ 164和HJ/T 166。

2. 详细采样分析计划

在初步采样分析的基础上制定详细采样分析工作计划。详细采样分析工作计划主要包括：评估初步采样分析工作计划和结果，制定详细采样方案以及样品分析方案等。详细调查过程中监测的技术要求按照HJ 25.2中的规定执行。

（1）评估初步采样分析的结果：分析初步采样的地块信息，主要包括土壤类型、地质条件、现场和实验室检测数据等；初步确定污染物种类、污染程度和空间分布；评估初步采样分析的质量保证和质量控制。

（2）制定详细采样方案：根据初步采样分析的结果，结合地块分区，制定详细采样方案。应采用系统布点法加密布设采样点。对于需要划定污染边界范围的区域，采样单元面积不大于1600m²(40m×40m 网格)。垂直方向采样深度和间隔根据初步采样的结果确定。

（3）制定详细检测分析方案：根据初步调查结果，制定详细的样品检测分析方案；样品检测项目以已确定的地块的关注污染物为主。

详细采样工作计划中的其他内容可在初步采样分析计划基础上制定，并针对初步采样分析过程中发现的问题，对采样方案和工作程序等进行相应调整。具体来说，详细调查监测采样深度应根据初步调查监测结果分析而定，详细调查监测土壤采样深度应大于初步调查监测污染物超标深度且满足查清污染深度要求；详细调查可根据实际情况加密布点，一次性调查不能满足调查要求的，应继续补充调查直至满足要求。详细调查中地下水监测项目以初步调查确定的地块关注污染物为主。

3. 土壤和地下水监测点位布设方法与注意事项

在土壤和地下水监测的点位布设中，有一些常用方法与注意事项[142]。

（1）地块土壤污染状况调查采取初步采样分析的土壤监测点位布设方法与注意事项：①可根据原地块使用功能和污染特征选择可能污染较重的若干工作单元，作为土壤污染物识别的工作单元。原则上监测点位应选择工作单元的中央或有明显污染的部位，如生产车间、污水管线废弃物堆放处等。②对污染较均匀的地块(包括污染物种类和污染程度)和地貌严重破坏的地块(包括拆迁性破坏、历史变更性破坏)，可根据地块的形状采用系统随机布点法，在每个工作单元的中心采样。③监测点位的数量与采样深度应根据地块面积、污染类型及不同使用功能区域等调查阶段性结论确定。④对每个工作单元，表层与下层土壤垂直方向层次的划分应综合考虑污染物迁移情况、构筑物及管线破损情况、土壤特征等因素确定；采样深度应扣除地表非土壤硬化层厚度，原则上应采集0~0.5m 表层土壤样品，0.5m以下的下层土壤样品根据判断布点法采集，建议0.5~6m 土壤采样间隔不超过2m；不同性质土层至少采集和送检一个典型土壤样品，同一性质土层厚度较大或出现明显污染痕迹时应根据实际情况在该层位增加采样点。⑤一般情况下，应根据地块土壤污染状况调查阶段性结论及现场情况确定下层土壤的采样深度，最大深度应直至未受污染的深度为止。

（2）地块土壤污染状况调查采取详细采样分析的监测点位布设方法与注意事项：①对于污染较均匀的地块和地貌严重破坏的地块，可采用系统布点法划分工作单元，在每个工作单元的中心采样。②如地块不同区域的使用功能或污染特征存在明显差异，则可根据土壤污染状况调查获得的原使用功能和污染特征等信息，采用分区布点法划分工作单元，在每个工作单元的中心采样。③单个工作单元的面积可根据实际情况确定，原则上不应超过1600m²；对于面积较小的地块应不少于5个工作单元，采样深度应至土壤污染状况调查初步采样监测确定的最大深度，深度间隔参见初步调查中相关要求。④如需采集土壤混合样，可根据每个工作单元的污染程度和面积，将其分成1~9个均等面积的网格，在每个网格中心进行采样并将同层的土样制成混合样(测定挥发性有机物项目的样品除外)。

（3）地下水监测点位的布设应注意：①地下水流向及地下水位可结合土壤污染状况调查阶段性结论，间隔一定距离按三角形或四边形至少布置3~4个点位监测判断。②地下水监测点位应沿地下水流向布设，在地下水流向的上游、地下水可能污染较严重区域和地下水流向的下游分别布设监测点位。确定地下水污染程度和污染范围时，应参照详细监测阶段土壤的监测点位，根据实际情况确定，并在污染较重区域加密布点。③应根据监测目的、所处含水层类型及其埋深和相对厚度来确定监测井的深度，且不穿透浅层地下水底板；地下水监测目的层与其他含水层之间要有良好止水性。④一般情况下的采样深度应在监测井水面 0.5m 以下，对于 LNAPLs 污染，监测点位应设置在含水层顶部；对于高密度非水溶性有机物污染，监测点位应设置在含水层底部和不透水层顶部。⑤一般情况下，应在地下水流向上游的一定距离设置对照监测井。⑥若地块面积较大，地下水污染较重且地下水较丰富，可在地块内地下水径流的上游和下游各增加 1~2 个监测井。⑦若地块内没有符合要求的浅层地下水监测井，则可根据调查阶段性结论在地下水径流的下游布设监测井。⑧若地块地下岩石层埋藏较浅，没有浅层地下水富集，则在径流的下游方向可能的地下蓄水处布监测井。⑨若前期监测的浅层地下水污染非常严重，且存在深层地下水时，可在做好分层止水条件下增加一口深井至深层地下水，以评价深层地下水的污染情况。

(4) 地表水和底泥监测点位的布设应注意：①考察地块的地表径流对地表水的影响时，可分别在丰水期和枯水期进行采样。②如需监测地块污染源对地表水的影响，可根据地表水流量分别在枯水期、丰水期和平水期进行采样。③在监测污染物浓度的同时，还应监测地表水的径流量，以判定污染物向地表水的迁移量。④如有必要可在地表水上游一定距离布设对照监测点位。⑤河流中的地表水采样点位应尽量布设在中泓线上。⑥更详细的监测点位布设要求可参照 HJ/T 91。⑦一般情况下，在布设地表水采样点位时，在相近位置同时布设一个底泥监测点位。

(5) 垂向土壤采样深度应注意：根据污染源的位置、迁移和地层结构等进行判断设置。土壤钻孔深度不低于 6m，每个土壤点位应至少采集 3 个土壤样品，通常分 3 层采集，包括表层土壤(0~0.5m)、下层土壤(表层土壤底部至地下水水位以上)及饱和带土壤(地下水位以下)样品；当包气带厚度不满足分层采样要求时，土壤样品分层采集方式可根据实际情况适当调整。表层土壤和下层土壤的具体深度划分应考虑地块回填土层情况、构筑物及管线埋深和破损情况、污染物释放和迁移情况、土壤特征等因素综合确定。地面存在的硬化层(如混凝土、沥青、石材、面砖)不可作为表层土壤，计量土壤采样深度时应扣除地表硬化层厚度。涉及含有毒有害物质的地下管线、储罐或沟渠等的，应根据其埋深情况合理确定采样数量及深度；地块内存在暗浜的，暗浜区域及暗浜底部原状土均应采集样品。若对地块信息了解不足，难以合理判断采样深度，可按 0.5~2m 间距设置采样位置。

4. 现场采样和数据分析

现场采样应准备的材料和设备包括定位仪器、现场探测设备、调查信息记录装备、监测井的建井材料、土壤和地下水取样设备、样品的保存装置和安全防护装备等。

现场采样前，可采用卷尺、定位仪和经纬仪等工具在现场确定采样点的具体位置和地面标高，并在图中标出。可采用金属探测器或探地雷达等设备探测地下障碍物，确保采样位置避开地下电缆、管线、沟、槽等地下障碍物；采用水位仪测量地下水水位，采用油水界面仪探测地下水非水相液体[143]。

（1）现场检测：可采用便携式有机物快速测定仪、重金属快速测定仪、生物毒性测试等现场快速筛选技术手段进行定性或定量分析，可采用直接贯入设备现场连续测试地层和污染物垂向分布情况，也可采用土壤气体现场检测手段和地球物理手段初步判断地块污染物及其分布，指导样品采集及监测点位布设。采用便携式设备现场测定地下水水温、pH值、电导率、浊度和氧化还原电位等。

（2）土壤样品采集：土壤样品分表层土壤和下层土壤。下层土壤的采样深度应考虑污染物可能释放和迁移的深度（如地下管线和储槽埋深）、污染物性质、土壤的质地和孔隙度、地下水位和回填土等因素。可利用现场探测设备辅助判断采样深度。采集含挥发性污染物的样品时，应尽量减少对样品的扰动，严禁对样品进行均质化处理；土壤样品采集后，应根据污染物理化性质等，选用合适的容器保存，汞或有机污染的土壤样品应在4℃以下的温度条件下保存和运输，具体参照 HJ 25.2。采样时应进行现场记录，主要内容包括：样品名称和编号、气象条件、采样时间、采样位置、采样深度、样品质地、样品的颜色和气味、现场检测结果以及采样人员等。土壤样品采集后，应根据污染物理化性质等，选用合适的容器保存。

（3）地下水样品采集：地下水采样一般应建地下水监测井，监测井的建设过程分为设计、钻孔、过滤管和井管的选择和安装、滤料的选择和装填，以及封闭和固定等。监测井的建设可参照 HJ 164 中的有关要求，所用的设备和材料应清洗除污，建设结束后需及时进行洗井；监测井建设记录和地下水采样记录的要求参照 HJ 164，样品保存、容器和采样体积的要求参照 HJ 164 附录 A。

（4）其他注意事项：现场采样时，应避免采样设备及外部环境等因素污染样品，采取必要措施避免污染物在环境中扩散。现场采样的具体要求参照 HJ 25.2。

（5）样品追踪管理：应建立完整的样品追踪管理程序，内容包括样品的保存、运输和交接等过程的书面记录和责任归属，避免样品被错误放置、混淆及保存过期。

（6）数据评估和结果分析：按照采样和检测方案，完成样品采集和送样分析；实验室检测分析必须委托具有 CMA 和 CNAS 资质的实验室进行样品检测分析；数据评估应整理调查信息和检测结果，评估检测数据的质量，分析数据的有效性和充分性，确定是否需要补充采样分析等；结果分析应根据土壤和地下水检测结果进行统计分析，确定地块关注污染物种类、浓度水平和空间分布；详细整理实验室出具的样品检测结果并进行数据综合分析，从而得出调查结论。

## （三）第三阶段土壤环境调查方法

第三阶段土壤污染状况调查主要工作内容包括地块特征参数和受体暴露参数的调查。

### 1. 调查方法

地块特征参数和受体暴露参数的调查可采用资料查询、现场实测和实验室分析测试等方法。

### 2. 调查地块特征参数

地块特征参数包括：不同代表位置和土层或选定土层的土壤样品的理化性质分析数

据，如土壤 pH 值、容重、有机碳含量、含水率和质地等；地块(所在地)气候、地质特征信息和数据，如地表年平均风速和水力传导系数等。根据风险评估和地块修复实际需要，选取适当的参数进行调查。

受体暴露参数包括：地块及周边地区土地利用方式、人群及建筑物等相关信息。

### 3. 异常点位排查

在实际调查过程中可能有一些特殊情况，若同时满足以下条件的土壤超标点位，可以进行异常点位排查与处置：①孤立的点位；②极个别的点位；③单一类型的污染物超标；④充足的前期调查表明，超标的污染物非该地块特征污染物；⑤与紧邻周边其他点位污染物检测值存在较大差异。

异常点位排查方法：在疑似异常点位四个垂直轴向 1m 范围内布设 4 个采样点，每个采样点位在超标样品所在深度及其相邻不同深度至少采集 3 个土壤样品；对上述排查的土壤样品中疑似异常的超标污染物进行检测分析。

异常点位处置：如排查检测结果显示，各土壤样品中疑似异常的超标污染物均未超标，则可判定该超标土壤污染点位属于异常，不具代表性，相应的少量超标土壤应予以妥善处理处置，超出管制值作为固废处置的可参照危险废物予以安全处置。

### 4. 调查结果

第三阶段土壤环境的调查结果供地块风险评估、风险管控和修复使用。

## 三、土壤调查报告编制方法

### (一)调查报告编制方法

**1. 第一阶段土壤污染状况调查报告编制方法**

**(1)报告主要内容**

对第一阶段调查过程和结果进行分析、总结与评价。内容主要包括土壤污染状况调查概述、地块描述、资料分析、现场踏勘、人员访谈、结果和分析、调查结论与建议、附件等。

**(2)结论和建议**

调查结论应尽量明确地块内及周围区域有无可能的污染源，若有污染源，应说明可能的污染类型、污染状况和来源；应提出是否需要第二阶段土壤污染状况调查的建议。

**(3)不确定性分析**

报告应列出调查过程中遇到的限制条件和欠缺的信息及其对调查工作和结果的影响。

**2. 第二阶段土壤污染状况调查报告编制方法**

**(1)报告主要内容**

对第二阶段调查过程和结果进行分析、总结和评价。内容主要包括工作计划、现场采样和实验室分析、数据评估和结果分析、结论和建议、附件。

（2）结论和建议

结论和建议中应提出地块关注污染物清单和污染物分布特征等内容，以及注意事项。

（3）不确定性分析

报告应说明第二阶段土壤污染状况调查与计划的工作内容的偏差以及限制条件对结论的影响。

3. 第三阶段调查报告编制方法

第三阶段调查报告编制可按照 HJ 25.3 和 HJ 25.4 的要求，参考第一与第二阶段报告，提供第三阶段调查内容和相关的测试数据，并进行综合的分析。

## （二）调查报告编制大纲

调查报告可参照以下格式进行编制，并根据具体的调查阶段和内容进行相应取舍。不同的调查报告都需要有封面、扉页、摘要、目录，它们的主要内容如下所列。

封面　项目名称，委托单位、承担单位（双方单位盖章），完成时间

扉页　封面信息，项目组人员列表（承担工作分工、专业、职称、签名等）

摘要　摘要就是内容提要，主要对象及范围，采用手段和方法，调查结果和结论

目录　应包括报告各章节题目与页码，附件清单或图表清单等

1. 土壤污染状况调查第一阶段报告编制大纲

土壤污染状况调查第一阶段报告在封面、扉页、摘要、目录的基础上，报告正文部分的编制大纲可参考以下内容格式编写。

1 前言

2 概述

  2.1 调查的目的和原则

  2.2 调查范围

  2.3 调查依据

  2.4 调查方法

3 地块概况

  3.1 区域环境概况

  3.2 敏感目标

  3.3 地块的现状和历史

  3.4 相邻地块的现状和历史

  3.5 地块利用的规划

4 资料分析

  4.1 政府和权威机构资料收集和分析

  4.2 地块资料收集和分析

  4.3 其他资料收集和分析

5 现场踏勘和人员访谈

  5.1 有毒有害物质的储存、使用和处置情况分析

  5.2 各类槽罐内的物质和泄漏评价

  5.3 固体废物和危险废物的处理评价

  5.4 管线、沟渠泄漏评价与说明

  5.5 与污染物迁移相关的环境因素分析

  5.6 其他

6 结果和分析

7 结论和建议

附件（地理位置图、平面布置图、周边关系图、测绘报告、快筛设备校准单、实验室资质证书、编制人员职称证书及法规文件等）

2. 土壤污染状况调查第二阶段报告编制大纲

土壤污染状况调查第二阶段报告在封面、扉页、摘要、目录的基础上，报告正文部分的编制大纲可参考以下内容格式编写。

## 第二节　农用地土壤污染调查技术方法

农用地是指按照国家标准《土地利用现状分类》(GB/T 21010—2017)中的01耕地(0101水田、0102水浇地、0103旱地)、02园地(0201果园、0202茶园)和04草地(0401天然牧草地、0403人工牧草地)。

### 一、农用地调查阶段划分

农用地土壤污染状况调查可分为三个阶段[144]。第一阶段调查工作是以资料收集、现场踏勘和人员访谈为主,原则上可不进行现场采样分析。通过该阶段调查,在对收集资料进行汇总的基础上,结合现场踏勘及人员访谈情况,分析调查区域污染的成因和来源;判断已有资料能否满足分类管理措施实施,如现有资料满足调查报告编制要求,可直接进行报告编制。第二阶段调查包括确定调查范围、监测单元划定、监测点位布设、监测项目确定、采样分析、结果评价与分析等步骤。通过第二阶段检测及结果分析,明确土壤污染特征、污染程度、污染范围及对农产品质量安全的影响等。调查结果若不能满足分析要求应进行补充调查,直至满足要求。第三阶段报告编制,汇总调查结果,编制农用地土壤污染状况调查报告。

### 二、农用地土壤污染调查方法

1. 资料收集

(1)土壤环境和农产品质量资料收集。主要包括调查区域涉及的土壤污染状况详查数据、农产品产地土壤重金属污染普查数据、多目标区域地球化学调查数据、各级土壤环境监测网监测结果、土壤环境背景值，以及其他相关土壤环境和农产品质量数据、污染成因分析和风险评估报告等资料。

（2）土壤污染源信息收集。包括区域内土壤污染重点行业企业等工矿企业类型、空间位置分布、原辅材料、生产工艺及产排污情况，农业灌溉水质量，农药、化肥、农膜等农业投入品的使用情况及畜禽养殖废弃物处理处置情况，固体废物堆存、处理处置场所分布及其对周边土壤环境质量的影响情况，污染事故发生时间、地点、类型、规模、影响范围及已采取的应急措施情况等。

（3）区域农业生产状况收集。区域农业生产土地利用状况、农作物种类、布局、面积、产量、种植制度和耕作习惯等。

（4）区域自然环境特征收集。区域气候、地形地貌、土壤类型、水文、植被、自然灾害、地质环境等资料。

（5）社会经济资料收集。包括地区人口状况、农村劳动力状况、工业布局、农田水利和农村能源结构情况，当地人均收入水平，以及相关配套产业基本情况等资料。

（6）其他相关资料收集。主要包括行政区划、土地利用现状、城乡规划、农业规划、道路交通、河流水系、土壤环境质量类别划分等图件、矢量数据及遥感影像数据等。

## 2. 现场踏勘

现场踏勘调查区域的位置、范围、道路交通状况、地形地貌、自然环境与农业生产现状等情况，对已有资料中存疑和不完善处进行现场核实和补充；现场踏勘调查区域内土壤或农产品的超标点位、曾发生泄漏或环境污染事故的区域、其他存在明显污染痕迹或农作物生长异常的区域；现场踏勘、观察和记录区域土壤污染源情况；现场踏勘污染事故发生区域位置、范围、周边环境及已采取的应急措施等，观察记录污染痕迹和气味。

通过拍照、录像、制作现场勘查笔记等方法记录踏勘情况，可结合快速测定仪器现场检测，综合考虑事故发生时间、类型、规模、污染物种类、污染途径、地势、风向等因素，初步界定关注污染物和土壤污染范围，必要时可对污染物及土壤进行初步采样及实验室分析。

## 3. 人员访谈

可采取当面交流、电话交流、电子或书面调查表等方式对有关人员进行访谈，并通过拍照、录像、录音等方法对访谈过程进行记录。访谈内容应包括资料收集和现场踏勘所涉及的疑问，以及信息补充和已有资料的考证。针对污染事故的访谈还应记录污染事故发生的时间、地点、类型、规模、事件经过、影响范围和采取的应急措施等。受访者为调查区域农用地的承包经营人、区域内现存及历史上存在过的工矿企业的生产经营人员（包括管理及技术人员）以及熟悉企业的第三方、当地生态环境、农业农村、自然资源等行政主管部门的政府工作人员、污染事故责任单位有关人员及参与应急处置工作的知情人员。

## 4. 检测项目与评价标准

在存在潜在污染的农用地土壤污染调查中，需要进行监测点位布设、钻井采样及检测分析等过程，农用地土壤污染状况调查检测项目可依据《土壤环境质量　农用地土壤污染风险管控标准（试行）》（GB 15618—2018）中的基本 8 项必测项目：镉、汞、砷、铅、铬、铜、镍、锌；根据实际情况还可以检测选测项目 3 项：六六六、滴滴涕、苯并[a]芘；还应检测 pH 值；其他可由地方生态环境主管部门根据本地区土壤污染特点和环境管理需求进行选择。

评价标准主要按照《土壤环境质量　农用地土壤污染风险管控标准（试行）》（GB 15618—2018）及《食用农产品产地环境质量评价标准》（HJ/T 332—2006）。

### 5. 信息整理与分析

对已有资料、现场踏勘及人员访谈内容进行系统整理，然后对现有资料进行汇总，分析农用地土壤污染的可能成因和来源。判断现有资料是否足以确定调查区域土壤污染特征、污染程度、污染范围及对农产品质量安全的影响等，是否满足调查报告编制的要求。

# 第三节　重点行业企业用地土壤污染调查技术方法

重点行业企业用地土壤污染调查工作除了上述的一系列常规调查环节以外，还应在企业信息采集等方面加强调查与整理上报等工作，其主要分为工作准备、基本信息核实、资料收集、现场勘查与人员访谈、信息整理与填报等。

## 一、重点行业企业用地土壤调查准备

### （一）工作准备

地方环保部门优先从本省（区、市）的重点行业企业用地调查工作专业机构推荐名录中选择专业机构，委托其开展本地区重点行业企业用地信息采集与调查表填报工作，组织开展重点行业企业用地调查相关技术培训，知会被调查企业提供进场条件，组织专业机构和土地使用权人分别签署承诺书，盖章、扫描后上传至详查数据库。

### 1. 人员准备

专业机构根据所接受的委托任务，组建信息采集工作组（以下简称工作组）和质量监督检查组，明确任务分工。

工作组成员要熟练掌握信息采集技术要求，对信息采集中的关键问题、填表规范要统一认识。工作组成员要求如下：①指定作风严谨、工作认真、具有污染地块调查经验的专业技术人员为组长；②工作组内部要分工明确、责任到人、保障有力；③工作组成员应具有环境、土壤、水文地质等相关基础知识；④工作组应至少 1 人参加过全国土壤污染状况详查重点行业企业用地调查专项培训；⑤工作组内应安排 1 名质量检查员，对本组信息采集工作质量进行自审。

质量监督检查组负责对本单位信息采集工作质量进行内审，质量监督检查组成员应参加过全国土壤污染状况详查重点行业企业用地调查专项培训，并熟练掌握信息采集质量检查内容和技术要求。

### 2. 技术准备

工作组应依据技术规定，根据工作任务要求，制定工作计划；与环保部门和土地使用权人沟通，提出需配合的工作和需准备的资料清单；确认现场工作时间与安排，确定访谈人员。工作组准备现场工作所需要的设备和物品。准备手持智能终端系统，进行试用和调试，通过手持智能终端系统调取调查表，了解地块信息采集的基本内容。准备器具类、文具类、防护用品等物品。器具类包括全球定位仪、无人机录像及拍照相机等；文具类包括现场记录表、铅笔、资料夹等；防护用品包括工作服、工作鞋、安全帽、常用药品、口罩及一次性手套等。

### (二) 基本信息核实

工作组通过资料查阅、现场勘查等方式对需调查的土壤污染重点行业企业基本信息进行核实与修正，需核实的企业基本信息包括企业名称、地理位置、在产或关闭搬迁状态、生产运营状态、是否位于工业园区/集聚区等。重点针对企业不存在、企业位置不准确或名称错误等情况进行处理，确认重点行业企业名单。

### (三) 资料收集

1. 资料收集清单

工作组对照资料清单收集地块内及周边区域环境与污染信息。优先保证基本资料收集，尽量收集辅助资料。若地块上曾发生过企业变更、行业变更、生产工艺或产品变更，需收集相关历史资料，如各时期平面布置图、产品及原辅材料清单等。

2. 资料收集方式

工作组通过信息检索、部门走访、电话咨询、现场及周边区域走访等方式进行资料收集。工作组可首先收集环保部门掌握的企业环评报告、排污申报登记表及相关资料、责令改正违法行为决定书等资料，然后通过现场走访的方式从企业进一步收集地块资料；对于已收集信息不能满足调查表填写需求的企业地块，再通过其他部门收集地块资料。

3. 资料初步整理分析

工作组对收集到的资料进行整理，提取各种资料的有用信息，并将资料中重要信息内容拍照后上传，包括企业地块平面布置图、生产工艺流程图等重要图件资料，主要产品、主要原辅材料清单，危险化学品清单，废气、废水中主要污染物排放清单等资料。在全国土壤污染状况详查工作周期内保存收集到的环评报告、清洁生产审核报告、排污申报相关资料、工程地质勘察报告等主要资料，以备后期抽查、审核。

## 二、重点行业企业用地土壤调查工作

### (一) 现场踏勘

工作组人员可通过观察、异常气味辨识、使用 X 射线荧光光谱仪(XRF)、光离子化检测仪(PID)等现场快速检测设备辨别现场环境状况及疑似污染痕迹。现场踏勘过程中发现的污染痕迹、地面裂缝、发生过泄漏的区域及其他怀疑存在污染的区域应拍照留存。

### (二) 人员访谈

通过当面、电话咨询、书面调查等方式进行访谈。访谈重点内容包括地块使用历史和规划、地块可疑污染源、污染物泄漏或环境污染事故、地块周边环境及敏感受体状况。访谈对象包括：熟悉地块历史及现在的生产和环境状况的人员；地方政府管理机构工作人员；环境保护主管部门工作人员；熟悉地块的第三方，如地块相邻区域的工作人员和居民等。

### (三) 信息整理与填报

工作组对资料收集、现场踏勘和人员访谈等方式收集到的信息与文件资料进行整理、汇总与分析。分析企业产品、原辅材料、储存物质是否有危险化学品，产生的固体废物是否有危险废物；根据企业所属行业、产品、原辅材料、"三废"情况分析地块内的特征污染物；分析地块周边敏感受体、距地块重点区域的距离等；若已有调查数据，根据建设用地土壤污染风险筛选指导值或地下水水质标准分析是否存在污染物含量超标。

工作组对信息整理分析后，完成调查表填写，并将调查数据和相关资料上传。专业机构对调查表进行审核后，上报至详查数据库，由地方环保部门进行审核。

# 第四节　土壤污染野外勘查主要技术

野外调查是土壤普查的中心环节，它直接影响土壤普查成果的质量。因此，野外调查时，一定力求全面、深入、准确，忌带主观性、片面性和表面性对发现的每一个问题和现象，都要反复观察，多方验证，使获得的材料尽量符合客观实际[145]。

## 一、应用遥感技术法

遥感技术在土壤学研究中得到了广泛应用，尤其是在大范围的土壤资源调查中，遥感技术在一定程度上逐渐取代部分常规调查技术而成为土壤数字调查通用技术之一，包含航片和卫片[146]。遥感技术是通过遥感影像的解译，识别和划分出土壤类型，制作土壤图，分析土壤的分布规律，为改良土壤、合理利用土壤服务。在地面植被稀少情况下，土壤的反射曲线与其机械组成和颜色密切相关，颜色浅的土壤具有较高的反射率，颜色较深的土壤反射率较低。在干燥条件下同样物质组成的细颗粒的土壤，表面平滑且具有较高反射率，而较粗的颗粒具有相对较低的反射率。土壤水的含量增加，会使反射率曲线平移下降，并有两个明显的水分吸收谷。当土壤水超过最大毛管持水量时，土壤的反射光谱不再降低。

航片土壤调查方法指的是以航空相片为工作底图，借助于野外有代表性的典型区域建立起来的航片判读标志，在室内进行航片判读勾图，再到野外实地进行核查的土壤调查方法。这种方法不仅耗费小，而且成图快，精度高。卫片土壤调查方法与航片土壤调查方法大同小异，它是以卫星影像为工作底图，先建立卫片的解译标志，然后在室内解译勾图，再出去核对。遥感技术在土壤调查中的优势：①可获取大范围数据资料；②获取信息的速度快；③获取信息手段多样；④获取信息受条件限制少；⑤获取信息的周期短；⑥信息量大。

## 二、应用地球物理勘探技术法

地球物理勘探可通过非破坏性的方式对地下污染物的分布情况进行直接测量，并获取连续性剖面数据。包括探地雷达、高密度电法、感应电磁法等[147]。

## (一)探地雷达

探地雷达是利用高频电磁波束对地下目标进行探测的一种方法，其使用的电磁波频率一般为 0.01~1GHz，通过地面上布置的发射天线激发并传入地下，当地下土壤介质的岩性、化学性质等发生改变时，部分高频电磁波能量会反射回来，并被天线接收，从而探得地下的目标情况。当有机污染物存在于土壤中，因其介电常数的差异，导致被污染土壤电性发生改变，在探地雷达上即表现为电磁反射信号的异常，对场地进行扫描，通过数据分析即可获得地下污染物分布情况。但由于其电磁波频率较高，导致穿透能力较低，因此限制了探地雷达对地下污染物探测的深度，探测深度因土壤介质导电率、介电常数而异，一般在 0.1~30m 范围内。同时探测精度(分辨率)及深度与探地雷达所采用的电磁波频率有关，频率越高，分辨率越高，探测深度越低；频率越低，分辨率越低，探测深度越深。

## (二)高密度电法

高密度电法是根据不同介质导电性能差异测得地下目标分布情况的方法，通过地表布设的电极向地下输出电流，当地下介质电阻率发生改变时，电流强弱即发生改变，地表布设的测量电极可测得相邻电极间的电势差，进而反映地下电阻率变化情况，最终探得地下目标分布情况。有机污染物(尤以含油污染物为主)侵入土壤后，土壤的电阻率会发生改变，通过高密度电法即可测定其分布情况，此外污染物浓度差异也会导致导电特性的变化趋势存在差异：饱和情况下的电阻率先增后趋向稳定，不饱和情况下的电阻率先增后减至趋向稳定。

## (三)感应电磁法

感应电磁法即利用电磁感应原理探测地下目标，探测时在地表向发射线圈通可变频率交流电，从而产生原生磁场，原生磁场在地层中产生涡电流，而电流密度取决于电阻率，由涡电流产生次生磁场，在地表，接受线圈即可测得次生磁场强度，进而探得地下目标分布情况。污染物进入土壤可造成电阻率改变，通过感应电磁法即可测定其分布情况。此外，发射线圈与接收线圈的圈面角度不同，可做两种方式测量，即线圈面同时平行地表的垂直偶极展开，与圈面沿测线方向且垂直地表的水平偶极展开；垂直偶极的探测深度较深，容易获得垂直方向的电性变化情形，水平偶极的探测深度较浅，容易获得侧向方向的电性变化情形。

# 第五节　土壤污染评价技术方法

目前土壤环境质量评价的方法很多。常见的土壤环境质量评价方法有单因子指数法、综合指数法、模糊综合评价法、层次分析法、灰色聚类法、人工神经网络法、物元分析法和 Rapant 环境风险指数法等[148]。

## 一、单因子指数法

单因子指数法(Single Pollution Index，SPI)是一种常用的用于评价指标变动的方法。它通过计算指标相对于基期的指数值，可以客观地评估和预测总体的变动趋势。单因子指数法在环境与经济等很多领域都有广泛应用。SPI 的评价公式如下：

$$P_i = \frac{C_i}{S_i}$$

式中，$P_i$ 为土壤中污染物 $i$ 的环境质量指数；$C_i$ 为污染物 $i$ 的实测浓度，mg/kg；$S_i$ 为污染物 $i$ 的评价标准浓度，mg/kg。一般土壤污染物风险评价以国家土壤环境质量标准（二级标准）为评价标准，$P_i \leqslant 1$ 表示土壤未受该污染物污染，而若 $P_i > 1$ 则表示土壤被该污染物污染，$P_i$ 值越大，则污染越严重。

SPI 是环境各要素评价中应用较广泛的一种方法，其优点是以土壤环境质量标准作为基础，目标明确；但 SPI 仅针对土壤中重金属单元素进行评价，无法反映土壤污染的综合状况[88]。

## 二、综合指数法

综合指数法是目前进行土壤环境污染评价的主要方法[148]。所谓综合指数法是用土壤污染监测结果和土壤环境质量标准定义的一种数量尺度，并以此为依据来评定现实的土壤环境质量对人类社会发展需要的满足程度。国内外目前运用到土壤环境质量评价中的综合指数法已有 20 余种。常见的综合指数法包括简单叠加法、算术平均法、加权平均法、均方根法、平方和的平方根法等。

### （一）常见综合指数法

为了更好的比较和评价上述方法，并对其特点进行总结，具体见表 7-2。

表 7-2　几种常见综合指数法及其特点

| 方法 | 计算公式 | 特点 |
|---|---|---|
| 简单叠加法 | $P_i = \sum \dfrac{C_i}{S_i}$ | 各项污染物分指数的简单叠加，评价结果不具可比性，缺陷明显 |
| 算术平均法 | $P_i = \dfrac{1}{n} \sum \dfrac{C_i}{S_i}$ | 评价结果具有较好可比性，但单一重金属污染情况不能被该指数有效识别 |
| 加权平均法 | $P_i = \sum W_i(C_i/S_i)$ | 引入加权值可以反映重金属污染对土壤环境的影响，但权重的确定不易做到客观标准 |
| 均方根法 | $P_i = \sqrt{\dfrac{1}{n}(C_i/S_i)^2}$ | 与算术平均法的特点相似 |
| 平方和的平方根法 | $P_i = \sqrt{\sum \left(\dfrac{C_i}{S_i}\right)^2}$ | 重视最高分指数和超标分指数，考虑其他分指数的影响，充分利用各分指数的信息 |

### （二）内梅罗综合污染指数法

内梅罗综合污染指数法（最大值法），它是一种兼顾极值或突出最大值的计权型多因子环境质量指数。内梅罗综合污染指数法的评价公式如下：

$$P_{综合} = \left[ \frac{[(C_i/S_i)^2_{\max} + (C_i/S_i)^2_{\text{ave}}]}{2} \right]^{\frac{1}{2}}$$

式中，$(C_i/S_i)_{max}$ 为土壤污染物中污染指数的最大值；$(C_i/S_i)_{ave}$ 为土壤污染物中污染指数的平均值。

土壤环境质量的分级采用以下污染指数分级标准，如表 7-3 所示。

表 7-3 土壤综合污染分级标准

| 等级划分 | $P_{综合}$ | 污染等级 | 污染水平 |
|---|---|---|---|
| 1 | $P_{综合} \leq 0.7$ | 安全 | 清洁 |
| 2 | $0.7 < P_{综合} \leq 1$ | 警戒线 | 尚清洁 |
| 3 | $1 < P_{综合} \leq 2$ | 轻污染 | 土壤轻污染、作物开始受到污染 |
| 4 | $2 < P_{综合} \leq 3$ | 中污染 | 土壤作物均受中度污染 |
| 5 | $P_{综合} > 3$ | 重污染 | 土壤作物受污染已相当严重 |

内梅罗综合污染指数法兼顾了最高分指数和平均分指数的影响，但过分强调了最高分指数的影响。指数形式简单，适应污染物个数的增减，适应性良好[88]。

### (三)地累积指数法

地累积指数法适用于研究河流沉积物重金属污染程度。通过元素在环境介质中的实测含量与目标元素地球化学背景值相比，以减少环境地球化学背景值，以及造岩运动可能引起的背景值变动的干扰，该法也被用于土壤中重金属污染评价[98]。地累积指数法计算公式为：

$$I_{geo} = \log_2 \frac{C_n}{1.5 B_n}$$

式中，$C_n$ 为土壤沉积物中元素的实测含量；$B_n$ 为该元素的地球化学背景值。

背景值乘以修正系数 1.5(通常标示为 $k$)得到最小污染级别的界限值，是考虑到成岩作用等可能引起背景值波动的因素。后续的研究者将 $C_n$ 替换为表层土壤中的重金属含量，将 $B_n$ 替换为该元素在地壳中的平均含量或当地土壤背景中的含量；表征沉积特征、岩石地质及其他影响的修正系数 $k = 1.5$，在土壤重金属污染的评价中也可直接应用。然而，重金属在土壤中的迁移能力与土壤物理化学性质密切相关，同沉积物有一定的差异，使得应用该方法所得的累积指数在原污染指数分级框架下的评价结果可能有些许偏离实际的现象。

### (四)潜在生态危害指数法

潜在生态危害指数法是从沉积学角度出发，根据重金属在"水体-沉积物-生物区-鱼-人"这一迁移累积主线，将重金属含量和环境生态效应、毒理学有效联系到一起[98]。表达式为：

$$RI = \sum_{i=1}^{n} T_r^i C_r^i = \sum_{i=1}^{n} T_r^i \frac{C_{实测}^i}{C_n^i}$$

式中，$C_{实测}^i$ 为表层沉积物中重金属实测含量；$C_n^i$ 为元素的评价标准；$C_r^i$ 为目标元素污染系数；$T_r^i$ 为毒性响应系数，与目标污染物毒性系数和生物生产指数(BPI)有关。

有些研究者应用该方法进行土壤重金属污染评价时，省略湖泊生产力因素，直接将毒性系数当作毒性响应系数带入评价模型，故该模型在运用于土壤介质时不经修正，缺乏表征土壤理化性质对重金属毒性影响的特征指标，可能使所得的评价结果欠合理。

## 三、模糊综合评价法

它是将系统中的不确定性通过隶属度加以量化，在环境质量评价中显现出其优越性。因环境是一个大系统，它所涉及的内外因素众多，且具有不确定性、随机性及环境质量变化的模糊性，因此评价过程中充分利用模糊信息及评判结果用模糊性语言或等级表示，采用模糊数学中的模糊综合评价方法可以比较客观地表达评判中的模糊性，实际应用也显得自然合理[149]。该方法是利用土壤质量分级差异中间过渡的模糊性，将土壤污染问题按不同分级标准，通过建立隶属函数区间[0, 1]内连续取值来进行评价的方法，其主要步骤有：

(1)建立因素集 $U=\{u_1\ u_2\cdots u_n\}$，即有 $n$ 个评价指标。

(2)确定评价集 $V=\{v_1\ v_2\cdots v_n\}$，即代表评价等级与分类的集合，每一等级可对应一个模糊子集。

(3)建立隶属函数，构造模糊关系矩阵。隶属函数的建立是模糊数学应用的关键。该函数为分段函数，分段界限值为相应的环境质量标准级数。根据隶属函数，可确定各指标实际值的隶属度，进行单因素评价，并得到隶属度模糊关系矩阵：

$$R=\begin{bmatrix}R_1 & |u_1\\ R_2 & |u_2\\ \vdots & \vdots\\ R_n & |u_n\end{bmatrix}=\begin{bmatrix}r_{11} & r_{12} & \cdots & r_{1m}\\ r_{21} & r_{22} & \cdots & r_{2m}\\ \vdots & \vdots & \vdots & \vdots\\ r_{n1} & r_{n2} & \cdots & r_{nm}\end{bmatrix}_{n\times m}$$

(4)确定加权模糊向量。在综合评价中，考虑到各评价因子对土壤环境的影响不同，在合成之前要确定模糊权向量 $A=\{a_1\ a_2\cdots a_n\}$，$A$ 中的元素 $a_i$ 本质上是因素 $u_i$ 对模糊子集{对被评事物重要的因素}的隶属度，采用相对污染值法，即根据污染物对土壤的污染越大，其权重越大的原则来确定大小。

(5)模糊复合运算。模糊综合评价的原理是模糊变换，模型为：

$$B=A\cdot R=(a_1a_2\cdots a_n)=\begin{bmatrix}r_{11} & r_{12} & \cdots & r_{1m}\\ r_{21} & r_{22} & \cdots & r_{2m}\\ \vdots & \vdots & \vdots & \vdots\\ r_{n1} & r_{n2} & \cdots & r_{nm}\end{bmatrix}=(b_1b_2\cdots b_n)$$

最后由加权平均原则确定每一土壤环境污染等级的归类。

## 四、层次分析法

层次分析法(AHP)是美国著名运筹学家 Saaty 教授在 20 世纪 70 年代中期创立的。这种方法将复杂的问题分解为各个组成因素，将这些因素按支配关系组成有序的递阶层次结构，通过两两比较方式确定层次中诸因素的相对重要性，然后综合人们的判断以决定诸因素相对重要性总的顺序。作为一种决策工具，AHP 具有深刻的理论内容和简单的表现形式，并能统一处理决策中的定性与定量的因素而在许多领域被广泛应用。土壤环境分析与评价实际上是一个多因素综合决策过程，因而将 AHP 应用于土壤质量评价不但可行，而且具有简单、有效、实用的特点[149,150]。应用层次分析法评价土壤环境质量一般分为以下几个步骤：

（1）建立层次结构模型。将土壤环境质量作为层次分析的目标层(A)，将评价因子(如 Cd、Hg、Pb、Cr、Cu、Zn)等作为层次分析的准则层(B)，而将土壤环境质量级别作为层次分析的方案层(C)，由这三个层次建立了土壤环境质量层次结构模型。

（2）构造判断矩阵。求出最大特征根及其特征向量在土壤环境质量这一目标(A)下，构造各准则层(B)的相对重要性的两两比较判断矩阵(A-B)、特征根及特征向量。选用土壤重金属元素的背景值和临界含量来确定评价标准。由此计算出各样本的特征向量及最大特征根。

（3）判断矩阵的一致性检验。在(B)准则下，构造各评价级别的相对重要性的两两比较判断矩阵(B-C)，构造方法是用评价因子的浓度与其对应的各个土壤质量级别的标准值的差值的倒数作为标度。据此计算得到判断矩阵的特征向量及最大特征根；再按 $C.I. = (\lambda_{max} - n)/(n-1)$ 计算出一致性指标 $C.I.$；然后确定平均一致性指标 $R.I.$；最后按 $C.R. = C.I./R.I.$，计算随机一致性比值 $C.R.$。对于1、2阶判断矩阵，规定 $C.R. = 0$；当 $C.R. \leqslant 0.1$ 时，判断矩阵有满意的一致性；当 $C.R. \geqslant 0.1$ 时，判断矩阵的一致性偏差太大，需要对判断矩阵进行调整，直至满足 $C.R. \leqslant 0.1$ 为止。

（4）层次单排列。层次单排列是将本层所有因素针对上层某因素通过判断矩阵计算排出优劣顺序，可采用求和法或方根法进行简便计算。

（5）层次总排序。计算同一层次所有因素对于高层(目标层)相对重要性权重值称为总排序。已有的结果表明，层次分析法的应用范围很广，但层次分析法尚未达到理想的地步：在理论上，一般层次分析法最后是按层次权值的最大值，即"最大原则"来进行分类，忽略比它小的上一级别的层次权值，完全不考虑层次权值之间的关联性，因而导致分辨率降低，评价结果出现不尽合理的现象；另外一致性检验的客观标准，特征值计算是否为排序的最好方法，判断是否考虑模糊性等问题，都还没有获得令人满意的解决。在应用方面，也有其局限性，如它可用于从已知方案中优选，但无法生成方案。此外，所得到的结果过于依据决策者的偏好和主观判断。

## 五、灰色聚类法

灰色聚类法这一灰色系统理论是我国学者邓聚龙在 1982 年提出的。它将控制论的观点和方法延伸到社会、经济与生态环境等抽象系统，将自动控制科学和运筹学的数学方法结合起来，研究出一套解决信息不全备系统的理论和方法。灰色聚类将聚类的对象对其不同的聚类指标所拥有的白化数，按几个灰类进行归纳，从而判断该聚类对象为哪一类[151]。该方法步骤如下：

（1）确定污染级别的划分：每种重金属的浓度都可在一定的范围内变化，为了区分污染程度的大小，必须将各污染物划分几个级别，级别划分是灰色聚类的基础。

（2）确定聚类白化数：首先求出各污染级别相对应的聚类白化值。将聚类对象（土壤）作为样本，将对象的量化性质作为样本指标，若有 $m$ 个样本（土壤），每个样本各有 $n$ 个指标（污染因子），且每个指标有 $j$ 个灰类（土壤环境质量分级）。则 $m$ 个样本的 $n$ 个指标的白化数构成的矩阵为：

$$
\begin{bmatrix}
C_{11} & C_{12} & \cdots & C_{1n} \\
C_{21} & C_{22} & \cdots & C_{2n} \\
\vdots & \vdots & \vdots & \vdots \\
C_{m1} & C_{m2} & \cdots & C_{mn}
\end{bmatrix}
$$

其中，$C_{ki}$ 第 $k$ 个聚类样本第 $i$ 个聚类指标的白化数（污染浓度值）$k \in (1, 2, \cdots, m)$，$i \in (1, 2, \cdots, n)$。

（3）数据的标准化处理：土壤样本指标的原始白化数 $C_{ki}$ 的标准化处理值计算公式如下：

$$
d = \frac{C_{ki}}{C_{oi}}, \ k \in (1, 2, \cdots, m), \ i \in (1, 2, \cdots, n)
$$

式中，$d_{ki}$ 为第 $k$ 个土壤第 $i$ 个污染因子的标准化值，$C_{ki}$ 为第 $k$ 个土壤第 $i$ 个污染因子的实测值，$C_{oi}$ 为第 $i$ 个因子的参考标准。为了使原始白化数与灰类之间能进行比较分析，仍用 $C_{oi}$ 进行无量纲化处理，即：

$$
r_{ij} = \frac{S_{ij}}{C_{oi}} \in (1, 2, \cdots, m), \ j \in (1, 2, \cdots, h)
$$

式中，$r_{ij}$ 为第 $i$ 个污染因子第 $j$ 个灰类 $S_{ij}$ 的标准化处理值；$S_{ij}$ 为第 $i$ 个污染因子第 $j$ 个灰类值。

（4）确定白化函数：白化函数反映聚类指标对灰类的亲疏关系。第 $i$ 个污染因子的灰类 1 的白化函数为：

$$
f_{i1}(X) = \begin{cases}
1 & X \leqslant X_m \\
\dfrac{X_h - X}{X_h - X_m} & X_m < X < X_h \\
0 & X \geqslant X_h
\end{cases}
$$

第 $i$ 个污染因子的灰类 $(h-1)$ 的白化函数为：

$$
f_{i1(h-1)}(X) = \begin{cases}
0 & X \leqslant X_0 \\
\dfrac{X - X_0}{X_m - X_0} & X_0 < X < X_m \\
\dfrac{X_h - X}{X_h - X_m} & X_m < X < X_h \\
1 & X = X_m
\end{cases}
$$

第 $i$ 个污染因子的灰类 $h$ 的白化函数为：

$$f_{i1}(X) = \begin{cases} 1 & X \geq X_m \\ \dfrac{X - X_0}{X_m - X_0} & X_0 < X < X_m \\ 0 & X \leq X_0 \end{cases}$$

(5)求聚类权：聚类权是衡量各个污染因子对同一灰类的权重。第 $i$ 个污染因子 $j$ 个灰类的权值 $W_{ij}$ 的计算公式如下：

$$W_{ij} = \frac{r_{ij}}{\sum\limits_{i=1}^{n} r_{ij}}, \ i \in (1, 2, \cdots, n), \ j \in (1, 2, \cdots, h)$$

(6)求聚类系数：聚类系数反应了聚类采样点对灰类的亲疏程度。第 $k$ 个样本对 $j$ 个灰类的聚类系数 $\varepsilon_{ij}$ 的计算公式为：

$$\varepsilon_{ij} = \sum_{i=1}^{n} f_{ij}(d_{ki}) W_{ij}$$

(7)聚类：将每个样本对各个灰类的聚类系数组成聚类行向量，在行向量中聚类系数最大的所对应的灰类即是这个样本所属的级别，并将各个样本同属的进行归纳，便是灰色聚类的结果。

用灰色聚类法进行土壤环境质量评价，充分考虑了级别分级之间的模糊性及灰色性，因而评价结果比指数法更具合理性，且不必事先给出一个临界判断，而可以直接得到聚类评价结果，该方法简便，结果直观，具有良好的实用性。

## 六、人工神经网络法

人工神经网络(Artificial Neural Network，ANN)是一类模拟生物体神经系统结构的新型信息处理系统。从本质上说，它是一种黑箱建模工具，它可通过"学习"对真实系统中的输入和输出之间的定量关系进行仿真；为解决非线性、不确定性和不确知系统的问题开辟了一条崭新的途径。在 ANN 模型的实际应用中，绝大部分使用的是 BP 网络模型。BP 神经网络通常具有一个或多个隐层，其中隐层神经元通常采用 Sigmoid 型传递函数，而输出层神经元则采用线型传递函数。应用于土壤环境质量评价的 BP 网络，通常由一个输入层、一个隐层和一个输出层组成[88]。人工神经网络工具箱评价土壤环境质量分为以下几个步骤：

(1)培训数据的选择：土壤环境质量评价的目标之一是以土壤环境质量标准为依据，评价监测点及监测区的土壤污染状况，因此，BP 网络的培训数据也必须以土壤环境质量标准为基础。但由于土壤环境质量标准原始数据量太少，各重金属的标准值相差很大，而且在实际监测中，某些位点的监测值超过了土壤的三级标准。所以直接应用土壤环境质量标准作为培训数据集有一定的缺陷。因此，可结合实际情况，对原标准进行适当改进，从而生成可直接利用的培训数据集。将土壤污染的四级标准(优、未污染、污染、重污染)视作 4 个学习样本，而每一级污染物的浓度限值作为学习样本的输入特征值。

(2)网络对象的建立：如选取 Cu、Zn、Cd、Cr、Ni、Pb 六种污染物作为样本的六个输入特征因子，将土壤污染的四级作为四个学习样本，建立六个输入节点、四个中间节点和一个输出节点的 BP 网络土壤评价模型。

（3）网络的训练：为了增强网络的鲁棒性及容错能力，采用对网络进行三次训练的方法，训练步骤为：①用不含噪声的训练集对网络进行初次训练；②在训练集中分别加入10% 和 20% 的噪声；③为保证网络对训练集的正确识别，再次用不含噪声的训练集对网络进行第三次训练，其训练步骤与第一次相同。

（4）数据仿真：网络建立并经训练后，用人工神经网络工具箱的 sim 函数进行仿真，也即对土壤监测数据进行评价，以得出监测点或监测区土壤污染状况。为检验网络的性能，用户可以对原始的训练集进行仿真。

由于 BP 人工神经网络是以培训集作为模式识别的依据，培训集的选择直接关系到识别结果的正确性。不同地区及不同环境监测的目的可能要对培训集做适当的调整以满足实际需要。隐层神经元数量的确定关系到评价结果的正确性。若神经元数量太少，无法实现监测数据的分类；若神经元数量太多，不仅网络庞大结果不稳定，且易产生误差。

## 七、物元分析法

进行土壤环境质量评价研究，由于各单项土壤指标的评判结果常常不相容，直接利用土壤环境质量评价标准，难以作出确切的评价。我国学者蔡文在 20 世纪 80 年代初创立的可拓学就是从定性和定量两个角度去研究解决矛盾问题的规律和方法，在许多领域得到成功应用，因此也为土壤环境质量综合评价分析提供了新的途径。该方法的数据处理用可拓集合的关联函数值即关联度的大小来描述各种特征参数与所研究的对象的从属关系，从而将属于或不属于的定性表述扩展为定量描述[152]。利用物元分析法进行土壤环境质量评价的步骤如下：

（1）确定事物的评价指标及评价标准，如根据土壤状况设置六项土壤性状指标：Cu（$x_1$）、Pb（$x_2$）、Cd（$x_3$）、Cr（$x_4$）、Zn（$x_5$）、Ni（$x_6$）。即：特征 $C = \{ x_1 、 x_2 、 x_3 、 x_4 、 x_5 、 x_6 \}$，如果将土壤质量分为五级即标准事物 $Nit = \{$ Ⅰ 、 Ⅱ 、 Ⅲ 、 Ⅳ 、 Ⅴ $\}$。

（2）确定物元的经典域与节域，根据土壤环境质量标准对应的取值范围作为经典域。

$$R_x = \begin{bmatrix} MbCu\, [ax_1 , bx_1] \\ Pb\, [ax_2 , bx_2] \\ \vdots \ \vdots \\ Zn\, [ax_6 , bx_6] \end{bmatrix}$$

节域是根据评价中的土壤性状指标的取值范围而定的。一般是土壤环境质量等级标准的全体，当有土壤严重超标时，节域可适当放大。

（3）确定待评物元，将实际监测的数据和结果，用物元表示出来。

（4）确定评价指标的权系数。

（5）计算土壤样本的关联度，待评事物 $N_x$ 关于等级 $j$ 的综合关联度 $K_j(N_x)$ 为：

$$K_j N_x = \sum_{j=1}^{N} a_j K_j(X_x)$$

式中：$K_j(N_x)$ 为待评事物关于各等级 $j$ 的综合关联度；$K_j(X_x)$ 为待评事物关于各等级的关联度[$j$=1，2，…，$n$]；$a_j$ 为各评价指标的权系数。

该方法直接采用实测数据，计算出问题的关联度，作为对所研究的问题、现象和事物的综合分析、识别、评定或预测的结论。它能改进传统算法的近似性，排除了人为因素对分析、评定或预测结果的干扰，判别结果更为精细。此外，关联函数公式计算简单，使用方便。本方法的不足是构造物元矩阵具有一定的不确定性，有待于进一步的探索。

## 八、Rapant 环境风险指数法

Rapant 等在 2003 年提出环境风险指数法，对土壤环境中污染物的环境风险水平进行表征，其计算公式为：

$$I_{ER_i} = \frac{AC_i}{RC_i} - 1$$

$$I_{ER} = \sum_{i=1}^{n} I_{ER_i}$$

式中，$I_{ER_i}$ 为土壤物质中超过临界限量的第 $i$ 种元素的环境风险指数；$AC_i$ 为第 $i$ 种元素的分析限量；$RC_i$ 为第 $i$ 种元素的临界限量；$I_{ER}$ 为待测样品的环境风险指数。

若 $AC_i<RC_i$，则定义 $I_{ER_i}$=0，即此种污染物的环境风险指数为 0，无环境风险。Rapant 同时规定了相应的环境风险划分标准，以定量测定污染土壤或沉积物样品的环境风险程度，环境风险指数的分级标准见表 7-4。

表 7-4　Rapant 环境风险指数分级

| 环境风险指数 | 分级 | 环境风险程度 |
|---|---|---|
| 0 | 1 | 无环境风险 |
| 0~1 | 2 | 低环境风险 |
| 1~3 | 3 | 中等环境风险 |
| 3~5 | 4 | 高环境风险 |
| >5 | 5 | 极高环境风险 |

# 第六节　土壤污染风险管控标准

土壤污染风险管控标准常用的主要为《土壤环境质量　建设用地土壤污染风险管控标准（试行）》（GB 36600—2018）和《土壤环境质量　农用地土壤污染风险管控标准（试行）》（GB 15618—2018）。建设用地土壤污染风险指建设用地上居住、工作人群长期暴露于土壤中污染物，因慢性毒性效应或致癌效应而对健康产生的不利影响；农用地土壤污染风险指因土壤污染导致食用农产品质量安全、农作物生长或土壤生态环境受到不利影响。

## 一、建设用地土壤污染风险管控标准

建设用地土壤污染风险管控标准为《土壤环境质量　建设用地土壤污染风险管控标准

（试行）》（GB 36600—2018）。

### （一）建设用地分类

在建设用地中，城市建设用地根据保护对象暴露情况的不同可划分为以下两类：

（1）第一类用地。包括 GB 50137 规定的城市建设用地中的居住用地（R），公共管理与公共服务用地中的中小学用地（A33），医疗卫生用地（A5）和社会福利设施用地（A6），以及公园绿地（G1）中的社区公园或儿童公园用地等。

（2）第二类用地。包括 GB 50137 规定的城市建设用地中的工业用地（M），物流仓储用地（W），商业服务业设施用地（B），道路与交通设施用地（S），公用设施用地（U），公共管理与公共服务用地（A）（A33、A5、A6 除外），以及绿地与广场用地（G）（G1 中的社区公园或儿童公园用地除外）等。

其他建设用地可参照上述划分类别。

### （二）风险暴露途径

建设用地风险暴露途径是指土壤中污染物迁移到达和暴露于人体的方式。主要包括：①经口摄入土壤；②皮肤接触土壤；③吸入土壤颗粒物；④吸入室外空气中来自表层土壤的气态污染物；⑤吸入室外空气中来自下层土壤的气态污染物；⑥吸入室内空气中来自下层土壤的气态污染物。

### （三）建设用地土壤污染风险筛选值和管制值

在特定土地利用方式下，建设用地土壤中污染物含量等于或者低于筛选值的，对人体健康的风险可以忽略；超过筛选值的，对人体健康可能存在风险，应当开展进一步的详细调查和风险评估，确定具体污染范围和风险水平。在特定土地利用方式下，建设用地土壤中污染物含量超过管制值的，对人体健康通常存在不可接受风险，应当采取风险管控或修复措施。

1. 基本项目

保护人体健康的建设用地土壤污染风险基本项目的筛选值和管制值见表 7-5。

表 7-5　建设用地土壤污染风险基本项目筛选值和管制值　　　　　mg/kg

| 序号 | 污染物项目 | CAS 编号 | 筛选值 | | 管制值 | |
|---|---|---|---|---|---|---|
| | | | 第一类用地 | 第二类用地 | 第一类用地 | 第二类用地 |
| 重金属和无机物 | | | | | | |
| 1 | 砷 | 7440-38-2 | 20[①] | 60[①] | 120 | 140 |
| 2 | 镉 | 7440-43-9 | 20 | 65 | 47 | 172 |
| 3 | 铬（Ⅵ） | 18540-29-9 | 3.0 | 5.7 | 30 | 78 |
| 4 | 铜 | 7440-50-8 | 2000 | 18000 | 8000 | 36000 |
| 5 | 铅 | 7439-92-1 | 400 | 800 | 800 | 2500 |
| 6 | 汞 | 7439-97-6 | 8 | 38 | 33 | 82 |

| 序号 | 污染物项目 | CAS 编号 | 筛选值 | | 管制值 | |
|---|---|---|---|---|---|---|
| | | | 第一类用地 | 第二类用地 | 第一类用地 | 第二类用地 |
| 7 | 镍 | 7440-02-0 | 150 | 900 | 600 | 2000 |
| 挥发性有机物 | | | | | | |
| 8 | 四氯化碳 | 56-23-5 | 0.9 | 2.8 | 9 | 36 |
| 9 | 氯仿 | 67-66-3 | 0.3 | 0.9 | 5 | 10 |
| 10 | 氯甲烷 | 74-87-3 | 12 | 37 | 21 | 120 |
| 11 | 1,1-二氯乙烷 | 75-34-3 | 3 | 9 | 20 | 100 |
| 12 | 1,2-二氯乙烷 | 107-06-2 | 0.52 | 5 | 6 | 21 |
| 13 | 1,1-二氯乙烯 | 75-35-4 | 12 | 66 | 40 | 200 |
| 14 | 顺-1,2-二氯乙烯 | 156-59-2 | 66 | 596 | 200 | 2000 |
| 15 | 反-1,2-二氯乙烯 | 156-60-5 | 10 | 54 | 31 | 163 |
| 16 | 二氯甲烷 | 75-09-2 | 94 | 616 | 300 | 2000 |
| 17 | 1,2-二氯丙烷 | 78-87-5 | 1 | 5 | 5 | 47 |
| 18 | 1,1,1,2-四氯乙烷 | 630-20-6 | 2.6 | 10 | 26 | 100 |
| 19 | 1,1,2,2-四氯乙烷 | 79-34-5 | 1.6 | 6.8 | 14 | 50 |
| 20 | 四氯乙烯 | 127-18-4 | 11 | 53 | 34 | 183 |
| 21 | 1,1,1-三氯乙烷 | 71-55-6 | 701 | 840 | 840 | 840 |
| 22 | 1,1,2-三氯乙烷 | 79-00-5 | 0.6 | 2.8 | 5 | 15 |
| 23 | 三氯乙烯 | 79-01-6 | 0.7 | 2.8 | 7 | 20 |
| 24 | 1,2,3-三氯丙烷 | 96-18-4 | 0.05 | 0.5 | 0.5 | 5 |
| 25 | 氯乙烯 | 75-01-4 | 0.12 | 0.43 | 1.2 | 4.3 |
| 26 | 苯 | 71-43-2 | 1 | 4 | 10 | 40 |
| 27 | 氯苯 | 108-90-7 | 68 | 270 | 200 | 1000 |
| 28 | 1,2-二氯苯 | 95-50-1 | 560 | 560 | 560 | 560 |
| 29 | 1,4-二氯苯 | 106-46-7 | 5.6 | 20 | 56 | 200 |
| 30 | 乙苯 | 100-41-4 | 7.2 | 28 | 72 | 280 |
| 31 | 苯乙烯 | 100-42-5 | 1290 | 1290 | 1290 | 1290 |
| 32 | 甲苯 | 108-88-3 | 1200 | 1200 | 1200 | 1200 |
| 33 | 间二甲苯+对二甲苯 | 108-38-3, 106-42-3 | 163 | 570 | 500 | 570 |
| 34 | 邻二甲苯 | 95-47-6 | 222 | 640 | 640 | 640 |
| 半挥发性有机物 | | | | | | |
| 35 | 硝基苯 | 98-95-3 | 34 | 76 | 190 | 760 |
| 36 | 苯胺 | 62-53-3 | 92 | 260 | 211 | 663 |
| 37 | 2-氯酚 | 95-57-8 | 250 | 2256 | 500 | 4500 |
| 38 | 苯并[a]蒽 | 56-55-3 | 5.5 | 15 | s5 | 151 |

| 序号 | 污染物项目 | CAS 编号 | 筛选值 | | 管制值 | |
|---|---|---|---|---|---|---|
| | | | 第一类用地 | 第二类用地 | 第一类用地 | 第二类用地 |
| 39 | 苯并[a]芘 | 50-32-8 | 0.55 | 1.5 | 5.5 | 15 |
| 40 | 苯并[b]荧蒽 | 205-99-2 | 5.5 | 15 | 55 | 151 |
| 41 | 苯并[k]荧蒽 | 207-08-9 | 55 | 151 | 550 | 1500 |
| 42 | 䓛 | 218-01-9 | 490 | 1293 | 4900 | 12900 |
| 43 | 二苯并[a,h]蒽 | 53-70-3 | 0.55 | 1.5 | 5.5 | l5 |
| 44 | 茚并[1,2,3-cd]芘 | 193-39-5 | 5.5 | 15 | 55 | 151 |
| 45 | 萘 | 91-20-3 | 25 | 70 | 255 | 700 |

①具体地块土壤中污染物检测含量超过筛选值,但等于或低于土壤环境背景值水平的,不纳入污染地块管理。土壤环境背景值可参见 GB 36600—2018 附录 A。

## 2. 其他项目

保护人体健康的建设用地土壤污染风险其他项目的筛选值和管制值见表7-6。

表 7-6　建设用地土壤污染风险其他项目筛选值和管制值　　　　mg/kg

| 序号 | 污染物项目 | CAS 编号 | 筛选值 | | 管制值 | |
|---|---|---|---|---|---|---|
| | | | 第一类用地 | 第二类用地 | 第一类用地 | 第二类用地 |
| 重金属和无机物 | | | | | | |
| 1 | 锑 | 7440-36-0 | 20 | 180 | 40 | 360 |
| 2 | 铍 | 7440-41-7 | 15 | 29 | 98 | 290 |
| 3 | 钴 | 7440-48-4 | 20① | 70① | 190 | 350 |
| 4 | 甲基汞 | 22967-92-6 | 5.0 | 45 | 10 | 120 |
| 5 | 钒 | 7440-62-2 | 165① | 752 | 330 | 1500 |
| 6 | 氰化物 | 57-12-5 | 22 | 135 | 44 | 270 |
| 挥发性有机物 | | | | | | |
| 7 | 一溴二氯甲烷 | 75-27-4 | 0.29 | 1.2 | 2.9 | 12 |
| 8 | 溴仿 | 75-25-2 | 32 | 103 | 320 | 1030 |
| 9 | 二溴氯甲烷 | 124-48-1 | 9.3 | 33 | 93 | 330 |
| 10 | 1,2-二溴乙烷 | 106-93-4 | 0.07 | 0.24 | 0.7 | 2.4 |
| 半挥发性有机物 | | | | | | |
| 11 | 六氯环戊二烯 | 77-47-4 | 1.1 | 5.2 | 2.3 | 10 |
| 12 | 2,4-二硝基甲苯 | 121-14-2 | 1.8 | 5.2 | 18 | 52 |
| 13 | 2,4-二氯酚 | 120-83-2 | 117 | 843 | 234 | 1690 |
| 14 | 2,4,6-三氯酚 | 88-06-2 | 39 | 137 | 78 | 560 |
| 15 | 2,4-二硝基酚 | 51-28-5 | 78 | 562 | 156 | 1130 |

| 序号 | 污染物项目 | CAS 编号 | 筛选值 | | 管制值 | |
|---|---|---|---|---|---|---|
| | | | 第一类用地 | 第二类用地 | 第一类用地 | 第二类用地 |
| 16 | 五氯酚 | 87-86-5 | 1.1 | 2.7 | 12 | 27 |
| 17 | 邻苯二甲酸二(2-乙基己基)酯 | 117-81-7 | 42 | 121 | 420 | 1210 |
| 18 | 邻苯二甲酸丁基苄酯 | 85-68-7 | 312 | 900 | 3120 | 9000 |
| 19 | 邻苯二甲酸二正辛酯 | 117-84-0 | 390 | 2812 | 800 | 5700 |
| 20 | 3,3′-二氯联苯胺 | 91-94-1 | 1.3 | 3.6 | 13 | 36 |
| 有机农药类 | | | | | | |
| 21 | 阿特拉津 | 1912-24-9 | 2.6 | 7.4 | 26 | 74 |
| 22 | 氯丹② | 12789-03-6 | 2.0 | 6.2 | 20 | 62 |
| 23 | $p,p'$-滴滴滴 | 72-54-8 | 2.5 | 7.1 | 25 | 71 |
| 24 | $p,p'$-滴滴伊 | 72-55-9 | 2.0 | 7.0 | 20 | 70 |
| 25 | 滴滴涕③ | 50-29-3 | 2.0 | 6.7 | 21 | 67 |
| 26 | 敌敌畏 | 62-73-7 | 1.8 | 5.0 | 18 | 50 |
| 27 | 乐果 | 60-51-5 | 86 | 619 | 170 | 1240 |
| 28 | 硫丹④ | 115-29-7 | 234 | 1687 | 470 | 3400 |
| 29 | 七氯 | 76-44-8 | 0.13 | 0.37 | 1.3 | 3.7 |
| 30 | $\alpha$-六六六 | 319-84-6 | 0.09 | 0.3 | 0.9 | 3 |
| 31 | $\beta$-六六六 | 319-85-7 | 0.32 | 0.92 | 3.2 | 9.2 |
| 32 | $\gamma$-六六六 | 58-89-9 | 0.62 | 1.9 | 6.2 | 19 |
| 33 | 六氯苯 | 118-74-1 | 0.33 | 1 | 3.3 | 10 |
| 34 | 灭蚁灵 | 2385-85-5 | 0.03 | 0.09 | 0.3 | 0.9 |
| 多氯联苯、多溴联苯和二噁英类 | | | | | | |
| 35 | 多氯联苯(总量)⑤ | — | 0.14 | 0.38 | 1.4 | 3.8 |
| 36 | 3,3′,4,4′,5-五氯联苯(PCB126) | 57465-28-8 | $4\times10^{-5}$ | $1\times10^{-4}$ | $4\times10^{-4}$ | $1\times10^{-3}$ |
| 37 | 3,3′,4,4′,5,5′-六氯联苯(PCB169) | 32774-16-6 | $1\times10^{-4}$ | $4\times10^{-4}$ | $1\times10^{-3}$ | $4\times10^{-3}$ |
| 38 | 二噁英类(总毒性当量) | — | $1\times10^{-5}$ | $4\times10^{-5}$ | $1\times10^{-4}$ | $4\times10^{-4}$ |
| 39 | 多溴联苯(总量) | — | 0.02 | 0.06 | 0.2 | 0.6 |
| 石油烃类 | | | | | | |
| 40 | 石油烃($C_{10}\sim C_{40}$) | — | 826 | 4500 | 5000 | 9000 |

①具体地块土壤中污染物检测含量超过筛选值,但等于或者低于土壤环境背景值水平的,不纳入污染地块管理;土壤环境背景值可参见 GB 36600—2018 附录 A。

②氯丹为 $\alpha$-氯丹、$\gamma$-氯丹两种物质含量总和。

③滴滴涕为 $o,p'$-滴滴涕、$p,p'$-滴滴涕两种物质含量总和。

④硫丹为 $\alpha$-硫丹、$\beta$-硫丹两种物质含量总和。

⑤多氯联苯(总量)为 PCB 77、PCB 81、PCB 105、PCB 114、PCB 118、PCB 123、PCB 126、PCB 156、PCB 157、PCB 167、PCB 169、PCB 189 十二种物质含量总和。

### (四)建设用地土壤污染风险筛选值和管制值的使用

(1)建设用地土壤污染风险筛选污染物项目的确定。表7-5中所列项目为初步调查阶段建设用地土壤污染风险筛选的必测项目。初步调查阶段建设用地土壤污染风险筛选的选测项目依据 HJ 25.1、HJ 25.2 及相关技术规定确定,可以包括但不限于表7-6中所列项目。

(2)建设用地土壤污染风险筛选值和管制值的使用。建设用地土壤污染风险筛选值和管制值的使用应注意以下几方面。①建设用地规划用途为第一类用地的,适用表7-5和表7-6中第一类用地的筛选值和管制值;规划用途为第二类用地的,适用表7-5和表7-6中第二类用地的筛选值和管制值。规划用途不明确的,适用表7-5和表7-6中第一类用地的筛选值和管制值。②建设用地土壤中污染物含量等于或低于风险筛选值的,建设用地土壤污染风险一般情况下可以忽略。③通过初步调查确定建设用地土壤中污染物含量高于风险筛选值,应当依据 HJ 25.1、HJ 25.2 等标准及相关技术要求,开展详细调查工作。④通过详细调查确定建设用地土壤中污染物含量等于或低于风险管制值,应当依据 HJ 25.3 等标准及相关技术要求,开展风险评估,确定风险水平,判断是否需要采取风险管控或修复措施。⑤通过详细调查确定建设用地土壤中污染物含量高于风险管制值,对人体健康通常存在不可接受风险,应当采取风险管控或修复措施。⑥建设用地若需采取修复措施,其修复目标应当依据 HJ 25.3、HJ 25.4 等标准及相关技术要求确定,且应当低于风险管制值。⑦表7-5和表7-6中未列入的污染物项目,可依据 HJ 25.3 等标准及相关技术要求开展风险评估,推导特定污染物的土壤污染风险筛选值。

(3)监测要求。建设用地土壤环境调查与监测按 HJ 25.1、HJ 25.2 及相关技术规定要求执行。土壤污染物分析方法按 GB 36600—2018 中的表3执行。

## 二、农用地土壤污染风险管控标准

农用地土壤污染风险管控标准为《土壤环境质量　农用地土壤污染风险管控标准(试行)》(GB 15618—2018)。

### (一)农用地土壤污染风险筛选值

农用地土壤中污染物含量等于或低于筛选值的,对农产品质量安全、农作物生长或土壤生态环境的风险低一般情况下可以忽略;超过筛选值的,对农产品质量安全、农作物生长或土壤生态环境可能存在风险,应当加强土壤环境监测和农产品协同监测,原则上应当采取安全利用措施。

1. 基本项目

农用地土壤污染风险筛选值的基本项目为必测项目,包括镉、汞、砷、铅、铬、铜、镍、锌。土壤污染风险基本项目筛选值如表7-7所示。

表 7-7　农用地土壤污染风险基本项目筛选值　　　　　　　mg/kg

| 序号 | 污染物项目[①②] | | 风险筛选值 | | | |
|---|---|---|---|---|---|---|
| | | | pH≤5.5 | 5.5<pH≤6.5 | 6.5<pH≤7.5 | pH>7.5 |
| 1 | 镉 | 水田 | 0.3 | 0.4 | 0.6 | 0.8 |
| | | 其他 | 0.3 | 0.3 | 0.3 | 0.6 |
| 2 | 汞 | 水田 | 0.5 | 0.5 | 0.6 | 1 |
| | | 其他 | 1.3 | 1.8 | 2.4 | 3.4 |
| 3 | 砷 | 水田 | 30 | 30 | 25 | 20 |
| | | 其他 | 40 | 40 | 30 | 25 |
| 4 | 铅 | 水田 | 80 | 100 | 140 | 240 |
| | | 其他 | 70 | 90 | 120 | 170 |
| 5 | 铬 | 水田 | 250 | 250 | 300 | 350 |
| | | 其他 | 150 | 150 | 200 | 250 |
| 6 | 铜 | 果园 | 150 | 150 | 200 | 200 |
| | | 其他 | 50 | 50 | 100 | 100 |
| 7 | 镍 | | 60 | 70 | 100 | 190 |
| 8 | 锌 | | 200 | 200 | 250 | 300 |

①重金属和类金属砷均按元素总量计。
②对于水旱轮作地，采用其中较严格的风险筛选值。

### 2. 其他项目

农用地土壤污染风险筛选值的其他项目为选测项目，包括六六六、滴滴涕和苯并[a]芘，风险筛选值如表 7-8 所示。其他项目由地方环境保护主管部门根据本地区土壤污染特点和环境管理需求进行选择。

表 7-8　农用地土壤污染风险其他项目筛选值　　　　　　　mg/kg

| 序号 | 污染物项目 | 风险筛选值 |
|---|---|---|
| 1 | 六六六总量[①] | 0.10 |
| 2 | 滴滴涕总量[②] | 0.10 |
| 3 | 苯并[a]芘 | 0.55 |

①六六六总量为 α-六六六、β-六六六、γ-六六六、δ-六六六四种异构体的含量总和。
②滴滴涕总量为 $p,p'$-滴滴伊、$p,p'$-滴滴滴、$o,p'$-滴滴涕、$p,p'$-滴滴涕四种衍生物的含量总和。

### (二)农用地土壤污染风险管制值

农用地土壤污染风险管制值指农用地土壤中污染物含量超过该值的，食用农产品不符合质量安全标准等农用地土壤污染风险高，原则上应当采取严格管控措施。农用地土壤污染风险管制值项目包括镉、汞、砷、铅、铬，风险管制值如表 7-9 所示。

表 7-9　农用地土壤污染风险管制值　　　　　　　mg/kg

| 序号 | 污染物项目 | 风险管制值 | | | |
|---|---|---|---|---|---|
| | | pH≤5.5 | 5.5<pH≤6.5 | 6.5<pH≤7.5 | pH>7.5 |
| 1 | 镉 | 1.5 | 2.0 | 3.0 | 4.0 |

| 序号 | 污染物项目 | 风险管制值 | | | |
|---|---|---|---|---|---|
| | | pH≤5.5 | 5.5<pH≤6.5 | 6.5<pH≤7.5 | pH>7.5 |
| 2 | 汞 | 2.0 | 2.5 | 4.0 | 6.0 |
| 3 | 砷 | 200 | 150 | 120 | 100 |
| 4 | 铅 | 400 | 500 | 700 | 1000 |
| 5 | 铬 | 800 | 850 | 1000 | 1300 |

### (三)农用地土壤污染风险筛选值和管制值的使用

(1)当土壤中污染物含量等于或低于表7-7和表7-8规定的风险筛选值时，农用地土壤污染风险低，一般情况下可以忽略；若高于表7-7和表7-8规定的风险筛选值时，可能存在农用地土壤污染风险，应加强土壤环境监测和农产品协同监测。

(2)当土壤中镉、汞、砷、铅、铬的含量高于表7-7规定的风险筛选值、等于或低于表7-9规定的风险管制值时，可能存在食用农产品不符合质量安全标准等土壤污染风险，原则上应当采取农艺调控、替代种植等安全利用措施。

(3)当土壤中镉、汞、砷、铅、铬的含量高于表7-9规定的风险管制值时，食用农产品不符合质量安全标准等农用地土壤污染风险高，且难以通过安全利用措施降低食用农产品不符合质量安全标准等农用地土壤污染风险，原则上应当采取禁止种植食用农产品、退耕还林等严格管控措施。

(4)土壤环境质量类别划分应以本标准为基础，结合食用农产品协同监测结果，依据相关技术规定进行划定。

(5)农用地土壤污染调查监测点位布设和采样执行 HJ/T 166 等相关技术规定要求。

# 第七节 地下水污染调查技术方法

## 一、调查阶段划分

场地地下水污染调查与评价的工作流程主要包括资料收集、现场勘查、采样方案制定、样品采集与分析和综合评价等。按工作推进的深入程度，场地地下水污染调查可以分为三个阶段[5]，各阶段工作内容如下。

### (一)第一阶段地下水污染调查

第一阶段地下水污染调查主要通过收集与调查对象相关的资料及现场勘查，对可能的污染进行识别，分析和推断调查对象存在污染或潜在污染的可能性，确定收集资料的准确性，为下一阶段布设监测点位、采集样品提供科学指导。

资料收集主要是收集与调查对象有关的大气、土壤、地表水、地下水监测资料，地形地貌、地质等综合性或专项的调查研究报告、专著、论文及图表、土地利用类型、污染源和调查对象污染历史等方面的资料以及相关的国家法律法规文件与调查统计资料等。

现场勘查内容包括核实收集资料的准确性、识别污染关注区域（如污染物生产、储存及运输等重点设施、设备的完整情况等）、调查场地周边环境敏感目标情况调查场地地下水环境监测设备状况等。

### (二)第二阶段地下水污染调查

若第一阶段地下水污染调查表明调查对象内有潜在污染，如工业污染源、加油站、垃圾填埋场、矿山开采等可能产生有毒有害物质的设施或活动，以及由于资料缺失等原因造成无法排除是否存在污染时，作为潜在污染调查对象应进行第二阶段地下水污染调查。

第二阶段地下水污染调查主要包括初步确定污染物种类、程度和空间分布；分析初步采样获取的调查对象信息，包括地下水类型、水文地质条件、现场和实验室检测数据等；评估初步采样分析的质量保证和质量控制。若污染物浓度均超过国家和地方等相关标准及清洁对照点浓度，并经过不确定性分析确认后，需编制详细采样方案，否则调查结束。详细采样分析是在初步采样分析的基础上，进一步采样和分析，确定地下水污染程度和范围。标准中没有涉及的污染物可根据专业知识和经验综合判断。

### (三)第三阶段地下水污染调查

基于第二阶段调查结果，确定关注污染物种类、浓度水平和空间分布。分析是否需要进行污染风险评估或地下水污染修复。如果不满足上述工作需要时，应开展第三阶段地下水污染调查。第三阶段地下水污染调查以补充采样和检测为主，获得满足污染风险评估和地下水污染修复所需的参数。主要工作内容包括场地特征参数和受体暴露参数的调查。

## 二、野外基础调查

野外基础调查是为制订地下水样品采集计划、评价地下水质量状况和地下水污染现状、分析地下水污染原因、制定地下水污染防治措施而提供基础资料和数据。基础调查一般在充分收集利用已有资料的基础上，以地面调查为主，并结合工作目的、任务要求、调查精度等有选择地采用遥感技术、地球物理勘探、水文地质钻探与示踪技术等方法。

### (一)地面调查

地面调查是地下水污染调查过程中非常重要的环节。地面调查按设计的调查路线，沿线进行观察和访问，调查核实地下水露头点（民井、机井、钻孔、泉等）的地层剖面，井(孔)结构、水位、水质水量、水温等及其动态、地下水的主要用途和使用情况；调查地表水的水质和环境状态。遴选本次调查的重点水、土采样点；采用地表观察、浅钻、浅坑槽探、洛阳铲等方法调查包气带岩性、结构及对地下水的防护能力；实地调查核实污染源性质、规模、位置及周边环境状况；核实土地利用状况及生态环境状况。

### (二)遥感技术

遥感技术具有监测范围广、速度快、成本低等优点，且便于进行长期的动态监测，是实现宏观、快速、连续、动态监测环境污染的有效手段，能够发现常规方法难以揭示的污染源及其扩散状态，减少地面调查的工作量，已广泛应用于水体污染监测、固体废物污染监测、土地利用类型和生态植被监测等。但遥感技术也有局限性，无法完全取代地面调查。应注意与地面调查、地球物理等方法的综合运用，以便更全面地掌握与地下水污染有关的信息。地下水调查中遥感技术和航卫片的选择使用见表7-10。

表7-10　遥感技术在地下水污染调查中的应用

| 应用项目 | 一般地区 | | 重点地区 | | 专题研究 | |
| --- | --- | --- | --- | --- | --- | --- |
| | 空间遥感 | 航空遥感 | 空间遥感 | 航空遥感 | 空间遥感 | |
| 地形、地貌、地质调查 | TM/ETM | 彩色红外片 | ETM 或 SPOT | 彩色红外片 | SPOT 或 IKONOS | |
| 水体污染调查 | TM/ETM | 彩色红外片 | ETM 或 SPOT | 彩色红外片、热红外扫描 | SPOT 或 IKONOS | |
| 固体污染调查 | TM/ETM | 彩色红外片 | ETM 或 SPOT | 彩色红外片 | SPOT 或 IKONOS | |
| 石油污染调查 | TM/ETM | 彩色红外片、紫外或红外扫描 | ETM 或 SPOT | 彩色红外片、紫外或热红外扫描 | SPOT 或 IKONOS | |
| 农药、化肥污染 | TM/ETM | 彩色红外片 | ETM 或 SPOT | 彩色红外片 | SPOT 或 IKONOS | |

## (三)地球物理勘探技术

地球物理勘探主要用于调查局部地区和人类活动频繁区的地质、水文地质条件和地下水污染羽空间分布特征。该方法不需要钻探，对天然或人工覆盖层没有破坏，费用低、省时间。地下水污染调查中主要的物探技术方法有探地雷达（GPR）、电磁法（EM）、电法（ER）、地震折射（SR）、地磁测量（MM）、核磁共振（NMR）、音频大地电磁法（AMT）和水文测井等，具体见表7-11和表7-12。

表7-11　地面物探勘察技术在地下水污染调查中的应用

| 序号 | 水文地质特征及污染问题 | 地球物理勘探技术方法 | | | | | | |
| --- | --- | --- | --- | --- | --- | --- | --- | --- |
| | | GPR | EM | ER | SR | MM | NMR | AMT |
| 1 | 岩层、岩性的变化 | | * | * | ※ | | | |
| 2 | 基岩埋深 | | | ※ | | * | | |
| 3 | 基岩裂隙分布 | * | ※ | * | | | | |
| 4 | 岩溶特征(洞穴、天窗) | ※ | * | | | | | |
| 5 | 地下水水位埋深 | | | ※ | * | | | |
| 6 | 潜水含水层和半承压含水层饱和状态 | | | | | | ※ | |
| 7 | 污染羽分布 | | * | * | | | | ※ |
| 8 | 填埋物位置及隐伏污染源 | * | | * | | ※ | | |
| 9 | 地下管道位置 | ※ | * | * | | * | | |
| 10 | 废气井位置 | | | | | ※ | | |
| 11 | 垃圾场污染 | | | ※ | | | | |
| 12 | 石油泄漏污染 | ※ | | | | | | |
| 13 | 地面污水对地下水的污染 | | ※ | | | | | |
| 14 | 矿山对地下水的污染 | | * | ※ | | | | |

| 序号 | 水文地质特征及污染问题 | 地球物理勘探技术方法 | | | | | | |
|---|---|---|---|---|---|---|---|---|
| | | GPR | EM | ER | SR | MM | NMR | AMT |
| 15 | 有机溶剂污染地下水的物理化学特征 | ※ | * | * | * | | | |

注：※主要技术；*次要技术。

表 7-12  用于地下水污染调查钻孔主要的水文测井方法

| 水文测井方法 | 主要功能 |
|---|---|
| 电阻率法测井 | 测定不同岩层的特性和厚度，定量确定岩层的电阻率和视孔隙度等 |
| 自然电位测井 | 确定地下水的矿化度和咸淡水界面，估算地层的含泥量 |
| 天然伽马测井 | 划分出钻孔的地质剖面、确定砂泥岩剖面中砂泥质含量和定性地判断岩层的渗透性 |
| 中子测井 | 划分岩性，查明含水层，确定孔隙度和测定含水量 |
| 声波测井 | 测定岩石的孔隙度、划分岩层和含水破裂带 |
| 流量/流速测井 | 测定钻孔中各个含水层的厚度、流速和出水量，并估算渗透系数 |
| 热测井 | 测定地温梯度，确定井内进(漏)水位置 |

### (四)水文地质钻探技术

水文地质钻探是了解岩性结构、开展地下水监测、进行各种水文地质实验、检验水文地质测绘和物探成果的重要方法。钻探工作是获取污染场地地下水调查第一手资料的重要手段，具有其他勘察方法不可替代的优点。缺点是耗时、费资、钻进液易造成地下水污染，易导致含水层间的混合污染等。

水文地质钻探可用于确定含水层的层位、厚度、埋深、岩性、分布状况及空隙性和隔水层的隔水性；测定各含水层的地下水水位(或测压水头)，各含水层之间及含水层与地表水体之间的水力联系；进行水文地质实验，测定各含水层的水文地质参数；进行地下水位与水质动态观测，预测其动态变化趋势；采集水样做水质分析，采集岩样和土样做岩土的水理性质和物理力学性质实验；在可供利用的条件下，可做排水疏干孔、注浆孔、供水开采孔、回灌孔及长期动态观测孔使用。

### (五)环境同位素示踪技术

示踪技术是利用放射性元素或非放射性标记物的方式，根据物体的行径、转变及代谢的过程来确定污染源及其位置。常规的示踪剂有染料或其他化学物质，如同位素($D$、$T$、$^{15}N$、$^{18}O$、$^{34}S$ 和$^{87}Sr/^{86}Sr$)、溶解有机质、新兴有机污染物、微生物、单体同位素等。例如，可用氢、氧的稳定同位素分析地下水形成过程；用$^3H$、$^{14}C$、CFC、$SF_6$ 测定地下水年龄；用 O、C、S、N 等稳定同位素识别污染物，并研究污染物迁移转化过程，分析地下水和地表水之间的水力联系等；采用 $Cl^-$、$Br^-$、$I^-$ 等化合物，$^{131}I$、$^{79}Br$、$^{81}Br$、$^{60}Co$ 等放射性示踪剂，荧光素、甲基盐、苯胺盐等有机染料，磷氟化合物及微量元素等开展示踪实验，获取弥散系数等参数。在采用同位素方法解决地下水问题时，必须紧密结合水文地质条件，并注意与常规水化学研究相结合，方可得出比较符合实际的结论。

### 三、样品采集检测

野外基础调查结束后，进入地下水样品采集阶段。为了保证地下水样品检测数据的准确性和合理性，应合理布设地下水取样点，使得野外采集的地下水样品具有典型性和代表性，严格控制地下水样品采集质量，依据采样量、采样周期、实验室检测能力与检测质量制订合理的采样计划。

#### (一)地下水样品采集

1. 采样布点

地下水污染调查采样点应结合水文地质条件，通过收集水文地质资料或地球物理勘探，在明确地下水流向的基础上进行布设，常按如下具体要求。

(1)监测点样品应能反映调查与评估范围内地下水总体水质状况，以地下水的补给区、主径流带及已识别的污染区为监测重点。对于水文地质条件复杂或存在于多个水文地质单元的调查对象要根据实际情况，适当加密监测点；调查对象的上下游、垂直于地下水流方向调查区的两侧、调查区内部及周边主要敏感带(点)均应有监测点控制。

(2)地下水监测以浅层地下水为主，钻孔深度以揭露浅层地下水且不穿透浅层地下水隔水底板为准。

(3)重点以已有监测网为基础，补充监测点以满足调查精度要求，尽可能地从周边已有的民井、生产井及泉点中选择监测点。在选用已有的地下水监测点时，必须满足监测设计的要求。

(4)岩溶区监测点的布设重点在于追踪地下暗河，按地下河系统径流网形状和规模布设采样点，在主管道与支管道间的补给和径流区，适当布设采样点，在重大或潜在的污染源分布区适当加密。裂隙发育的水源地，监测布点应位于相互连通的裂隙网络。

(5)若污染源为线性的污染源，如地表污水等，可在敏感点(如地下水水源地)的地下水流向的上游和下游布点。

2. 采样计划

采样计划包括采样数量、采样点位置、采样层位、采样行程与进度安排、采样时间与人员安排，核定检测项目、现场质控样品种类与数量、送检样品数、送检实验室和送检时间、确定采样容器种类与数量、采样用试剂种类与用量、现场检测项目与使用仪器、采样设备种类与数量等，并做好相应的准备。

对依据基础调查遴选出的采样点，编制采样工作一览表，并详细论述采样点遴选依据，遴选的采样点不超过采样计划任务的110%。根据区域水文地质条件、污染源分布，按采样量或采样批次的5%实施现场质量控制，确定平行样、空白样和加标样的采集地点和数量。原则上每个地区(约20个样)取重复样一组(双份为平行样)，空白样一组，加标样一组。

3. 采样仪器

常见的地下水采样仪器有定深采样器、惯性泵、气囊泵、气提泵、潜水泵等。

(1)定深采样器　贝勒管(Bailer)是一种最简单的取样器,常用在小管径的监测井取样中。制作材料一般为PVC-U管,单阀贝勒管在底部有一个止回阀,使用时,用一绳索将取样器放入井中,入水时,阀门打开,到预定深度后,慢慢上提取样器,阀门关闭,提出预定深度的水样。

(2)惯性泵　惯性泵是最简单也是最常用的一种采样泵。可以人工驱动,也可以机械驱动。在管线的底端安装一个止回阀,使用时通过上下往复运动抽出地下水。管线下降时阀门打开,地下水进入管线中,管线上升时底阀关闭,连续上下运动,抽取地下水。

(3)气囊泵　气囊泵的结构是一个钢筒内装有一个柔韧的可挤压的气囊,进水口和排水口分别安装有止回阀,挤压气囊的气体不与样品接触。当将气囊泵放入监测井水中时,在静水压力的作用下,水通过在底部的止回阀进入泵体,气囊泵充满水,止回阀关闭。在地表注入气体进入泵体和气囊外壁之间的空间,挤压气囊使水上升到管线,在顶部的止回阀使进入管线的水不能回流,释放气体使气囊再次充水。以同样的方法重复进行,抽取地下水。

(4)气提泵　空气压缩机抽水时,在井孔中安装一套底端带有气液混合器的送风管线,井管作为扬水管。使用空气压缩机将空气压入送风管线经气液混合器喷出,在扬水管中形成无数小气泡并逐渐膨胀产生"气举"作用,将井水提升到地表。

(5)潜水泵　目前国内监测井抽水普遍采用潜水电泵,潜水电泵使用时泵体没入动水位以下,靠液体离心作用抽水,可以进行深水位的抽水工作。此泵优点是重量较轻,尺寸较小,安装工作简单,效率高。

4. 采样方法

地下水采样一般应建设地下水监测井,也可采用现有符合要求的监测井。监测井的建设过程分为设计、钻孔、过滤管和井管的选择与安装、滤料的选择与装填,以及封闭与固定等。监测井井管内径应不小于50mm,反滤层厚度应不小于50mm,井孔深度应至少达到地下水水位以下4m,可根据现场情况进行适当调整。监测井的建设应符合HJ 25.1、HJ 25.2和HJ 164的相关要求。地下水样品采集应注意以下几个方面。

(1)地下水样品采集前,应对采样井进行全孔清洗或微扰清洗,使全孔或采样部位的存储水排出。全孔清洗应采用大流量潜水泵或离心泵,排出水量应大于井孔储水量的3倍,现场检测水温、电导率、pH、氧化还原电位、溶解氧等趋于稳定;微扰清洗宜使用可调潜水泵采集指定深度水样。应将泵的进水口置于采样层位,通过平稳缓慢地排出井孔储水,引起含水层局部涌水,使采样部位储水得到更新;待所选取的现场检测项目全部趋于稳定时,结束清洗工作。

(2)应根据分析项目、钻孔类型选择采样设备。采样设备对不同分析项目的适用性见表7-13,采样设备对不同类型钻孔的适用性见表7-14。

表7-13　采样设备对不同分析项目的适用性

| 采样设备 | 地下水分析项目 | | | | | | | | | | | | |
|---|---|---|---|---|---|---|---|---|---|---|---|---|---|
| | a | b | c | d | e | f | g | h | i | j | k | l | m |
| 敞口定深采样器 | √ | | √ | | √ | √ | √ | | √ | | √ | | √ |

| 采样设备 | 地下水分析项目 | | | | | | | | | | | | |
|---|---|---|---|---|---|---|---|---|---|---|---|---|---|
| | a | b | c | d | e | f | g | h | i | j | k | l | m |
| 闭合定深采样器 | √ | √ | √ | √ | √ | √ | √ | √ | √ | √ | √ | √ | √ |
| 惯性泵 | √ | √ | √ | | | √ | √ | √ | √ | √ | √ | √ | √ |
| 气囊泵 | √ | | √ | √ | | √ | √ | | | √ | √ | √ | √ |
| 气提泵 | √ | | | | | √ | √ | √ | | √ | | | |
| 潜水泵 | √ | √ | ☑ | ☑ | √ | √ | √ | ☑ | | ☑ | ☑ | ☑ | ☑ |
| 离心泵 | √ | √ | √ | | √ | √ | √ | √ | | √ | | | |

注：√—适合；☑—在一定条件下适用。

a. 电导率；b. pH；c. 碱度；d. 氧化还原电位（$E_h$）；e. 宏量离子；f. 痕量金属；g. 硝酸盐等阴离子；h. 溶解气体；i. 非挥发性有机化合物；j. 挥发性和半挥发性有机化合物；k. 总有机碳；l. 总有机卤素；m. 微生物指标。

表 7-14　采样设备对不同类型钻孔的适用性

| 采样设备 | 井孔类型 | | | | | |
|---|---|---|---|---|---|---|
| | 大口井（潜水） | 水文孔 | | 地质观测孔 | | 测压管 |
| | | 上部含水层 | 下部含水层 | 上部含水层 | 下部含水层 | |
| 敞口定深采样器 | √ | √ | | √ | | ☑ |
| 闭合定深采样器 | √ | √ | √ | √ | √ | ☑ |
| 惯性泵 | | | | | √ | √ |
| 气囊泵 | √ | √ | ☑ | √ | ☑ | √ |
| 气提泵 | √ | √ | ☑ | √ | ☑ | √ |
| 潜水泵 | √ | √ | √ | √ | | √ |
| 离心泵 | √ | √ | ☑ | √ | ☑ | √ |

注：√—适合；☑—在一定条件下适用。

（3）应根据水样检测项目的不同选择采样设备材料。原则上，有机化合物以外的所有检测项目采样设备可以用聚氯乙烯、高密度聚乙烯、聚丙烯等材料制作；用于有机物分析的水样采集设备应使用聚四氟乙烯、玻璃和不锈钢制作；采集有机水样时严禁使用对有机化合物样品产生影响的采样设备，如配有氯丁橡胶垫圈和浸油阀门等的采样设备。

## （二）地下水样品检测

根据检测对象的性质、含量范围及检测要求等因素选择适宜的检测方法，应严格控制实验室内部质量，为评价地下水环境质量和地下水污染提供可靠数据。

### 1. 检测指标

检测指标包括构成地下水化学类型和反映地下水性质的常规指标和特征指标。常规指标可分为现场指标、无机指标、有机指标、微生物指标、放射性指标。现场指标包括水温、pH、$E_h$、电导率、溶解氧等；无机指标包括溶解性总固体、总硬度、高锰酸盐指数、硝酸盐、亚硝酸盐、氨氮、钠、钾、镁、铁、锰等；有机指标涉及卤代烃、氯代苯类、单环芳烃、有机氯农药等；微生物及放射性指标涵盖总 α 放射性、总 β 放射性、总大肠菌群、细菌指数等。常规指标需要根据调查目的、调查精度、预算成本，并结合调查区域地下水功能属性及相关水环境规范标准，如《地下水质量标准》（GB/T 14848—2017）、《生活饮用水卫生标准》（GB 5749—2022）等进行优化选取。特征指标需根据场地污染源类型及建设项目实际产污环节确定。

2. 检测质控

地下水污染调查样品检测方法的质量参数水平，首先应满足相关标准的限量指标要求，还应根据检测方法实际能达到的质量水平来确定质量参数。首次使用的检测方法应使用标准物质或已知样品进行方法操作实验，直至熟练掌握。所有被选用的检测方法，要进行方法性能指标实验，给出方法的技术参数，包括准确度、精密度和检出限，质量参数满足要求后，该方法方可用于地下水污染调查评价样品的检测。检测方法的准确度和精密度采用检测标准物质或加标回收率实验的方法进行检测。

为确保和提高地下水污染调查评价样品检测结果的准确性、可比性，对所有可能影响检测结果质量的因素实施有效控制，包括完善实验室环境、提高人员技术水平等方面。样品的检测工作应在具备 CMA 和 CNAS 资质的实验室内并由经过相关培训的人员完成，实验室的设施与环境应确保不会对检测结果的准确性产生影响。同时，应通过对质量控制样品的检测来进行实验室内部质量控制。质量控制样品包括实验室空白样（LRBs）、实验室平行样（LDs）、室内空白加标样（LFBs）和样品基体加标（LFMs）。检测中的质量控制包括试剂空白、现场空白、运输空白、实验室空白、现场标准、实验室空白加标、实验室基体加标、替代物的选择和加标回收、校准标准检查等环节；检测后的质量控制包括异常点的抽查、质量监控图的绘制、检测结果的审核等步骤。

# 第八节　地下水污染评价技术方法

## 一、地下水质量现状评价

地下水质量评价是对某一区域地下水质量的优劣进行定量评价的过程，了解和掌握水质现状和变化趋势，为地下水保护和管理提供科学依据。地下水质量评价应充分利用以往地下水环境质量调查和长期监测资料，在查明地下水的水质背景基础上，对地下水的水质进行分类，并对地下水的水质变化趋势做出评价[5]。

### （一）地下水质量评价指标

在一般情况下，地下水质量的评价指标可以分为以下四类：①常规理化指标：pH、矿化度、总硬度、溶解氧、化学耗氧量、$K^+$、$Na^+$、$Ca^{2+}$、$SO_4^{2-}$、$Cl^-$、$HCO_3^-$、$NH_4^+$、$NO_2^-$、$NO_3^-$ 等；②金属和非金属指标：铁、锰、铜、锌、汞、镉、铬、铅、砷等；③毒性有机指标，艾氏剂、狄氏剂、异狄氏剂、氯丹、七氯、灭蚁灵、毒杀酚、滴滴涕、多氯联苯、多氯代二苯并对二㗁英、多氯代二苯并呋喃等；④生物学指标，细菌、病毒和寄生虫，如大肠菌类、脊髓灰质炎病毒、梨形鞭毛虫等。

进行地下水质量评价时，一般第一类中的理化指标是必测的，第二至四类中的各指标可根据各区域或场地的污染源情况和污染特点来选择。

**（二）地下水质量评价方法**

用于地下水环境质量评价的方法概括起来有两大类：一类为给定临界数据的判断法；另一类为函数法[5]。

**1. 给定临界数据的判定法**

给定临界数据的判定法根据指定的水质标准，将监测值直接与之进行比较分析或以指数或分值形式来表示污染程度及水质等级。这类方法较多，如评价指数法、数理统计法、环境水文地质制图法、水质模型法等。

（1）单因子评价指数法。单因子指数法的公式如下：

$$F_i = \frac{C_i}{C_{0i}}$$

式中，$F_i$ 为地下水中某项组分主的评价指数；$C_i$ 为某项组分 $i$ 的实测浓度，mg/L；$C_{0i}$ 为地下水中某项组分 $i$ 的评价标准。$F_i < 1$ 表示地下水未受污染，$F_i > 1$ 表示地下水已受到污染；$F_i$ 越大受污染程度越严重。

（2）综合评价指数法。地下水质量评价的综合评价指数法又可分为：①简单叠加法；②算数平均值法；③加权平均法；④平方和的平方根法；⑤内梅罗指数法。

简单叠加法的公式如下：

$$F = \sum_{i=1}^{n} \frac{C_i}{C_{0i}}$$

式中，$F$ 为地下水综合评价指数；$n$ 为评价组分项数。该法认为地下水质量是各种因子共同作用的结果，因而多种因子的作用和影响必然大于其中任一种因子的作用和影响。用所有评价参数相对污染值的总和可反映出地下水中各因子的综合污染程度。

算数平均值法的公式如下：

$$F = \frac{1}{n} \sum_{i=1}^{n} \frac{C_i}{C_{0i}}$$

为了消除参加选用评价参数项数对结果的影响，便于在用不同项数进行计算的情况下进行比较要素之间的污染程度，该法将分指数和除以评价参数的项数 $n$。

加权平均法的公式如下：

$$F = \sum_{i=1}^{n} W_i \frac{C_i}{C_{0i}}$$

$$\because W_i = \frac{C_i}{C_{0i}} \Big/ \sum_{i=1}^{n} \frac{C_i}{C_{0i}}$$

$$\therefore F = \sum_{i=1}^{n} \left( \frac{C_i}{C_{0i}} \right)^2 \Big/ \sum_{i=1}^{n} \frac{C_i}{C_{0i}}$$

$W_i$ 为某项评价组分的包系数(权重)。权值 $W$ 的引入可以反映不同组分对地下水质量影响作用的不同程度。此式只对超标组分进行计算,即 $\dfrac{C_i}{C_{0i}}>1$ 时计算,否则不计算,减少计算工作量。该方法将评价区的地下水质量分为 6 级,见表 7-15。

表 7-15　地下水综合指数分区表

| 综合指数 | <1.0 | 1.0~1.5 | 1.5~2.0 | 2.0~2.5 | 2.5~3.0 | >3.0 |
|---|---|---|---|---|---|---|
| 水质分区 | 清洁区 | 基本清洁区 | 初始污染区 | 轻度污染区 | 中度污染区 | 重度污染区 |

平方和的平方根法的公式如下:

$$F = \sqrt{\sum_{i=1}^{n}\left(\frac{C_i}{C_{0i}}\right)^2}$$

大于 1 的分指数的平方值大,小于 1 的分指数的平方值小;故此法不仅突出最高的分指数,且兼顾其余各个大于 1 的分指数的影响。

内梅罗指数法的公式如下:

$$F = \sqrt{\frac{(F_{max})^2 + (\bar{F})^2}{2}}$$

$$\bar{F} = \frac{1}{n}\sum_{i=1}^{n}F$$

$F_{max}$ 为地下水中所有评价组分中的最大评价指数;$\bar{F}$ 为地下水中所有评价指数的平均值。该方法是《地下水质量标准》(GB/T 14848—2017)中的评价方法,将地下水质量分为 5 级(表 7-16)。它是一种兼顾极值或称最大值的计权多因子环境质量指数,特别考虑了污染最严重的因子,在加权过程中避免了权系数中主观因素的影响,使得评价结论更加客观。

表 7-16　地下水质量分级表

| 级别 | I | II | III | IV | V |
|---|---|---|---|---|---|
| $F$ | <0.80 | 0.80~2.50 | 2.50~4.25 | 4.25~7.20 | >7.20 |

### 2. 函数法

函数法是通过函数关系将环境指标监测值转化为反映环境质量优劣的质量值。由于地下水质量分级标准具有模糊性与灰色性,模糊综合评价法和灰关联度评价法在地下水质量的评价中得到了较为广泛的应用。

(1)模糊综合评判法。利用模糊综合评判法评价地下水质量的方法原理依下列关系式:

$$B = (b_j)_{1\times m} = (b_1,\ b_2,\ \cdots,\ b_m) = W \cdot R$$

式中,$B = (b_j)_{1\times m} = (b_1,\ b_2,\ \cdots,\ b_m)$ 为模糊综合评判向量;$b_j$ 为模糊综合评判向量元素;$W = (\omega_j)_{1\times n} = (\omega_1,\ \omega_2,\ \cdots,\ \omega_n)$ 或 $W = (\omega_{ji})_{m\times n}$ 为权系数向量(矩阵);$\omega_i$ 或 $\omega_{ji}$ 为权系数向量(矩阵)元素;$R = (r_{ji})_{m\times n}$ 为隶属度矩阵元素。权重的计算方法一般采用超标法按因

子污染贡献率求其单因子权重。

模糊综合评判法可采用乘积算法取小取大算法、取小相加法和相乘取大法等。例如，若采用乘积算法，则有：

$$b_j = \sum_{i=1}^{n} \omega_i \cdot r_{ij}, \ j = 1, \ 2 \cdots, \ m \ 或 \ b_j = \sum_{i=1}^{n} \omega_{ji} \cdot r_{ij}, \ j = 1, \ 2 \cdots, \ m$$

若采用取小取大算法，则有：

$$b_j = \bigcup_{i=1}^{n} (\omega_i \cap r_{ij}), \ j = 1, \ 2 \cdots, \ m \ 或 \ b_j = \bigcup_{i=1}^{n} (\omega_{ji} \cap r_{ij}), \ j = 1, \ 2 \cdots, \ m$$

根据最大隶属原则，若 $b_{j0} = \max\{b_1, \ b_2, \ \cdots, \ b_m\}$，则待评价水样属于第 $j0$ 类。

（2）灰关联度评价法。该方法用于地下水质量评价可归结为如下数学问题，即：

$$B = (b_j)_{1 \times m} = (b_1, \ b_2, \ \cdots, \ b_m) = W \cdot R$$

式中，$B = (b_j)_{1 \times m} = (b_1, \ b_2, \ \cdots, \ b_m)$ 为关联度序列；$b_j$ 为关联度；$W = (\omega_j)_{1 \times n} = (\omega_1, \ \omega_2, \ \cdots, \ \omega_n)$ 为灰关联度系数向量；$W = (\omega_{ji})_{m \times n}$ 为灰关联度系数矩阵；$R = (r_{ji})_{m \times n}$ 为关联系数矩阵；$r_{ji}$ 为关联系数，其计算公式为：

$$r_{ji} = \frac{\min_j \min_i \Delta_{ij} + A \cdot \min_j \min_i \Delta_{ij}}{\Delta_{ij} + A \cdot \max_j \max_i \Delta_{ij}}$$

$$\Delta_{ij} = |X_0(i) - X_j(i)|$$

式中，$X_0 = \{X_0(i)\}$，$i = 1, \ 2 \cdots, \ n$ 为子序列或待评价序列；$X_j = \{X_j(i)\}$，$j = 1, \ 2 \cdots, \ m$；$i = 1, \ 2 \cdots, \ n$ 为母序列或评价标准序列；$A$ 为灰色分辨率（系数）。

若采用加权集中法计算关联度 $b_j$，则有：

$$b_j = \sum_{i=1}^{n} \omega_j(i) \cdot r_{ij}, \ j = 1, 2, \ \cdots, \ m$$

式中，$\omega_{ji}$ 为第 $j$ 个序列 $i$ 中指标的权重值，它可以由模糊数学方法或层次分析方法等确定。一种考虑是取实测值与水质标准平均允许值之比加权值，最后再归化。更简单的方法取 $\omega_{ji} = 1/n$，则转化为评价值法。即：

$$b_j = \frac{1}{n} \sum_{i=1}^{n} r_{ij}, \ j = 1, 2, \ \cdots, \ m$$

根据灰关联分析原理，若 $b_{j0} = \max\{b_1, \ b_2, \ \cdots, \ b_m\}$，则待识别对象属于第 $j0$ 类。

（3）灰色聚类法。该方法的主要步骤：确定各类白化函数、确定聚类权重、求得聚类对象的聚类系数、确定各聚类对象所属级别。归结为如下数学问题，即：

$$B = (b_{ij})_{n \times m} = W \cdot R$$

式中，$B = (b_{ij})_{n \times m}$ 为灰色聚类向量；$b_{ij}$ 为灰色聚类系数，并且：

$$b_{ij} = \frac{1}{h} \sum_{k=1}^{h} \omega_{kj} \cdot r_{ij}^{(k)}, \ j = 1, 2, \ \cdots, \ m$$

式中，$W = (\omega_{kj})_{h \times m}$ 为标定聚类权系数矩阵；$k = 1, 2, \ \cdots, \ h$ 为水质监测各项目数。其中 $\omega_{kj}$ 的计算式为：

$$\omega_{kj} = (1/\lambda_{ij}) / \sum_{i=1}^{n} (1/\lambda_{ij})$$

式中，$\lambda_{ij}$ 为标定聚类权系数，即无量纲化水质污染分级标准；$R = (r_{ij})_{n \times m}^{(k)}$ 为白化函数矩阵。其中，$(r_{ij})^{(k)}$ 为白化函数矩阵元素，一般通过模糊数学中的降半梯形隶属函数求得。根据最大隶属原则，对第 $i$ 个监测井，若 $b_{j0} = \max\{b_1, b_2, \cdots, b_j\}$，则待识别对象属于第 $j0$ 类。

除以上方法外，尚有许多学者提出其他的评价方法，如人工神经网络分析法、物元分析理论、改进的层次分析法及模糊灰色评价方法（Fuzzy-Grey 理论）等。

## 二、地下水污染状况评价

地下水污染评价是指污染源对地下水产生的实际污染效应的评价，其主要目的是分析地下水的污染程度，为地下水污染治理提供依据。地下水污染评价往往是针对一个特定区域（或一个特定的含水层系统）进行，以该区域的地下水环境背景值为评价标准，按照一定的评价方法对地下水污染状况进行评价和预测[5,153]。

### (一) 地下水污染评价指标与标准

地下水中污染物的种类繁多，在进行地下水污染评价时，一般是根据评价目的、潜在污染源及其可能产生的污染物种类与地下水监测数据进行综合分析，选择分布范围广及对人体健康或地下水使用功能影响较大的污染物作为评价指标。如从人体健康角度考虑，常有氮化物（$NO_2^-$、$NO_3^-$、$NH_4^+$ 等）、氰化物、重金属（Pb、Cr、Cd、Hg、As 等）及有机污染物，特别是常见有机化合物（农药酚类、氯代烃、苯系物等）。

地下水污染评价常采用的标准有场地地下水环境本底值和《地下水质量标准》（GB/T 14848）等。地下水环境本底值是指在未受到人类活动影响（或污染）的地下水中各种物质成分的组成量，是指在一个特定区域内相对清洁区监测所得到的地下水中各种物质组分质量参数的统计平均值。目前，常用的本底值确定方法有无污染区采样法、数理统计法、趋势面分析法、比拟法和历时曲线法等。

### (二) 地下水污染评价方法

常见的地下水污染评价方法有浓度法、单因子污染指数法、综合污染指数法、参数分级评分叠加指数法等。

#### 1. 浓度法

依据地下水背景值，求得某项评价指标超过背景值的检测点数占检测点总数的百分率，超过的百分率值越大，说明地下水污染越重，反之越轻，计算方法为：

$$超背景值百分率(\%) = \frac{超过背景值的检测点}{检测点总数} \times 100$$

该方法的优点是计算简单，但评价结果具有相对性，仅能反映某一地区采样点中超过背景值点的比例，而无法体现各组分的污染程度。

#### 2. 指数法

(1) 单因子指数法。利用实测数据和背景值对比分类，选取水质最差的类别即为评价结果，即：

$$P = \frac{C_i}{C_{0i}}$$

式中，$P$ 为单因子污染指数，无量纲；$C_i$、$C_{0i}$ 分别为某一污染物的浓度和背景值，mg/L。该方法的优点是计算过程简单，但由于区域之间和评价指标之间的背景值差异均较大，使得污染指数之间无法对比，难以反映地下水存在多组分污染时的整体状况，而且重金属和有机指标中某些评价指标的背景值为零，导致该评价方法失去数学意义。

（2）综合指数法。地下水污染评价的综合指数法常用的有：代数叠加法、几何平均数法、均方根法、内梅罗指数法。

①代数叠加法。将单因子污染指数进行简单的代数叠加，即：

$$P = \sum_{i=1}^{n} P_i, \quad P_i = \frac{C_i}{C_{0i}}$$

式中，$P$ 为代数叠加综合污染指数；$n$ 为污染物项数；$i$ 为评价指标的数目；$P_i$ 为单因子污染指数；$C_i$、$C_{0i}$ 分别为某一污染物的浓度和背景值，mg/L。

该方法的优点是能够体现出所有污染物数据的总体水平和特征，但可能掩盖和弱化少数毒性危害大的污染物的影响作用而使评价结果失真。

②几何平均数法。几何平均数法的公式如下：

$$P = \sqrt[n]{\prod_{i=1}^{n} P_i}, \quad P_i = \frac{C_i}{C_{0i}}$$

式中，$P$ 为几何平均数综合污染指数；$P_i$ 为单因子污染指数；$C_i$、$C_{0i}$ 分别为某一污染物的浓度和背景值；$n$ 为污染物项数；$i$ 为评价指标的数目。

该方法的优点是能够体现出较高浓度污染物在评价结果中的贡献，缺点是可能会反复提升或降低浓度较高的污染物的作用，也可能导致评价结果失真。

③均方根法。均方根法的公式如下：

$$P = \sqrt[n]{\frac{1}{n} \sum_{i=1}^{n} P_i^2}, \quad P_i = \frac{C_i}{C_{0i}}$$

式中，$P$ 为均方根综合污染指数；$P_i$ 为单因子污染指数；$C_i$、$C_{0i}$ 分别为某一污染物的浓度和背景值；$n$ 为污染物项数；$i$ 为评价指标的数目。

该方法同样可能掩盖和弱化少数毒性危害大的污染物的影响作用。

④内梅罗指数法。它是一种考虑极值或突出最大值的计算权重型污染评价方法，即：

$$P = \sqrt{\frac{(P_{max}^2 + \bar{P}^2)}{2}}$$

$$P_{max} = \max(C_i/C_{0i}), \quad \bar{P} = \frac{1}{n} \sum_{i=1}^{n} P_i, \quad P_i = C_i/C_{0i}$$

式中，$P$ 为内梅罗综合污染指数；$P_i$ 为单因子污染指数；$C_i$、$C_{0i}$ 分别为某一污染物的浓度和背景值；$n$ 为污染物项数；$i$ 为评价指标的数目。

该方法优点是能够体现浓度最大污染指标的贡献，但是会夸大某些不具有直接毒性或微毒性的指标。

### 3. 参数分级评分叠加指数法

按照单因子污染指数法（$I = C_i/C_{0i}$）计算单因子污染指标 $I$ 然后根据 $I$ 值评分，再计算参数评分叠加型指数 PI，根据 PI 进行地下水污染程度分级。参数分级评分标准为：

$$I \leq 1, \ F = 0$$
$$1 < I \leq 2, \ F = 10$$
$$2 < I \leq 3, \ F = 100$$
$$3 < I \leq 4, \ F = 1000$$
$$\cdots$$

参数分级评分叠加指数计算公式为：

$$PI = \sum_{i=1}^{n} F_i$$

式中，$F_i$ 为地下水污染组分 $i$ 的评分；$n$ 为评价组分数。

该方法优点是计算过程简单、不失真、物理意义明确。缺点是当污染组分的背景值差异较大且污染组分所表现出来的危害不同时，可能会出现严重污染的水点比轻污染或重污染的水点危害小的情况。

模糊数学法、系统聚类分析法、灰色聚类分析法、人工神经网络分析法等也可以用于地下水污染评价。

## 三、地下水污染风险评价

污染风险评价是对暴露于环境中的化学试剂、生物制剂或物理因子给人类和（或）生态系统带来不良影响（发生损害效应的性质、强度、概率等）的可能性进行预测和评价的过程。污染风险评价通常包括生态风险评价和健康风险评价。

生态风险评价是对污染物暴露对植物、动物和环境的潜在不利影响进行预测与评价的过程；健康风险评价则是对化学、生物、物理等因子对特定人群的潜在不利影响进行预测与评价的过程。这里重点介绍地下水健康风险评价。

### (一)地下水污染风险评价方法

目前，常用的健康风险评价模型有美国环境保护局(US EPA)提出的四步法、美国 GSI 公司开发的 RBCA 模型、英国环境保护署等联合开发的 CLEA 模型、中国科学院南京土壤研究所开发的 HERA 模型，以及其他相对危险分级模型和随机模型等[154,155]。

#### 1. 场地风险评价模型

(1)四步法模型。由美国科学院(NSA)提出的风险评价模型，即危险识别、暴露评估、剂量效应评价、风险表征，进而 US-EPA 对经典的 4 个步骤进行了细化，提出了改进的 4 个步骤：数据收集与分析、暴露评估、毒性评估、风险表征。

(2)RBCA 模型。RBCA(Risk-Based Corrective Action)模型是由美国 GSI 公司根据美国试验与材料学会(ASIM)标准开发。该模型可以实现污染场地的风险分析，可用来指定基于风险的筛选值和修复目标值，在美国和欧洲一些国家得到了广泛应用。

（3）CLEA模型。由英国环境署和环境、食品与农村事务部（DEFRA）及苏格兰环境保护局联合开发，是英国官方推荐用来进行场地评价及获取土壤指导限值（SGVs）的模型。

（4）HERA模型。HERA（Healthy and Environmental Risk Assessment）模型由中科院南京土壤研究所开发。主要功能包括多层次污染场地土壤与地下水风险评估体系；基于保护人体健康和水环境的风险评估；计算土壤及地下水中污染物筛选值/修复目标、风险值/危害商、暴露途径贡献率、介质浓度；多层次数据库管理。

2. 相对危险性分级模型

（1）LeGrand模型。LeGrand模型被用来评价由于废物场地导致的地下水易污染脆弱性，改进的LeGrand模型评价因子包含场地至供水源的距离、至地下水面的深度，水力梯度及土壤基质的渗透性和吸附性，可用于划分地下水受污染的潜在可能性。

（2）DRASTIC模型。由US-EPA早期提出并获得应用，一度作为欧盟各国地下水易污性评价的统一标准。评价因子包括地下水位埋深、净补给量、含水层厚度、土壤带介质、地形、包气带介质类型和含水层渗透系数7个水文地质参数，评价指数越高说明污染的风险越大。

（3）HRS模型。US-EPA提出和建立的废物危险性分级系统。评价因素考虑到污染物的释放对人类健康和环境的污染风险，包括邻近人口、污染物的自然属性、可能的污染途径，人类健康和环境分值在0~100，如果一个废物场地的评价分值超过了28.5，就应该进入优先控制名单。

（4）DPM模型。由美国空军（USAF）提出，评价因子有固体废物性质、管理措施、风险受体及污染物由源到受体所经历的迁移途径，将每种途径的评价分值乘以其相应权重，可以计算模型的总分值，按照分值高低确定场地的优先治理顺序。

（5）RelRisk模型。RelRisk（Relative Risk Site Evaluation Concept）模型将废物场地划分为高、中、低风险3种类型，以便确定污染场地的优先治理顺序。评价3种污染物迁移介质：地下水、地表水/底泥、表层土壤，对于每一种介质，需要确定人类健康风险污染危害因子、迁移途径因子和受体因子。

（6）NCAS模型。NCAPS（Rational Corrective Action Prioritization System）模型是美国资源保护与回收法（RCRA）净化场地所采用的最流行的模型，在评价4个污染途径（地下水、地表水、空气、土壤）的基础上得到场地的评价值，将风险程度划分为高、中、低3个级别。

3. 随机模拟模型

（1）RCRA Subtitle D模型。包括废物填埋渗漏污染子模型、污染物迁移子模型、人类暴露子模型3个子模型。渗漏污染子模型采用Monte Carlo方法模拟污染物渗漏量的概率分布，渗漏频率和严重性主要根据主观判断。

（2）PCLTF模型。PCLIF（Post-closure Liability Trust Fund Simulation Model）建立的目的是对正在运行或关闭的废物场地的修复和化学污染破坏进行赔偿。包括经济和污染渗漏两个子模型。污染渗漏模型是以气候学、水均衡和地下迁移环境为基础的。

### 4. 四步法评价模式

因 US-EPA 改进的四步法评价模式应用普遍，且方法较为具体，强调了对污染场地各种参数的收集，其操作性更强，故在这里详细介绍。四步法评价模式主要包括数据收集和数据分析、暴露评估、毒性评估、风险表征四个步骤。

（1）数据收集和数据分析。数据收集与分析是对选定场地进行初步的资料收集、水文地质和污染源调查，目的是为污染健康风险评价模型提供准确的参数。收集的数据主要包括以下三类：①场地自然背景资料。建立地下水污染健康风险评价模型需要比较详细的地理、地质、气象、水文、水文地质等方面的数据。完整的历史资料数据有利于准确地建立评价模型。②污染物数据。开展健康风险评价之前，应该对选定场地内污染物的情况有比较准确的把握，包括污染源、污染物种类、污染物浓度及其分布特征，以及污染物的各种物理化学参数等，这些参数在评价过程中起到至关重要的作用。③暴露人群相关数据。健康风险评价的最终目的是评价污染物对人类健康的危害程度，这不仅与选定场地的发展历史有关，而且与污染物的类别、数量、人类的活动特征息息相关。健康风险评价模型中相关参数见表 7-17。

表 7-17　数据类型及数据举例

| 数据类型 | 数据举例 |
|---|---|
| 场地自然背景资料 | 年降水量、年蒸发量、气温、风向、风力、土壤容重、含水率、有机物质、有机碳含量、地下水位埋深、地下水补给来源、地下水排泄方式及水动力条件、含水层岩性、结构、厚度、水动力弥散系数、水力传导系数、分配系数、有效孔隙度、滞后因子、时间、弥散度 |
| 污染物数据 | 污染物种类、浓度、蒸气压、亨利常数、分子量、溶解度、半衰期、有机碳-水分配系数、土壤吸附系数、辛醇-水分配系数、皮肤渗透常数、生物累计因子 |
| 暴露人群相关数据 | 暴露人群平均体重、平均体表面积、平均寿命、平均暴露时间、人群平均饮水量、洗浴次数、洗浴时间、地下水占总用水量的比例、住所基本结构、土地利用情况、生活习惯、人口数等 |

（2）暴露评估。暴露评估是分析各种风险源与风险受体之间存在和潜在的接触和共生关系的过程，是对人群暴露于环境介质中有害因子的强度、频率、时间进行测量、估算或预测的过程，也是进行风险评价的定量依据。暴露评估的基本内容是通过暴露假设，分析暴露途径，根据暴露浓度、潜在的暴露人群和暴露程度确定各暴露途径的污染物摄入量。暴露评估步骤具体分为暴露场地表征、暴露途径分析和暴露量计算三个步骤。

1）暴露场地表征。在进行暴露评估时，应对场地所处的物理环境及其周边分布的暴露人群进行表征。物理环境表征包括气候、气象、地理、植被、土壤类型、土地利用状况、地表水体、水文地质描述等内容；暴露人群表征包括暴露人群数量、性别、年龄结构、分布特征、暴露频率、特殊暴露人群的识别等内容。对场地进行详细的调查后，首先应根据场地所在区域的土地利用情况，划分不同的土地利用类型，如居民用地、商业用地、工业用地、农业用地等。另外，还要按暴露人群的分布情况和人群的结构划分高密度分布区、低密度分布区、高暴露频率分布区、低暴露频率分布区、青壮年人群、老年儿童人群等。

2）暴露途径分析。暴露途径是指化学物质或物理因子从污染源到暴露有机体的路径，一般分为经口摄入、皮肤接触和吸入三种途径。完整的暴露途径一般包括污染源和化学释放机理、滞留和迁移介质、潜在人群和污染介质的接触点、暴露点的暴露途径四个部分，即"污染源→污染物迁移→暴露点→人群暴露"。其中，滞留和迁移介质一般分为大气、土壤、水和食物链四种。暴露点指有机体和化学物质或物理因子潜在的接触地点。①经口摄入途径。经口摄入途径是污染物进入人体最主要、最直接的一种方式，含有污染物质的水或食物直接进入人体胃肠，参与消化、吸收过程。水或食物中的污染物质除极少部分会在口腔中通过物理、化学性的消化过程被分解以外，绝大部分被胃和小肠消化，被分解为可被人体吸收的小分子物质，然后经过小肠肠壁黏膜最终进入血液中，参与到人体的新陈代谢活动中去，经由各个器官危害人体健康。②皮肤接触途径。人体直接与外界接触的部位主要有手、臂、脚、腿、脸和眼睛等。由于皮肤同时具有吸收和呼吸功能，可以通过角质层、毛囊、皮脂腺和汗管吸收外界污染物质。皮肤接触途径主要有三种方式：接触被污染的水体或液体、土壤、空气。污染物质通过皮肤被吸收，然后直接进入血液循环系统，对人体健康产生危害的机理与经口摄入途径类似。③吸入途径。地下水中易挥发化学物质在水的使用过程中会以挥发性气体形式进入空气，再通过呼吸系统进入人体。虽然地下水中污染物质浓度不高，但如果在有工业用水挥发的车间内长时间逗留或使用这种水进行洗浴，地下水中的污染物质会在高温熏蒸作用下经呼吸道和皮肤毛孔进入人体内，进而对人体健康造成危害。

3）暴露量计算。暴露量计算是对场地内的暴露人群和暴露途径中暴露量大小、暴露频率、暴露时间等进行量化，包括对暴露浓度和长期日摄入暴露剂量两部分。对于暴露浓度，一般可通过直接使用监测数据或迁移转化模型两种方法获得。暴露剂量以单位时间单位体重与人体接触的化学物质的质量来表示[mg/(kg·d)]。对于任何污染物质，三种暴露途径中各暴露量的计算模型均不相同，但其基本原理是：

$$CDI = Q/(BW/AT)$$

式中，$CDI$ 为长期日摄入剂量，mg/(kg·d)；$Q$ 为评估期内人体对污染物的总摄入剂量，mg；$BW$ 为被评估人群的平均体重，kg；$AT$ 为平均暴露时间，d。

有机污染物经口摄入、皮肤接触和吸入途径的暴露量有以下几种计算方法。

①经口摄入途径暴露计算。考虑到中国人饮用开水的习惯及有机物的挥发性，改进后增加经煮沸处理后污染物的残留比率项 $TF$。由于有机污染物的自然衰减过程对计算结果影响很小，因此，不考虑污染物的半衰期问题。

$$CDI = \frac{\rho_i \times TF_i \times U \times EF \times ED}{BW \times AT}$$

式中，$CDI$ 为长期日摄入剂量，mg/(kg·d)；$\rho_i$ 为水中化学物质 $i$ 的浓度，mg/L；$TF$ 为煮沸后污染物的残留比率，无量纲；$U$ 为日饮用量，L/d。

②皮肤接触途径暴露计算。考虑到水中有机污染物的特殊性，对 US-EPA 模型进行改进，增加挥发性有机物煮沸后的残留量，删除模型中半衰期有关参数，改进后的模型如下：

$$CDI = I \times S_A \times FE \times \frac{EF_{sd} \times ED}{BW \times AT \times f_i}$$

$$I = CF \times k_i \times \rho_i \times TF_i \times \sqrt{\frac{6 \times \tau \times TE}{\pi}}$$

式中，$CDI$ 为长期日摄入剂量，mg/(kg·d)；$I$ 为每次洗澡单位体面积对污染物 $i$ 的吸附量，mg/cm²；$S_A$ 为人体表面积，cm²；FE 为洗澡次数，次/d；$EF_{sd}$ 为暴露频率；$ED$ 为暴露持续时间，a；$BW$ 为被评估人群平均体重，kg；$AT$ 为平均暴露时间，d；$f_i$ 为污染物 $i$ 的肠道吸附比率，无量纲；CF 为单位转换因子，L/cm²；$k_i$ 为污染物 $i$ 的皮肤吸附参数，cm/h；$\rho_i$ 为水中化学物 $i$ 的浓度，mg/L；$TF_i$ 为煮沸后污染物 $i$ 的残留比率，无量纲；$t$ 为延滞时间，h；$TE$ 为洗澡时间，h/次。

③吸入途径暴露计算。有机物的吸入暴露量计算公式如下：

$$C_{iai} = \rho_i \times K_c$$

$$D_{iai} = C_{iai} \times U_{ia} \times \frac{EF_{ia} \times ED_{ia}}{BW \times AT}$$

式中，$C_{iai}$ 为生活用水挥发出的污染物 $i$ 的浓度，mg/m³；$D_{iai}$ 为日单位体重被评估人群对污染物 $i$ 的吸入剂量，mg/(kg·d)；$\rho_i$ 为水中化学物质 $i$ 的浓度，mg/L；$K_c$ 为污染物的挥发因子，L/m³；$U_{ia}$ 为室内呼吸率，m³/d；$EF_{ia}$ 为暴露频率，d/a；$ED_{ia}$ 为暴露持续时间，a；$BW$ 为被评估人群的平均体重，kg；$AT$ 为平均暴露时间，d。

（3）毒性评估。毒性评估是利用场地内选取的典型污染物对暴露人群产生健康危害的可能证据，估算暴露人群对污染物暴露量和产生危害的可能性间的关系。包括危害鉴别和剂量-反应评估两部分。污染物质的毒性是指致癌性和非致癌性，因此，毒性评估也包括致癌评估和非致癌评估。

1）危害鉴别。危害鉴别是确定暴露于目标人群的污染物是否能引起人类的不良健康反应，是毒性评估的初始步骤。主要判别依据：一是污染物质暴露于人体的量和癌症发生的相关资料；二是实验室控制条件下相关动物实验的实际资料。鉴别危害的常用方法是证据加权法。即根据污染物质的物理化学性质、毒理学和药物代谢动力学性质、人体对该物质的暴露途径和方式及其在人体内的新陈代谢作用等对这种物质危害人体健康的能力做出判断。污染物质分类标准详见表 7-18。

表 7-18　污染物致癌性分类标准

| 分类标准 | 分类等级 |
|---|---|
| 按致癌性高低分类 | A 类：人类致癌物 |
| | B 类：很可能的人类致癌物；B1 代表人类致癌证据有限；B2 代表动物致癌证据充足，人类致癌证据不足或无证据 |
| | C 类：可能的人类致癌物 |
| | D 类：不能划分为人类致癌物 |
| | E 类：对人类无致癌性证据 |

注：根据美国环境保护局（US EPA）和国际肿瘤中心（IACR）资料。

2) 剂量-反应评估。剂量-反应评估是危害鉴别后，对污染物毒性数据的定量估计，确定暴露污染物与目标人群不良健康反应发生率之间的关系，是风险评价的定量依据。剂量反应评估以毒理学动物研究或相关的人体流行病学研究为基础，建立暴露剂量与毒性反应程度之间的剂量-反应曲线，据此计算该污染物的毒性因子数值。对于非致癌物质(如具有神经毒性、免疫毒性和发育毒性等物质)，计算该物质的非致癌毒性因子，以阈值方法为主，非致癌毒性因子即是对阈值的计算(也称参考剂量)，低于阈值就不会诱导产生可分辨的健康负面效应；对于致癌和致突变物质，一般认为无反应剂量阈值，即任意剂量的暴露均可能产生负面健康效应。

①非致癌性污染物的剂量-反应评估。非致癌物质的剂量阈值一般用非致癌参考剂量或非致癌参考浓度(reference does，$RfD$ 或 reference concentration，$RfC$)来表示。$RfD$ 和 $RfC$ 分别表示通过口服途径或吸入途径进入人体并且不会对人体造成不利影响的化学物质最高剂量或最高浓度。计算非致癌参考剂量一般按照以下步骤：a. 通过文献确定关键毒性效应(即当剂量增加时，在此剂量下，最初出现的有害效应)及效应不发生的最高剂量(No Observed Adverse Effect Level，$NOAEL$)；b. 将 $NOAEL$ 除以不确定因子；c. 当得不到 $NOAEL$ 时，一般用 $LOAEL$(lowest observed adverse effect level)代替，但要考虑 10 倍的不确定系数。

$$RfD = NOAEL/(UF \times MF)$$
$$UF = UF_1 \times UF_2 \times UF_3 \times UF_4$$

式中，$UF$ 为不确定因子，范围在 10~1000，不确定因子由一系列因子组成，每一因子代表一种与现有资料有关的内在不确定性；$MF$ 为修正因子，取值范围为 1~10，主要反映由一些可能的或不确定原因造成的不确定性。

$NOAEL$ 和 $LOAEL$ 均为实验观察值，未充分考虑剂量-反应曲线的特征和斜率，不能真实地表达受试物的毒性与效应，因此，在有阈健康风险评价中，目前提倡使用基准剂量(Benchmark Dose，$BMD$)来代替它们。基准剂量是根据污染物质的某种接触剂量可引发某种不良健康效应的反应率发生预期变化而推算出的一种剂量，与 $NOAEL$ 和 $LOAEL$ 相比，基准剂量法可全面评价整个剂量-反应曲线，并应用可信度来衡量变异因素。

②致癌性污染物的剂量-反应评估。致癌效应剂量-反应关系建立在各种关于剂量与反应的定量研究基础之上，如动物的实验数据、临床学、流行病学等方面的资料。由于人体在实际环境中的暴露水平通常较低，而实验学或流行病学研究中的剂量相对较高，故在估计人体实际暴露情形下的剂量-反应关系时，常依据高剂量的资料，建立数学模型向低剂量水平外推，求得低剂量条件下的剂量-反应关系。外推法主要包括以下步骤：a. 选取合适的剂量反应数据集；b. 利用数学模型拟合高浓度剂量反应实验数据并对低浓度剂量风险进行外推；c. 当使用的是动物实验剂量反应数据时，需换算成与之相当的人体剂量。一般化学物质，用致癌斜率因子(Slope Factor，$SF$)表示其致癌能力的强弱，其值是以动物的实验资料为证的剂量-反应关系曲线斜率的 95%可信上限或以人体数据资料为依据得到的该斜率最大估计值，其量纲为 kg·d/mg。

(4)风险表征。风险表征是对暴露于有害因子的人群在各种条件下不良健康反应发生概率的估算过程。通过对场地内的水文地质条件、污染现状、污染源和暴露途径综合分析，在上述暴露量计算基础上，通常根据污染物的化学性质将其按非致癌风险和致癌风险来计算非致癌风险指数和致癌风险指数，估算污染物经口摄入、皮肤接触和吸入三种途径对人体造成的危害程度，并对其结果的可靠性或不确定性加以分析，提供暴露人群的健康风险程度信息。

1)非致癌风险。一般认为，生物体对非致癌性物质有反应剂量阈值，低于该阈值则认为不会产生不利于健康的影响。非致癌风险常用风险指数($HQ$)描述，表征为暴露造成的长期日摄入剂量($CDI$)与参考剂量($RfD$)的比值。可用下式计算：

$$HQ = CDI/RfD$$

式中，$CDI$ 为长期日摄入剂量（单位体重被评估人群平均每日摄入剂量），$\mathrm{mg/(kg \cdot d)}$；$RfD$ 为污染物的慢性参考剂量，$\mathrm{mg/(kg \cdot d)}$。

计算多物质多途径的非致癌风险时，应计算累积效应，但不考虑它们之间的协同作用或拮抗作用。以暴露途径累积非致癌危害指数（Hazard Index，$HI$）表示，计算公式如下：

$$HI = \sum_{i=1}^{n_1} \sum_{j=1}^{n_2} \frac{CDI_{ij}}{RfD_{ij}}$$

式中，$CDI_{ij}$ 为第 $i$ 种污染物第 $j$ 种暴露途径的平均每日单位摄入剂量，$\mathrm{mg/(kg \cdot d)}$；$RfD_{ij}$ 为第 $i$ 种污染物第 $j$ 种暴露途径的慢性参考剂量，$\mathrm{mg/(kg \cdot d)}$；$n_1$ 为非致癌影响的污染物个数；$n_2$ 为暴露途径的个数。

2)致癌风险。致癌风险通常用终生致癌风险值($R$)表示，表征为长期的每日摄入剂量($CDI$)与致癌斜率因子($SF$)的乘积。当暴露人群处于低风险水平时，采用线性低剂量致癌风险模型，计算公式如下：

$$R = CDI \times SF$$

当暴露人群处于高风险水平时，采用一次冲击模型，计算公式如下：

$$R = 1 - \exp(CDI \times SF)$$

式中，$R$ 为致癌风险，即人群癌症发生的概率，通常以一定数量人口出现癌症患者的数量表示；$CDI$ 为长期日摄入剂量（单位体重被评估人群平均每日摄入剂量），$\mathrm{mg/(kg \cdot d)}$；$SF$ 为污染物的致癌斜率因子，$\mathrm{kg \cdot d/mg}$。

计算多物质、多途径的致癌风险时，同样应计算累积效应，且不考虑它们之间的协同作用和拮抗作用。计算公式如下：

低剂量暴露：

$$R = \sum_{i=1}^{n_1} \sum_{j=1}^{n_2} CDI_{ij} \times SF_{ij}$$

高剂量暴露：

$$R = \sum_{i=1}^{n_1} \sum_{j=1}^{n_2} [1 - \exp(-CDI_{ij} \times SF_{ij})]$$

式中，$CDI_{ij}$ 为第 $i$ 种污染物第 $j$ 种暴露途径的平均每日单位摄入剂量，mg/(kg·d)；$SF_{ij}$ 为第 $i$ 种污染物第 $j$ 种暴露途径的污染物致癌斜率因子，kg·d/mg；$n_1$ 为非致癌影响的污染物个数；$n_2$ 为暴露途径的个数。

## (二)地下水污染风险评价标准

地下水污染健康风险评价中涉及的评价标准，许多国家均有各自的健康风险评价标准，而且不同机构采用的健康风险评价标准也有差别，有的标准虽然内涵相同，但表达方式各异，这种状况不利于健康风险评价的适用性验证和进一步验证。因此，这里将 US-EPA 的设定作为评价标准，对于非致癌风险，以 1.0 为限值，即非致癌风险值>1.0 时，认为存在非致癌风险；致癌风险以 $10^{-6}$ 作为限值，即致癌风险值>$10^{-6}$ 时，认为存在致癌风险。主要有机污染物的健康风险评价指标见表 7-19。

表 7-19　主要有机污染物的健康风险评价指标

| 污染物 | 非致癌参考剂量，mg/(kg·d) | | | 致癌参考剂量，mg/(kg·d) | | | 致癌分类 |
|---|---|---|---|---|---|---|---|
| | 经口摄入 | 皮肤接触 | 吸入 | 经口摄入 | 皮肤接触 | 吸入 | |
| 苯 | $4.00\times10^{-3}$ | $3.88\times10^{-3}$ | $8.57\times10^{-3}$ | $5.50\times10^{-2}$ | $5.67\times10^{-2}$ | $2.73\times10^{-2}$ | A |
| 三溴甲烷 | $2.00\times10^{-2}$ | $1.20\times10^{-2}$ | | $7.90\times10^{-3}$ | $1.32\times10^{-2}$ | $3.85\times10^{-3}$ | |
| 四氯化碳 | $7.00\times10^{-4}$ | $4.55\times10^{-4}$ | | $1.30\times10^{-1}$ | $2.00\times10^{-1}$ | $5.25\times10^{-2}$ | $B_2$ |
| 氯苯 | $2.00\times10^{-2}$ | $6.20\times10^{-3}$ | $1.43\times10^{-2}$ | | | | |
| 三氯甲烷 | $1.00\times10^{-2}$ | $2.00\times10^{-3}$ | $8.60\times10^{-5}$ | $6.10\times10^{-3}$ | $3.05\times10^{-2}$ | $8.05\times10^{-2}$ | |
| DDT | $5.00\times10^{-4}$ | $3.50\times10^{-4}$ | | $3.30\times10^{-1}$ | $4.86\times10^{-1}$ | $3.30\times10^{-1}$ | |
| 1,2,4-三氯苯 | $1.00\times10^{-2}$ | $9.70\times10^{-3}$ | $1.14\times10^{-3}$ | | | | D |
| 邻二氯苯 | $9.00\times10^{-2}$ | $7.20\times10^{-2}$ | $5.71\times10^{-2}$ | | | | C |
| 对二氯苯 | | | $2.29\times10^{-1}$ | | $2.40\times10^{-2}$ | $2.67\times10^{-2}$ | C |
| 1,2-二氯乙烷 | $2.00\times10^{-2}$ | $2.00\times10^{-2}$ | | $9.10\times10^{-2}$ | $9.10\times10^{-2}$ | $9.10\times10^{-2}$ | $B_2$ |
| 1,1-二氯乙烯 | $5.00\times10^{-2}$ | $5.00\times10^{-2}$ | $5.71\times10^{-2}$ | $6.00\times10^{-1}$ | $6.00\times10^{-1}$ | $1.75\times10^{-1}$ | C |
| 1,2-二氯乙烯 | $9.00\times10^{-3}$ | $7.20\times10^{-2}$ | | | | | D |
| 乙苯 | $1.00\times10^{-1}$ | $9.70\times10^{-2}$ | $2.86\times10^{-1}$ | | | $3.85\times10^{-3}$ | D |
| 六氯苯 | $8.00\times10^{-4}$ | $4.00\times10^{-4}$ | | 1.60 | 3.20 | 1.61 | $B_2$ |
| 二氯甲烷 | $6.00\times10^{-2}$ | $5.70\times10^{-2}$ | $8.57\times10^{-1}$ | $7.50\times10^{-3}$ | $7.89\times10^{-3}$ | $1.65\times10^{-3}$ | |
| 苯乙烯 | $2.00\times10^{-1}$ | $1.60\times10^{-1}$ | $2.86\times10^{-1}$ | | | | C |
| 四氯乙烯 | $1.00\times10^{-2}$ | $1.00\times10^{-2}$ | $1.71\times10^{-1}$ | $5.40\times10^{-1}$ | $5.40\times10^{-1}$ | $2.08\times10^{-2}$ | |
| 甲苯 | $8.00\times10^{-2}$ | $6.40\times10^{-2}$ | 1.43 | | | | D |
| 三氯乙烯 | $3.00\times10^{-4}$ | $4.50\times10^{-5}$ | $1.14\times10^{-2}$ | $4.00\times10^{-1}$ | 2.67 | $4.00\times10^{-1}$ | $B_2$ |
| 二甲苯(混合物) | $2.00\times10^{-1}$ | $1.84\times10^{-1}$ | $2.86\times10^{-1}$ | | | | D |

注：毒性级别源自《饮用水标准与健康报告(2004 版)》(US EPA，2004)；致癌分类所列符号参见表 7-18。

有关的生理学指标(包括体重、寿命、日饮水量、呼吸速和皮肤表面积等)和与化学物质相关的指标(皮肤吸收因子、胃肠吸收因子和皮肤渗透系数等)可参考文献内容[156]。

# 第九节　地下水污染风险管控标准

依据我国地下水质量状况和人体健康风险，参照生活饮用水、工业、农业等用水质量要求，依据各组分含量（pH 除外）分为五类。Ⅰ类：地下水化学组分含量低，适用于各种用途；Ⅱ类：地下水化学组分含量较低，适用于各种用途；Ⅲ类：地下水化学组分含量中等，以 GB 5749—2006 为依据，主要适用于集中式生活饮用水水源及工农业用水；Ⅳ类：地下水化学组分含量较高，依据农业和工业用水质量要求及一定水平的人体健康风险，适用于农业和部分工业用水，适当处理后可作生活饮用水；Ⅴ类：地下水化学组分含量高，不宜作为生活饮用水水源，其他用水可根据使用目的选用。地下水质量指标可分为常规指标和非常规指标，其分类及限值分别见《地下水质量标准》（GB/T 14848）中的表 1 和表 2。

根据《污染地块地下水修复和风险管控技术导则》（HJ 25.6—2019），地下水风险管控是指采取修复技术、工程控制和制度控制措施等，阻断地下水污染物暴露途径，阻止地下水污染扩散，防止对周边人体健康和生态受体产生影响的过程。

## 一、第一类地下水风险管控标准

这里的第一类地下水是指地下水型饮用水源保护区及补给区，污染地块位于集中式地下水型饮用水源（包括已建成的在用、备用、应急水源，在建和规划的水源）保护区及补给区（补给区优先采用已划定的饮用水源准保护区）。选择 GB/T 14848 中Ⅲ类水限值作为管控值。对于 GB/T 14848 未涉及的目标污染物，按照饮用地下水的暴露途径计算地下水风险控制值，风险控制值按照 HJ 25.3 确定。风险管控值分为常规指标和非常规指标，常规指标反映地下水质量基本状况的指标，包括感官性状及一般化学指标、微生物指标、常见毒理学指标和放射性指标。非常规指标是在常规指标上的拓展，根据地区和时间差异或特殊情况确定的地下水质量指标，反映地下水中所产生的主要质量问题，包括比较少见的无机和有机毒理学指标[157]，具体见表 7-20 和表 7-21。

表 7-20　地下水常规指标管控值

| 序号 | 指标 | 管控值 | 序号 | 指标 | 管控值 |
|---|---|---|---|---|---|
| 感官性状及一般化学指标 | | | | | |
| 1 | 色度（铂钴色度单位） | 15 | 11 | 锰/（mg/L） | 0.10 |
| 2 | 嗅和味 | 无 | 12 | 铜/（mg/L） | 1.00 |
| 3 | 浑浊度/NTU[①] | 3 | 13 | 锌/（mg/L） | 1.00 |
| 4 | 肉眼可见物 | 无 | 14 | 铝/（mg/L） | 0.20 |
| 5 | pH | $6.5 \leqslant pH \leqslant 8.5$ | 15 | 挥发性酚（以苯酚计）/（mg/L） | 0.002 |
| 6 | 总硬度（以 $CaCO_3$ 计）/（mg/L） | 450 | 16 | 阴离子表面活性剂/（mg/L） | 0.3 |
| 7 | 溶解性总固体/（mg/L） | 1000 | 17 | 耗氧量（$COD_{Mn}$）/（mg/L） | 3.0 |

| 序号 | 指标 | 管控值 | 序号 | 指标 | 管控值 |
|---|---|---|---|---|---|
| 8 | 硫酸盐/（mg/L） | 250 | 18 | 氨氮（以 N 计）/（mg/L） | 0.50 |
| 9 | 氯化物/（mg/L） | 250 | 19 | 硫化物/（mg/L） | 0.02 |
| 10 | 铁/（mg/L） | 0.3 | 20 | 钠/（mg/L） | 200 |
| 微生物指标 | | | | | |
| 21 | 总大肠杆菌群/（MPN[2]/100mL 或 CFU[3]/100mL） | 3.0 | 22 | 菌落总数/（CFU/mL） | 100 |
| 毒理学指标 | | | | | |
| 23 | 亚硝酸盐（以 N 计）/（mg/L） | 1.00 | 31 | 镉/（mg/L） | 0.005 |
| 24 | 硝酸盐（以 N 计）/（mg/L） | 20.0 | 32 | 铬（Ⅵ）/（mg/L） | 0.05 |
| 25 | 氰化物/（mg/L） | 0.05 | 33 | 铅/（mg/L） | 0.01 |
| 26 | 氟化物/（mg/L） | 1.0 | 34 | 三氯甲烷/（μg/L） | 60 |
| 27 | 碘化物/（mg/L） | 0.08 | 35 | 四氯化碳/（μg/L） | 2.0 |
| 28 | 汞/（mg/L） | 0.001 | 36 | 苯/（μg/L） | 10.0 |
| 29 | 砷/（mg/L） | 0.01 | 37 | 甲苯/（μg/L） | 700 |
| 30 | 硒/（mg/L） | 0.01 | | | |
| 放射性指标[4] | | | | | |
| 38 | 总 α 放射性/（Bq/L） | 0.5 | 39 | 总 β 放射性/（Bq/L） | 1.0 |

①NTU 为散射浊度单位。

②MPN 表示最可能数。

③CFU 表示菌落形成单位。

④放射性指标超过指导值，应进行核素分析和评价。

表 7-21 地下水非常规指标管控值

| 序号 | 指标 | 管控值 | 序号 | 指标 | 管控值 |
|---|---|---|---|---|---|
| 毒理学指标 | | | | | |
| 1 | 铍/（mg/L） | 0.002 | 28 | 2,4-二硝基甲苯/（μg/L） | 5.0 |
| 2 | 硼/（mg/L） | 0.50 | 29 | 2,6-二硝基甲苯/（μg/L） | 5.0 |
| 3 | 锑/（mg/L） | 0.005 | 30 | 萘/（μg/L） | 100 |
| 4 | 钡/（mg/L） | 0.70 | 31 | 蒽/（μg/L） | 1800 |
| 5 | 镍/（mg/L） | 0.02 | 32 | 荧蒽/（μg/L） | 240 |
| 6 | 钴/（mg/L） | 0.05 | 33 | 苯并（b）荧蒽/（μg/L） | 4.0 |
| 7 | 钼/（mg/L） | 0.07 | 34 | 苯并（a）芘/（μg/L） | 0.01 |
| 8 | 银/（mg/L） | 0.05 | 35 | 多氯联苯（总量）[3]/（μg/L） | 0.50 |
| 9 | 铊/（mg/L） | 0.0001 | 36 | 邻苯二甲酸二（2-乙基己基）酯/（μg/L） | 8.0 |
| 10 | 二氯甲烷/（μg/L） | 20 | 37 | 2,4,6-三氯酚/（μg/L） | 200 |
| 11 | 1,2-二氯乙烷/（μg/L） | 30.0 | 38 | 五氯酚/（μg/L） | 9.0 |

| 序号 | 指标 | 管控值 | 序号 | 指标 | 管控值 |
|---|---|---|---|---|---|
| 12 | 1,1,1-三氯乙烷/(μg/L) | 2000 | 39 | 六六六(总量)④/(μg/L) | 5.00 |
| 13 | 1,1,2-三氯乙烷/(μg/L) | 5.0 | 40 | γ-六六六(林丹)/(μg/L) | 2.00 |
| 14 | 1,2-二氯丙烷/(μg/L) | 5.0 | 41 | 滴滴涕(总量)⑤/(μg/L) | 1.00 |
| 15 | 三溴甲烷/(μg/L) | 100 | 42 | 六氯苯/(μg/L) | 1.00 |
| 16 | 氯乙烯/(μg/L) | 5.0 | 43 | 七氯/(μg/L) | 0.40 |
| 17 | 1,1-二氯乙烯/(μg/L) | 30.0 | 44 | 2,4-滴/(μg/L) | 30.0 |
| 18 | 1,2-二氯乙烯/(μg/L) | 50.0 | 45 | 克百威/(μg/L) | 7.00 |
| 19 | 三氯乙烯/(μg/L) | 70.0 | 46 | 涕灭威/(μg/L) | 3.00 |
| 20 | 四氯乙烯/(μg/L) | 40.0 | 47 | 敌敌畏/(μg/L) | 1.00 |
| 21 | 氯苯/(μg/L) | 300 | 48 | 甲基对硫磷/(μg/L) | 20.0 |
| 22 | 邻二氯苯/(μg/L) | 1000 | 49 | 马拉硫磷/(μg/L) | 250 |
| 23 | 对二氯苯/(μg/L) | 300 | 50 | 乐果/(μg/L) | 80.0 |
| 24 | 三氯苯(总量)①/(μg/L) | 20.0 | 51 | 毒死蜱/(μg/L) | 30.0 |
| 25 | 乙苯/(μg/L) | 300 | 52 | 百菌清/(μg/L) | 10.0 |
| 26 | 二甲苯(总量)②/(μg/L) | 500 | 53 | 莠去津/(μg/L) | 2.00 |
| 27 | 苯乙烯/(μg/L) | 20.0 | 54 | 草甘膦/(μg/L) | 700 |

①三氯苯(总量)为1,2,3-三氯苯、1,2,4-三氯苯、1,3,5-三氯苯3种异构体加和。

②二甲苯(总量)为邻二甲苯、间二甲苯、对二甲苯3种异构体加和。

③多氯联苯(总量)为PCB28、PCB52、PCB101、PCB118、PCB138、PCB153、PCB180、PCB194、PCB206 9种多氯联苯单体加和。

④六六六(总量)为α-六六六、β-六六六、γ-六六六、δ-六六六4种异构体加和。

⑤滴滴涕(总量)为o,p′-滴滴涕、p,p′-滴滴伊、p,p′-滴滴滴、p,p′-滴滴涕4种异构体加和。

对于GB/T 14848未涉及的目标污染物，按照HJ 25.3确定饮用地下水的暴露途径计算地下水风险控制值[139]。

## 二、第二类地下水风险管控标准

(1)具有工业和农业用水等使用功能的地下水污染区域，按照GB/T 14848确定风险控制值。对于GB/T 14848未涉及的目标污染物，按照《建设用地土壤污染风险评估技术导则》(HJ 25.3—2019)采用风险评估的方法计算风险控制值。

(2)不具有工业和农业用水等使用功能的地下水污染区域，按照HJ 25.3采用风险评估的方法计算风险控制值。

(3)当地下水污染影响或可能影响土壤和地表水体等，根据GB 36600—2018和地表水(环境)功能要求，基于污染模拟预测、风险评估结果，同时结合以上2种情形从严确定地下水风险控制值。

(4)当选择相关标准或按照HJ 25.3确定的其他区域的污染地块风险控制值低于地下水环境背景值时，可选择背景值作为风险控制值。

# 第十节 土壤和地下水污染健康风险评估方法

对于土壤和地下水污染超标的建设用地，土地使用权人应按照国家和本市标准规范开展土壤污染风险评估。

## 一、风险评估工作程序和内容

地块风险评估工作内容包括危害识别、暴露评估、毒性评估、风险表征，以及土壤和地下水风险控制值的计算。地块的人体健康风险评估程序见图7-2。

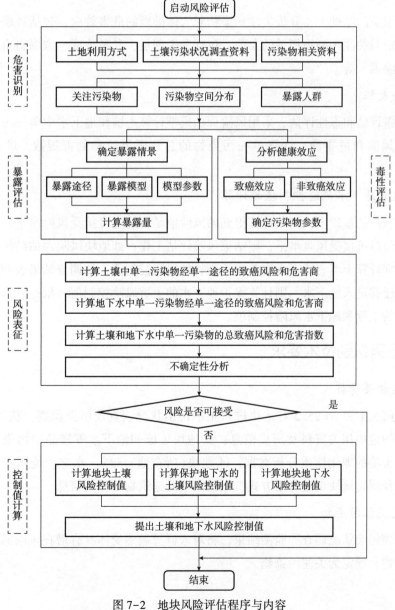

图 7-2 地块风险评估程序与内容

1. 危害识别

收集土壤污染状况调查阶段获得的相关资料和数据，掌握土壤和地下水中关注污染物的浓度分布，明确规划土地利用方式，分析可能的敏感受体，如儿童、成人、地下水体等。

2. 暴露评估

在危害识别的基础上，分析地块内关注污染物迁移和危害敏感受体的可能性，确定地块土壤和地下水污染物的主要暴露途径和暴露评估模型，确定评估模型参数取值，计算敏感人群对土壤和地下水中污染物的暴露量。

3. 毒性评估

在危害识别的基础上，分析关注污染物对人体健康的危害效应，包括致癌效应和非致癌效应，确定与关注污染物相关的参数，包括参考剂量、参考浓度、致癌斜率因子和呼吸吸入单位致癌因子等。

4. 风险表征

基于暴露评估和毒性评估，采用风险评估模型计算土壤和地下水中单一污染物经单一途径的致癌风险和危害商，计算单一污染物的总致癌风险和危害指数，进行不确定性分析。

5. 土壤和地下水风险控制值的计算

在风险表征的基础上，判断计算得到的风险值是否超过可接受风险水平。如地块风险评估结果未超过可接受风险水平，则结束风险评估工作；如地块风险评估结果超过可接受风险水平，则计算土壤、地下水中关注污染物的风险控制值；如调查结果表明，土壤中关注污染物可迁移进入地下水，则计算保护地下水的土壤风险控制值；根据计算结果，提出关注污染物的土壤和地下水风险控制值。

## 二、危害识别技术要求

1. 收集相关资料

按照 HJ 25.1 和 HJ 25.2 对地块进行土壤污染状况调查及污染识别，获得以下信息：①较为详尽的地块相关资料及历史信息；②地块土壤和地下水等样品中污染物的浓度数据；③地块土壤的理化性质分析数据；④地块（所在地）气候、水文、地质特征信息和数据；⑤地块及周边地块土地利用方式、敏感人群及建筑物等相关信息。

2. 确定关注污染物

根据土壤污染状况调查和监测结果，将对人群等敏感受体具有潜在风险需要进行风险评估的污染物，确定为关注污染物。

## 三、暴露评估技术要求与计算方法

### （一）分析暴露情景

1. 暴露情景

暴露是指特定土地利用方式下，地块污染物经由不同途径迁移和到达受体人群的情况。根据不同土地利用方式下人群的活动模式，两类典型用地方式下的暴露情景不同，即以住宅用地为代表的第一类用地（简称"第一类用地"）和以工业用地为代表的第二类用地（简称"第二类用地"）的暴露情景。

2. 第一类用地方式

第一类用地方式下，儿童和成人均可能会长时间暴露于地块污染而产生健康危害。对于致癌效应，考虑人群的终生暴露危害，一般根据儿童期和成人期的暴露来评估污染物的终生致癌风险；对于非致癌效应，儿童体重较轻、暴露量较高，一般根据儿童期暴露来评估污染物的非致癌危害效应。第一类用地方式包括 GB 50137 规定的城市建设用地中的居住用地（R）、公共管理与公共服务用地中的中小学用地（A33）、医疗卫生用地（A5）和社会福利设施用地（A6），以及公园绿地（G1）中的社区公园或儿童公园用地等。

3. 第二类用地方式

第二类用地方式下，成人的暴露期长、暴露频率高，一般根据成人期的暴露来评估污染物的致癌风险和非致癌效应。第二类用地包括 GB 50137 规定的城市建设用地中的工业用地（M）、物流仓储用地（W）、商业服务业设施用地（B）、道路与交通设施用地（S）、公用设施用地（U）、公共管理与公共服务用地（A）（A33、A5、A6 除外），以及绿地与广场用地（G）（G1 中的社区公园或儿童公园用地除外）等。

4. 其他建设用地方式

对于其他建设用地应分析特定地块人群暴露的可能性、暴露频率和暴露周期等情况，参照第一类用地或第二类用地情景进行评估或构建适合于特定地块的暴露情景进行风险评估。

### （二）确定暴露途径

1. 第一类用地和第二类用地方式

对于第一类用地和第二类用地，考虑 9 种主要暴露途径和暴露评估模型，包括经口摄入土壤、皮肤接触土壤、吸入土壤颗粒物、吸入室外空气中来自表层土壤的气态污染物、吸入室外空气中来自下层土壤的气态污染物、吸入室内空气中来自下层土壤的气态污染物共 6 种土壤污染物暴露途径和吸入室外空气中来自地下水的气态污染物、吸入室内空气中来自地下水的气态污染物、饮用地下水共 3 种地下水污染物暴露途径。

2. 特定用地方式

特定用地方式下的主要暴露途径应根据实际情况分析确定，暴露评估模型参数应尽可能根据现场调查获得。地块及周边地区地下水受到污染时，应在风险评估时考虑地下水相关暴露途径。依照 GB 36600—2018 要求进行土壤中污染物筛选值的计算时，应考虑全部 6 种土壤污染物暴露途径。

### （三）计算第一类用地土壤和地下水暴露量

#### 1. 经口摄入土壤途径

对于单一污染物的致癌效应，考虑人群在儿童期和成人期暴露的终身危害。经口摄入土壤途径对应的土壤暴露量采用式(7-1)计算：

$$OISER_{ca} = \frac{\left( \dfrac{OSIR_c \times ED_c \times EF_c}{BW_c} + \dfrac{OSIR_a \times ED_a \times EF_a}{BW_a} \right) \times ABS_o}{AT_{ca}} \times 10^{-6} \quad (7-1)$$

式中，$OISER_{ca}$ 为经口摄入土壤暴露量（致癌效应），kg 土壤/(kg 体重·d)；$OSIR_c$ 为儿童每日摄入土壤量，mg/d；$OSIR_a$ 为成人每日摄入土壤量，mg/d；$ED_c$ 为儿童暴露周期，a；$ED_a$ 为成人暴露周期，a；$EF_c$ 为儿童暴露频率，d/a；$EF_a$ 为成人暴露频率，d/a；$BW_c$ 为儿童体重，kg；$BW_a$ 为成人体重，kg；$ABS_o$ 为经口摄入吸收效率因子，无量纲；$AT_{ca}$ 为致癌效应平均时间。

对于单一污染物的非致癌效应，考虑人群在儿童期暴露受到的危害。经口摄入土壤途径对应的土壤暴露量采用式(7-2)计算：

$$OISER_{nc} = \frac{OSIR_c \times ED_c \times EF_c \times ABS_o}{BW_c \times AT_{nc}} \times 10^{-6} \quad (7-2)$$

式中，$OISER_{nc}$ 为经口摄入土壤暴露量（非致癌效应），kg 土壤/(kg 体重·d)；$AT_{nc}$ 为非致癌效应平均时间，d；其余同式(7-1)。

#### 2. 皮肤接触土壤途径

对于单一污染物的致癌效应，考虑人群在儿童期和成人期暴露的终身危害，皮肤接触土壤途径土壤暴露量采用式(7-3)计算：

$$DCSER_{ca} = \frac{SAE_c \times SSAR_c \times EF_c \times ED_c \times E_v \times ABS_d}{BW_c \times AT_{ca}} \times 10^{-6} +$$
$$\frac{SAE_a \times SSAR_a \times EF_a \times ED_a \times E_v \times ABS_d}{BW_a \times AT_{ca}} \times 10^{-6} \quad (7-3)$$

式中，$DCSER_{ca}$ 为皮肤接触途径的土壤暴露量（致癌效应），kg 土壤/(kg 体重·d)；$SAE_c$ 为儿童暴露皮肤表面积，cm$^2$；$SAE_a$ 为成人暴露皮肤表面积，cm$^2$；$SSAR_c$ 为儿童皮肤表面土壤黏附系数，mg/cm$^2$；$SSAR_a$ 为成人皮肤表面土壤黏附系数，mg/cm$^2$；$E_v$ 为每日皮肤接触事件频率，次/d；$ABS_d$ 为皮肤接触吸收效率因子。

$$SAE_c = 239 \times H_c^{0.417} \times BW_c^{0.517} \times SER_c \quad (7-4)$$
$$SAE_a = 239 \times H_a^{0.417} \times BW_a^{0.517} \times SER_a \quad (7-5)$$

式中，$H_c$ 为儿童平均身高，cm；$H_a$ 为成人平均身高，cm；$SER_c$ 为儿童暴露皮肤所占面积比，无量纲；$SER_a$ 为成人暴露皮肤所占面积比；$BW_c$ 和 $BW_a$ 的参数含义见式(7-1)。

对于单一污染物的非致癌效应，考虑人群在儿童期暴露受到的危害。皮肤接触土壤途径对应的土壤暴露量采用式(7-6)计算：

$$DCSER_{nc} = \frac{SAE_c \times SSAR_c \times EF_c \times ED_c \times E_v \times ABS_d}{BW_c \times AT_{nc}} \times 10^{-6} \qquad (7-6)$$

式中，$DCSER_{nc}$ 为皮肤接触的土壤暴露量（非致癌效应），kg 土壤/（kg 体重·d）；$SAE_c$、$SSAR_c$、$E_v$ 和 $ABS_d$ 的参数含义见式(7-3)，$EF_c$、$ED_c$ 和 $BW_c$ 的参数含义见式(7-1)，$AT_{nc}$ 的参数含义见式(7-2)。

3. 吸入土壤颗粒物

对于单一污染物的致癌效应，考虑人群在儿童期和成人期暴露的终身危害，吸入土壤颗粒物途径对应的土壤暴露量采用式(7-7)计算：

$$PISER_{ca} = \frac{PM_{10} \times DAIR_c \times ED_c \times PIAF \times (fspo \times EFO_c + fspi \times EFI_c)}{BW_c \times AT_{ca}} \times 10^{-6} +$$

$$\frac{PM_{10} \times DAIR_a \times ED_a \times PIAF \times (fspo \times EFO_a + fspi \times EFI_a)}{BW_a \times AT_{ca}} \times 10^{-6}$$

$$(7-7)$$

式中，$PISER_{ca}$ 为吸入土壤颗粒物的土壤暴露量（致癌效应），kg 土壤/（kg 体重·d）；$PM_{10}$ 为空气中可吸入浮颗粒物含量，mg/m³；$DAIR_a$ 为成人每日空气呼吸量，m³/d；$DAIR_c$ 为儿童每日空气呼吸量，m³/d；$PIAF$ 为吸入土壤颗粒物在体内滞留比例，无量纲；$fspi$ 为室内空气中来自土壤的颗粒物所占比例，无量纲；$fspo$ 为室外空气中来自土壤的颗粒物所占比例对于单一污染物的非致癌效应，考虑人群在儿童期暴露受到的危害，吸入土壤颗粒物途径对应的土壤暴露量采用式(7-8)计算：

$$PISER_{nc} = \frac{PM_{10} \times DAIR_c \times ED_c \times PIAF \times (fspo \times EFO_c + fspi \times EFI_c)}{BW_c \times AT_{nc}} \times 10^{-6}$$

$$(7-8)$$

式中，$PISER_{nc}$ 为吸入土壤颗粒物的土壤暴露量（非致癌效应），kg 土壤/（kg 体重·d）；$PM_{10}$、$DAIR_c$、$fspo$、$fspi$、$EFO_c$、$EFI_c$ 和 $PIAF$ 的参数含义见式(7-7)，$ED_c$、$BW_c$、$ED_a$、$BW_a$ 的参数含义见式(7-1)，$AT_{nc}$ 的参数含义见式(7-2)。

4. 吸入室外空气中来自表层土壤的气态污染物途径

对于单一污染物的致癌效应，考虑人群在儿童期和成人期暴露的终身危害，吸入室外空气中来自表层土壤的气态污染物途径对应的土壤暴露量，采用式(7-9)计算：

$$IOVER_{ca1} = VF_{suroa} \times \left( \frac{DAIR_c \times EFO_c \times ED_c}{BW_c \times AT_{ca}} \frac{DAIR_a \times EFO_a \times ED_a}{BW_a \times AT_{ca}} \right) \qquad (7-9)$$

式中，$IOVER_{ca1}$ 为吸入室外空气中来自表层土壤的气态污染物对应的土壤暴露量（致癌效应），kg 土壤/（kg 体重·d）；$VF_{suroa}$ 为表层土壤中污染物扩散进入室外空气的挥发因子，kg·m⁻³；$DAIR_c$、$DAIR_a$、$EFO_c$ 和 $EFO_a$ 的参数含义见式(7-7)，$ED_c$、$BW_c$、$ED_a$、$BW_a$、$AT_{ca}$ 的参数含义见式(7-1)。

对于单一污染物的非致癌效应，考虑人群在儿童期暴露受到的危害，吸入室外空气中来自场地表层土壤的气态污染物途径对应的土壤暴露量，采用式(7-10)计算：

$$IOVER_{nc1} = VF_{suroa} \times \frac{DAIR_c \times EFO_c \times ED_c}{BW_c \times AT_{nc}} \qquad (7\text{-}10)$$

式中，$IOVER_{nc1}$ 为吸入室外空气中来自表层土壤的气态污染物对应的土壤暴露量（非致癌效应），kg 土壤/（kg 体重·d）；$VF_{suroa}$ 的参数含义见式(7-9)，$DAIR_c$ 和 $EFO_c$ 的参数含义见式(7-7)，$ED_c$ 和 $BW_c$ 的参数含义见式(7-1)，$AT_{nc}$ 的参数含义见式(7-2)。

5. 吸入室外空气中来自下层土壤的气态污染物途径

对于单一污染物的致癌效应，考虑人群在儿童期和成人期暴露的终生危害，吸入室外空气中来自下层土壤的气态污染物途径对应的土壤暴露量，采用式(7-11)计算：

$$IOVER_{ca2} = VF_{suboa} \times \left( \frac{DAIR_c \times EFO_c \times ED_c}{BW_c \times AT_{ca}} \frac{DAIR_a \times EFO_a \times ED_a}{BW_a \times AT_{ca}} \right) \qquad (7\text{-}11)$$

式中，$IOVER_{ca2}$ 为吸入室外空气中来自下层土壤的气态污染物对应的土壤暴露量（致癌效应），kg 土壤/（kg 体重·d）；$VF_{suboa}$ 为下层土壤中污染物扩散进入室外空气的挥发因子，$kg \cdot m^{-3}$。$DAIR_c$、$DAIR_a$、$EFO_c$ 和 $EFO_a$ 的参数含义见式(7-7)，$ED_c$、$BW_c$、$ED_a$、$BW_a$、$AT_{ca}$ 的参数含义见式(7-1)。

对于单一污染物的非致癌效应，考虑人群在儿童期暴露受到的危害，吸入室外空气中来自下层土壤的气态污染物途径对应的土壤暴露量，采用式(7-12)计算：

$$IOVER_{nc2} = VF_{suboa} \times \frac{DAIR_c \times EFO_c \times ED_c}{BW_c \times AT_{nc}} \qquad (7\text{-}12)$$

式中，$IOVER_{nc2}$ 为吸入室外空气中来自下层土壤的气态污染物对应的土壤暴露量（非致癌效应），kg 土壤/（kg 体重·d）；$VF_{suboa}$ 的参数含义见式(7-11)，$DAIR_c$ 和 $EFO_c$ 的参数含义见式(7-7)，$AT_{nc}$ 的含义见式(7-2)，$ED_c$ 和 $BW_c$ 的参数含义见式(7-1)。

6. 吸入室外空气中来自地下水的气态污染物途径

对于单一污染物的致癌效应，考虑人群在儿童期和成人期暴露的终生危害，吸入室外空气中来自地下水的气态污染物途径对应的地下水暴露量，采用式(7-13)计算：

$$IOVER_{ca3} = VF_{gwoa} \times \left( \frac{DAIR_c \times EFO_c \times ED_c}{BW_c \times AT_{ca}} \frac{DAIR_a \times EFO_a \times ED_a}{BW_a \times AT_{ca}} \right) \qquad (7\text{-}13)$$

式中，$IOVER_{ca3}$ 为吸入室外空气中来自地下水的气态污染物对应的地下水暴露量（致癌效应），L 地下水/（kg 体重·d）；$VF_{gwoa}$ 为地下水中污染物扩散进入室外空气的挥发因子，$L/m^3$；$DAIR_c$、$DAIR_a$、$EFO_c$ 和 $EFO_a$ 的参数含义见式(7-7)，$ED_c$、$BW_c$、$ED_a$、$BW_a$、$AT_{ca}$ 的参数含义见式(7-1)。

对于单一污染物的非致癌效应，考虑人群在儿童期暴露受到的危害，吸入室外空气中来自地下水的气态污染物途径对应的地下水暴露量，采用式(7-14)计算：

$$IOVER_{nc3} = VF_{gwoa} \times \frac{DAIR_c \times EFO_c \times ED_c}{BW_c \times AT_{nc}} \qquad (7\text{-}14)$$

式中，$IOVER_{nc3}$ 为吸入室外空气中来自地下水的气态污染物对应的地下水暴露量（非致癌效应），L 地下水/（kg 体重·d）；$VF_{gwoa}$ 的参数含义见式(7-13)，$DAIR_c$ 和 $EFO_c$ 的参数含义见式(7-7)，$AT_{nc}$ 的含义见式(7-2)，$ED_c$ 和 $BW_c$ 的参数含义见式(7-1)。

7. 吸入室内空气中来自下层土壤的气态污染物途径

对于单一污染物的致癌效应，考虑人群在儿童期和成人期暴露的终生危害，吸入室内空气中来自下层土壤的气态污染物途径对应的土壤暴露量，采用式(7-15)计算：

$$IIVER_{ca1} = VF_{subia} \times \left( \frac{DAIR_c \times EFI_c \times ED_c}{BW_c \times AT_{ca}} \frac{DAIR_a \times EFI_a \times ED_a}{BW_a \times AT_{ca}} \right) \qquad (7-15)$$

式中，$IIVER_{ca1}$ 为吸入室内空气中来自下层土壤的气态污染物对应的土壤暴露量（致癌效应），kg 土壤/（kg 体重·d）；$VF_{subia}$ 为下层土壤中污染物扩散进入室内空气的挥发因子，$kg/m^3$。

对于单一污染物的非致癌效应，考虑人群在儿童期暴露受到的危害，吸入室内空气中来自下层土壤的气态污染物途径对应的土壤暴露量，采用公式(7-16)计算：

$$IIVER_{nc1} = VF_{subia} \times \frac{DAIR_c \times EFI_c \times ED_c}{BW_c \times AT_{nc}} \qquad (7-16)$$

式中，$IIVER_{nc1}$ 为吸入室内空气中来自下层土壤的气态污染物对应的土壤暴露量（非致癌效应），kg 土壤/（kg 体重·d）；$VF_{subia}$ 的参数含义分别见式(7-15)，$DAIR_c$、$EFI_c$ 的参数含义见式(7-7)，$AT_{nc}$ 的参数含义见式(7-2)，$ED_c$ 和 $BW_c$ 的参数含义见式(7-1)。

8. 吸入室内空气中来自地下水的气态污染物途径

对于单一污染物的致癌效应，考虑人群在儿童期和成人期暴露的终生危害，吸入室内空气中来自地下水的气态污染物途径对应的地下水暴露量，采用式(7-17)计算：

$$IIVER_{ca2} = VF_{gwia} \times \left( \frac{DAIR_c \times EFI_c \times ED_c}{BW_c \times AT_{ca}} \frac{DAIR_a \times EFI_a \times ED_a}{BW_a \times AT_{ca}} \right) \qquad (7-17)$$

式中，$IIVER_{ca2}$ 为吸入室内空气中来自地下水的气态污染物对应的地下水暴露量（致癌效应），L 地下水/（kg 体重·d）；$VF_{gwia}$ 为地下水中污染物扩散进入室内空气的挥发因子，$L/m^3$。

对于单一污染物的非致癌效应，考虑人群在儿童期暴露受到的危害，吸入室内空气中来自地下水的气态污染物途径对应的地下水暴露量，采用式(7-18)计算：

$$IIVER_{nc2} = VF_{gwia} \times \frac{DAIR_c \times EFI_c \times ED_c}{BW_c \times AT_{nc}} \qquad (7-18)$$

式中，$IIVER_{nc2}$ 为吸入室内空气中来自地下水的气态污染物对应的地下水暴露量（非致癌效应），L 地下水/（kg 体重·d）；$VF_{gwia}$ 的参数含义见式(7-17)，$DAIR_c$、$EFI_c$ 的参数含义见式(7-7)，$AT_{nc}$ 的参数含义见式(7-2)，$ED_c$ 和 $BW_c$ 的参数含义见式(7-1)。

9. 饮用地下水途径

对于单一污染物的致癌效应，考虑人群在儿童期和成人期暴露的终生危害，饮用地下水途径对应的地下水暴露量，采用式(7-19)计算：

$$CGWER_{ca} = \frac{DWCR_c \times EF_c \times ED_c}{BW_c \times AT_{ca}} + \frac{DWCR_a \times EF_a \times ED_a}{BW_a \times AT_{ca}} \qquad (7-19)$$

式中，$CGWER_{ca}$ 为饮用受影响地下水对应的地下水的暴露量（致癌效应），L 地下水/（kg 体重·d）；$GWCR_c$ 为儿童每日饮水量，L 地下水/d；$GWCR_a$ 为成人每日饮水量，L 地下水/d。

对于单一污染物的非致癌效应，考虑人群在儿童期的暴露危害，饮用地下水途径对应的地下水暴露量，采用式（7-20）计算：

$$CGWER_{nc} = \frac{DWCR_c \times EF_c \times ED_c}{BW_c \times AT_{nc}}$$ (7-20)

式中，$CGWER_{nc}$ 为饮用受影响地下水对应的地下水的暴露量（非致癌效应），L 地下水/（kg 体重·d）；$GWCR_a$ 的参数含义见式（7-19），$EF_c$、$ED_c$ 和 $BW_c$ 的参数含义见式（7-1），$AT_{nc}$ 的参数含义见式（7-2）。

10. 皮肤接触地下水途径

对于单一污染物的致癌效应，考虑人群在儿童期和成人期暴露的终生危害。用受污染的地下水日常洗澡或清洗，皮肤接触地下水途径对应的地下水暴露剂量（致癌效应）采用式（7-21）计算：

$$DGWER_{ca} = \frac{SAE_c \times EF_c \times ED_c \times E_v \times DA_{ec}}{BW_c \times AT_{ca}} \times 10^{-6} + \frac{SAE_a \times EF_a \times ED_a \times E_v \times DA_{ea}}{BW_a \times AT_{ca}} \times 10^{-6}$$

(7-21)

式中，$DGWER_{ca}$ 为皮肤接触途径的地下水暴露剂量（致癌效应），mg 污染物/（kg 体重·d）。

无机污染物的吸收剂量 $DA_e$（mg/cm²）采用式（7-22）和式（7-23）计算：

$$DA_{ec} = K_p \times C_{gw} \times t_c \times 10^{-3}$$ (7-22)

$$DA_{ea} = K_p \times C_{gw} \times t_a \times 10^{-3}$$ (7-23)

式中，$K_p$ 为皮肤渗透系数，cm/h；$t_c$ 为儿童次经皮肤接触的时间，h；$C_{gw}$ 为地下水中污染物浓度，mg/L；$t_a$ 为成人次经皮肤接触的时间，h。

对于单一污染物的非致癌效应，考虑人群在儿童期暴露受到的危害。皮肤接触地下水途径对应的地下水暴露剂量采用式（7-24）计算：

$$DGWER_{nc} = \frac{SAE_c \times EF_c \times ED_c \times E_v \times DA_{ec}}{BW_c \times AT_{nc}} \times 10^{-6}$$ (7-24)

式中，$DGWER_{nc}$ 为皮肤接触的地下水暴露剂量（非致癌效应），mg 污染物/（kg 体重·d）。

### （四）第二类用地土壤和地下水暴露量计算

1. 经口摄入土壤途径

对于单一污染物的致癌效应，考虑人群在成人期暴露的终身危害。经口摄入土壤途径对应的土壤暴露量采用公式（7-25）计算：

$$OISER_{ca} = \frac{OSIR_a \times ED_a \times EF_a \times ABS_o}{BW_a \times AT_{ca}} \times 10^{-6}$$ (7-25)

式中，$OISER_{ca}$ 为经口摄入土壤暴露量（致癌效应），kg 土壤/（kg 体重·d）；$OSIR_a$ 为成人每日摄入土壤量, mg/d。

对于单一污染物的非致癌效应, 考虑人群在成人期的暴露危害。经口摄入土壤途径对应的土壤暴露量采用式(7-26)计算:

$$OISER_{nc} = \frac{OSIR_a \times ED_a \times EF_a \times ABS_o}{BW_a \times AT_{nc}} \times 10^{-6} \tag{7-26}$$

式中, $OISER_{nc}$ 为经口摄入土壤暴露量(非致癌效应), kg 土壤/(kg 体重·d); $AT_{nc}$ 为非致癌效应平均时间, d。

2. 皮肤接触土壤途径

对于单一污染物的致癌效应, 考虑人群在成人期暴露的终身危害, 皮肤接触土壤途径的土壤暴露量采用式(7-27)计算:

$$DCSER_{ca} = \frac{SAE_a \times SSAR_a \times EF_a \times ED_a \times E_v \times ABS_d}{BW_a \times AT_{ca}} \times 10^{-6} \tag{7-27}$$

式中, $DCSER_{ca}$、$SAE_a$、$SSAR_a$、$E_v$ 和 $ABS_d$ 的参数含义见式(7-3), $BW_a$、$ED_a$、$EF_a$ 和 $AT_{ca}$ 的参数含义见式(7-1)。

对于单一污染物的非致癌效应, 考虑人群在成人期的暴露危害。皮肤接触土壤途径对应的土壤暴露量采用式(7-28)计算:

$$DCSER_{nc} = \frac{SAE_a \times SSAR_a \times EF_a \times ED_a \times E_v \times ABS_d}{BW_a \times AT_{nc}} \times 10^{-6} \tag{7-28}$$

式中, $DCSER_{nc}$ 的参数含义见式(7-6), $SAE_a$、$SSAR_a$、$E_v$ 和 $ABS_d$ 的参数含义见式(7-3), $AT_{nc}$ 的参数含义见式(7-2), $BW_a$、$ED_a$ 和 $EF_a$ 的参数含义见式(7-1)。

3. 吸入土壤颗粒物

对于单一污染物的致癌效应, 考虑人群在成人期暴露的终身危害, 吸入土壤颗粒物途径对应的土壤暴露量采用式(7-29)计算:

$$PISER_{ca} = \frac{PM_{10} \times DAIR_a \times ED_a \times PIAF \times (fspo \times EFO_a + fspi \times EFI_a)}{BW_a \times AT_{ca}} \times 10^{-6}$$

$$\tag{7-29}$$

式中, $PISER_{ca}$、$PM_{10}$、$DAIR_a$、$PIAF$、$fspo$、$fspi$、$EFO_a$ 和 $EFI_a$ 的参数含义见式(7-7), $BW_a$、$ED_a$ 和 $AT_{ca}$ 的参数含义见式(7-1)。

对于单一污染物的非致癌效应, 考虑人群在成人期的暴露危害, 吸入土壤颗粒物途径对应的土壤暴露量采用式(7-30)计算:

$$PISER_{nc} = \frac{PM_{10} \times DAIR_a \times ED_a \times PIAF \times (fspo \times EFO_a + fspi \times EFI_a)}{BW_a \times AT_{nc}} \times 10^{-6} \tag{7-30}$$

式中, $PISER_{nc}$ 的参数含义见式(7-8), $PM_{10}$、$DAIR_a$、$PIAF$、$fspo$、$fspi$、$EFO_a$ 和 $EFI_a$ 的参数含义见式(7-7), $AT_{nc}$ 的参数含义见式(7-2), $BW_a$ 和 $ED_a$ 的参数含义见式(7-1)。

4. 吸入室外空气中来自表层土壤的气态污染物途径

对于单一污染物的致癌效应, 考虑人群在成人期暴露的终生危害, 吸入室外空气中来自表层土壤的气态污染物对应的土壤暴露量，采用式(7-31)计算：

$$IOVER_{ca1} = VF_{suboa} \times \frac{DAIR_a \times EFO_a \times ED_a}{BW_a \times AT_{ca}} \qquad (7-31)$$

式中，$IOVER_{ca1}$ 和 $VF_{suroa}$ 的参数含义见式(7-9)，$DAIR_a$ 和 $EFO_a$ 的参数含义见式(7-7)，$BW_a$、$ED_a$ 和 $AT_{ca}$ 的参数含义见式(7-1)。

对于单一污染物的非致癌效应，考虑人群在成人期的暴露危害，吸入室外空气中来自表层土壤的气态污染物对应的土壤暴露量，采用式(7-32)计算：

$$IOVER_{nc1} = VF_{suroa} \times \frac{DAIR_a \times EFO_a \times ED_a}{BW_a \times AT_{nc}} \qquad (7-32)$$

式中，$IOVER_{nc1}$ 的参数含义见式(7-10)，$VF_{suroa}$ 的参数含义见式(7-9)，$DAIR_a$ 和 $EFO_a$ 的参数含义见式(7-7)，$AT_{nc}$ 的参数含义见式(7-2)，$BW_a$ 和 $ED_a$ 的参数含义见式(7-1)。

5. 吸入室外空气中来自下层土壤的气态污染物途径

对于单一污染物的致癌效应，考虑人群在成人期暴露的终生危害，吸入室外空气中来自下层土壤的气态污染物对应的土壤暴露量，采用式(7-33)计算：

$$IOVER_{ca2} = VF_{suboa} \times \frac{DAIR_a \times EFO_a \times ED_a}{BW_a \times AT_{ca}} \qquad (7-33)$$

式中，$IOVER_{ca2}$ 和 $VF_{suboa}$ 的参数含义见式(7-10)，$DAIR_a$ 和 $EFO_a$ 的参数含义见式(7-7)，$BW_a$、$ED_a$ 和 $AT_{ca}$ 的参数含义见式(7-1)。

对于单一污染物的非致癌效应，考虑人群在成人期的暴露危害，吸入室外空气中来自下层土壤的气态污染物对应的土壤暴露量，采用式(7-34)计算：

$$IOVER_{nc2} = VF_{suboa} \times \frac{DAIR_a \times EFO_a \times ED_a}{BW_a \times AT_{nc}} \qquad (7-34)$$

式中，$IOVER_{nc2}$ 的参数含义见式(7-12)，VFsuboa 的参数含义见式(7-11)，$DAIR_a$ 和 $EFO_a$ 的参数含义见式(7-7)，$AT_{nc}$ 的参数含义见式(7-2)，$BW_a$ 和 $ED_a$ 的参数含义见式(7-1)。

6. 吸入室外空气中来自地下水的气态污染物途径

对于单一污染物的致癌效应，考虑人群在成人期暴露的终生危害，吸入室外空气中来自地下水的气态污染物对应的地下水暴露量，采用式(7-35)计算：

$$IOVER_{ca3} = VF_{gwoa} \times \frac{DAIR_a \times EFO_a \times ED_a}{BW_a \times AT_{ca}} \qquad (7-35)$$

式中，$IOVER_{ca3}$ 和 $VF_{gwoa}$ 的参数含义见式(7-13)，$DAIR_a$ 和 $EFO_a$ 的参数含义见式(7-7)，$BW_a$、$ED_a$ 和 $AT_{ca}$ 的参数含义见式(7-1)。

对于单一污染物的非致癌效应，考虑人群在成人期的暴露危害，吸入室外空气中来自地下水的气态污染物对应的地下水暴露量，采用式(7-36)计算：

$$IOVER_{nc3} = VF_{gwoa} \times \frac{DAIR_a \times EFO_a \times ED_a}{BW_a \times AT_{nc}} \qquad (7-36)$$

式中，$IOVER_{nc3}$ 的参数含义见式(7-14)，$VF_{gwoa}$ 的参数含义见式(7-13)，$DAIR_a$ 和 $EFO_a$ 的参数含义见式(7-7)，$AT_{nc}$ 的参数含义见式(7-2)，$BW_a$ 和 $ED_a$ 的参数含义见式(7-1)。

**7. 吸入室内空气中来自下层土壤的气态污染物途径**

对于单一污染物的致癌效应，考虑人群在成人期暴露的终生危害，吸入室内空气中来自下层土壤的气态污染物对应的土壤暴露量，采用式(7-37)计算：

$$IIVER_{ca1} = VF_{subia} \times \frac{DAIR_a \times EFI_a \times ED_a}{BW_a \times AT_{ca}} \tag{7-37}$$

式中，$IIVER_{ca1}$ 和 $VF_{subia}$ 的参数含义分别见式(7-15)，$DAIR_a$ 和 $EFI_a$ 的参数含义见式(7-7)，$ED_a$、$BW_a$ 和 $AT_{ca}$ 的参数含义见式(7-1)。

对于单一污染物的非致癌效应，考虑人群在成人期的暴露危害，吸入室内空气中来自下层土壤的气态污染物对应的土壤暴露量，采用式(7-38)计算：

$$IIVER_{nc1} = VF_{subia} \times \frac{DAIR_a \times EFI_a \times ED_a}{BW_a \times AT_{nc}} \tag{7-38}$$

式中，$IIVER_{nc1}$ 的参数含义见式(7-16)，$VF_{subia}$ 的参数含义见式(7-15)，$DAIR_a$ 和 $EFI_a$ 的参数含义见式(7-7)，$AT_{nc}$ 的参数含义见式(7-2)，$BW_a$ 和 $ED_a$ 的参数含义见式(7-1)。

**8. 吸入室内空气中来自地下水的气态污染物途径**

对于单一污染物的致癌效应，考虑人群在成人期暴露的终生危害，吸入室内空气中来自地下水的气态污染物对应的地下水暴露量，采用式(7-39)计算：

$$IIVER_{ca2} = VF_{gwia} \times \frac{DAIR_a \times EFI_a \times ED_a}{BW_a \times AT_{ca}} \tag{7-39}$$

式中，$IIVER_{ca2}$ 和 $VF_{gwia}$ 的参数含义见式(7-17)，$DAIR_a$ 和 $EFI_a$ 的参数含义见式(7-7)，$ED_a$、$BW_a$ 和 $AT_{ca}$ 的参数含义见式(7-1)。

对于单一污染物的非致癌效应，考虑人群在成人期的暴露危害，吸入室内空气中来自地下水的气态污染物对应的地下水暴露量，采用式(7-40)计算：

$$IIVER_{nc2} = VF_{gwia} \times \frac{DAIR_a \times EFI_a \times ED_a}{BW_a \times AT_{nc}} \tag{7-40}$$

式中，$IIVER_{nc2}$ 的参数含义分别见式(7-18)，$VF_{gwia}$ 的参数含义见式(7-17)，$DAIR_a$ 和 $EFI_a$ 的参数含义见式(7-7)，$AT_{nc}$ 的参数含义见式(7-2)，$BW_a$ 和 $ED_a$ 的参数含义见式(7-1)。

**9. 饮用地下水途径**

对于单一污染物的致癌效应，考虑人群在成人期暴露的终生危害，饮用地下水途径对应的地下水暴露量，采用式(7-41)计算：

$$CGWER_{ca} = \frac{GWCR_a \times EF_a \times ED_a}{BW_a \times AT_{ca}} \tag{7-41}$$

式中，$CGWER_{ca}$、$GWCR_a$ 的参数含义见式(7-19)，$EF_a$、$ED_a$、$BW_a$ 和 $AT_{ca}$ 的参数含义见式(7-1)。

对于单一污染物的非致癌效应，考虑人群在成人期的暴露危害，饮用地下水途径对应的地下水暴露量，采用式(7-42)计算：

$$CGWER_{nc} = \frac{GWCR_a \times EF_a \times ED_a}{BW_a \times AT_{nc}} \quad (7-42)$$

式中，$CGWER_{nc}$ 的参数含义见式(7-20)，$CGWER_{ca}$ 的参数含义见式(7-19)，$EF_a$、$ED_a$ 和 $BW_a$ 的参数含义见式(7-1)，$AT_{nc}$ 的参数含义见式(7-2)。

10. 皮肤接触地下水途径

对于单一污染物的致癌效应，考虑人群在成人期暴露的终生危害。用受污染的地下水日常洗澡、游泳或清洗，皮肤接触地下水途径对应的地下水暴露剂量(致癌效应)采用式(7-43)：

$$DGWER_{ca} = \frac{SAE_a \times EF_a \times ED_a \times E_v \times DA_{ea}}{BW_a \times AT_{ca}} \times 10^{-6} \quad (7-43)$$

对于单一污染物的非致癌效应，考虑人群在成人期暴露受到的危害。皮肤接触地下水途径对应的地下水暴露剂量采用式(7-44)计算：

$$DGWER_{nc} = \frac{SAE_a \times EF_a \times ED_a \times E_v \times DA_{ea}}{BW_a \times AT_{nc}} \times 10^{-6} \quad (7-44)$$

## 四、毒性评估技术要求与计算参数

1. 分析污染物毒性效应

分析污染物经不同途径对人体健康的危害效应，包括致癌效应、非致癌效应、污染物对人体健康的危害机理和剂量-效应关系等。

2. 确定污染物相关参数

(1)致癌效应毒性参数

致癌效应毒性参数包括呼吸吸入单位致癌因子($IUR$)、呼吸吸入致癌斜率因子($SF_i$)、经口摄入致癌斜率因子($SF_o$)和皮肤接触致癌斜率因子($SF_d$)。

(2)非致癌效应毒性参数

非致癌效应毒性参数包括呼吸吸入参考浓度($RfC$)、呼吸吸入参考剂量($RfD_i$)、经口摄入参考剂量($RfD_o$)和皮肤接触参考剂量($RfD_d$)。

(3)污染物的理化性质参数

风险评估所需的污染物理化性质参数包括无量纲亨利常数($H'$)、空气中扩散系数($D_a$)、水中扩散系数($D_w$)、土壤-有机碳分配系数($K_{oc}$)、水中溶解度($S$)。

(4)污染物其他相关参数

其他相关参数包括消化道吸收因子($ABS_{gi}$)、皮肤吸收因子($ABS_d$)和经口摄入吸收因子($ABS_o$)。

## 五、风险表征技术要求与计算方法

### 1. 一般性技术要求

（1）应根据每个采样点样品中关注污染物的检测数据，通过计算污染物的致癌风险和危害商进行风险表征。如某一地块内关注污染物的检测数据呈正态分布，可根据检测数据的平均值、平均值置信区间上限值或最大值计算致癌风险和危害商。

（2）风险表征得到的地块污染物的致癌风险和危害商，可作为确定地块污染范围的重要依据。计算得到单一污染物的致癌风险值超过 $10^{-6}$ 或危害商超过 1 的采样点，其代表的地块区域应划定为风险不可接受的污染区域。

### 2. 地块土壤和地下水污染风险计算

（1）土壤中单一污染物致癌风险

对于单一污染物，计算经口摄入土壤、皮肤接触土壤、吸入土壤颗粒物、吸入室外空气中来自表层土壤的气态污染物、吸入室外空气中来自下层土壤的气态污染物、吸入室内空气中来自下层土壤的气态污染物暴露途径致癌风险的推荐模型，分别见式（7-45）~式（7-50）。计算土壤中单一污染物经上述 6 种暴露途径致癌风险的推荐模型见式（7-51）。

经口摄入土壤途径的致癌风险采用式（7-45）计算：

$$CR_{ois} = OISER_{ca} \times C_{sur} \times SF_o \tag{7-45}$$

皮肤接触土壤途径的致癌风险采用式（7-46）计算：

$$CR_{dcs} = DCSER_{ca} \times C_{sur} \times SF_d \tag{7-46}$$

吸入土壤颗粒物途径的致癌风险采用式（7-47）计算：

$$CR_{pis} = PISER_{ca} \times C_{sur} \times SF_i \tag{7-47}$$

吸入室外空气中来自表层土壤的气态污染物途径的致癌风险采用式（7-48）计算：

$$CR_{iov1} = IOVER_{ca1} \times C_{sur} \times SF_i \tag{7-48}$$

吸入室外空气中来自下层土壤的气态污染物途径的致癌风险采用式（7-49）计算：

$$CR_{iov2} = IOVER_{ca2} \times C_{sub} \times SF_i \tag{7-49}$$

吸入室内空气中来自下层土壤的气态污染物途径的致癌风险采用式（7-50）计算：

$$CR_{iiv1} = IIVER_{ca1} \times C_{sub} \times SF_i \tag{7-50}$$

土壤中单一污染物经所有暴露途径的总致癌风险采用式（7-51）计算：

$$CR_n = CR_{ois} + CR_{dcs} + CR_{pis} + CR_{iov1} + CR_{iov2} + CR_{iiv1} \tag{7-51}$$

式中，$CR_{ois}$ 为经口摄入土壤途径的致癌风险，无量纲；$C_{sur}$ 为表层土壤中污染物浓度，mg/kg，应根据场地调查获得参数值；$CR_{dcs}$ 为皮肤接触土壤途径的致癌风险，无量纲；$CR_{pis}$ 为吸入土壤颗粒物途径的致癌风险，无量纲；$CR_{iov1}$ 为吸入室外空气中来自表层土壤的气态污染物途径的致癌风险，无量纲；$CR_{iov2}$ 为吸入室外空气中来自下层土壤的气态污染物途径的致癌风险，无量纲；$CR_{iiv1}$ 为吸入室内空气中来自下层土壤的气态污染物途径的致癌风险，无量纲；$CR_n$ 为土壤中单一污染物（第 $n$ 种）经所有暴露途径的总致癌风险，无量纲。

（2）土壤中单一污染物危害商

对于单一污染物，计算经口摄入土壤、皮肤接触土壤、吸入土壤颗粒物、吸入室外空气中来自表层土壤的气态污染物、吸入室外空气中来自下层土壤的气态污染物、吸入室内空气中来自下层土壤的气态污染物暴露途径危害商的推荐模型，分别见式(7-52)~式(7-57)。计算土壤中单一污染物经上述6种途径危害指数的推荐模型，见式(7-58)。

经口摄入土壤途径的危害商采用式(7-52)计算：

$$HQ_{ois} = \frac{OISER_{nc} \times C_{sur}}{RfD_o \times SAF}$$ (7-52)

皮肤接触土壤途径的危害商采用式(7-53)计算：

$$HQ_{dcs} = \frac{DCSER_{nc} \times C_{sur}}{RfD_d \times SAF}$$ (7-53)

吸入土壤颗粒物途径的危害商采用式(7-54)计算：

$$HQ_{pis} = \frac{PISER_{nc} \times C_{sur}}{RfD_i \times SAF}$$ (7-54)

吸入室外空气中来自表层土壤的气态污染物途径的危害商采用式(7-55)计算：

$$HQ_{iov1} = \frac{IOVER_{nc1} \times C_{sur}}{RfD_i \times SAF}$$ (7-55)

吸入室外空气中来自下层土壤的气态污染物途径的危害商采用式(7-56)计算：

$$HQ_{iov2} = \frac{IOVER_{nc2} \times C_{sub}}{RfD_i \times SAF}$$ (7-56)

吸入室内空气中来自下层土壤的气态污染物途径的危害商采用式(7-57)计算：

$$HQ_{iiv1} = \frac{IIVER_{nc1} \times C_{sub}}{RfD_i \times SAF}$$ (7-57)

土壤中单一污染物经所有暴露途径的危害指数采用式(7-58)计算：

$$HI_n = HQ_{ois} + HQ_{dcs} + HQ_{pis} + HQ_{iov1} + HQ_{iov2} + HQ_{iiv1}$$ (7-58)

式中，$HQ_{ois}$ 为经口摄入土壤途径的危害商；$HQ_{dcs}$ 为皮肤接触土壤途径的危害商；$HQ_{pis}$ 为吸入土壤颗粒物途径的危害商；$HQ_{iov1}$ 为吸入室外空气中来自表层土壤的气态污染物途径的危害商；$HQ_{iov2}$ 为吸入室外空气中来自下层土壤的气态污染物途径的危害商；$HQ_{iiv1}$ 为吸入室内空气中来自下层土壤的气态污染物途径的危害商；$HI_n$ 为土壤中单一污染物(第 $n$ 种)经所有暴露途径的危害指数。这些参数均无量纲。

3. 地下水中单一污染物致癌风险

对于单一污染物，计算吸入室外空气中来自地下水的气态污染物、吸入室内空气中来自地下水的气态污染物、饮用地下水暴露途径和皮肤接触污染的地下水致癌风险的推荐模型，分别见式(7-59)~式(7-62)。计算地下水中单一污染物经上述3种暴露途径致癌风险的推荐模型见式(7-63)。

吸入室外空气中来自地下水的气态污染物途径的致癌风险采用式(7-59)计算：

$$CR_{iov3} = IOVER_{ca3} \times C_{gw} \times SF_i \tag{7-59}$$

吸入室内空气中来自地下水的气态污染物途径的致癌风险采用式(7-60)计算:

$$CR_{iiv2} = IIVER_{ca2} \times C_{gw} \times SF_i \tag{7-60}$$

饮用地下水途径的致癌风险采用式(7-61)计算:

$$CR_{cgw} = CGWER_{ca} \times C_{gw} \times SF_o \tag{7-61}$$

皮肤接触地下水中单一污染物的致癌风险,采用式(7-62)计算:

$$CR_{dgw} = DGWER_{ca} \times SF_d \tag{7-62}$$

地下水中单一污染物经所有暴露途径的总致癌风险采用式(7-63)计算:

$$CR_n = CR_{cgw} + CR_{dgw} + CR_{iov3} + CR_{iiv2} \tag{7-63}$$

式中,$CR_{iov3}$ 为吸入室外空气中来自地下水的气态污染物途径的致癌风险;$CR_{iiv2}$ 为吸入室内空气中来自地下水的气态污染物途径的致癌风险;$CR_{cgw}$ 为饮用地下水途径的致癌风险;$CR_{dgw}$ 为皮肤接触地下水暴露单一污染地下水的致癌风险;$CR_n$ 为地下水中单一污染物(第 $n$ 种)经所有暴露途径的总致癌风险。这些参数均无量纲。

### 4. 地下水中单一污染物危害商

对于单一污染物,计算吸入室外空气中来自地下水的气态污染物、吸入室内空气中来自地下水的气态污染物、饮用地下水暴露途径和皮肤接触污染的地下水危害商的推荐模型,分别见式(7-64)~式(7-67)。计算地下水中单一污染物经上述 3 种暴露途径危害指数的推荐模型见式(7-68)。

吸入室外空气中来自地下水的气态污染物途径的危害商采用式(7-64)计算:

$$HQ_{iov3} = \frac{IOVER_{nc3} \times C_{gw}}{RfD_i \times SAF} \tag{7-64}$$

吸入室内空气中来自地下水的气态污染物途径的危害商采用式(7-65)计算:

$$HQ_{iiv2} = \frac{IIVER_{nc2} \times C_{gw}}{RfD_i \times SAF} \tag{7-65}$$

饮用地下水途径的危害商,采用式(7-66)计算:

$$HQ_{cgw} = \frac{CGWER_{nc} \times C_{gw}}{RfD_o \times WAF} \tag{7-66}$$

皮肤接触污染的地下水中单一污染物的非致癌危害商,采用式(7-67)计算:

$$HQ_{dgw} = \frac{DGWER_{nc}}{RfD_d} \tag{7-67}$$

地下水中单一污染物经所有暴露途径的危害指数采用式(7-68)计算:

$$Q_n = HQ_{cgw} + HQ_{dgw} + HQ_{iov3} + HQ_{iiv2} \tag{7-68}$$

式中,$HQ_{iov3}$ 为吸入室外空气中来自地下水的气态污染物途径的危害商;$HQ_{iiv2}$ 为吸入室内空气中来自地下水的气态污染物途径的危害商;$HQ_{cgw}$ 为饮用地下水途径的危害商;$HQ_{dgw}$ 为皮肤接触地下水暴露单一污染物的非致癌危害商。$HI_n$ 为地下水中单一污染物(第 $n$ 种)经所有暴露途径的危害指数。这些参数均无量纲。

### (三)不确定性分析

#### 1. 分析不确定性的主要来源

应分析造成地块风险评估结果不确定性的主要来源,包括暴露情景假设、评估模型的适用性、模型参数取值等多个方面。

#### 2. 暴露风险贡献率分析

单一污染物经不同暴露途径的致癌风险和危害商贡献率分析推荐模型,分别见式(7-69)和式(7-70)。根据上述公式计算获得的百分比越大,表示特定暴露途径对于总风险的贡献率越高。

单一污染物经不同暴露途径的致癌和非致癌风险贡献率分析推荐模型,分别采用式(7-69)和式(7-70)计算:

$$PCR_j = \frac{CR_j}{CR_n} \times 100\% \tag{7-69}$$

$$PHQ_j = \frac{HQ_j}{HQ_n} \times 100\% \tag{7-70}$$

式中,$PCR_j$ 为单一污染物经第 $j$ 种暴露途径致癌风险贡献率;$PHQ_j$ 为单一污染物经第 $j$ 种暴露途径非致癌危害贡献率;$CR_j$ 为单一污染物经第 $j$ 种暴露途径的致癌风险;$HQ_j$ 为单一污染物经第 $j$ 种暴露途径的非致癌危害商。这些参数均无量纲。

#### 3. 模型参数敏感性分析

(1)敏感参数确定原则。选定需要进行敏感性分析的参数($P$)一般应是对风险计算结果影响较大的参数,如人群相关参数(体重、暴露期、暴露频率等)、与暴露途径相关的参数(每日摄入土壤量、皮肤表面土壤黏附系数、每日吸入空气体积、室内空间体积与蒸气入渗面积比等)。单一暴露途径风险贡献率超过 20% 时,应进行人群和与该途径相关参数的敏感性分析。

(2)敏感性分析方法。模型参数的敏感性可用敏感性比值来表示,即模型参数值的变化(从 $P_1$ 变化到 $P_2$)与致癌风险或危害商(从 $X_1$ 变化到 $X_2$)发生变化的比值。计算敏感性比值的推荐模型见式(7-71)。敏感性比值越大,表示该参数对风险的影响也越大。进行模型参数敏感性分析,应综合考虑参数的实际取值范围确定参数值的变化范围。

$$SR = \frac{\dfrac{X_2 - X_1}{X_1}}{\dfrac{P_2 - P_1}{P_1}} \tag{7-71}$$

式中,$SR$ 为模型参数敏感性比例,无量纲;$P_1$ 为模型参数 $P$ 变化前的数值;$P_2$ 为模型参数 $P$ 变化后的数值;$X_1$ 为按 $P_1$ 计算的致癌风险或危害商,无量纲;$X_2$ 为按 $P_2$ 计算的致癌风险或危害商,无量纲。

# 六、风险控制值的技术要求与计算方法

## (一)可接受致癌风险和危害商

本标准计算基于致癌效应的土壤和地下水风险控制值时,采用的单一污染物可接受致癌风险为 $10^{-6}$;计算基于非致癌效应的土壤和地下水风险控制值时,采用的单一污染物可接受危害商为 1。

## (二)地块土壤和地下水风险控制值计算

### 1. 基于致癌效应的土壤风险控制值

对于单一污染物,计算基于经口摄入土壤、皮肤接触土壤、吸入土壤颗粒物、吸入室外空气中来自表层土壤的气态污染物、吸入室外空气中来自下层土壤的气态污染物、吸入室内空气中来自下层土壤的气态污染物暴露途径致癌效应的土壤风险控制值的推荐模型,分别见式(7-72)~式(7-77)。计算单一污染物基于上述 6 种土壤暴露途径致癌效应的土壤风险控制值的推荐模型,见式(7-78)。

(1)基于经口摄入土壤途径致癌效应的土壤风险控制值,采用式(7-72)计算:

$$RCVS_{ois} = \frac{ACR}{OISER_{ca} \times SF_o} \tag{7-72}$$

式中,$RCVS_{ois}$ 为基于经口摄入途径致癌效应的土壤风险控制值,mg/kg;$ACR$ 为可接受致癌风险,无量纲;取值为 $10^{-6}$;$OISER_{ca}$ 的参数含义见式(7-1)。

(2)基于皮肤接触土壤途径致癌效应的土壤风险控制值,采用式(7-73)计算:

$$RCVS_{dcs} = \frac{ACR}{DCSER_{ca} \times SF_d} \tag{7-73}$$

式中,$RCVS_{dcs}$ 为基于皮肤接触途径致癌效应的土壤风险控制值,mg/kg;$ACR$ 的参数含义见式(7-64),$DCSER_{ca}$ 的参数含义见式(7-3)。

(3)基于吸入土壤颗粒物途径致癌效应的土壤风险控制值,采用式(7-74)计算:

$$RCVS_{pis} = \frac{ACR}{PISER_{ca} \times SF_i} \tag{7-74}$$

式中,$RCVS_{pis}$ 为基于吸入土壤颗粒物途径致癌效应的土壤风险控制值,mg/kg;$ACR$ 的参数含义见式(7-64),$PISER_{ca}$ 的参数含义见式(7-7)。

(4)基于吸入室外空气中来自表层土壤的气态污染物途径致癌效应的土壤风险控制值,采用式(7-75)计算:

$$RCVS_{iov1} = \frac{ACR}{IOVER_{ca1} \times SF_i} \tag{7-75}$$

式中,$RCVS_{iov1}$ 为基于吸入室外空气中来自表层土壤的气态污染物途径致癌效应的土壤风险控制值,mg/kg;$ACR$ 的参数含义见式(7-64),$IOVER_{ca1}$ 的参数含义见式(7-9)。

(5)基于吸入室外空气中来自下层土壤的气态污染物途径致癌效应的土壤风险控制值,采用式(7-76)计算:

$$RCVS_{iov2} = \frac{ACR}{IOVER_{ca2} \times SF_i} \qquad (7-76)$$

式中，$RCVS_{iov2}$ 为基于吸入室外空气中来自下层土壤的气态污染物途径致癌效应的土壤风险控制值，mg/kg；$ACR$ 的参数含义见式(7-64)，$IOVER_{ca2}$ 的参数含义见式(7-10)。

（6）基于吸入室内空气中来自下层土壤的气态污染物途径致癌效应的土壤风险控制值，采用式(7-77)计算：

$$RCVS_{iiv} = \frac{ACR}{IIVER_{ca1} \times SF_i} \qquad (7-77)$$

式中，$RCVS_{iiv}$ 为基于吸入室内空气中来自下层土壤的气态污染物途径致癌效应的土壤风险控制值，mg/kg；$ACR$ 的参数含义见式(7-64)，$IIVER_{ca1}$ 的参数含义见式(7-15)。

基于6种土壤暴露途径（经口摄入、皮肤接触、吸入土壤颗粒物、室外表层土壤的气态污染物、吸入室外空气中来自下层土壤的气态污染物和吸入室内空气中来自下层土壤的气态污染物）的综合致癌效应的土壤风险控制值，采用式(7-78)计算：

$$RCVS_n = \frac{ACR}{OISER_{ca} \times SF_o + DCSER_{ca} \times SF_d + (PISER_{ca} + IOVER_{ca1} + IOVER_{ca2} + IIVER_{ca1}) \times SF_i} \qquad (7-78)$$

式中，$RCVS_n$ 为单一污染物基于6种土壤暴露途径综合致癌效应的土壤，mg/kg；$ACR$ 为可接受致癌风险，无量纲，取值为 $10^{-6}$。

2. 基于非致癌效应的土壤风险控制值

对于单一污染物，计算基于经口摄入土壤、皮肤接触土壤、吸入土壤颗粒物、吸入室外空气中来自表层土壤的气态污染物、吸入室外空气中来自下层土壤的气态污染物、吸入室内空气中来自下层土壤的气态污染物暴露途径非致癌效应的土壤风险控制值的推荐模型，分别见式(7-79)~式(7-84)。计算单一污染物基于上述6种土壤暴露途径非致癌效应的土壤风险控制值的推荐模型，见式(7-85)。

（1）基于经口摄入土壤途径非致癌效应的土壤风险控制值，采用式(7-79)计算：

$$HCVS_{ois} = \frac{RfD_o \times SAF \times AHQ}{OISER_{nc}} \qquad (7-79)$$

式中，$HCVS_{ois}$ 为基于经口摄入土壤途径非致癌效应的土壤风险控制值，mg/kg；$AHQ$ 为可接受危害商，无量纲，取值为1。

（2）基于皮肤接触土壤途径非致癌效应的土壤风险控制值，采用式(7-80)计算：

$$HCVS_{dcs} = \frac{RfD_d \times SAF \times AHQ}{OISER_{nc}} \qquad (7-80)$$

式中，$HCVS_{dcs}$ 为基于皮肤接触土壤途径非致癌效应的土壤风险控制值，mg/kg。

（3）基于吸入土壤颗粒物途径非致癌效应的土壤风险控制值，采用式(7-81)计算：

$$HCVS_{pis} = \frac{RfD_i \times SAF \times AHQ}{PISER_{nc}} \qquad (7-81)$$

式中，$HCVS_{pis}$ 为基于吸入土壤颗粒物途径非致癌效应的土壤风险控制值，mg/kg。

（4）基于吸入室外空气中来自表层土壤的气态污染物途径非致癌效应的土壤风险控制值，采用式（7-82）计算：

$$HCVS_{iov1} = \frac{RfD_i \times SAF \times AHQ}{IOVER_{nc1}}$$ （7-82）

式中，$HCVS_{iov1}$为基于吸入室外空气中来自表层土壤的气态污染物途径非致癌效应的土壤风险控制值，mg/kg。

（5）基于吸入室外空气中来自下层土壤的气态污染物途径非致癌效应的土壤风险控制值，采用式（7-83）计算：

$$HCVS_{iov2} = \frac{RfD_i \times SAF \times AHQ}{IOVER_{nc2}}$$ （7-83）

式中，$HCVS_{iov2}$为基于吸入室外空气中来自下层土壤的气态污染物途径非致癌效应的土壤风险控制值，mg/kg。

（6）基于吸入室内空气中来自下层土壤的气态污染物途径非致癌效应的土壤风险控制值，采用式（7-84）计算：

$$HCVS_{iiv} = \frac{RfD_i \times SAF \times AHQ}{IIVER_{nc1}}$$ （7-84）

式中，$HCVS_{iiv}$为基于吸入室内空气中来自下层土壤的气态污染物途径非致癌效应的土壤风控制值，mg/kg。

基于6种土壤暴露途径（经口摄入、皮肤接触、吸入土壤颗粒物、室外表层土壤的气态污染物、吸入室外空气中来自下层土壤的气态污染物和吸入室内空气中来自下层土壤的气态污染物）综合非致癌效应的土壤风险控制值，采用式（7-85）计算：

$$HCVS_n = \frac{AHQ \times SAF}{\dfrac{OISER_{nc}}{RfD_0} + \dfrac{DCSER_{nc}}{RfD_d} + \dfrac{PISER_{nc} + IOVER_{nc1} + IOVER_{nc2} + IIVER_{nc1}}{RfD_i}}$$ （7-85）

式中，$HCVS_n$为单一污染物基于6种土壤暴露途径综合非致癌效应的土壤风险控制值，mg/kg；$AHQ$为可接受危害商，无量纲；取值为1。

### 3. 保护地下水的土壤风险控制值

地块地下水作为饮用水源时，应计算保护地下水的土壤风险控制值。单一污染物土壤风险控制值，依据 GB/T 14848 中保护地下水的土壤风险控制值的推荐模型计算，见式（7-86）。保护地下水的土壤风险控制值可采用式（7-86）计算：

$$CVS_{pgw} = \frac{MCL_{gw}}{LF_{sgw}}$$ （7-86）

式中，$CVS_{pgw}$为保护地下水的土壤风险控制值，mg/kg；$MCL_{gw}$为地下水中污染物的最大浓度限值，mg/L；$LF_{sgw}$为土壤中污染物进入地下水的淋溶因子，kg/L。

### 4. 基于致癌效应的地下水风险控制值

对于单一污染物，计算基于吸入室外空气中来自地下水的气态污染物、吸入室内空气中来自地下水的气态污染物、饮用地下水暴露途径和基于皮肤接触地下水途径致癌效应的地下水风险控制值的推荐模型，分别见式(7-87)～式(7-90)。计算单一污染物基于上述 4 种地下水暴露途径致癌效应的地下水风险控制值的推荐模型见式(7-91)。

(1)基于吸入室外空气中来自地下水的气态污染物途径致癌效应的地下水风险控制值，采用式(7-87)计算：

$$RCVG_{iov} = \frac{ACR}{IOVER_{ca3} \times SF_i} \tag{7-87}$$

式中，$RCVG_{iov}$ 为基于吸入室外空气中来自地下水的气态污染物途径致癌效应的地下水风险控制值，mg/L。

(2)基于吸入室内空气中来自地下水的气态污染物途径致癌效应的地下水风险控制值，采用式(7-88)计算：

$$RCVG_{iiv} = \frac{ACR}{IIVER_{ca2} \times SF_i} \tag{7-88}$$

式中，$RCVG_{iiv}$ 为基于吸入室内空气中来自地下水的气态污染物途径致癌效应的地下水风险控制值，mg/L。

(3)基于饮用地下水途径致癌效应的地下水风险控制值，采用式(7-89)计算：

$$RCVG_{cgw} = \frac{ACR}{CGWER_{ca} \times SF_a} \tag{7-89}$$

式中，$RCVG_{cgw}$ 为基于饮用地下水途径致癌效应的地下水风险控制值，mg/L。

(4)基于皮肤接触地下水途径致癌效应的地下水风险控制值，采用式(7-90)计算：

$$RCVG_{dgw} = \frac{ACR}{DGWER_{ca} \times SF_d} \tag{7-90}$$

式中，$RCVG_{dgw}$ 为基于皮肤接触致癌效应的地下水风险控制值，mg/L。

(5)基于 4 种地下水暴露途径综合致癌效应的地下水风险控制值，采用式(7-91)计算：

$$RCVG_n = \frac{ACR}{(IOVER_{ca3} + IIVER_{ca2}) \times SF_i + CGWER_{ca} \times SF_o + DGWER_{ca} \times SF_d} \tag{7-91}$$

式中，$RCVG_n$ 为单一污染物(第 $n$ 种)基于 4 种地下水暴露途径综合致癌效应的地下水风险控制值，mg/L。

5. 基于非致癌效应的地下水风险控制值

对于单一污染物，计算基于吸入室外空气中来自地下水的气态污染物、吸入室内空气中来自地下水的气态污染物、饮用地下水暴露途径和基于皮肤接触地下水途径非致癌效应的地下水风险控制值的推荐模型，分别见式(7-92)～式(7-95)。计算单一污染物基于上述 4 种地下水暴露途径非致癌效应的地下水风险控制值的推荐模型见式(7-96)。

(1)基于吸入室外空气中来自地下水的气态污染物途径非致癌效应的地下水风险控制值，采用式(7-92)计算：

$$HCVG_{iov} = \frac{RfD_i \times WAF \times AHQ}{IOVER_{nc3}} \tag{7-92}$$

式中，$HCVG_{iov}$ 为基于吸入室外空气中来自地下水的气态污染物途径非致癌效应的地下水风险控制值，mg/L。

（2）基于吸入室内空气中来自地下水的气态污染物途径非致癌效应的地下水风险控制值，采用式(7-93)计算：

$$HGCV_{iiv} = \frac{RfD_i \times WAF \times AHQ}{IIVER_{nc2}} \tag{7-93}$$

式中，$HGCV_{iiv}$ 为基于吸入室内空气中来自地下水的气态污染物途径非致癌效应的地下水风险控制值，mg/L。

（3）基于饮用地下水途径非致癌效应的地下水风险控制值，采用式(7-94)计算：

$$HCVG_{cgw} = \frac{RfD_o \times WAF \times AHQ}{CGWER_{nc}} \tag{7-94}$$

式中，$HCVG_{cgw}$ 为基于饮用地下水途径非致癌效应的地下水风险控制值，mg/L。

（4）基于皮肤接触地下水途径非致癌效应的地下水风险控制值，采用式(7-95)计算：

$$HCVG_{dgw} = \frac{RfD_d \times AHQ}{DGWER_{nc}} \tag{7-95}$$

（5）基于4种地下水暴露途径综合非致癌效应的地下水风险控制值，采用式(7-96)计算：

$$HCVG_n = \frac{AHQ}{\dfrac{IOVER_{nc3} + IIVER_{nc2}}{RfD_i \times WAF} + \dfrac{CGWER_{nc}}{RfD_o \times WAF} + \dfrac{DGWER_{nc}}{RfD_d}} \tag{7-96}$$

式中，$HCVG_n$ 为单一污染物(第 $n$ 种)基于3种地下水暴露途径综合非致癌效应的地下水风险控制值，mg/L。

### （三）分析确定土壤和地下水风险控制值

（1）比较上述计算得到的基于致癌效应和基于非致癌效应的土壤风险控制值，以及基于致癌效应和基于非致癌风险的地下水风险控制值，选择较小值作为地块的风险控制值。如地块及周边地下水作为饮用水源，则应充分考虑到对地下水的保护，提出保护地下水的土壤风险控制值。

（2）按照 HJ 25.4 和 HJ 25.6 确定地块土壤和地下水修复目标值时，应将基于风险评估模型计算出的土壤和地下水风险控制值作为主要参考值。

## 七、土壤和地下水污染健康风险评估报告编制大纲

健康风险评估报告可参照以下大纲的格式进行编制，并根据具体内容进行相应取舍，评估报告都需要有封面、扉页、摘要、目录，报告正文的主要提纲如下所列。

1 项目概况

 1.1 项目背景

 1.2 评估原则

 1.3 评估依据

 1.3.1 场地相关资料

 1.3.2 相关法律法规与标准

 1.4 评估内容

2 场地概况

💡 思考题

1. 简述土壤和地下水环境现状调查的三项基本原则及内容。

2. 简述土壤污染状况调查的三个阶段及主要内容。

3. 简述第一阶段土壤污染状况调查资料收集方法。

4. 简述土壤污染状况初步调查的布点依据与点位密度。

5. 初步调查采样土壤监测点位布设应注意哪些情况?

6. 详细调查采样土壤监测点位布设应注意哪几点?

7. 地下水调查采样监测点位布设应注意哪几点?

8. 地表水和底泥监测点位的布设应注意哪几点?

9. 简述土壤详细调查的布点依据与初步调查的区别及点位密度。

10. 土壤污染状况风险评估的表层土和下层土划分的依据是什么？

11. 第一阶段调查中若不存在哪八种情况则可结束调查？

12. 土壤污染状况初步调查地块存在哪些情况需涵盖地下水环境调查和采样监测？

13. 同时满足哪些条件的土壤超标点位可进行异常点位排查与处置？

14. 简述遥感技术在土壤调查中的优势。

15. 建设用地风险暴露途径有哪些？

16. 简述农用地土壤污染状况调查技术方法。

17. 请简述土壤和地下水污染调查技术方法有哪些。

18. 请简述土壤和地下水污染状况评价技术方法有哪些。

19. 土壤和地下水污染风险管控标准有哪些？

20. 土壤污染调查的基本原则是什么？

21. 简述土壤污染评价工作等级如何划分及其依据。

22. 请分别简述土壤和地下水的污染状况评价标准。

23. 简述土壤和地下水污染健康风险评估的方法。

24. 简述毒性评估技术要求。

25. 土壤和地下水污染健康风险评估报告的附件有哪些？

# 第八章 土壤和地下水环境污染防控与修复技术

## 第一节 土壤和地下水污染防治概述

### 一、土壤污染防治概述

根据《中华人民共和国土壤污染防治法》，土壤污染是指因人为因素导致某种物质进入陆地表层土壤，引起土壤化学、物理、生物等方面特性的改变，影响土壤功能和有效利用，危害公众健康或者破坏生态环境的现象。由此可见，从法律角度判断土壤是否被污染，有两个必要条件：第一，土壤污染是由人为因素(包括工业生产、农业生产、服务业生产及社会日常生活等活动)导致的，仅源于自然地质背景的高重金属含量的土壤不属于污染土壤。第二，污染物造成了土壤功能的损失，影响土地利用，对人体健康或生态环境产生危害。例如，建设用地的土壤污染物含量过高，在其上直接开发住宅可能对居民健康造成不良影响，不能发挥承载人居环境的功能，若不经过治理修复或风险管控，就不能直接作为生产生活用地。农用地受到重金属污染，产出的农产品中的重金属含量超标，土地就失去了产出合格农产品的功能，因此必须采取安全利用或严格管控措施。

土壤污染具有隐蔽性、积累性、长期性、不均匀性等特点。土壤污染不像大气污染和水污染那样容易通过视觉或嗅觉进行感官识别；污染物进入土壤后难以发生迁移、扩散或稀释而易于不断积累；进入土壤的污染物降解缓慢或难以降解(如重金属)，土壤污染一旦发生就很难在短期内自然消除；而且，污染物在土壤中的空间分布不均匀、变异性大，同一地块内邻近点位以及同一点位不同深度采集的样品中的污染物含量均存在差异，难以准确刻画土壤污染的范围及污染程度。

土壤污染主要是长期累积形成的。工矿企业用地土壤污染主要源于原辅料和固体废物在厂区内转运中的遗撒、上下料的随意排放、储存防渗不到位、毒害性物质跑冒滴漏与事故泄漏、废水处理设施与管网渗漏、危险废物非法堆放与倾倒填埋等。农用地土壤污染主要源于水污染(如灌溉用水污染、夹杂污染物的洪水淹没农田形成污染等)、大气污染(如干湿沉降)、农业投入品污染(如施用重金属含量高的有机肥、畜禽粪便污染)、固体废物污染等。土壤中的污染物一般可分为无机污染物和有机污染物。无机污染物有镉、汞、砷等重金属及类金属污染物以及氰化物、氟化物等非金属污染物。有机污染物种类多，常见的有苯、甲苯、二甲苯、乙苯、三氯乙烯等挥发性有机污染物以及多环芳烃、多氯联苯、有机农药类等半挥发性有机污染物。

## 二、地下水污染防治概述

地下水是水资源的重要组成部分，在保证居民生活用水、社会经济发展和维持生态平衡等方面起到了不可估量的作用。但随着社会经济的快速发展，人类生产与生活过程中产生的各种废弃物从不同途径对地下水环境造成了污染。地下水污染通常指由于人类活动引起地下水中化学成分和物理性质及生物学特性发生改变而导致出现水质恶化与使用价值或功能降低的现象。地下水污染与地表水不同，污染物进入地下含水层后，迁移扩散速度缓慢，难以被及时发现；如果发现了地下水污染，确定污染源也比较困难。而且，由于地表以下的地层结构复杂性等因素的影响，地下水污染的治理难度大，即使消除了污染源，已经进入含水层的污染物仍将持续影响地下环境。地下水污染具有不确定性、隐蔽性、不可逆性和治理难度大等特点。地下水污染源的分类方法多，如可按形成原因、分布形状、污染来源等进行分类。地下水中的无机污染物、有机污染物、生物污染物和放射性污染物等可通过不同途径污染地下水。地下水的不合理开发、土地的不合理利用、工业企业废弃物和各种生活垃圾等的不合理处置、农药化肥的大量使用以及各类储罐渗漏等导致的地下水污染防治与管控难度很大。

# 第二节　建设用地土壤污染风险管控与修复技术

## 一、建设用地土壤污染风险管控技术

建设用地土壤污染风险管控技术应根据不同区域的各种污染土壤状况而选择不同的污染风险管控技术。

### (一)阻隔技术

阻隔是采用阻隔、堵截及覆盖等工程措施，将污染物封闭于场地内，避免污染物对人体和周围环境造成风险，同时控制污染物随降水或地下水向周围环境迁移扩散的技术措施。阻隔技术可以限制污染迁移，切断暴露路径，但无法彻底去除污染物，因此永久性的阻隔措施需要监测其长期有效性，临时性的阻隔措施应与其他可去除或减少地块内污染物的修复技术结合使用。阻隔技术可用于土壤污染和地下水污染的风险管控。

阻隔技术主要适用于以下情形：①地下水中的污染物浓度超过相关标准或风险不可接受；②污染物存在潜在完整的暴露途径；③与其他措施相比，阻隔技术具有较高的适用性及性价比。临时性阻隔技术，如防渗屏障需要与多相抽提、原位化学氧化、原位化学还原、原位热脱附、可渗透反应墙(PRB)等其他修复技术联合使用。

阻隔技术包括纵向阻隔和水平防渗两大类。纵向阻隔是采用竖向布置的形式，阻断污染物随地下水向周边环境迁移扩散的途径，具体包括在污染地块四周或下游设置纵向防渗屏障等；水平防渗采用表面覆盖阻隔、底部阻隔等形式，控制污染物因淋溶向下迁移、以蒸气形式向上逸散或阻断表层污染土壤与人体直接接触。代表性阻隔技术见表8-1。

表 8-1　代表性阻隔技术表

| 阻隔技术 | 防渗性能 | 施工性能 | 耐化学性能 | 抗变形能力 | 工程造价 |
|---|---|---|---|---|---|
| 封闭式帷幕灌浆技术 | 渗透系数一般在 $1.0 \times 10^{-7} \sim 1.0 \times 10^{-5}$ cm/s | 可以采用高压旋喷、深层搅拌等各种工艺，需要对连续性进行比较 | 根据场地的地球化学特征和污染物特征，需要选择防渗材料；防止腐蚀降低防渗效果 | 较差~适中 | 较低~适中 |
| 塑形混凝土墙 | 渗透系数一般在 $1.0 \times 10^{-7} \sim 1.0 \times 10^{-6}$ cm/s | 垂直开槽塑性混凝土连续墙 | 需要混凝土具有抗腐蚀性 | 较差~适中 | 适中~较高 |
| 黏土-膨润土泥浆墙 | 渗透系数一般在 $1.0 \times 10^{-7} \sim 1.0 \times 10^{-6}$ cm/s | 开挖回填，需要泥浆混合区域 | 金属离子会改变材料的渗透性能，使渗透性增大 | 较差 | 较高 |
| HDPE 膜-膨润土复合墙 | 多用于环保行业；渗透系数 $1.0 \times 10^{-13}$ cm/s，防渗性能优越 | 对连续性要求高，施工质量不佳可能造成渗漏，影响效果 | 有较好的抗化学性能 | 较好 | 高~极高 |

### (二) 制度控制

制度控制即通过限制地块使用、改变活动方式、向相关人群发布通知等行政或法律手段保护公众健康和环境安全的非工程措施，是一种重要的地块风险管控措施。如果通过评估认为场地在修复后仍存在残余污染，则应考虑运用制度控制措施，以确保残余污染不会带来不可接受的风险。相比常规的修复方式，使用制度控制和工程控制相结合的方式使得修复目标更加明确，可降低修复成本并缩短修复时间。制度控制一般常在以下三种情况使用：一是最初的调查期间，首次发现污染物，为了防止民众接触到潜在有害物质而采取的临时控制措施；二是污染场地正在进行修复，为了保护修复设备和防止民众接触有害物质，可采取制度控制；三是部分污染物残留于场地，制度控制作为风险管控和修复手段的一部分使用。

制度控制可按照实施主体、面向对象和实施方式来分类。如美国一般将制度控制分为四类：政府控制、所有权控制、强制执行手段和信息手段[158]。政府控制就是政府或地方行政机构通过发布对公众及资源的限制条文，达到制度控制的目的，包括颁布法规、条例、分区规划、建筑许可证等土地或资源限制使用的措施。所有权控制存在于土地允许私人拥有和买卖的前提下，依托于房地产和物权法基础，主要通过所有权的相关法律来限制土地的开发使用，包括地役权和契约，例如可以强制土地所有者不得在其居住用地上建造游泳池等。强制执行手段是通过双方签署的命令或许可等强制性法律文件，对土地所有者或使用者在地块中的行为进行限制；通常由政府部门运用此手段来实施制度控制的强制执行权，其特点是具有合同性质，不随土地转移。信息手段是以公告或通告的方式提供有关地块上可能残留或封存的污染物的相关信息，利于公众了解污染地块的具体情况，信息手段通常作为辅助手段来使用，以便确保其他制度控制的完整性。

### (三) 土壤气控制

土壤气控制技术包括被动控制技术和主动控制技术。被动控制技术即通过工程措施阻隔土壤或地下水中挥发性有机物(VOCs)蒸气从建筑物底板进入室内空间;被动控制技术较主动控制技术施行更简便且成本更低。常见的被动控制技术包括密封裂缝、安装阻隔屏障及安装被动式通风系统。具体方式的选取需视场地情况而定。主动控制技术是通过工程手段使得建筑底板下气压低于建筑物室内气压,从而消除蒸气侵入建筑物室内的驱动力,达到阻断蒸气入侵的目的。常见的主动控制技术包括建筑地板下抽气降压系统以及建筑物室内增压系统等。土壤气控制技术适用于场地挥发性有机物呼吸暴露的风险控制与阻断[159]。

## 二、建设用地土壤污染修复技术

建设用地土壤污染修复技术很多,主要有物理法、化学法和生物法三大类。它们适用于不同的污染物性质特征与土壤污染状况条件。因建设用地一般按工期要求都比较急用,因此在实际治理修复过程中较多使用物理法和化学法进行修复。

### (一)化学氧化修复法

化学氧化修复法就是在修复中向污染土壤或地下水中添加化学氧化药剂,通过氧化作用使土壤或地下水中的污染物降解为毒性较低或无毒性物质的修复技术。化学氧化技术是一种既可用于土壤也可用于地下水的污染治理技术。化学氧化适用于处理污染土壤和地下水中的大部分有机污染物,如石油烃、酚类、苯系物(苯、甲苯、乙苯、二甲苯)、含氯有机溶剂、多环芳烃、甲基叔丁基醚、部分农药等,亦可用于氰化物等部分无机污染物。化学氧化不适用于重金属污染土壤的修复。对于吸附性强、水溶性差的有机污染物,应考虑必要的增溶、洗脱工序;有机污染浓度过高时,应考虑经济性与可行性。尤其是在氧化过程中若产生高毒性的中间产物、副产物或其他值得关注的污染物(如过硫酸盐氧化产生的硫酸根离子)时,应在技术选择及后期监测时加以考虑。

按照实施方式的不同,化学氧化通常分为原位化学氧化和异位化学氧化。原位化学氧化通过注药设备在原位将氧化药剂注入土壤或地下水污染区域,使药剂与污染物发生氧化作用,从而使土壤或地下水中的污染物转化为毒性较低或无毒性的物质。常见的加药方式有建井注射、直推注射、高压旋喷注射、原位搅拌等[160]。异位化学氧化先将污染土壤清挖转运至异位修复区域,通过修复机械将氧化药剂与污染土壤混合并搅拌均匀,从而使土壤中的污染物转化为毒性较低或无毒性的物质。按照搅拌方式的不同,异位化学氧化通常分为机械腔体内部搅拌和反应池/反应堆外部搅拌两类。常见的氧化药剂包括过硫酸盐、高锰酸盐、过氧化氢、(类)芬顿试剂与臭氧,部分氧化剂需配合活化剂及稳定剂共同使用。常见氧化剂形态及活化剂、稳定剂见表8-2。

表8-2 化学修复常用的氧化剂和活化剂

| 氧化剂 | 形态 | 常用活化剂 | 稳定剂 |
|---|---|---|---|
| 过氧化氢 | 液态 | 天然铁或铁化合物,包括硫酸铁、硫酸亚铁、氯化铁和氯化亚铁 | 柠檬酸钠、柠檬酸、EDTA 等 |

| 氧化剂 | 形态 | 常用活化剂 | 稳定剂 |
|---|---|---|---|
| 过硫酸钠 | 固态 | 碱活化(生石灰,氢氧化钠) | 无 |
| | | 天然铁或铁化合物,如硫酸铁、硫酸亚铁、氯化铁和氯化亚铁 | 柠檬酸钠、柠檬酸、EDTA 等 |
| | | 加热 | 无 |
| | | 过氧化氢 | 柠檬酸钠、柠檬酸、EDTA 等 |
| | | 过氧化钙 | 无 |
| 高锰酸钾 | 固态 | 无 | 无 |
| 臭氧 | 气态 | 无 | 无 |

## (二)化学还原修复法

化学还原修复法是指向污染土壤或地下水中添加化学还原剂,通过还原作用使土壤或地下水中污染物转化为毒性较低或无毒性物质的修复技术。常见的还原剂有连二亚硫酸钠、亚硫酸氢钠、硫酸亚铁、多硫化钙、二价铁、零价铁(ZVI)等。化学还原可适用于土壤和地下水污染治理。化学还原主要针对氯代有机物、铬(Ⅵ)、硝基化合物、高氯酸盐等,适用于中低浓度污染土壤或地下水的修复。此法在处理氯代有机溶剂的过程中可能产生高毒中间污染物(如氯乙烯),必须进行相应的监测[161]。按实施方式可分为原位化学还原和异位化学还原法。

原位化学还原法通过注药设备在原位将还原剂注入土壤或地下水的污染区域,使药剂与污染物发生还原作用,从而使土壤或地下水中的污染物转化为毒性较低或无毒性的物质;常见的注药方式有建井注射、直推注射、高压旋喷注射和原位搅拌等方式。异位化学还原法通过开挖污染土壤,将其转运至异位修复区域进行修复,通过修复机械将还原药剂与污染土混合、搅拌均匀使其充分反应而使土壤中的污染物转化为毒性较低或无毒性的物质。异位化学还原法按搅拌方式分为机械腔体内部搅拌与反应池/反应堆外部搅拌两类。

## (三)固化/稳定化修复法

固化/稳定化修复法是将污染土壤与水泥等胶凝材料或稳定化药剂相混合,通过形成晶格结构或化学键等,将土壤中污染物捕获或固定在固体结构中,从而降低有害组分的移动性或浸出性的过程。固化通过采用结构完整性的整块固体将污染物密封起来以降低其物理有效性,而稳定化则降低了污染物的化学有效性。原位固化/稳定化就是不需移动土壤,直接在发生污染的位置进行固化/稳定化的过程,异位固化/稳定化则是将受污染的土壤挖出来,然后转运到其他位置进行固化/稳定化的过程(HJ 1282—2023)。就是通过添加固化剂或稳定剂,将土壤中的有毒有害物质固定下来,或改变有毒有害成分的赋存状态或化学组成形式,阻止其在环境中迁移和扩散,从而降低其危害的修复技术。其中,固化是利用惰性材料与土壤混合,使其生成结构完整、具有一定机械强度的块状密实固化体,从而将污染土壤中有毒有害成分加以束缚的过程;稳定化是利用化学添加剂与土壤混合,改变污染土壤中有毒有害成分的赋存状态或化学组成形式,从而降低其毒性、溶解性和迁移性的过程。

固化/稳定化修复技术可用于处理大量的无机污染物和部分有机污染物。其技术特点是可同时处理被多种污染物污染的土壤；设备简单，费用较低；所形成的固化体毒性降低，稳定性增强；凝结在固化体中的微生物很难生长，结块结构稳定。但该技术仅限制污染物对环境的有效性，而未减少或破坏土壤中的污染物，经过一定时期后，污染物可能再次释放出来，对环境造成危害[162]。按施工过程是否挖掘土壤，可分为原位固化/稳定化和异位固化/稳定化。原位固化/稳定化是通过一定的机械力在原位向污染介质中添加固化剂或稳定剂，在充分混合的基础上，使其与污染介质、污染物发生物理作用与化学作用，将土壤中的有毒有害物质固定或改变有毒有害成分的赋存状态及化学形态，控制其在环境中迁移和扩散[图 8-1(a)]；异位固化/稳定化则将污染土壤挖掘出并运送至指定施工区域，向污染介质中添加固化剂/稳定剂，使其与污染介质或污染物发生作用[图 8-1(b)]。

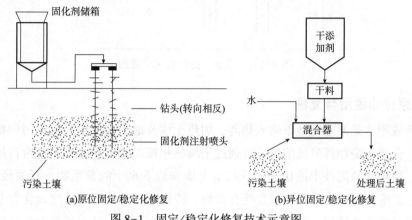

(a)原位固定/稳定化修复　　　　　(b)异位固定/稳定化修复

图 8-1　固定/稳定化修复技术示意图

### (四)土壤气相抽提修复法

土壤气相抽提修复法是通过抽提系统对土壤施加真空，迫使非饱和土壤中污染气体发生受控流动，从而将其中的挥发性和半挥发性有机污染物脱除的技术。在抽提的同时也可设置注气井，向土壤中通入空气，形成加压气流。土壤气相抽提适用于非饱和带污染土壤高挥发性有机物和一些半挥发性有机物的修复，如汽油、苯、甲苯和四氯乙烯等。一般要求土壤透气率$>10^{-10}cm^2$。

土壤气相抽提技术的基本原理是在污染土壤内引入清洁的空气产生驱动力，利用土壤固相、液相和气相间的浓度梯度，在气压降低的情况下，将其转化为气态的污染物排出土壤的过程，土壤气相抽提系统示意如图 8-2 所示。按照修复区土壤是否开挖，土壤气相抽提技术常可分为原位土壤气相抽提技术和异位土壤气相抽提技术。前者是将抽提井直接布设于非饱和土壤修复区内；后者是将污染土壤挖掘出来，转移到其他场所制成堆体，在土壤堆体中布置抽提井实施修复作业。

采用土壤蒸气技术进行修复的污染土壤应该是均一的，具有高渗透能力、大空隙度以及不均匀的颗粒分布。对于容重大、土壤含水量大、孔隙度低或渗透速率小的土壤，土壤蒸气迁移将受到限制。就污染物特性而言，污染的程度与范围、蒸气压、亨利常数、水溶解度、分配系数和扩散速率等都将影响土壤蒸气浸提技术的修复效率[163]。

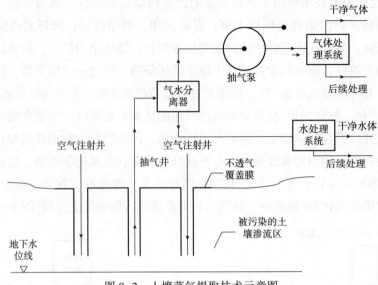

图 8-2　土壤蒸气提取技术示意图

### (五)原位热脱附修复法

原位热脱附法是通过向地下输入热能,加热土壤及地下水,提高目标污染物的蒸气压及溶解度,促进污染物挥发或溶解,并通过土壤气相抽提或多相抽提实现对目标污染物去除的技术。原位热脱附技术适用于处理污染土壤和地下水中的苯系物、石油烃、卤代烃、多氯联苯、二噁英等挥发性和半挥发性有机物,特别适用于处理高浓度及含有非水相液体的地下介质及低渗透地层。原位热脱附不适用于地下水丰富、流速较快的污染物区域的修复。其中,蒸汽加热不适用于渗透系数较小($<10^{-4}$cm/s)或地层均质性较差的区域[164]。

原位热脱附法按加热方式分为热传导加热、电阻加热(电流加热)及蒸汽加热。热传导加热是热量通过传导的方式由加热井传递到污染区域,从而加热土壤和地下水的原位热脱附技术。热传导通常包括燃气加热和电加热两种方式。热传导加热的最高温度可以达到750~800℃。电阻加热也称电流加热,是将电流通过污染区域,利用电流的热效应加热土壤和地下水的原位热脱附技术。电阻加热利用水等介质的导电特性实现电流传输,通过土壤和非水相液体等污染介质的电阻发热特性实现污染区域加热。电阻加热的最高温度一般在100~120℃。蒸汽加热指通过将高温水蒸气注入污染区域,加热土壤和地下水的原位热脱附技术。蒸汽加热的最高温度在170℃。

### (六)异位热脱附修复法

异位热脱附修复法是通过直接或间接方式对污染土壤进行加热,通过控制系统温度和物料停留时间,有选择地促使污染物气化挥发,使目标污染物与土壤颗粒分离去除。异位热脱附适用于处理污染土壤中的挥发性及半挥发性有机污染物(如石油烃、农药、多环芳烃、多氯联苯)和汞等物质,不适用于汞以外的无机物污染土壤,也不适用于腐蚀性有机物、活性氧化剂和还原剂含量较高的土壤。污染土壤修复方量较大时,宜采用直接热脱附工艺;修复方量较小时,宜采用间接热脱附工艺;汞污染土壤应采用间接热脱附工艺。

异位热脱附系统按照加热方式分为直接热脱附和间接热脱附。按照加热目标温度可分为高温热脱附和低温热脱附。直接热脱附是指热源通过直接接触对污染土壤进行加热，使污染物从土壤中挥发除去的处理过程。间接热脱附是指热源通过介质间接对污染土壤进行加热，使污染物从土壤中挥发除去的处理过程[165]。

### (七)化学热升温解吸修复法

化学热升温解吸修复法主要是通过在土壤中均匀掺混发热剂，在土壤中发生放热化学反应，促使土壤堆体温度升高，使土壤堆体温度接近或高于污染物(以挥发性物质为主)的沸点，促使污染物从土壤中加速解吸出来的一种技术。所有类型污染土壤，包含黏土中的氨氮等挥发性无机物，苯、甲苯、氯苯等挥发性有机物的修复都可以采用此方法[166]。由于修复过程易产生大量扬尘并释放出污染气体，化学热升温解吸修复通常需要在带有废气处理装置的密闭大棚中进行，以防止二次污染。土壤含水率等物理性质、有机质含量、pH 等化学特性、污染程度等污染特性均会影响化学热升温解吸技术的处理效果。使用该技术前，应针对不同类型的污染土壤进行小试，确定发热剂的最佳添加量。

### (八)水泥窑协同处置修复法

水泥窑协同处置修复法是将满足或经过预处理后满足入窑要求的固体废物投入水泥窑，在进行水泥熟料生产的同时实现对废物的无害化处置的过程；新型干法水泥窑协同处置污染固废投加示意见图 8-3(HJ 662—2013)。水泥窑协同处置法是利用水泥回转窑内的高温、气体停留时间长、热容量大、热稳定性好、碱性环境、无废渣排放等特点，在生产水泥熟料的同时，焚烧固化处理污染土壤。有机污染土壤从窑尾烟气室进入水泥回转窑，窑内气相温度最高可达 1800℃，物料温度约为 1450℃。在水泥窑的高温条件下，污染土壤中的有机污染物可转化为无机物，高温气流与高浓度、高吸附性、高均匀性分布的碱性物料(CaO、CaCO₃ 等)充分接触，有效地抑制酸性物质的排放，使得 S 和 Cl 等转化成无机盐类固定下来。重金属污染土壤从生料配料系统进入水泥回转窑，使重金属固定在水泥熟料中。水泥窑协同处置适用于有机污染土壤及大部分重金属污染土壤的处置。由于水泥生产对进料中重金属及 S、Cl 等元素的含量有限值要求，在使用该技术时需控制污染土的添

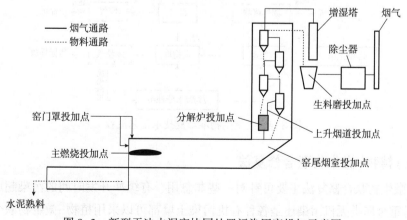

图 8-3　新型干法水泥窑协同处置污染固废投加示意图

加量。水泥窑协同处置法按进料方式可分为原材料替代(生料配料系统进料)及高温焚烧(窑尾烟气室进料)两种。前者是将重金属污染土壤与水泥厂生产原材料经过配伍后,随生料一起进入生料磨,经过预热后进入水泥窑系统内煅烧,污染土壤中的重金属被固定在水泥熟料晶格内;后者是将有机污染土壤经过预处理后,通过密闭输送系统,将污染土壤输送至窑尾烟气室进入水泥窑系统煅烧,污染土壤中的有机物在高温下转化为无机物。

### (九)异位土壤淋洗修复法

异位土壤淋洗修复法是采用物理分离或化学淋洗等手段,通过添加水或合适的淋洗剂,分离重污染土壤组分或使污染物从土壤相转移到液相的技术。该技术适用于污染土壤或污染底泥的修复;不适合于土壤细粒(黏/粉粒)含量30%~50%的土壤修复。按污染物分离的方式,异位土壤淋洗法又可分为物理分离和化学淋洗。物理分离是采用筛分、水力分选及重力浓缩等分离手段,将砾石、砂粒等较大颗粒的土壤组分同黏/粉粒等土壤细粒分离。由于污染物主要集中分布于土壤细粒上,因此物理分离可有效地减少污染土壤的处理量而实现减量化。对于分离出的土壤细粒,可根据需要选择稳定化处置或进行化学淋洗处理。化学淋洗即增效洗脱,是将含有淋洗剂的溶液与污染土壤混合,通过增溶或络合作用,促进土壤细粒表面污染物向水相的溶解转移,再对含污染物的淋洗废液进行后处理。常用的有机污染物淋洗剂有低毒有机溶剂、表面活性剂等;重金属淋洗剂有无机酸、有机酸及螯合剂等。

### (十)生物堆修复法

生物堆修复法是将污染土壤挖出并堆积于建设了渗滤液收集系统的防渗区域,提供适量的水分和养分,并采用强制通风系统补充氧气,利用土壤中好氧微生物的呼吸作用将有机污染物矿化而去除污染物的技术;其工艺流程如图8-4(HJ 1283—2023)。生物堆修复法就是对污染土壤堆体采取人工强化措施,促进土壤中具备污染物降解能力的土著微生物或外源微生物的生长并降解土壤中的污染物。该修复技术适用于污染土壤或油泥中的石油类等较易被生物降解的有机污染物,不适用于重金属、难降解有机污染土壤的修复,黏土类污染土壤修复效果亦不佳。

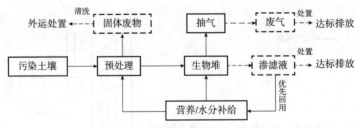

图8-4 土壤生物堆修复技术工艺流程

### (十一)植物–微生物联合修复法

植物–微生物联合修复法主要可针对一些非急用、有缓冲开发时间的污染超风险建设用地,不论是重金属类无机污染还是各种有机污染土壤都可以采用植物–微生物联合修复法进行治理与修复,如可针对超风险的重金属种类选择具体的超富集植物进行合理种植,对于具体的有机污染物可选择其高效降解微生物或混合菌群并辅以合适的植物，采用优势的植物-微生物联合体进行修复，在获得良好的修复效果的同时，还可避免二次污染，且具有修复成本低、不破坏土壤结构、美化生态环境等很多优点。实际上，在物理法和化学法由于成本高和易产生各种二次污染情况下，该方法也是目前国际上推崇的生态修复方法。

### (十二) 低温等离子体修复技术

等离子体是由原子核与电子组成的物质存在的第四态，当原子核周围的电子能量足够高时，电子就会摆脱原子核的束缚成为自由电子，这时物质的状态被称为等离子体。低温等离子体(Non-Thermal Plasma，NTP)是一种新兴的高级氧化技术，且逐渐应用在环境污染修复领域。在电场的作用下放电区域内的气体或液体分子发生碰撞电离，产生具有强氧化性质的活性物质(自由基，激发态原子、离子、分子等)，同时伴有紫外光、超声波、微波辐射及热效应等。NTP技术不需要对土壤预处理和额外添加化学药剂，能够高效地对土壤中的有机污染物质进行降解去除。利用低温等离子体技术修复有机污染土壤具有如下特点：①主要能源为电能，不需要添加任何化学药剂，节能环保；②对土壤中的有机污染物无选择性；③对土壤的渗透率没有特殊要求，不需要对土壤进行预处理；④能够实现随用随开，随关随停，提高了土壤修复效率。需要注意的是，虽然低温等离子体技术具有很好的应用前景，但作为一种新兴技术，还有许多问题有待解决：①实现从实验室研究到工业化应用的放大过程中还有诸多问题需解决；②等离子体电极的成本和使用寿命有待提高；③需要进行反应器的结构改进，推动实现土壤修复自动化连续化运行[167,168]。

# 第三节　农用地土壤污染风险管控与修复技术

人类依赖于土地，它为人类生活提供食物和居住地，农用地土壤污染风险管控非常重要，对于污染物超过相关法规和标准限值的就需要采取管控措施或不同的技术进行修复。

## 一、农用地土壤污染风险管控技术

### (一) 农艺调控法

农艺调控法是指通过采取农艺措施，减少污染物从土壤向作物特别是作物可食部分的转移，从而保障农产品安全生产，实现受污染农用地的安全利用。主要适用于轻度污染的安全利用类农用地土壤，也常被作为其他风险管控或修复技术的配套技术应用[169]。农艺调控包括筛选低积累品种、调节土壤理化性质、科学进行水肥管理等。

1. 低积累品种筛选

各种污染物在农作物可食部位的积累同时受环境和基因型的影响。不同农作物对污染物的吸收和累积能力不同，即使同一作物的不同品种对污染物的吸收和累积也有差异。低积累品种是在相同土壤环境条件下作物可食部位中污染物积累量相对较低的品种。在污染物含量超筛选值的土壤中，部分低积累品种可食部位污染物含量可满足食品中的污染物限量要求。例如，镉低积累水稻品种在相同土壤环境条件下种植，稻米镉积累量相对较低的水稻品种；

在中轻度镉污染土壤中种植产出的稻米镉含量<0.2mg/kg(GB 2762—2017 镉限量值)[170]。

低积累品种的筛选标准[171]通常包括：①种植在中轻度污染土壤的作物品种，其可食部位污染物积累量不超过食品中污染物限量值；②具有较低的生物富集系数(BCF)；③具有在不同环境条件下均较为稳定的低积累特征，作物可食部位污染物的积累量不仅与作物的积累能力有关，还与环境条件有关，尤其是土壤环境条件，包括污染物在土壤中的生物有效性、土壤 pH 等。同时，低积累特征还存在基因型与环境的互作。因此，低积累品种通常应具有在不同环境条件下均较为稳定的低积累特征；④低积累品种还需要具有较高产量、抗病性、抗虫性和环境适应性。

2. 土壤 pH 调节

对于酸性污染土壤，可通过调节土壤 pH 值，影响土壤中重金属的转化和释放，降低土壤重金属生物有效性，阻控重金属在作物可食部位积累。生石灰、熟石灰、石灰石、白云石等是农业生产中常用的土壤 pH 调节材料。石灰石和白云石溶解度小、分解速率慢，利用率较低，需确保当季农用地安全利用，不建议单独施用。此外，应关注物料的重金属含量，不得使用重金属含量超标的物料，以防对土壤造成次生污染。在修复时间宽裕、石灰质物料充足、机械化作业程度高的条件下，可选择石灰石、白云石等缓释性碱性材料，提高土壤修复的长效性[172]。

3. 田间水分管理

通过田间水分管理，调节土壤的水分、pH 与 $E_h$ 值，降低土壤中重金属的有效性、减少作物对重金属的吸收与积累。水分调节是轻中度污染稻田(如土壤全镉<0.9mg/kg)，尤其是轻度污染稻田(如土壤全镉<0.6mg/kg)，实现达标生产与安全利用最经济简便的技术措施。酸性土壤在淹水条件下，土壤环境呈还原状态，土壤 pH 显著升高，镉容易形成硫化物沉淀，活性也随之降低，从而减少作物对镉的吸收。相反，针对砷污染，在降低土壤含水量的情况下，可提高土壤的 $E_h$ 值，促使 As(Ⅲ)向 As(Ⅴ)的转化，从而降低砷的有效性。农艺调控采用日常耕作中的农艺手段，技术实施过程不产生额外的时间和经济损耗。采取农艺调控前应先开展技术适用性验证，验证过程耗费的时间和费用应考虑，这部分时间和费用主要受当地气候条件、土壤理化性质、地理特征及农业管理水平等多方面因素影响。

(二)替代种植

在受污染的农用地上替代种植对重金属抗性强且吸收能力弱的低积累作物物种(如用玉米替代水稻)，利用食用农作物重金属积累的种间差异实现受污染农用地的安全利用。替代种植技术作为单项技术适用于中轻度污染农用地，且用于替代的低积累作物应适应当地气候和土壤性质。农艺调控中低积累作物品种筛选是利用作物种内差异，选育同种作物中低积累的品种，并未改变耕种作物物种(如用低积累水稻品种替代常规水稻品种)。而替代种植则是利用作物的种间差异，选育种植可食部分对重金属积累能力弱的作物，替代原有的可食部分对重金属积累能力强的作物。低积累作物的筛选一般以当地主要的农作物为主，对通过国家或地方审定的农作物进行初步筛选与验证，获得可在污染区生长良好且可食部分对重金属积累能力弱的作物进行种植，替代原有的对重金属积累能力强的作物。

### (三)调整种植结构

在重度污染农用地上种植非食用的农产品作物或花卉苗木等，切断土壤污染物通过食物链进入人体的暴露途径，实现污染农用地的安全利用。调整种植结构技术可适用于土壤重金属含量超过管制值、农产品污染物含量超标的农用地。种植结构调整技术包括非食用的农产品作物或花卉苗木的筛选和栽培等，以及对上述技术在项目区的适用性、效果效益进行评估。苘麻等非食用的农产品作物或花卉苗木的筛选需因地制宜，以适应性强的当地常规经济作物为主；也可引种适宜的外地品种，但需要在污染区进行小试或中试研究，探究其在污染区的适用性与安全性。除需要适宜污染区的土壤、气候水文等因素外，筛选出的经济植物通常也需具有较高的市场价值，且栽培技术可推广。

### (四)生理阻隔技术

生理阻隔技术是利用作物重金属累积生理特性、离子拮抗效应、重金属吸收与转运过程调控等，喷施生理阻隔剂，抑制作物吸收重金属或改变重金属在植株体内的分配，从而降低农产品可食部位的重金属超标风险。生理阻隔技术适用于中轻度污染农用地[173]。水稻等农作物的重金属积累主要与根系吸收、茎秆和叶片的转运有关。硅、硒等有益元素和锌、铁、锰等微量元素具有降低农作物吸收、转运镉砷等重金属污染物的功效，从而改变污染物在农作物植株体内的分配，降低农产品中重金属含量[174]。针对不同的重金属，其吸收、转运的机制不同，需要研制不同的生理阻隔产品。按照添加成分的不同，生理阻隔剂可分为含硅、含锌、含铁/锰等不同类型。

## 二、农用地土壤污染修复技术

### (一)农用地植物修复技术

植物修复技术指利用植物及其根际圈微生物体系的吸收、挥发和转化、降解的作用机制来清除环境中污染物质的一项新兴污染环境治理技术。具体地说，就是利用植物本身特有的利用污染物、转化污染物，通过氧化-还原或水解作用，使污染物得以降解和脱毒的能力，利用植物根际圈的特殊生态条件加速土壤微生物的生长，显著提高根际圈微环境中微生物的生物量和潜能，从而提高对土壤有机物的分解能力，以及利用某些植物特殊的积累与固定能力去除土壤中无机与有机污染物的能力，被统称为植物修复。植物修复见图8-5。

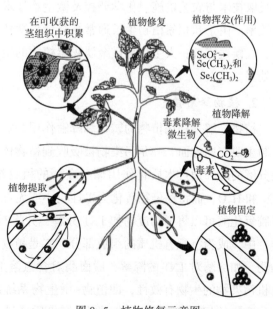

图8-5 植物修复示意图

## 1. 植物提取技术

植物提取是目前研究较多且具有研究前景的方法，其灵感源于植物找矿。它是利用专属植物(超积累植物)根系吸收一种或几种污染物，特别是有毒金属，并将其转移、累积到植物地上部分，然后通过收割其茎叶，干燥后易地处理。在长期的生物进化中，生长在重金属污染环境中的植物产生了适应重金属胁迫的能力，可表现为三种情况：不吸收或少吸收重金属；将吸收的重金属钝化在植物地下部分，不向地上部分迁移；大量吸收重金属元素，且植物可正常生长。前2种情况适用于在污染土壤上生产金属含量低(或地上部分含量低)并符合卫生要求的农产品，第3种情况适用于植物提取，可用于污染土壤修复。

植物提取需要耐受并可积累污染物的植物。因此，研究不同植物对污染物的吸收特性，筛选出超积累植物是研究的核心。根据美国能源部的标准，筛选超积累植物用于植物修复应具有以下几个特性：①即使在污染物浓度较低时也有较高的积累速率；②可在体内积累高浓度的污染物；③可同时积累几种金属污染物；④生长快且生物量大；⑤具有抗虫抗病能力。经过不断的实验室研究和野外实验，人们已经找到了一些能吸收不同重金属的植物种类和改进植物吸收性能的方法。

植物萃取是利用重金属超积累植物或大生物量积累植物(以下简称超积累/积累植物)，从土壤中吸取一种或几种重金属污染物并将其转移储存至地上部，然后通过收获植物地上部的方式将重金属从土壤中移除，从而降低污染土壤中重金属含量，再对植物收获物进行安全处置与资源化利用。该技术适用于去除中低污染程度农用地土壤中的 Cd、Zn、As 等重(类)金属污染物。该技术由植物超积累/积累的重金属种类决定。目前我国常用的植物萃取技术有 Cd/Zn 超积累植物伴矿景天和东南景天的植物吸取技术、As 超积累植物蜈蚣草的植物吸取技术、Cr 超积累植物李氏禾的植物吸取技术等。依据种植模式分类，包括超积累植物单一种植及超积累植物与农作物、经济植物间/轮作的植物吸取技术。此外，植物吸取技术与农艺措施、化学调控及微生物技术等强化措施联合应用，可提高植物吸取修复效率。由于超积累植物生长通常具有地带性特点，该技术应用前需研究超积累植物的土壤、气候适宜性；大生物量重金属积累植物的生长适应性较强，技术难点在于收获物的安全处置。

## 2. 植物降解技术

植物降解是利用植物的转化和降解作用去除土壤中有机污染物质的一种方式，其修复机制主要有两方面。一是污染物被吸收到植物体内后，通过生化反应，植物将这些化合物及分解的碎片通过木质化作用储藏在新的植物组织中，或使化合物完全挥发，或矿化为 $CO_2$ 和 $H_2O$，而将污染物转化为毒性较小或无毒的物质。例如，植物体内的硝基还原酶和树胶氧化酶可以将弹药废物如 TNT 分解，并将断掉的环形结构加入新的植物组织或有机物碎片中，成为沉积有机质的组成部分。二是植物根系分泌物直接降解根际环境中的有机污染物，如漆酶对 TNT 的降解，脱卤酶对含氯溶剂如 TCE 的降解等。植物降解能力取决于有机污染物的生物有效性，即植物-微生物系统的吸收和代谢能力。污染物的生物有效性与化合物的相对亲脂性、土壤类型(有机质含量、pH 值、黏粒含量与类型)和污染年限有关。植物降解对某些结构比较简单的有机污染物去除效率很高，对与土壤颗粒吸附紧密的污染物、抗微生物或植物吸收的污染物不能很好地去除。植物降解优点是可能对微生物无法降解的土壤进行治理，缺点是可能产生有毒的中间体或降解产物，较难测定植物体内产生的代谢产物。

3. 植物挥发技术

植物挥发是利用植物去除环境中一些挥发性污染物，即植物将污染物吸收到植物体内后又将其转化为气态物质并释放到大气中。目前研究最多的是金属元素 Hg，非金属元素 Se 及一些含氯溶液。汞污染危害很大且污染严重，在工业产生的典型含汞废弃物中都具有生物毒性，如 $Hg^{2+}$ 等离子态汞在厌氧细菌的作用下可转化成对环境危害最大的甲基汞（$CH_3Hg$）。利用抗汞细菌先在污染位点存活繁衍，然后通过酶的作用将甲基汞和离子态汞转化成毒性低得多并可挥发的单质汞（$Hg^0$），是一种降低汞毒性的生物途径之一。目前有学者利用转基因植物降解生物毒性汞，即运用分子生物学技术将细菌体内对汞的抗性基因（汞还原酶基因）转导到植物（如烟草和郁金香）中，进行汞污染环境植物修复。研究证明，来源于细菌中的汞抗性基因转导入植物中，可使其在通常生物中毒的汞浓度条件下正常生长，且还能将从土壤中吸取的汞还原成挥发性的单质汞进入大气。植物挥发为土壤及水体环境中具有生物毒性汞的去除提供了可能性。目前可用于植物挥发技术的植物和污染物有：杨树用于治理含氯溶剂、紫云英和黑刺槐用于修复 TCE、印度芥菜用于修复硒、拟南芥用于修复汞污染土壤。

植物挥发的优点是污染物可被转化为毒性较低的形态，如零价态汞和二甲基硒；释放到大气中的污染物或代谢物可能被其他机制降解（如光化学降解）。其缺点是只适合于挥发性污染物，应用范围较窄，并将污染物转移到大气环境后也可能对人体和生物有风险。

4. 植物稳定技术

植物稳定技术是利用植物根系吸收和沉淀以固定土壤中的大量有毒金属，从而降低其生物有效性和防止进入地下水及食物链，减少其对环境和人类健康的污染风险。植物在此过程中有两种主要功能：保护污染土壤不受侵蚀，减少土壤渗漏以防止金属污染物的淋移；通过在根部累积和沉淀或通过根表皮吸收金属以加强对污染物的固定。此外，植物也可通过改变根际环境（pH，$E_h$）而改变污染物的化学形态，根际微生物（细菌和真菌）在此过程中发挥重要作用。已有研究表明，植物根可有效地固定土壤中的铅，从而减少其对环境的风险。重金属污染土壤的植物稳定技术与原位化学钝化技术相结合将显示出良好的应用潜力。植物稳定技术的研究方向是促进植物发育，使根系发达，键合和持留有毒金属于根系中，并将转移到地上部分的金属控制在最小范围内。植物稳定技术主要对采矿、冶炼厂废气干沉降、清淤污泥和污水处理厂污泥等污染土壤的修复，适用于相对不宜移动的污染物质，表面积大、质地黏重、有机质含量高的土壤。该技术优点是可原位处理、费用低、对土壤破坏小、不要求对有害物质或生物体进行处置；缺点是污染物仅为暂时固定，重金属污染物未从根本上去除；植物维护可能需要施肥或土壤改良，不适合作为终端修复措施。

植物修复技术可用于受污染的地下水、沉积物和土壤的原位处理，一般对于低到中度污染的环境修复效果好，同时也有助于防止风、雨和地下水将污染物从现场携带到其他区域。植物的根从土壤、水流或地下水吸收水分和营养，根可伸展到多深就可清除多深的污染物。该技术常用的土壤修复植物，如印度芥菜根深0.3m，禾本植物根深0.6m，苜蓿根深1.2~1.8m，杨树根深4.5m。该技术作为一项高效、低廉、非破坏性的土壤净化方法可替代传统的处理方法。除了成本较低以外，植物修复技术还有以下优点：植物修复以太阳能为驱动力，能耗较低；对环境扰动少，基本上对环境无损伤；利用修复植物的新陈代谢活动提取、挥发、降解或固定污染物，使土壤中复杂的修复情形简化为以植物为载体的处理过程，修复工艺相对简单；可增加土壤有机质，激发微生物活动；有助于土壤的固定，控制风蚀、水蚀，减少水土流失，利于生态环境改善；植物蒸腾作用可防止污染物向下迁移；可将氧气供应给植物根际，利于有机污染物的降解；具有同时处理多种不同类型有害废物的能力。

植物修复是近年来广为推崇的污染土壤原位治理技术，但由于植物生长受到气候、地质条件、温度、海拔、土壤类型等条件的限制，以及污染状况和污染物类型的影响。植物修复技术主要存在以下局限性：修复植物对污染物的耐受性是有限的，超过其耐受程度的污染土壤不适合植物修复；污染土壤常为有机与无机共同作用的复合污染，一种修复植物或几种植物相结合也难以满足修复要求，要针对不同污染种类、污染程度的土壤选择不同类型的植物；吸收到植物叶中的污染物可随着落叶腐烂而再次释放到环境中；对自然环境条件(如温度、光照、水分等)和人工条件有一定的要求；可能提高某些污染物的溶解度，从而导致更严重的环境危害或使得污染物更易于迁移，并可进入食物链；修复周期较长，效率较低。

**(二)农用地重金属原位钝化技术**

土壤重金属原位钝化是向重金属污染土壤中加入钝化剂，通过调节土壤理化性质以及吸附、沉淀、离子交换、氧化-还原等一系列反应，将土壤中的重金属转化成化学性质不活泼的形态，降低其生物有效性，从而阻止土壤重金属从农作物根部向地上部的迁移累积。钝化技术在中轻度的单一重金属污染农田的适用性较好。土壤污染稳定化修复材料按照制备基料类型与稳定化机制可分为以下几种主要类型。

(1)含磷类钝化剂。用于土壤重金属钝化的无机物料，根据基料可分为钙镁磷肥、磷矿粉、骨炭、羟基磷灰石、磷酸钙、过磷酸钙等。钝化机制包括吸附、络合、沉淀和共沉淀(生成磷酸盐类次生矿物)等多种形式，但以沉淀机制为主。

(2)黏土(岩基)矿物类钝化剂。主要包括海泡石、沸石、膨润土、高岭石、蒙脱石、伊利石、凹凸棒石等；其钝化机制主要包括层间吸附、表面吸附、官能团络合(螯合)、同晶置换等。

(3)生物质炭类钝化剂。主要包括秸秆炭、污泥炭、木材炭、稻壳炭、园林垃圾炭等。钝化机制主要包括阳离子-π作用、离子交换吸附(静电吸附)、络合反应、共沉淀反应、氧化还原作用等。

(4)含钙碱性材料类钝化剂。主要包括生石灰、熟石灰、碳酸盐类等，其作用机制包括提高土壤 pH，使 H⁺减少，增加土壤胶体表面的负电荷容量，从而提高土壤对金属离子的吸附能力，有利于碳酸盐等沉淀物形成，减少金属的迁移能力。

（5）含硅类钝化剂。主要包括硅肥、沸石、硅藻土、（偏）硅酸钠等，其作用机制主要包括形成硅酸化合物沉淀、提高土壤 pH、促进水稻根表铁膜的形成等；另外，对喜硅作物而言，硅的加入可有效促进植物生长等。

（6）有机类钝化剂。主要包括有机肥、腐殖酸、污泥、堆肥等，其作用机制主要为络合官能团和螯合基团，如羧基、羟基、羰基和氨基等，与金属离子生成金属-有机络合（螯合）物的电子，从而降低重金属迁移特性。

（7）金属氧化物类钝化剂。主要包括针铁矿、水钠锰矿、硫酸（亚）铁（工业副产品）等，钝化机制主要包括：氧化物类钝化材料具有较高比表面，具有胶体特性，能够在外层（表面专性吸附）、内部（氧化物官能团）吸附重金属离子，降低其有效性。

（8）新型功能化钝化剂。主要包括功能膜材料、纳米材料、介孔材料、杂化材料、改性（官能团、包裹类）材料；主要机制与材料类型有关，主要包括表面吸附/配合作用、改性后的官能团与重金属形成双齿配体降低金属离子活性、改性后的生物活性物质的间接作用机制等。

**（三）农用地客土修复法**

农用地客土修复法（简称客土法）是以洁净土壤覆盖或置换污染土壤，以降低农用地上层土壤中污染物的含量，减少污染物与植物根系的接触，保障农产品质量安全的工程技术方法[175]。但客土法不能减少污染土壤量，且需大量使用清洁客土。客土法是治理农田土壤污染的一种有效方法，但并未针对原污染土进行治理，且还需引入大量清洁客土，在修复工程量较大时的成本也较高。一般仅针对重度污染农用土壤，且在修复面积相对较小的情况下可考虑使用此法。采用客土法一般要求客土的理化性质尽量与原土保持一致；同时，客土中污染物的含量至少应在农用地土壤筛选值以下。客土有机质含量一般要求尽量较高，且以黏性稍强的土壤较好，这样可在一定程度上增加土壤的缓冲容量[176]。客土法主要包括覆盖式客土法、排土客土法、回填式客土法以及上下层互换的翻耕式客土法。

（1）覆盖式客土法。该方法是在现有污染表土之上覆盖清洁客土。覆盖新土会增加农田表面高度，因此一般需要与灌溉水渠、田埂以及周围农道等配套基础设施进行整体规划，编制修复实施方案。

（2）排土客土法。该方法是清挖一定深度的污染表土，并将其运送到污染农田外的场地进行合法处置，然后用新的未污染客土作为耕作层土覆盖农田。污染表土的清挖深度根据污染情况和作物根系发育情况确定。

（3）回填式客土法。该方法是清挖污染表土后，将其在污染地块附近暂存，然后清挖下层土（犁地层及部分心土层）提供空间后，将暂存的污染表土回填，再用清挖的下层土覆盖回填的污染表土，最后用新的未污染客土作为耕作层土覆盖农田。

（4）翻耕式客土法。该方法通过上下层互换的反转置换表层土与下层土（犁底层及部分心土层）的方式，清除或减少耕作层污染物。一般用于难以获得外来清洁客土材料，同时污染深度较浅，以及下层土污染相对较轻的农用地。

各种客土法的特点及适用性见表8-3。

表8-3　客土法特点及适用性

| 分类 | 特点及适用性 | 注意事项 |
|---|---|---|
| 覆盖式客土法 | 特点：不需要清挖污染土，施工简单；施工后仍需长期监测，防止下层土污染物扩散至新客土层<br>适用性：适合污染物含量相对低的田块 | (1)施工后地表被抬高，需要考虑施工后农田与既有灌溉水渠、田埂以及周围农道等配套基础设施的整合性<br>(2)客土材料、厚度等需要根据污染情况设计，防止修复后污染物含量反弹 |
| 排土客土法 | 特点：可以彻底消除农田污染<br>适用性：适合点状式高浓度污染土壤修复 | 需要针对污染土的处置场地，污染土运输过程应采取二次污染防治措施 |
| 回填式客土法 | 特点：是排土客土法和覆盖式客土法的结合，设计上可以利用两种方式的优势<br>适用性：适合无法保障排除污染土处置场地及污染土运成本过高的受污染农田 | (1)不适合下层土污染物含量高、地下水位高的区域<br>(2)施工后地表被抬高，需要考虑施工后农田与既有灌溉水渠、田埂以及周围农道等配套基础设施的整合性 |
| 翻耕式客土法（上下层反转） | 特点：施工相对简单，经济性较好<br>适用性：适合客土材料不足、下层土无污染或污染程度轻的地块 | 不适合下层土污染物含量高、地下水位高的区域 |

### (四)农用地深翻治理法

深翻法是指通过不同类型的机械设备，对农田不同深度的土壤进行翻混，从而降低土壤表层聚集的污染物含量。其本质上是对上层污染土壤和下层较清洁土壤进行稀释，不能减少污染物总量。深翻法应综合考虑修复区域农田土壤污染物种类(稳定性重金属或类金属等)、污染物垂直分布特征、物理性质(土壤质地、粒径等)、化学性质(pH、氮磷钾等养分含量)、可操作性(土层厚度、区域土壤坡度等)，以及地下是否存在管线、设施、填埋物等因素。

# 第四节　地下水污染风险管控与修复技术

地下水污染风险管控可采取修复技术、工程控制和制度控制措施等，阻断地下水污染物暴露途径，阻止地下水污染扩散，防止对周边人体健康和生态受体产生影响。

## 一、地下水污染风险管控技术

### (一)水力控制技术

水力控制技术是通过布置抽/注水井，人工抽取地下水或向含水层中注水，改变地下水的流场，从而控制污染物运移的一种水动力技术。水力控制技术适用于地下水中污染物浓度较高、污染范围大的场地，适宜于 PCE、TCE 等卤代有机物和苯、甲苯、乙苯、二甲苯等非卤代挥发性有机物以及铬、铅、砷等污染物，主要用于短时期的风险控制或应急管控，不适宜作为地下水污染治理的长期手段。国内外主要采用水力控制与修复技术相结合的方法对地下水进行治理，通过井群系统实现人工对流场的控制，并与其他技术组合应用以达到修复目的。水力控制技术对存在黏性土透镜体以及渗透性较差的含水层的处理效果较差[177]。水力控制技术按照井群系统布置方式的不同，可分为上游控制法和下游控制法，主要目的是控制污染羽的扩散或阻止未污染的水进入污染区域。上游控制法是在受污染水体的上游布置抽/注水井群，通过在上游抽/注水，形成分水岭或降落漏斗，防止上游未污染的水进入污染区或增大水力梯度便于下游抽水。下游控制法在受污染水体的下游设置抽/注水井群，通过在下游抽/注水，防止污染区地下水游向下游未污染区域。

### (二) 监控自然衰减

监控自然衰减(MNA)是通过实施有计划的监控策略，依据场地自然发生的物理、化学和生物作用，包含生物降解、扩散、吸附、稀释、挥发、放射性衰减以及化学性或生物性稳定等，使得地下水和土壤中污染物的含量、毒性、移动性降低到风险可接受水平。

监控自然衰减技术适用于处理土壤和地下水中的烃类化合物(如苯系物、石油烃、多环芳烃、甲基叔丁基醚)、氯代烃、硝基芳香烃、重金属类、类金属类(砷)、非金属类(硒)、含氧阴离子(如硝酸盐、过氯酸)、放射性核素等。在地下水环境系统中有机污染的自然衰减不仅是一个极其复杂的过程，也是物理、化学和生物过程综合作用的结果，其主要过程包括对流、弥散、挥发、吸附以及生物降解等，其中浓度的稀释主要是对流、弥散、吸附、挥发等作用，或可说是一种相转移到另一种相的过程，污染物没有完全去除，所以是一种非破坏性作用；而纯化学的转化并不多见，过程也极其缓慢，常见的是有微生物参与的生物降解作用，其反应过程可将污染物直接转化成无害物质，归纳为破坏性作用，是污染物真正有效的去除手段。所以，生物降解是极其重要的自然衰减作用。

该技术仅在证明具备适当环境条件时才使用，不适用于对修复时间要求较短的情况，对自然衰减过程中的长期监测、管理要求较高。监控自然衰减应与其他修复措施配合使用，或作为主动修复措施的后续措施，而不应将监控自然衰减作为默认的修复措施。此外，监控自然衰减并不适合所有场地。是否需要将监控自然衰减与其他有效的修复措施结合使用取决于单独的监控自然衰减是否足以实现修复目标。如果没有污染源，并且现场条件表明仅自然衰减就可满足修复目标，则监控自然衰减可作为唯一的修复措施。当存在以下条件时，监控自然衰减无法作为唯一的修复措施：①扩张的污染羽：扩张的地下水污染羽表明污染物的释放超过了污染物的自然衰减能力。②监测存在局限性：复杂的水文地质系统，如破裂的基岩或岩溶地层，在监测污染物迁移和自然衰减过程方面存在困难。③受体受到影响：污染物已影响人群与敏感生态受体(如饮用水源、地表水、蒸气侵入室内空气等)；若蒸气入侵或水源受到影响，但有缓解措施或补救系统，则监控自然衰减可作为场地修复措施的补充组成部分。④对受体存在紧迫威胁：通过计算地下水渗流速度估算污染物到达潜在受体的传播时间，若对受体形成紧迫威胁时，必须进行补充论证以讨论监控自然衰减的可行性[178]。

在考虑监控自然衰减可行性时需要评估的关键因素包括：①污染物是否有可能通过自然衰减过程得到有效处理(如有机污染物被降解、无机污染物被固定化或发生衰变)；②地下水污染羽的迁移潜力；③对人类健康或环境造成不可接受风险的可能性。由于某些自然衰减过程可能产生比母体污染物更具移动性或毒性更强的产物，故必须先行评估此类降解产物。

## 二、污染地下水修复技术

地下水修复采用物理、化学或生物的方法，降解、吸附、转移或阻隔地块地下水中的污染物，将有毒有害的污染物转化为无害物质，或使其浓度降低到可接受水平，或阻断其暴露途径，满足相应的地下水环境功能或使用功能的过程。地下水污染修复工作意义重大。

### （一）地下水抽出处理

抽出处理是当前广泛应用的异位修复技术，用于受污染的地下水修复。根据地下水污染范围，在污染场地内布设一定数量的抽水井，通过水泵和水井将污染地下水抽取上来，再利用地面设备处理。处理后的地下水，排入地表径流或回灌到地下或用于当地工业供水。大部分有机物的密度低于水，其主要黏附在地下水位附近，因此可用抽水井将含水层中受到污染的地下水抽取出来，再经地表污水净化技术处理。抽取地下水可能引起地面不同幅度的下沉及海水入侵而进入含水层，所以处理后的干净水就有必要回灌再次进入地下水。这样可有利于其与原地下水相混合，并对地下水受到污染部分起到稀释作用，从而将含水层介质及污染物进行冲洗，还可以通过地下水的补给和排泄形成良性的循环系统，使地下水的流动速度加快，可大幅提升去除污染物的速度，减少受污染地下水的处理及修复时间及费用。

地下水抽出处理技术用于污染地下水可处理多种污染物。抽出处理技术在应用的初期阶段成效较好，但由于地下水中有机污染物种类繁多，该技术的缺点也较明显，利用抽出处理技术对地下水中的 LNAPLs 污染物进行处理效果更为显著，而对于 DNAPLs 的处理效果不佳，也不宜用于吸附能力较强的污染物，以及渗透性较差的含水层。

### （二）地下水多相抽提法

多相抽提法通过真空提取手段，并根据需要结合泵的抽提，同时抽取地下污染区域的土壤气体、地下水和非水相液体到地面进行相分离及处理，以实现对地下目标污染物的去除。多相抽提技术适用于污染土壤和地下水中的苯系物类、氯代溶剂类、石油烃类等挥发性有机物的处理，特别适用于处理易挥发、易流动的高浓度及含有非水相液体的有机污染场地；该技术不宜用于渗透性差或者地下水水位变动较大的污染场地。按抽提方式不同，多相抽提通常分为单泵抽提系统和双泵抽提系统。单泵抽提系统是通过真空设备来同时完成土壤气体、地下水和非水相液体的抽提，抽提出的气液混合物经地面气液分离设施分离后进入各自的处理单元，并经处理达标后排放；系统主要由抽提管路、真空泵（如液体环式泵、射流泵等）组成，单泵抽提系统结构简单，通常修复深度在地下 10m 以内。双泵抽提系统同时配备了提升泵与真空泵，分别抽提地下水及非水相液体以及土壤气体。抽提井内设置了液体管路和气体管路两条管路，抽提出的液相和气相物质分别进入各自的处理单元，并经处理达标后排放。双泵抽提系统修复深度可达地下 10m。

## (三)土壤气相抽提技术

土壤气相抽提技术(SVE)是针对包气带中挥发性或半挥发性有机污染物修复的一种原位修复技术，常与含水层的空气扰动技术联用。该技术利用真空设备对包气带中的气体进行抽提，将新鲜空气不断引入污染区域，促使包气带中的污染物质挥发进入气相进而被去除。抽出的污染气体经地面处理后排入大气。此外，新鲜空气的引入增加了地下环境中的氧气浓度，加速了包气带中污染物质的微生物降解。SVE 技术修复效率高，运行成本较低，但易受土壤渗透性和非均质性的影响，在低渗透及非均质环境中去除效果欠佳。

## (四)空气曝气技术

空气曝气技术(AS)主要用于去除在地下水位以下的有机污染物，它是与气相抽提互补的一种原位修复技术。空气曝气技术是利用垂直或水平井在曝气装置下通过一定的曝气压力和流量促使压缩空气注入饱和区土壤及地下水系统中，在污染区域形成气流屏障，有效防止污染物向下游扩散和迁移，然后通过气液固多相运移传质过程，使含水层中有机污染物在空气抽提的作用下直接挥发到空气中，携带污染物的空气在浮力作用下将不断上升到非饱和区，在抽提作用下将其从地下抽出并在地上处理，从而达到修复地下水污染的目的。空气曝气技术去除污染物的过程是一项多相传质过程，污染物发生的相间传质和质量迁移转化机制是挥发、溶解、吸附和生物降解等，而在空气曝气技术操作过程中，污染物的运移过程主要有对流、机械扩散和分子扩散等方式。该技术的影响因素主要包括介质的类型和粒径、介质渗透性、介质均质性、曝气压力和气体流速、曝气过程中气体流型以及地下水的流动情况等。在去除污染期间，空气曝气技术可有效地控制污染物随地下水迁移。该技术具有处理费用低、修复效率高及易安装操作等优势，AS 是地下水石油烃污染修复的首选技术。

## (五)生物曝气技术

生物曝气技术(BS)是在 SVE 技术基础上发展起来的一种生物增强式 SVE 技术，主要用于去除地下水有机污染。它与 SVE 相似，BS 通过注入井和抽提井的作用促使气体进入含水层，起到去除有机污染物的作用，但二者在污染物的转化机理和目的方面截然不同，SVE 主要是针对挥发性有机污染物在含水层的挥发迁移及地上修复，而 BS 是在原地通过气流产生氧气，增加喜氧微生物的活性，强化污染物的生物降解效果；SVE 主要是在修复污染物过程中促进空气抽提速率达到最大，并利用挥发作用去除污染物；而 BS 主要是优化氧气传送及使用率，为原位生物降解创造喜氧条件。生物曝气的应用范围较广，通过实际研究证明生物曝气不仅可用于汽油和柴油等轻质有机物，也可用于燃料油等重质有机物，同样适用于控制和治理石油类产品中的轻组分和重组分对地下水污染的治理；该技术对挥发或半挥发性污染物也有很好的效果。

## (六)地下水循环井技术

地下水循环井技术(GCW)通过在井内曝气，使地下水形成循环，携带溶解在地下水中的挥发和半挥发性有机物进入内井，通过曝气吹脱去除污染物；地下水的垂向循环，加大对含水层介质的扰动，利于有机物的解吸；同时氧气在气水两相间传质，可提高地下水中的溶解氧含量，强化原位生物降解。GCW 的传质机理主要是有机物在气水两相间的挥发、有机物在介质上的吸附/解吸及有机物的溶解，而迁移过程主要受对流弥散、分子扩散等作用影响。同时曝气过程可提高地下水中的溶解氧含量，并强化原位喜氧生物降解，多种作用共同决定着有机污染物的去除。在传统的循环井内井管中可设置生物反应器，利用微生物的降解作用，去除可生化的有机物及部分无机离子；也可在内井管设置活性炭吸附罐，吸附地下水中的重金属类及有机类污染物；或在地下水的循环路径上，设置相应的固定化单元，将流经该单元的污染物进行吸附固定化。地下水循环井技术较抽取处理技术具有很多优点：①循环井结构简单，操作维修方便；②对场地环境扰动小；③地下水不抽至地表，省去大量辅助设施，成本大幅降低；④影响区域内形成的地下水垂向冲刷，可用于处理低渗透性地层污染；⑤特殊的井结构设计，可作为其他修复技术联合使用的平台。

### (七) 可渗透反应墙法

可渗透反应墙法 (PRB) 是指在受污染地下水流经的路径上建造由反应材料组成的反应墙，通过反应材料的吸附、沉淀、化学降解或生物降解等作用去除地下水中的污染物。可渗透反应墙适用于污染地下水中的氯代溶剂类、石油烃类、重金属、硝酸盐、高氯酸盐等有机污染物和无机污染物的处理。常用的填充反应介质有：ZVI、纳米零价铁 (nZVI)、蒙脱石、微生物、活性炭、石灰石、离子交换树脂、铁的氧化物和氢氧化物、磷酸盐以及有机材料等。PRB 的优点是运营维护简单，反应介质消耗速率低，能够长时间处理污染物，因此具有良好广泛的应用前景[143]。

根据 PRB 的反应性质可以将其分为化学沉淀反应墙、吸附反应墙、氧化-还原反应墙和生物降解反应墙等。PRB 结构类型可根据污染场地的特定条件来确定，一般被设置在垂直地下水流动方向和污染羽的下游。根据 PRB 结构不同可分为连续反应带系统、漏斗-导门式反应系统、注入式反应系统等类型 (图 8-6)。连续反应带系统是一种最常见的可渗透反应墙结构类型，由一系列包含修复填料的反应区间组成，当污染羽垂直通过 PRB 时，与墙体内填充的活性材料充分接触和反应，达到去除地下水中污染物的目的；连续反应带的建立是挖掘一定规模和深度的沟槽，并在沟槽中回填粒状铁或其他活性材料，反应带厚度必须能有效去除所关注的污染物，使污染物浓度降低至目标浓度；而在长度和深度上，则能分别有效截留污染羽的横向和纵向截面。漏斗-导门式反应系统包括不透水区域 (漏斗墙)、透水区域 (导水门) 和反应介质填料单元。其中，漏斗墙可以改变地下水流场分布，形成对污染羽的有效截获区域，迫使污染羽流向透水区域，经过反应区间，达到去除污染物的目的；当场地中地下水流速较快、污染羽较宽时，可以考虑应用漏斗墙-多重反应门系统，可采用沉箱式导水门结构，更好地控制污染物在反应区域的停留时间；尤其是当反应门的尺寸受限于设置方法时，可以考虑这种形式的可渗透反应墙。注入式反应系统采用地下井直接注射修复药剂的形式，也可称为注入式可渗透反应墙；注入式 PRB 的各反应井的处理区相互重叠，将修复药剂通过井孔注入含水层中，使得注入材料进入地下水或包裹在含水层固体颗粒表面，形成处理带，地下水中的污染羽随着水力梯度流入反应区，从而去除污染物。

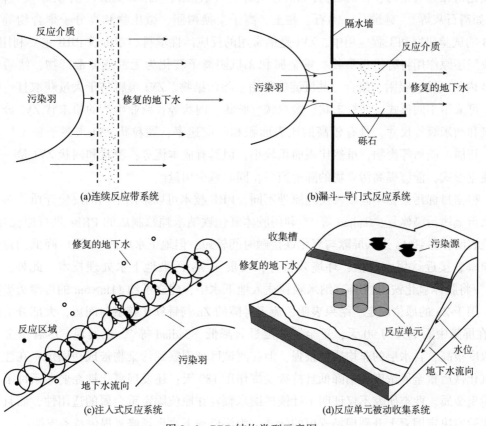

(a)连续反应带系统

(b)漏斗-导门式反应系统

(c)注入式反应系统

(d)反应单元被动收集系统

图 8-6 PRB 结构类型示意图

由图 8-6 可见，PRB 技术的连续反应带式主要由透水的活性反应介质带状区域组成，具有结构简单、设计安装方便、对天然地下水流场干扰小等特点。它适用于处理地下水位较浅、污染羽规模较小的场地。漏斗-导门式 PRB 主要包括低渗透性的隔水墙和活性反应介质，通过隔水墙控制和引导地下水汇集，再通过活性反应介质去除污染物。它适用于处理地下水埋深较浅、污染羽规模较大的场地，能够将污染羽浓度均匀化，减少反应填料，节省建造费用。但是，它会对天然地下水流场产生一定的干扰。注入式 PRB 利用若干相互重叠的注射井，注入活性反应介质形成带状的反应区域，从而去除地下水中的污染组分；但它不适用于低渗透性的含水层，且无法更换反应介质，对系统的维护和寿命产生一定影响。反应单元被动收集 PRB 通过收集槽引入地下水流，再利用反应介质构建反应单位，将水流汇集后通过反应介质去除污染物；它适用于污染羽较宽的场地。

PRB 技术的关键在于选择活性反应介质(修复填料)构建反应墙。为了达到合理高效的修复效果，反应材料需要满足以下基本条件：①反应材料能够通过物理、化学或生物反应快速去除地下水中的污染组分，避免二次污染问题；②反应材料的水力传导能力符合污染场地的水文地质条件，具有适当的粒度和均匀性，具有较高的渗透系数；③反应材料在地下水水力和矿化作用下具有稳定性和抗腐蚀性；④反应材料易于获得，确保处理系统能够长期有效运行。目前，经济适用的修复填料已应用于场地工程，主要包括 ZVI 填料、铁的氧化物和氢氧化物、有机填料（如活性炭等）、碱性络合剂［如硫酸（亚）铁等］、磷酸矿物（如磷石灰等）、硅酸盐、沸石、黏土、离子交换树脂、微生物和高分子聚合物等。在PRB的试验研究和工程应用中，ZVI是最常用的反应活性填料。零价铁PRB主要利用ZVI的较强还原作用将有机污染物、重金属和无机阴离子转化为无毒或低毒产物，然后通过PRB内的沉淀、吸附、络合、共沉淀等作用去除污染物。ZVI填料易于大量获取且价格便宜，可采用不同形式，如粉末状、颗粒状、胶状、网状等。商业生产的粉末状ZVI分为微米级和纳米级等尺寸，具有较高的比表面积和反应速率；颗粒状ZVI来源于加工厂的锉屑、切屑、刨屑等废物，虽然比表面积较小，但具有成本优势；胶状和网状ZVI是一种新型使用形式，能够提高污染物的降解速率，同时减少用量。

根据目标污染物不同以及反应原理不同，PRB技术可以采用不同的反应介质。对于地下水重金属污染修复，Sadjad等[179]利用胶体氧化铁纳米颗粒制成的PRBs进行原位修复，实验表明，尽管As进入屏障与氧化铁接触时间较短，但地下水中的As浓度降低到背景值的50%，接近饮用水阈值；环境效益好，发展了As污染地下水处理技术。此外，Krok等[180]将胶体氧化铁（针铁矿）纳米颗粒注入地下水中，建立了约11m×6m的可渗透吸附屏障，用于Zn的原位固定。结果表明，流入屏障的Zn与针铁矿接触时间短，大部分溶解的Zn在屏障中固定大约90天，重金属浓度显著降低。Sadjad等[181]也发现，尽管重金属污染浓度很高，含水层的非均质性很强，但在测试区域观察到污染物被成功固定；在注入胶体氧化铁后重金属浓度大幅降低且持续发挥作用189天；还发现氧化铁在弱酸条件下也可吸附重金属。此类研究不仅证明了针铁矿纳米颗粒在原位固定重金属的适用性，而且强调将实验室决定因素上升到现场规模的标准，为污染地下水现场修复提供技术支持。

目前PRB技术多用于处理被重金属、核素、溶解性有机物以及其他毒害性物质污染的地下水，根据不同的填充材料以及反应机理，PRB的修复机理可归结为以下三种：①物理吸附作用。利用吸附剂的高效吸附性能阻截和去除污染组分，常用的吸附材料包括活性炭、黏土矿物、泥煤和沸石等。②化学氧化还原和沉淀作用。通过氧化还原剂将高价易溶的离子还原为低价难溶的离子或利用污染物与反应介质发生的反应生成沉淀或气体去除，常用的活性材料包括零价铁、Fe(Ⅱ)矿物、碳酸钙和磷酸盐等。③生物降解作用。以介质材料作为微生物电子受体，通过地下水中的生物代谢作用加速污染物的降解，常用的介质材料包括过氧化镁、过氧化钙和混凝土颗粒等。

### (八)原位微生物修复技术

原位微生物修复技术(ISBR)是指向污染区域投加土著降解菌生长必需的营养物质或向地下水中注入生物制剂与高效降解菌，从而强化自然生物降解过程的方法。前者称为生物刺激，一般加入的是氧气或释氧物质(需要保持喜氧条件时)，植物油或糖蜜(作为碳源)；后者被称为生物强化，加入的是经驯化的污染物降解菌。根据研究发现在Cr(Ⅵ)污染的土壤和地下水中常存在着可使Cr(Ⅵ)还原的土著微生物，如芽孢杆菌属和产碱菌属等，它们能够在厌氧环境下实现将高毒的Cr(Ⅵ)还原为低毒的Cr(Ⅲ)，从而实现修复目的。原位微生物技术费用低廉，对重金属、卤代烃、BTEX及燃料等效果显著，且反应产物基本无害不需要特殊处置，而且技术简单易于与其他技术联用；但修复时长不稳定，因场地条件变化极大，对污染物的浓度和场地条件以及地下环境条件有一定要求。原位微生物修复技术的优点是操作简单、成本低、效率高、很少造成二次污染等。缺点是影响修复效果的因素较多，如污染物浓度（当污染物浓度较高时可能会对微生物的生命活动产生抑制作用）、电子受体浓度和营养物质的浓度等。此外，微生物的代谢活动很慢，因此利用原位微生物修复技术达到修复目标所需的时间较长。

## （九）原位电动力修复技术

原位电动力修复技术（IAEK）是指在地下环境中安装正负电极，施加低强度的外加电场形成电压梯度，通过电极之间产生的电动力学效应，使污染物在两极间通过电迁移、电渗和电泳到达阳极区或阴极区，从而达到污染物富集的目的。使用电动力修复技术处理 Cr（Ⅵ）时，铬酸盐阴离子向阳极移动，之后将阳极处大量富集的 Cr（Ⅵ）污染地下水抽取至地面运用物理、化学或生物技术对其进行修复即可。国内对原位电动力修复技术比较重视，但因其成本较高也受到限制；此外由于地下水中存在的 $H^+$ 和 $OH^-$ 可在电场作用下迁移，导致靠近阳极区域的土壤因 pH 降低而产生酸化现象，这可能会改变土壤原有的理化性质并可能导致有害物质因解吸而释出的现象。

## （十）EK-PRB 修复技术

电动力修复与可渗透反应墙联合（EK-PRB）修复技术是通过电动力使污染物向电极两端移动，进而与反应墙中的基质发生吸附、氧化、沉淀、生物降解等反应，达到去除或降低污染物毒性的目的。EK-PRB 技术适用于硝酸盐、重金属和有机物污染地下水修复。随着污染物在反应墙处的不断积累，PRB 对污染物的去除效果逐渐下降，因此需要定期更换PRB 材料，从而提高修复效果。制备高效截留污染物的新型 PRB 材料或优化现有材料是提升 EK-PRB 技术处理效果、降低其修复成本的关键点之一。围绕 EK-PRB 联合修复技术研究主要集中于增强修复实验方法、改性现有 PRB 材料以及开发创新材料等方面，未来应针对更大规模的复合型污染场地进行修复研究与示范应用。

## （十一）原位化学氧化修复技术

原位化学氧化（ISCO）主要使用具有强氧化性的化学试剂对有机污染物进行降解去除。在污染区域上游设置注入井将氧化剂注入地下水中，氧化剂在场地内随地下水运移扩散尽可能与地下水以及土壤中的有机污染物接触，并发生化学反应将其去除。为促进氧化剂在地下水系统中的运移，常在污染区域下游设置抽水井以增大场地内的水力坡降。原位化学氧化方法中常用的氧化剂包括过氧化氢、过硫酸盐、高锰酸盐、Fenton 试剂和 $O_3$ 等，目前在污染场地修复中具有较广泛的应用，常与催化剂配合使用以提高处理效率。该技术具有周期短、见效快、成本低和处理效果好等优点，而成为较有前景的原位修复技术。但该技术相对复杂，由于需要向地下环境中注入化学试剂，因此设备需求和运行费用较高。此外，地下条件会影响反应进行，因此实际可能消耗比理论更多的修复试剂。总体来讲技术修复速度较快，施工过程若修复试剂等处置不当可能对公众和环境造成影响。

采用过氧化氢作为氧化剂时，对于污染物的去除效果受 pH 值影响较大，易分解产生大量氧气，导致孔隙通道的堵塞，阻碍氧化剂在地下水系统内的运移，而且反应较难控制，易发生剧烈反应导致大量产热，造成场地原生态环境破坏。场地内温度常在 20℃ 左右，而过硫酸盐在该温度条件下相对较稳定，导致对有机污染物的降解去除效率较低，常需要加入激活剂对过硫酸盐进行活化，而且过硫酸盐反应后有大量硫酸根副产物，在场地内大量累积造成二次污染且不易去除。高锰酸盐作为氧化剂时可生成副产物 $MnO_2$，其溶解度较低，可因导致孔隙管道的堵塞而降低修复效率。部分学者尝试开发缓释型氧化剂材料，通过控制氧化剂的释放速度来避免孔隙管道堵塞，扩大其修复范围。

### (十二)原位化学还原修复技术

原位化学还原修复技术(ISCR)是指通过注入井向地下污染区域注入有机或无机还原药剂，在特定区域内将污染物还原为低毒性、低迁移性的形式，进而达到修复目的。原位化学还原修复技术的优点是修复效率较高，修复周期较短，投入成本相对较低等，是目前最常用的修复地下水中 Cr(Ⅵ) 的技术。常使用的还原药剂包括 ZVI、硫化亚铁(FeS)、连二亚硫酸盐、多硫化钙等。由于不同污染场地的水文地质条件和污染范围等差异性可使药剂的实际修复效果不同。

💡 **思考题**

1. 请简述各种农用地土壤污染风险管控技术类型与技术关键工艺。
2. 农用地土壤污染修复技术分别适用于什么情况？
3. 简述建设用地土壤污染风险管控技术中阻隔的技术分类。
4. 简述影响异位化学氧化技术处置费用的因素。
5. 简述原位热脱附的关键工艺参数类型。
6. 简述地下水污染修复技术类型及其关键工艺。
7. 美国能源部规定的超积累修复植物的特性有哪些？
8. 简述植物修复技术的优点与局限性。
9. 利用低温等离子体技术修复有机污染土壤具有哪些特点？
10. 地下水循环井技术较抽取处理技术具有哪些优点？
11. 简述阻隔技术及其主要适用情形。
12. PRB 技术及其反应材料需要满足哪些基本条件？
13. 简述 PRB 技术及其修复机理。
14. 简述原位化学修复技术及其优缺点。
15. 原位修复与异位修复技术有哪些？
16. 如何对 VOC 和 SVOC 污染土壤进行修复？
17. 说明原位注入技术的优势。
18. 说明适合微生物修复污染地下水的技术。
19. 简述胶体氧化铁在 PRB 中的作用。

# 第九章　土壤和地下水污染修复案例及实践

通过对潜在污染地块环境进行土壤和地下水污染状况调查与健康风险评估，如果土壤和地下水中的污染物含量经风险评估超过健康风险可接受水平的再开发利用地块，土地使用权人(含土地储备机构)应按有关标准规范要求，编制土壤污染修复方案，然后开展污染环境修复治理工作。首先应根据污染物性质和污染状况对土壤和地下水污染修复技术进行筛查与选择，然后按照制定的修复技术方案对无机类污染物、有机类污染物、复合类污染物、污染底泥或盐碱地等进行治理修复。

## 第一节　土壤和地下水污染修复技术的筛查与选择

在污染场地修复技术方案等文件编制过程中，需要对土壤和地下水的修复技术进行筛选和评估，从而为污染场地修复相关技术文件的编制提供技术支持。修复技术筛选可采用专家评估法、类比法、定性矩阵法、评分矩阵法等多种方法，一般分为修复技术筛查阶段、修复技术选择阶段和修复技术方案编制阶段。

### 一、修复技术筛查与选择的原则

土壤和地下水修复技术筛选需要考虑的因素比较多，修复技术选择需要确保污染场地的修复效果满足土地利用方式和风险控制要求，应优先选择可降低污染物毒性、迁移性和含量的成熟修复技术。修复技术具体筛选原则有以下几方面。

(1)修复技术的筛查与选择要优先考虑充分保护人体健康和生态环境。

(2)在技术方面，修复技术筛查与选择需结合场地再开发利用规划和开发方式，选择可以达到目标的最简化的途径或方法，而不单纯追求技术的先进性。

(3)在经济方面，修复技术筛查与选择应兼顾当前修复费用的实际承受能力和未来经济的发展，使得不仅在当前，而且从较长远来看，修复技术的选择都是合适的。

(4)在可行性方面，修复技术的筛查与选择可从我国的整体现状出发，充分考虑场地修复队伍的能力以及现有污染物处置设施的水平。

(5)在各种条件允许的情况下，尽量选择环境友好且不会造成二次污染的修复技术或原位修复技术。对污染场地中不同类型的污染物和具有不同风险的土壤和地下水，提倡采用区别化的技术分别对待和处理。

## 二、修复技术筛查与选择的方法

修复技术筛查阶段的目的是遴选可行的污染场地修复技术，这些技术可称为"备选修复技术"。修复技术筛查主要是通过针对具体场地的关注污染物的适用性、修复效果、可操作性和相对成本四方面来初步确定可能的修复技术。

修复技术选择的目的是通过对各种备选修复技术进行详尽的科学评估，并从中选择出最优的修复技术。结合国际上的通用方法和国内外发展现状，对备选修复技术进行选择时需评估的指标主要有以下几个方面：①人体健康和生态环境的充分保护；②满足相关法律法规的程度；③修复技术的长期有效性；④污染物毒性、迁移性和总量的削减效果；⑤技术的短期有效性；⑥技术的可实施性；⑦工程预期修复成本；⑧业主和有关部门的接受程度；⑨周边社区的可行条件；⑩周边人群的可接受程度。

## 三、修复技术方案的编制

土壤和地下水污染环境治理修复方案可参照以下大纲的格式进行编制，并根据具体内容进行相应取舍，修复方案也需要有封面、扉页、摘要、目录，报告正文提纲如下所列。

1 项目概况

　任务由来

　项目概况

　编制依据

　编制原则

　编制内容

2 场地问题识别

　2.1 场地区域概况

　2.2 场地环境特征

　2.3 场地概况

　2.4 调查与风险评估污染特征

　2.5 土壤修复范围和方量

　2.6 地块污染修复目标

3 地块修复模式

　3.1 现场情况回顾及现场勘察

　3.2 地块概念模型更新

　3.3 土壤修复范围和方量

　3.4 地块污染修复目标

　3.5 总体修复模式确定

4 修复技术筛选

　4.1 土壤修复技术简述

　4.2 土壤修复技术选择结果

4.3 土壤修复可行性评估

5 污染场地修复技术方案

　5.1 修复技术路线

　5.2 土壤修复技术工艺参数

　5.3 修复工程施工组织设计

6 环境管理计划

　6.1 修复工程环境监理

　6.2 二次污染影响分析及污染控制措施

　6.3 修复工程环境监测计划

　6.4 环境应急安全计划

7 成本效益

　7.1 修复费用

　7.2 项目环境、社会与经济效益

8 结论和建议

　8.1 结论

　8.2 建议

附件(实验室小试检测报告、初步调查专家意见、详细调查专家意见、风险评估专家意见、施工总平面布置图、从业人员职称证书、污染范围截弯取直图及拐点坐标表、修复工程经费估算等)

# 第二节　重金属污染土壤-地下水修复典型案例

重金属污染环境修复从治理途径上可分为两种，一种是改变重金属在土壤中的存在形态、使其稳定固定，降低其在环境中的迁移性和生物可利用性；另一种是从土壤中去除重金属，使其存留浓度接近或达到土壤重金属背景值或管控标准。从治理技术上可分为物理修复技术、化学修复技术、物理-化学联合修复技术和生物修复技术。我国在对重金属污染土壤修复技术进行综合研究与示范的基础上，对污染区域实施了污染土壤修复工程，主要技术包括阻隔填埋、固化/稳定化、植物修复、土壤淋洗、热解析和电动修复[182]。常用的具体重金属污染修复技术有阻隔填埋、土壤淋洗、固化/稳定化、生物修复和汞污染土壤热解析等。有的技术缺少完整的工程运行参数，在污染场地修复领域应用欠成熟还较难推广；玻璃化和热解析技术等有些技术由于运行费用和技术复杂程度等原因使其推广应用也受到一定的影响。

## 一、异位化学淋洗修复重金属污染土壤

### 1. 污染地块Ⅰ概况

某污染地块Ⅰ在历史上依次作为农用地、工业用地和居住用地使用，未来规划用途为租赁住房，属于 GB 36600—2018 中的第一类建设用地，四周 500m 范围内的敏感目标主要是居民区、河流及学校。经过对地块土壤质量进行初步调查和详细调查得知，地块 16.0m 以上主要由填土、粉质黏土、砂质粉土和淤泥质黏土组成，呈水平成层分布。按其沉积年代、成因类型及其物理力学性质的差异划分有以下层次，各土层分布主要特点为：

第①₁层杂填土，上部有约 0.2m 厚的混凝土地坪，地坪下土壤杂色，上部以粉性土为主，含碎石、砖块，土质松散，下部以黏性土为主，部分点位中下段呈黑色，有异味。层厚 1.5~4.0m，层顶标高 4.45~4.68m，地块内均匀分布。

第②₁层粉质黏土，灰黄色，含氧化铁锈斑及铁锰质结核，夹黏质粉土，无异味。层厚为 0.50~1.70m，层顶标高为 1.58~3.18m，地块内局部缺失。

第②₃层砂质粉土，灰色，含云母、有机质，夹少量黏性土，无异味。层厚 2.50~8.50m，层顶标高 0.65~1.82m，地块内均匀分布。

第④层淤泥质黏土，灰色，含云母、有机质，夹薄层粉土，无异味。层顶标高 -7.37~-6.88m，16.0m 深度未钻穿，地块内均匀分布，无异味。

地块内土壤重金属(砷、铜、汞、铅、锑、钴)超标，最大超风险深度 4.5m。污染范围划分为 4 个区，Ⅰ区(0~1m)、Ⅱ区(1~2m)、Ⅲ区(2~3m)、Ⅳ区(3~4.5m)。经截弯取直后，污染土壤实际修复方量总计 2859m³，具体见表 9-1。

表 9-1　污染地块Ⅰ污染土壤修复方量

| 区域 | 污染深度/m | 修复面积/m² | 修复土壤方量/m³ |
| --- | --- | --- | --- |
| Ⅰ | 0~1 | 517 | 517 |

| 区域 | 污染深度/m | 修复面积/m² | 修复土壤方量/m³ |
|---|---|---|---|
| Ⅱ | 1~2 | 649 | 649 |
| Ⅲ | 2~3 | 976 | 910 |
| Ⅳ | 3~4.5 | 522 | 783 |
| 合计 | | 2664 | 2859 |

2. 污染地块Ⅰ场地修复

污染地块Ⅰ整体上采用原地异位化学淋洗的修复技术,修复达标后的土壤回填。过程同步进行废水、废气、噪声和固体废物等二次污染控制,减少对周边环境的影响。

(1)土壤预处理要求:土壤异位修复效果与药剂混合的均匀性密切相关,因此在修复前需对污染土壤进行预处理,从中筛选出大块的建筑垃圾与石块等,然后进行土壤颗粒破碎,使土壤粒径≤50mm,以保证后续设备正常运行以及药剂混合的均匀性,保障修复效果。

(2)修复药剂选择与配比:综合考虑本地块污染土壤中的污染物特性、施工可操作性、经费成本和潜在二次污染影响等因素,选择 EDTA-2Na 作为修复药剂,采用化学淋洗方法进行污染土壤修复。结合修复方案中所做的小试试验结果,并通过中试试验进行验证和优化,确定 EDTA 修复药剂的投加量为 1.0%~2.0%(质量比),控制固液比为 1:3,停留时间 30min,淋洗次数 1~3 次。

(3)修复设备选择与堆放养护要求:综合污染地块Ⅰ的土壤修复工程量和工期要求,对于淋洗修复土壤,采用一体化淋洗修复设备,处理效率 100~250m³/d,辅以挖掘机和工程土方车进行短驳与上料等现场操作。

3. 污染地块Ⅰ修复效果

(1)自检监测。对修复后土壤以 500m³ 为一个采样单元,在土壤堆体表层、中层和底层分别采集土壤样品并制成 1 个混合样。在对采集的修复后土壤样品送到具有满足相关要求资质的实验室进行检测后,土壤样品检测结果达到了预期的修复目标值的要求。

(2)效果评估监测。在污染地块Ⅰ的污染土壤清挖和异位修复工程完成后,由第三方效果评估单位开展效果评估工作,包括对开挖后的基坑底部和侧壁进行效果评估、淋洗修复后的土壤进行效果评估以及潜在二次污染区域进行效果评估。监测因子主要为原超风险重金属砷、铜、铅、汞、锑、钴以及土壤 pH 值,检测评估结果证明均已达标。

## 二、异位稳定化修复重金属污染土壤

1. 污染地块Ⅱ概况

某污染地块Ⅱ的历史用地类型属于居住、经营性用地和工业混合用地,部分区域工业用地历史超过 70 年,未来规划用途将开发为公共绿地和基础教育设施用地,属于 GB 36600—2018 中的第一类建设用地,周边敏感目标主要为居民区、学校和医院等。该地块属于滨海平原工程地质类型，自地表至130m深度范围内所揭露的土层，主要由软的黏性土、粉性土和中密~密实的砂土组成。对该地块进行污染状况调查和风险评估后，发现土壤中的铅、锑的检出浓度均超过相关标准筛选值，重金属锑和铅的最大超标倍数为71倍和4.65倍。该污染地块的污染土壤修复方量约1.15万 $m^3$，分为三个区域：锑污染区（Ⅰ区）、铅污染区（Ⅱ区）以及锑与铅复合污染区（Ⅲ区），局部最大修复深度3.3m，具体修复量见表9-2。

表9-2　污染地块Ⅱ修复污染土方量汇总

| 分区 | 污染物 | 污染深度/m | 污染面积/ $m^2$ | 污染方量/ $m^3$ | 削减方量/ $m^3$ |
|---|---|---|---|---|---|
| Ⅰ 1 | 锑 | 0~1.6 | 3564.3 | 5702.9 | 601.1 |
| Ⅰ 2 | 锑 | 0~3.3 | 1409 | 4649.7 | 366.3 |
| Ⅱ 1 | 铅 | 0.5~1.3 | 393.5 | 314.8 | 265.2 |
| Ⅱ 2 | 铅 | 0~0.8 | 0 | 0 | 116 |
| Ⅲ 1 | 锑、铅 | 0.5~1.6 | 779.4 | 857.3 | 11.7 |
| Ⅲ 2 | 锑、铅 | 0~1.6 | 0 | 0 | 560 |
| 合计 | | | 6146.2 | 11524.7 | 1920.3 |

### 2. 污染地块Ⅱ场地修复

因为该修复项目要求的修复时间短、修复费用低，同时污染物主要为重金属锑和铅，基于现场土壤情况设计开展异位固化/稳定修复技术可行性评价，该技术可满足制定的预期修复目标；从场地特征、资源需求、成本费用、环境、安全、健康、时间等方面进行详细评估，最终选定处理时间短、技术成熟、操作灵活、且对该地块水文地质特性要求较为宽松的固化/稳定化技术进行处理。针对锑污染的Ⅰ区，铅污染的Ⅱ区以及锑与铅复合污染的Ⅲ区采用不同的药剂进行修复，详见表9-3。修复后的土壤作为道路工程用材料资源化利用。

表9-3　污染地块Ⅱ修复过程与药剂

| 处理介质 | 污染类别 | 修复技术 | 修复药剂 |
|---|---|---|---|
| 土壤污染区Ⅰ | 重金属锑污染 | 开挖，异位稳定化技术 | 硫酸亚铁和石灰 |
| 土壤污染区Ⅱ | 重金属铅污染 | 开挖，异位稳定化技术 | 磷酸二氢钾 |
| 土壤污染区Ⅲ | 重金属锑、铅污染 | 开挖，异位稳定化技术 | 硫酸亚铁和石灰 |

异位稳定化技术路线的关键点如下：①污染土壤经过挖掘，短驳至土壤暂存处，加入预处理药剂后利用专业设备对其进行筛分及破碎等预处理；筛分出的建筑垃圾及大块碎石等经清洗后原场地回填。②基坑验收确保所有超标土壤清理干净。③利用机械和人工结合的方式布撒设计比例的稳定剂，利用专业设备进行混合搅拌并喷水调节湿度，混合均匀的土壤养护3天。④通过测试浸出浓度的方式进行重金属污染物稳定化修复效果评估，达标后的土壤不可作为清洁土使用，需按照修复方案严格限制其去向。本方案各类重金属污染土壤稳定化修复后去向为城市边缘区域市政道路类建设施工的中层覆土。

污染地块 Ⅱ 的 Ⅰ 区锑污染土壤的稳定化药剂 $FeSO_4 \cdot 7H_2O$ 和生石灰的添加比例为 5%~7%，Ⅱ 区铅污染土壤的 $KH_2PO_4$ 的添加比例为 0.5%~1%，Ⅲ 区复合污染土壤的 $KH_2PO_4$、$FeSO_4 \cdot 7H_2O$ 和石灰的添加比例分别为 0.5%~1%、5%~7% 和 5%~7%；本次修复工程各类重金属污染稳定药剂量分别按修复要求进场。采用专业筛分破碎设备 ALLU 斗对清挖出的污染土壤进行筛分、破碎及含水率调节等预处理，并配合挖机将预处理后的土壤与定量的稳定化药剂进行充分混合，根据场地土壤理化性质及理论加药量，设置合适的进料速度。同时，采用喷洒设备洒水、调整混合后土壤含水率至 25%~30%，促进修复药剂溶解并参与稳定化反应，将混合完成的土壤堆垛规整至土壤养护/暂存区，控制堆高及堆距便于后续土壤养护工作。异位修复处理能力为 500m³/d 左右，养护期含水率约 30%，固化稳定化的土壤 pH 值控制在 8~10 范围内。

3. 污染地块 Ⅱ 修复效果

（1）清挖基坑自检。采用便携式 XRF 检测仪对重金属污染清挖后的基坑侧壁和底部进行快速检测，结果证明，采集土壤样品的检测值均低于清理目标值。

（2）修复后土壤自检与效果评估。在修复工程完成后，对基坑和修复后的稳定化土壤中的目标污染物重金属铅、锑的含量进行自检，按照不超过 500m³ 采集一个样品送往业主委托的满足资质要求的第三方实验室进行检测，检测结果达到了修复目标值；并邀请第三方效果评估与验收单位进行验收监测。

# 三、植物修复重金属污染土壤实践

## （一）蜈蚣草修复砷污染农田实践

### 1. 污染地块 Ⅲ 概况

陈同斌等学者研究发现蜈蚣草作为砷的超富集植物可用于治理和修复污染土壤[183-185]，污染地块 Ⅲ 因矿山开采和尾矿储存不善导致大面积农田被砷污染，经过开展场地调查与风险评估发现，砷污染土壤面积总计约 666670m²，土壤污染物为砷、铅、锌和镉，另外还需同时对酸性土壤进行调节。砷检出值超出国家标准 5~10 倍，最高超出 50 倍。该地块的土壤理化特性分析显示，土壤 pH 值为 3.8~7.0，大部分区域呈酸性，重污染区 pH 值低至 3.8。前期进行了 11333.4m² 的蜈蚣草治理砷污染土壤示范工程，直接采用种植蜈蚣草和蜈蚣草+桑树套种技术，将污染土壤修复至 30mg/kg 以下。

### 2. 污染地块 Ⅲ 修复实践

在技术选择方面，考虑到主要需进行重金属污染与酸污染土壤修复，因污染面积大，应尽量选择低成本修复技术，因此计划采用廉价且无二次污染的植物修复技术。在进行砷、铅等复合污染土壤的植物修复过程中，应充分考虑修复植物对这些重金属的抗性、耐性和富集性，以及酸污染对修复植物的毒害作用，由于蜈蚣草是砷的超富集植物，条件比较适宜，可以担当此重任。故选择可超富集砷的植物蜈蚣草来修复重金属复合污染与酸污染土壤，富集砷的蜈蚣草晾干后采用焚烧方式处理。修复工艺流程及关键设备主要涉及以下几方面，植物育苗设施、种植所需的农业翻耕设备、灌溉设备、施肥器械、焚烧炉、尾气处理设备等。主要修复工艺及设备参数包括场地调查、育苗、移栽、田间管理、刈割和安全焚烧。蜈蚣草采用孢子育苗，育苗温室温度控制在 20~25℃，湿度 60%~70%；种植密度约 10 株/m²；在田间种植条件下，蜈蚣草叶片含砷量高达 0.8%，蜈蚣草生长至 0.5m 时收割，年收割 4 次；通过修复实践，直至将污染土壤中 As 的含量修复至风险可接受水平以内。收获的蜈蚣草晾干后，通过添加重金属固定剂，进行安全焚烧处理。

3. 污染地块Ⅲ修复效果及成本分析

经过检测，修复污染土壤中砷的浓度降低至修复目标值以下，达到修复要求。经分析，包含建设施工投资、设备投资、运行管理费用在内，处理成本 30~45 元/m²；运行过程中的主要能耗为灌溉、焚烧和尾气处理的电耗，另外有田间管理的人工成本。

**(二)狼尾草修复铬镍污染土壤实践**

1. 污染地块Ⅳ概况

污染地块Ⅳ位于东南沿海的某金属表面处理加工厂，由于废液随意排放致使大量重金属进入土壤，造成工厂附近土壤 Cr、Ni 超标。土壤理化性质分析显示，土壤 pH 为 5.17，土壤 Cr、Ni 污染的空间分布不均匀，沿排污口向外侧及水流方向含量递减，选择日照充足、空间开阔、容易管理且相对平缓的地块进行中试修复实践[186]。

2. 污染地块Ⅳ修复过程

设计采用植物修复，修复植物选择狼尾草，开展松土和浇水等农艺管理措施，播种狼尾草并施加复合肥，播种时应尽量保证播种均匀，深度一致，避免漏播，覆土 0.3~0.8cm。狼尾草在生长过程中，每平米土壤需要施用 2.25kg 有机肥和 0.030kg 过磷酸钙，以维持植物的营养需求，并适当清除其他杂草，全程未喷洒农药，生长约两个月后，对土壤及相对应的修复试验区植物采样检测狼尾草根系土壤及其地上和地下部分样品中的 Cr、Ni 含量。修复试验区土壤修复前后 Cr、Ni 含量对比，Cr 含量修复前后分别为 456.4mg/kg 及 332.4mg/kg；Ni 含量修复前后分别为 73.0mg/kg 及 32.8mg/kg。可见狼尾草具有良好的吸收富集能力。狼尾草收获晾干后需进行安全焚烧处理。

3. 修复效果及成本分析

经过成本分析，包含植物种植、农艺管理、运行管理等的修复成本 15~30 元/m²；修复效果显示，狼尾草可去除土壤中的 Cr、Ni 污染，且其根系发达，生长快速并可美化环境，对 Cr、Ni 污染土壤具有良好的修复潜力。

# 四、电动修复 Cd 污染水稻田

1. 污染地块Ⅴ概况与修复实践

在 2021 年对南方的一个铅锌矿区附近的 Cd 污染水稻田进行了为期 14 天的电动修复（EK）技术实践，包括现场试点试验（4m²）和全面应用（200m²）实践。该实验在上述两个尺度上都施加了 20V 的低电压，导频和满频电压梯度分别为 $20Vm^{-1}$ 和 $4Vm^{-1}$。采用长 0.5m、直径 4cm 的圆柱形石墨电极。污染地块Ⅴ修复实践现场电极布设见图 9-1。

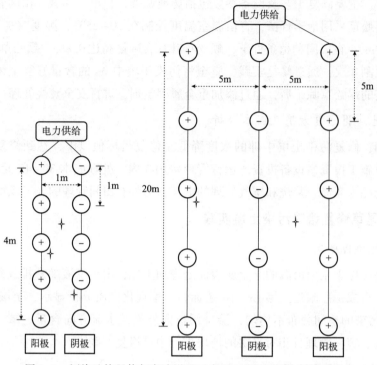

图 9-1　污染地块 V 修复实践设置示意图(星状标记为采样位置)

从图 9-1 可见，在中试实验中，平行施加 5 对串绕电极，间隔距离为 1m；其中的一行电极作为阴极，另一行作为阳极；对电极之间的距离也是 1m，中试总覆盖面积为 4m²。在全尺寸应用实践中，应用了串绕电极和分流电极；两组 5 个串绕电极的间隔距离为 5m，平行放置在电场的两侧，两边之间的距离为 10m，边缘的两行电极起着阳极的作用；另外 5 个串绕电极置于边缘中间，间隔距离为 5m，作为共享阴极；阴极与阳极之间的距离也为 5m，全尺寸应用的总覆盖面积为 200m²。EK 修复前后分别在 0~10cm、10~20cm、40~50cm 土层的阳极附近、阴极附近以及电场中间各取一份土壤样品。EK 修复后，土壤电导率从 140~330μS/cm 下降到 70~190μS/cm，土壤电导率降低的幅度在阳极附近更高。电导率与自由离子和电荷的数量直接相关，中间电场的降低幅度小，而靠近阴极处可能是由于从阳极一侧迁移而来的自由离子。当离子到达相反带电的电极或迁移出土壤基质时，电流周期性下降。由于电压相同，但规模更大，因此在初步试验中的电流比全面应用中要大。表层 0~10cm 层对土壤 Cd 的去除效率最高，中试修复效果优于全面修复。中试电压梯度(20V/m)为全量试验电压梯度(4V/m)的 5 倍，这导致全量试验对土壤 Cd 的去除效率较低，尤其是在较深的土层。虽然电压梯度是 EK 修复的主要驱动力之一，但当电压梯度过大时，则会对表层土壤产生负面影响。然而，由于污染该地块修复实例中施加的电压梯度要低得多，中试和全面应用的电压梯度分别为 20V/m 和 4V/m，因此没有观察到重金属在表层土壤中积聚的现象。总 Cd 在阳极附近的去除效率高于阴极，可能由于阴极附近氢氧化物的低效迁移形成。在本案例中，两个电极 PCV 管道都提供了足够的乳酸，阴极附近的土壤 pH 保持在 6 以下。因此，总 Cd 在阴极附近的去除率较低，很可能不是由于氢氧根沉淀的积累，而是由于从阳极一侧迁移进来的 Cd 的补偿。

2. 污染地块 Ⅴ 修复效果

整体上，由于较高的电压梯度，EK 修复在应用试点中表现更好。表层土壤(0~10cm)修复效果最好，预试和全面修复对总 Cd 的去除效率分别为 87% 和 74%。但在中试中，植物有效态的 Cd 仅在表层被显著去除(64%)。植物有效态 Cd 的去除率低于总 Cd 的原因可能是植物有效态 Cd 的解吸作用补偿了去除作用。土壤电导率的降低率和总镉的去除率在阳极附近高于阴极附近。乳酸使土壤 pH 值保持在 6 以下，但在阴极附近略有升高。实践结果表明，原位 EK 修复在低电压和低能量需求的农田土壤修复中具有良好的除 Cd 潜力。

# 第三节　有机物污染土壤–地下水修复典型案例

有机物污染物多种多样，有机污染土壤的修复技术种类也比较多，国内外常用的有机污染修复技术包括气相抽提、热解吸、土壤淋洗、化学氧化还原、植物修复、微生物修复等。土壤气相抽提(SVE)和热解吸技术的处理效果、费用成本和工程周期等都符合城市建设用地对土壤修复的要求。其中，SVE 技术多应用于卤代和非卤代挥发性与半挥发性有机污染物的去除，其对低挥发性有机物和有机农药等污染物的处理效果较差。而热解吸技术对处理卤代有机物、非卤代的半挥发性有机物、多氯联苯(PCBs)以及高浓度的疏水性液体等污染物有优势，但热解吸技术的缺点是会破坏土壤结构和生物系统。土壤淋洗有浓缩污染物的能力，故可作为其他技术的预处理，减少待处理的土壤体积并降低总费用。化学氧化还原对于污染严重的土壤修复效果好，但对土壤的结构和成分也会造成不可逆的破坏。植物和微生物修复技术常用于降解土壤中的石油烃类污染物，对于不同类型和不同污染程度的土壤，应采用不同的植物与微生物修复方法，而且生物修复技术因其环境友好性而越来越受到重视，但相对来说其修复周期比较长。此外，在选择具体的土壤修复技术时，应根据污染物和土壤性质、处理时间、经费成本等因素进行全面综合的筛选比较[187]。

## 一、异位化学氧化修复 PAHs 污染土壤

1. 污染地块 Ⅵ 概况

污染地块 Ⅵ 的南侧作为工业用地使用二十余年，部分区域涉化学原料和化学制品制造、金属制造等生产活动。未来规划用途为住宅用地，属于 GB 36600—2018 中的第一类建设用地，周边敏感目标主要包括住宅区、幼儿园和学校。该地块所在区域内的第一砂层、第一硬土层普遍缺失，其地质特征是表土层在区内广泛分布，主要为冲积海相地层，一般厚度为 3m 左右；由于潜水位埋深比较浅，故表土层的土性受地下潜水的影响较大。上部土层较硬，岩性以褐黄色黏土为主，稍湿、可塑、中等压缩性，间有植物根茎以及铁锰质、碳质侵染斑点，也有铁锰质小结核；下部岩性主要以灰、黄褐色黏土为主，湿-很湿，软塑-流塑，中等偏高压缩性。具体来看，第一软土层的层位较稳定，岩性以淤泥质黏性土为主，黏土矿物主要为水云母和蒙脱石；顶板埋深一般较浅，在 2.2~5m，厚度 7~

20m。第二软土层的岩性以滨海沉积的灰色淤泥质黏性土、淤泥质亚黏土及黏土、亚黏土为主，并夹有薄层砂；底板埋深大于22m，土层呈湿-很湿，软塑-流塑状，具高压缩性。所在地区第二硬土层缺失。第二砂层分布普遍，因有些地区缺失第三软土层，故第二、三砂层呈沟通现象；顶板埋深为26~35m，岩性上、中部为灰白色细粉砂夹亚黏土，下部为含砾中粗砂，属河口滨海沉积。第三软土层属浅海相沉积，岩性以灰色淤泥质亚黏土为主，下部为灰色黏土与粉砂互层。该地块所在区域地势平坦，地面标高3.3~4.8m；第四系覆盖层厚220~300m，含有丰富的地下水资源。区域潜水含水层水位埋深在0.5~1.5m，水位动态大多与黄浦江潮汐、大气降水、蒸发、灌溉和开采等因素有关；第一承压含水层分布比较稳定，顶板埋深约30m，该层水质为微咸至咸水；第一承压含水层和第二承压含水层相互沟通，潜水含水层与第一承压含水层间有连续的黏土层阻隔，层间基本无水力联系。

在进行土壤质量初步调查时，确定污染单元后进行加密监测，结合对该地块的初步调查和详细调查结果，该地块土壤中的超标污染物主要为多环芳烃，超标深度在填土层内(0.8~1.0m)，超标污染物包括苯并(a)蒽、苯并(b)荧蒽、苯并[a]芘、茚并(1,2,3-cd)芘及二苯并(a,h)蒽，它们的最高检测含量分别为17.6mg/kg、19mg/kg、15.8mg/kg、10.2mg/kg及2.7mg/kg，最大超标倍数分别为2.2、2.45、27.72、0.85及3.91倍。前四者的致癌风险超过可接受水平，二苯并(a,h)蒽的非致癌危害指数超过可接受水平。经计算超风险污染土壤的修复方量为1851.5m³，最大深度为2.0m，具体修复范围见表9-4。

表9-4 污染地块Ⅵ土壤修复范围与方量

| 污染物 | 污染面积/m² | 污染深度/m | 污染方量/m³ |
|---|---|---|---|
| PAHs | 620 | 0~0.5 | 620 |
| | 935 | 0.5~1.5 | 935 |
| | 593 | 1.5~2.0 | 296.5 |
| 总计 | | | 1851.5 |

2. 污染地块Ⅵ修复实践

污染地块Ⅵ为浅层土壤PAHs污染，对地块的污染修复模式选择进行综合考虑，从目标污染物的物理化学特性及生物可降解性、技术成熟度及当地是否可获取、场地适用性和应用限制、修复需求、修复时间和成本、对周边环境影响、地块规划用途等角度，适宜采用原地异位修复模式进行PAHs污染土壤修复，修复达标后的土壤在场地内回填。

该地块周边存在地表水和居民区等敏感目标，因此考虑修复方案拟选用一个高效快速、无二次污染、对周边环境影响小且投资省、运行费用低、技术较成熟、处理效果稳定可靠，运行管理便捷的修复技术对地块内的PAHs污染土壤进行修复。根据修复技术成熟程度，初步筛选出化学氧化和异位热脱附两种修复技术进行比选，综合考查两种技术的修复效果、实施条件、处理成本、工期用时、安全性能等因素。相较于异位热脱附技术，化学氧化技术运行费用低、处理效果良好，而且不产生废气，故不易产生二次污染，在经济性和实用性方面具有明显优势，所以确定选用化学氧化技术为该污染地块的土壤修复技术。

考虑到地块内PAHs污染物的空间分布特征，结合地块区域的地质条件、水文地质及周边受体与环境情况，根据选用的化学氧化修复技术制定本地块的修复总体技术路线。①施工准备：场地三通一平，放线测量，圈定修复范围，落实施工现场水、电供应措施，建立临时项目部，组织修复设备有序进场。②土壤清挖：针对场地内污染土壤进行清挖，挖掘中采用HDPE膜或防尘网覆盖，清挖过程中采取相应的基坑支护形式。③污染土壤处理：针对清挖出的污染土壤进行异位化学氧化处理，处理达标后的土壤置于养护区进行养护，验收合格后可回填至原基坑内。④场地废水处理：在修复施工过程中产生的废水主要为雨季施工可能带来的基坑水，经收集后进行处理，达标后做资源化回用，用于施工期间场地扬尘控制、土壤养护期间洒水养护等。⑤施工期间注意环境保护与监测：施工期间应加强对大气、噪声、固废的监测以及土壤地下水的二次污染防控，切实加强施工期间的环境管控与监测。

（1）PAHs污染土壤预处理。在对PAHs污染土壤预处理时，应先将清挖出来的土壤进行平铺晒干，后采用机械振动筛对污染土壤进行筛分，将其中的大块杂质和石块筛出；然后用多功能移动式筛分破碎铲斗对土壤进行破碎，使土壤颗粒的粒径<2cm。

（2）氧化药剂与活化药剂选择。常用于土壤和地下水化学氧化处理的药剂主要包含高锰酸盐、催化过氧化氢、过硫酸盐类和臭氧等。考虑到过硫酸盐的活性、持久性以及操作性都可满足场地污染土壤的处理需求，故选择采用的化学氧化药剂为过硫酸盐类药剂。市售的常见过硫酸盐类有三种，分别为过硫酸铵、过硫酸钾和过硫酸钠。过硫酸钠较前两者具有更好的水溶性及稳定性，因此选定过硫酸钠1%作为氧化剂；活化药剂采用生石灰1%对氧化药剂进行活化。

（3）土壤pH值控制。过硫酸盐化学氧化常控制pH值在中性(pH 5~9)的条件。

（4）养护土壤含水率控制。在污染土壤修复养护阶段，化学氧化反应需要足够的水分，控制含水率为35%~45%，若低于此范围则添加适当的水分，操作过程中通过场地内的临时收集池收集多余水量。

3. 污染地块Ⅵ修复效果

经过对清挖基坑和修复后土壤进行采样检测，样品中的污染物含量均低于相应的修复目标值，满足修复要求并通过修复效果评估。

## 二、异位热脱附修复PAHs污染土壤

1. 污染地块Ⅶ概况

该案例的污染地块Ⅶ为我国南方某铝材厂的有机物污染场地。该厂于2004年停产关闭，2013年被全部拆除，占地面积25340m²。该地块所在区域土层主要是黏性土、粉质黏土、粗砂和8m深的粉粒组成。经调查评估结果发现该地块内存在一定的污染风险。该地块有机物中萘、苯并蒽、苯并芘、苯并荧蒽、二苯并蒽的致癌风险大于可接受风险，它们的致癌风险分别为$1.88\times10^{-5}$、$1.02\times10^{-6}$、$4.12\times10^{-5}$、$1.21\times10^{-6}$、$2.01\times10^{-6}$，氟化物的

致癌风险低于可接受水平；该地块地下水中的关注污染物为砷、铅、镍、氟化物、铝等，由于场地地下水没有饮用途径，因此预期不会对场地未来使用产生健康风险。表9-5为地块采样检测情况。

表9-5　污染地块Ⅶ采样检测情况表

| 土壤情况 | 检测点位量/个 | 采样深度/m | 每孔取样数量/个 | 现场采集的样品量(不含现场平行样)/个 | 检测指标 |
|---|---|---|---|---|---|
| 初调土壤点位 | 68 | 5~7.2 | 4~6 | 336 | 重金属、挥发性有机物和半挥发性有机物、总石油烃、氟化物、多氯联苯 |
| 对照点土壤 | 2 | 0.5 | 1 | 2 | |
| 详调土壤点位 | 49 | 3~7 | 7~11 | 370 | 氟化物、苯并蒽、苯并荧蒽、苯并芘、二苯并蒽 |

## 2. 污染地块Ⅶ修复实践

污染地块Ⅶ的污染区域主要有四部分区域见图9-2。

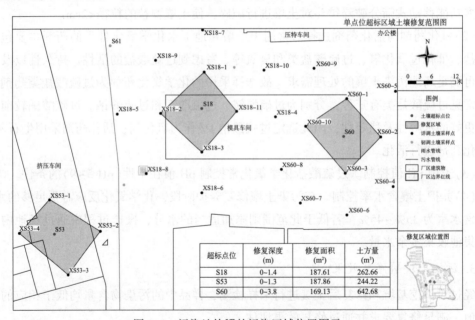

图9-2　污染地块Ⅶ的污染区域位置图示

S18点位区为萘、苯并蒽、苯并荧蒽、苯并芘、二苯并蒽污染区域，污染面积187.61m²，污染深度0~1.4m，污染土方量为262.66m³。S60区为苯并芘、二苯并蒽污染区域，污染面积为169.13m²，污染深度0~3.8m，污染土方量为642.68m³。S53区为苯并芘污染，污染面积187.86m²，污染深度0~1.3m，污染土方量244.22m³。还有一处多点位连片超标区域是S28、S64点位及其周边加密超标点位，该区域的超标污染物为苯并芘，最大超标深度为3.0m，修复土方量为3220.8m³。表9-6为污染地块Ⅶ的修复工程量统计汇总情况。

表 9-6　污染地块Ⅶ的修复工程量统计

| 修复区域 | 场调污染土方量/m³ | 修复污染土方量/m³ | 污染物种类 | <32mm 部分土壤修复 | | ≥32mm 渣石冲洗 | | 回填方式 |
|---|---|---|---|---|---|---|---|---|
| | | | | 土方量（实方）/m³ | 修复后土方量/m³ | 渣块量（虚方）/m³ | 技术方案 | |
| S18 | 262.66 | 262.66 | 萘、苯并蒽、苯并荧蒽、苯并芘、二苯并蒽 | 236.36 | 283.6 | 26.3 | 高压冲洗 | 原基坑回填 |
| S60 | 642.68 | 642.68 | 苯并芘、二苯并蒽 | 578.38 | 694.1 | 64.3 | 高压冲洗 | 原基坑回填 |
| S53 | 244.22 | 244.22 | 苯并芘 | 207.82 | 249.4 | 36.6 | 高压冲洗 | 原基坑回填 |
| 多点连片区域 | 3220.8 | 3220.8 | 苯并芘 | 2254.56 | 2705.5 | 966.24 | 高压冲洗 | 原基坑回填 |
| 合计 | 4370.36 | 4370.36 | | 3277.12 | 3932.6 | 1093.44 | | |

污染地块Ⅶ的修复工程技术方案采用异位热脱附的方法，污染土壤清挖筛分及破碎预处理后，去除粒径≥32mm 粗颗粒，粗颗粒经过冲洗达标后填埋或资源化利用。对<32mm 的细颗粒污染土壤进行热脱附处理其中的有机污染物，待验收合格后回填至本场地内。修复工程的总技术路线见图 9-3。

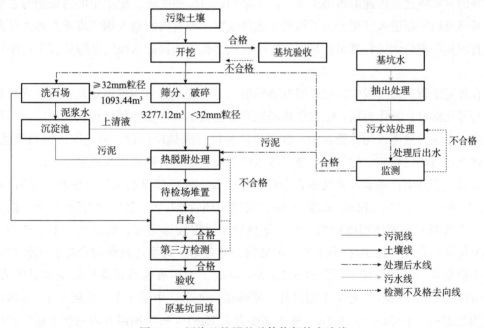

图 9-3　污染地块Ⅶ的总体修复技术路线

### 3. 污染地块Ⅶ修复效果

土壤样品的采样方法、现场质量控制、现场质量保证、样品的保存与运输方法等按照相关规定执行。土壤样品采样送检步骤：划分采样网格→采集土壤样品→现场样品保存与信息记录→送检；为了具有代表性，自验收采样分别采集土堆上层及土堆中间深度的样品：①土堆表层样采集方法是在每个网格内设置一个采样点，采用人工在方格内挖约 1m×1m×1m 的采样坑，在坑底取适量的土壤样品，转移至预先准备的采样瓶中；②土壤采样方法是在每个网格内设置一个采样点，采用土钻垂直贯入土体取样，使采样位置处于暂存堆体的中间深度，取适量的土壤样品，转移至预先准备的采样瓶中。该修复地块土壤修复效果验收监测项目主要是检测修复后土壤中的 5 种目标污染物及可能的中间产物等。

## 三、异位堆式燃气热脱附修复 TPHs-PAHs 污染土壤

### 1. 污染地块Ⅷ概述

污染地块Ⅷ的案例是我国北方某退役焦化厂修复项目案例与分析[188]。该地块的修复土壤共计 2000m³，厂区内土壤质地以粉质黏土和砂质黏土为主，未发现地下水污染。污染场地土壤调查与风险评估结果显示，该地块的超风险污染物主要是石油烃和苯并[a]芘等有机污染物，土壤污染程度不均匀且超标情况严重。该地块最终修复目标为 GB 36600—2018 中的建设用地第一类用地筛选值。该地块设计使用堆式燃气热脱附技术进行修复。

### 2. 污染地块Ⅷ修复实践

污染地块Ⅷ使用堆式燃气热脱附技术修复试验中，燃烧器产生的 600~700℃ 高温烟气通入加热管内管，烟气在管内高速流动至底部后折返至加热管外管中，升温后的外管壁以热传导的方式将热量传递给污染土壤，当土壤到达目标温度时，土壤中的污染物与水溶液发生共沸或热解而进入气相；为了提高工艺热效率，外管内的高温烟气将重新通入至余热利用管内并经燃烧烟气管排出；最后，污染物经抽提管抽提进入尾气处理装置进行净化后排放。

在修复工程实施过程中，堆式燃气热脱附工艺流程主要分为堆体建设、设备安装和修复运行等几部分，具体包括：①在焦化场地原址上将土壤清挖并预处理；②在厂区内定位投线进行土壤分层铺设与井管布设；③对堆体外进行隔热层建设，防止堆内的热量散失；④堆体外进行燃气供应、尾气尾水处理等系统安装，最终等待堆体修复运行。

在修复实践中，场地尺寸及井管布设也很重要，现场建设的堆体的顶面尺寸为 48m×12m，底面尺寸为 52m×14m，高度为 3m，安置加热管 57 个，余热利用管 19 个，抽提管 76 个；为保证堆体整体温度的均匀性，加热管布设需较为密集，管之间水平距离为 2m，余热利用管间距设置为 3m；为了提高污染物去除效率，每个加热管与余热利用管配套设置 1 个抽提管，安装在其水平距离 0.5m 处；同时，为尽可能得到堆体的整体温度情况，水平方向每隔 10~12m 设置 1 个测温井，堆体顶层 4 个、中层 5 个、底层 5 个(堆体顶层高度为 2.25m，中层高度为 1.5m，底层高度为 0.75m)，每个测温井内的热电偶监测堆体 7m 深度处温度；由于堆体加热单元排布具有对称性，且 7 号测温井位于堆体 21.5m 处的中层位置，处在两个余热利用管的正中位置，可代表堆体非边界区域的整体土壤升温情况。

### 3. 污染地块Ⅷ修复效果

修复后的效果评估需要进行采样与检测，在堆体各层每隔 20~25m 布设 1 个采样点，

共6个(堆体顶层1个、中间层3个、底层2个)。使用取样器在预埋设的采样井内进行采样,取样时在堆体顶层土层深度0.5m处采集一组样品,在堆体中层土层深度0.5m、2.5m和6m处各采集一组样品,在堆体底层土层深度0.5m与6m处各采集一组样品,共12组土壤样品。将土壤样品送至有相应资质的检测公司进行检测分析,直至达标。

4. 污染地块Ⅷ修复技术案例分析

采用堆式燃气热脱附技术修复后的12组土壤样品中TPHs、苯并[a]芘的浓度分别降至31~775mg/kg和0.01~0.09mg/kg,其他污染物均未检出,满足修复目标要求。经39天的加热升温,堆体的顶层、中层和底层的平均终温分别为210.4℃、178.2℃和184.6℃;还发现在前30天内,堆体底层平均温度较低,工程设计上可考虑提高底层加热管温度或进行底部隔热保温措施,以提高堆体底层土壤的修复效率。经过39天的燃气热脱附处置后,堆体热脱附过程收集水量为310.4m³,土壤体积含水率从25.8%降至10.3%,水相变潜热的能耗约占总能耗的20%。因此,土壤含水率是评估修复的能耗及热脱附时间的重要因素,为提高热脱附效率,还可对污染土壤进行预干燥处理。

经过对污染地块Ⅷ修复技术可行性及成本分析,该实践过程中燃烧器加热运行共39天,其中天然气用量计99200Nm³,用电量计31807kW·h,即每修复1m³污染土壤需消耗49.6Nm³天然气和16kW·h电量。该工程采用的余热再利用技术,将加热管中排放的400℃高温烟气重新传输至余热利用管中,使最终排烟温度降至300℃以下,因此采用余热再利用技术后热脱附过程中热量损失率减小约11.52%,有效降低了修复能耗与碳排放量。

## 四、原位多相抽提和化学氧化修复有机复合污染土壤-地下水

1. 污染地块Ⅸ概况

污染地块Ⅸ属于长三角某地的电子机械厂,后续拟开发为商业用地。前期场地调查发现地块内土壤和原柴油罐区约1500m²的地下水受到了有机物复合污染,污染物包括总石油烃、多环芳烃(苯并[a]芘和苯并[a]蒽)以及苯系物(乙苯和1,2,4-三甲苯)有机复合污染物;污染深度为0.5~4m,并且部分修复区域发现有明显的LNAPLs存在;若单纯使用一种修复技术很难在有限的修复周期内达到修复目标,因此采用了多相抽提(MPE)结合原位化学氧化(ISCO)的联合修复技术进行修复。

2. 污染地块Ⅸ修复实践

采用多相抽提技术通过对抽提井施加真空,实现对自由相、污染地下水和土壤气体的抽提,达到去除有机复合污染物的目的。利用MPE技术使用真空泵通过管路抽提地下水和土壤气体,对VOCs及NAPLs类污染物均具有较好的效果。相对于传统的泵出处理技术,其具有如下优势:①可以处理中等渗透性的土壤;②影响半径显著增强;③自由相回收速率可提高3~10倍,显著减少修复时间。但应注意MPE技术需安装后续的尾气处理系统。

利用MPE技术可同时抽取污染区域的土壤气体、地下水和NAPLs等气体和液体,将气态、水溶态及非水溶性液态污染物从地下抽吸到地面上的处理系统中。地下水和土壤气

体以汽水混合物的形式被持续稳定抽提出来，抽提出来的汽水混合物首先进入汽水分离器，自由相 LNAPLs 与污染地下水分离，抽提气体则继续进入后部的除湿器，最后通过活性炭吸附罐处理后排放。汽水分离器中的自由相 LNAPLs 后续可作为危废处置。汽水分离器中的污染地下水则通过离心泵排入临时废水储存罐，若经监测达标，则直接排入市政污水管网；若监测不达标，则排入现场的污水处理站处理后使其达标。实际修复过程中，经过 45 天的 MPE 运行，地下水中已无明显的 LNAPLs 存在。过程监测表明，在局部区域的部分目标污染物浓度仍然未达标，并且随着 MPE 系统的运行，污染物浓度趋于稳定，不再明显降低。针对这种情况，后续进一步使用原位化学氧化技术进行修复。在该案例中，当发现地下水中的污染物难以继续降低后，进一步通过 ISCO 技术降低土壤和地下水中的污染物浓度。通过 ISCO 技术向地下水中加入强氧化药剂，该案例使用的过硫酸盐配合生石灰作为激活剂，通过产生氧化反应使地下水中的有机污染物被分解或转化，形成对环境无害的化合物。修复过程中产生的自由基作为强氧化剂可在地下介质中迁移很长距离，最后完成达标修复。

## 五、石油类污染土壤-地下水治理修复实践

### (一)牧草植物修复西北地区石油污染农田实践

#### 1. 污染地块 X 概况

污染地块 X 是因石油开采使西北黄土丘陵区的油田周边的农田土壤受到了石油污染，其中 80% 以上的污染原油存于 50cm 以上的耕层土壤中而造成污染。石油烃在表层土壤中的积累导致土壤结构的破坏，影响土壤通透性，对农作物的生长和发育造成伤害。污染土壤位于西北的油田周边农田，属典型的黄土高原丘陵沟壑区，地势南高东低，土质为黄绵土，植被较少，多暴雨，水土流失严重。土壤容重 1.12～1.40g/cm³，土壤 pH 值 7.4～8.1，平均海拔 700～1600m，年均日照 2418h，积温 3878.1℃，无霜期年均 162 天，年均温度 8～10℃，年降水量 400～700mm，属干旱和半干旱地区。

#### 2. 污染地块 X 修复实践过程

石油污染农田的植物修复过程，设计采用植物修复，选择白三叶、红三叶、紫花苜蓿、碱茅草、沙打旺 5 种修复植物。土壤在修复前需翻耕，去掉碎石等杂质，保证土壤的理化性质一致，土壤石油含量均匀，选取同一农田但距离废弃油井较远的无石油污染土壤做出芽率空白对照，将耕作后的修复区划分为 5 个试验小区，每个小区面积为 1m×5m 的 4 块样地，一个无植物对照试验区。修复实践显示，紫花苜蓿对土壤石油污染物的降解率最高，其次是沙打旺、白三叶、红三叶、碱茅草较弱，土壤石油污染物的降解率与对照相比分别提高了 53.2%、47.7%、32.7、30.4% 及 15.6%。5 种植物对油污的降解能力大小顺序为紫花苜蓿>沙打旺>白三叶>红三叶>碱茅草。所有的修复植物均在 5～8 月期间对油污具有较强的富集降解能力，其中紫花苜蓿和沙打旺富集能力最强，分别达到 1903mg/kg 和 2013mg/kg。

### 3. 污染地块X修复效果与成本分析

经过成本分析，包含建设施工投资、设备投资、运行管理费用等的修复成本约30元/m²；修复过程中的主要能耗为翻耕、灌溉处理的机电耗费以及田间管理的人工成本。修复效果显示，紫花苜蓿、沙打旺、红三叶和白三叶具有修复石油污染土壤的潜力，尤其是紫花苜蓿和沙打旺可作为西北区石油污染土壤的修复植物使用[189]。

## （二）油田石油污染土壤强化生物修复实践

### 1. 污染地块XI油污土壤概况

污染地块XI位于东北的油田区域，同时也是优质农作物产区，因采油生产活动造成了井场周边土壤的石油污染，经环境调查油污超风险需要进行修复。污染区域表层土壤以粉质黏土和粉土为主，土壤含水率较高，该层土壤厚度约3.5m，此类土质对污染物的截留效果较好，污染物难以向土壤下层迁移。土壤中TPHs含量2000～20000mg/kg，均值4213mg/kg，修复目标值500mg/kg。地块的污染特点是污染非均质、局部含量较高，大部分污染程度中等，污染深度0.5m，污染面积9300m²，修复土方量约4650m³。属于原地异位修复。

### 2. 污染地块XI修复技术方案及工艺参数

通过对该地块污染土壤的理化性质、土壤微生物等进行检测分析，综合考虑修复技术的可行性、治理周期、土地的规划用途及处理的经济性等因素，最终确定采用强化生物堆修复技术。生物堆系统由土壤堆体、通风系统、营养液/水分调配系统、渗滤液收集处理系统、监测系统几部分组成。根据工程经验，堆体高度不宜过高，设计修复堆体土壤高度1m，底部宽度8～10m，堆体坡度1:0.5，考虑到施工的便捷性及避免交叉污染，该地块生物堆原地堆建，堆体的长度根据污染地块地形进行调整。通风管路布设于堆体的中下部，距堆底0.3～0.4m；为避免鼓气过程造成短路，盲管距离土堆边缘不小于0.2m，通风盲管距生物堆堆体宽度方向两侧边缘各0.5m，通过PVC管与通风干管相连。为避免堆体产生的渗滤液对环境造成二次污染，设置渗滤液收集系统对渗滤液进行收集。首先在平整后的场地上修建坡度为1:10的人字坡，而后铺设土工布、HDPE膜、土工布互层的基础防渗层；生物堆堆体内设置监测点，对堆体内温度、水分含量、氧气含量等进行监测。土壤气监测探头、温度与水分含量监测探头布设于距堆体底部0.7m处，土壤气监测探头相邻探头的间距为3m，温度与水分含量监测探头间隔为6m。污染地块XI的生物堆示意见图9-4。

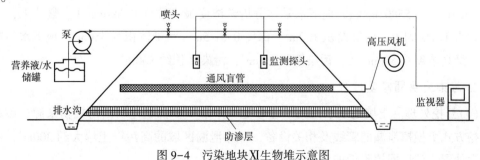

图9-4 污染地块XI生物堆示意图

### 3. 污染地块Ⅺ修复工程实施过程

首先对污染土壤进行预处理，预处理主要包括土壤均质处理、调整土壤中碳氮磷钾的配比、调节土壤含水率等将修复区域内土壤搅拌均匀后，选取地面平整且相对地势较高的区域作为生物堆强化处理区。利用小型挖掘设备，在不破坏防渗膜的情况下，将预处理后的土堆在防渗膜上铺设 0.3~0.4m 厚的土层。接着在该土壤层表面按设计参数布设通风管，固定完成后继续堆高至约 0.7m；需在该土壤层布设土壤气监测探头、温度与水分含量监测探头；然后继续堆土至 1m，并对堆体四周开展机械与人工修坡结合作业，修整完成后在堆体表面和侧面种植黑麦草。最后安装营养液/水分调配系统，进行生物堆的调试运行。

### 4. 污染地块Ⅺ修复效果与分析

经过 6 个月的修复后，按设计要求进行取样检测，所有点位的修复后检测结果均低于修复目标值。该修复实践采用强化生物堆修复石油污染土壤 4650m³，修复工期 6 个月，修复后的土壤经检测全部达到验收标准。修复完成后对生物堆修复区域进行复原，对修复过程中使用的材料及设备进行回收。修复过程在原地进行，基本不涉及污染土的转运，修复过程不产生二次污染，未扰动生态环境，修复彻底[190]。强化生物堆修复工艺的重点是通过对生物堆的合理设计和运行，保证微生物的生长环境，从而实现对石油类污染土壤的修复。

## （三）加油站污染土壤-地下水治理修复实践

### 1. 污染地块Ⅻ概况

污染地块Ⅻ是位于我国台湾的一座民营加油站污染治理修复实践案例，利用土壤开挖处理法、地下水抽出处理法、空气注入法、土壤气体抽除法及原位化学氧化法的综合方式修复，于二年内将土壤中 TPHs 最高污染浓度 5880mg/kg 及地下水中苯最高污染浓度 0.596mg/L 修复至未检出。现介绍其修复案例[191]。

该加油站系经环保署公告为地下水污染场址，经调查评估发现主要泄漏源为泵岛底部油管与油盆环封处渗漏，且该加油站因地下水水位较高（1.6~2.8m），石化污染物已向下传输至地下水层中造成污染，且随着地下水流动及丰枯水期造成土壤不饱和层及毛细层有垂直及水平方向污染。具体污染特征是该加油站主要从事汽油、柴油的加油业务，污染物源自泵岛底部油管与油盆环封处渗漏；地质条件是地下 1~6m 主要为粉质砂土，6m 以下为原生粉土。地下水文条件是地下水位 1.6~2.8m；地下水流向从西南流向东北方向，水力传导系数 $1×10^{-6}~5×10^{-5}$cm/s。土壤中的 TPHs 含量：在 4.6~4.8m，为 1580mg/kg；在 3.25~3.4m，为 5580mg/kg。地下水采样分析苯浓度最高浓度 0.596mg/L。整体上，土壤污染物为 TPHs 和苯，污染面积 100m²，深度 0.5~5m，污染体积约 550m³；地下水污染物为苯，最高浓度 0.596mg/L，污染面积 200m²，污染体积约 800m³。

### 2. 污染地块Ⅻ修复过程

（1）开挖处理。土壤地下水污染治理修复工作第一步就是先阻断污染物来源，该场址以开挖方式更换掉泄漏的管线及相关设备，移除泄漏区域的高污染土壤大约 300m³，污染土外运处置，然后回填附近的洁净土壤。

（2）原位化学氧化法。实际开挖后发现，污染水平迁移距离最远处达 20m，最近约 2m；垂直传输深度最深达 5m，最浅处仅约 1.5m。其原因可能有两种，一是向地下水下游方向传输距离较远；二是污染物遇到原生地质层土壤，水力传导系数小，迁移能力大幅下降。因此，在挖除高污染土壤后，用类 Fenton（$H_2O_2+Fe^{2+}$）氧化法将开挖面残留的污染物氧化为无机物，以防止污染物释出污染地下水。

（3）土壤抽气/地下水注气。该 SVE/AS 系统操作时间设定为启动 1h、停止 1h，自 7：00 开始至 18：00 止，抽出气体通过管道进入活性炭吸附系统。操作期间，每周进行 3 次以上操作采样纪录，主要记录项应包含活性炭入/出口端有机挥发性气体浓度、SVE/AS 操作时间、活性炭吸附系统气体温度、空气注入体积、抽出气体体积及其他有关设备操作维护所需要的记录等；并以活性炭入/出口端的挥发性有机污染物浓度估算活性炭吸附的污染物总量；SVE/AS 系统操作约 12 个月后，估算出活性炭吸附的污染物总量约 50kg。

（4）地下水抽出处理。该场址采用抽出处理法的原因有二，一是将污染区域的地下水抽出地表并以气提方式将溶解于水中的污染物质挥发，其挥发气体另行收集至活性炭吸附系统处理后排放于大气；二是降低污染区域的地下水位，增加土壤不饱和层的厚度，以增加 SVE 抽气所影响的土壤体积范围，亦可提高后续的化学氧化剂与污染区域土壤孔隙的接触率。系统操作约 12 个月，共抽出水量约 300m³。以活性炭入/出口端的挥发性有机气体浓度数值估算出活性炭吸附的污染物总量约 200g。

（5）地下水原位化学氧化加药。针对地下水规划抽出处理及 SVE/AS 等方式，因加油站下方的地质条件大多为不均质态，故抽出处理时还有部分区域的地下水为短流状态，SVE/AS 处理时也有气体形成短流情形，造成修复处理死角。为解决短流情形造成的治理效果降低问题，在抽出井及注气、抽气井的空间区域另行设置注药井，以加压注入方式将氧化剂注入地下水中。此方式除可降低造成短流区域的污染物外，还可降低地下水面毛细孔区的污染物浓度。经过化学氧化加药，系以类 Fenton 法处理污染物，$H_2O_2$ 溶液浓度为 5%，$Fe^{2+}$ 浓度为 0.02%；在一年修复期间加药 7 批次，每批次 $H_2O_2$ 溶液的注入量约为 10m³。

3. 污染地块Ⅻ修复效果

该加油站污染场地抽出高污染地下水约 300m³，氧化剂注入量约 70t，受污染土体积约 500m³，其地下水处理费用约 4.6 元/kg·水，土壤处理费用约 922 元/t·土；参考台湾相关文献中的土壤清洗、化学氧化、SVE/AS 及离场处理的费用单价分别为 5500 元/m³、2516 元/m³、2566 元/m³ 及 7500 元/m³，因此以这种整体方式修复加油站污染场地不仅可缩短治理时间，而且在经济效益上亦有很大优势。该加油站治理修复除开挖工作约 2 个月外，修复期间均未影响到业主营业，提升了业主的治理意愿，并可顺利达到污染浓度符合法规管制标准要求，达到了双赢的目的。

# 第四节　无机-有机复合污染土壤-地下水修复典型案例

在我国的土壤污染环境中，复合污染场地占有很大比例；因此仅对于单一类型污染物的研究已无法解决日益复杂的土壤污染问题，而无机-有机复合污染作为土壤复合污染的典型代表，在土壤中存在较为普遍。不同类型的有机物和无机物在土壤中产生相互作用，值得注意的是某种类型污染物必然受到其他类型污染物的影响，这样就使得在同等条件下土壤重金属-有机物复合污染的修复治理难度更大。此外，复合污染对土壤生态环境造成的综合毒性更强，严重威胁人类健康[192]。目前无机-有机复合污染土壤的修复技术主要包括植物修复、微生物修复、植物-微生物联合修复、强化电动修复、淋洗修复、化学萃取-氧化修复以及多技术联合修复。依靠单一某种修复技术对无机-有机复合污染土壤的修复效果有限，在实际应用中可根据特定的土壤环境质量状况（土壤理化性质、污染物种类与含量、受污土地未来用途、经济成本、修复时间等）选择两种或两种以上修复方法相结合对无机-有机复合污染土壤进行处理，以提高修复效率。

## 一、异位淋洗和化学氧化修复重金属与 PAH 污染土壤

### 1. 污染地块XIII概况

污染地块XIII历史上主要涉及制革与成品油存储等工业活动，面积为 17183m²。该地块在改建过程中有建筑垃圾回填；未来规划用途为三类住宅用地，周边敏感目标为某地表水体。通过对该地块进行土壤质量初步调查发现地块内浅部地层可分为 5 个工程地质层系。

第①层填土，上部的大部分表层存在混凝土地坪，其下以碎石及碎砖块为主，夹煤渣及植物根茎等；下部以黏性土为主，夹碎石及碎砖块等；层厚 1.1~4.0m；场内部分区域含浜填土，夹小石块及碎砖块等。

第②层褐黄~灰黄色粉质黏土，含氧化铁斑点及铁锰质结核；层顶标高 2.36~3.29m，层厚 0.8~2.0m；填土较厚或暗浜分布区域缺失。

第③层灰色淤泥质粉质黏土，含云母、有机质，夹少量薄层粉砂、粉土及团块，土质不均；层顶标高 0.68~1.79m，层厚 3.0~4.8m。

第④层灰色淤泥质黏土，含云母、有机质，夹少量薄层粉砂、粉土，局部夹少量贝壳屑，土质均匀；层顶标高-3.55~-2.03m，层厚 6.7~10.0m。

第⑤层灰色黏土，含云母、有机质，夹半腐植物根茎及钙质结核，局部层顶夹较多粉性土；层顶标高-12.44~-9.69m。

调查发现该地块的土壤污染物主要是砷、铅和苯并[a]芘，它们的最高检测含量分别为 29.9mg/kg、476mg/kg 和 82.1mg/kg。其修复方量为 10536.46m³，修复面积 6288.39m²；分为苯并[a]芘污染区（Ⅰ区）、砷、铅和苯并[a]芘复合污染区（Ⅱ区）。其中，Ⅱ-1 区的污染类型为苯并[a]芘和铅，修复面积 8.18m²，修复深度 0~3.0m，修复方量 24.4m³；Ⅱ-2 区的污染类型为苯并[a]芘、砷和铅，修复面积 535.65m²，修复深度 0~2.0m，修复方量 1074.6m³。

### 2. 污染地块XIII的修复实践

由于污染地块XIII的西侧即为某土壤集中修复基地，该基地配置密闭修复大棚、土壤淋洗区域、露天土壤堆场、污染土堆放车间、药剂仓库，具备完成本地块污染土壤修复的施

工条件。将该地块内的清挖污染土壤短驳至土壤集中修复基地实施修复可减少对周边环境的影响,并在修复中尽可能选择绿色、可持续的修复策略,使治理修复工程的效益最大化。

根据该地块特征条件和修复要求,综合考虑修复时间及预期经费等,选定该地块的污染土壤修复模式为"异地异位修复",即转运至附近土壤集中修复基地进行修复。针对重金属和PAHs复合污染土壤,采用高级氧化-化学淋洗联合修复技术,PAHs污染物采用化学氧化工艺修复,药剂添加比例为氧化剂过硫酸钠1.2%、激活剂CaO 1.5%;重金属土壤采用淋洗技术进行处置修复,洗脱剂选择柠檬酸,洗脱剂浓度2.5mmol/L,洗脱时间2h。该污染地块的关键修复处理工艺如下:①按分区进行土壤挖掘后堆放至指定修复工程实施区域;②对土壤进行筛分、破碎、含水率调节等预处理,注意对污染土壤进行充分混匀;③通过高级氧化技术处理土壤中的PAHs污染物;④土壤淋洗设备参数控制,包括水土比、洗脱时间、洗脱次数、洗脱剂的选择、增效洗脱废水的处理与药剂回收;⑤通过全量分析方式进行污染物去除效果评估,达标后土壤可回填。

淋洗废水处理:中试过程产生的淋洗废水进入淋洗一体化水处理设备中添加PAC、重金属捕捉剂和PAM处理后的废水送第三方进行检测,确定满足相关标准后排放。

**3. 污染地块的修复效果与相关分析**

施工过程中针对每批修复土壤达到养护期后开展自行监测,按每500m³取1个混合样进行检测;共开展3批次的自检工作,自检指标为修复目标污染物和可能产生的二次污染物(pH、VOCs、SVOCs),检测结果均满足相应修复目标值。针对施工过程产生的废水、厂界四周和施工区域的大气及噪声以及排水沟、沉淀池和暂存水池中的底泥进行取样监测,结果均满足相应标准限值,表明施工过程二次污染防治措施实施效果良好。效果评估单位对土壤清挖后的基坑共进行4批次的采样检测和效果评估,清挖后的基坑验收检测达到土壤清理目标值,修复后土壤经自检和3批次的验收取样和效果评估均达到修复目标要求[193]。

关于修复工艺中先淋洗后氧化还是先氧化后淋洗的选择,根据其他研究结果,在有机酸如柠檬酸、草酸、酒石酸等作用下,土壤中PAHs残留含量会提高而影响其去除率,即有机酸对土壤中PAHs的去除有抑制作用;因此,对于重金属与PAHs复合污染土壤的修复工艺选择最好是先高级氧化再进行化学淋洗,从而防止淋洗后再氧化可能影响PAHs降解率的问题。修复处理产生的淋洗废水进入淋洗一体化水处理设备中,添加PAC、重金属捕捉剂和PAM处理后的废水送第三方实验室进行检测,检测结果满足《污水排入城镇下水道水质标准》(GB/T 31962—2015)和《污水综合排放标准》(DB 31/199—2018)要求。

## 二、化学还原固定原位稳定修复无机-有机复合污染土壤和地下水

**1. 污染地块XIV概况**

污染地块XIV的修复案例为长三角地区某磷化厂的重金属污染场地。该厂建于1994年,2015年被废弃拆除,占地面积13000m²。场地土层主要由杂填土、粉质黏土和6m深的淤

泥质黏土组成。污染状况调查发现，地块土壤和地下水都受到了不同程度的污染。其中，土壤中的 Cr(Ⅵ)含量超标，测得最大值为 21.70mg/kg；污染面积约 500m²，污染深度 2m；地下水中的 Cr(Ⅵ)、总铬(T-Cr)、磷酸盐、砷和 1,2-二氯丙烷的浓度超标，测得的最大值分别为 8.35、8.55、2120、0.4 及 0.11mg/L；地下水的污染面积约 2700m²，污染深度 6m。

2. 污染地块ⅩⅣ修复实践

(1)污染地块ⅩⅣ土壤修复

经过现场勘测以及前期试验，该地块主要采用化学还原固定原位稳定法进行修复。主要修复环节为开挖、运输、异地修复和回填处理等；异地修复过程主要包括土壤的筛选、破碎、还原剂的混合和稳定剂的加入；被污染的地下水被提取并运输到特定地点进行修复。然后经还原、絮凝、沉淀、过滤处理；并经过多次提取回灌循环，地下水中的污染物得以去除，达到修复目标。当达到预期的污染物去除率时，再对地下水进行充注。在污染地块现场修复过程中，污染土壤的修复可按以下具体流程进行：①平整场地，清除表面障碍物；②黏土层开挖至设计深度 2.0m，边坡比为(1∶1.15)~(1∶1.5)；③将挖掘出的污染土壤运到现场进行修复，并检查坑底和坑壁土壤中污染物的浓度；④对污染土壤进行干燥，降低含水率，然后均匀粉碎、筛分，要求粒度≤40mm；⑤在土壤中加入药剂，主要施工过程为添加和搅拌，每种药剂的剂量以现场试验的结果为基础；⑥污染土充分混合后堆砌固化 3~5 天，然后对土壤取样，测定 Cr(Ⅵ)的含量；如未达标，污染土按上述施工工艺反复处理；若已达到修复要求后，则按设计值加入稳定剂，然后充分搅拌混合。

(2)污染地块ⅩⅣ地下水修复

为治理污染地下水，采用整体抽采、结合侧面回灌的方法，利用抽水系统形成水力循环，可有效降低周边降水造成的水力边坡及对周边环境的影响。此外，采用长度为 9.0m 的钢板桩作为防水帷幕，以减少道路和建筑物附近因地下水排水而产生潜在的土壤固结沉降等影响。这种方法可持续多次，直到完全去除地下水中的污染物。抽采井主要设计在污染区中部的重污染区内，抽注井设计在污染区的侧面。根据类似的地质条件下的工程经验，抽注井影响半径约为 3m；因此，这些井的初始间距设置为 6m。共设计 28 口直径为 110mm、深度为 7.0m 的抽采井和 45 口直径为 200mm、深度为 6.5m 的抽注井进行地下水污染治理。抽取后的地下水需经过以下处理：①在施工现场设置沉淀池去除土壤颗粒；②使用便携式分光光度计进行检测；即污染物浓度较高的地下水用油罐车运至场外处理场地，污染物浓度较低的地下水进入临时储罐；③然后将地下水转入反应池中，用于为后续水处理系统提供稳定的运行条件(如 pH 值)，并通过添加化学药剂去除 1,2-二氯丙烷；④将地下水抽入沉淀池，加入 PAM，使颗粒物得到二次沉淀，达到与污水分离的目的；⑤如污染物的测量浓度未达标，则应再次转移至上述水处理系统作做一步处理，直到处理达标。

根据室内试验和现场试验结果，结合现场条件，确定现场应用的最佳修复药剂和参数，见表 9-7。挖掘或抽取了 1240m³ 污染土壤和 3005m³ 污染地下水，并转移到指定地点进行修复。

表 9-7　污染地块ⅩⅣ确定现场修复参数

| 材料 | 污染物 | 修复试剂 | 剂量 |
|---|---|---|---|
| 地下水 | 铬（Ⅵ）和总铬 | 焦亚硫酸钠 | 3g/L |
| | | 生石灰 | pH≥9 |
| | 砷和1,2-二氯丙烷 | 焦亚硫酸钠 | 3g/L |
| | | 硫酸亚铁 | 6g/L |
| | 硫酸盐 | 生石灰 | pH≥9.5 |
| | | 氯化钙 | 5g/L |
| 土壤 | 铬（Ⅵ） | 连二亚硫酸钠 | 3% |
| | | 硫酸亚铁 | 6% |

### 3. 污染地块ⅩⅣ修复效果

污染地块ⅩⅣ的修复工作在 42 天内完成现场施工，现场土壤修复效果评估的检测结果表明，修复后的坑侧及坑底土壤和土壤中 Cr（Ⅵ）的最大含量分别为 3.90mg/kg、3.70mg/kg 和 1.20mg/kg。实测值均小于标准值(4.07mg/kg)，满足土壤修复目标的要求；在该地块的地下水修复中，Cr（Ⅵ）、T-Cr、磷酸盐、砷和 1,2-二氯丙烷的最大浓度分别<0.004mg/L、0.001mg/L、0.17mg/L、0.005mg/L 和 <0.0005mg/L，均低于各自的标准值。修复结果证明，本项目采用的方法能够有效地减少该类土壤和地下水场地中的无机-有机复合污染物，且环境风险相对较低。

## 三、可渗透反应墙修复技术应用

PRB 作为一种具有良好工程应用潜力的原位修复技术已在欧美实现了商业化应用，成为当前污染地下水修复技术的重要发展方向之一。在 PRB 的工程应用中，零价铁 PRB 的应用最为广泛，全球已有很多成功案例，表 9-8 列举了零价铁 PRB 技术在欧美国家的部分工程应用案例。其中 PRB 结构类型多为连续反应墙和漏斗-导门式反应墙，处理的污染物主要为氯代烃和重金属。零价铁 PRB 技术对污染物具有显著的去除效果。

表 9-8　零价铁 PRB 工程应用案例

| 活性填料 | 污染物 | 应用地点 | PRB 类型 | 工程参数 | 应用效果 |
|---|---|---|---|---|---|
| 22%ZVI+ 78%混凝土 | TCE、PCE | CA-ON 某污染场地 | 连续反应带 | PRB 长 5.5m、深 9.7m、厚 1.5m | TCE 的去除率为90%，PCE 的去除率为88% |
| ZVI | TCE、Cr（Ⅵ） | US-NC 某电镀车间污染场地 | 连续反应带 | PRB 长 45.7m、深 7.3m、厚 0.6m | Cr（Ⅵ）浓度由5mg/L减至未检出，TCE 浓度由 7mg/L 降为<0.005mg/L |
| ZVI+ 砂混合物 | TCE | US-MI 某泄漏污染场地 | 连续反应带 | PRB 长 173m、厚 1.2m、深度为地下水位以下4.6m | TCE 浓度由 290~14000μg/L 降为 25~3200μg/L |
| 83%ZVI+ 17%砂 | TCE、DCE | ITA-AV 某工业垃圾填埋场地 | 连续反应带 | PRB 长 120m、厚 0.6m、深度-14.5~-4.5m（均13.0m） | 运行 3 年后，ZVI 产生了腐蚀与钝化，但仍可使 VOCs 降至控制值以下 |

| 活性填料 | 污染物 | 应用地点 | PRB 类型 | 工程参数 | 应用效果 |
|---|---|---|---|---|---|
| ZVI | TCE、eDCE | UK-Belfast 某污染场地 | 漏斗-导门式 | 漏斗状阻隔墙长 30.5m、反应器 φ1.2m、深 12.2m（ZVI 填料 4.9m） | TCE 和 eDCE 浓度均降低了 97.5% |
| 粒状 ZVI | PCE、TCE | DK-Fyn, Vapokon 场地 | 漏斗-导门式 | 漏斗由 2 个 110~130m 长板桩构成，反应墙长 14.5m、厚 0.8m、深 9m | 运行 7 年后对卤代烃的去除率仍可 >99% |

大部分 PRB 工程应用案例能够达到预期的效果，但也有少部分 PRB 技术在实践过程中效果受限，主要原因是难以有效地捕获并处理目标污染物。如在 US-TN 安装的一座以砂砾和 ZVI 为材料的 PRB 来处理地下水中混合污染物 U，运行 3 年多后，由于含量过高，ZVI 受腐蚀，并导致反应介质孔隙度严重减少；此外，水流方向混杂和反应介质界面板结会导致反应墙的水力性能恶化，最终使地下水流绕过 ZVI 而流到 PRB 外侧。另外，在 CH-Thun 安装的一座以 ZVI 为填料的 PRB 修复地下水中的 $Cr(Ⅵ)$，运行 2 年后发现，由于含水层地下水流速快以及碳酸钙和溶解氧含量处于饱和状态，导致 PRB 系统对 $Cr(Ⅵ)$ 的去除效果较差。为了确保 PRB 系统能够长期有效运行、完全截获污染羽并去除污染物，在工程应用前需要进行系统评估，包括场地特征和污染物分布等因素。

我国 PRB 技术虽起步较晚，但也已开展了很多研究工作和示范应用。PRB 技术在污染场地及地下水修复方面具有良好的应用潜能。Hou 等 2011 年在辽宁沈阳浑河中下游的一个傍河型地下水源地（面积约 $36km^2$）利用高压旋喷技术和旋挖技术建设漏斗-导门式 PRB 示范工程，以保护 15# 目标水源井（保护区距离浑河 150~200m）避免污染。该系统长约 15m（反应墙体长 6.25m，2 个边翼呈 45°阻隔墙，各长 4.5m）、厚 1m、深 40m。反应介质主要为天然沸石（粒径为 3~5mm），利用沸石的吸附作用及沸石表面微生物的硝化作用共同去除污染物，系统运行后出水浓度满足 GB/T 14848 的Ⅲ类水质要求。田雷 2012 年在河南省焦作市府城村示范工程场地开展了应用复合介质 PRB 技术修复地下水 TCE 和甲苯污染的中试试验，PRB 系统为长 12m、宽 4m、高 5m 的地下式混凝土反应池，PRB 反应单元包括还原去除 TCE 的 ZVI 反应墙（长 1m、宽 5m、高 3m）和降解去除甲苯的高效生物挂膜陶粒反应墙（长 1m、宽 5m、高 3m），试验结果显示复合介质 PRB 对 TCE 和甲苯去除效果比较明显，但当地下水中存在高浓度污染物时就会严重影响 ZVI 的使用寿命。滕应 2015 年末在内蒙古包头市西南方向 3km 处的稀土金属冶选尾矿库污染场地（库区面积约 $10km^2$）建成 PRB 修复技术示范基地。该 PRB 技术结构为注入式反应系统，采用沸石/生物炭/D301 复合材料（1：1：1）作为活性反应介质，去除地下水中的硫酸盐（浓度约为 700mg/L）。综合考虑示范区的水文地质结构、含水层厚度、污染羽分布及现场条件和 PRB 的适用性，在示范区设置 3 排反应活性井（共 14 个点，相邻两点间隔 3m）及深度为 10~11m 的注射井，填入活性反应介质，形成半径约 1.5m 的活性区域，同时在示范区东西两侧分别建设隔水墙（长 4.5m、宽 0.65m、高 10.1m），引导、汇集地下水进入修复区。监测结果表明部分注射井地下水中硫酸盐浓度满足 GB/T 14848 的Ⅲ类水质要求。

# 第五节　河流湖泊底泥污染治理案例

城市河流与湖泊污染是普遍存在的环境问题之一，绝大部分国家在工业化和城市化的迅速扩张中，将大量生活废水、工业用水等不经处理直接排入附近的河流、沟渠与湖泊中，造成了水体的严重污染。河流作为一种重要的生态功能景观，可开展旅游、减少城市热岛效应、提供水源和减少洪涝灾害，还可为城市提供绿化用地，增加景观多样性和舒适环境等多种功能，对于城市的经济社会发展、人文景观标志等具有重要作用。河湖等水域治理是我国城市发展和提升环境质量的重要组成部分，其一旦受到严重污染，不仅影响水体附近的自然景观，还会造成生态环境的破坏。河流湖泊等生态系统中不仅含有水、微生物以及其他可能出现的各种动植物，还包括常被人们忽视的底泥沉积物。底泥是河流生态系统的重要组成部分，是营养物质的中心环节，是各类物质的缓冲载体，是污染物的主要蓄积地，是河流生态系统的重要物质循环基础。底泥在水体污染的研究中承担着极为重要的作用，首先它可吸收来自水流上方的 N、P 等营养元素和有毒物质；另外它又是水体中污染物质的重要来源之一。污染物通过废水排放和地表径流等方式进入水体后，大量的重金属和难降解的有机污染物可通过沉淀、吸附、生物吸收等多种途径进入底泥或附着于泥沙之上，而底泥与水体之间存在物质交换，在一定条件下底泥中的污染物又可通过水体流动和搅动等途径重新进入水体中，极有可能给水体重新造成污染，是水体中二次污染物的主要来源。因此，若要有效治理河道，就必须掌握水体底泥状况并对其中的污染物进行治理和管控。

## 一、太湖污染底泥修复实践

太湖是我国第三大淡水湖泊，在整个流域的洪涝控制、水资源供应、渔业及旅游等方面都发挥着重要作用。但因太湖流域的工农业及城市生活污水随河道排入湖内，造成氮、磷和重金属等污染物在底泥中大量蓄积，导致太湖富营养化严重且整体水质的恶化。

### 1. 太湖的生态环境特征与底泥污染现状

太湖的外源污染主要来自周边河流带来的工农业污染、生活废水、大气沉降等污染排放；内源则主要来自湖泊底泥。太湖底泥中蓄积着湖体 90% 以上的污染物，其中含量较高的是氮、磷等营养性污染物，主要来自入湖的外源污染以及湖体内藻类和水生植物等生物死亡残体等。水体中的悬浮态颗粒物对水体污染物的物理化学吸附及絮凝等，通过沉降等作用形成底泥。当底泥环境发生变化时，沉积的污染底泥将成为潜在污染源，底泥中的污染物又会重新释放出来，从而污染湖泊水体。据研究，太湖全年因底泥释放形成的氮、磷内源负荷约占外源氮、磷入湖量的 1/4，湖泛的易发湖区都与污染底泥的分布有关。人为疏浚等机械活动也进一步造成了水底污染，不利于底栖生物和水生植物的着根生长。

### 2. 太湖底泥环保疏浚与适生性修复

环保疏浚是指以减少底泥内源负荷和污染风险为目标，采用机械方法将含有污染物的底泥进行精确、有效和安全的清除的技术，并为受影响水生生物的恢复创造条件。现已在滇池等污染湖泊得到广泛应用[194]。但由于缺乏对湖泊底泥污染的有效诊断和环保疏浚面积、深度、范围等的确定以及疏浚效果预测的方法与手段，在几个关键问题上还存在一定的任意性，导致一些湖泊治理尚未得到理想效果。

在太湖的修复中根据自身特点，采用"网格层次法"，以9个底泥物化属性参数为主，先将需要修复的区域划分成单元格，将插值后的单元格中特征属性数据，依据9级标准分级和无量纲化处理，通过层次分析法和专家支持系统计算出指标权重，再用数学方法转换成疏浚综合评估值，进行分类和归并，进而确定环保疏浚位置及面积[195]。选择受风浪侵蚀严重和内源释放污染严重的地区作为修复对象，开展试验示范性研究。在退化区岸边营造浅滩和斜坡，栽种芦苇等植物，成功构建了太湖退化底质生态修复示范区[196]。太湖东部不同类型湖区各疏浚点位的营养盐和重金属含量均低于未疏浚点位，表明底泥生态疏浚工程能显著去除湖底的表层浮泥及营养物质，并有效削减沉积物中的重金属含量；潜在生态风险指数法的评价结果也表明底泥疏浚降低了沉积物中的重金属潜在生态风险，但底泥疏浚对营养盐及重金属的去除效果随疏浚结束时间的推移逐渐减弱；不同类型湖区间的底泥疏浚对水质和生物群落的影响存在差别，东太湖养殖湖区的底泥疏浚达到了一定的改善水质的效果，浮游植物密度、生物量均出现不同程度的降低，且群落中蓝藻所占比例下降；水生植物和底栖动物群落也在较短时间内得到恢复；胥口湾草型湖区的底泥疏浚则破坏了原有良好的水生植物群落，造成湖区整体水质下降，主要生物群落的恢复相对缓慢；底泥疏浚工程适合在富营养化较严重的湖区开展，通过去除污泥及改善湖区整体水质，最终能够取得较好的生态效应；但在草型湖区进行底泥疏浚会造成一定的负面生态效应。同时，严格控制底泥疏浚深度也是疏浚湖区水生生态系统快速恢复与重建的关键[197]。

我国许多重污染湖库水体都曾进行过疏浚工程治理，但效果并不理想，关键问题在于缺少生态系统重建这一重要环节。由于被污染的底泥并不适合植物和底栖动物生长，因此需要环保疏浚等工程来控制底泥污染并为生物生长创造良好的条件。但在已完成的污染湖泊治理中，环保疏浚和生态修复两者之间并未做到有效的衔接和空间上的相叠，虽然修复方案都有所展开但却是各行其道。在太湖建立了一个底泥环保疏浚和底质生态修复综合示范区，包括环保疏浚、环保疏浚+生态修复、生态修复3种治理类型示范区[198]。虽然在环保疏浚和生态修复方面取得重大进展，但还有一些方面仍在探索。例如相关成果的集成度不够，技术间衔接欠佳。疏浚关注的仅是疏挖和施工方面的便利与精确，几乎未考虑为疏浚后生态修复创造条件；生态修复着重于水生植物种植成活率、丰度和群落稳定性及水体理化环境改善，很少考虑是否能在疏浚底泥上进行水生生物的恢复，更未考虑对疏浚后底泥内源污染指标的控制问题。疏浚是一类水下隐蔽工程，生态修复是显现工程，应将两者的相关技术在时间和空间上科学衔接，这也是我国今后污染退化河湖底泥治理需要突破的一个问题。

## 二、西北某河道底泥重金属污染修复实践

### 1. 河道重金属污染现状

西北某市河道底泥重金属含量高、种类复杂、污染方量大，全河道污染底泥的总方量

为 154.22 万 m³，其中重度污染底泥占总量的一半左右。若全部采用固化/稳定化的方式进行底泥修复，费用需要 4 亿元以上；若将所有的重度污染底泥进行挖掘填埋处置，其方量超过了填埋场的容积。下游河道地下水广泛分布，深层挖掘难度较大，降水费用较高，对于河道底泥的扰动可能造成地表水质的恶化。

2. 河道重金属污染修复技术措施

根据技术可行性和实际情况，将河道底泥清挖和处理，确立对不同污染程度和深度的底泥进行分类处理的原则。根据当地环境和气候状况，比较不同底泥修复技术的优缺点，如淋洗技术成本太高、超累积植物缺乏等，最终确定修复技术为固定稳定化技术。根据调查结果显示，绝大部分重度污染底泥集中在浅层中，部分河段污染底泥厚度较大。因此，对浅层底泥进行挖掘并通过异位处理进行填埋，轻度污染底泥采取原地异位固化稳定化技术，添加药剂在表层形成固化层或稳定化层，并覆盖在没有污染的底泥上，减少不必要的风险；同时在河流过水断面采取深层固化稳定化技术，降低重金属风险并保护水质[199]。本次工程主要分为底泥处置方案、护坡工程、生态湿地和填埋场封地四个部分。

（1）底泥处置方案。需要处理的重度污染底泥在挖掘后可运至临时处置场，经干燥、筛分后外运至填埋场进行填埋，筛分出的石块清洗后用于河道平整。临时处置场的选择需要满足场地平整、交通方便、远离敏感受体及农业用地等要求，场地大小应满足暂存量的需求，并做好防渗和其他防护措施。填埋底泥的重金属浸出含量需满足《一般工业固体废物储存和填埋污染控制标准》（GB 18599—2020）中第Ⅱ类一般工业固体废物的相关要求。需要进行原地异位/深层原位处理的污染底泥可按照污染程度及污染类型添加不同配比的固化/稳定化药剂，将药剂注入河道污染底泥中，降低重金属的可移动性。河道中进行固化/稳定化处理的轻度及重度污染底泥中的重金属浸出浓度需满足《地表水环境质量标准》（GB 3838—2002）中的Ⅳ类标准。表层固化/稳定化尽量采用成分较天然的修复药剂，水泥护坡周边固化/稳定化后的底泥也需满足重金属浸出标准。

（2）护坡工程。护坡工程将生态学原理纳入河岸生态治理工程结构设计中，自然岸坡稳定的沟段不需要治理；易造成坍塌和滑坡地段需治理。对于清挖后深度较深的河道采用碎石回填等方式，对不同深度河道进行平整和夯实。因河段两岸地质条件较差，易发生滑坡、崩岸的现象，应对河道进行一定的护坡整治。

（3）生态湿地。本案例为自然生态湿地修复工程，运行方式为表流式。湿地建设位置的选择考虑了河道现有地形特点，也考虑到更好地利用河道内现有植物和当地优势物种，选择 3 处地点建立生态湿地。

（4）填埋场封场。底泥填埋场封场按照 GB 18599—2021 及 CJJ 51220—2017 标准设计。用以处置固化/稳定化后的重度污染底泥的底泥填埋场，当河道底泥清挖范围及处理效果以及河道边坡整治满足预期要求效果后，再进行底泥填埋场的封场及项目工程验收工作。

# 三、北京通州潞河底泥生态修复案例

潞河是北京市通州区的一条主要河流，由于长期受到城市污水和工业废水的污染，底泥富含重金属等有害物质，对水质和生态环境造成了严重影响。对于潞河底泥的修复采取的措施主要有：①限制和治理河流污染源，防止新污染物的进入；②开展生态修复，恢复河流的动植物生态系统；③采用物理、化学和生物等多种技术手段对底泥进行治理。具体的底泥治理工艺包括先采用物理处理技术进行淤泥疏浚，然后采用热解、微生物降解等化学生物技术进行处理，最后进行植物修复和生物修复等生态技术手段。经过多年的努力，潞河的水质得到明显改善，底泥中的重金属等有害物质得到有效控制，生态系统得到恢复，自然风景逐渐向好，也吸引了周边居民前来放松休闲。

## 四、上海典型河道生态修复案例

上海市最典型的河道治理当属苏州河与黄浦江，二者是最重要的河流，原来都曾受到严重污染，河道底泥黑臭，后来经过综合整治焕发生机。

苏州河又名吴淞江，原是太湖入海的主要通道，现自西向东流入上海后先后流经嘉定、青浦、长宁、普陀、静安、虹口、黄浦，最后流入黄浦江。苏州河在整治前污染河水黑臭，曾被称为臭水浜、垃圾河，苏州河整治修复工程首先启动了"苏州河合流污水工程"，这一工程是将原来直接排入苏州河的沿岸200多家工厂和众多餐饮企业及200多万居民的工业和生活污水，通过一根根支管收纳截流再汇总到直径4~5m的总管，经初级处理和泵站增压，输送到长江竹园处理站。人们逐渐统一了对苏州河整治的目标和措施，提出"截流、治污、清淤、引清、绿化"的十字方针，形成整治工作"两步走"的总体构想：2000年基本消除黑臭，整洁环境，增加绿化；2010年市区河段中重现鱼虾，逐步推进两岸的样板段建设；以后进一步拓展，由点成面，由段连线，形成亲水宜居的优美环境和景观，把苏州河及沿岸打造成一道美丽的风景线。苏州河是潮汐河流，每天涨潮5h、退潮7h，根据这一规律，设计通过涨潮关闸、落潮开闸增强水动力并调节河水的流速与流向，经过多次试验发现了一些可循、有效的规律，使综合调水成为苏州河整治的辅助手段。从1998年动工到2000年苏州河与黄浦江交汇处的"黄黑线"基本消失，到2012年苏州河综合治理告捷。苏州河水由黑臭变清澈，生态环境得到恢复，河水中又重见鱼群游荡，到2020年底，苏州河两岸42km岸线绿化全线贯通；经过数十年的不懈努力才有了现在美丽的苏州河。

梦清园坐落于苏州河大转弯处的南岸，曾经是苏州河污染最严重的地方之一，如今绿树成荫，碧水环绕，成为以亲水性、大绿量为特征的环保主题公园。梦清园三面临水，占地面积 $8.6hm^2$，它是苏州河环境综合整治项目之一。梦清园2004年建成，其景观水体生物净化工程结合了表面流人工湿地和园林建设的特点，集成了自然能曝气复氧、微生物治理、水生植物净化等水生生态修复技术，不仅使苏州河水和底泥得到有效的净化，而且设计中以生态可持续性为前提，使水质净化工程和生态休闲和谐统一，实现了生态景观水系将传统的人工湿地与生态景观相结合，通过建立以人工湿地为主的污水净化系统，增加了以跌水、水渠和池塘等生态景观为主的水质稳定系统，建设运行成本低、处理效果好，同时在净化-稳定整条水系过程中穿插以浅滩、池塘、水渠、小瀑布、用石堰分割而成的串联水池，使水体中的污染物得到充分有效的去除，而且构造出清澈见底、蜿蜒曲折的水系景象，丰富了生物多样性，增加了城市地基的含水量，活化城市土壤生态系统，容纳大量的河水，起到了蓄洪的作用，在夏季可降低城市的热岛效应。其人工湿地系统从苏州河上游方向取水，河水经表面流人工湿地处理后部分用于园区水景、绿化灌溉、地下设施的冲洗等，其余再回归苏州河。整个水系由水体生物净化系统与水质稳定系统组成，净化系统包含折水涧跌水、芦苇湿地、曝氧带、沉水植物浅水湖(下湖、中湖)及清洁能源曝气复氧系统5个部分，是改善水质的核心部分；稳定系统包含上湖、跌落式生态水渠、蝴蝶泉、虎爪湾溪、清漪湖和月亮湾以各种不同形态的水景体现梦清园"活水公园"的主题，同时进一步提高水质。表面流人工湿地生物净化系统的折水涧是一阶梯式进水道，苏州河水由此经泵提升引入净化系统，河水经多级跌水曝气提高了溶解氧，湿地种植芦苇及菖蒲可去除水体中的悬浮物，提高透明度，同时河水中的N、P及有机污染物经过芦苇湿地的物理、化学和生物的共同作用被降解和去除；氧屏障区由砾石和人工曝气系统组成，空气从砾石间隙中溢出并构成了一个一米宽的氧屏障区，在复氧的同时可去除一些易挥发易氧化的污染物；下湖及中湖种植伊乐藻及苦草，利用微生物和大面积沉水植物进一步净化和稳定水质，下湖的湖心设风光互补的清洁能源曝气系统以增加浅水湖泊系统的溶解氧。梦清园水生生态净化系统的植物选择首先考虑其生态功能和水质净化作用，同时满足梦清园水域的景观要求，植物的主要特点是挺水植物、沉水植物、浮叶植物及漂浮植物构成了完整的水生植被序列。这一系统对底泥与水质的净化效果非常显著。梦清园人工湿地就像一个大自然的过滤器，整个湿地系统的能源部分来自太阳能和风力发电机，绿色环保；园内美丽的花草树木等160多种植物是整个生态系统的重要组成部分[200]。

黄浦江是上海市最具代表性的城市河流之一，但由于长期受到污水和工业废水的污染，底泥中富含有害物质，对水质和生态环境造成了严重影响。黄浦江底泥修复采取的措施主要有：①开展治理河流污染源，防止新污染物的进入；②采用物理、化学和生物等多种技术手段对底泥进行治理。具体的底泥治理工艺包括：先采用物理处理技术进行淤泥清淤，然后采用热解、微生物降解等化学生物技术进行处理，最后进行植物修复和生物修复等生态技术手段。此外，政府管理部门积极引入私营资本，鼓励社会力量参与黄浦江的治理。通过多年努力，黄浦江的底泥、水质与生态得到明显改善。

# 第六节　利用脱硫石膏改良盐碱地

脱硫石膏又称排烟脱硫石膏、硫石膏或FGD石膏，主要成分与天然石膏一样为二水硫酸钙$CaSO_4 \cdot 2H_2O$含量≥93%；脱硫石膏是采用石灰-石灰石回收燃煤或油烟气中$SO_2$的这个FGD过程的副产品，该技术将石灰-石灰石磨碎制成浆液，使经过除尘后的含$SO_2$的烟气通过浆液洗涤器而除去$SO_2$；石灰浆液与$SO_2$反应生成硫酸钙及亚硫酸钙，亚硫酸钙经氧化转化成硫酸钙，得到副产品石膏，称为脱硫石膏。脱硫石膏综合利用意义大，不仅可促进国家环保循环经济的发展，而且可降低矿石膏的开采量并保护资源。

## 一、脱硫石膏的应用实践

2002年美国脱硫石膏农业使用量仅占总使用量的1%，2011年上升到5%。美国于

2011 年发布了石膏在农业上的一般使用指南，介绍了脱硫石膏的生产、效益和使用情况。由于非硫酸盐肥料的使用和集约化种植制度，土壤中硫对植物的有效性降低，脱硫石膏可作为提高作物产量的有效硫来源；在 OH 州进行的应用试验证明脱硫石膏对植物生长的好处；此外，表 9-9 列出了各种作物的用量，以平衡收获和淋滤过程中 S 去除带来的负面影响。

表 9-9　各农作物为平衡除硫的负面影响所需要的剂量

| 农作物 | 玉米 | 小麦 | 大豆 | 向日葵 | 苜蓿 | 棉花 | 花生 | 大米 | 西红柿 | 土豆 |
|---|---|---|---|---|---|---|---|---|---|---|
| 石膏用量/($g/m^2$) | 109 | 109 | 109 | 54 | 259 | 367 | 184 | 109 | 367 | 184 |

我国也在不同地区进行实验，以掌握脱硫石膏影响不同植物的生长情况。在上海崇明地区施用 $6kg/m^2$ 脱硫石膏后，旱稻根长增加 0.53 倍，地下生物量增加 100%，地上生物量增加 60%。在干旱地区，淋滤可促进脱硫石膏在土壤中的作用。内蒙古河套地区的试验发现，$1.45kg/m^2$ 脱硫石膏和 $0.22kg/m^2$ 浸出水对向日葵生长有显著影响，浸出后产量提高了 2.3 倍。因此，在土壤中施加脱硫石膏可使玉米、旱稻、水稻、枸杞、向日葵等多种作物的生物量和产量均有不同程度的增长。

适当添加脱硫石膏的积极作用是可提高各种农作物的生物量和产量，而过量添加石膏则会抑制其发芽率和生长。表 9-10 列出了不同土壤类型下各种植物的脱硫石膏推荐用量。若石膏集中在 0.2m 以上的表层土壤中，土壤容重为 $1.5g/cm^3$，则施用量约为 1%。从表 9-10 可看出，一般滩涂的用量(2%~2.5%)高于非沿海地区用量(0.2%~0.75%)，非盐渍土的用量最低(0.004%~0.05%)。

表 9-10　不同地区不同植物脱硫石膏推荐用量

| 植物 | 推荐剂量 | 计算值/%[1] | 土壤类型 | 盐度级别[2] |
|---|---|---|---|---|
| 黑麦草 | 25g/kg | 2.5 | 崇明潮滩 | 重度 |
| 西红柿 | 25g/kg | 2.5 | 崇明潮滩 | 重度 |
| 旱稻 | $6kg/m^2$ | 2 | 崇明潮滩 | 重度 |
| 水稻 | $2.25kg/m^2$ | 0.75 | 宁夏盐碱土 | 重度 |
| 棉花 | $1.5kg/m^2$+$0.08kg/m^2$ 有机肥 | 0.5 | 新疆盐碱土 | 中度 |
| 枸杞 | $2.25kg/m^2$+$0.03kg/m^2$ 改良剂 | 0.75 | 宁夏盐碱土 | 中度和重度 |
| 玉米 | 2g/kg+2g/kg 生物炭 | 0.2 | 内蒙河套盐碱土 | 重度 |
| 苜蓿 | $2.25kg/m^2$ | 0.75 | 山西盐碱土 | 中度 |
| 玉米 | 秋 $1.5kg/m^2$，春 $0.75kg/m^2$ | 0.5/0.25 | 青海盐碱土 | 中度 |
| 向日葵 | $1.45kg/m^2$ | 0.48 | 内蒙河套盐碱土 | 重度 |
| 甘薯 | $0.15kg/m^2$ | 0.05 | 广东赤色土 | 无 |
| 油菜籽 | 3.36g-S/$m^2$ | 0.006 | US-ND 壤土 | 无 |

①表示 $3kg/m^2$ 折算为 1%。

②视土壤含盐量而定：<0.1%为无，0.1~0.2%为轻度，0.2~0.4%为中度，>0.4%为重度。

## 二、脱硫石膏的修复原理

脱硫石膏修复盐碱土已有数百年的历史，被认为是天然石膏在土壤修复中的理想替代品。过多的可交换性 $Na^+$ 在土壤中集中可能造成多种负面影响，如土壤结构不稳定、水蚀和风蚀风险增加等。如果不施用石膏，可导致植物根系通风和水分渗透受阻，从而危害植物生长。脱硫石膏主要成分 $CaSO_4$ 与待改良盐碱土组分之间的基本反应为：

$$CO_3^{2-}+CaSO_4 \longrightarrow CaCO_3+SO_4^{2-}$$

$$2HCO_3^-+CaSO_4 \longrightarrow Ca(HCO_3)_2+SO_4^{2-}$$

$$交换态 Na^++Ca^{2+} \longrightarrow 交换态 Ca^{2+}+Na^+$$

$Na_2CO_3$ 和 $NaHCO_3$ 的溶解度较低，水解产生的 $NaOH$ 提高了碱度；作为反应产物，$CaCO_3$ 和 $Ca(HCO_3)_2$ 较为稳定。另外，土壤胶体吸附的交换性 $Na^+$ 被 $Ca^{2+}$ 所替代，减轻了 $Na^+$ 对植物的毒性。改良后土壤中 $Na^+$ 含量降低，$Ca^{2+}$ 和 $SO_4^{2-}$ 含量增加，$Ca^{2+}$ 在这一过程中取代 $Na^+$，是形成植物细胞壁和细胞膜的关键元素，为植物提供营养，参与信息传递。而且，脱硫石膏不仅提供 Ca 和 S，还提供植物生长所必需的其他元素，如 Mg、K、Zn 和 Cu。若在荒地复垦种植水稻，影响稻田的主要因素是土壤 pH 值，其次是交换钠率和钠吸附比，脱硫石膏具有将难以支撑水稻生长的重盐碱地改造为中高产水稻田的作用。

### 💡 思考题

1. 请列出三种常用的土壤和地下水修复技术并陈述其原理。
2. 请说明土壤和地下水修复技术筛查与选择的原则。
3. 请列出无机−有机复合污染土壤的常用修复技术。
4. 说明土壤和地下水修复中化学氧化技术使用哪些氧化药剂及其作用。
5. 请说明土壤和地下水修复中化学氧化技术及其原理与适用范围。
6. 请简述土壤−地下水修复工程的技术路线。
7. 异位化学氧化技术和异位化学还原技术不适用于哪些污染物修复？
8. 请简述土壤和地下水污染的化学修复技术。
9. 如何检验土壤和地下水污染修复工程的修复效果？
10. 备选修复技术选择时需评估的指标有哪些？
11. 异位稳定化技术路线的关键点有哪些？
12. 化学还原固定原位稳定修复地下水应如何处理抽取后的地下水？
13. 简述重金属−PAHs 复合污染土壤修复工艺高级氧化与化学淋洗的顺序及原因。
14. 简述 PRB 原位修复技术及其优势。
15. 说明加油站土壤地下水污染的治理修复技术。
16. 举例说明黑臭河道治理修复技术及特征。

# 参考文献

[1] 蒋阳月, 王艳华, 胡海兰. 浅谈土壤污染成因及防治技术措施[J]. 皮革制作与环保科技, 2022, 3 (17): 121-123.

[2] 杨玉, 李浩, 冷艳秋. 土壤污染现状与土壤修复产业进展及发展前景研究[J]. 清洗世界, 2022, 38 (9): 126-128.

[3] 冯英明, 杨帆, 杨楠, 等. 地下水污染治理与防治技术研究[J]. 能源与环保, 2022, 44(7): 54-58+66.

[4] 中华人民共和国水利部. 2022年中国水资源公报[R]. 北京: 中国水利水电出版社, 2023.

[5] 罗育池, 廉晶晶, 张沙莎, 等. 地下水污染防控技术: 防渗修复与监控[M]. 北京: 科学出版社, 2017.

[6] 中华人民共和国生态环境部. 2022中国生态环境状况公报[R]. 2023.

[7] 伍海兵, 梁晶, 蔡永立, 等. 人工湖沿岸带绿地土壤质量特征研究——以上海滴水湖沿岸带为例 [J]. 中国园林, 2022, 38(2): 110-114.

[8] 骆坤, 夏平平. 关于"十四五"期间地下水污染防治的思考[J]. 皮革制作与环保科技, 2022, 3(9): 108-110+113.

[9] 刘敏, 崔然, 褚秀玲. 地下水水质分析及污染治理[J]. 能源与节能, 2022(5): 153-155.

[10] 陈利彬. 土壤与地下水污染防治的环境管理对策研究[J]. 皮革制作与环保科技, 2022, 3(14): 95-97.

[11] 生态环境部, 发展改革委, 财政部, 等. "十四五"土壤、地下水和农村生态环境保护规划(环土壤 〔2021〕120号)[Z]. 2021.

[12] 王世杰, 张弛. 我国土壤及地下水环境保护现状及未来[J]. 皮革制作与环保科技, 2022, 3(16): 189-191.

[13] 魏子新, 翟刚毅, 严学新, 等. 上海城市地质[M]. 北京: 地质出版社, 2010.

[14] 宋春青, 张振春. 地质学基础[M]. 3版. 北京: 高等教育出版社, 1996.

[15] 黄昌勇. 土壤学[M]. 北京: 中国农业出版社, 2000.

[16] 严健汉. 环境土壤学[M]. 武汉: 华中师范大学出版社, 1985.

[17] 朱祖祥. 土壤学(下册)[M]. 北京: 农业出版社, 1983.

[18] 熊毅, 李庆逵. 中国土壤[M]. 北京: 科学出版社, 1987.

[19] 孙志伟, 梁越, 喻金桃. 长江上游流域土壤容重的空间分异特征[J]. 河南科学, 2022, 40(12): 1927-1933.

[20] 王加旭. 关中农田土壤物理质量退化特征[D]. 咸阳: 西北农林科技大学, 2016.

[21] 仵彦卿. 土壤-地下水污染与修复[M]. 北京: 科学出版社, 2018.

[22] 张颖, 伍钧. 土壤污染与防治[M]. 北京: 中国林业出版社, 2012.

[23] 张辉. 环境土壤学[M]. 2版. 北京: 化学工业出版社, 2018.

[24] 王焰新. 地下水污染与防治[M]. 北京: 高等教育出版社, 2007.

[25] 周训, 胡伏生, 何江涛, 等. 地下水科学概论[M]. 北京: 地质出版社, 2014.

[26] 王大纯, 张人权, 史毅虹, 等. 水文地质学基础[M]. 北京: 地质出版社, 1995.

[27] 张人权, 梁杏, 靳孟贵, 等. 水文地质学基础[M]. 7版. 北京: 地质出版社, 2018.

[28] Domenico P. A., Schwartz F. W. Physical and chemical hydrogeology(2 Ed.)[M]. New York: John Wiley

& Sons Inc, 1998.

[29]薛禹群，吴吉春. 地下水动力学[M]. 北京：地质出版社，2010.

[30]地质矿产部水文地质工程地质技术方法研究队. 水文地质手册[M]. 北京：地质出版社，1978.

[31]凌琪. 酸雨的形成机制研究进展[J]. 安徽建筑工业学院学报(自然科学版)，1995(1)：55-58.

[32]王恒纯. 同位素水文地质概论[M]. 北京：地质出版社，1991.

[33]陈骏，姚素平. 地质微生物学及其发展方向[J]. 高校地质学报，2005(2)：154-166.

[34]陈骏，姚素平，季峻峰，等. 微生物地球化学及其研究进展[J]. 地质论评，2004(6)：620-632.

[35]夏建新，李畅，马彦芳. 深海底热液活动研究热点[J]. 地质力学学报，2007(2)：179-191+118.

[36]李政红，张翠云，张胜，等. 地下水微生物学研究进展综述[J]. 南水北调与水利科技，2007(5)：
60-63.

[37]郭华明，唐小惠，杨素珍，等. 土著微生物作用下含水层沉积物砷的释放与转化[J]. 现代地质，
2009，23(1)：86-93.

[38]陈骏，连宾，王斌，等. 极端环境下的微生物及其生物地球化学作用[J]. 地学前缘，2006(6)：
199-207.

[39]汪品先. 我国的地球系统科学研究向何处去[J]. 地球科学进展，2003(6)：837-851.

[40]沈照理. 水文地球化学基础[M]. 北京：地质出版社，1986.

[41]李涛. 艾比湖水化学演化的初步研究[J]. 湖泊科学，1993(3)：234-243.

[42]章至洁，韩宝平，张月华. 水文地质学基础[M]. 徐州：中国矿业大学出版社，1995.

[43]王红旗，刘新会，李国学. 土壤环境学[M]. 北京：高等教育出版社，2007.

[44]刘兆昌，张兰生，聂永丰，等. 地下水系统的污染与控制[M]. 北京：中国环境科学出版社，1991.

[45]Council N. R. Alternatives for ground water clean up[M]. Washington, D. C.：the National Academies
Press, 1994：336.

[46]Herzog B. L., Griffin R. A., Stohr C. J., et al. Investigation of failure mechanisms and migration of organic
chemicals at Wilsonville, Illinois[J]. Groundwater Monitoring & Remediation, 1989, 9(2)：82-89.

[47]成杭新，李括，李敏，等. 中国城市土壤化学元素的背景值与基准值[J]. 地学前缘，2014，21(3)：
265-306.

[48]郭高轩，辛宝东，刘文臣，等. 我国地下水环境背景值研究综述[J]. 水文地质工程地质，2010，37
(2)：95-98.

[49]贺秀全. 地下水环境背景值研究[J]. 地下水，1996，16(2)：68-69.

[50]国家环境保护总局. 饮用水水源保护区划分技术规范：HJ/T 338—2007[S]. 2007.

[51]李玲. 土壤污染特点现状以及监测技术浅析[J]. 黑龙江科技信息，2013(23)：34.

[52]Tessier A., Campbell P. G. C., Bisson M. Sequential extraction procedure for the speciation of particulate
trace metals[J]. Analytical Chemistry, 1979, 51(7)：844-851.

[53]Ure A. M., Quevauviller P., Muntau H., et al. Speciation of heavy metals in soils and sediments. an ac-
count of the improvement and harmonization of extraction techniques undertaken under the auspices of the
BCR of the commission of the european communities[J]. International Journal of Environmental Analytical
Chemistry, 1993, 51：135-151.

[54]Ferguson J. F., Gavis J. A review of the arsenic cycle in natural waters[J]. Water Research, 1972, 6
(11)：1259-1274.

[55]中南矿冶学院分析化学教研室，等. 化学分析手册[M]. 北京：科学出版社，1984.

[56]白瑛，张祖锡. 北京地区几种主要土壤的性质和汞的临界含量的关系[J]. 环境科学，1987，8(5)：
56-59.

[57]戴桂树. 环境化学[M]. 2版. 北京：高等教育出版社，2006.

[58] 孟茹，罗林涛，刘云华，等. 工业废弃场地重金属污染修复技术研究进展[A]. 环境工程2019年全国学术年会[C]，2019：907-913+919.

[59] 梁敏静，熊凡，曾经文，等. 广州郊区三类工业企业周边农田土壤重金属污染及生态风险评价[J]. 广东农业科学，2021，48(7)：103-110.

[60] 李晓曼，李青青，杨洁，等. 上海市典型工业用地土壤和地下水重金属复合污染特征及生态风险评价[J]. 环境科学，2022，43(12)：5687-5697.

[61] 朱水，申泽良，王媛，等. 垃圾处理园区周边土壤-地下水重金属分布特征[J]. 中国环境科学，2021，41(9)：4320-4332.

[62] 徐腾，南丰，蒋晓锋，等. 制革场地土壤和地下水中铬污染来源及污染特征研究进展[J]. 土壤学报，2020，57(6)：1341-1352.

[63] 侯文隽，龚星，詹泽波，等. 粤港澳大湾区丘陵地带某电镀场地重金属污染特征与迁移规律分析[J]. 环境科学，2019，40(12)：5604-5614.

[64] 张昱，胡君利，白建峰，等. 电子废弃物拆解区周边农田土壤重金属污染评价及成因解析[J]. 生态环境学报，2017，26(7)：1228-1234.

[65] 白建峰，李洋，王鹏程，等. 新建电子废弃物拆解厂附近土壤重金属污染评价及其来源分析[J]. 安全与环境学报，2016，16(1)：333-336.

[66] Damrongsiri S., Vassanadumrongdee S., Tanwattana P. Heavy metal contamination characteristic of soil in WEEE (waste electrical and electronic equipment) dismantling community: a case study of Bangkok, Thailand[J]. Environmental Science and Pollution Research, 2016, 23(17): 17026-17034.

[67] 张金莲，丁疆峰，卢桂宁，等. 广东清远电子垃圾拆解区农田土壤重金属污染评价[J]. 环境科学，2015，36(7)：2633-2640.

[68] 蒋炜玮，谢丹平，陈晓燕，等. 电子废弃物拆解园区重金属排放特征和周边土壤重金属污染来源解析及风险评价[J]. 环境监控与预警，2023，15(1)：9-15.

[69] 王亚娟. 电子废弃物土壤污染整治分析[J]. 资源节约与环保，2019(3)：96+98.

[70] 楼颖，高佳乐，王莉果，等. 电子废弃物土壤污染整治分析[J]. 环境与发展，2018，30(12)：67-68.

[71] Fang W. X., Yang Y. C., Xu Z. M. PM$_{10}$ and PM$_{2.5}$ and health risk assessment for heavy metals in a typical factory for cathode ray tube television recycling[J]. Environmental Science & Technology, 2013, 47(21): 12469-12476.

[72] Gullett B. K., Linak W. P., Touati A., et al. Characterization of air emissions and residual ash from open burning of electronic wastes during simulate rudimentary recycling operations[J]. Journal of Material Cycles and Waste Management, 2007, 9(1): 69-79.

[73] 罗勇，罗孝俊，杨中艺，等. 电子废物不当处置的重金属污染及其环境风险评价Ⅱ. 分布于人居环境(村镇)内的电子废物拆解作坊及其附近农田的土壤重金属污染[J]. 生态毒理学报，2008，3(2)：123-129.

[74] Shakil S., Nawaz K, Sadef Y.. Evaluation and environmental risk assessment of heavy metals in the soil released from e-waste management activities in Lahore, Pakistan. Environmental Monitoring and Assessment, 2023, 195: 89.

[75] 吴峰. 浅论废印刷线路板综合利用的意义[J]. 环境保护，2000(12)：43-44.

[76] 祝大同. 亚洲印制电路板业的现状与发展[J]. 电子工艺技术，1997，18(4)：133-138.

[77] 李强，何连生，王耀锋，等. 中国冶炼行业场地土壤污染特征及分布情况. 生态环境学报，2021，30(3)：586-595.

[78] 魏晓莉，张珊，张玉龙，等. 锌冶炼厂周边农田土壤团聚体Cd，Pb分布特征及污染评价[J]. 农业

环境科学学报，2023，42(4)：820-832.

[79] 王青青. 电子废弃物资源再生园区镉(Cd)代谢分析与环境影响研究[D]. 兰州：西北师范大学，2020.

[80] 郭蕾蕾. 挥发性有机污染物苯在包气带的运移规律及污防控制初探[D]. 成都：成都理工大学，2016.

[81] 张进德，田磊，裴圣良. 矿山水土污染与防治对策研究[J]. 水文地质工程地质，2021，48(2)：157-163.

[82] 刘洪华，朱水，董杰，等. 某生活垃圾处理园区周边土壤重金属分布特征及风险评价[J]. 环境化学，2021，40(8)：2388-2398.

[83] 张宪奇，殷勤，年跃刚，等. 北方干旱地区非正规垃圾填埋场堆体特征及环境影响分析[J]. 环境工程技术学报，2021，11(6)：1210-1216.

[84] 陈雯，张鸟飞，郑程，等. 重度污染矿石堆重金属释放规律检验研究[J]. 环境科学与管理，2022，47(1)：44-48.

[85] 苗芳芳，张一梅，李鱼，等. 废弃物填埋场土壤污染分析及重金属离子化学形态健康风险评估[J]. 环境工程，2022，40(7)：94-100.

[86] 杨升洪，饶健. 土壤及地下水有机污染的化学与生物修复[J]. 化工管理，2021(6)：135-136.

[87] 张力，黄帅，赵小娟，等. 土壤及地下水有机污染的化学和生物修复[J]. 资源节约与环保，2021(12)：11-13+23.

[88] 贾建丽. 环境土壤学[M]. 2版. 北京：化学工业出版社，2016.

[89] 翟亚男. 土壤有机污染治理研究[J]. 资源节约与环保，2020(11)：95-96.

[90] 雷鸣. 地下水有机污染修复技术探究[J]. 住宅与房地产，2018(30)：49.

[91] 郭晓辉. 地下水有机污染修复技术探索[J]. 产业与科技论坛，2015，14(5)：49-50.

[92] 杨逸江，张红. 地下水有机污染的原位生物修复技术及其应用[J]. 广东化工，2013，40(19)：111-113+98.

[93] 杜方舟，施小清，康学远. 污染地块中NAPL相污染源存在的判定方法改进及软件开发[J]. 安全与环境工程，2022，29(5)：175-182+195.

[94] 黄海英. 地下水有机污染来源分析及防治对策[J]. 河南科技，2014(22)：148-149.

[95] 宋晓薇，张立宏，赵侣璇. 地下水有机污染研究进展[A]. 湖泊湿地与绿色发展——第五届中国湖泊论坛论文集[C]，2015：253-257.

[96] 蒋新明，蔡道基. 化学农药对生态环境安全评价研究——Ⅷ. 农药在土壤中的吸附与解吸[J]. 农村生态环境，1987(4)：13-16.

[97] 方玲. 降解有机氯农药的微生物菌株分离筛选及应用效果[J]. 应用生态学报，2000，11(2)：249-252.

[98] 陈怀满，朱永官，董元华，等. 环境土壤学[M]. 3版. 北京：科学出版社，2018.

[99] 史哲明，郭琳，房桂明，等. 微生物修复多环芳烃污染土壤的研究进展[J]. 现代化工，2022，42(10)：24-28.

[100] 李永霞，郑西来，马艳飞. 石油污染物在土壤中的环境行为研究进展[J]. 安全与环境工程2011，18(4)：43-47.

[101] 王茜. 基于刺激土著微生物降解地下水中芳香烃的无机盐缓释修复药剂研究[D]. 长春：吉林大学，2021.

[102] 黄霞. 地下水二噁烷、石油烃及氯代烃复合污染物修复研究[D]. 广州：华南农业大学，2018.

[103] 刘建峰. Bio-trap技术研发及其在地下水中萘降解相关微生物群落研究中的应用[D]. 北京：中国地质大学，2017.

[104]阎妮. 菱铁矿催化过氧化氢—过硫酸钠修复地下水中三氯乙烯污染研究[D]. 北京：中国地质大学，2013.

[105]任加国，部普闯，徐祥健，等. 地下水氯代烃污染修复技术研究进展[J]. 环境科学研究，2021，34(7)：1641-1653.

[106]郑菲，高燕维，施小清，等. 地下水流速及介质非均质性对重非水相流体运移的影响[J]. 水利学报，2015，46(8)：925-933.

[107]陆强. 上海某典型行业土壤和地下水中氯代烃的迁移转化规律及毒性效应研究[D]. 上海：华东理工大学，2016.

[108]罗茵文，张彩香，廖小平，等. 典型污灌区水体中有机氯农药分布及来源分析[J]. 环境科学与技术，2015，38(2)：67-72.

[109]何炎志. DOM 对有机氯农药在土壤—地下水中的迁移影响研究[D]. 武汉：武汉科技大学，2015.

[110]何利文. 农药对地下水的污染影响与环境行为研究[D]. 南京：南京农业大学，2006.

[111]杨明星，杨悦锁，杜新强，等. 石油污染地下水有机污染组分特征及其环境指示效应[J]. 中国环境科学，2013，33(6)：1025-1032.

[112]李卉. 蔗糖改性纳米铁原位反应带修复硝基苯污染地下水研究[D]. 长春：吉林大学，2014.

[113]中华人民共和国生态环境部. 2021 中国生态环境状况公报[R]. 2022.

[114]Qu C. S., Shi W., Guo J., et al. China's soil pollution control：choices and challenges[J]. Environmental Science & Technology，2016，50(24)：13181-13183.

[115]中华人民共和国国务院. 国务院关于印发土壤污染防治行动计划的通知（国发〔2016〕31 号）[R]. 2016.

[116]环境保护部. 污染地块土壤环境管理办法（试行）（部令〔2016〕42 号）[R]. 2016.

[117]环境保护部，农业部. 农用地土壤环境管理办法（试行）（部令〔2017〕46 号）[R]. 2017.

[118]生态环境部. 工矿用地土壤环境管理办法（试行）（部令〔2018〕3 号）[R]. 2018.

[119]全国人大常委会办公厅. 中华人民共和国土壤污染防治法[R]. 北京：中国民主法制出版社，2019.

[120]龚宇阳. 国际经验综述：污染场地管理政策与法规框架. 可持续发展–东亚及太平洋地区研究报告[R]. 世界银行，2010.

[121]Jennings A. A., Li Z. J. Worldwide regulatory guidance values applied to direct contact surface soil pesticide contamination. part I：carcinogenic pesticides[J]. Air, Soil and Water Research，2017，10：1-12.

[122]Provoost J., Cornelis C., Swartjes F. Comparison of soil clean-up standards for trace elements between countries：why do they differ？[J]. Journal of Soils and Sediments，2006，6(3)：173-181.

[123]刘阳生，李书鹏，邢轶兰，等. 2019 年土壤修复行业发展评述及展望[J]. 中国环保产业，2020(3)：26-30.

[124]张昊，杜平，李艾阳，等. 我国建设用地土壤环境标准体系发展与建议[J]. 环境科学研究，2023，36(1)：1-8.

[125]北京市质量技术监督局. 场地土壤环境风险评价筛选值：DB11/T 811—2011[S]. 2011.

[126]国家环境保护总局，国家质量监督检验检疫总局. 展览会用地土壤环境质量评价标准：HJ/T 350—2007[S]. 2007.

[127]张红振，骆永明，夏家淇，等. 基于风险的土壤环境质量标准国际比较与启示[J]. 环境科学，2011，32(3)：795-802.

[128]Xu Q. Y., Shi Y. J., Qian L., et al. Tiered ecological risk assessment combined with ecological scenarios for soil in abandoned industrial contaminated sites[J]. Journal of Cleaner Production，2022，341：130879.

[129]李勖之，姜瑢，孙丽，等. 不同国家土壤生态筛选值比较与启示[J]. 环境化学，2022，41(3)：1001-1010.

［130］贾琳，武雪芳，胡茂桂．制定我国污染场地土壤筛选值的建议［J］．土壤，2015，47（4）：740-745.

［131］生态环境部，国家市场监督管理总局．土壤环境质量建设用地土壤污染风险管控标准（试行）：GB 36600—2018［S］．2018.

［132］Zhang H.，Li A. Y.，Wei Y. Q.，et al. Development of a new methodology for multifaceted assessment，analysis，and characterization of soil contamination［J］．Journal of Hazardous Materials，2022，438：129542.

［133］周友亚，姜林，张超艳，等．我国污染场地风险评估发展历程概述［J］．环境保护，2019，47（8）：34-38.

［134］姜林，钟茂生，张丽娜，等．基于风险的中国污染场地管理体系研究［J］．环境污染与防治，2014，36（8）：1-10.

［135］骆永明，滕应．我国土壤污染的区域差异与分区治理修复策略［J］．中国科学院院刊，2018，33（2）：145-152.

［136］上海市生态环境，上海市规划和自然资源局．上海市建设用地土壤污染状况调查、风险评估、风险管控和修复效果评估等工作的若干规定（沪环规［2021］4号）［Z］．2021.

［137］生态环境部．建设用地土壤污染状况调查技术导则：HJ 25.1—2019［S］．2019.

［138］生态环境部．建设用地土壤污染风险管控和修复监测技术导则：HJ 25.2—2019［S］．2019.

［139］生态环境部．建设用地土壤污染风险评估技术导则：HJ 25.3—2019［S］．2019.

［140］上海市生态环境局．上海市建设用地地块土壤污染状况调查、风险评估、风险管控与修复方案编制、风险管控与修复效果评估工作的补充规定（试行）（沪环土［2020］62号）［Z］．2020.

［141］周吉磊．简述场地环境调查的重要性和技术方法［J］．绿色科技，2019（8）：138-139.

［142］朱火根，臧学轲．土壤与地下水污染调查修复基础［M］．上海：上海大学出版社，2023

［143］陈梦舫，钱林波，晏井春，等．地下水可渗透反应墙修复技术原理、设计及应用［M］．北京：科学出版社，2017.

［144］河南省生态环境厅，河南省市场监督管理局．农用地土壤污染状况调查技术规范：DB41/T 1948—2020［S］．2020.

［145］姜庆汉．土壤普查野外调查技术［J］．新疆农业科学，1979（3）：33-34.

［146］吴轲．遥感技术在土壤调查中的应用［D］．西安：西安科技大学，2012.

［147］刘海生，侯胜利，马万云，等．土壤与地下水污染的地球物理地球化学勘查［J］．物探与化探，2003（4）：307-311.

［148］杜艳，常江，徐笠．土壤环境质量评价方法研究进展［J］．土壤通报，2010，41（3）：749-756.

［149］岳西杰，葛玺祖，王旭东．土壤质量评价方法的应用与进展［J］．中国农业科技导报，2010（6）：56-61.

［150］许树柏．层次分析法原理［M］．天津：天津大学出版社，1988.

［151］王金生．灰色聚类法在土壤污染综合评价中的应用［J］．农业环境科学学报，1991（4）：169-172.

［152］余健，房莉，仓定帮，等．熵权模糊物元模型在土地生态安全评价中的应用［J］．农业工程学报，2012，28（5）：260-266.

［153］陈梦舫．污染场地土壤与地下水风险评估方法学［M］．北京：科学出版社，2021.

［154］吴吉春，孙媛媛，徐红霞．地下水环境化学［M］．北京：科学出版社，2019.

［155］方进，王德全．地下水污染风险评价方法研究综述［J］．智能城市，2021，7（10）：115-116.

［156］张兆吉，费宇红，张凤娥，等．区域地下水污染调查评价技术方法［M］．北京：科学出版社，2015.

［157］中华人民共和国国家质量监督检验检疫总局，中国国家标准化管理委员会．地下水质量标准：GB/T 14848—2017［S］．2017.

［158］马妍，董彬彬，柳晓娟，等．美国制度控制在污染地块风险管控中的应用及对中国的启示［J］．环

境污染与防治，2018，40（1）：100-103+117.

［159］Interstate Technology & Regulatory Council. Vapor intrusion pathway: a practical guideline［R］. Washington, DC: Interstate Technology & Regulatory Council, 2007.

［160］Siegrist R. L., Crimi M., Simpkin T. J. In situ chemical oxidation for groundwater remediation［M］. New York, NY: Springer New York, 2011.

［161］张峰. 原位化学还原技术在氯代烃污染场地修复中的应用［J］. 上海化工，2015，40（10）：16-18.

［162］Al-Tabbaa A., Perera A. UK stabilization/solidification treatment and remediation-Part I: Binders, technologies, testing and research［J］. Land Contamination & Reclamation, 2006, 14: 1-22.

［163］Pedersen T. A., Curtis J. T. Soil vapor extraction technology［M］. New Jersey: Noyes Data Corpration, 1991.

［164］生态环境部. 污染土壤修复工程技术规范原位热脱附：HJ1165—2021［S］. 2021.

［165］生态环境部. 污染土壤修复工程技术规范异位热脱附：HJ1164—2021［S］. 2021.

［166］杨宾，李慧颖，伍斌，等. 污染场地中挥发性有机污染工程修复技术及应用［J］. 环境工程技术学报，2013，3（1）：78-84.

［167］战佳勋. 低温等离子体技术修复有机污染土壤的研究［D］. 上海：东华大学，2020.

［168］雷鹏程. 低温等离子体技术修复有机污染土壤研究进展［J］. 石油化工建设，2020，42（4）：95-99.

［169］黄道友，朱奇宏，朱捍华，等. 重金属污染耕地农业安全利用研究进展与展望［J］. 农业现代化研究，2018，39（6）：1030-1043.

［170］陈彩艳，唐文帮. 筛选和培育镉低积累水稻品种的进展和问题探讨［J］. 农业现代化研究，2018，39（6）：1044-1051.

［171］Duan G. L., Shao G. S., Tang Z., et al. Genotypic and environmental variations in grain cadmium and arsenic concentrations among a panel of high yielding rice cultivars［J］. Rice, 2017, 10（1）：1-9.

［172］Zhu H., Chen C., Xu C., et al. Effects of soil acidification and liming on the phytoavailability of cadmium in paddy soils of central subtropical China［J］. Environmental Pollution, 2016, 219: 99-106.

［173］赵其国，沈仁芳，滕应，等. 中国重金属污染区耕地轮作休耕制度试点进展、问题及对策建议［J］. 生态环境学报，2017，26（12）：2003-2007.

［174］赵方杰. 水稻砷的吸收机理及阻控对策［J］. 植物生理学报，2014，50（5）：569-576.

［175］赵鑫娜，杨忠芳，余涛. 矿区土壤重金属污染及修复技术研究进展［J］. 中国地质，2023，50（1）：84-101.

［176］侯李云，增希柏，张杨珠. 客土改良技术及其在砷污染土壤修复中的应用展望［J］. 中国生态农业学报，2015，23（1）：20-26.

［177］任增平. 水力截获技术及其研究进展［J］. 水文地质工程地质，2001（6）：73-77.

［178］Adamson D. T., Newell C. J. Frequently asked questions about monitored natural attenuation in groundwater［R］. Arlington: Virginia, 2014.

［179］Mohammadian S., Tabani H., Boosalik Z., et al. In situ remediation of arsenic-contaminated groundwater by injecting an iron oxide nanoparticle-based adsorption barrier［J］. Water, 2022, 14（13）：1998.

［180］Krok B., Mohammadian S., Noll H. M., et al. Remediation of zinc-contaminated groundwater by iron oxide in situ adsorption barriers - From lab to the field［J］. Science of the Total Environment, 2022, 807: 151066.

［181］Mohammadian S., Krok B., Fritzsche A., et al. Field-scale demonstration of in situ immobilization of heavy metals by injecting iron oxide nanoparticle adsorption barriers in groundwater［J］. Journal of Contaminant Hydrology, 2021, 237: 103741.

［182］宋云，尉黎，王海见. 我国重金属污染土壤修复技术的发展现状及选择策略［J］. 环境保护，2014，

42(9)：32-36.

[183]陈同斌，韦朝阳，黄泽春，等．砷超富集植物蜈蚣草及其对砷的富集特征[J]．科学通报，2002
（3）：207-210.

[184]李威．砷污染农田土壤修复工程技术研究与实践[J]．低碳世界，2023，13(3)：4-6.

[185]张颖，黄海峰，张卫国．蜈蚣草植物修复技术在上海地区减量化复垦土地的可行性研究[A]．资源
利用与生态环境，第十六届华东六省一市地学科技论坛论文集[C]，2020：98-104.

[186]程薛霖，贾丽萍，常粟淮，等．狼尾草对铬、镍复合型污染土壤修复的潜力[J]．闽南师范大学学
报(自然科学版)，2022，35(1)：77-83.

[187]刘惠，陈奕．有机污染土壤修复技术及案例研究[J]．环境工程，2015，33(S1)：920-923.

[188]盛王超，焦文涛，李绍华，等．焦化类污染场地堆式燃气热脱附工程示范与效果评估[J]．环境科
学研究，2022，35(12)：2810-2818.

[189]郭军权．牧草植物对黄土丘陵区农田石油污染土壤的修复研究[J]．陕西农业科学，2020，66(5)：
78-81.

[190]崔朋，刘骁勇，刘敏，等．强化生物堆修复石油污染土壤的工程案例[J]．山东化工，2019，48
（4）：215-217.

[191]杨基振，游道旻，曾绍逸，等．石油化工类地下水污染修复技术及案例分析-加油站[C]．2015年
中国环境科学学会学术年会，2015：4503-4510.

[192]梁奔强，薛花．重金属-有机物复合污染土壤修复研究进展[J]．广东化工，2020，47(15)：126-
128+142.

[193]梁颖，沈婷婷．某地块土壤氧化和淋洗修复工程案例分析[J]．广东化工，2022，49(9)：130-133.

[194]范成新，陈开宁，张路，等．湖泊污染底泥治理修复实践——以太湖为例[J]．科学，2021，73
（3）：4.

[195]陈荷生，石建华．太湖底泥的生态疏浚工程——太湖水污染综合治理措施之一[J]．水资源保护，
1998(3)：11-16.

[196]郭楚玲，郑天凌，洪华生．多环芳烃的微生物降解与生物修复[J]．海洋环境科学，2000(3)：
24-29.

[197]毛志刚，谷孝鸿，陆小明，等．太湖东部不同类型湖区底泥疏浚的生态效应[J]．湖泊科学，2014，
26(3)：385-392.

[198]Gu X. Z., Chen K. N., Zhang L., et al. Preliminary evidence of nutrients release from sediment in re-
sponse to oxygen across benthic oxidation layer by a long-term field trial[J]. Environmental Pollution,
2016, 219：656-662.

[199]王奕文，景国瑞，段怡彤，等．西北某市河道底泥污染修复工程[J]．低碳世界，2022，12(10)：
7-9.

[200]陈漫漫，李小平，李丹．梦清园人工湿地景观构建及运行效果研究[J]．三峡环境与生态．2008，1
（2）：10-13+16.

# 附件　实验参考书

## 实验 1　成土母岩与矿物的观察鉴定

### 一、实验目的

形成土壤的母质主要有沉积岩、岩浆岩、变质岩三大类岩石，各种岩石标本的观察及认识，成土矿物类型鉴定。通过对成土母岩和矿物标本的观察，认识常见的岩石与矿物，对各类常见岩石标本进行综合肉眼鉴定；学习根据矿物和岩石的形态及物理特性，鉴定常见矿物和岩石的技能及其描述基本方法。

### 二、实验原理

矿物是由地质作用形成的具有一定的物理性质和成分的自然元素或化合物。由于其化学成分内部构造和形成时地质环境的不同，造成不同的矿物具有不同的物理性质和化学性质，因此呈现不同的特征。各种岩石在一定条件下相互依存，并且可在一定的条件下进行相互间的转化，岩石的原始物质是岩浆，岩浆在侵入活动过程中冷凝成各种火成岩。火成岩在外动力地质作用下，经过风化、剥蚀、搬运、沉积和固结成岩作用而形成沉积岩。在大规模的构造运动的影响下，已形成的火成岩、沉积岩，下降到地壳深处，受湿度、压力、岩浆分异的化学溶液的影响而发生变质作用，形成各种变质岩。

## 三、使用仪器与材料

1. 仪器：放大镜、小刀、条痕板、磁铁等；
2. 材料：岩石、矿物标本、稀盐酸。

## 四、实验步骤

1. 矿物的肉眼鉴别可参照下列步骤进行：①首先观察矿物的光泽；②然后试验矿物的硬度；③再观察矿物的颜色；④进一步观察矿物的形态和其他物理性质。针对有限的几种可能性，逐步缩小范围，认真观察，仔细分析并鉴定出矿物，确定矿物名称。

2. 肉眼对岩石进行分类和鉴定，具体步骤可为：①观察岩石的构造；②观察岩石结构；③分析岩石的矿物组成和化学成分；④应注意的是在肉眼鉴定岩石标本时，常常有许多矿物成分难于辨认，如具隐晶质结构或玻璃质结构的火成岩，泥质或化学结构的沉积岩，以及部分变质岩，由结晶细微或非结晶的物质成分组成，一般只能根据颜色深浅、坚硬性、密度大小和"盐酸反应"等进行初步判断。

## 五、实验记录

描述自己感兴趣的两种矿物或岩石。

### 💡思考题

1. 常见的矿物有哪些？
2. 自然界的岩石主要有哪几类？
3. 举例说明你看到的矿物或岩石的特点。

# 实验 2　土壤样品采集处理及质地野外测试

## 一、实验目的

土壤样品的采集与处理是土壤实验研究中的基础，采样方法的规范与否直接关系到分析结果的正确性及可靠性。应探究不同采集深度的土壤样本中的基本性质和微生物生态学特征，掌握土壤样本的采集和处理技术及质地手测，分析实验结果，提高科学实验能力。

## 二、实验原理

土壤样品的采集应选择有代表性的地点和代表性的土壤，并根据采样目的及分析项目确定采样方法；进行土样采集及质地手测，应当场记好标签并拍照记录，返回实验室后每袋样品登记记录并进行风干处理。

## 三、仪器设备与工具

1. 采样工具：铁锹、小铁铲、小钢卷尺、剖面刀、样品袋（布袋，纸袋或塑料袋）、标签、铅笔。

2. 制备工具：牛皮纸、硬木板、木棒、台秤、镊子、玛瑙研钵、广口瓶（或纸袋）、标签、土壤筛（孔径 2mm、1mm 和 0.25mm）等。

## 四、实验步骤

1. 土壤剖面样品采集：在野外确定采样区域及具体剖面位置，除在调查范围的草图上注明采集位置外，记录样品条件：如地形、位置（经纬度）、成土母质、利用情况、研究目的、取样深度等。然后开挖土壤剖面并采样，采样时应在挖好的剖面上划分发生层段分层取样，不得混合，各层采样深度与每个层段深度不一致，采样只选择其中最典型的部分，一般取 0~10cm，不取过渡层，过渡层只作野外分析研究，不采样检测。按照由下至上的顺序依次采取，这样可避免采取上层土样时，土块落下干扰下层。每个样品（每层）需采 1kg；注意采样深度记载应按实际采样深度。

2. 土壤质地手测：在野外可利用简单的方法区别黏土、粉质黏土及粉土，将新取出的土壤放在手里摇一摇，若是很快就从土的孔隙中排出水来的是粉土；若将土放在手里搓土条，搓得越细且不易断的就是黏土；若难以搓成条且断的就是粉土；介于两者之间的就是粉质黏土，其切面不如黏土那样光滑。

3. 土壤样品的处理：土壤的处理方式依研究目的而异，如测定土壤重金属一般采用烘干样，而 POPs 检测应采用风干样或冷冻干燥，VOCs 类测定一般使用新鲜样品；新鲜样可暂时保存于冰箱或冰柜中，但须尽快处理（10 天内进行）。在对土壤样品风干处理时，先除去枯叶树根等杂质，然后将样品放在样品盘上，摊成薄薄的一层，置于干净整洁的室内通风处自然风干，不可暴晒，并注意避免酸碱等气体及灰尘的污染；风干过程中应经常翻动土样并将大块捏碎以加速干燥；风干后的土样按不同的分析要求研磨过筛，充分混匀后装入样品瓶中备用。

4. 土壤样品保存及记录：样品瓶内、外应各具标签一枚，写明编号、采样地点、土壤名称、采样深度、样品粒径、采样日期、采样人及制样时间、制样人等信息。制备好的样品应妥善储存，避免日晒、高温、潮湿酸碱和灰尘等污染。

## 五、注意事项

1. 样品处理时应依后续分析需求。重金属分析样品应使用竹铲或塑料铲取样，用玛瑙研钵研磨，过 100 目（0.149mm）以上的尼龙网筛；有机污染物分析样品可使用铁锹采样，处理过程不采用塑料工具，过 60 目（0.25mm）不锈钢筛。

2. 处理样品注意：①为便于较长期保存，防止微生物作用引起土壤生化性状发生变化；②挑去非土壤部分，使分析结果代表土壤本身组成；③将样品适当磨细和充分混匀，使分析时所取的称样具有代表性，减少称样误差；④将样品磨细可增大土粒的表面积，使制备待试溶液时分解样品反应能够均匀与彻底。

💡 思考题

1. 土壤样品采集地点如何确定？
2. 简述检测重金属和有机污染物的土壤样品采集注意事项。
3. 采集土壤样品为什么应自下至上进行？

# 实验 3　土壤水分含量测定

## 一、实验目的

测定土壤水分以了解土壤含水状况，便于土壤水分管理。在分析工作中，由于分析结果常以烘干土为基础表示，也需要测定湿土或风干土的水分含量，以便进行分析结果的换算。土壤水分的测定方法很多，这里介绍最常用的烘干法。

## 二、实验原理

烘干法以质量为基础，测定土壤样品的水分含量，将土壤样品在105℃±5℃下干燥至恒重，计算干燥前后土壤质量的差值，以干基计算水分含量。用此方法对已预处理风干的土壤样品或直接采取自野外(如田间)含水土壤样品，可依照不同的程序操作。

## 三、仪器设备

电子天平，1/100天平，烘箱，干燥器，铝盒或瓷盒，恒湿干燥箱。

## 四、实验步骤

1. 取干燥铝盒或瓷盒称重记为 $W_1(g)$；
2. 加土样约5g于铝盒或瓷盒中称重记为 $W_2(g)$；
3. 将铝盒或瓷盒盖子揭开，放在盒底下，置于已预热至105℃±5℃的烘箱中烘烤6h。取出，盖好，移入干燥器内冷却至室温(约需20min)，立即称重，记录数据 $W_3$。

## 五、结果计算

$$土壤水分含量(\%) = \frac{W_2 - W_3}{W_3 - W_1} \times 100\%$$

## 六、注意事项

1. 风干土样水分的测定应做两份平行测定；
2. 轻质土壤的烘烤时间可缩短，即5~6h，新鲜土壤样测定时烘干时间应适当增加。

## 思考题

1. 说明土壤水分测定的样品量。
2. 简述使用烘箱进行烘干土壤操作的注意事项。
3. 为什么检测新鲜土样的烘干时间应加长？

# 实验 4　土壤容重测定

## 一、实验目的

土壤容重是在田间自然状态下的单位体积土壤干重。土壤容重不仅用于鉴定土壤颗粒间排列的紧实度，还是计算土壤孔度和空气含量的必要数据，可用于估计土壤的结构状态。测定土壤容重的方法常用环刀法，操作简便，结果比较准确，可反映田间实际情况。

## 二、实验原理

测试自然状态下单位体积土壤的干重。用一定容积的钢制环刀，切割自然状态下的土壤，使土壤恰好充满环刀容积，然后称量并根据土壤自然含水量计算每单位体积的烘干土重即为土壤容重。

## 三、仪器设备

环刀(容积为 $100cm^3$)、环刀托、削土刀、小铁铲、铝盒、干燥器、烘箱、天平等。

## 四、实验步骤

1. 先在室内称量环刀(连同底盘、垫底滤纸和顶盖)的质量，环刀容积一般为 $100cm^3$。
2. 将已称量的环刀带至田间采样。采样前，将采样点土面铲平，去除环刀两端的盖子，再将环刀(刀口端向下)平稳压入土中，切忌左右摆动，在土柱冒出环刀上端后，用铁铲挖周围土壤，取出充满土壤的环刀，用锋利的削土刀削去环刀两端多余的土壤，使环刀内的土壤体积恰为环刀的容积。在环刀刀口一端垫上滤纸，并盖上底盖，环刀上端盖上顶盖。擦去环刀外的泥土，立即带回室内称重。
3. 在紧靠环刀采样处，再采土 10~15g，装入铝盒带回室内测定土壤含水量。

## 五、结果计算

土壤容重按下面的公式计算：

$$环刀内干土重(g) = \frac{100}{100 + 土壤含水量(\%)} \times 环刀内湿土重(g)$$

$$土壤容重(g/cm^3) = \frac{环刀内干土重(g)}{环刀容积}$$

1. 什么是土壤的容重?
2. 土壤的容重与密度哪个数值大?
3. 测量土壤容重的注意事项有哪些?

# 实验 5　土壤 pH 值测定

## 一、实验目的

土壤 pH 是土壤的基本性质,也是影响污染物环境行为的重要因素之一;它直接影响土壤污染物的存在状态、转化、迁移性和生物有效性,从而决定了人体健康和生态风险。土壤 pH 常用作土壤分类、利用、管理和改良的重要参考。而且土壤 pH 与很多项目的分析方法和分析结果有密切关系,它是判断其他项目结果和土壤性质的必测基本指标。

## 二、实验原理

土壤 pH 的测定方法常用电位法,其精确度较高,误差较小。用无 $CO_2$ 的蒸馏水提取出土壤中水溶性的 $H^+$,用 $H^+$ 敏感电极(常用玻璃电极)作指示电极与饱和甘汞电极(参比电极)配对,插入待测液中,构成一个测量电池。其该电池的电动势 E 随溶液中 $H^+$ 浓度而变化,二者的关系符合 Nernst 方程:

$$E_h = E^0 + \frac{0.059}{n}\log\frac{(氧化态)}{(还原态)} - 0.059\text{pH}$$

上式中,每当 $[H^+]$ 改变 10 倍,电动势就改变 59mV(25℃);$[H^+]$ 上升,电动势也上升;若将 $[H^+]$ 改用 pH(即 $-\log[H^+]$)表示,则每上升 1 个 pH 单位,电动势下降 59mV(25℃);每上升 0.1 个 pH 单位则电动势下降 5.9mV(25℃)。

pH 计算是根据上述原理设计的,可以直接从仪器上读出 pH 值。由于其与温度有关,测量时应注意调节温度补偿旋钮。

## 三、仪器设备与试剂

1. 仪器设备:pH 酸度计、pH 玻璃电极、甘汞电极(或复合电极)。
2. 试剂:①KCl 溶液(1mol/L):称取 74.6g KCl 溶于 400mL 蒸馏水中,用 10% KOH 或 KCl 溶液调节 pH 至 5.5~6.0,而后稀释至 1L。②标准缓冲溶液:pH(4.03)缓冲溶液:苯二甲酸氢钾在 105℃烘 2~3h 后,称取 10.21g 溶于蒸馏水并定容至 1L。③pH(6.86)缓冲溶液:$KH_2PO_4$(或 $Na_2HPO_4 \cdot 2H_2O$)在 105℃烘 2~3h 后,称取 4.539g(或 5.938g)溶于蒸馏水中并定容至 1L。

## 四、实验步骤

1. 仪器校准:各种 pH 计和电位计的使用方法可能不同,电极的处理和仪器的使用应按仪器说明书。将待测液与标准缓冲溶液调到同一温度，将温度补偿器调到该温度值。用标准缓冲溶液校正仪器时，先将电极插入与所测试样 pH 值相差不超过 2 个 pH 单位的标准缓冲溶液，启动读数开关，调节定位器使读数刚好为标准液的 pH 值，反复几次使读数稳定。取出电极洗净，用滤纸条吸干水分，再插入第二个标准缓冲溶液中，两标准液之间允许偏差 0.1 pH 单位，如超过应检查仪器电极或标准液。仪器校准无误后，即可用于测定样品。

2. 土壤水浸液 pH 的测定：称取通过 1mm 孔径筛的风干试样 15g（精确至 0.1g）于 50mL 高型烧杯中，加无 $CO_2$ 的水 15mL，以搅拌器搅拌 1min，使土粒充分分散，放置 30min 后测定。将电极插入待测液中（注意玻璃电极球泡下部位于土液界面下，甘汞电极插入上部清液），轻轻摇动烧杯以除去电极上的水膜，促使其尽快平衡，静止片刻，按下读数开关，待读数稳定时记下 pH 值。放开读数开关，取出电极，以水洗净，用滤纸条吸干水分后即可进行第二个样品的测定。每测 5~6 个样品后需用标准液检查定位。

## 五、注意事项

1. 土水比的影响：一般土壤悬液越稀，测得的 pH 越高，尤以碱性土的稀释效应较大。为了便于比较，测定 pH 的土水比应固定。经试验，采用 1∶1 的土水比，碱性土和酸性土均可得到较好的结果，酸性土采用 1∶5 和 1∶1 的土水比所测得的结果基本相似，故建议碱性土采用 1∶1 或 1∶2.5 土水比进行测定。

2. 蒸馏水中 $CO_2$ 可使测得的土壤 pH 偏低，故应尽量去除以避免干扰。

3. 待测土样不宜磨得过细，宜用通过 1mm 筛孔的土样测定。

4. 长时间存放不用的玻璃电极需要在水中浸泡 24h，使之活化后方可正常使用，暂时不用的可浸泡在水中，长期不用时，应干燥保存。玻璃电极表面受到污染时应进行处理。甘汞电极一般为饱和氯化钾溶液灌注，在室温下应有少许氯化钾结晶存在，但氯化钾结晶不应过多，以防堵塞电极与被测溶液间的通路。玻璃电极的内电极与球泡之间、甘汞电极内电极和陶瓷芯之间不得有气泡。

### 💡 思考题

1. 土壤 pH 对其他指标有何影响？
2. 为什么应使用除去 $CO_2$ 的蒸馏水？
3. 简述玻璃电极和甘汞电极的使用与保存注意事项。

# 实验 6  电位法测定土壤 $E_h$ 值

## 一、实验目的

土壤的形成过程与氧化还原条件直接有关，其可影响污染物的赋存形态，并直接或间接影响其毒性、迁移性与生物有效性。测定土壤的氧化还原电位 $E_h$ 值，有助于了解土壤的通气性及还原程度。测定土壤 $E_h$ 值的常用方法是铂电极直接测定法。

## 二、实验原理

铂电极是基于其本身难以腐蚀及溶解，可作为一种电子传导体。当铂电极与土、水介质接触时，土壤或水中的可溶性氧化剂或还原剂将从铂电极上接受电子或给予电子，直至在铂电极上建立起一个平衡电位，即该体系的氧化还原电位。由于单个电极电位是无法测得的，故须与另一个电极电位固定的参比电极(饱和甘汞电极)构成电池，用电位计测量电池电动势，然后计算出铂电极上建立的平衡电位即 $E_h$ 值。

## 三、仪器设备

酸度计、铂电极、饱和甘汞电极、温度计等。

## 四、实验步骤

若用 pHS-29 型酸度计在实验室测定土壤的 $E_h$，常用交流电源，具体步骤如下：

1. 转动选择开关，如用直流电源应转到 DC 位置，用交流电源则应转到 AC 位置。

2. 将 pH-mV 转换开关拨到"mV"处。

3. 调节零点电位器，使电计的指针指在 0mV 处(下刻度)。

4. 将铂电极的接线片接正极，饱和甘汞电极的接线片接负极；将两支电极小心地插入待测的土壤中。

5. 电极插入一分钟后按下读数开关，电计所指读数(下刻度)乘 100 即为待测的电位差值的毫伏数(mV)。

6. 如果电计的指针反向偏转，则表明土壤的 $E_h$ 值低于饱和甘汞的电位值，可把原来的电极接法反转过来，再按步骤重新进行测定。

仪器上的电位值读数是铂电极的电位(即土壤氧化还原电位)与饱和甘汞电极电位的差，土壤的电位值($E_h$)需经计算得到。根据测定时的温度，从附表中查出饱和甘汞电极的电位，再按下式计算。

当 mV 值为正值时按下列前式计算 $E_h$ 值，当 mV 值为负值时按后式计算 $E_h$ 值：

$$E_h = E_e + E_d, \quad E_h = E_e - E_d$$

式中，$E_e$ 为饱和甘汞电极的标准电位值(见表 S1)，mV；$E_d$ 为测得的电位值，mV。

表 S1 饱和甘汞电极在不同温度时的标准电位值

| 温度/℃ | 0 | 5 | 10 | 12 | 14 | 16 | 18 | 20 | 22 |
|---|---|---|---|---|---|---|---|---|---|
| 电位/mV | 260 | 257 | 254 | 252 | 251 | 250 | 248 | 247 | 246 |
| 温度/℃ | 24 | 26 | 28 | 30 | 35 | 40 | 45 | 50 | |
| 电位/mV | 244 | 243 | 242 | 240 | 237 | 234 | 231 | 227 | |

## 五、注意事项

1. 土壤 $E_h$ 值最好在田间直接测定，若将土壤带回室内检测，必须用较大容器采取原状土一块，立即密封后迅速带回室内，解封后，先用小刀刮去表土层约 1cm 的土壤，马上插入电极进行测定。由于土壤的不均一性和铂电极接触到土壤面积极小，因此需要进行多点重复检测，取平均值，测定时的平衡时间对结果影响很大，一般在田间可规定电极插入土壤后 1min 读数，如发现指针不断移动，可以延长平衡时间，在 2~3min 甚至 30min 后再读数，但各点应一致，并且将平衡时间在结果报告中注明，若在 30min 左右还达不到较稳定的读数，则应重新处理铂电极或另换一支再测，并检查有无其他原因。

2. 对不同土壤、不同土层或同一土层的不同部位进行系列比较测定时，用同一支铂电极测过 $E_h$ 较高的土壤，再测 $E_h$ 较低的土壤，结果会偏高；反之先测过 $E_h$ 较低的土壤，再测 $E_h$ 较高的土壤时，结果会偏低，而后者的影响可能更大些。因此在系列测定时，应预估计 $E_h$ 的范围，变异不大的最好也不用同一支铂电极测定，应分别用 $n$ 支铂电极测定。产生上述测定结果偏高或偏低的情况，是铂电极表面性质的改变造成的滞后现象。

3. 铂电极在使用前需经清洁处理，脱去电极表面的氧化膜。处理的方法是：配制 0.1~0.2mol/L HCl 水溶液，加热至微沸，然后加入少量固体 $Na_2SO_4$（每 100mL 溶液中加 0.2g），搅匀后，将铂电极浸入，继续微沸 30min 即可，加热过程中应适当加水使溶液体积保存不变。如果电极用久表面较脏，可先用洗液或洗涤剂浸泡，再进行上述处理。

4. 由于土壤的 O-R 平衡与 pH 之间有复杂关系，它在一定程度上受 $H^+$ 浓度的影响，所以土壤 $E_h$ 值也因 pH 不同而变化。为了消除 pH 对 $E_h$ 的影响，使所测结果便于相互比较，需经 pH 校正。一般以 pH=7 为标准，按氢体系的理论值 $\Delta E_h / \Delta pH = -60mV$（30℃），pH 每上升一个单位，$E_h$ 要下降 60mV 进行校正。

5. 在野外测定时，若是较干燥的旱地土壤，电极与土体不易紧密接触，而影响测定结果。可先喷洒蒸馏水湿润土壤，稍停片刻再进行测定。

### 💡 思考题

1. 简述土壤 $E_h$ 值的环境学意义。
2. 简述土壤 $E_h$ 值与 pH 的关系。
3. 简述测定土壤 $E_h$ 值的注意事项。

# 实验 7　土壤总有机质测定

## 一、实验目的

土壤有机质是各种形态存在于土壤中的所有含碳的有机物质，包括土壤中的各种动植物残体与微生物或其分解及合成的各种有机物质。土壤有机质可提供植物生长所需养分，增加土壤保水能力，促进土壤团粒化等作用；还可通过吸附或分配作用累积土壤中的重金属和有机污染物。在土壤肥力、生态农业及污染物迁移转化等方面都具有重要影响。

## 二、实验原理

在加热 170~180℃ 条件下，用一定量的过量的标准 $K_2Cr_2O_7$ 的硫酸溶液氧化土壤中的有机碳，剩余的 $K_2Cr_2O_7$ 再用还原剂（硫酸亚铁铵或硫酸亚铁）滴定，可从所消耗的 $K_2Cr_2O_7$ 量计算出土壤有机质的含量。其化学反应式为：

$$2K_2Cr_2O_7 + 3C + 8H_2SO_4 \longrightarrow 2K_2SO_4 + 2Cr_2(SO_4)_3 + 3CO_2 + 8H_2O$$

$$K_2Cr_2O_7 + 6FeSO_4 + 7H_2SO_4 \longrightarrow K_2SO_4 + Cr_2(SO_4)_3 + 3Fe_2(SO_4)_3 + 7H_2O$$

## 三、仪器设备与试剂

1. 仪器设备：天平，油浴锅，250mL、50mL 三角瓶，小漏斗，10mL、100mL 量筒，酸式滴定管，洗瓶，硬质试管。

2. 试剂及配制：

（1）$K_2Cr_2O_7$ 的硫酸溶液（0.4000mol/L），称取 $K_2Cr_2O_7$ 固体 39.2250g，溶于 600~800mL 蒸馏水中，待完全溶解后加水定容至 1L，将溶液移入 3L 大烧杯中；另取 1L 密度为 1.84 的浓硫酸，缓慢地倒入 $K_2Cr_2O_7$ 水溶液内，不断搅动，此过程有热量释放，为避免溶液急剧升温，每加约 100mL 硫酸后稍停片刻，并将大烧杯放在盛有冷水的盆内冷却，待溶液的温度降到不烫手时再继续加硫酸，直到加完。

（2）$K_2Cr_2O_7$ 标准溶液，将 $K_2Cr_2O_7$（AR）先在 130℃ 烘干 3~4h，称取 9.8070g，在烧杯中加蒸馏水 400mL 溶解（必要时加热促进溶解），冷却后，稀释定容到 1L，即为 0.2000mol/L 的 $K_2Cr_2O_7$ 标准溶液。

（3）硫酸亚铁溶液（0.1mol/L），称取 56g 硫酸亚铁（$FeSO_4 \cdot 7H_2O$，CP），加 3mol/L 硫酸溶液 30mL 溶解，加水稀释定容到 1L，储于棕色瓶中保存备用。此溶液易受空气氧化，使用时必须用 $K_2Cr_2O_7$ 标准溶液标定其准确浓度。$FeSO_4$ 标准溶液的标定方法，先吸取 $K_2Cr_2O_7$ 标准溶液 20mL，放入 150mL 三角瓶中，加浓硫酸 3mL 和邻菲罗啉指示剂 3~5 滴，用 $FeSO_4$ 溶液滴定，根据 $FeSO_4$ 溶液的消耗量，计算 $FeSO_4$ 标准溶液浓度 $c_2$。

$$c_2 = c_1 \times \frac{v_1}{v_2}$$

式中，$c_2$ 为 $FeSO_4$ 标准溶液的浓度，mol/L；$c_1$ 为 $K_2Cr_2O_7$ 标准溶液的浓度，mol/L；$v_1$ 为吸取的 $K_2Cr_2O_7$ 标准溶液体积，mL；$v_2$ 为滴定时消耗 $FeSO_4$ 溶液的体积，mL。

（4）邻啡罗啉指示剂，称取 0.695g $FeSO_4 \cdot 7H_2O$ 和邻啡罗啉 1.485g 溶于 100mL 水中，此时试剂与 $FeSO_4$ 形成棕红色络合物 $[Fe(Cl_2H_8N_3)_3]^{2+}$。密闭保存于棕色瓶中。

## 四、实验步骤

1. 准确称取过 0.25mm 筛的风干土样 0.5g（精确到 0.0001g），放入干燥硬质玻璃试管中，用移液管加入 0.4000mol/L 的 $K_2Cr_2O_7$ 硫酸溶液 10.00mL，管口放一小漏斗，以冷凝蒸出的水汽。试管插入铁丝笼中。

2. 预先将热浴锅(石蜡或磷酸)加热到 $180 \sim 185℃$ ，将插有试管的铁丝笼放入热浴锅中加热，待试管内溶液微沸时计时，煮沸 $5 \min$ ，取出试管，稍冷，擦干净试管外部。消煮过程中，热浴锅内温度应保持在 $170 \sim 180℃$ 。

3. 冷却后，将试管内溶液小心倾入 250mL 三角瓶中，并用蒸馏水冲洗试管内壁和小漏斗，洗入液的总体积应控制在 50mL 左右，然后加入邻啡罗啉指示剂 3 滴，用 0.1mol/L 的 $FeSO_4$ 溶液滴定，先由黄变绿，再突变到棕红色时即为滴定终点(要求滴定终点时溶液中 $H_2SO_4$ 的浓度为 $1 \sim 1.5mol/L$)。

4. 测定每批(即上述铁丝笼中)样品时，以灼烧过的土壤代替土样做 2 个空白试验。

注：若样品测定时消耗的 $FeSO_4$ 量低于空白的 $1/3$ ，则应减少土壤称量。

## 五、结果计算

土壤有机质含量用如下公式计算：

$$有机质(g/kg) = \frac{(v_1 - v_2) \times c \times 0.003 \times 1.724 \times 1.1}{烘干土重} \times 1000$$

式中，$v_1$ 为空白试验消耗的硫酸亚铁溶液体积，mL；$v_2$ 为土壤样品测定消耗的硫酸亚铁溶液体积，mL；0.003 为 1/4 碳原子的摩尔质量；$c$ 为还原剂的摩尔浓度，mol/L；其中1.1 为校正常数，1.724 为按有机质平均含碳 58% 计，由碳含量换算成有机质含量的系数。

## 六、注意事项

1. 根据样品有机质含量决定称样量。有机质含量在大于 50g/kg 的土样称 0.1g，$20 \sim 40g/kg$ 的称 0.3g，少于 20g/kg 的可称 0.5g 以上。

2. 消化煮沸时，必须严格控制时间和温度。

3. 最好用液体石蜡或磷酸浴代替植物油，以保证结果准确；磷酸浴需用玻璃容器。

4. 对含有氯化物的样品，可加少量硫酸银除去其影响；对于石灰性土样，须慢慢加入浓硫酸，以防由于碳酸钙的分解而引起剧烈发泡；对水稻土和长期渍水的土壤，必须预先磨细，在通风干燥处摊成薄层，风干约 10 天。

5. 一般滴定时消耗 $FeSO_4$ 溶液量不小于空白用量的 $1/3$ ，否则氧化不完全，应弃去重做。消煮后溶液以绿色为主，说明 $K_2Cr_2O_7$ 用量不足，应减少样品量重做。

6. 我国第二次土壤普查有机质含量分级可依土壤有机质含量(%)分 5 级：极低≤1.5，低 $1.5 \sim 2.5$ ，中 $2.5 \sim 3.5$ ，高 $3.5 \sim 5.0$ ，极高>5。

💡 思考题

1. 简述土壤有机质的组成及环境意义。

2. 测试中的滴定过程需要注意什么？

3. 简述土壤有机质测试注意事项。

# 实验 8　土壤腐殖质分离及各组分性状观察

## 一、实验目的

土壤腐殖质是土壤有机质的主体，是通过微生物作用在土壤中新合成的一类高分子有机化合物，其分子结构比较复杂，性质稳定而不易分解。通过实验分离土壤腐殖质各组分，观察土壤腐殖质各个组分的主要性状。

## 二、实验原理

土壤腐殖质与土壤矿物质紧密结合，要了解土壤腐殖质主要组成及其盐类的性状，必须先把它从土壤中分离提取出来。先采用稀 NaOH 溶液提取土壤腐殖质，经酸化和过滤，进一步把胡敏酸和富里酸分开，然后制成各种腐殖酸的盐类，对其颜色、溶解度等性状进行观察比较。具体提取分离过程见图 S1。

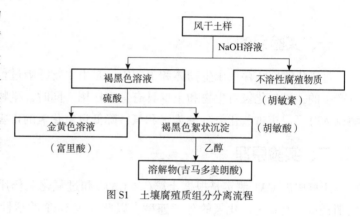

图 S1　土壤腐殖质组分分离流程

## 三、仪器设备和试剂

1. 仪器设备：三角瓶、漏斗、玻璃棒、定性滤纸、刻度试管、移液管、吸耳球、电炉等。

2. 试剂：0.1mol/L NaOH 溶液、0.05mol/L $Na_2SO_4$ 溶液、0.5mol/L $H_2SO_4$、1mol/L NaCl 溶液、0.5mol/L $CaCl_2$ 溶液、0.33mol/L $AlCl_3$ 溶液、乙醇（AR）等。

## 四、实验步骤

1. 称样：用台秤称取 1mm 风干土样 4g，放在 50mL 三角瓶中。

2. 浸提：向三角瓶内的土样中加入 20mL 0.1mol/L NaOH 溶液，加塞，振动并加热微沸 2min，以加速浸提作用，趁热缓缓加入 20mL 的 0.05 $Na_2SO_4$ 溶液，振动 1~2min，立刻过滤，滤液收集于干净 50mL 小三角瓶中备用。

3. 各组分腐殖质性状的观察：①观察稀碱液浸提的腐殖质溶液的颜色。②用 2 支 10mL 刻度试管分别量取上述滤液 8mL，各加入 1mL 的 0.5mol/L $H_2SO_4$ 摇匀后停片刻，过滤，观察沉淀物和滤液的颜色。③在带沉淀的漏斗滤纸上，加上现配的稀碱液（即 0.1mol/L NaOH 2mL+8mL 蒸馏水），纸上沉淀开始溶解；滤液收集在三角瓶中备用，观察滤液颜色；在另一个带沉淀的漏斗滤纸上加入乙醇，观察溶解情况和溶解物颜色。④将收集的滤液分别装在三支小试管中：第一支试管加入 1mol/L NaCl 2mL，第二支试管加入 0.5mol/L CaCl$_2$ 2mL，第三支试管内加入 0.33mol/L AlCl$_3$ 2mL。观察各试管出现的浑浊程度并加以比较和解释。⑤分别记录以上实验过程观察到的现象，总结土壤腐殖质各组分的性质。

### 💡 思考题

1. 简述土壤腐殖质的形成及作用。
2. 简述实验过程中使用硫酸的注意事项。
3. 实验中观察到不同组分的颜色反映什么情况？

# 实验 9   KMnO$_4$ 法测定过氧化氢酶活性

## 一、实验目的

过氧化氢广泛存在于生物体和土壤中，是由生物呼吸过程和有机物的生物化学氧化反应产生的，过氧化氢对生物和土壤具有毒害作用。同时，生物体和土壤中存在的过氧化氢酶（CAT）可促进过氧化氢分解为水和氧，降低过氧化氢的毒害作用。

## 二、实验原理

土壤中的 CAT 测定是根据土壤（含 CAT）和过氧化氢作用析出的氧气体积或过氧化氢的消耗量，测定过氧化氢的分解速度，以此代表 CAT 的活性。测定 CAT 的方法较多，本实验采用 KMnO$_4$ 滴定法。用 KMnO$_4$ 溶液滴定过氧化氢分解反应剩余的过氧化氢的量，表示出 CAT 的活性。

## 三、仪器设备与试剂

1. 仪器设备：三角瓶、容量瓶、冰箱、滴定管。
2. 试剂：①2mol/L H$_2$SO$_4$ 溶液：量取 5.43mL 的浓硫酸稀释至 500mL，置于冰箱储存。②0.02mol/L KMnO$_4$ 溶液：将取 1.7g KMnO$_4$ 加入 400mL 蒸馏水中，缓缓煮沸 15min，冷却后定容至 500mL，避光保存，用时用 0.1mol/L 草酸溶液标定。③0.1mol/L 草酸溶液：将 3.334g 优级纯 H$_2$C$_2$O$_4$·2H$_2$O 加入蒸馏水并定容至 250mL。④3% 的 H$_2$O$_2$ 水溶液：取 30% H$_2$O$_2$ 溶液 25mL，定容至 250mL，置于冰箱储存，用时用 0.1mol/L KMnO$_4$ 溶液标定。

## 四、实验步骤

分别取 5g 土壤样品于具塞三角瓶中（用不加土样的作空白对照），加入 0.5mL 甲苯，摇匀，于 4℃ 冰箱中放置 30min；取出，立刻加入 25mL 冰箱储存的 3% H$_2$O$_2$ 水溶液，充分混匀后，再置于冰箱中放置 1h；取出，迅速加入冰箱储存的 2mol/L H$_2$SO$_4$ 溶液 25mL，摇匀，过滤。取 1mL 滤液于三角瓶，加入 5mL 蒸馏水和 5mL 2mol/L H$_2$SO$_4$ 溶液，用 0.02mol/L KMnO$_4$ 溶液滴定。根据对照和样品的滴定差，求出相当于分解的 H$_2$O$_2$ 的量所消耗的 KMnO$_4$ 量；CAT 活性以每 g 干土 1h 内消耗的 0.1mol/L KMnO$_4$ 体积数表示（以 mL 计）。

## 五、结果计算

1. $KMnO_4$ 溶液标定：10mL 0.1mol/L $H_2C_2O_4$ 用 $KMnO_4$ 滴定，所消耗 $KMnO_4$ 体积数为 19.49mL，由此计算出 $KMnO_4$ 标准溶液浓度为 0.0205mol/L。

2. $H_2O_2$ 标定：1mL 3% $H_2O_2$ 用 $KMnO_4$ 滴定，所消耗 $KMnO_4$ 体积数为 16.51mL，由此计算出 $H_2O_2$ 浓度为 0.8461mol/L。

3. 酶活性=（空白样剩余 $H_2O_2$ 滴定体积-土样剩余 $H_2O_2$ 滴定体积）×$T$/土样质量

其中，酶活性单位 mL(0.1mol/L $KMnO_4$)/(h·g)；$T$ 为 $KMnO_4$ 滴定度的矫正值，$T$=0.0205/0.02=1.026。

## 六、注意事项

用 0.1mol/L 草酸溶液标定 $KMnO_4$ 溶液时，要先取一定量的草酸溶液加入一定量硫酸中并于70℃水浴加热，开始滴定时可快滴，快到终点时再进行水浴加热，后慢滴，待溶液呈微红色且半分钟内不褪色即为终点。

### 💡 思考题

1. 什么是土壤过氧化氢酶（CAT）？
2. 简述 CAT 的作用及环境学意义。
3. 用草酸溶液标定 $KMnO_4$ 溶液终点为何呈微红色？

# 实验 10  土壤阳离子交换量测定

## 一、实验目的

土壤是环境中污染物迁移转化的重要场所，土壤的吸附和离子交换能力与土壤的组成及结构等有关，因此对土壤性能的测定，有助于了解土壤的污染负荷及对污染物质的净化。土壤中的阳离子被吸附于矿物胶体表面，决定着黏土矿物的阳离子交换行为。通过本实验了解土壤的阳离子交换量（CEC）的内涵，掌握土壤 CEC 的测定原理和方法。

## 二、实验原理

土壤中存在的阳离子可被某些中性盐水溶液中的阳离子交换。本实验以 $BaCl_2$ 为交换剂，当溶液中 $BaCl_2$ 浓度大、交换次数增加时，交换反应可趋于完全。采用过量的强电解质，如硫酸溶液，把交换到土壤中去的 $Ba^{2+}$ 交换下来，这时由于生成 $BaSO_4$ 沉淀，且由于氢离子的交换吸附能力很强，交换基本完全。因此，通过测定交换反应前后的硫酸含量变化即可算出消耗的酸量，进而算出 CEC 值。这种交换量是土壤的阳离子交换总量，通常用每 1000g 干土中的 cmol 数表示，1mol=100cmol=1000mmol。

## 三、实验设备与试剂

1. 仪器设备：电动离心机（4000r/min 以下）、离心管（50mL）、锥形瓶、量筒、移液管、碱式滴定管、玻璃漏斗、滤纸。

2. 试剂：1mol/L BaCl$_2$ 溶液、酚酞指示剂 1%（$W/V$）、硫酸溶液 0.2mol/L、标准 NaOH 溶液（约 0.1mol/L）、邻苯二甲酸氢钾。

## 四、实验步骤

1. 取 3 个洗净烘干且质量相近的 50mL 离心管，分别放在烧杯里在分析天平上称出质量（$W$，g）；离心管中各加入约 1g 的风干土样。

2. 从烧杯中取下离心管，用量筒向各管中加入 20mL BaCl$_2$ 溶液，用玻璃棒搅拌 4min。然后将 3 支离心管放入离心机内，以 3000r/min 的转速离心 10min，离心后倒尽上层溶液；再加入 20mL BaCl$_2$ 溶液，重复上述步骤再交换一次；离心后保留离心管内的土层。

3. 向离心管内倒入 20mL 蒸馏水，用玻璃棒搅拌 3min；离心沉降，弃其上清液；重复数次，直至无氯离子（用 AgNO$_3$ 溶液检验）。

4. 往离心管中移入 25mL 0.2mol/L 硫酸溶液，搅拌分散土壤，用振荡机振荡 15min，将离心管内溶液过滤入 250mL 锥形瓶中，用蒸馏水冲洗离心管及滤纸数次，直至无硫酸根离子（用 BaCl$_2$ 溶液检验）。

5. 在锥形瓶中加入 1~2 滴酚酞指示剂，再用 0.1mol/L 标准 NaOH 溶液（浓度需标定）滴定，溶液转为红色并数分钟不褪色为终点。

CEC 值计算：

$$CEC(cmol/L) = \frac{C_{H_2SO_4} \times 50 - V_{NaOH} \times C_{NaOH}}{W_0} \times 100$$

注意：0.1mol/L NaOH 溶液的标定：将 2g 分析纯 NaOH 溶解在 500mL 煮沸后冷却的蒸馏水中，称取 0.50g 于 105℃ 烘箱中烘干后的邻苯二甲酸氢钾 2 份，分别放在 250mL 锥形瓶中，加 100mL 煮沸冷却后的蒸馏水，溶毕再加 4 滴酚酞指示剂，用配制的 NaOH 标准溶液滴定至淡红色；用煮沸冷却后的蒸馏水做空白实验，并从滴定邻苯二甲酸氢钾消耗的 NaOH 标准溶液中扣除空白值。

### 💡 思考题

1. 说明土壤的阳离子交换量（CEC）。
2. 说明 CEC 的土壤环境学意义。
3. 怎样用 AgNO$_3$ 溶液检验氯离子？

# 实验 11　地下水位简易测量

## 一、实验目的

测量地下水的水位可了解区域地下水的分布特征，有助于人们掌握地下水资源的分布和水质情况。

## 二、使用仪器与材料

1. 仪器：测量尺或测量杆，水桶或测量缸，水泵或抽水工具；
2. 材料：记录表格或笔记本。

## 三、实验方法与步骤

通过以下方法可简单便捷的测量地下水的水位与采集地下水样品并了解水质情况。

1. 选择测点：选择一个可能含有地下水的地点，如河流附近、湖泊边缘、井口或地下水位较浅的区域。

2. 准备测量工具：使用测量尺或测量杆，准备好水桶或测量缸，用于测量地下水位和收集地下水样本。

3. 测量水位：①若是在井口测量地下水位，将测量尺或测量杆缓慢放入井中，直到触及水位；读取测量尺或杆上水位的高度，记录下来。②若是在河流、湖泊或其他地方测量地下水位，可以使用测量杆或尺来测量水位，方法类似。

4. 记录数据：将每次测量的地下水位高度记录在记录表格或笔记本中，标记日期和时间。

5. 收集地下水样本：如果需要了解地下水的水质情况，可以使用水桶或测量缸收集地下水样本；将样本送至专业实验室进行水质检测。

请注意，这只是一种简单的测量地下水水位的方法，对于更准确和全面的地下水调查和监测工作，可根据需要，采用更复杂的设备和技术进行。

### 💡思考题

1. 什么是地下水的水位？
2. 说明测量地下水水位的意义。
3. 了解地下水的水质有何意义？

# 实验 12  地下水总硬度检测

## 一、实验目的

地下水的总硬度指地下水中 $Ca^{2+}$、$Mg^{2+}$ 离子的总浓度，其中包括碳酸盐硬度（通过加热以碳酸盐形式沉淀下来的 $Ca^{2+}$、$Mg^{2+}$ 离子，即暂时硬度）和非碳酸盐硬度（加热后不能沉淀下来的那部分 $Ca^{2+}$、$Mg^{2+}$ 离子，称永久硬度）。了解地下水总硬度的概念及其表示方法，掌握地下水总硬度的测试方法，以及配制 EDTA 溶液及用硫酸镁标定 EDTA 的基本原理与方法，掌握铬黑 T、钙指示剂的使用条件和终点变化。

## 二、实验原理

我国常使用的地下水总硬度表示方法有两种：一种是将所测得的 $Ca^{2+}$、$Mg^{2+}$ 折算成

CaO 的质量，用 1L 水中含 CaO 的 mg 数表示，mg/L；另一种以度计：1 硬度单位表示 10 万份水中含 1 份 CaO（即 1L 水中含 10mg CaO），$1° = 1 \times 10^7 CaO$。这也被称为德国度。本实验采用滴定法测试地下水总硬度。

## 三、仪器设备与试剂

1. 仪器：电子天平，250mL 容量瓶，20mL 移液管，50mL 酸式滴定管，250mL 锥形瓶，250mL 及 500mL 烧杯，玻璃棒，表面皿，玻璃瓶；

2. 试剂：pH = 10.0 的缓冲溶液，铬黑 T 指示剂（EBT），EDTA 标液（10mmol/L）。

## 四、实验步骤

1. 实验过程：

（1）EDTA 标准溶液配制与滴定：乙二胺四乙酸二钠盐（EDTA）是有机配位剂，能与大多数金属离子形成稳定的 1∶1 型螯合物，计量关系简单，常用作配位滴定的标准溶液。一般用间接法配制 EDTA 标液，标定 EDTA 溶液的基准物很多，如 ZnO、$CaCO_3$、$MgSO_4 \cdot 7H_2O$、$Zn(Ac)_2 \cdot 3H_2O$ 等，常选用其中与被测物组分相同的物质作基准物，这样标定条件与测定条件尽量一致，可减小误差。如果用被测元素的纯金属或化合物作基准物质，就更为理想。本实验采用 $CaCO_3$ 作基准物标定 EDTA，以钙指示剂作指示剂，用 1mol/L 的 NaOH 溶液滴定时的 pH 为 12~13。因钙指示剂一般在强碱性下使用。

（2）水硬度测定：测定时，先用缓冲溶液调节溶液 pH = 10 左右；滴定前，当加入指示剂铬黑 T 时，它首先与水中少量的 $Ca^{2+}$、$Mg^{2+}$ 配位形成酒红色的配合物 $[CaIn]^{2-}$、$[MgIn]^{2-}$。

$$Ca^{2+} + HIn^{2-}(蓝色) = [CaIn]^{2-}(酒红色) + H^+$$
$$Mg^{2+} + HIn^{2-}(蓝色) = [MgIn]^{2-}(酒红色) + H^+$$

当用 EDTA 溶液滴定时，EDTA 分别与水中游离的 $Ca^{2+}$、$Mg^{2+}$ 离子配位，接近终点时，因 $[CaY]^{2-}$、$[MgY]^{2-}$ 的稳定性高于 $[CaIn]^{2-}$、$[MgIn]^{2-}$，因不同物质的稳定性差异而使铬黑 T 游离出来，这时溶液从酒红色变为蓝色，指示到达终点。

$$[CaIn]^{2-}(酒红色) + H_2Y^{2-} = [CaY]^{2-} + HIn^{2-}(蓝色) + H^+$$
$$[MgIn]^{2-}(酒红色) + H_2Y^{2-} = [MgY]^{2-} + HIn^{2-}(蓝色) + H^+$$

（3）结果计算：根据 EDTA 标液的浓度和消耗的体积可按下式计算地下水的总硬度。钙和镁的总量（mmol/L）用下式计算：$C = c_1 \cdot V_1 / V_0$；其中 $c_1$ 为 EDTA 溶液的浓度（mmol/L），$V_1$ 为滴定中消耗 EDTA 溶液的体积，$V_0$ 为试样体积（mL）。

2. 实验步骤：①量取 100mL 透明水样注入 250ml 锥形瓶中，如果水样混浊，取样前应过滤。注意，水样酸性或碱性很高时，可用 5% NaOH 溶液或 HCl 溶液（1+4）中和后再加缓冲溶液。②加入 5mL 氨缓冲液和 2 滴铬黑 T 指示剂。注意，碳酸盐硬度较高的水样，在加入缓冲液前应先稀释或先加入所需 EDTA 标液量的 80%~90%（记入滴定体积内），否则缓冲液加入后，碳酸盐硬度析出，终点拖长。③在不断摇动下用 EDTA 标液滴至由酒红色变为蓝色即为终点，记录 EDTA 溶液消耗的体积（全过程应于 5min 内完成，温度应 > 15℃）。④另取 100mL 的 Ⅱ 级试剂水，做空白试验。

## 五、测试注意事项

1. 若水样的酸性或碱性较高时，应先用 0.1mol/L NaOH 或 0.1mol/L HCl 中和后再加缓冲溶液。

2. 对碳酸盐硬度较高的水样，在加入缓冲液前应先稀释或加入所需要 EDTA 标准溶液量的 80%~90%（记入在所消耗的体积内），否则可能析出碳酸盐沉淀使滴定终点延长。

3. 滴定过程中如发现滴不到终点色或指示剂加入后颜色呈灰紫色时可能是 Fe、Cu、Al、Mn 等离子干扰，可在指示剂加入前先加入 0.2g 硫酸和 2mL 三乙醇胺进行联合掩蔽消除干扰。

4. 冬季水温较低时络合反应速度较慢，易造成过滴定而产生误差，可将水样预先加热至 30~40℃后进行滴定或缓慢滴定。

5. 若水样混浊或加入氨缓冲液后生成 $Fe(OH)_2$，妨碍终点观察，而需过滤时，应注意滤纸本身常带有硬度，可先将滤纸洗涤后使用。

💡 **思考题**

1. 说明地下水硬度及其表示方法。
2. 我国各地区地下水的硬度大约是多少？
3. 说明地下水硬度测试过程中的滴定注意事项。

# 实验 13  土壤重金属总量的测定

## 一、实验目的

重金属在环境中不能被降解，在土壤环境中具有累积性、不均匀性、修复成本高等特点。土壤重金属不但具有生态风险，也可通过直接摄入或食物链威胁人体健康。生态环境部颁布的相关土壤环境风险管控标准主要基于重金属（除铬外）的总量。本实验采用混酸消解后使用电感耦合等离子发射光谱仪（ICP-AES）的方法测定土壤中重金属总量。

## 二、实验原理

土壤样品和酸混合后，在高温条件下，酸的氧化反应活性增加，将样品中的所有金属元素释放到溶液中，作为待测样品。待测样品进入 ICP-AES 雾化器中被雾化，由氩载气带入等离子体火炬中，目标元素在等离子体火炬中被气化、电离、激发并辐射出特征谱线；特征光谱的强度与试样中待测元素的含量在一定范围内成正比。因此测得土样的重金属总量。

## 三、仪器设备及试剂

1. 仪器设备：ICP-AES，分析天平，温控电热板（精度±2.5℃），50mL、100mL 聚四氟乙烯坩埚，100 目非金属筛，容量瓶，量筒，称量纸，胶头滴管等。

2. 试剂：优级纯浓硫酸：$\rho(H_2SO_4) = 1.84g/mL$，优级纯浓硝酸：$\rho(HNO_3) = 1.42g/mL$，优级纯浓盐酸：$\rho(HCl) = 1.19g/mL$，优级纯氢氟酸：$\rho(HF) = 1.49g/mL$，优

级纯高氯酸：$\rho(HClO_4) = 1.76g/mL$，去离子水，99.99%以上纯度的氩气，单元素标准贮备液：$\rho = 1000mg/L$。

注意：①实验中使用的坩埚和玻璃容器均需用硝酸溶液浸泡 12h 以上，用自来水和实验用水依次冲洗干净，置于干净的环境中晾干；新使用或疑似受污染的容器，应用热盐酸溶液浸泡(温度高于 80℃，低于沸腾温度)2h 以上，并用热硝酸溶液浸泡 2h 以上，用自来水和实验用水依次冲洗干净，置于干净的环境中晾干。②可用高纯度的金属(纯度>99%)或金属盐类(基准或高纯试剂)配制 1000mg/L 含 1%硝酸的标准贮备液。

## 四、实验步骤

1. 样品与试剂准备：①准确称取 10g($m_1$，精确至 0.01g)样品，自然风干或冷冻干燥，再次称重($m_2$，精确至 0.01g)，研磨后全部过 100 目筛备用。②由浓硝酸、浓硫酸和浓盐酸制备：硝酸溶液 1+1($V/V$)、硝酸溶液 1+99($V/V$)、盐酸溶液 1+1($V/V$)。③由单元素标准贮备液制备使用液：分别移取单元素标准贮备液稀释配制，稀释时补加一定量的硝酸，使标准使用液的硝酸含量为 1%。根据元素间相互干扰的情况和标准溶液的性质分组制备多元素混合标准溶液，其浓度应根据分析样品及待测元素而定，标液的酸度尽量与待测试样的酸度保持一致，均为 1%的硝酸。多元素混合标准溶液分组情况见表 S2。

表 S2 多元素混合标准溶液分组

| 分组 | 1 | 2 | 3 | 4 | 5 | 6 |
|---|---|---|---|---|---|---|
| 元素 | Ag, Be | V, Ti | Al, Ba, Fe, Mn, Ca, Mg, K, Na | Sr, Sb | Co, Cr, Cu, Ni, Pb, Zn | Cd, Tl |

2. 试样制备：称取 0.1~0.5g($m_3$，精确至 0.0001g)过筛样品。置于聚四氟乙烯坩埚中，实验应在通风橱内进行并注意做好人员安全防护，向坩埚中加入 1mL 实验用水湿润样品，加入 5mL 浓盐酸置于电热板上以 180~200℃加热至近干，取下稍冷。加入 5mL 浓硝酸、5mL 氢氟酸、3mL 高氯酸，加盖后于电热板上 180℃加热至余液为 2mL，继续加热并摇动坩埚。当加热至冒浓白烟时，加盖使黑色有机碳化物分解。待坩埚壁上的黑色有机物消失后，开盖，驱赶白烟并蒸至内容物呈黏稠状。视消解情况，可补加 3mL 浓硝酸、3mL 氢氟酸、1mL 高氯酸，重复上述消解过程。取下坩埚稍冷，加入 2mL 硝酸溶液，温热溶解可溶性残渣；冷却后转移至 25mL 容量瓶中，用适量硝酸溶液淋洗坩埚，将淋洗液全部转移至容量瓶中，用硝酸溶液定容至标线，混匀，待测。每个批次样品至少做一个空白样。

3. 检测分析：

(1)仪器参考测量条件，不同型号的仪器最佳测试条件不同，根据仪器说明书要求优化测试条件；仪器参考测量条件见表 S3。点燃等离子体后，按照仪器提供的工作参数设定，待仪器预热至各项指标稳定后开始测量。

表 S3 ICP 测试参考条件

| 高频功率/<br>kW | 反射功率/<br>W | 载气流量/<br>(L/min) | 蠕动泵转速/<br>(r/mim) | 流速/<br>(mL/min) | 测定时间/<br>s |
|---|---|---|---|---|---|
| 1.0~1.6 | <5 | 1.0~1.5 | 100~120 | 0.2~2.5 | 1~20 |

（2）校准曲线的绘制：依次配制一系列待测元素的标准溶液，可根据实际样品中待测元素浓度情况调整校准曲线的浓度范围。分别移取一定体积的多元素混合标准溶液，用硝酸溶液配制系列标准曲线，参考浓度见表S4。将标准溶液由低浓度到高浓度依次导入电感耦合等离子体发射光谱仪，按照仪器参考测量条件测量发射强度。以目标元素系列质量浓度为横坐标，发射强度值为纵坐标，建立目标元素的校准曲线。

表 S4　目标元素标准线的浓度参考

| 元　素 | c1 | c2 | c3 | c4 | c5 | c6 |
|---|---|---|---|---|---|---|
| Al, Ba, Fe, Mn | 0.00 | 0.20 | 0.40 | 0.60 | 0.80 | 1.00 |
| Co, Cr, Cu, Ni, Pb, Sr, Ti, V, Zn, Sb | 0.00 | 1.00 | 2.00 | 3.00 | 4.00 | 5.00 |
| Al, Ba, Fe, Mn, Ca, Mg, K, Na | 0.00 | 5.00 | 10.0 | 15.0 | 20.0 | 25.0 |

（3）测定：分析前，用硝酸溶液冲洗系统直到空白强度值降至最低，待分析信号稳定后，在与建立校准曲线相同的条件下分析试样。试样测定过程中，若待测元素浓度超出校准曲线范围，试样需稀释后重新测定；并按照与试样测定相同的操作步骤测空白试样。

## 五、结果计算

土壤中金属元素的含量 $w(\mathrm{mg/kg})$ 按下式计算：

$$w = \frac{(\rho_1 - \rho_0) \times V_0}{m_3} \times \frac{m_2}{m_1}$$

式中，$w$ 为土壤中金属元素的含量，mg/kg；$\rho_1$ 为由校准曲线查得测定试样中金属元素的浓度，mg/L；$\rho_0$ 为空白试样的测定浓度，mg/L；$V_0$ 为消解后试样的定容体积，mL；$m_1$ 为土壤样品的称取量，g；$m_2$ 为风干或冷冻干燥后土壤样品的质量，g；$m_3$ 为研磨过筛后土壤样品的称取量，g。

### 思考题

1. 实验为何应在通风橱内进行？
2. 土样消解实验应注意做好哪些安全防护？
3. 实验过程中有哪些注意事项？

# 实验 14　镉和铅污染土壤淋洗修复实验

## 一、实验目的

土壤镉和铅污染在环境中很常见，土壤淋洗属于化学修复技术，其工艺简单，修复效果稳定且彻底，并具有周期短、成本较低和快速高效除污等优点，可短时间内完成高浓度重金属污染土壤的治理；适合于快速修复受高浓度重金属污染的土壤。由于 Cd 和 Pb 的环境化学性质不同，为达到较好的修复效果，所选用的淋洗剂及淋洗过程亦有差异。本实验通过比较两种金属的修复方法，掌握土壤淋洗法和对不同重金属及土壤条件的效果。

## 二、实验原理

使用含有化学试剂(如表面活性剂、氧化还原剂或者螯合剂等)的淋洗液通过吸附、溶解、螯合等作用将重金属从被污染土壤转移到淋洗溶液中，然后对淋洗液回收处理。柠檬酸是一种天然有机酸，可与 Cd、Pb 等重金属形成可溶性螯合物，提高其迁移性。

## 三、仪器设备与试剂

1. 仪器设备：恒温振荡器、电子天平、离心机、离心管、木铲、量筒、称量纸。
2. 试剂：柠檬酸、纯水。

## 四、实验步骤

1. 土壤 Cd 的淋洗修复：①自然风干土样，剔除土壤中大的石粒和杂物，过 20 目筛，用电子天平称取 5.00g 污染土样备用；②配制 60mmol/L 的柠檬酸溶液为淋洗液；③取淋洗液 25mL、污染土样 5g 按液土比 5 : 1 混合后放入振荡器中，于 180r/min、室温条件下(25℃)震荡 48h；④震荡完成后置于离心机上，在 4000r/min 转速下离心 10min，将上层液体倒出；⑤加入纯水，放入振荡器中，于 180r/min、室温条件下(25℃)震荡 2h，然后置于离心机上，在 4000r/min 转速下离心 10min，将上层液体倒出；⑥再次重复步骤⑤，得到修复土壤。

2. 土壤 Pb 的淋洗修复：①自然风干土样，剔除土壤中大的石粒和杂物，过 20 目筛，用电子天平称取 5.00g 污染土样备用；②配制 400mmol/L 的柠檬酸溶液为淋洗液；③用量筒取淋洗液 100mL、污染土样 5.00g 按照液土比 20 : 1 混合后放入振荡器中，于 180r/min、室温条件下(25℃)震荡 24h；④震荡完成后置于离心机上，在 4000r/min 转速下离心 10min，将上层液体倒出；⑤加入蒸馏水，放入振荡器中，于 180r/min 室温条件下(25℃)震荡 2h，然后置于离心机上，在 4000r/min 转速下离心 10min，将上层液体倒出；⑥再次重复步骤⑤，得到修复土壤。

3. 含量测定：淋洗前后的土壤自然风干，并测定 Cd 和 Pb 的总量，方法参照实验十。

💡 **思考题**

1. 为什么选用柠檬酸溶液为淋洗液？
2. 为什么 Cd、Pb 淋洗剂及淋洗过程不同？
3. 简述 Cd、Pb 污染土壤淋洗修复实验中的注意事项。

# 实验 15　石油烃污染土壤氧化修复实验

## 一、实验目的

石油烃类(TPHs)通过工业泄漏或运输及溢油等途径污染土壤环境，TPHs 在环境中具有疏水性，属于典型的有机污染物。化学氧化修复具有快速高效及成本适中等优点，因此可用于 TPHs 污染土壤治理修复。其中氧化剂过硫酸钠（$Na_2S_2O_8$）可有效氧化降解不同类型土壤中的 TPHs。

## 二、实验原理

$Na_2S_2O_8$ 在水溶液中电离产生过硫酸根，通过加入一定量的柠檬酸螯合亚铁活化，产生硫酸根自由基，使氧化性增强，从而有助于降解土壤中的 TPHs 污染物。

## 三、仪器设备与试剂

1. 仪器：磁力搅拌器、高速冷冻离心机、pH 计、电子天平、旋转蒸发器、红外测油仪；

2. 试剂：过硫酸钠、柠檬酸、$FeSO_4$、去离子水、冰醋酸和氧化钙等。

## 四、实验步骤

1. 配制 1mol/L $Na_2S_2O_8$、0.1mol/L 柠檬酸、0.05mol/L $FeSO_4$ 溶液；并将它们以体积比 5∶1∶10 混合，制备活化 $Na_2S_2O_8$ 溶液。

2. 称取 20g 污染土样与磁子装入 250mL 锥形瓶中，加入去离子水经搅拌形成均匀泥浆。

3. 缓慢加入一定量的活化 $Na_2S_2O_8$ 溶液，通过冰醋酸和氧化钙调节控制 pH 值在 6～7；加盖并用锡箔纸密封，维持 25℃。

4. 将锥形瓶放在磁力搅拌器上搅拌 1h，使氧化剂与土壤污染物充分接触，静置 24h。

5. 将泥浆转移到离心管中，以 4000r/min 的转速离心 3min，保留沉淀。

6. 测定土壤中的 TPHs 含量：将震荡前后的土样冷冻干燥，研磨，过筛，处理成约 1mm 的颗粒。然后使用红外测油仪测定氧化前后 TPHs 含量。

💡 思考题

1. 常见的 TPHs 污染环境有哪些？
2. TPHs 的危害有哪些？
3. 有哪几种 TPHs 修复技术？

# 实验 16　土壤中石油类污染物含量测定

## 一、实验目的

石油烃类（TPHs）是土壤中的常见污染物，为了对污染土壤进行调查或检验修复效果，需要检测土壤中的 TPHs 含量，红外测油仪是一种比较简便的用于测定石油类污染物的仪器，可确定土壤中的石油类污染物含量。

## 二、实验原理

红外测油仪基于石油类污染物在红外光谱范围内的吸收特性，石油类污染物中的烃类污染物在红外光谱范围内可吸收特定波长的红外光，因此根据石油类污染物的吸收特性，可以利用红外测油仪确定样品中石油类污染物的含量。

## 三、仪器设备与试剂

1. 仪器：电子天平、具塞锥形瓶、石英比色皿、玻璃漏斗、红外测油仪等。
2. 试剂：四氯乙烯（AR）、色谱纯 $n\text{-}C_{16}$ 烷烃标液。

## 四、实验步骤

1. 样品萃取处理：称取 10g 样品（精确到 0.01g）转移至具塞锥形瓶，加入 50mL 四氯乙烯试剂，摇晃使之均匀分布；利用超声萃取 30min，进行超声操作时，锥形瓶盖上应有1 个透气小孔；进行萃取液的转移及过滤处理；观察萃取液颜色，若有明显的颜色，可用移液枪取萃取液进行稀释至萃取液基本透明（如取 5mL 定容至 100mL，稀释 20 倍）。

2. 样品测试：打开主机电源，打开电脑，点击桌面工作站图标，进入样品测试界面，样品体积填写 1，溶剂体积填写 0.05，将石英比色皿用四氯乙烯清洗干净后注入四氯乙烯放入比色池，静置 30s，点击空白归零；再将萃取液注入石英比色皿，静置 30s 后，点击样品测试，样品浓度为所测油含量，单位 mg；如果有稀释，需乘以所稀释的倍数，为最终土壤样品的含油量，mg。更详细的操作步骤可参考 HJ 1051—2019。

## 五、注意事项

1. 实验中使用的四氯乙烯对人体健康有害，标准溶液配制、样品制备以及测定过程应在通风橱内进行，操作时应按规定要求佩戴防护器具，避免接触皮肤和衣物。
2. 实验完成后，将所用玻璃仪器清洗干净，方便下次使用。

### 💡 思考题

1. 四氯乙烯使用注意事项有哪些？
2. 样品萃取处理注意事项有哪些？
3. 红外测油仪的原理是什么？